# 河北省强对流天气个例图集

连志鸾 杨晓亮 主编

气象出版社
China Meteorological Press

## 内 容 简 介

雷暴大风、冰雹、短时强降水等强对流天气空间尺度小、生命史短、突发性强、发展演变迅速、破坏力极大，常给工农业生产和人民生命财产安全造成严重威胁。本书筛选河北省 100 个强对流天气个例，重点分析各类强对流天气的特点、天气系统与灾害性天气的配置关系、探空曲线、卫星图像、多普勒天气雷达、闪电定位等多种资料的特征，分类建立强对流天气的概念模型，旨在为京津冀区域天气预报业务和科研人员提供强对流天气分析预报的思路和方法，提高强对流天气监测分析、预报预警水平，为气象服务京津冀协同发展、河北雄安新区规划建设等国家重大战略提供技术支撑。本图集提供了丰富的图像信息，实用性强，可作为预报员分析强对流天气的参考和依据。

## 图书在版编目（CIP）数据

河北省强对流天气个例图集 / 连志鸾，杨晓亮主编
. -- 北京：气象出版社，2022.1
ISBN 978-7-5029-7565-4

Ⅰ．①河… Ⅱ．①连… ②杨… Ⅲ．①强对流天气－天气分析－河北－图集 Ⅳ．①P425.8-64

中国版本图书馆CIP数据核字(2021)第195775号

## 河北省强对流天气个例图集
Hebei Sheng Qiangduiliu Tianqi Geli Tuji

| | |
|---|---|
| 出版发行：气象出版社 | |
| 地　　址：北京市海淀区中关村南大街 46 号 | 邮政编码：100081 |
| 电　　话：010-68407112（总编室）　010-68408042（发行部） | |
| 网　　址：http://www.qxcbs.com | E-mail：qxcbs@cma.gov.cn |
| 责任编辑：张　斌 | 终　审：吴晓鹏 |
| 责任校对：张硕杰 | 责任技编：赵相宁 |
| 封面设计：博雅锦 | |
| 印　　刷：北京地大彩印有限公司 | |
| 开　　本：787 mm×1092 mm　1/16 | 印　张：22.25 |
| 字　　数：550 千字 | |
| 版　　次：2022 年 1 月第 1 版 | 印　次：2022 年 1 月第 1 次印刷 |
| 定　　价：200.00 元 | |

本书如存在文字不清、漏印以及缺页、倒页、脱页等，请与本社发行部联系调换

# 《河北省强对流天气个例图集》编委会

主　编：连志鸾　杨晓亮

编　委：段宇辉　隆璘雪　张　叶　朱　刚　闫雪瑾

　　　　申莉莉　秦坚肇　裴宇杰　孙　云　金晓青

　　　　张立霞　杨吕玉慈　陈碧莹　王誉晓

# 序

　　强对流天气是河北省夏半年最常出现的灾害性天气之一,具有突发性和局地性强、致灾重的特点。2015年5月5—6日,河北省中南部地区发生大范围强对流天气,43个县(市)出现雷暴,66个县(市)出现8级以上雷暴大风,极大风速达24米/秒;赞皇县、临城县等5县出现冰雹,最大冰雹直径达3厘米,持续降雹时间达30分钟。此次过程造成了石家庄、邢台、邯郸8.7万人受灾,农作物受灾面积1.8万公顷,绝收面积1万公顷,直接经济损失4441.7万元。2020年7月27日,河北省蔚县突发强对流天气,短时强降水引发山洪,致3人死亡。可见,由强降水、雷暴大风、冰雹导致的次生灾害和人员伤亡事件时有发生。习近平总书记在新中国气象事业70周年之际作出重要指示,要求"加快科技创新,做到监测精密、预报精准、服务精细"。河北省委提出,凝心聚力、全力抓好推进京津冀协同发展、雄安新区规划建设和筹办北京冬奥会这"三件大事"。几十年来,河北气象部门持续加强强对流天气监测预警业务能力建设,已经建成稠密的地面自动观测网、6部多普勒天气雷达和高时空分辨率、高频次滚动更新的中尺度模式系统,基于多源观测资料和快速更新短时临近预警系统、中尺度模式系统无缝融合的强对流天气分类预警业务能力大幅提高,但距离气象防灾减灾需求仍有不小的差距。

　　为提高强对流天气的监测预报预警能力,河北省气象局早在2013年就成立了强对流研究创新团队,团队成员在强对流天气分析和预报预警方面进行了积极探索,积累了大量翔实的天气个例和宝贵经验。需清醒认识到,强对流天气预报预警能力的提升是一个长期的过程,需要广大业务和科研人员不断加强科技创新,应用多源资料和多种技术方法,在大量典型强对流天气个例分析总结提炼的基础上,深化对强对流发生发展机理和演变规律的认识,发展和完善强对流预报预警技术。

  本书利用高空、地面和雷达观测资料，系统梳理了2001年以来共计63个强对流典型个例，从影响系统、环境条件、卫星云图和雷达回波特征等方面进行了较为全面的分析，在当前国内外强对流天气理论研究方面仍有较大局限性的背景下，预报实践的经验总结无疑对提高预报水平具有重要意义。这项工作对京津冀区域、省、市、县各级从事强对流天气预报服务的业务人员加深对本地强对流天气系统的认识，掌握各类强对流天气的雷达回波特征具有很强的指导和借鉴意义。相信本书的出版，将为广大业务人员开展强对流天气预报预警提供帮助，提高预报准确率和预警提前量。

河北省气象局局长 张晶

2021年6月3日

# 前　言

雷暴大风、冰雹、短时强降水等强对流天气空间尺度小、生命史短、突发性强、发展演变迅速、破坏力极大，常给工农业生产和人民生命财产安全造成严重威胁。本书旨在为京津冀区域天气预报业务和科研人员提供强对流天气分析预报的思路和方法，提高强对流天气监测分析、预报预警水平，为气象服务京津冀协同发展、河北雄安新区规划建设等国家重大战略提供技术支撑。

强对流天气由中小尺度天气系统直接产生，一直是天气预报业务中的重点和难点。河北省地貌复杂多样，是全国唯一兼具高原、山地、丘陵、盆地、平原、海滨的省份，复杂地形和下垫面无疑增加了强对流天气预报预警的难度。不同于对大尺度环流系统的科学认识相对成熟，中小尺度观测网还不足以支撑对中小尺度天气系统触发、维持、发展演变的三维立体分析，导致中小尺度天气动力学理论很不完善，对中小尺度天气系统发生、发展、传播和消亡等物理过程的认知还十分有限。虽然中国的强对流预报技术在近十年发展迅速，但对河北省雷暴大风、冰雹、短时强降水等强对流天气的预报能力仍然十分有限，强对流分类预报准确率更低，有效预警能力严重不足。

本书的编写依托河北省强对流创新团队，该团队以国家级首席预报员、正研级高级工程师李江波为队长，是河北省气象局首批组建的省级创新团队之一。团队成员长期工作在强对流天气预报科研一线，对中外强对流天气理论研究的最新进展、预报业务能力和技术瓶颈问题有深刻认识。编写过程中，编写组多次召开工作会议，编写组成员高度负责的态度和敬业精神保证了本书的质量。希望本书的出版能够有助于提升京津冀地区预报员对强对流天气预报的科学素养和应用水平。

本书共分为6章，第1—2章侧重于河北省雷暴大风、冰雹、短时强降水等强对流天气的统计特征、天气概念模型和分类预警指标，由杨晓亮、裴宇杰、隆璘雪编写；对典型天气个例总结提炼，是提高预报员能力和水平的重要环节；第4—6章给出了大量典型个例分析，由杨晓亮、段宇辉、隆璘雪、朱刚、张叶、闫雪瑾、申莉莉、秦坚肇、张立霞编写。全书由连志鸾、杨晓亮总策划，杨晓亮多次反复修改，连志鸾审阅后成册。个例中的降水量实况图、短时强降水时空分布图和对流参数分布图由隆璘雪绘制，冰雹和雷暴大风分布图由张叶绘制，承德市气象局王宏正高级工程师、石家庄市气象局李国翠正高级工程师对个例进行了审核，河北省气象台杨吕玉慈、陈碧莹、王誉晓参与了核校工作，参与编写工作的还有河北省气象台孙云和金晓青。

本书在编写过程中得到了河北省气象局领导、同事和国内专家、学者的大力支持帮助，在此表示真诚的感谢！重庆市气象局张亚萍首席预报员分享了编写《重庆市强对流天气分析图集》的宝贵经验；中国气象局气象干部培训学院王秀明教授，承德市气象局王宏正高级工程师、石家庄市气象局李国翠正高级工程师审阅了初稿，提出了宝贵的修改建议，为本书顺利出版提供了帮助。

由于作者的水平有限，书中难免有错误和不足，一些内容甚至存在争议，恳请读者批评指正。

作者

2021年5月

# 说　明

**1. 图集的中尺度分析规范**

(1) 200 hPa 高空急流

技术要求:200 hPa 高度出现超过 30 m·s$^{-1}$ 的急流,并且与强对流天气的发生密切相关。

分析符号:➡；颜色:紫色。

(2) 500 hPa 槽线

技术要求:等压面图上低压槽内等位势高度线气旋性曲率最大处的连线。槽前为偏南风,槽后为偏北风。

分析符号:━━；颜色:棕色。

(3) 500 hPa 温度槽

技术要求:从冷中心出发,沿等温度线曲率最大处分析温度槽。

分析符号:▼▼▼▼；颜色:蓝色。同时用蓝色"L"标注冷中心,并标注大小,如"L-16"表示冷中心温度等于或小于－16 ℃。

(4) 500 hPa 或 700 hPa 干舌

技术要求:干舌指温度露点差($T-T_d$)≥15 ℃的区域,当对流层低层有显著湿区时,在对流层中层其对应处或其上游分析干舌。

分析符号:⊓⊓⊓；颜色:橘黄色。锯齿指向干舌内部,在干舌线上标注分析的物理量及大小,如"$T-T_d$ 15"表示温度露点差大于等于 15 ℃。

(5) 500 hPa 中空大风速带

技术要求:在 500 hPa 出现超过 20 m·s$^{-1}$ 的大风速带并与强对流天气密切相关时分析。

分析符号:➡；颜色:蓝色。

(6) 850 hPa 或 925 hPa 显著湿区

技术要求:地面到 850 hPa 温度露点差($T-T_d$)≤5 ℃的区域。

分析符号:⊓⊓⊓；颜色:绿色。锯齿指向湿区内部,在显著湿区线上标注分析的物理量及大小,如"$T-T_d$ 5"表示温度露点差小于等于 5 ℃。

(7) 850 hPa 温度脊(暖脊)

技术要求:从暖中心出发,沿等温度线曲率最大处分析温度脊,同时用红色"N"标注暖中心,并标注大小,如"N22"表示暖中心温度达到或超过 22 ℃。

分析符号:· · · ·；颜色:红色。

(8) 850 hPa 切变线

技术要求:当 850 hPa 风场具有明显的风向切变时,沿风的交角最大(风向改变最大)的位置分析切变线。

分析符号:══;颜色:红色。

(9)低空大风速带

技术要求:在 850 hPa(或 925 hPa)分析低空大风速带。

分析符号:

925 hPa 分析符号:→;颜色:灰色。

850 hPa 分析符号:→;颜色:红色。

(10)冷锋

技术要求:冷锋指两侧各种气象要素(气温、湿度、风)急剧变化的区域。

分析符号:▼▼

**2. 图集中应用系统软件**

高空和地面天气形势、中尺度分析图、探空图、卫星云图等采用中央气象台开发的气象信息综合分析处理系统(MICAPS4)制作。

多普勒天气雷达产品显示采用北京敏视达雷达有限公司开发的 ROSE PUP 系统。

雷达剖面采用的是天津大学研发的强对流分类识别系统制作。

# 目 录

序
前言
说明

**第1章 河北省强对流天气的统计特征** ……………………………………… (1)
  1.1 资料及方法 ……………………………………………………………… (1)
  1.2 强对流天气的统计特征 ………………………………………………… (2)

**第2章 河北省强对流天气的概念模型** ……………………………………… (12)
  2.1 河北省强对流天气的天气学分型 ……………………………………… (12)
  2.2 河北省强对流天气监测预警指标 ……………………………………… (14)

**第3章 高空冷平流强迫类** ……………………………………………………… (19)
  3.1 2005年5月21日大风 …………………………………………………… (19)
  3.2 2005年6月10日大风冰雹 ……………………………………………… (24)
  3.3 2005年6月13日冰雹大风 ……………………………………………… (29)
  3.4 2005年6月14日大风冰雹 ……………………………………………… (34)
  3.5 2006年6月24日冰雹大风 ……………………………………………… (39)
  3.6 2006年7月5日冰雹大风 ………………………………………………… (46)
  3.7 2006年7月12日大风冰雹 ……………………………………………… (51)
  3.8 2007年7月9日冰雹大风 ………………………………………………… (56)
  3.9 2008年6月23日冰雹大风 ……………………………………………… (61)
  3.10 2008年6月25日大风冰雹 ……………………………………………… (66)
  3.11 2009年7月23日大风冰雹 ……………………………………………… (71)
  3.12 2010年5月28日冰雹 …………………………………………………… (76)
  3.13 2011年6月7日雷暴大风 ……………………………………………… (81)
  3.14 2011年6月11日冰雹大风 ……………………………………………… (86)
  3.15 2011年6月23日大风冰雹 ……………………………………………… (91)
  3.16 2013年6月25日冰雹大风 ……………………………………………… (96)
  3.17 2013年7月4日雷暴大风 ……………………………………………… (101)
  3.18 2013年8月4日大风冰雹 ……………………………………………… (106)
  3.19 2014年6月8日大风冰雹 ……………………………………………… (111)
  3.20 2014年6月22日大风冰雹 ……………………………………………… (116)

3.21　2015 年 7 月 1 日大风 …… (121)
3.22　2016 年 6 月 10 日大风冰雹 …… (126)
3.23　2016 年 6 月 22 日大风冰雹 …… (130)
3.24　2016 年 6 月 27 日冰雹大风 …… (136)
3.25　2017 年 7 月 9 日大风冰雹 …… (140)
3.26　2017 年 7 月 11 日雷暴大风 …… (148)
3.27　2017 年 7 月 13 日雷暴大风 …… (153)
3.28　2017 年 8 月 16 日短时强降水 …… (158)
3.29　2017 年 9 月 21 日雷暴大风 …… (163)

## 第 4 章　低层暖平流强迫类 …… (168)

4.1　2012 年 7 月 21 日短时强降水 …… (168)
4.2　2012 年 7 月 26 日短时强降水 …… (173)
4.3　2013 年 7 月 1 日短时强降水 …… (178)
4.4　2013 年 7 月 8 日短时强降水 …… (183)
4.5　2013 年 8 月 11 日大风冰雹 …… (188)
4.6　2015 年 7 月 29 日短时强降水 …… (193)
4.7　2015 年 8 月 2 日短时强降水 …… (198)
4.8　2016 年 7 月 30 日雷暴大风 …… (203)
4.9　2017 年 6 月 21 日雷暴大风 …… (208)
4.10　2017 年 7 月 6 日短时强降水 …… (212)

## 第 5 章　斜压锋生类 …… (218)

5.1　2006 年 6 月 12 日雷暴大风 …… (218)
5.2　2008 年 5 月 3 日大风冰雹 …… (223)
5.3　2008 年 5 月 9 日雷暴大风 …… (228)
5.4　2008 年 7 月 11 日雷暴大风 …… (233)
5.5　2009 年 8 月 27 日雷暴大风 …… (238)
5.6　2010 年 6 月 17 日冰雹大风 …… (243)
5.7　2011 年 8 月 15 日短时强降水 …… (248)
5.8　2012 年 9 月 27 日大风冰雹 …… (253)
5.9　2013 年 7 月 31 日雷暴大风 …… (259)
5.10　2013 年 8 月 7 日雷暴大风 …… (264)
5.11　2015 年 5 月 17 日冰雹大风 …… (269)
5.12　2015 年 6 月 10 日冰雹大风 …… (274)
5.13　2015 年 7 月 21 日短时强降水 …… (279)
5.14　2016 年 6 月 30 日雷暴大风 …… (284)
5.15　2016 年 7 月 19 日短时强降水 …… (289)
5.16　2016 年 7 月 20 日短时强降水 …… (294)
5.17　2016 年 7 月 24 日短时强降水 …… (299)
5.18　2016 年 7 月 28 日雷暴大风 …… (304)

5.19　2016 年 8 月 12 日短时强降水 ……………………………………………………（309）
  5.20　2017 年 8 月 2 日短时强降水 ………………………………………………………（314）
  5.21　2017 年 8 月 5 日雷暴大风 …………………………………………………………（319）
第 6 章　准正压类 ………………………………………………………………………………（324）
  6.1　2012 年 8 月 3 日短时强降水 …………………………………………………………（324）
  6.2　2016 年 8 月 6 日短时强降水 …………………………………………………………（329）
  6.3　2017 年 7 月 14 日短时强降水 ………………………………………………………（334）
参考文献 …………………………………………………………………………………………（339）

# 第 1 章　河北省强对流天气的统计特征

## 1.1　资料及方法

### 1.1.1　资料

本图集使用的资料包括：(1)常规高空、地面观测资料，(2)重要天气报资料，(3)地面自动气象站观测的气温、降水、风向、风速等(河北省共 142 个国家级气象观测站，降水的时间分辨率为 1 h)，(4)多普勒天气雷达资料(石家庄、张家口、承德、秦皇岛、沧州、邯郸和北京、天津共 8 部多普勒天气雷达(图 1.1.1)，时间分辨率为 6 min，张家口、承德天气雷达为 C 波段，其余为 S 波段)，(5)气象卫星资料(风云系列气象卫星产品，时间分辨率为 1 h 或 0.5 h)。

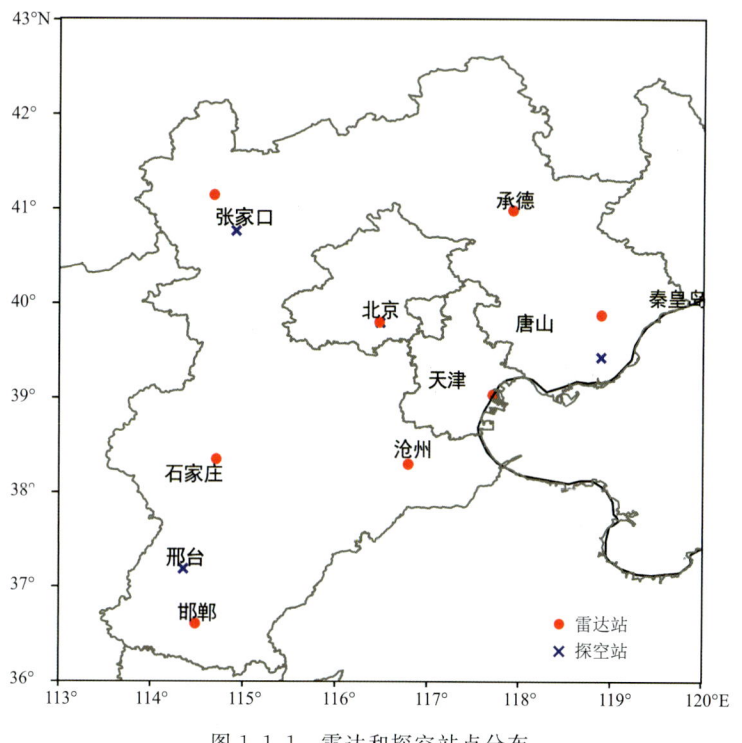

图 1.1.1　雷达和探空站点分布

### 1.1.2 方法

参照《短时临近天气业务规定》(气办发〔2017〕32号),本图集中的强对流天气包括冰雹、雷暴大风和短时强降水。冰雹天气是指从发展旺盛的积雨云中降落至地面,直径大于等于 5 mm 的固态降水过程。雷暴大风是指伴随强雷暴天气出现在地面附近,瞬时风力达到 8 级（$17.2\ \mathrm{m\cdot s^{-1}}$）以上的强烈短时大风。短时强降水是指夏半年（5—9 月）发生时间短、降水效率高的对流性降雨（1 h 降水量大于等于 20 mm）。

为统计冰雹日（或雷暴大风日或短时强降水日）的分布,以 00 时（北京时）为日界,规定某站当日出现一次以上的冰雹（或雷暴大风或短时强降水）,记为一个冰雹日（或雷暴大风日或短时强降水日）。为区别系统性大风,当自动气象站瞬时风速大于 $17.2\ \mathrm{m\cdot s^{-1}}$ 并且在以该站为圆心、200 km 为半径的范围内前后 3 h 之内观测到雷暴,则认定为雷暴大风。

普查 2001—2019 年河北省重要天气报和地面自动站资料,同日有 5 个及以上观测站发生冰雹记为一次冰雹过程；10 个及以上观测站发生大风记为一次雷暴大风过程；20 个及以上观测站出现短时强降水记为一次短时强降水过程。当同时满足两条以上统计条件时,选择范围大、强度强的一种天气过程作为强对流天气的类型。

## 1.2 强对流天气的统计特征

### 1.2.1 冰雹的时空分布特征

河北省冰雹分布的特点是山地多于平原,内陆多于沿海。2001—2019 年,张家口、承德、唐山北部、秦皇岛北部、保定西部、邯郸西南部为冰雹的多发区（图 1.2.1a）,冰雹总日数普遍超过 10 d,张家口北部、承德西北部和东北部、保定西北部总日数超过 20 d,张家口坝上高原最多可达 26~27 d。随着海拔高度下降,冰雹日数呈减少趋势,平原大部分地区在 10 d 以下。

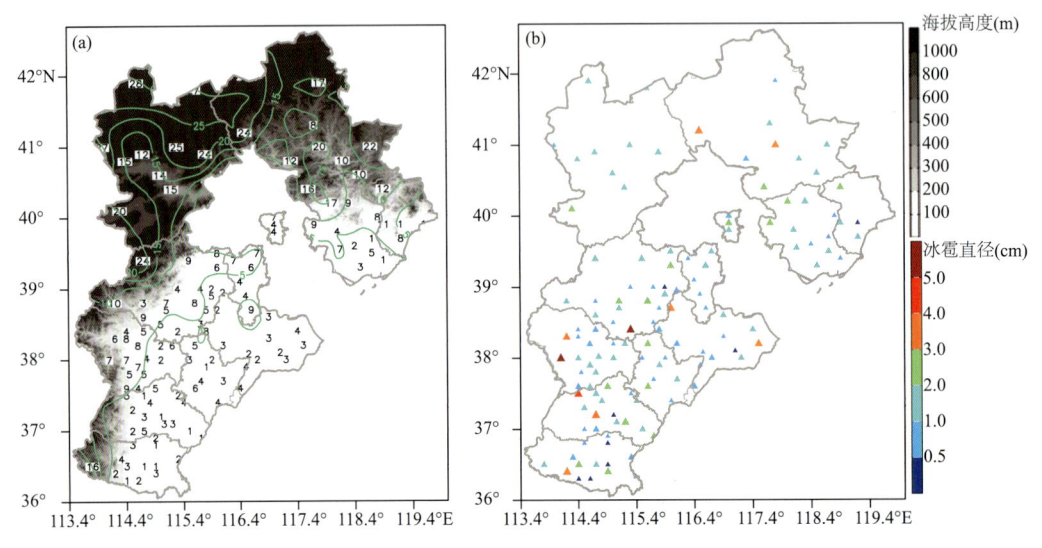

图 1.2.1 2001—2019 年河北省冰雹总日数的空间分布（a,单位：d）及各站最大冰雹直径（b,单位：cm）

最大冰雹直径分布与地形关系不大,观测到的最大冰雹直径为 6 cm,2017 年 6 月 23 日 17:16 出现在石家庄井陉(图 1.2.1b)。

河北降雹有明显的月变化特征(图 1.2.2a~j)。5 月河北省北部和西部山区冰雹日 2~3 d,平原地区冰雹日较少,冰雹直径超过 2 cm 的不多;6 月冰雹日最多,全省大部分地区都出现过冰雹,张家口北部、承德中部可能超过 10 d,也是直径 3 cm 以上大冰雹出现最多的月份;7 月冰雹天气主要集中在张家口、承德、保定、廊坊、石家庄等地,直径 2 cm 以上的冰雹多出现在平原地区中部;8—9 月冰雹日主要分布在河北省西北部地区,平原地区只零星出现过冰雹,冰雹直径主要在 2 cm 以下。

从河北省降雹逐旬出现的站数来看(图 1.2.3),6 月中、下旬冰雹出现的站数达到一年中的最多。河北省降雹还有明显的日变化特征,一日中冰雹在 14—19 时出现最多,其中 16—17 时是一日之中的峰值。

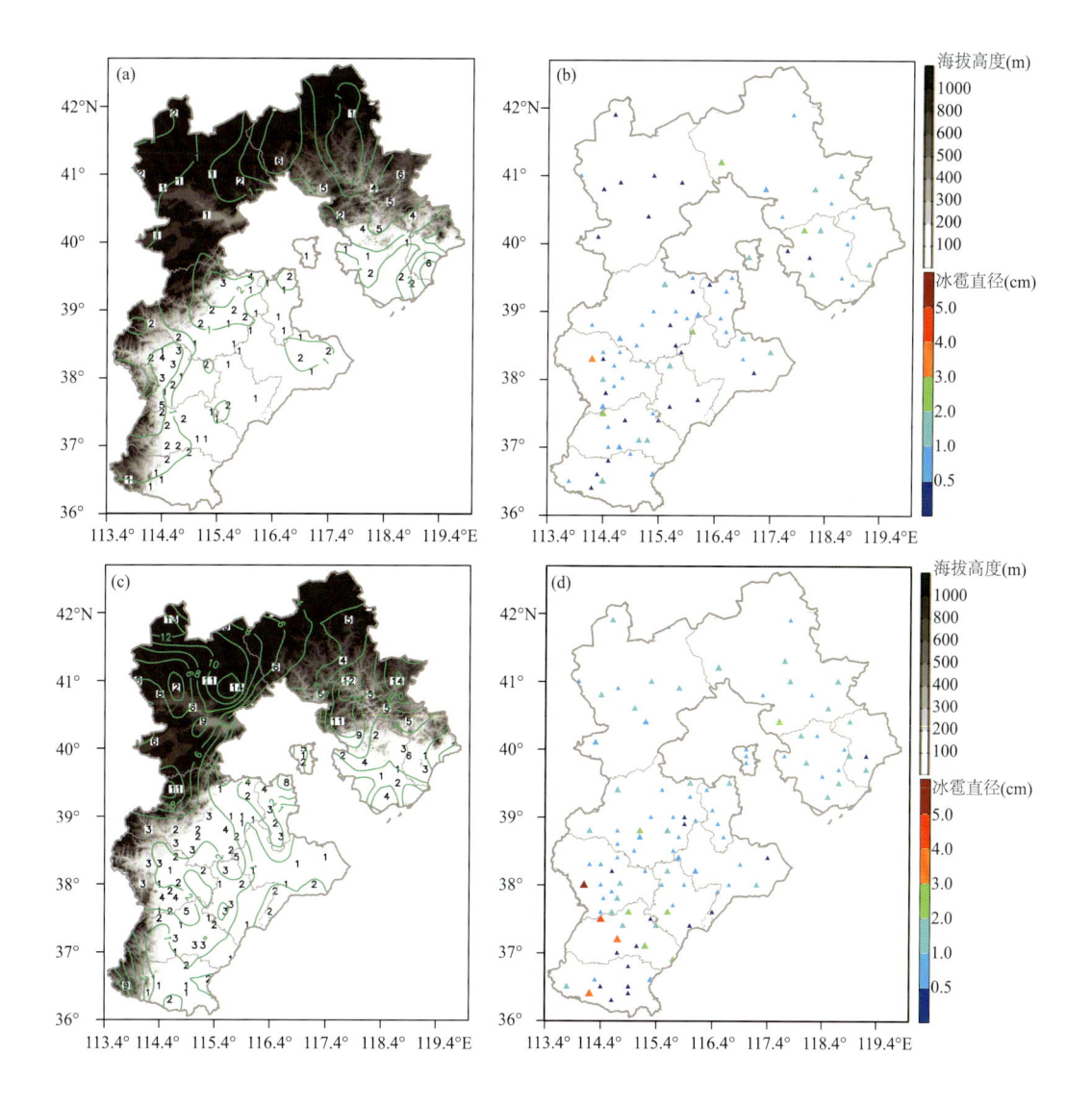

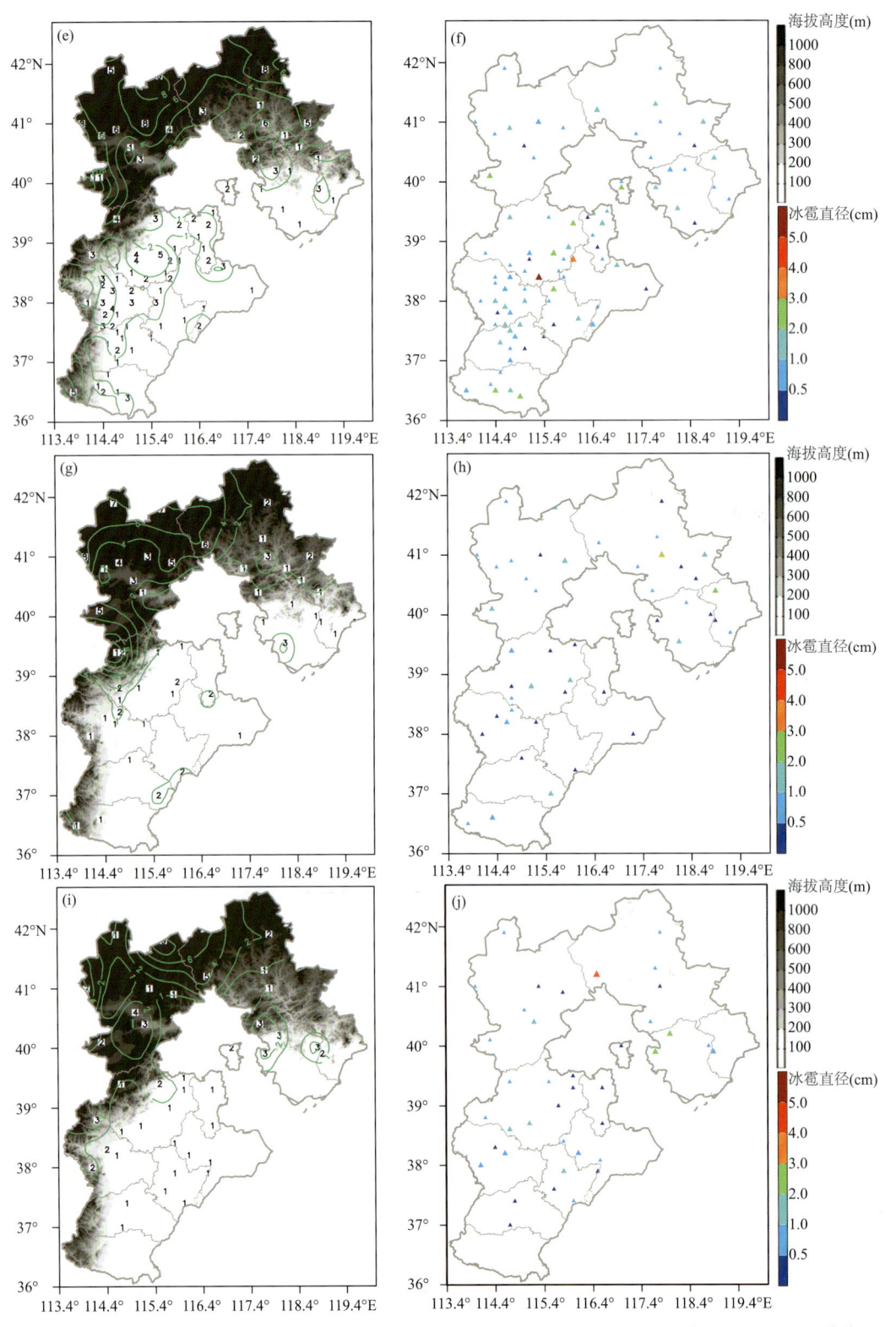

图 1.2.2　2001—2019 年河北省 5—9 月逐月（依次由上至下）冰雹总日数的空间分布（a、c、e、g、i，单位：d）及各站最大冰雹直径（b、d、f、h、j，单位：cm）

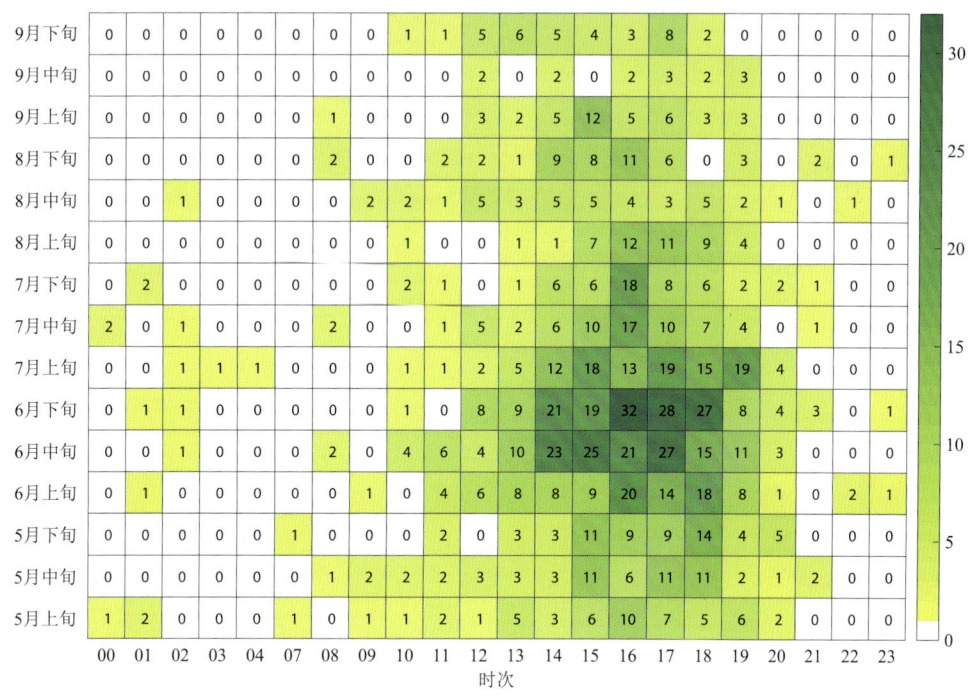

图 1.2.3   2001—2019 年冰雹出现时间分布(单位:站次)

## 1.2.2 雷暴大风的时空分布特征

河北省雷暴大风分布的特点是山地多于平原,北部多于南部。2001—2019 年年平均雷暴大风 2 d 以上的区域主要位于张家口、承德、唐山北部、保定西部、邯郸西部,承德丰宁最多,年均可达 8.7 d,秦皇岛南部和沧州东部沿海地区年平均雷暴大风也超过 2 d,其他平原大部分地区不足 2 d(图 1.2.4a)。全省最大风为以 9~10 级为主,11 级以上的雷暴大风在山区和平原

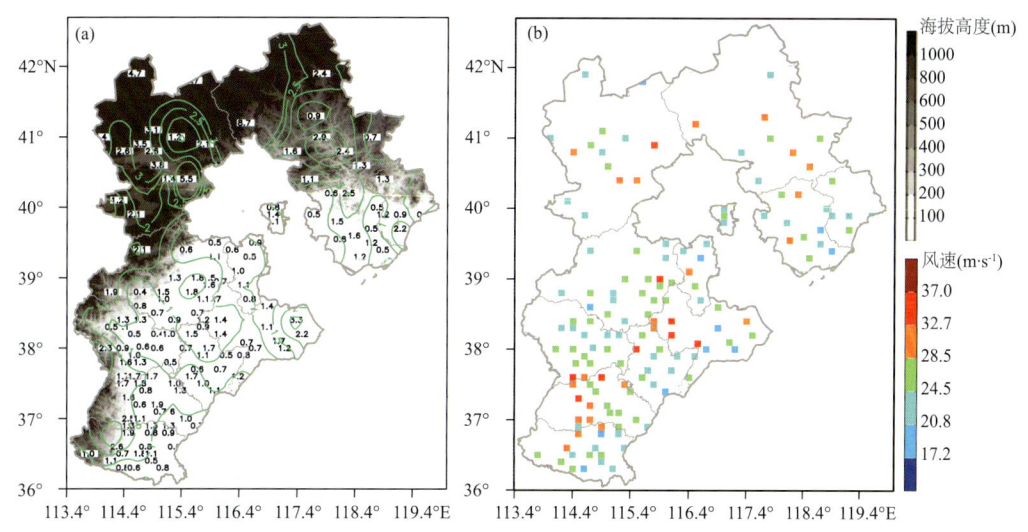

图 1.2.4  2001—2019 年河北省年平均雷暴大风的空间分布(a,单位:d)
及各站极大风速(b,单位:m·s$^{-1}$)

均有出现,2018 年 6 月 27 日 20:29 邢台宁晋出现 37 m·s$^{-1}$(13 级)的极值大风(图 1.2.4b)。

河北雷暴大风月变化特征明显(图 1.2.5a～j)。5 月雷暴大风主要出现在张家口和承德西部,其他地区年均不足 0.5 d,极大风以 8～9 级为主,10 级以上不多;6—7 月年均雷暴大风日数最多,极大风速也逐渐增大,7 月极大风力以 9～10 级为主,出现 11 级以上极大风日数在全年中最多;8 月雷暴大风日数明显减少,大部分地区在 0.5 d 以下,极大风力以 8～9 级为主;9 月雷暴大风主要出现在河北北部,平原地区很少出现,极大风力以 8～9 级为主。

从雷暴大风逐旬出现的站数来看(图 1.2.6),6 月上旬至 7 月上旬出现雷暴大风的站数达到一年中的最多。河北省雷暴大风还有明显的日变化特征,一日当中在 14—20 时出现最多,其中 17—19 时为一日之中的峰值。

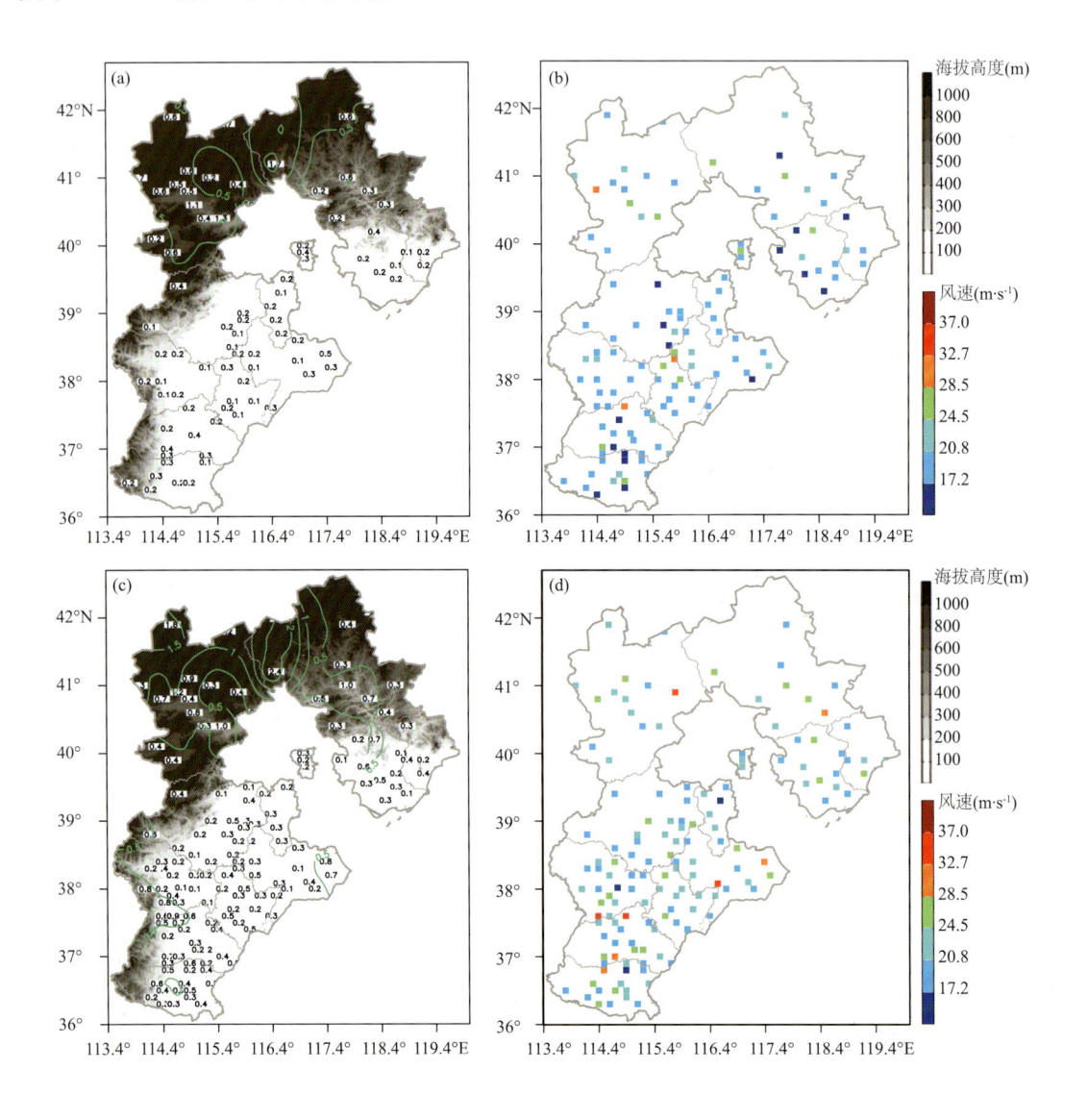

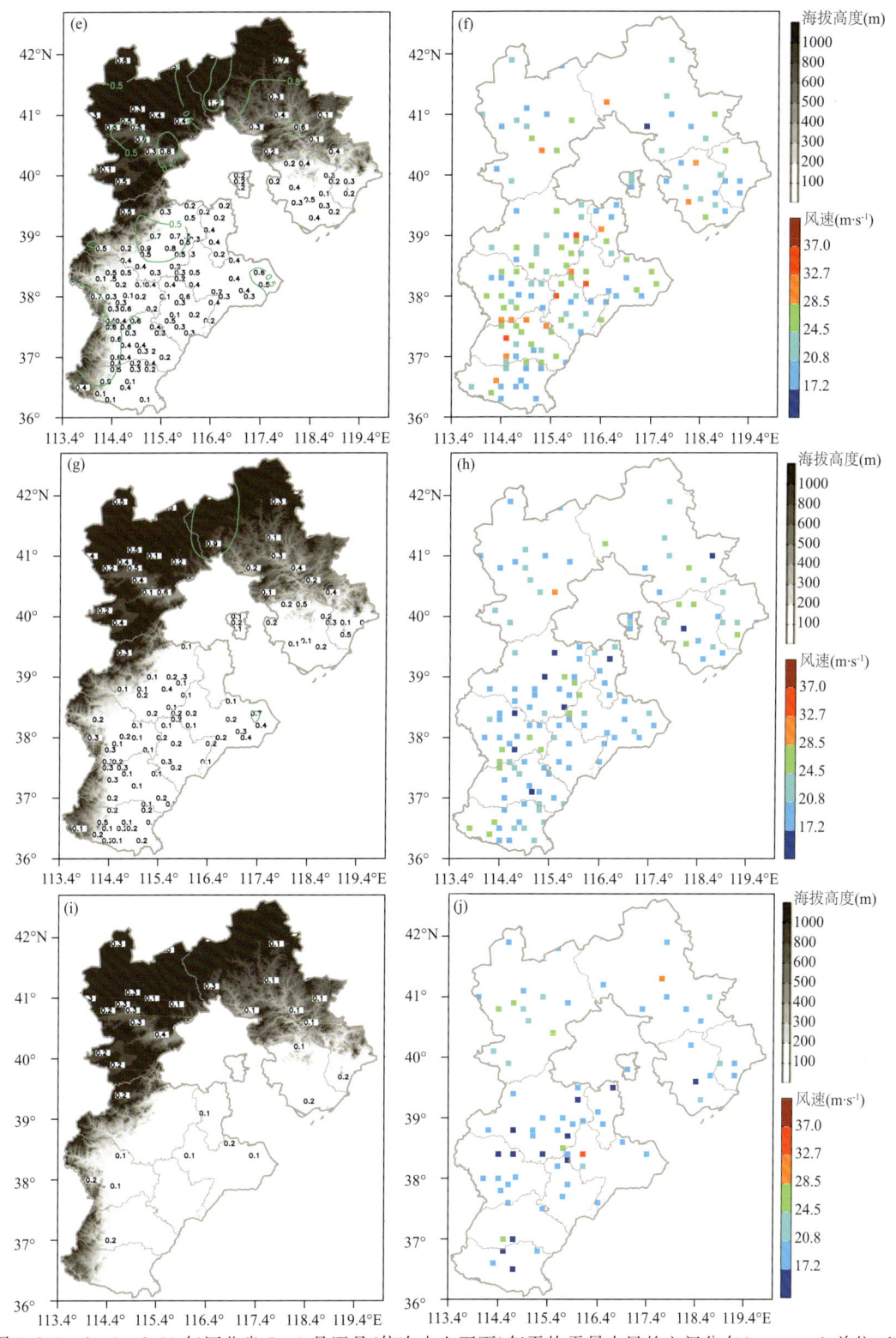

图 1.2.5 2001—2019 年河北省 5—9 月逐月(依次由上至下)年平均雷暴大风的空间分布(a、c、e、g、i,单位:d)及各站极大风速(b、d、f、h、j,单位:m·s$^{-1}$)

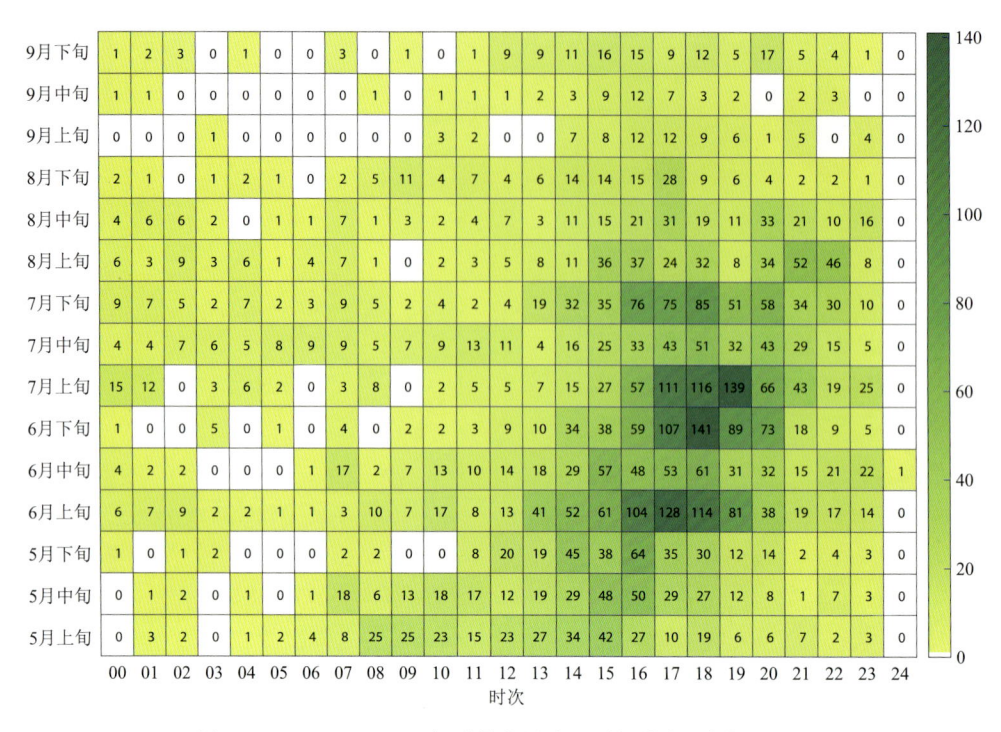

图 1.2.6　2001—2019 年雷暴大风出现时间分布（单位：站次）

### 1.2.3　短时强降水的时空分布特征

河北省短时强降水的分布特点是平原多于山区，东部多于西部。2001—2019 年年平均短时强降水日数除北部山区以外的大部分地区在 1.5 d 以上，唐山、秦皇岛、沧州最多可达 3～4 d（图 1.2.7a）。最大雨强，张家口、承德西部均在 50 mm·h$^{-1}$ 以下，平原地区普遍超 70 mm·h$^{-1}$，2016 年 8 月 5 日 16—17 时邯郸临漳出现 124 mm·h$^{-1}$ 的小时降水极值（图 1.2.7b）。

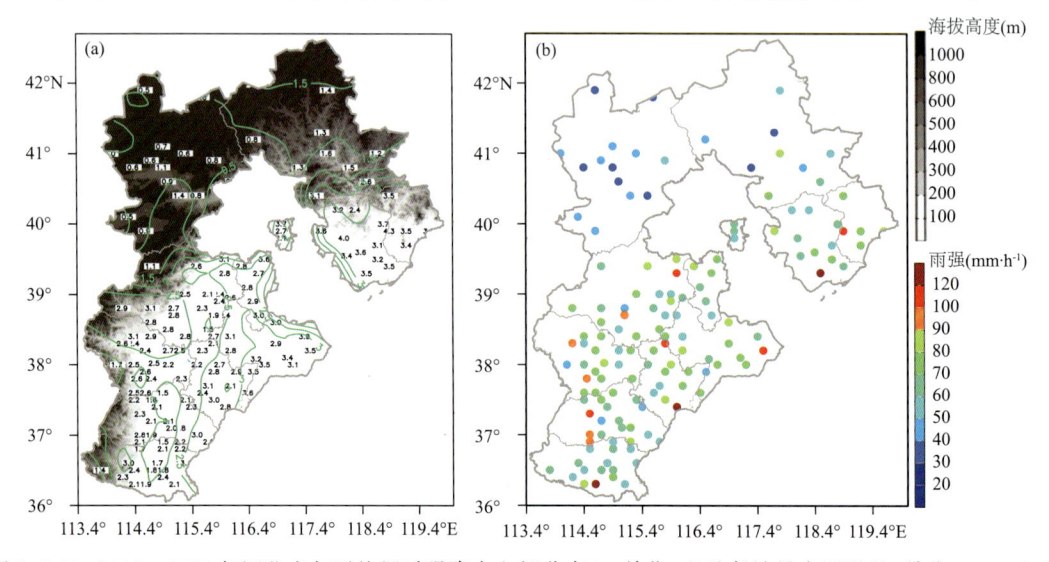

图 1.2.7　2001—2019 年河北省年平均短时强降水空间分布（a，单位：d）及各站最大雨强（b，单位：mm·h$^{-1}$）

河北省短时强降水月变化特征明显(图1.2.8a~j)。5月短时强降水较少,日数普遍不超过0.2 d,西北部地区很少出现短时强降水,雨强多在40 mm·h$^{-1}$以下;6月短时强降水日数

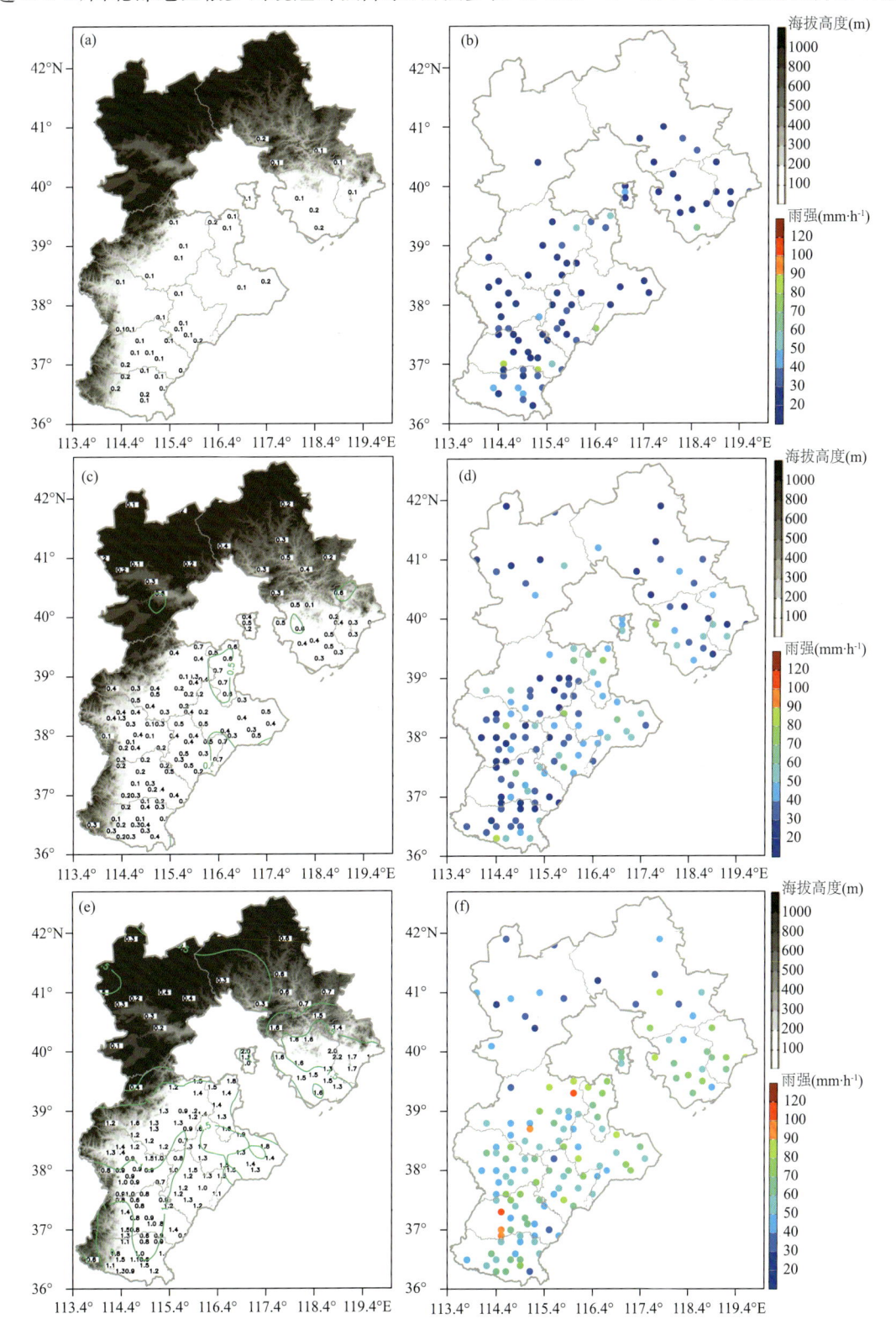

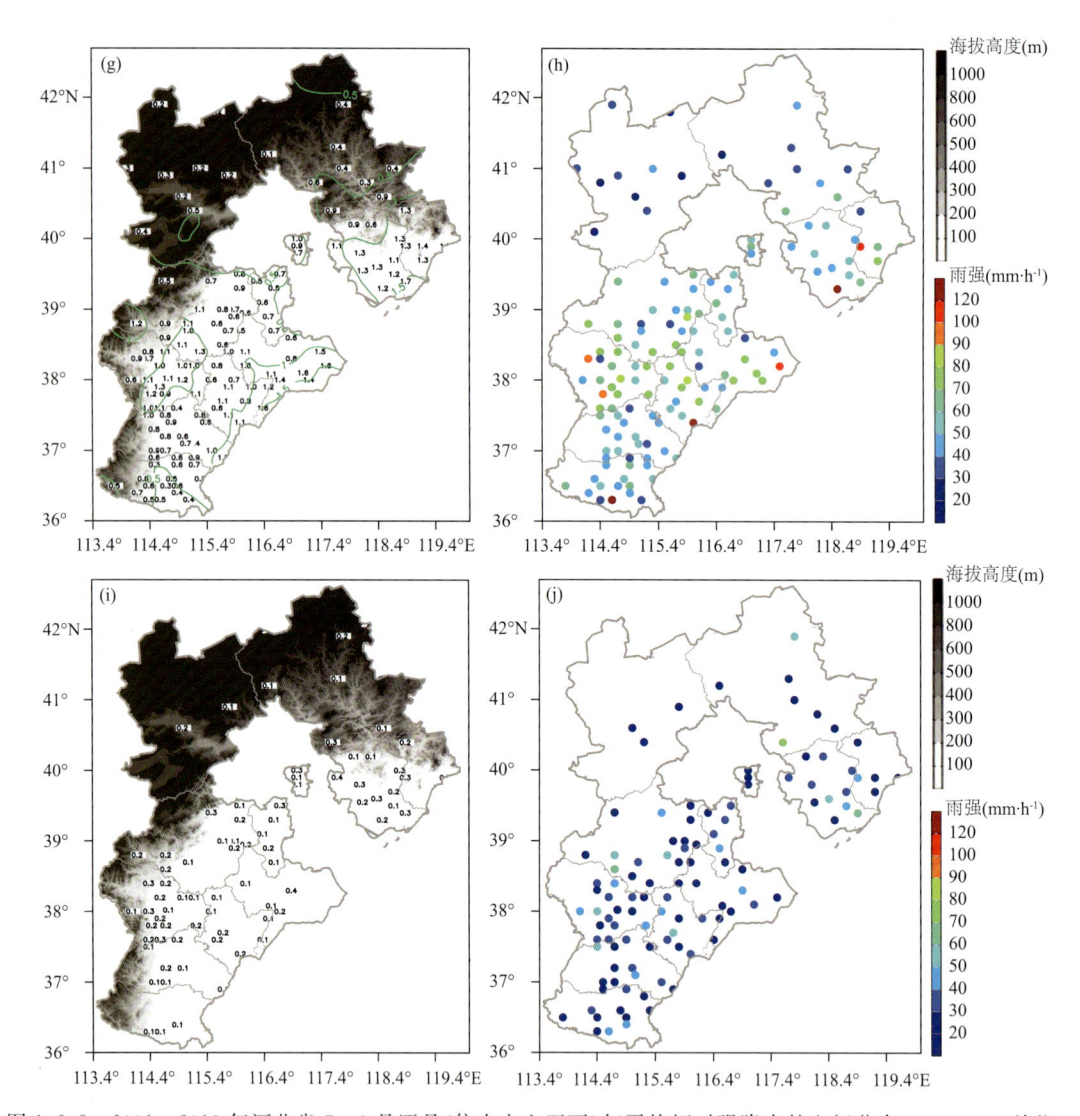

图 1.2.8　2001—2019 年河北省 5—9 月逐月(依次由上至下)年平均短时强降水的空间分布(a、c、e、g、i,单位:d)及各站月最大雨强(b、d、f、h、j,单位:mm·h⁻¹)

有所增多,平原东南部雨强增大到 50～60 mm·h⁻¹;7—8 月年平均短时强降水日数最多,7月平原大部分地区平均接近 1 d,雨强为 50～90 mm·h⁻¹,超过 100 mm·h⁻¹ 的极端短时强降水主要出现在 8 月;9 月短时强降水日数明显减少但仍多于 5 月,雨强多在 50 mm·h⁻¹以下。

从短时强降水逐旬出现的站数来看(图 1.2.9),7 月上旬至 8 月中旬出现短时强降水的站数达到一年中的最多。河北短时强降水还有明显的日变化特征,一日之中存在两个峰值,一个出现在 14—23 时,另一个出现在 02—04 时,明显区别于冰雹、雷暴大风发生时段。

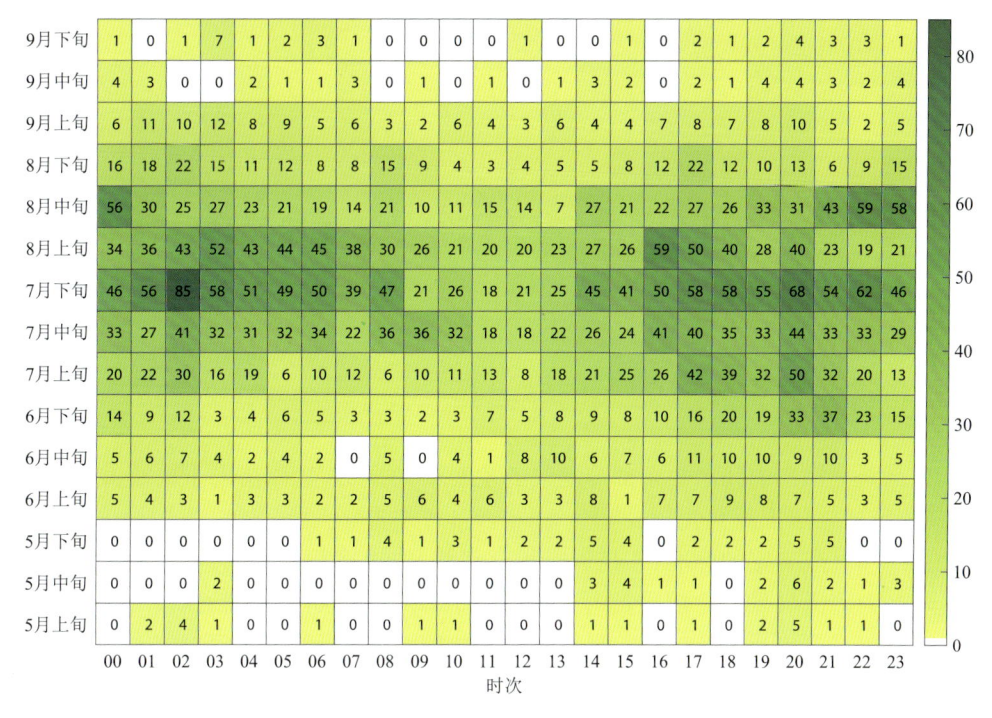

| 时段 | 00 | 01 | 02 | 03 | 04 | 05 | 06 | 07 | 08 | 09 | 10 | 11 | 12 | 13 | 14 | 15 | 16 | 17 | 18 | 19 | 20 | 21 | 22 | 23 |
|---|---|---|---|---|---|---|---|---|---|---|---|---|---|---|---|---|---|---|---|---|---|---|---|---|
| 9月下旬 | 1 | 0 | 1 | 7 | 1 | 2 | 3 | 1 | 0 | 0 | 0 | 0 | 1 | 0 | 0 | 1 | 0 | 2 | 1 | 2 | 4 | 3 | 3 | 1 |
| 9月中旬 | 4 | 3 | 0 | 0 | 2 | 1 | 1 | 3 | 0 | 1 | 0 | 1 | 0 | 1 | 3 | 2 | 0 | 2 | 1 | 4 | 4 | 3 | 2 | 4 |
| 9月上旬 | 6 | 11 | 10 | 12 | 8 | 9 | 5 | 6 | 3 | 2 | 6 | 4 | 3 | 6 | 4 | 4 | 7 | 8 | 7 | 8 | 10 | 5 | 2 | 5 |
| 8月下旬 | 16 | 18 | 22 | 15 | 11 | 12 | 8 | 8 | 15 | 9 | 4 | 3 | 4 | 5 | 4 | 8 | 12 | 22 | 12 | 10 | 13 | 6 | 9 | 15 |
| 8月中旬 | 56 | 30 | 25 | 27 | 23 | 21 | 19 | 14 | 21 | 10 | 11 | 15 | 14 | 7 | 27 | 21 | 22 | 27 | 26 | 33 | 31 | 43 | 59 | 58 |
| 8月上旬 | 34 | 36 | 43 | 52 | 43 | 44 | 45 | 38 | 30 | 26 | 21 | 20 | 20 | 23 | 27 | 26 | 59 | 50 | 40 | 28 | 40 | 23 | 19 | 21 |
| 7月下旬 | 46 | 56 | 85 | 58 | 51 | 49 | 50 | 39 | 47 | 21 | 26 | 18 | 21 | 25 | 45 | 41 | 50 | 58 | 58 | 55 | 68 | 54 | 62 | 46 |
| 7月中旬 | 33 | 27 | 41 | 32 | 31 | 32 | 34 | 22 | 36 | 7 | 32 | 18 | 18 | 22 | 26 | 24 | 41 | 40 | 35 | 33 | 44 | 33 | 33 | 29 |
| 7月上旬 | 20 | 22 | 30 | 16 | 19 | 6 | 10 | 12 | 9 | 11 | 7 | 13 | 8 | 7 | 18 | 21 | 25 | 26 | 42 | 39 | 32 | 50 | 32 | 20 | 13 |
| 6月下旬 | 14 | 9 | 12 | 3 | 4 | 6 | 5 | 3 | 3 | 2 | 3 | 7 | 5 | 8 | 9 | 8 | 10 | 16 | 20 | 19 | 33 | 37 | 23 | 15 |
| 6月中旬 | 5 | 6 | 7 | 4 | 2 | 4 | 2 | 0 | 5 | 0 | 4 | 1 | 8 | 10 | 6 | 7 | 6 | 11 | 10 | 10 | 9 | 10 | 3 | 5 |
| 6月上旬 | 5 | 4 | 3 | 1 | 3 | 2 | 2 | 5 | 4 | 6 | 3 | 3 | 8 | 1 | 7 | 7 | 9 | 8 | 7 | 5 | 3 | 5 |  |  |
| 5月下旬 | 0 | 0 | 0 | 0 | 0 | 0 | 1 | 1 | 4 | 1 | 3 | 1 | 2 | 2 | 5 | 4 | 0 | 2 | 2 | 2 | 5 | 5 | 0 | 0 |
| 5月中旬 | 0 | 0 | 0 | 2 | 0 | 0 | 0 | 0 | 0 | 0 | 0 | 0 | 3 | 4 | 1 | 0 | 2 | 6 | 2 | 1 | 3 |  |  |  |
| 5月上旬 | 0 | 2 | 4 | 1 | 0 | 0 | 1 | 0 | 0 | 1 | 0 | 0 | 0 | 1 | 0 | 1 | 0 | 1 | 0 | 2 | 5 | 1 | 1 | 0 |

图 1.2.9  2001—2019 年短时强降水出现时间分布(单位:站次)

# 第 2 章　河北省强对流天气的概念模型

## 2.1　河北省强对流天气的天气学分型

华北地区是夏季影响我国中东部冷空气的主要活动地带,且西南或东南暖湿气流很容易到达本区域,形成强烈干冷空气与暖湿空气的对峙,带来雷暴大风、冰雹、短时强降水等强对流天气。按照 1.1.2 节确定的标准,选择资料相对完整、灾情严重的个例进行分析,具体步骤如下:(1)选取强对流天气发生之前最近时次的 MICAPS 高空、地面观测资料,分析引发河北省境内强对流天气的主要影响系统;(2)根据天气系统的演变进行中尺度环境条件分析;(3)利用卫星云图及多普勒天气雷达回波的 PPI 显示及剖面产品分析中小尺度系统的结构特征。

参考孙继松等(2014)对中国不同区域各类强对流天气的形势配置,将天气个例按照"高空冷平流强迫类""低空暖平流强迫类""斜压锋生类"和"准正压类"四个大类进行划分,结合影响河北地区的高空、地面天气系统以及环境条件配置,归纳河北省强对流天气的概念模型及主要特点。

### 2.1.1　高空冷平流强迫类

500 hPa 主要影响系统包括冷涡、冷涡冷槽、横槽、冷温槽等,其共同特点是以中高层冷空气入侵为主,500 hPa 常伴有超过 20 m·s$^{-1}$ 的西北风大风速核,导致层结不稳定增大(图 2.1.1a)。

(1)冷涡。深厚的高空冷性涡旋,是造成华北地区强对流的重要天气系统,表现为冷涡移动缓慢,强对流天气则表现为"反复"出现。其基本配置结构为 500 hPa 高空河北附近存在闭合低压并伴有冷中心,700 hPa 或 850 hPa 有时可以分析出冷涡,有时表现为低槽区。地面常表现为冷锋或副冷锋南下,冷锋前有地面低压或辐合中心。卫星红外云图上表现为明显的螺旋云带特征。

(2)冷涡冷槽。与冷涡相似,只是 500 hPa 冷涡更偏北偏东,直接影响河北的是与冷涡相连的冷槽,槽后常伴有 20 m·s$^{-1}$ 的西北风强风速核。

(3)横槽或冷温槽。蒙古冷涡或东北冷涡后部横槽下摆叠加在低层暖脊之上带来强对流天气。

### 2.1.2　低空暖平流强迫类

500 hPa 主要影响系统包括西北气流、偏西气流或短波槽,其主要特点是 700 hPa 以下常伴有超低空西南风或东南风急流,低层暖平流加强导致层结不稳定(图 2.1.1b)。

(1)西北气流。500 hPa 处于冷中心或冷舌、槽后西北气流控制,天气晴朗,低层气团变性迅速增暖,地面有低值系统发展。

(2)偏西气流或短波槽。500 hPa为平直的西风气流或可以分析出短波槽,但没有明显的冷平流,700 hPa以下有偏南气流发展加强,地面为低压或倒槽,强对流天气发生在暖区。

### 2.1.3 斜压锋生类

500 hPa主要影响系统为明显的高空槽。主要特点为槽后存在明显的冷平流,槽前存在强低空暖平流,槽前的西南或东南气流有时能达到急流强度,锋区斜压性大,地面常伴有冷锋(图2.1.1c)。强对流天气发生在锋前暖区和冷锋附近。与冷涡型相比,高空槽具有快速移动的特点,强对流天气表现为"一过性"。

### 2.1.4 准正压类

500 hPa主要影响系统为副热带高压或热带系统,主要特点为单一暖气团控制,大气处于准正压状态(图2.1.1d)。

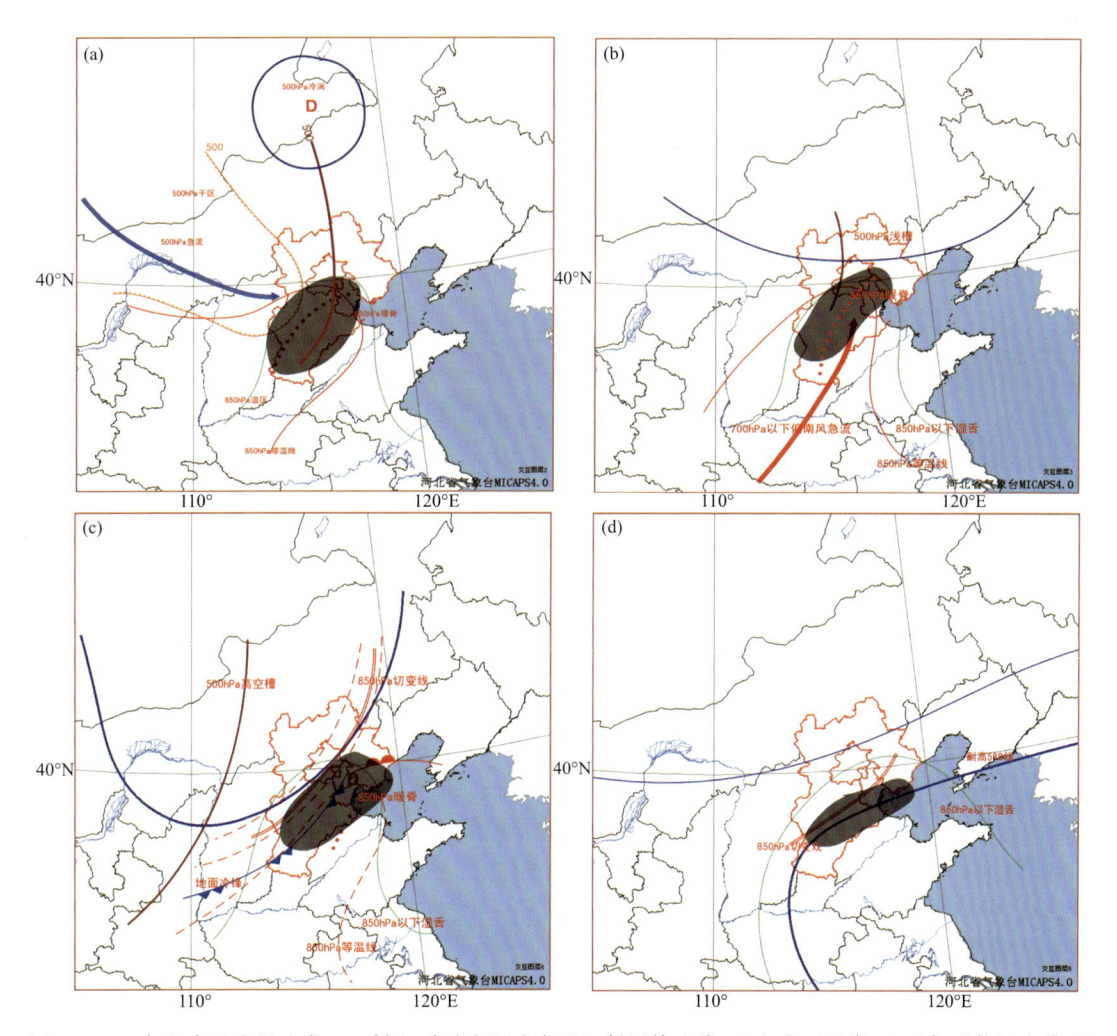

图2.1.1 高空冷平流强迫类(a)、低空暖平流强迫类(b)、斜压锋生类(c)和准正压类(d)天气形势概念模型

## 2.2 河北省强对流天气监测预警指标

### 2.2.1 产生雷暴大风的风暴类型

参照俞小鼎等(2020)的对流风暴分类方法,将河北省产生雷暴大风的对流风暴划分为单单体风暴、多单体风暴、飑线、超级单体风暴、弓形(或带状)回波共 5 种类型。为避免重复,当对流风暴包含上述两种以上类型时,具体分类原则按照以下三条执行:

(1)多单体风暴含飑线时计为飑线,飑线内含弓形回波或超级单体时计为飑线;

(2)排除飑线,多单体风暴含超级单体时计为超级单体风暴,多单体既含超级单体又含弓形回波时计为弓形回波;

(3)多单体风暴含弓形(或带状)回波时计为弓形回波。

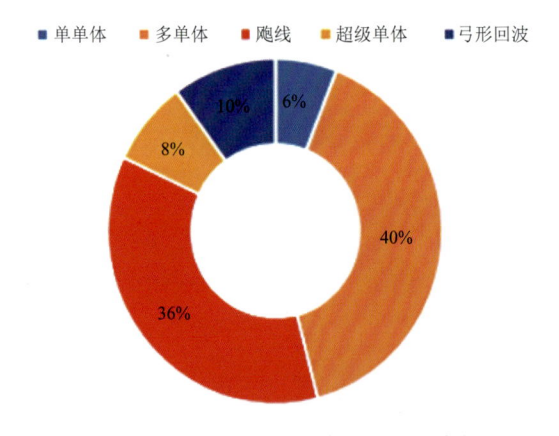

统计发现(图 2.2.1),河北省产生雷暴大风的风暴类型中,多单体风暴出现最多,占 40%,其次是飑线,占 36%,弓形(或带状)回波占 10%,超级单体风暴占 8%(均包含于多单体风暴中),单单体风暴仅占 6%。飑线和超级单体风暴出现区域性雷暴大风的概率最高。

图 2.2.1 河北省产生雷暴大风的风暴类型

### 2.2.2 雷暴大风的典型雷达特征

1. 雷达回波特征

(1)钩状回波:在强降水回波的一侧,出现一个弯曲的钩。它是一个超级单体风暴,常产生冰雹、龙卷、下击暴流等强对流天气。

(2)弓形回波:可以是呈线状排列的单体族,前后边缘呈弧形,像一张弓,其中心回波强度>50 dBZ,常产生雷暴大风、冰雹、短时强降水、下击暴流甚至龙卷。风暴单体也可以形成小弓形回波,它常常会伴有大风天气。

(3)V 形缺口回波:多普勒天气雷达强度回波图上,超级单体中由于强的入流或出流造成 V 形无回波区或弱回波。前侧 V 形缺口回波表明强的入流气流;后侧 V 形缺口回波表明强的下沉气流,并可产生破坏性大风。

(4)三体散射和旁瓣回波:在 S 波段雷达反射率强度图上径向方向的一个长钉状回波,是雷达波束遇到非常大的湿冰雹区时发生的雷达微波散射假象,在垂直于径向方向的长钉状回波则是旁瓣回波,是识别大冰雹存在的一个重要判据。冰雹天气常常伴有大风出现,因此可将其作为判断产生灾害性雷暴大风出现的依据。

(5)阵风锋:阵风锋在雷达反射率因子图上表现为一条直线状或弧状的弱窄带回波,其强度一般小于 20 dBZ。常见于低仰角(0.5°、1.5°)反射率因子图上,它是强风暴前沿出流辐合达到一定强度时出现的。与移动的强对流回波相伴出现的弱窄带回波是地面大风预警的重要判据之一。

(6)有界弱回波区(BWER)/弱回波区(WER)。回波的强中心上下层位置的配置,回波顶相对于低层反射率因子的位置可以很好地指示对流风暴的强弱。当一个风暴加强到超级单体阶段,其上升气流变成基本竖直,回波顶移过低层反射率因子的高梯度区而位于一个持续的有界弱回波区(BWER,传统上称为穹窿)之上。有界弱回波区是被中层悬垂回波所包围的弱回波区,它是包含云粒子但不包含降水粒子的一个强上升气流区。这一区域的垂直运动最强,因此容易出现地面大风。

2. 雷达径向速度特征

(1)中气旋:正(负)速度中心离开雷达的距离相等,沿径向呈方位对称,中间有一条"0"速度线,负中心和负速度区在雷达探测方向的左侧,正中心和正速度区在雷达探测方向的右侧。雷达显示软件 PUP 系统中,中气旋(M60)的识别原理是在等距离圆上寻找速度的一致增加段,然后再进行归并、分类。中气旋符号若连续出现两次以上时,可能出现雷暴大风或龙卷等强灾害天气。

(2)中尺度辐合/辐散的特征:正(负)速度中心在同一条径线上,呈距离对称。负速度中心和负速度区在靠近雷达一侧,正速度中心和正速度区在远离雷达一侧,这就是中尺度辐散。俞小鼎等(2020)通过研究发现,0.5°仰角在雷达测站半径 50 km 范围的纯辐散是有下击暴流发生的标志;在风暴顶出现纯辐散时,预示风暴发展旺盛,地面可能出现灾害性大风。负速度中心和负速度区在远离雷达的一侧,正速度中心和正速度区在靠近雷达的一侧,则为中尺度辐合。当中层(2.4°~4.3°仰角,3~6 km 高度)出现纯中尺度辐合时,形成中尺度径向辐合(MARC),是出现灾害性大风的标志。

(3)低层径向速度大值区:是指径向速度绝对值大于等于 $17\ m\cdot s^{-1}$ 的区域。它常出现在尺度超过 100 km 的大范围风暴群的速度产品上,尤其在弓形回波上最常见(图2.2.2)。

综合上述对雷达资料的分析,绘制雷暴大风的雷达决策树如图2.2.3所示。

## 2.2.3　冰雹的典型雷达特征

1. 雷达回波特征

(1)冰雹回波常表现为多单体风暴,其中有超级单体,呈块状或带状分布,边界光滑,梯度大。当回波中心强度超过 65 dBZ,回波顶高(ET)≥12 km,垂直积分液态水含量(VIL)≥55 $kg\cdot m^{-2}$ 时,常有大冰雹出现;当回波中心强度≥50 dBZ,ET≥10 km,VIL≥30 $kg\cdot m^{-2}$ 时,不排除小冰雹发生的可能。

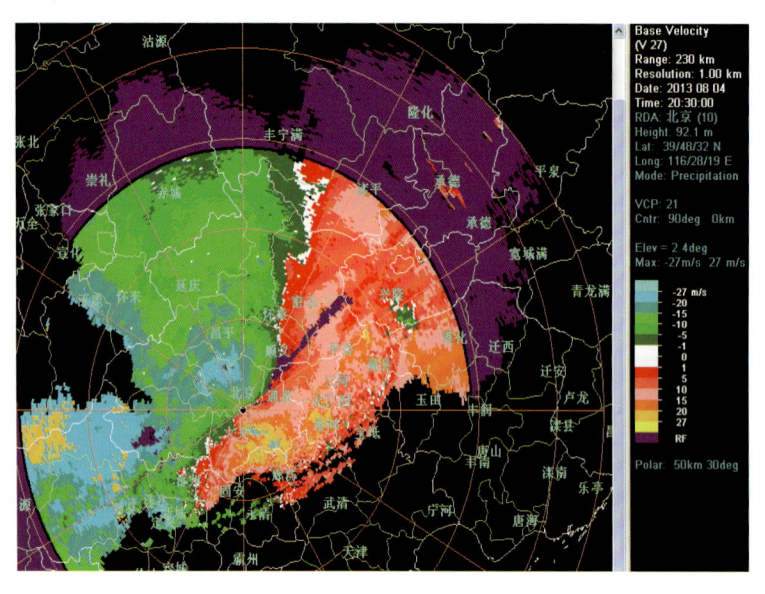

图 2.2.2　伴随带状回波出现的速度大值区

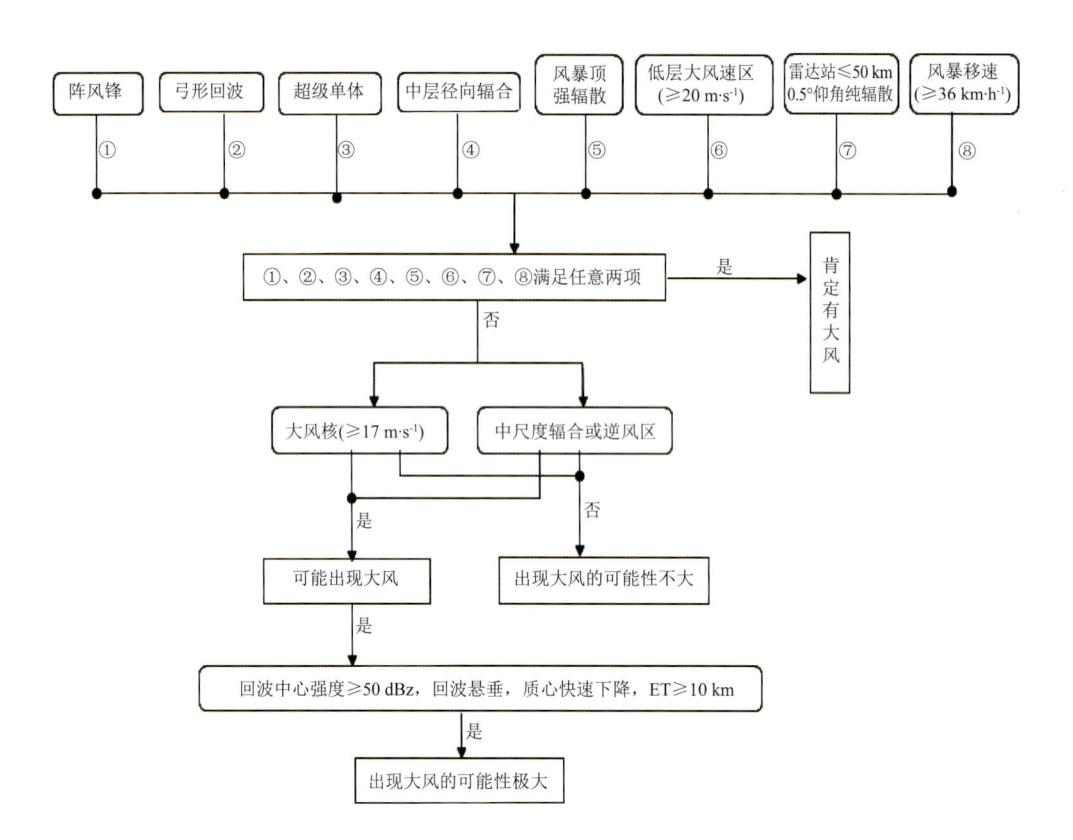

图 2.2.3　河北省雷暴大风雷达指标决策树

(2)三体散射和旁瓣回波是大冰雹出现的必要条件,二者多发生在1.5°仰角上。如果有三体散射、旁瓣回波任意一种特征出现,且出现的高度<1 km时,此时已有降雹;如果高度>2.5 km,考虑此时冰雹还没落地,应及时发布预警信息。

(3)统计分析表明,在雹暴单体预报中使用冰雹指数,提前量在30 min以上的占70%,说明冰雹指数能够有效地提高冰雹预警提前量。当冰雹指数为▲时,95%测站观测到降雹;为△时,也应引起一定重视,结合强度、速度、回波顶和含水量产品综合分析,通过联防确定是否有冰雹发生,为下游预警提供依据。

(4)VIL值及变化可以更精确地判别冰雹的尺寸。VIL<35 kg·m$^{-2}$(粉色变黄色),跃增≥10 kg·m$^{-2}$,注意有冰雹发生;VIL≥35 kg·m$^{-2}$(黄色变绿色),跃增≥5 kg·m$^{-2}$,有直径10 mm以上冰雹;VIL>50 kg·m$^{-2}$(深红色,甚至紫色)且维持超过3个体扫,有直径20 mm以上大冰雹。

(5)风暴追踪信息能够较好地反映对流单体的移动路径,可以根据强环境风场粗略估计移动方向。500 hPa图上位于河北中南部上游的河套东部地区,至少有两个高空站的风速≥16 m·s$^{-1}$,则冰雹路径可沿着此大风速带移动,多为西北—东南走向;其他情况下,风暴会向着有利于风暴维持发展加强的高能区移动。

2. 闪电分布特征

统计分析冰雹降落站点周围100 km范围内的闪电分布,发现正地闪对于雹云的识别具有显著的指示作用,可以辅助确定冰雹的具体落区。

(1)出现冰雹天气时,会伴随着雷电天气的发生,并且每次都伴有正地闪出现。

(2)雷电主要出现在冰雹发生前1 h到冰雹结束后1 h。冰雹出现前0.5~1 h和发生时0~0.5 h闪电频次会有增多的趋势,且正地闪所占比重增大;在冰雹发生后,正地闪频次会迅速减少。

(3)冰雹发生时雷电强度可超过90 kA,雷电强度平均在40 kA(30~51 kA)时出现的频率较大。

(4)冰雹发生时陡度一般在7 kA·μs$^{-1}$附近出现频次跃升。

## 2.2.4 短时强降水的典型雷达特征

(1)回波以片絮状为主,水平尺度100~400 km。

(2)可能存在多个强回波中心:中心强度≥50 dBZ,回波顶高(ET)≥8 km,垂直累积液体水(VIL)≥25 kg·m$^{-2}$。

(3)有深厚持久的急流,急流厚度≥3 km。

(4)有中尺度的辐合线或中尺度辐合。

(5)对流单体的传播与移动方向夹角接近180°,存在明显的列车效应。

综合对雷达探测资料的分析,给出河北省冰雹和短时强降水的雷达探测资料决策树如图2.2.4所示。

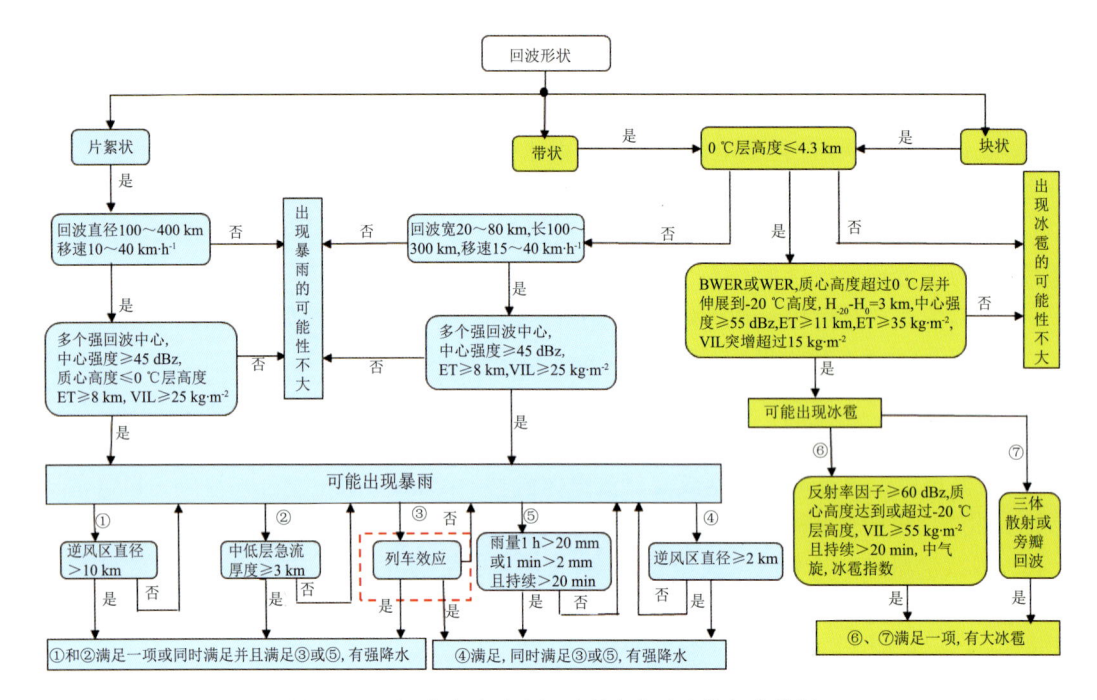

图 2.2.4　河北省冰雹和短时强降水雷达指标决策树

# 第 3 章　高空冷平流强迫类

## 3.1　2005 年 5 月 21 日大风

实况：强对流天气主要出现在河北省西部和南部（图 3.1.1a），以大风（19 站）为主（图 3.1.1b），并伴有小冰雹（1 站）（图 3.1.1c）。大风出现在 21 日 15—20 时。邢台临城 15:36 极大风速达 23 m·s$^{-1}$（9 级），衡水安平 15:18 极大风速达 17 m·s$^{-1}$（7 级），石家庄元氏 16:56 极大风速达 17 m·s$^{-1}$（7 级）。保定满城最大冰雹直径为 0.1 cm（16:43）。

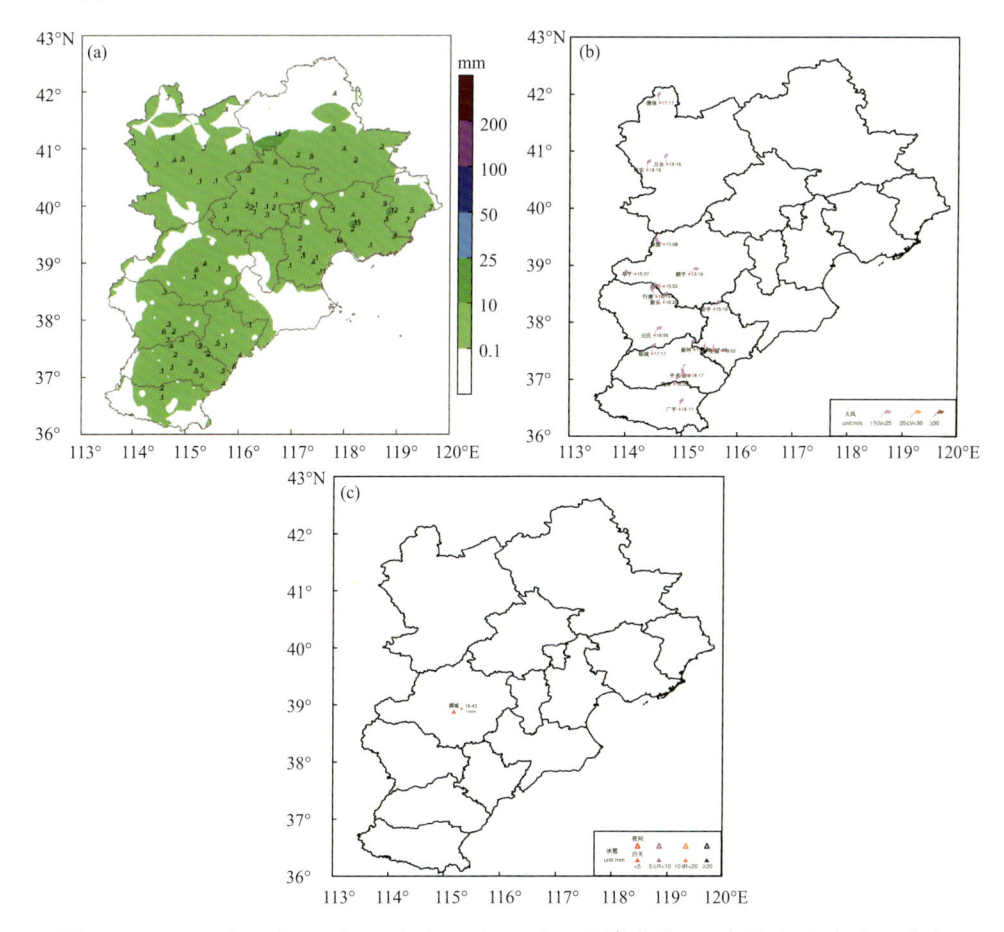

图 3.1.1　2005 年 5 月 21 日 08 时至 22 日 08 时 24 h 降水量(a)、大风(b)和冰雹(c)分布

**主要影响系统**：500 hPa 高空槽、850 hPa 切变线、地面冷锋。

**系统配置及演变**：500 hPa 高空槽位于河北西侧，配合有明显的冷槽，河北省南部有一中空急流。同时，河北省南部 850 hPa 有暖脊，不稳定性增强；地面冷锋自北向南移动（图 3.1.2）。

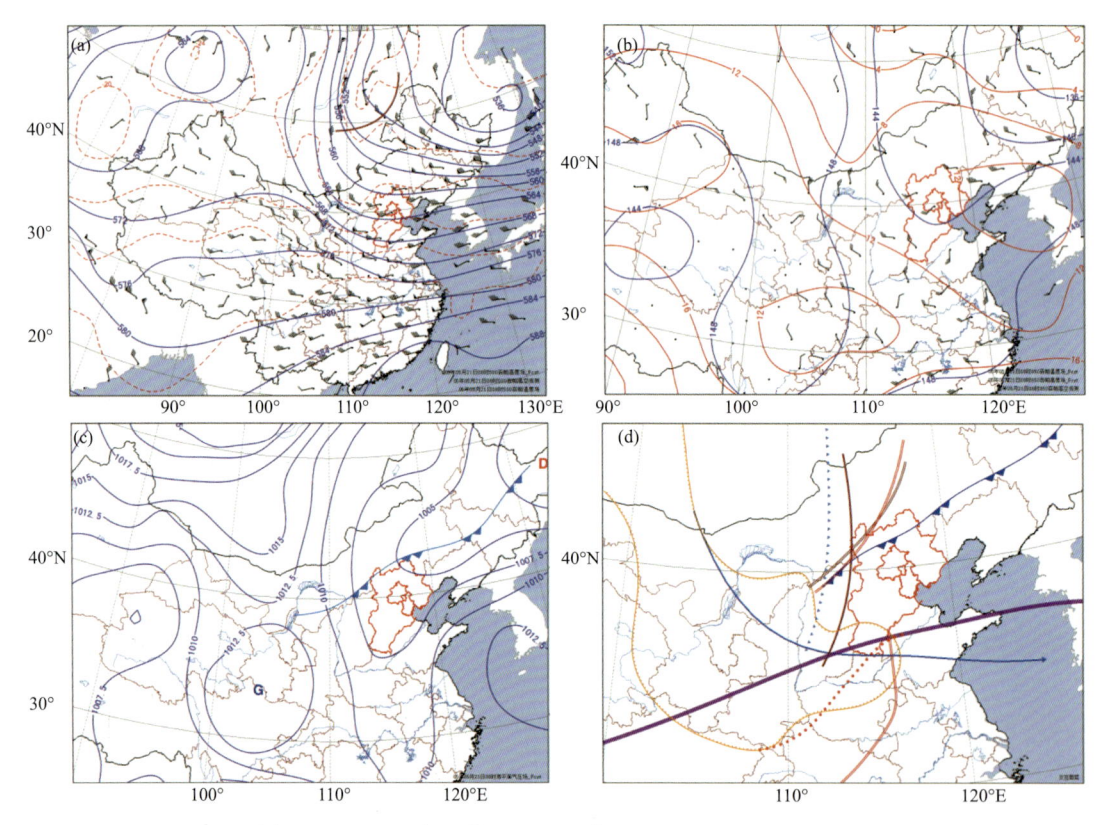

图 3.1.2　2005 年 5 月 21 日 08 时 500 hPa(a)、850 hPa(b)、
地面(c)天气形势和中尺度分析(d)

从邢台探空资料分析（图 3.1.3b），5 月 21 日 08 时的环境条件有利于雷暴大风的产生：(1) 08 时邢台探空下沉对流有效位能达到 875.7 J·kg$^{-1}$，850 hPa 和 500 hPa 的温差达到 28 ℃（图 3.1.3a）；(2) 利用 14 时资料订正探空后对流有效位能达到 222 J·kg$^{-1}$（图 3.1.3b）；(3) 500 hPa 有一超过 20 m·s$^{-1}$ 中空急流存在，850 hPa 到 500 hPa 垂直风切变达到 18 m·s$^{-1}$（图 3.1.3c）。

石家庄雷达 VWP 图上，14:00 以后在 1 km 以下西北风有所加强（图 3.1.4）。

石家庄雷达 0.5°仰角反射率因子图上，16:43 石家庄元氏北有一较强对流单体南压，其最大反射率因子超过了 65 dBZ，对应的 0.5°径向速度最大值超过 26 m·s$^{-1}$。16:55 强回波中心移动到元氏县城附近，0.5°仰径向速度达到 26.5 m·s$^{-1}$。其后回波继续南压并逐渐减弱。16:55 位于元氏的回波单体 18 dBZ 回波顶高为 8 km，VIL 为 26 kg·m$^{-2}$（图 3.1.5～3.1.7）。

第 3 章 高空冷平流强迫类

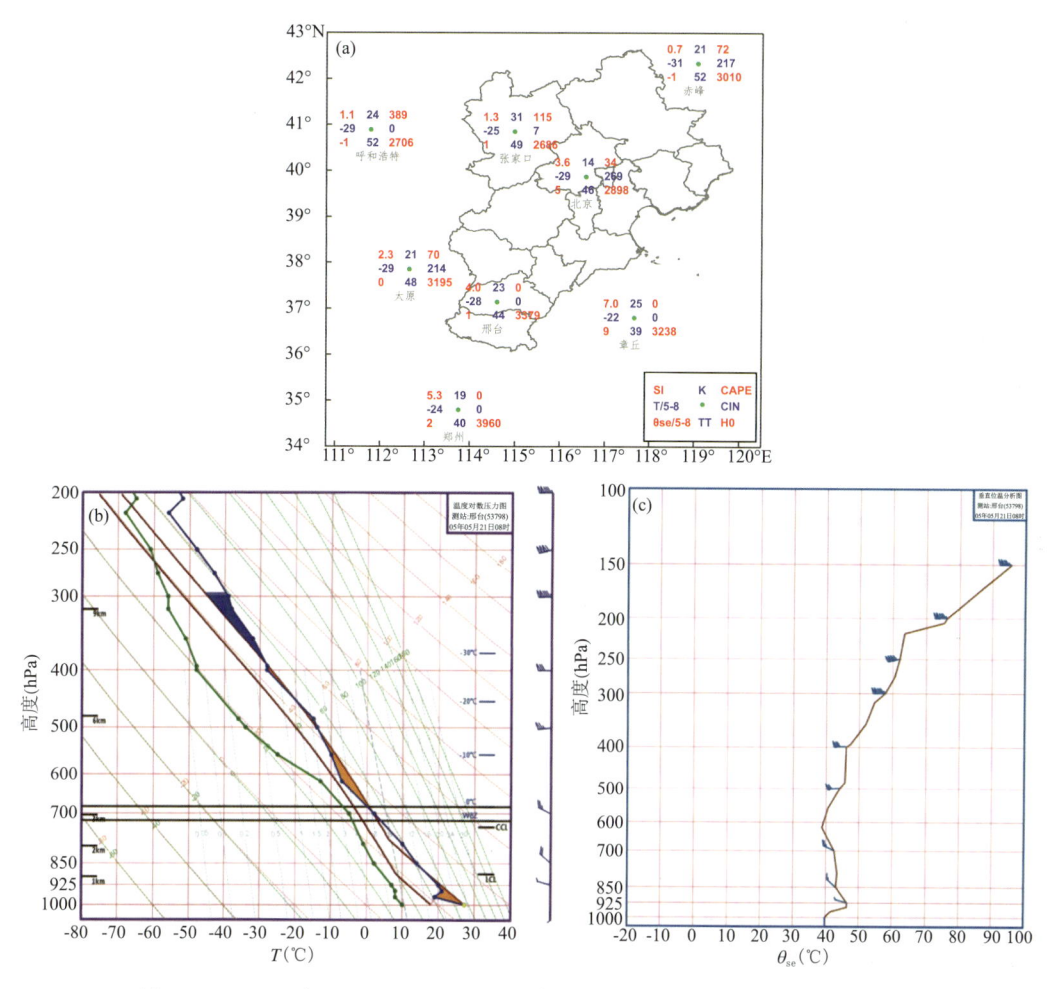

图 3.1.3 2005 年 5 月 21 日 08 时对流参数和特征高度分布(a)、53798(邢台)
$T$-$\ln p$ 订正图(b)和假相当位温变化(c)

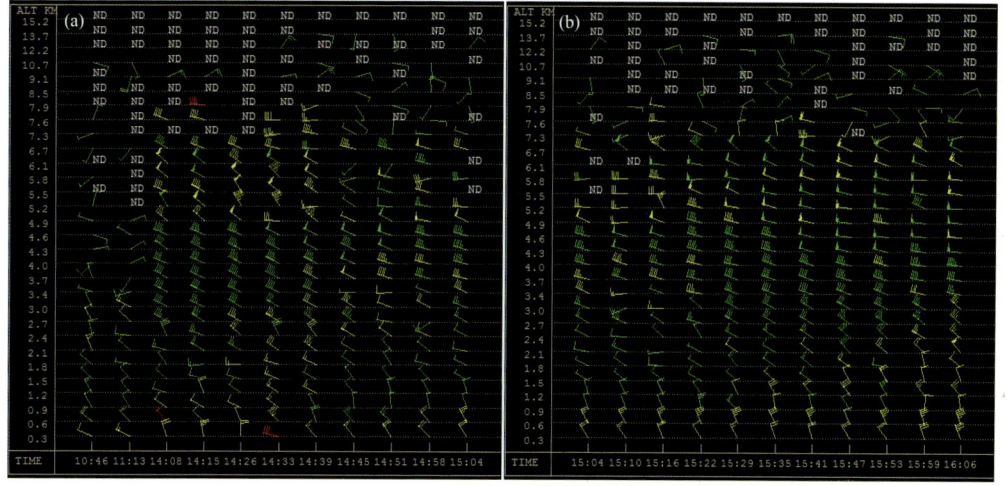

图 3.1.4 2005 年 5 月 21 日 14:00—16:00 石家庄雷达 VWP 演变

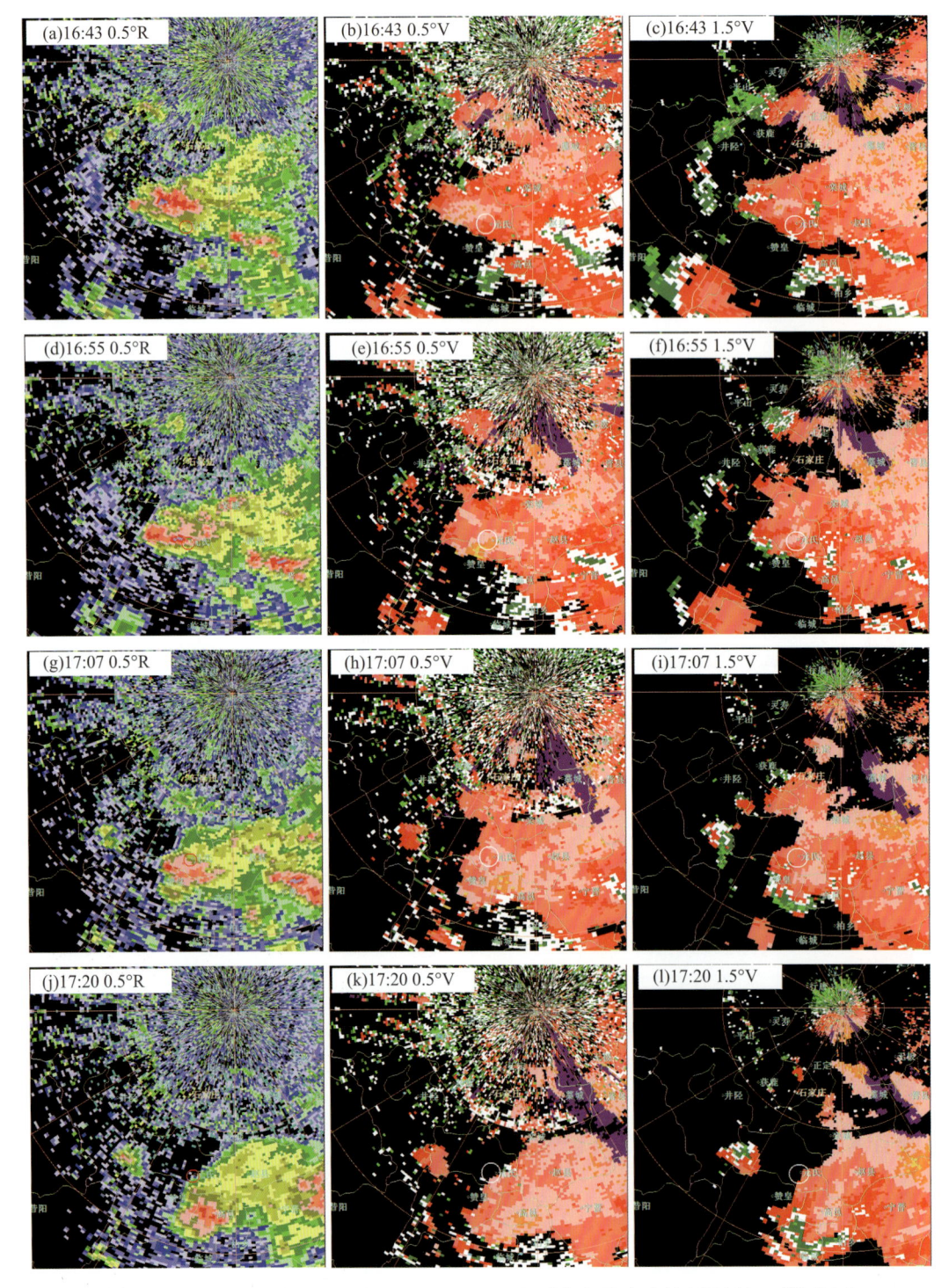

图 3.1.5　2005 年 5 月 21 日 16:43—17:20(a~l)石家庄雷达反射率因子(0.5°仰角)和平均径向速度(0.5°和 1.5°仰角)PPI(图中○为石家庄元氏位置)

第 3 章　高空冷平流强迫类

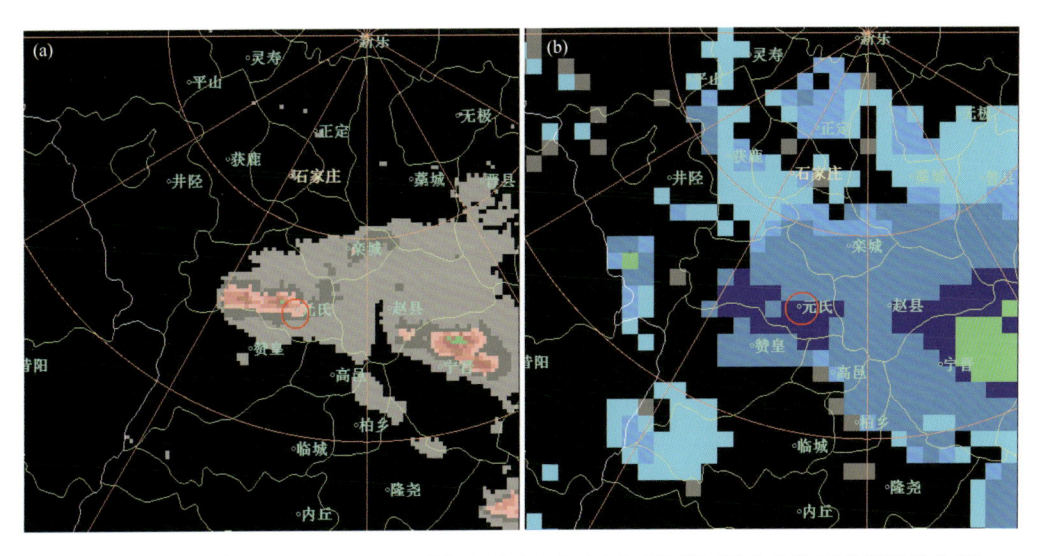

图 3.1.6　2005 年 5 月 21 日 16:55 石家庄雷达 VIL(a) 和 ET(b)(图中○为石家庄元氏位置)

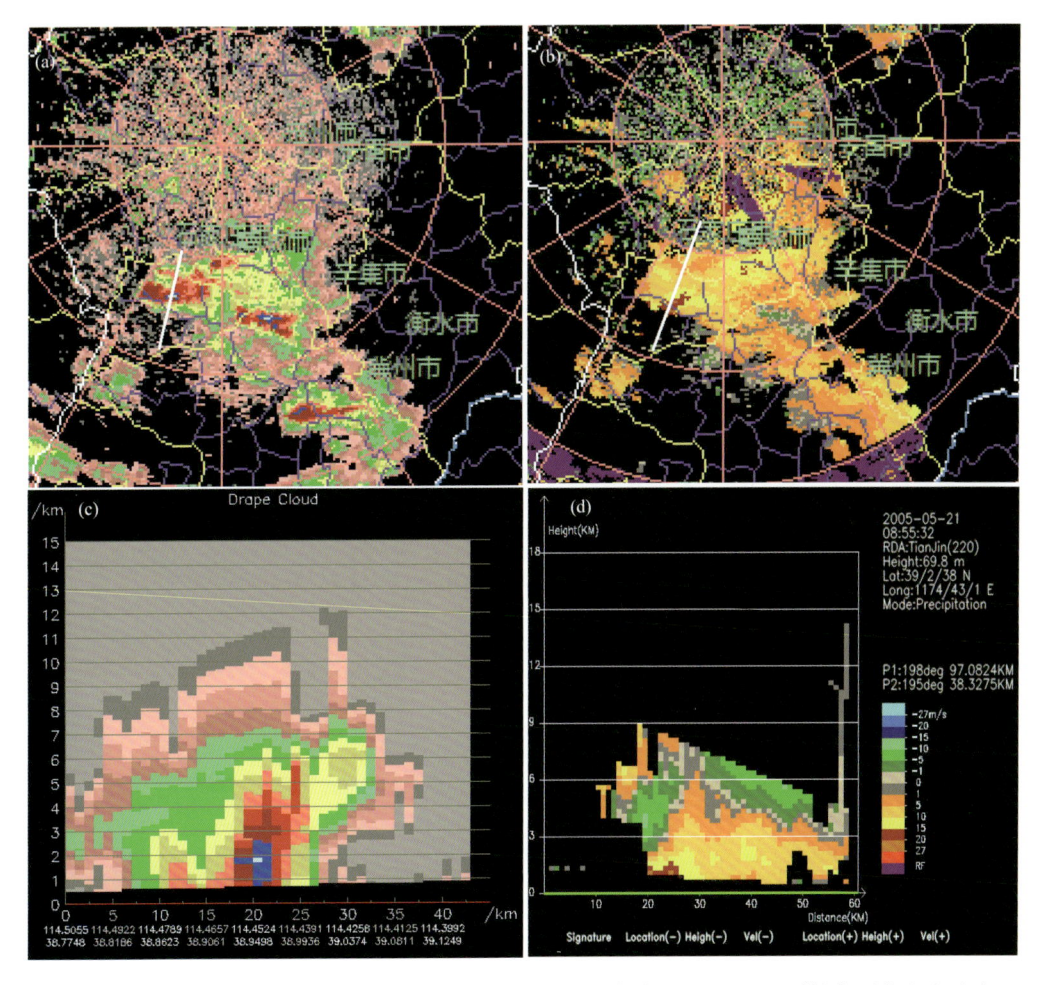

图 3.1.7　2005 年 5 月 21 日 16:55 石家庄雷达 0.5°仰角反射率因子(a)和 0.5°仰角平均径向速度(b)以及沿图中实线的反射率因子垂直剖面(c)和平均径向速度垂直剖面(d)

## 3.2 2005年6月10日大风冰雹

**实况**：强对流天气主要出现在河北省南部（图3.2.1a），以大风（28站）为主（图3.2.1b），并伴有冰雹（3站）（图3.2.1c），集中出现在10日15—19时。衡水枣强18:58极大风速达26 m·s$^{-1}$（10级），石家庄无极16:24极大风速达22 m·s$^{-1}$（9级）。衡水安平最大冰雹直径为1.0 cm（16:52），石家庄最大冰雹直径为0.9 cm（16:29）。

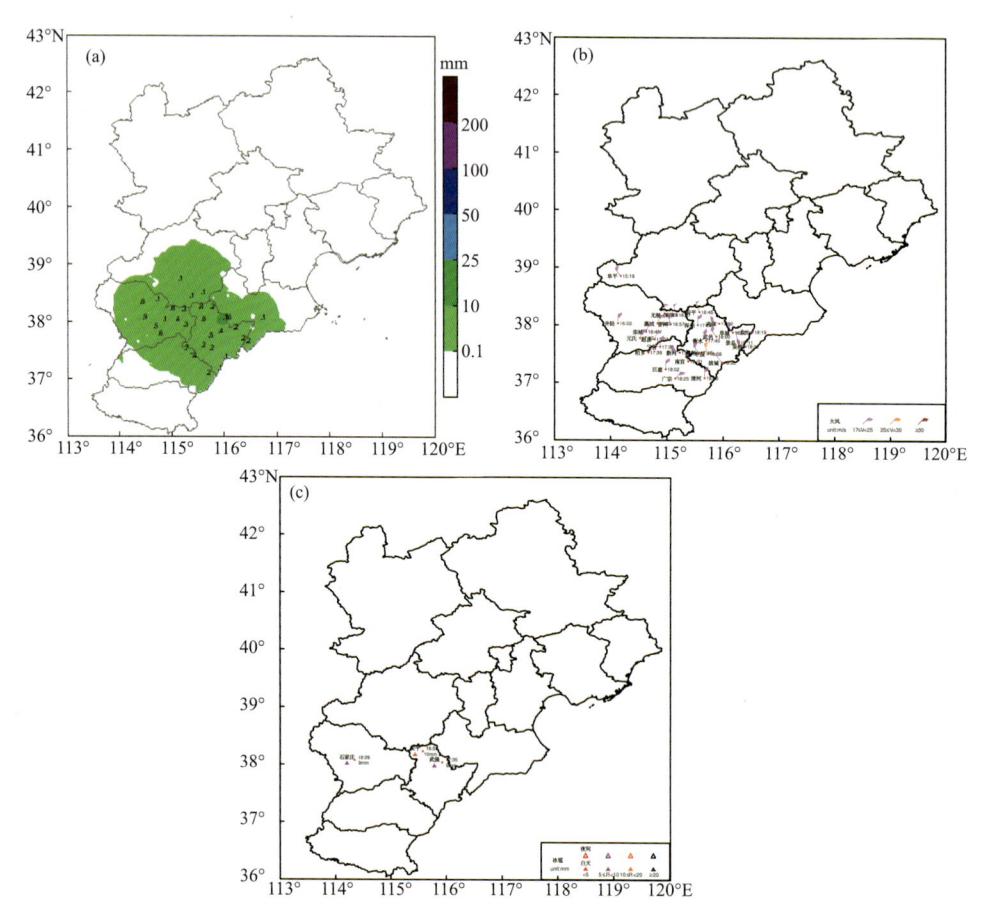

图3.2.1　2005年6月10日08时至11日08时24 h降水量(a)、大风(b)和冰雹(c)分布

**主要影响系统**：500 hPa冷温槽、850 hPa切变线、地面低压倒槽。

**系统配置及演变**：500 hPa低温槽携带干冷空气东移影响河北，配合河北中南部850 hPa暖脊、925 hPa湿区，不稳定性增强；850 hPa风切变以及地面低压倒槽，为不稳定能量的释放提供了有利的动力强迫（图3.2.2）。

从邢台探空资料分析（图3.2.3b），6月10日08时的环境条件有利于雷暴大风和冰雹的产生：(1)850～500 hPa大气温度直减率接近干绝热递减率；(2)900 hPa到700 hPa的下降了13 ℃，有一定的条件不稳定；(3)低层有浅薄湿层，地面露点温度为19 ℃；(4)08时850～500 hPa温差达到30 ℃，600 hPa的下沉对流有效位能为110 J·kg$^{-1}$，14时订正探空后对流有效位能达到2426 J·kg$^{-1}$（图3.2.3a）；(5)0～6 km的垂直风切变为

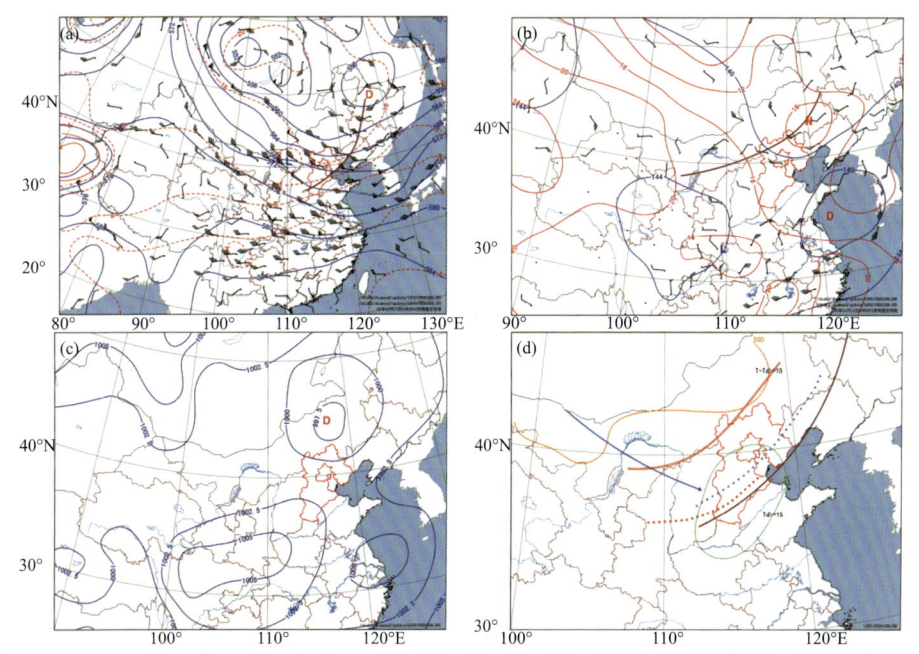

图 3.2.2　2005 年 6 月 10 日 08 时 500 hPa(a)、850 hPa(b)、地面(c)天气形势和中尺度分析(d)

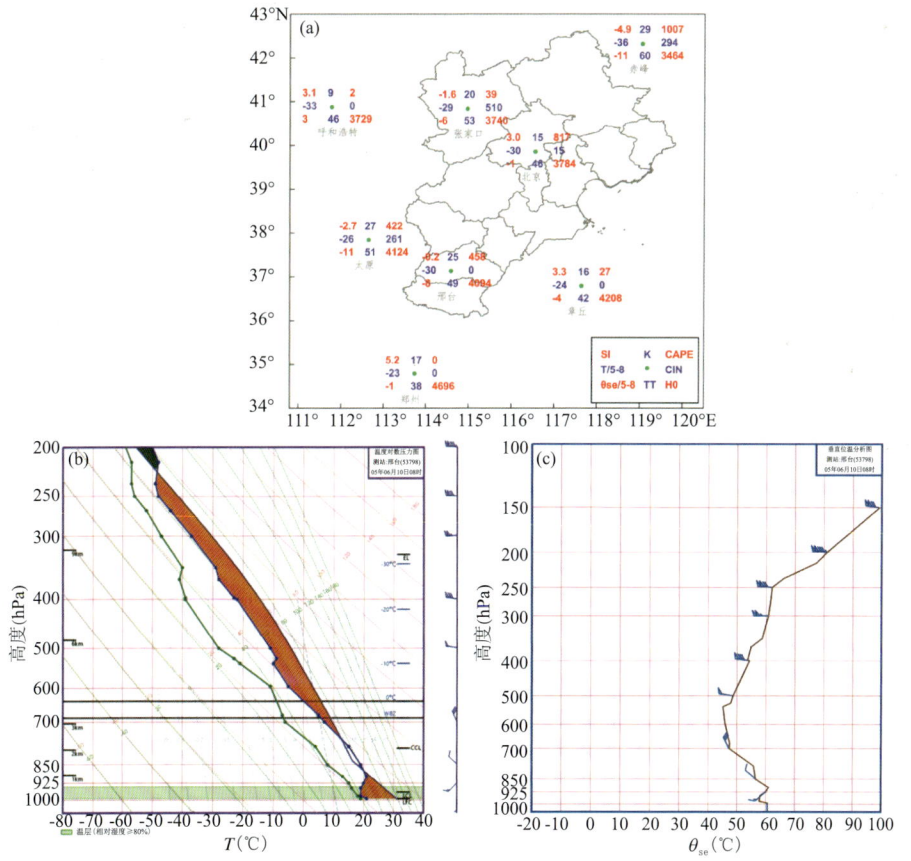

图 3.2.3　2005 年 6 月 10 日 08 时对流参数和特征高度分布(a)、53798(邢台)$T$-$\ln p$
订正图(b)和假相当位温变化(c)

20 m·s$^{-1}$(图 3.2.3c);(6)0 ℃层高度为 4.10 km,—20 ℃层高度为 7.09 km,有利于冰雹发生。

卫星云图上(图 3.2.4a、b),16:00—17:00 河北省中南部有孤立对流云团发展并向东南方向移动。石家庄雷达 VWP 上(图 3.2.4c、d),16:25 以后 6 km 高度左右 20 m·s$^{-1}$ 西北大风逐渐下传至 4 km 高度,垂直风切变逐渐增强。

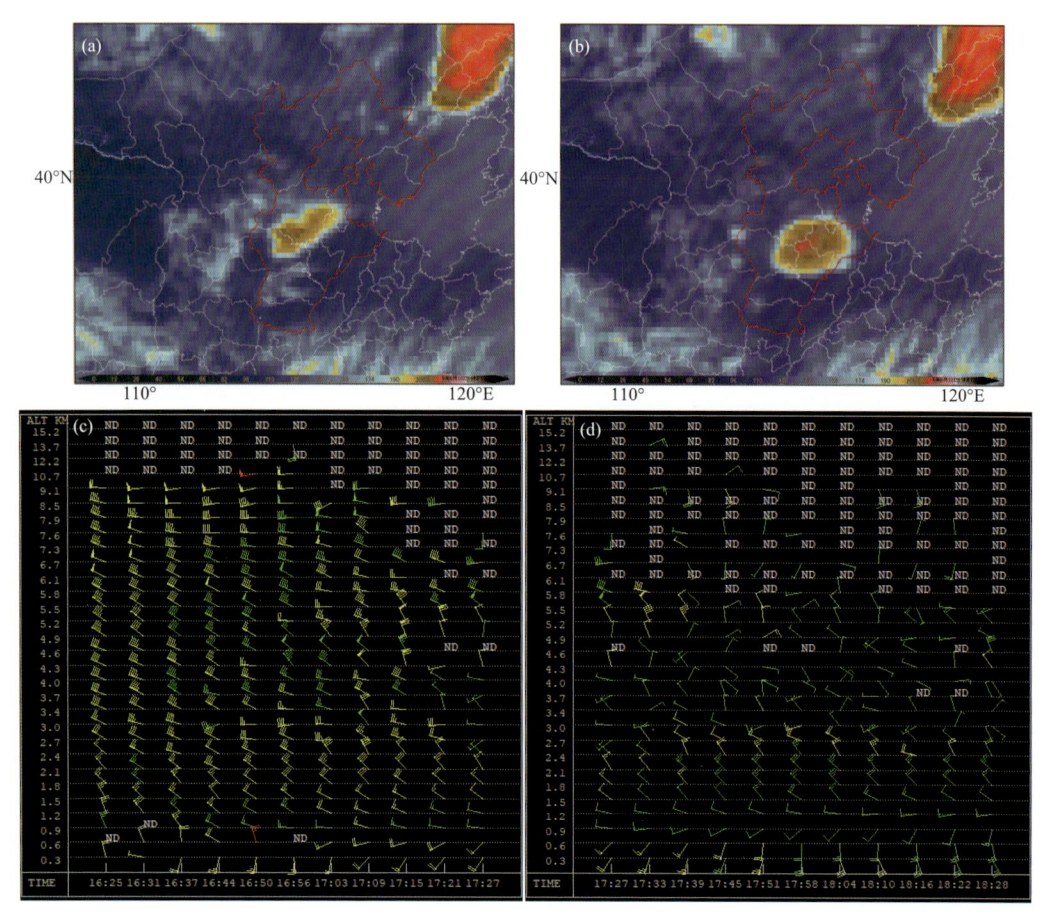

图 3.2.4 2005 年 6 月 10 日 16:00(a)和 17:00(b)FY-2C 卫星红外云图以及 16:25—18:28 石家庄雷达 VWP 演变(c、d)

雷达回波向东南方向移动并发展为飑线。0.5°仰角上飑线前方有阵风锋影响无极,对应 0.5°和 1.5°仰角平均径向速度达 27 m·s$^{-1}$;石家庄 0.5°仰角反射率因子核心强度最大达到 60 dBZ,18 dBZ 回波顶高为 12 km,VIL 为 38 kg·m$^{-2}$。需注意,受雷达静锥区影响 VIL 可能被低估(图 3.2.5~3.2.7)。

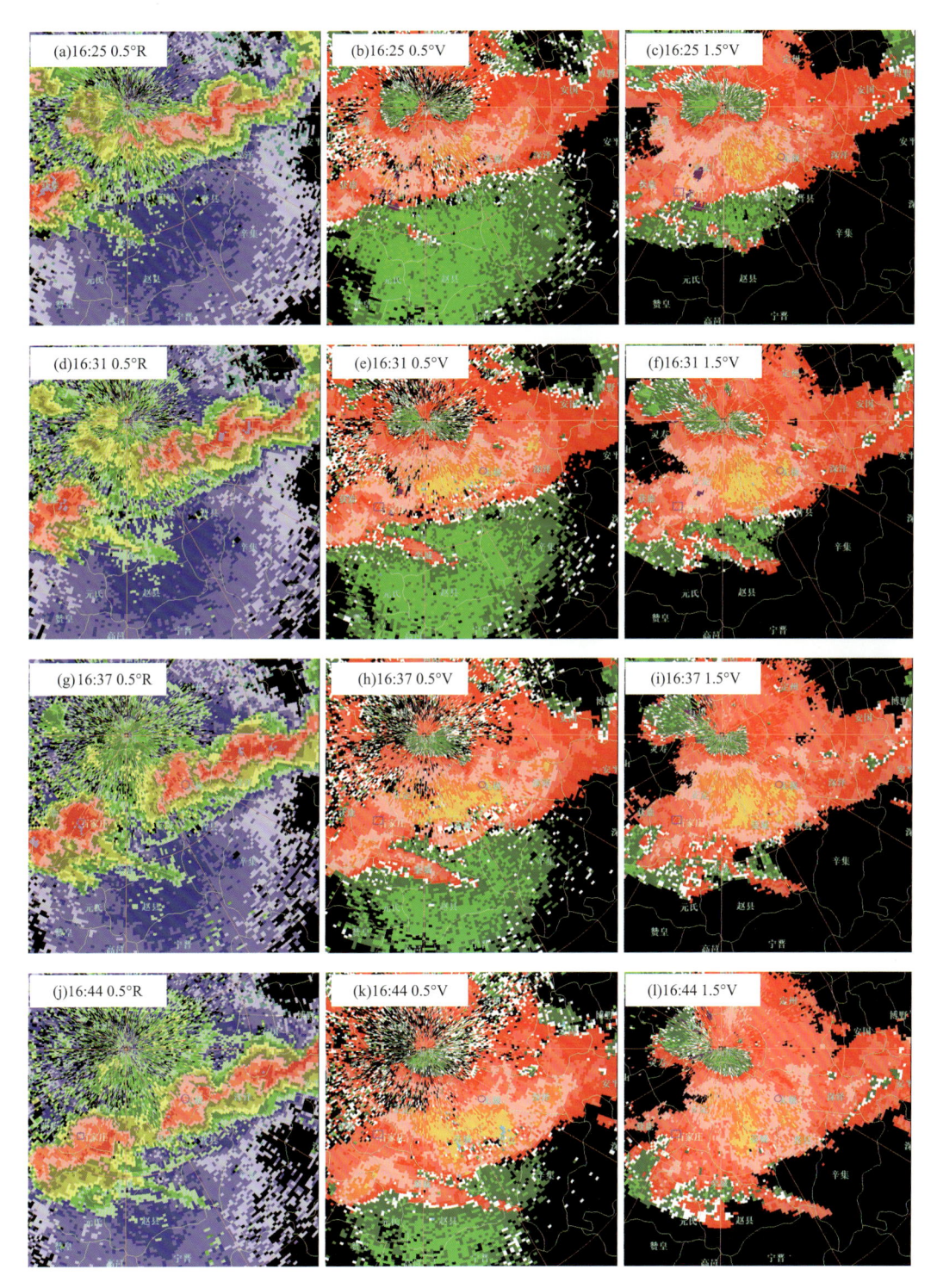

图 3.2.5 2005 年 6 月 10 日 16:25—16:44(a~l)石家庄雷达反射率因子(0.5°仰角)和平均径向速度(0.5°和 1.5°仰角)PPI(图中○为石家庄无极位置,□为石家庄位置)

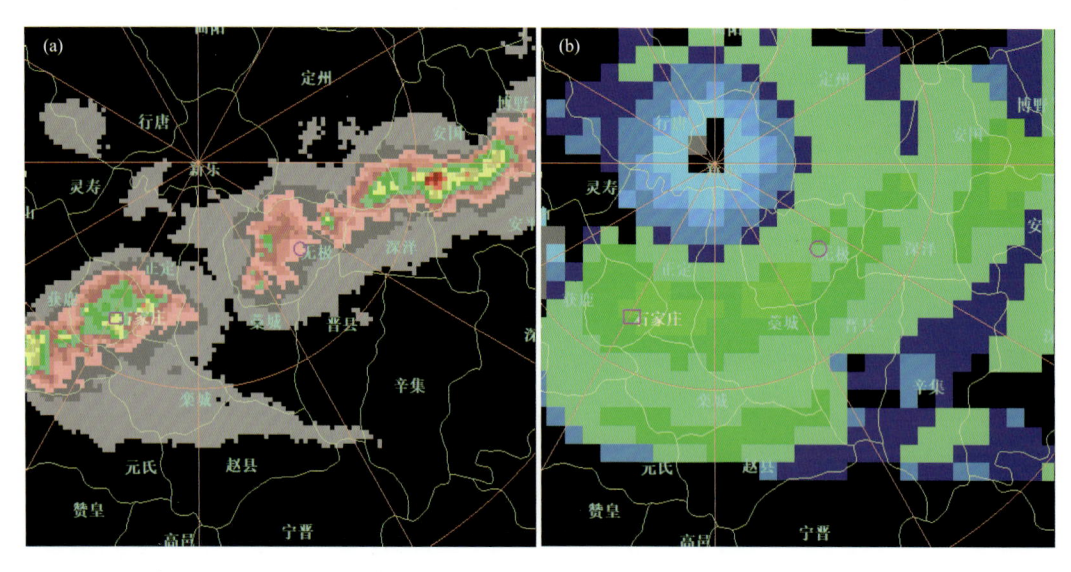

图 3.2.6　2005 年 6 月 10 日 16:31 石家庄雷达 VIL(a)和 ET(b)(图中○为石家庄无极位置,□为石家庄位置)

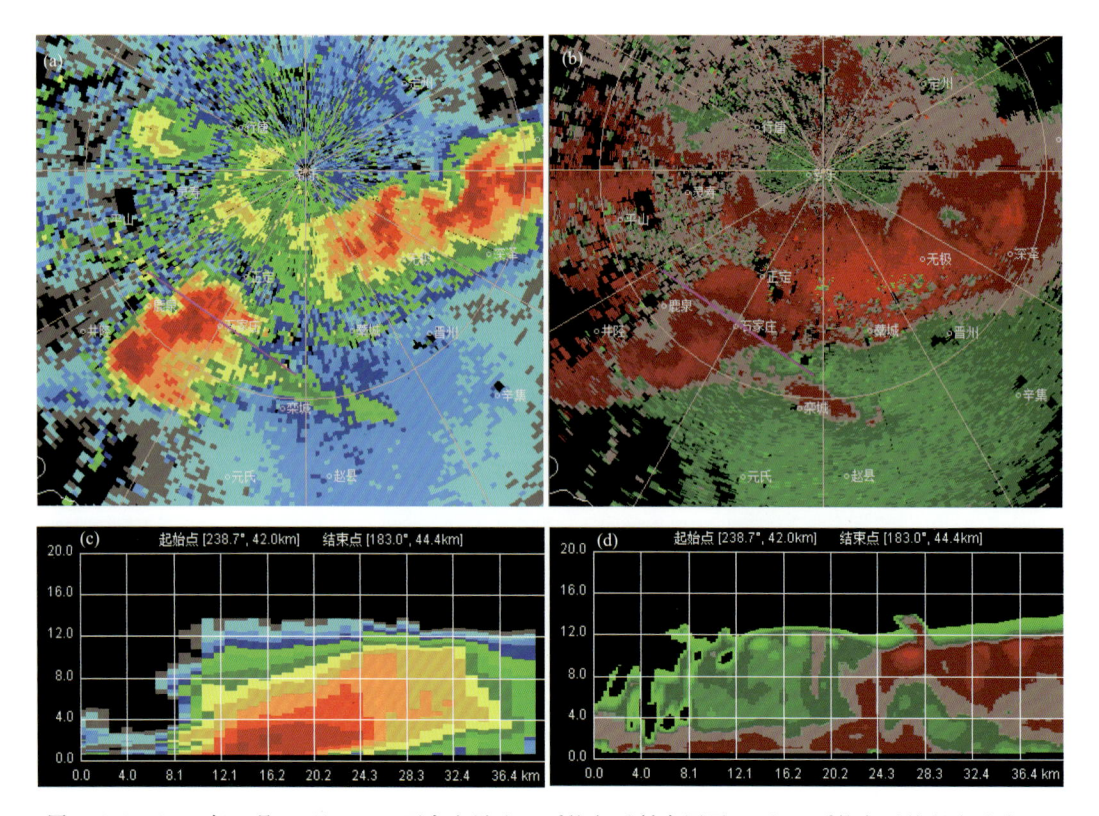

图 3.2.7　2005 年 6 月 10 日 16:31 石家庄雷达 0.5°仰角反射率因子(a)和 0.5°仰角平均径向速度(b)
以及沿图中实线的反射率因子垂直剖面(c)和平均径向速度垂直剖面(d)

## 3.3 2005年6月13日冰雹大风

**实况:** 强对流天气主要出现在河北中北部(图3.3.1a),以冰雹(19站)(图3.3.1c)和大风(24站)(图3.3.1b)为主,集中出现在13日11—19时。唐山丰润17:32瞬时极大风速达24 m·s$^{-1}$(9级)。保定涿州最大冰雹直径为1.8 cm(16:39),保定最大冰雹直径为1.6 cm(15:41)。

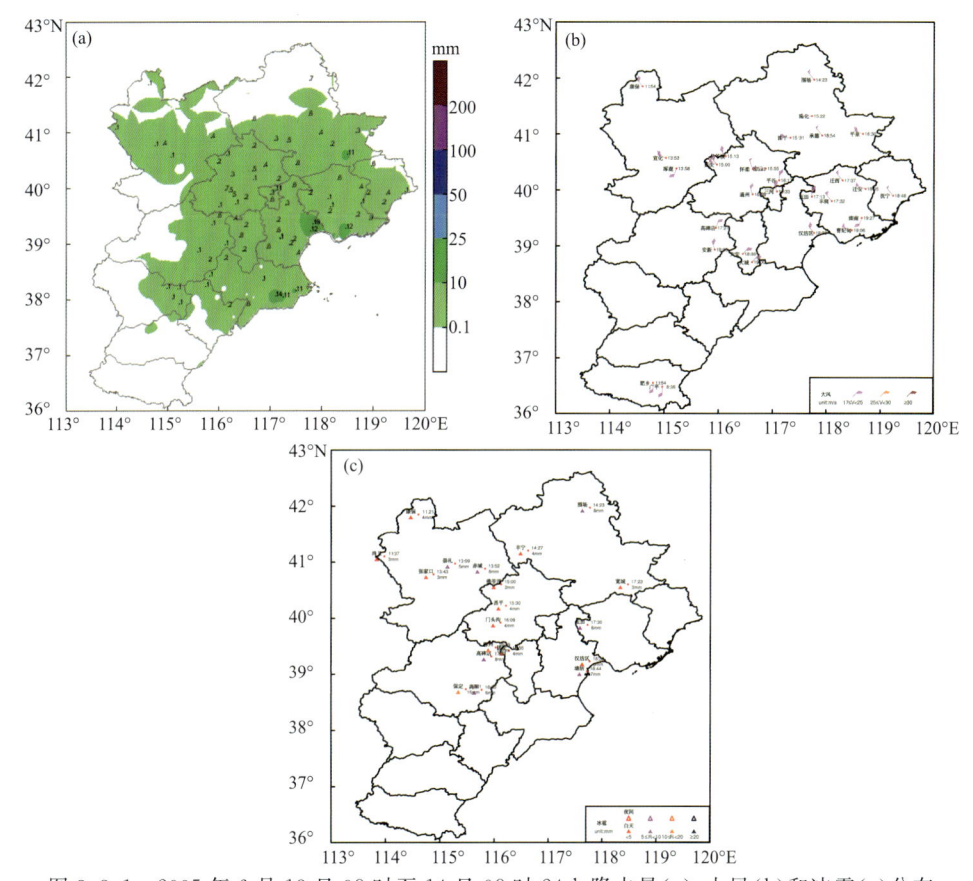

图3.3.1 2005年6月13日08时至14日08时24 h降水量(a)、大风(b)和冰雹(c)分布

**主要影响系统:** 500 hPa低涡低槽、850 hPa切变线、地面冷锋。

**系统配置及演变:** 500 hPa蒙古低涡底部低槽携带干冷空气东移影响河北省,配合850 hPa暖脊,不稳定层结增大;500 hPa偏西风大风速区(20 m·s$^{-1}$以上)影响河北省中北部,垂直风切变增强;500 hPa低槽、850 hPa切变线、地面辐合区为不稳定能量的释放提供了有利的动力强迫条件(图3.3.2)。

从张家口探空资料分析(图3.3.3b),6月13日08时的环境条件有利于雷暴大风和冰雹的产生:(1)近地面到600 hPa $\theta_{se}$下降了12 ℃,存在一定的条件不稳定;(2)650 hPa以下相对湿度较大,650 hPa以上相对湿度较小,温、湿度层结曲线形成向上开口的喇叭形状,"上干冷下暖湿"特征明显;(3)对流有效位能为460 J·kg$^{-1}$,对流抑制能量155 J·kg$^{-1}$(图3.3.3a);(4)0~6 km的垂直风切变为24 m·s$^{-1}$(图3.3.3c);(5)0 ℃层高度为3.71 km,−20 ℃层高度为6.43 km。

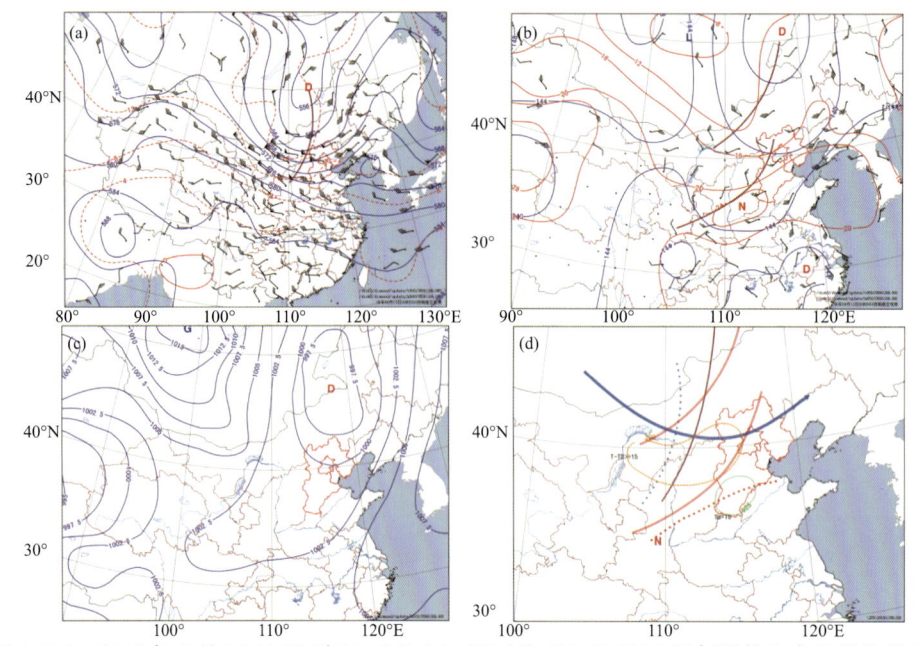

图 3.3.2  2005 年 6 月 13 日 08 时 500 hPa(a)、850 hPa(b)、地面(c)天气形势和中尺度分析(d)

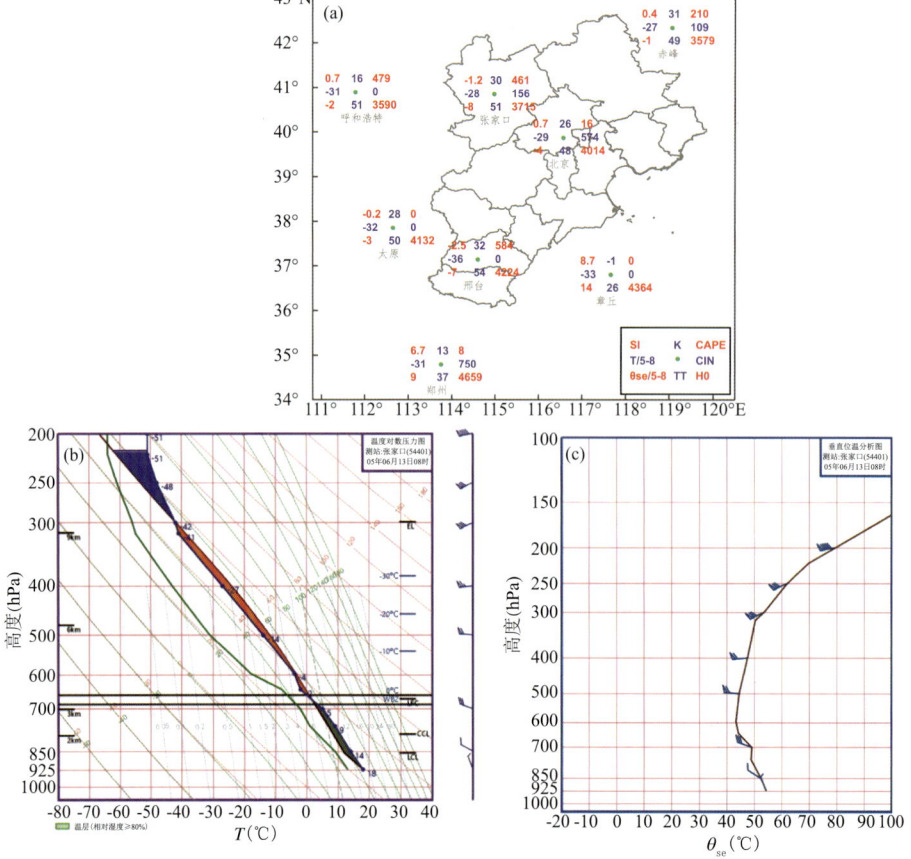

图 3.3.3  2005 年 6 月 13 日 08 时对流参数和特征高度分布(a)、54401(张家口)
$T$-$\ln p$ 图(b)和假相当位温变化(c)

卫星云图上(图 3.3.4a、b),15:00—17:00 低涡底部有带状对流云系东移并向南发展,南部云团边界逐渐光滑,云顶亮温快速降低。石家庄雷达 VWP 上(图 3.3.4c),16:10 以后,6 km 高度有 20 m·s$^{-1}$ 西北大风。

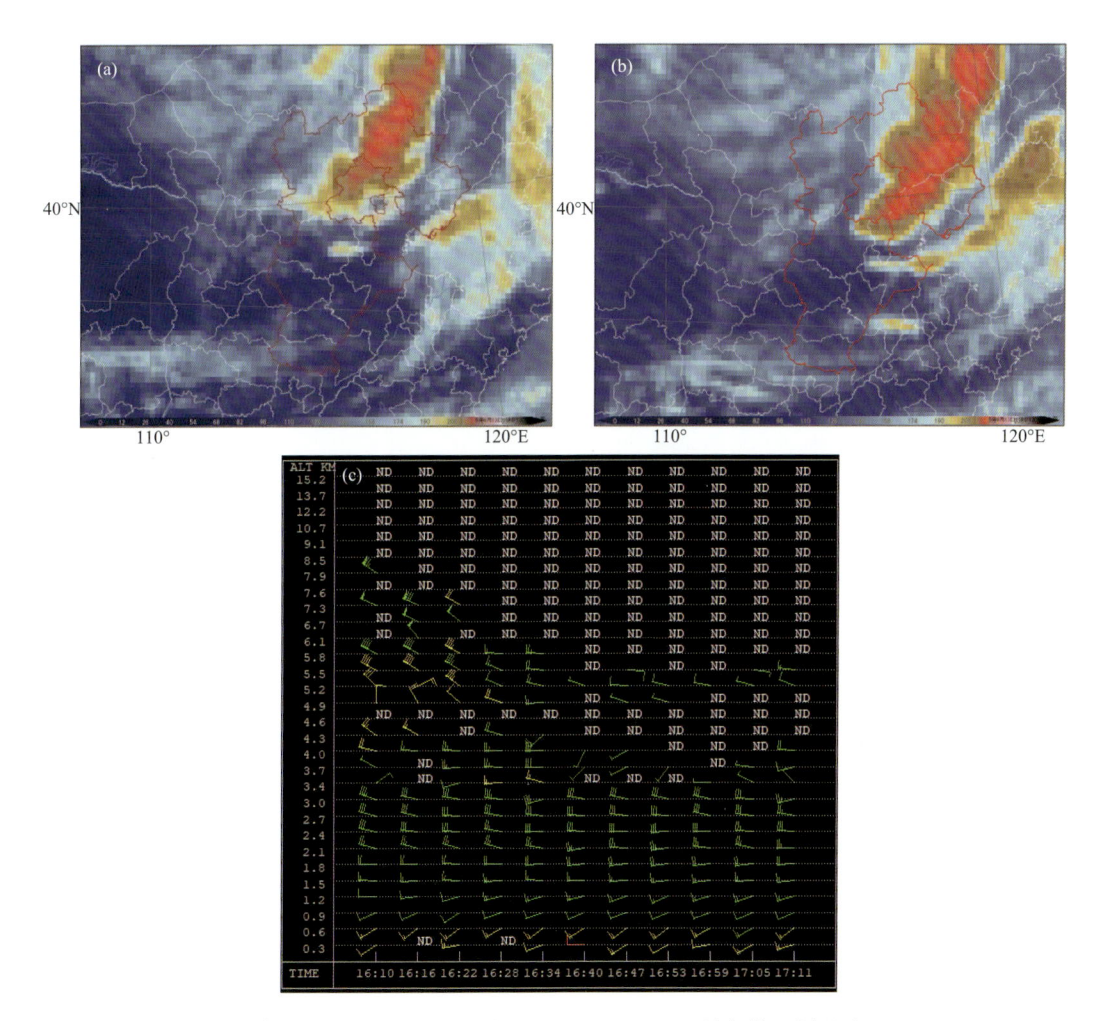

图 3.3.4　2005 年 6 月 13 日 15:00(a)和 17:00(b)FY-2C 卫星红外云图以及 16:10—17:11 石家庄雷达 VWP 演变(c)

雷达回波向东偏南方向移动,反射率因子核心强度超过 65 dBZ,高层强反射率因子回波悬垂于低层弱回波区;风暴顶辐散较强;VIL 最大达 60 kg·m$^{-2}$,回波顶高为 15 km(图 3.3.5～3.3.7)。

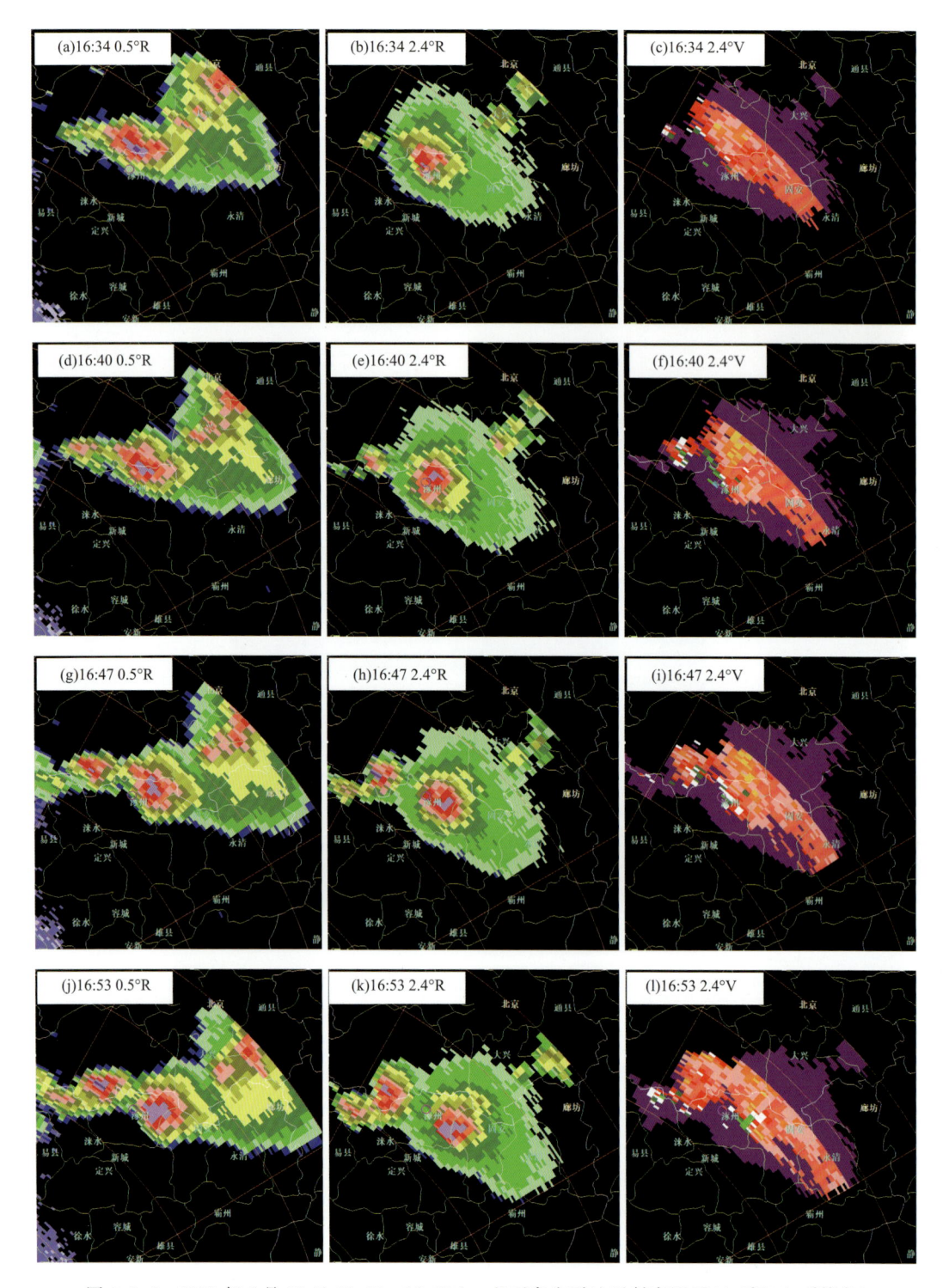

图 3.3.5　2005 年 6 月 13 日 16:34—16:53(a～l)石家庄雷达反射率因子(0.5°和 2.4°仰角)和平均径向速度(2.4°仰角)PPI(图中〇为保定涿州位置)

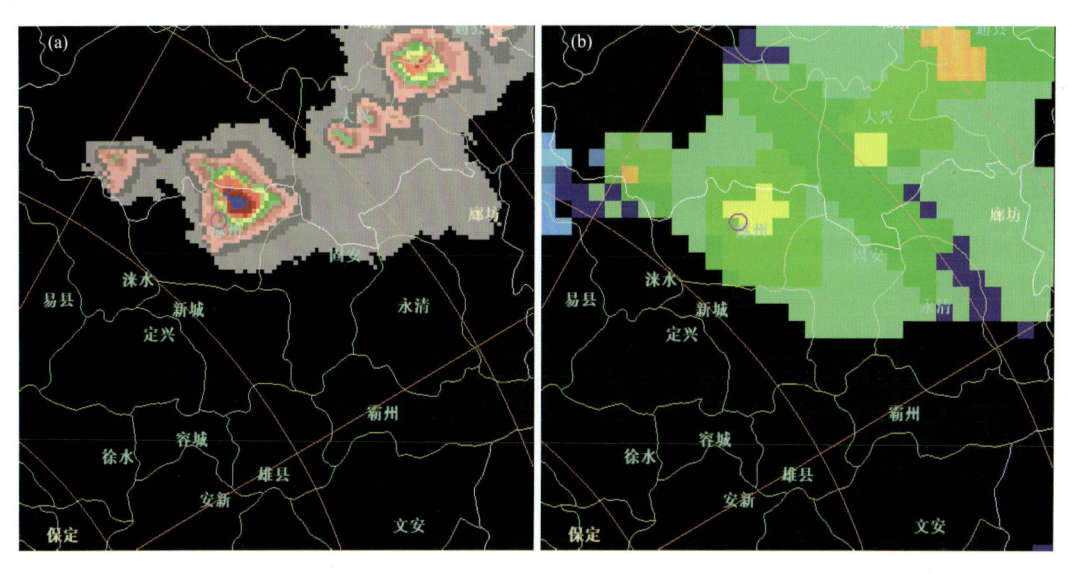

图 3.3.6　2005 年 6 月 13 日 16:40 石家庄雷达 VIL(a)和 ET(b)(图中○为保定涿州位置)

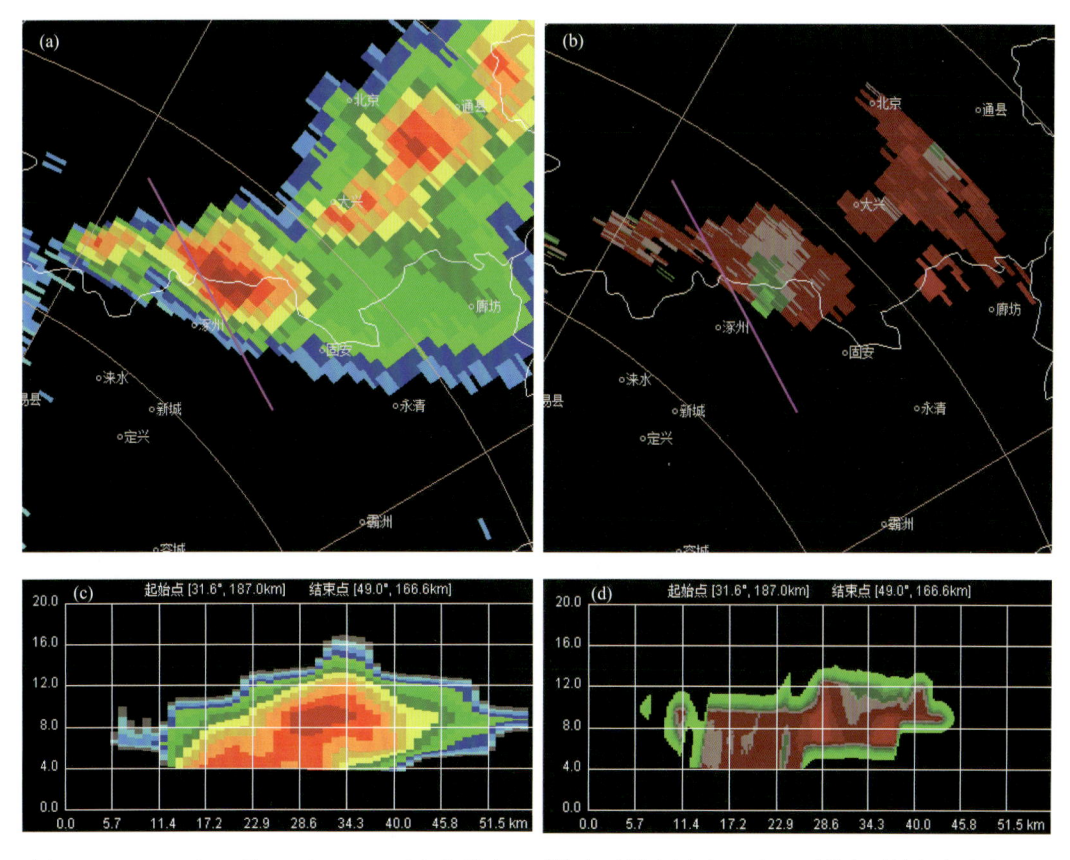

图 3.3.7　2005 年 6 月 13 日 16:40 石家庄雷达 0.5°仰角反射率因子(a)和 0.5°仰角平均径向速度(b)以及沿图中实线的反射率因子垂直剖面(c)和平均径向速度垂直剖面(d)

## 3.4　2005年6月14日大风冰雹

实况:强对流天气主要出现在河北省东部(图3.4.1a),以大风(26站)(图3.4.1b)为主,并伴有冰雹(4站)(图3.4.1c),集中出现在14日12—20时。沧州景县19:00和孟村19:20瞬时极大风速达22 m·s$^{-1}$(9级),衡水安平17:49瞬时极大风速达18 m·s$^{-1}$(8级)。承德宽城(15:16)和唐山(16:26)最大冰雹直径为0.9 cm。

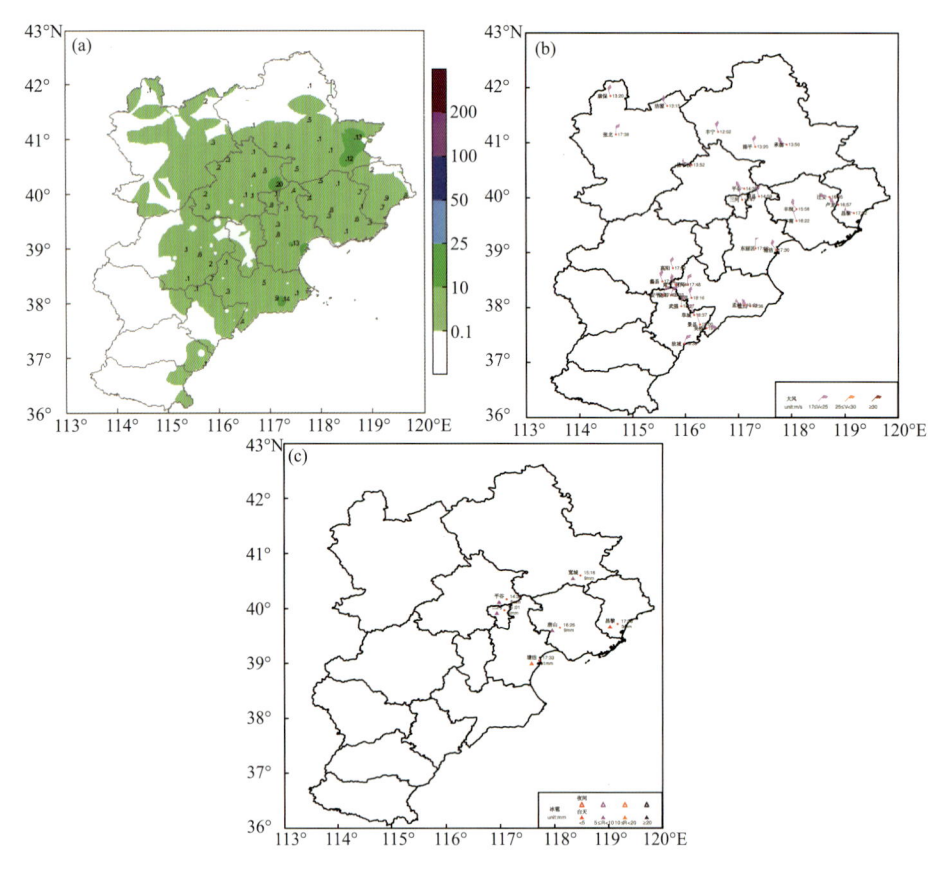

图3.4.1　2005年6月14日08时至15日08时24 h降水量(a)、大风(b)和冰雹(c)分布

主要影响系统:500 hPa冷涡低槽、850 hPa切变线。

系统配置及演变:500 hPa蒙古冷涡底部低槽携带冷空气东移影响河北省,配合850 hPa暖脊,不稳定层结增大;500 hPa偏西风大风速区(20 m·s$^{-1}$以上)影响河北中北部,垂直风切变增强;500 hPa低槽、850 hPa切变线、地面低压辐合区为不稳定能量的释放提供了有利的动力条件(图3.4.2)。

从北京探空资料分析(图3.4.3b),6月14日08时的环境条件有利于雷暴大风和冰雹的产生:(1)850~700 hPa温度层结曲线接近平行于干绝热线;(2)整层相对湿度较小,对流层高层到600 hPa附近有相对更干的干空气层卷入,温、湿度层结曲线形成向上开口的喇叭形状,"上干冷、下暖湿"特征明显;(3)14时探空订正后对流有效位能为1586 J·kg$^{-1}$(图3.4.3a);(4)0~6 km的垂直风切变为14 m·s$^{-1}$(图3.4.3c);(5)0 ℃层高度为3.48 km,−20 ℃层高度为6.30 km。

第 3 章 高空冷平流强迫类

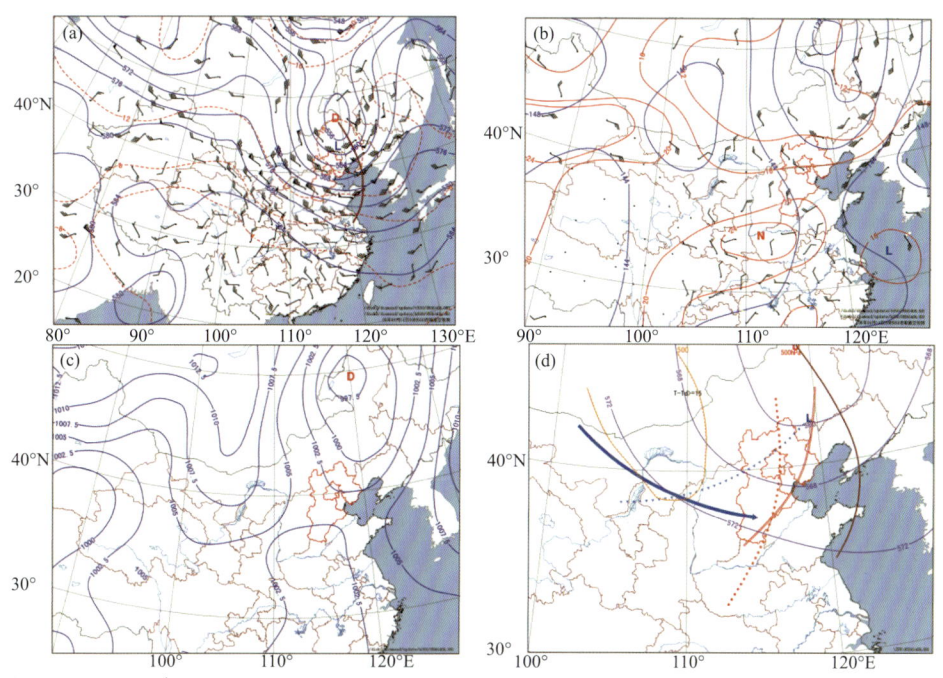

图 3.4.2　2005 年 6 月 14 日 08 时 500 hPa(a)、850 hPa(b)、地面(c)天气形势和中尺度分析(d)

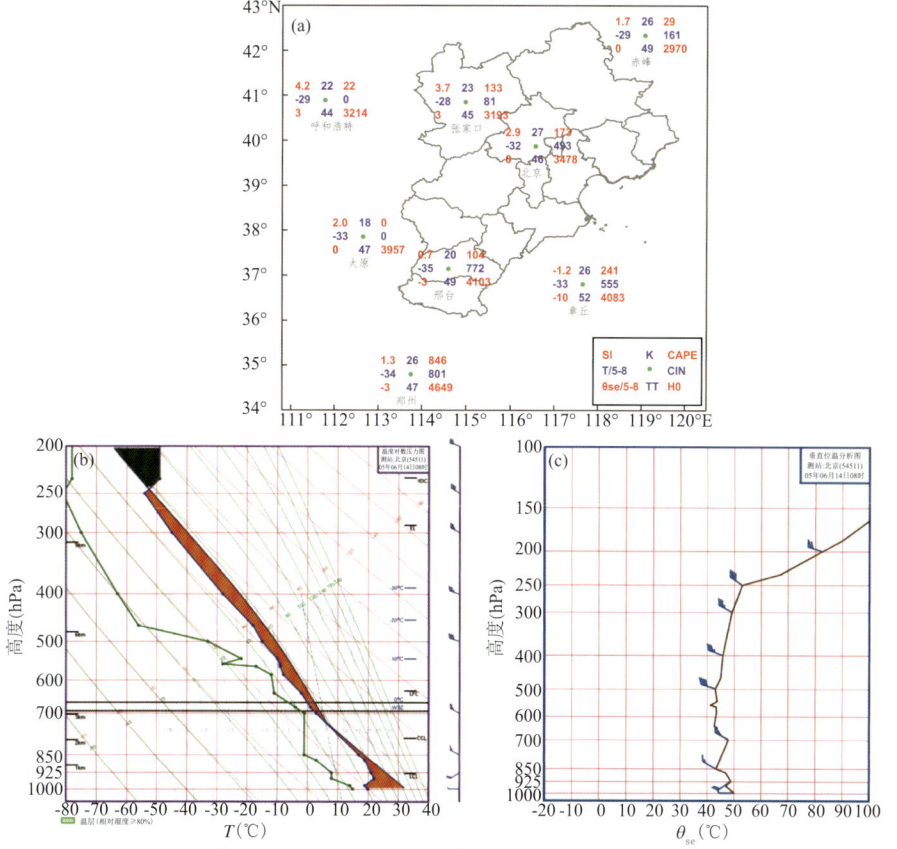

图 3.4.3　2005 年 6 月 14 日 08 时对流参数和特征高度分布(a)、54511(北京)
$T$-$\ln p$ 图(b)和假相当位温变化(c)

卫星云图上(图 3.4.4a、b),15:00—17:00 河北中部有对流云团新生发展并向东南方向移动,云顶亮温逐渐降低。石家庄雷达 VWP 上(图 3.4.4c),16:56 以后,低层一直维持 8~10 m·s$^{-1}$ 的偏北风。

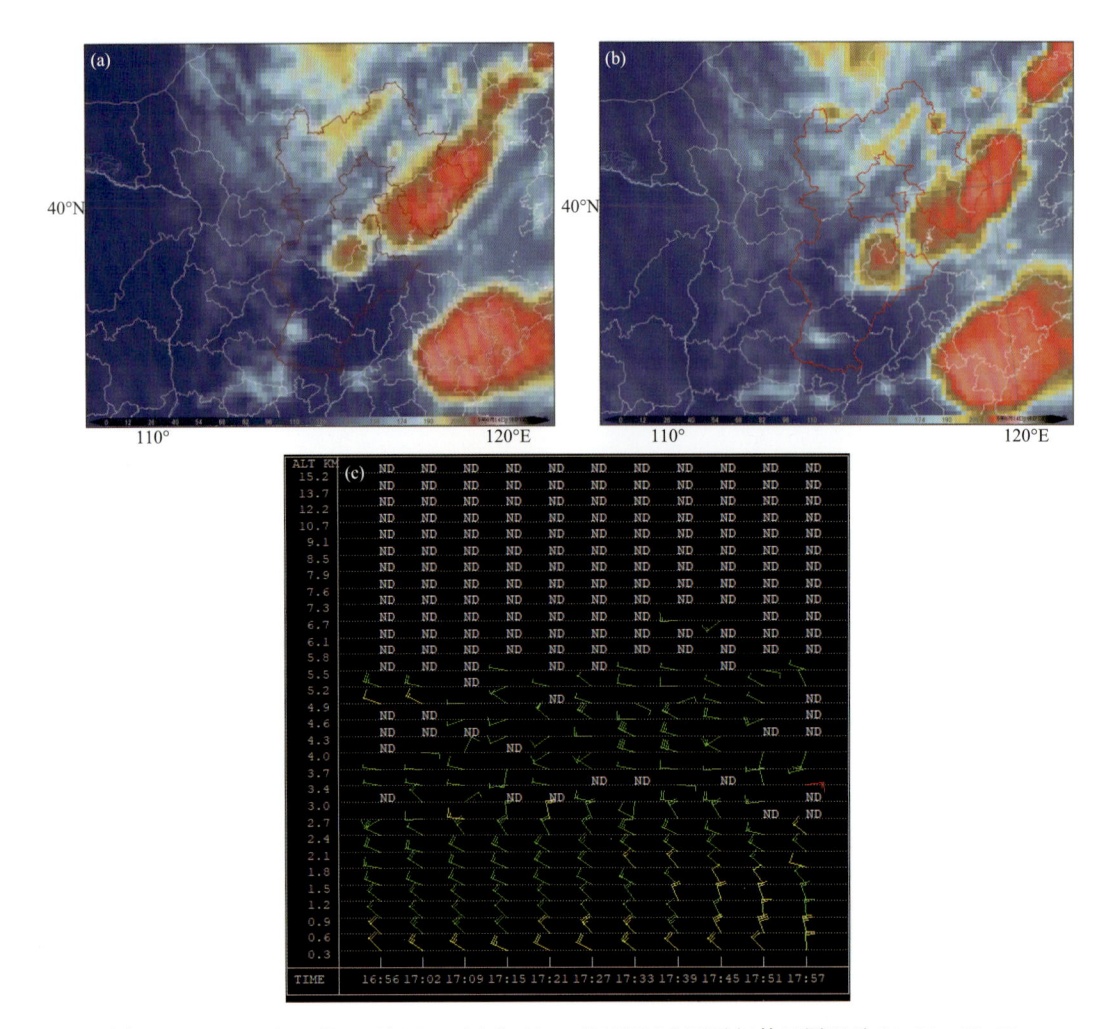

图 3.4.4　2005 年 6 月 14 日 17:00(a)和 18:00(b)FY-2C 卫星红外云图以及 16:56—17:57 石家庄雷达 VWP 演变(c)

雷达回波向东偏南方向移动,雷暴单体反射率因子核心强度为 55 dBZ,高层强反射率因子悬垂于低层弱反射率因子之上,其移动前方有窄带回波经过衡水安平;VIL 最大达 31 kg·m$^{-2}$,回波顶高为 12 km(图 3.4.5~3.4.7)。

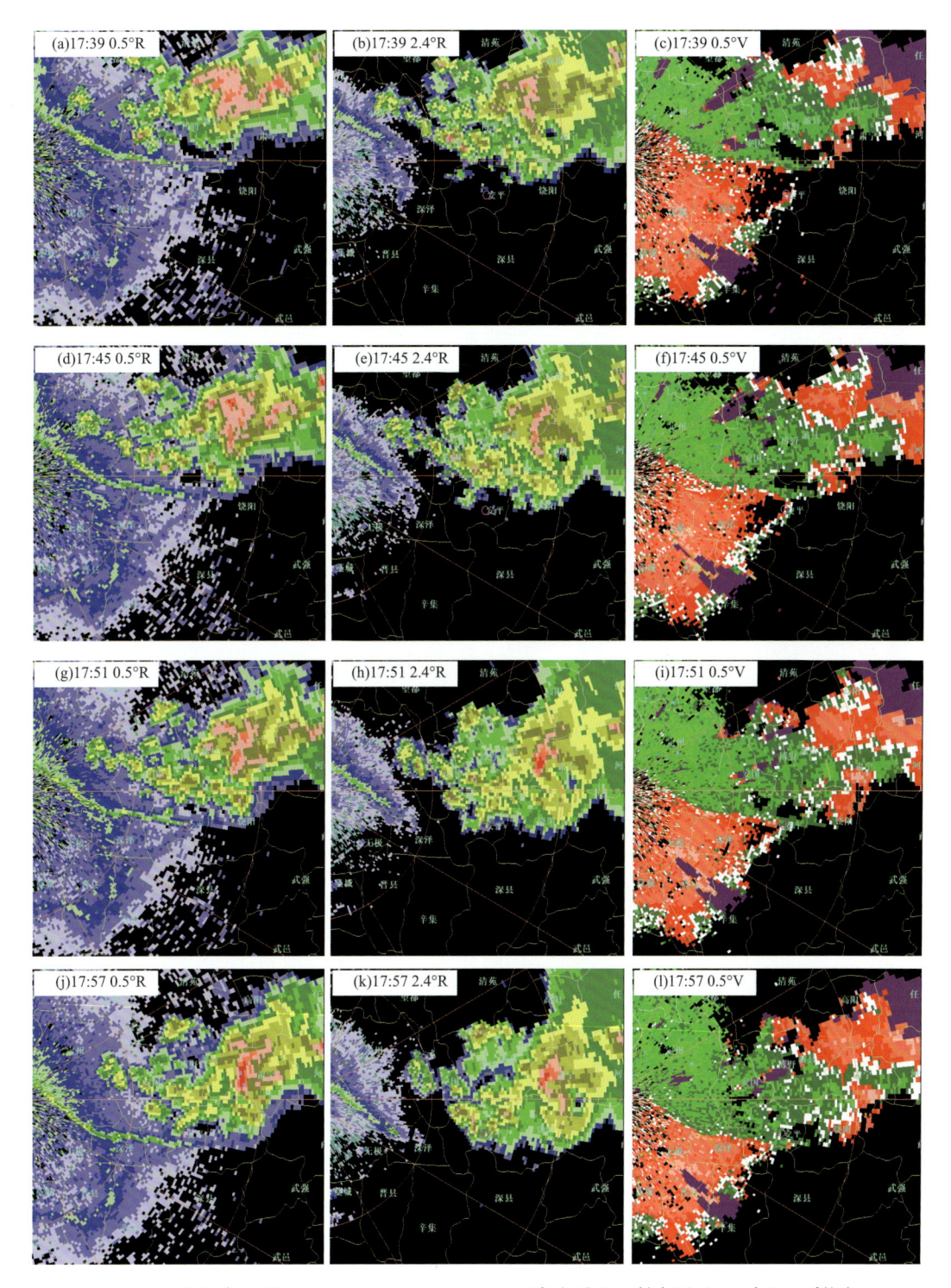

图 3.4.5　2005 年 6 月 14 日 17:39—17:57(a~l)石家庄雷达反射率因子(0.5°和 2.4°仰角)和平均径向速度(0.5°仰角)PPI(图中○为衡水安平位置)

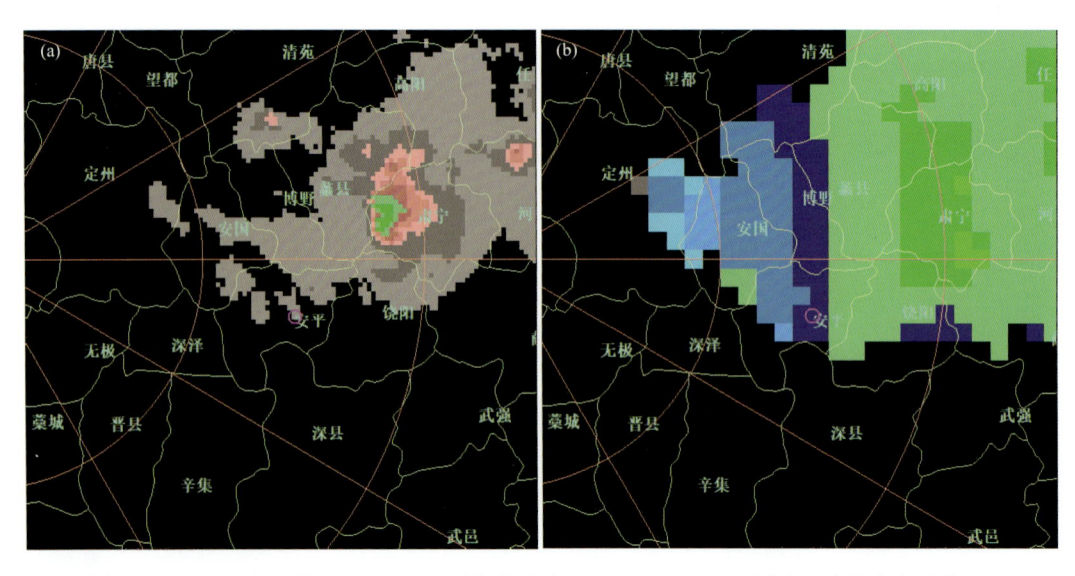

图 3.4.6　2005 年 6 月 14 日 17:51 石家庄雷达 VIL(a)和 ET(b)(图中○为衡水安平位置)

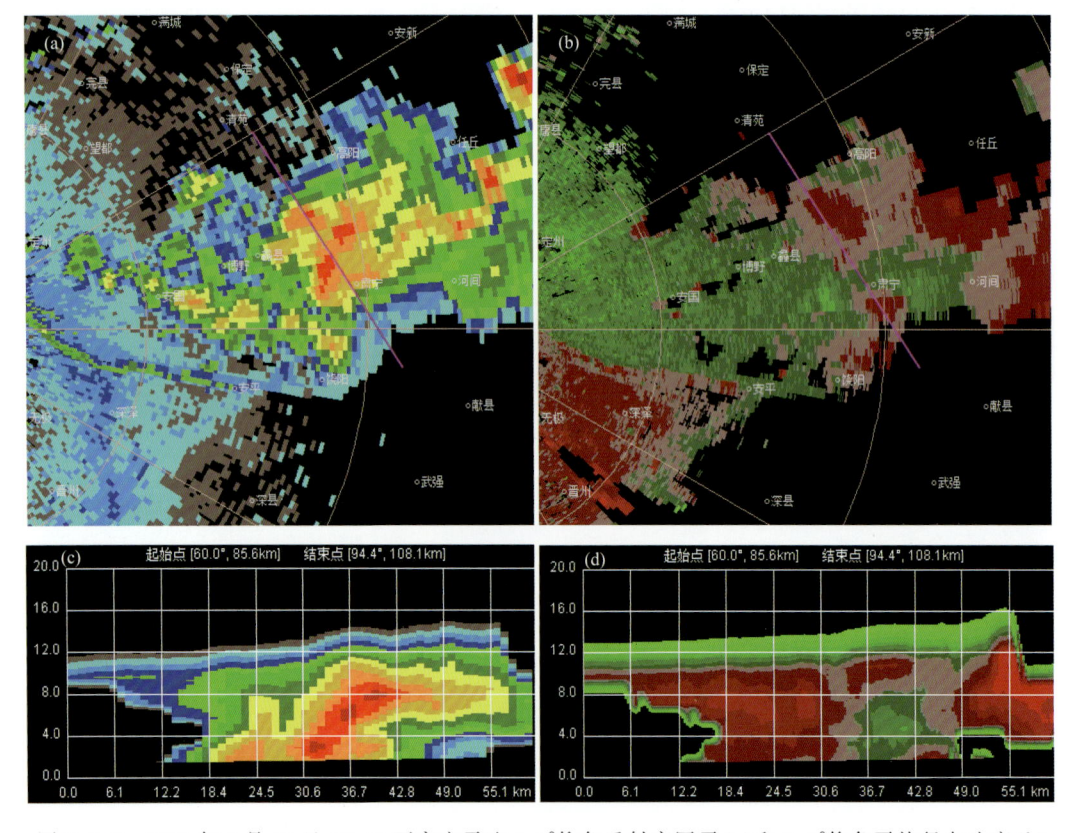

图 3.4.7　2005 年 6 月 14 日 17:51 石家庄雷达 0.5°仰角反射率因子(a)和 0.5°仰角平均径向速度(b)
以及沿图中实线的反射率因子垂直剖面(c)和平均径向速度垂直剖面(d)

## 3.5 2006年6月24日冰雹大风

实况:强对流天气主要出现在河北中北部(图3.5.1a),以大风(14站)(图3.5.1b)为主,伴有冰雹(8站)(图3.5.1c),集中出现在24日14—19时。张家口涿鹿16:22极大风速达26 m·s$^{-1}$(10级),保定顺平18:37和石家庄井陉16:56极大风速20 m·s$^{-1}$(8级)。承德平泉最大冰雹直径为1.4 cm(19:02),保定涞源最大冰雹直径为0.9 cm(16:00)。

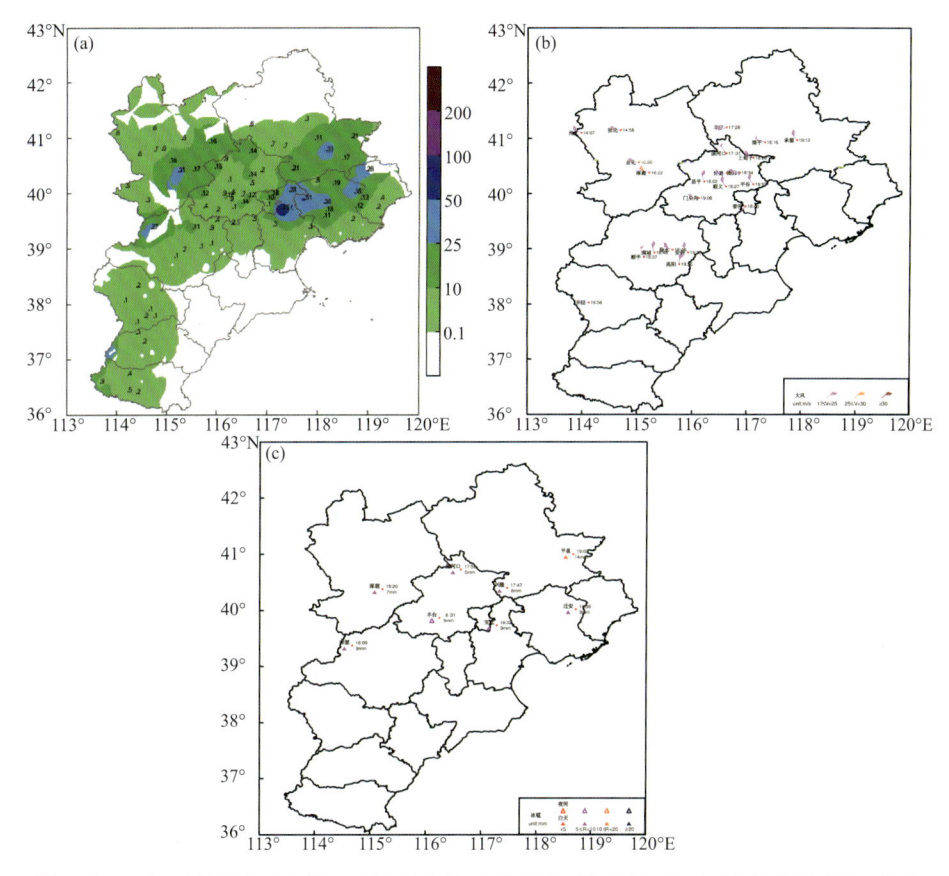

图3.5.1 2006年6月24日08时至25日08时24 h降水量(a)、大风(b)和冰雹(c)分布

主要影响系统:500 hPa低槽、850 hPa低涡和切变。

系统配置及演变:500 hPa低槽携带冷空气东移,与850 hPa暖脊在河北省上空叠置,不稳定层结增大;850 hPa低涡东移且切变线发展延伸至河北省中北部;地面处于低压前部,有利于不稳定能量释放(图3.5.2)。

从张家口探空资料分析(图3.5.3b),6月24日08时的环境条件有利于雷暴大风和冰雹的产生:(1)925~850 hPa大气温度直减率接近干绝热递减率;(2)整层温度露点差都较小,说明大气比较湿润;(3)08时850~500 hPa温差达到28 ℃(图3.5.3c),14时订正探空后,对流有效位能达到1537 J·kg$^{-1}$(图3.5.3a),950 hPa到850 hPa $\theta_{se}$下降了6 ℃,存在一定的条件不稳定;(4)0~6 km的垂直风切变为13 m·s$^{-1}$(图3.5.3c);(5)0 ℃层高度为3.98 km,−20度层高度为6.97 km,一旦有扰动触发对流,利于冰雹出现。

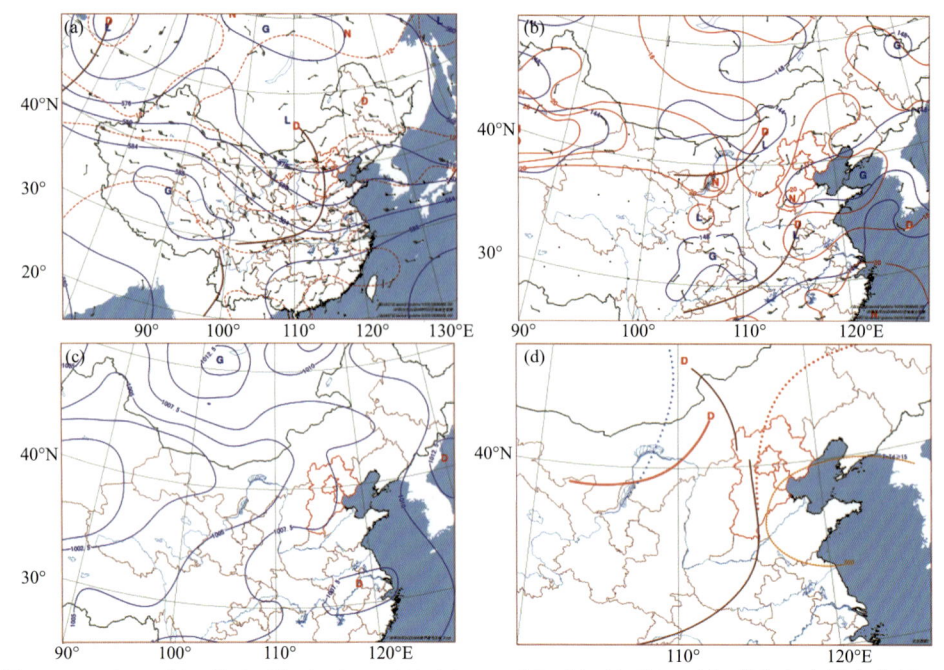

图 3.5.2 2006 年 6 月 24 日 08 时 500 hPa(a)、850 hPa(b)、地面(c)天气形势和中尺度分析(d)

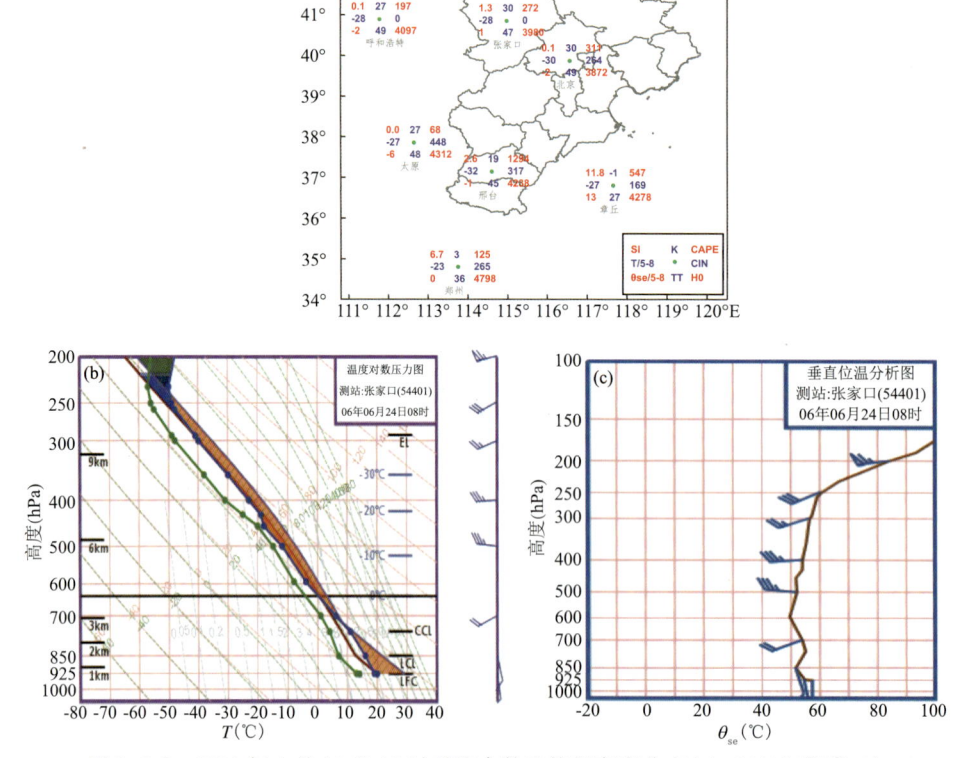

图 3.5.3 2006 年 6 月 24 日 08 时对流参数和特征高度分布(a)、54401(张家口)
$T$-$\ln p$ 图(b)和假相当位温变化(c)

卫星云图（图 3.5.4a、b）上，12:00 前后在河北省西北部和山西省交界处有对流云团生成并向东移，16:00 前后云团迅速发展加强并向东北方向移动。石家庄雷达 VWP 上（图 3.5.4c、d），16:45 以后，边界层为南风，6 km 高度由西风转为西北风且风速增大，0～6 km 垂直风切变较强。

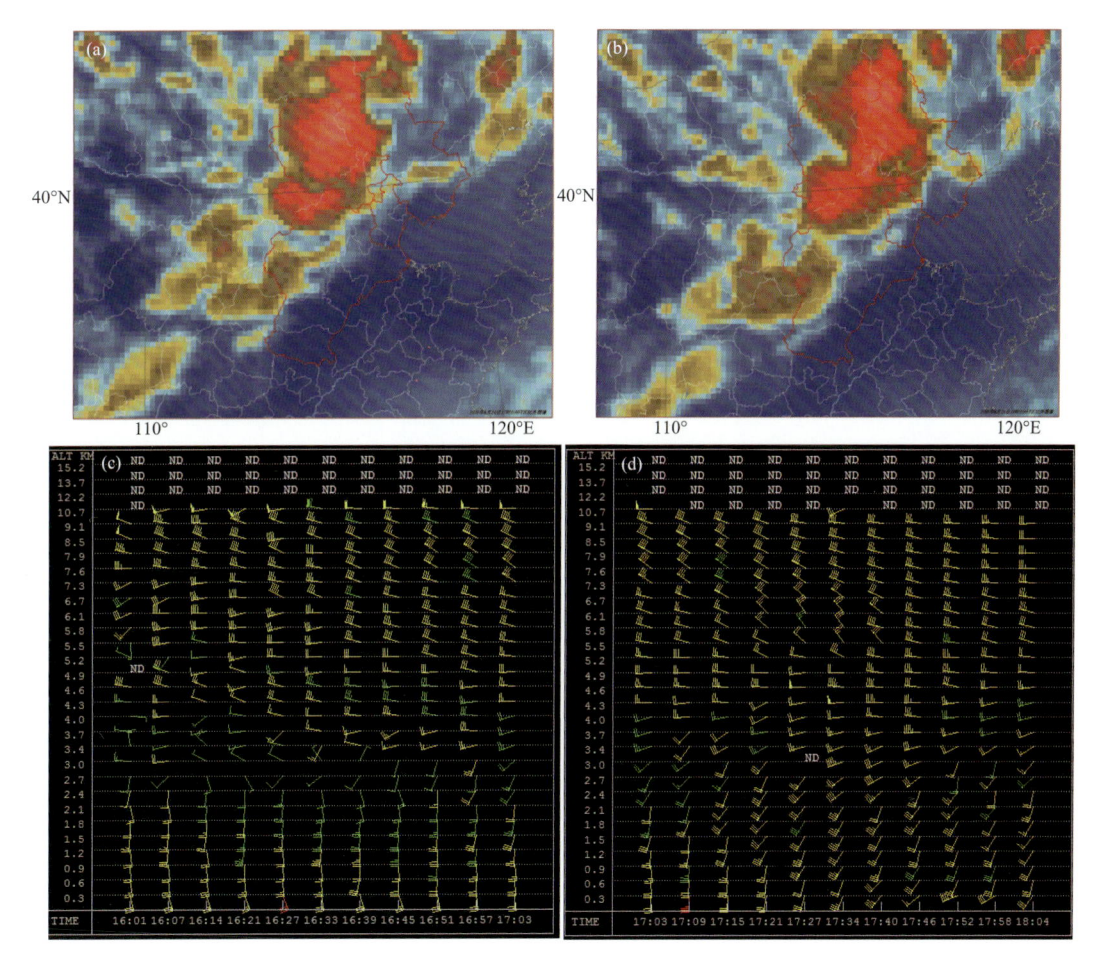

图 3.5.4　2006 年 6 月 24 日 17 时(a)和 18 时(b)FY-2E 卫星红外云图以及 16—18 时石家庄雷达 VWP 演变(c、d)

雷达回波向东移动，呈带状分布，强度超过 50 dBZ，低层有超过 27 m·s$^{-1}$ 的大风速核；VIL 为 15 kg·m$^{-2}$，18 dBZ 回波顶高为 11 km（图 3.5.5～3.5.7）。

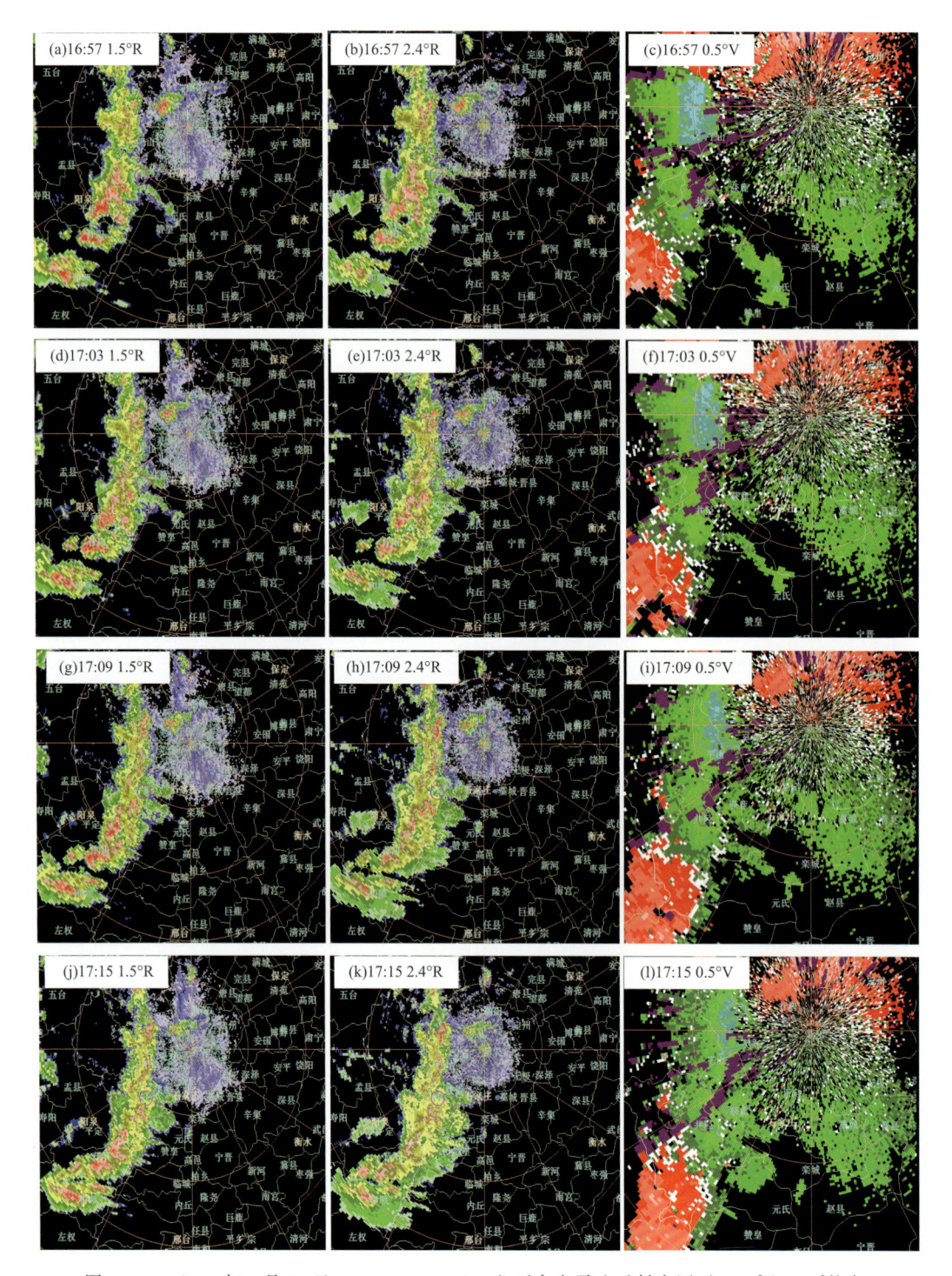

图 3.5.5　2006 年 6 月 24 日 16:57—17:15(a~l)石家庄雷达反射率因子(1.5°和 2.4°仰角)和平均径向速度(0.5°仰角)PPI(图中○为石家庄井陉位置)

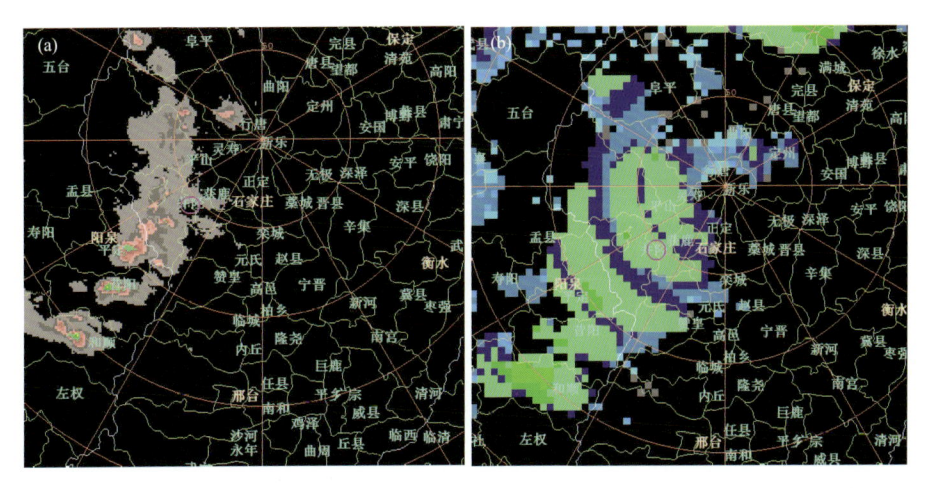

图 3.5.6　2006 年 6 月 24 日 16:57 石家庄雷达 VIL(a)和 ET(b)(图中○为石家庄井陉位置)

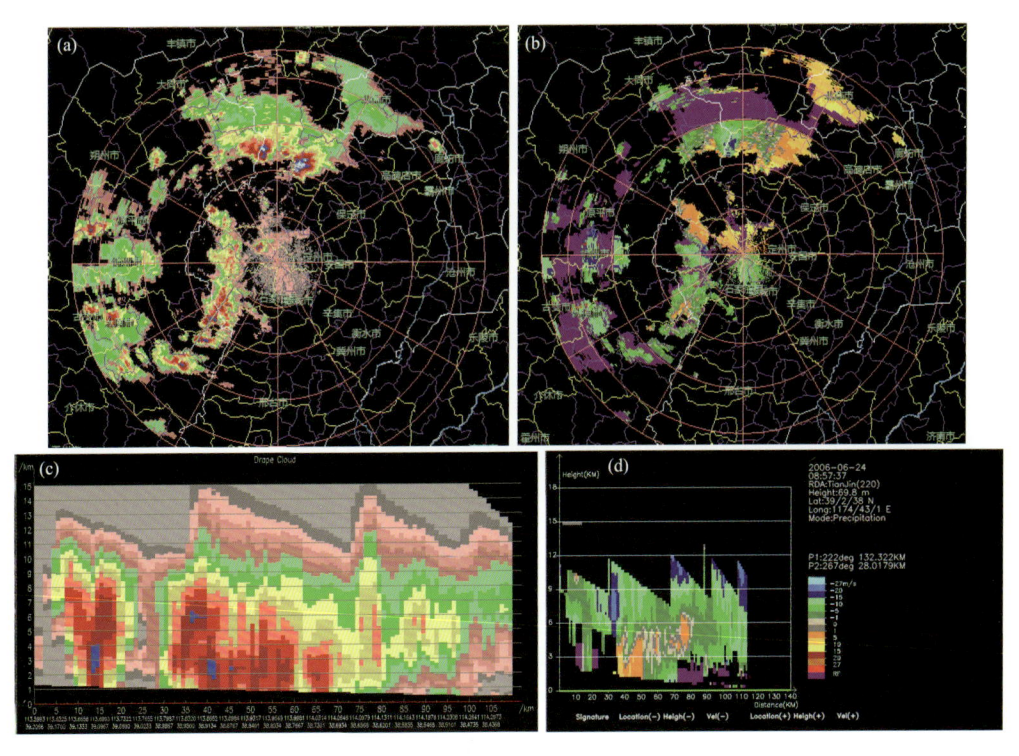

图 3.5.7　2006 年 6 月 24 日 16:57 石家庄雷达 1.5°仰角反射率因子(a)和 1.5°仰角平均径向速度(b)以及沿图中实线的反射率因子垂直剖面(c)和平均径向速度垂直剖面(d)

雷达回波显示其向东移动,强度超过 65 dBZ,中层存在径向辐合;VIL 为 56 kg·m$^{-2}$,18 dBZ 回波顶高为 13 km(图 3.5.8～3.8.10)。

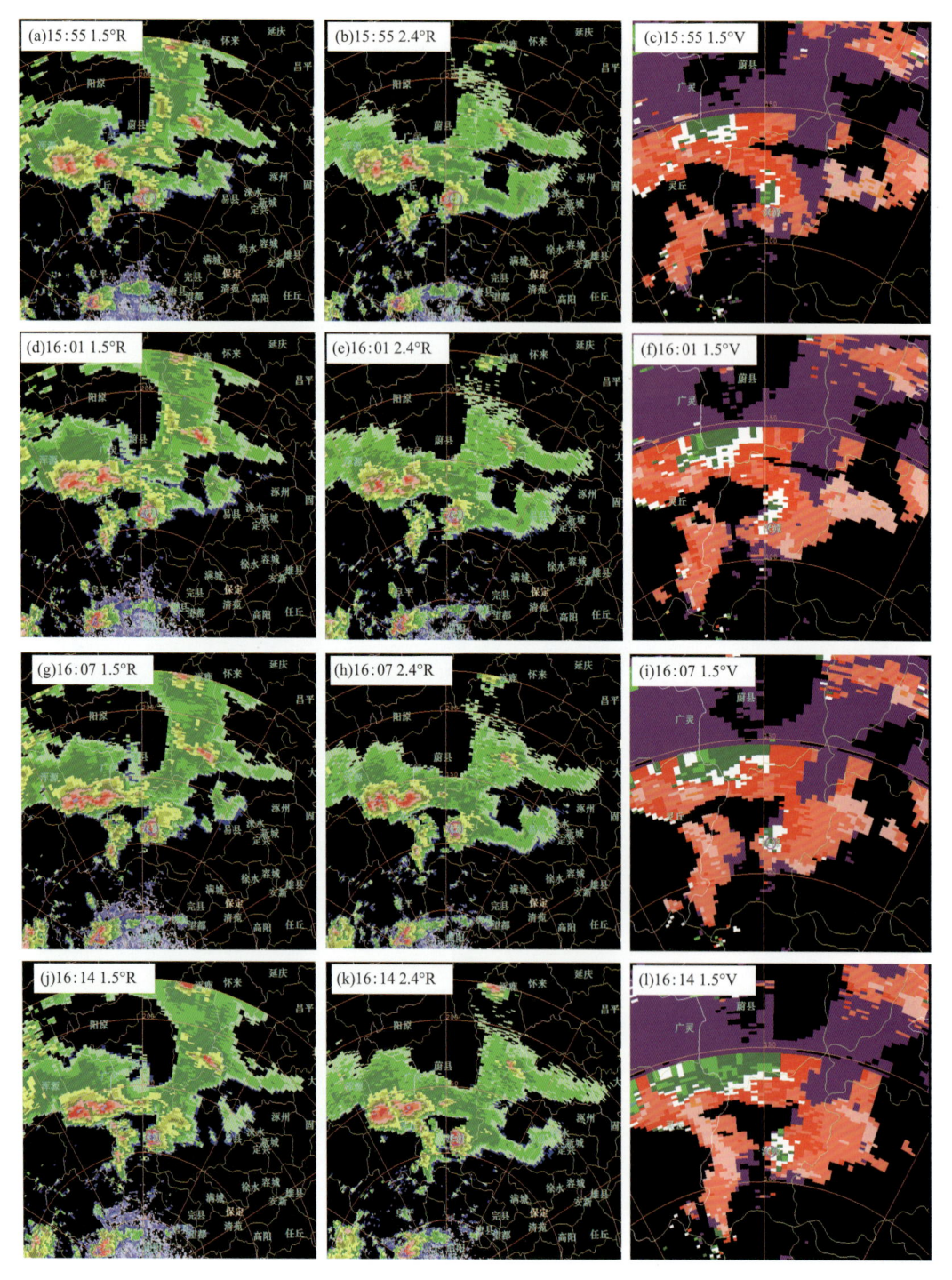

图 3.5.8　2006 年 6 月 24 日 15:55—16:14(a~l)石家庄雷达反射率因子(1.5°和 2.4°仰角)和平均径向速度(1.5°仰角)PPI(图中○为保定涞源位置)

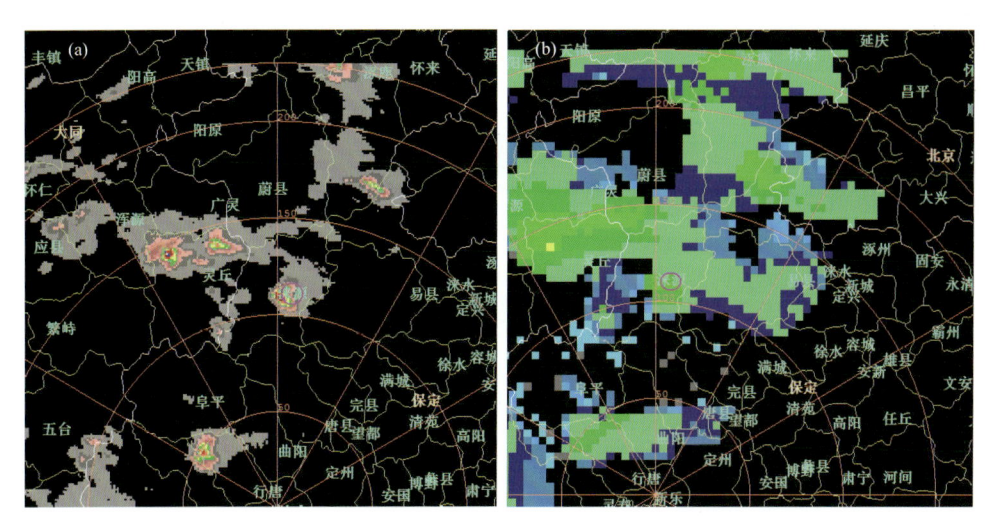

图 3.5.9 2006 年 6 月 24 日 16:01 石家庄雷达 VIL(a) 和 ET(b)(图中 ○ 为保定涞源位置)

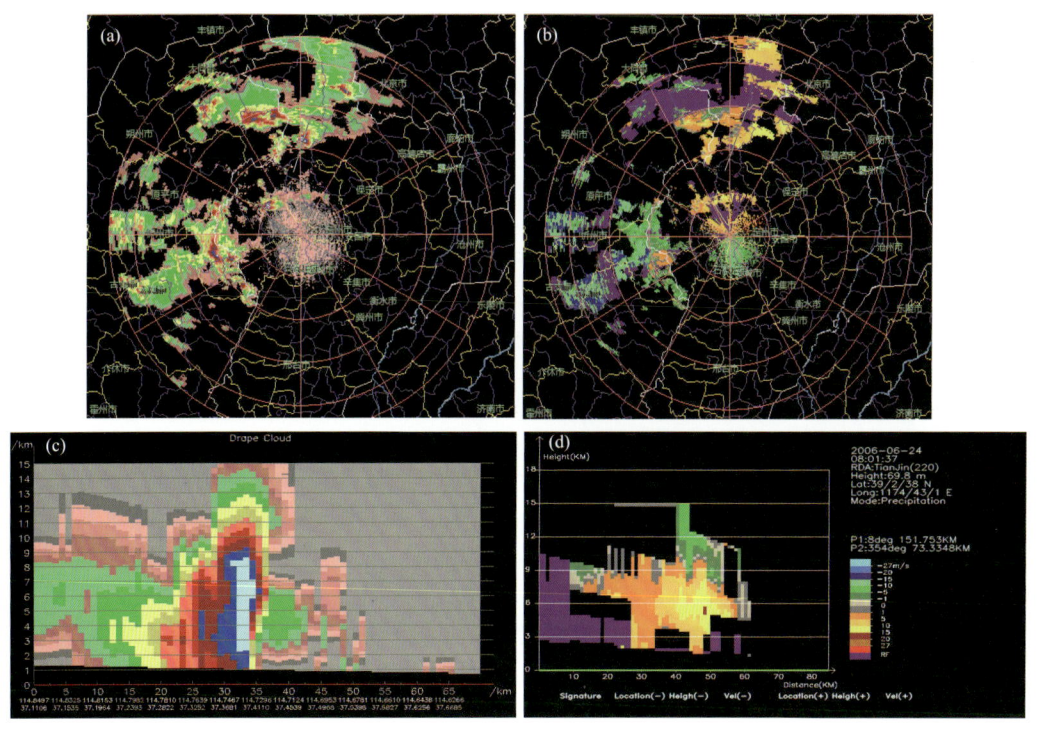

图 3.5.10 2006 年 6 月 24 日 16:01 石家庄雷达 1.5°仰角反射率因子(a)和 1.5°仰角平均径向速度(b)以及沿图中实线的反射率因子垂直剖面(c)和平均径向速度垂直剖面(d)

## 3.6 2006年7月5日冰雹大风

实况：强对流天气主要出现在河北省中部（图3.6.1a），以大风（23站）（图3.6.1b）、冰雹（10站）（图3.6.1c）为主，集中出现在5日12—22时。唐山丰润15:27瞬时极大风速达26 m·s$^{-1}$（10级），保定高阳19:37瞬时极大风速达18 m·s$^{-1}$（8级）；保定市20:03出现冰雹，最大冰雹直径为3 cm。

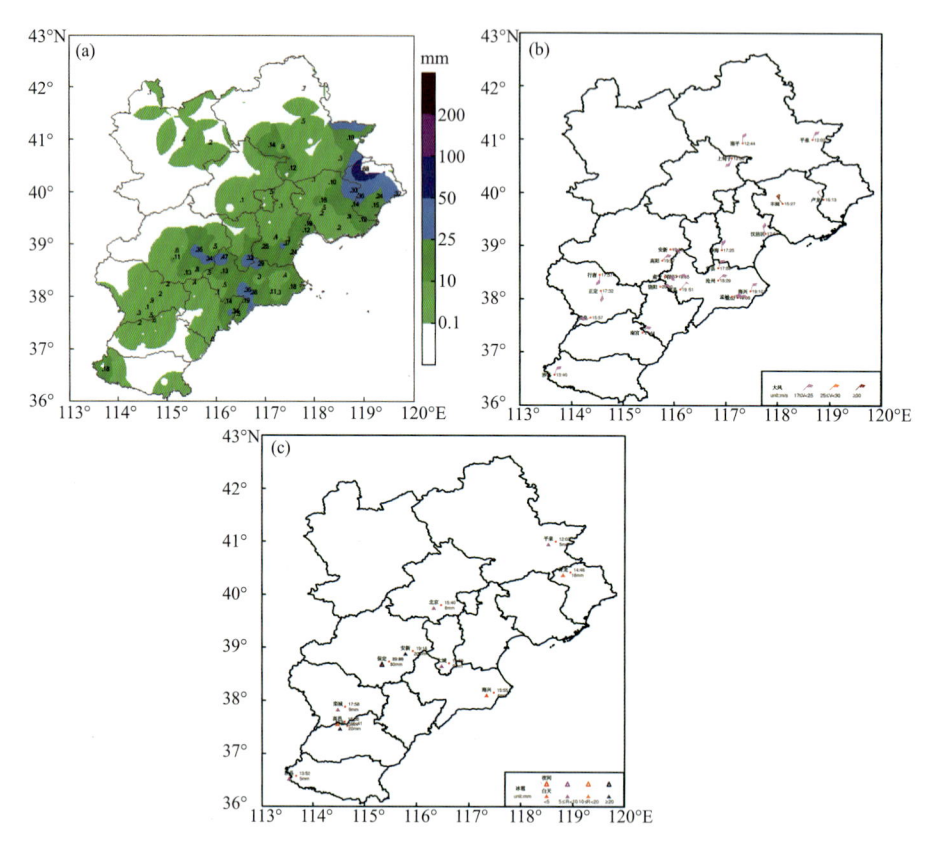

图3.6.1 2006年7月5日08时至6日08时24 h降水量(a)、大风(b)和冰雹(c)分布

主要影响系统：500 hPa横槽、850 hPa切变线、地面冷锋。

系统配置及演变：08时，东北冷涡后部横槽携带干冷空气南下影响河北省，配合河北省中部地区925 hPa有湿舌，不稳定性增强；850 hPa切变以及地面辐合区，为不稳定能量的释放提供了有利的强迫（图3.6.2）。

从邢台探空资料分析（图3.6.3b），7月5日08时环境条件有利于雷暴大风、冰雹和短时强降水的产生：(1)500 hPa附近存在明显干层，850 hPa以下接近饱和，991 hPa露点温度达到24 ℃；(2)08时850～500 hPa温差达到29 ℃（图3.6.3a），订正后对流有效位能达到3686 J·kg$^{-1}$，1000～500 hPa随高度下降了27 ℃，位势不稳定层深厚；(3)600 hPa下沉对流有效位能为1019 J·kg$^{-1}$（图3.6.3b）；(4)0～6 km的垂直风切变为12 m·s$^{-1}$（图3.6.3c）；(5)0 ℃层高度为4.67 km，−20 ℃层高度为7.86 km。

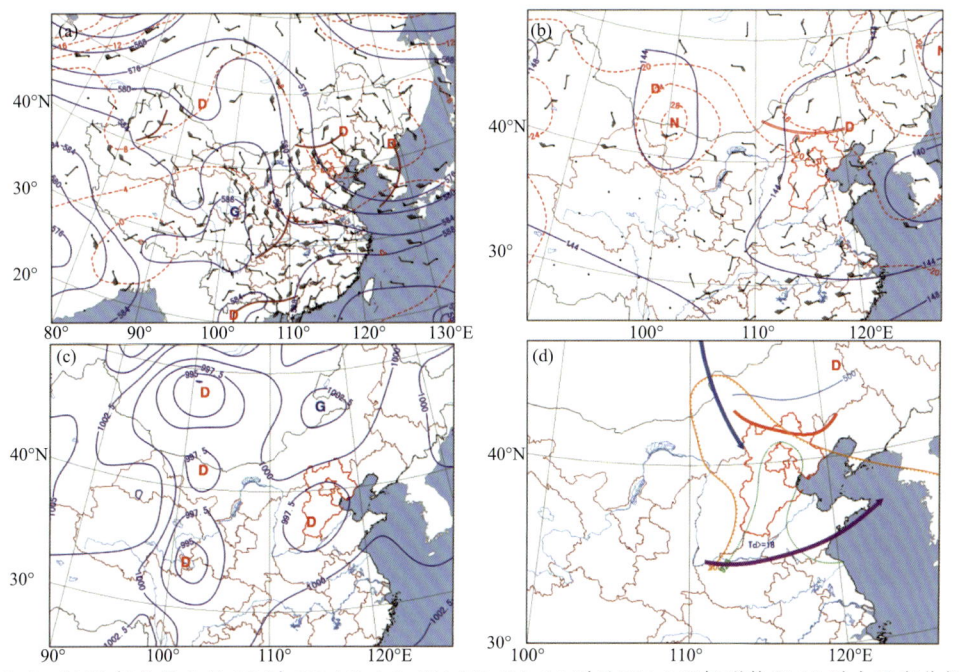

图 3.6.2  2006 年 7 月 5 日 08 时 500 hPa(a)、850 hPa(b)、14 时地面(c)天气形势和 08 时中尺度分析(d)

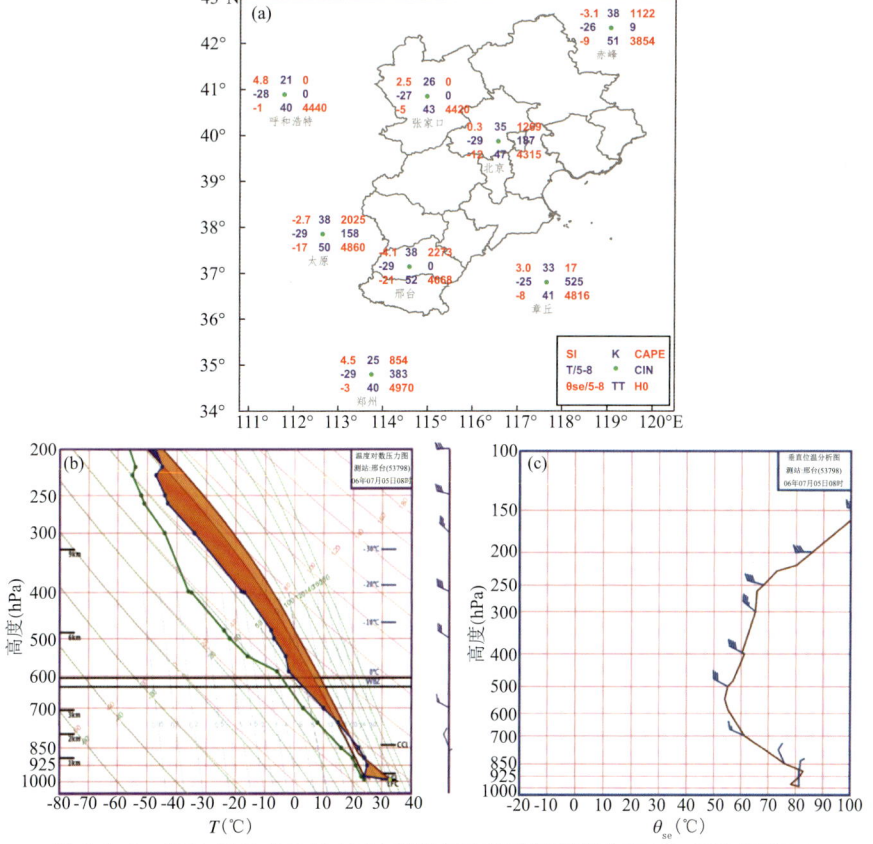

图 3.6.3  2006 年 7 月 5 日 08 时对流参数和特征高度分布(a)、53798(邢台)
$T$-$\ln p$ 图(b)和假相当位温变化(c)

卫星云图上,13 时开始冷涡后部有中尺度对流系统在河北东北部地区发展并南压(图略),18 时 30 分开始,对流开始向西传播,中尺度对流系统西南侧的云顶亮温迅速下降,影响保定、廊坊南部、沧州、衡水北部一带(图 3.6.4a、b)。石家庄雷达 VWP 显示(图 3.6.4c、d),1 km 以下一直维持有 12 m·s$^{-1}$ 左右的边界层急流。

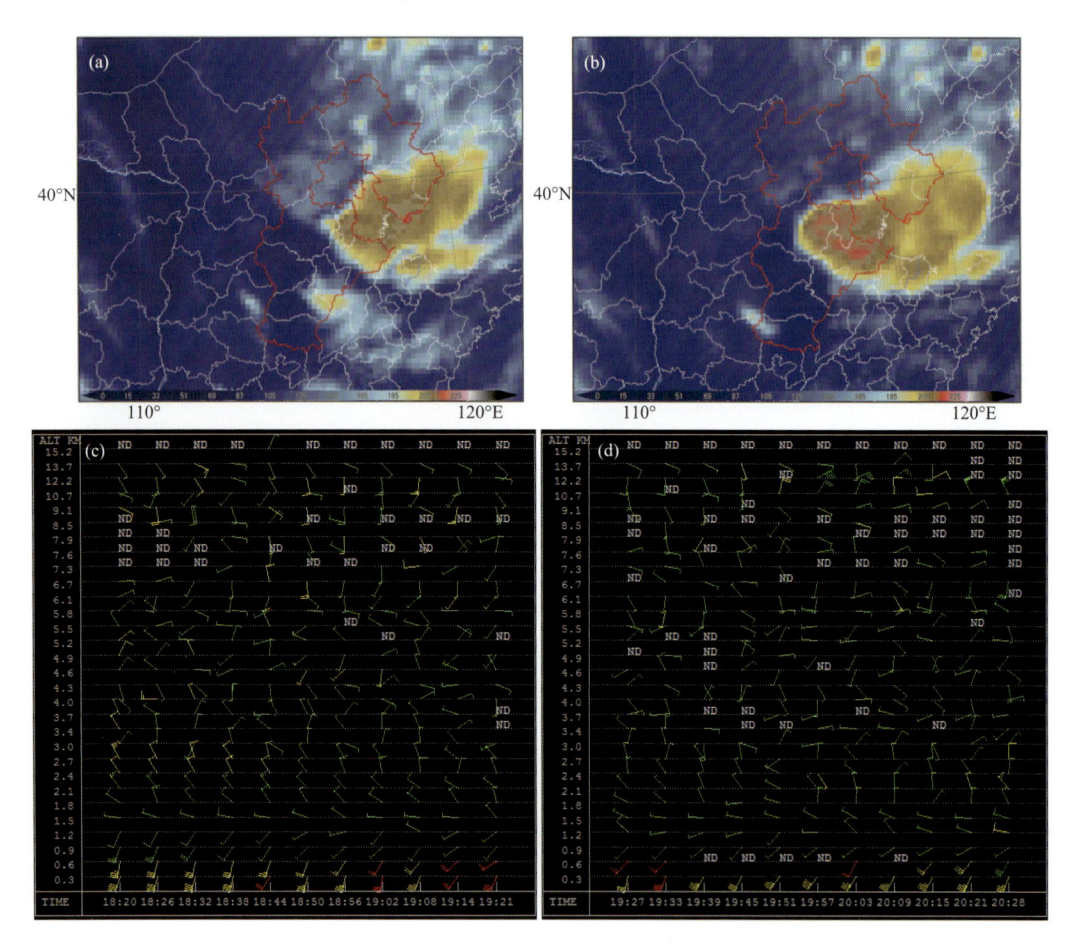

图 3.6.4　2006 年 7 月 5 日 19:00(a)和 20:00(b)FY-2C 卫星红外云图以及 18:20—20:28 石家庄雷达 VWP 演变(c、d)

带状对流回波自东北向西南方向移动,与保定附近触发的孤立单体合并加强,反射率因子核心强度超过 65 dBZ,低层有弱回波区,中高层回波悬垂。回波顶高为 15 km,VIL 超过 70 kg·m$^{-2}$。对流带大风速区平均径向速度超过 20 m·s$^{-1}$,前方有阵风锋配合,高阳处于大风速区的前沿。径向速度剖面上 4~7 km 高度存在中层径向辐合,10 km 距离内速度差达到 20 m·s$^{-1}$(图 3.6.5~3.6.7)。

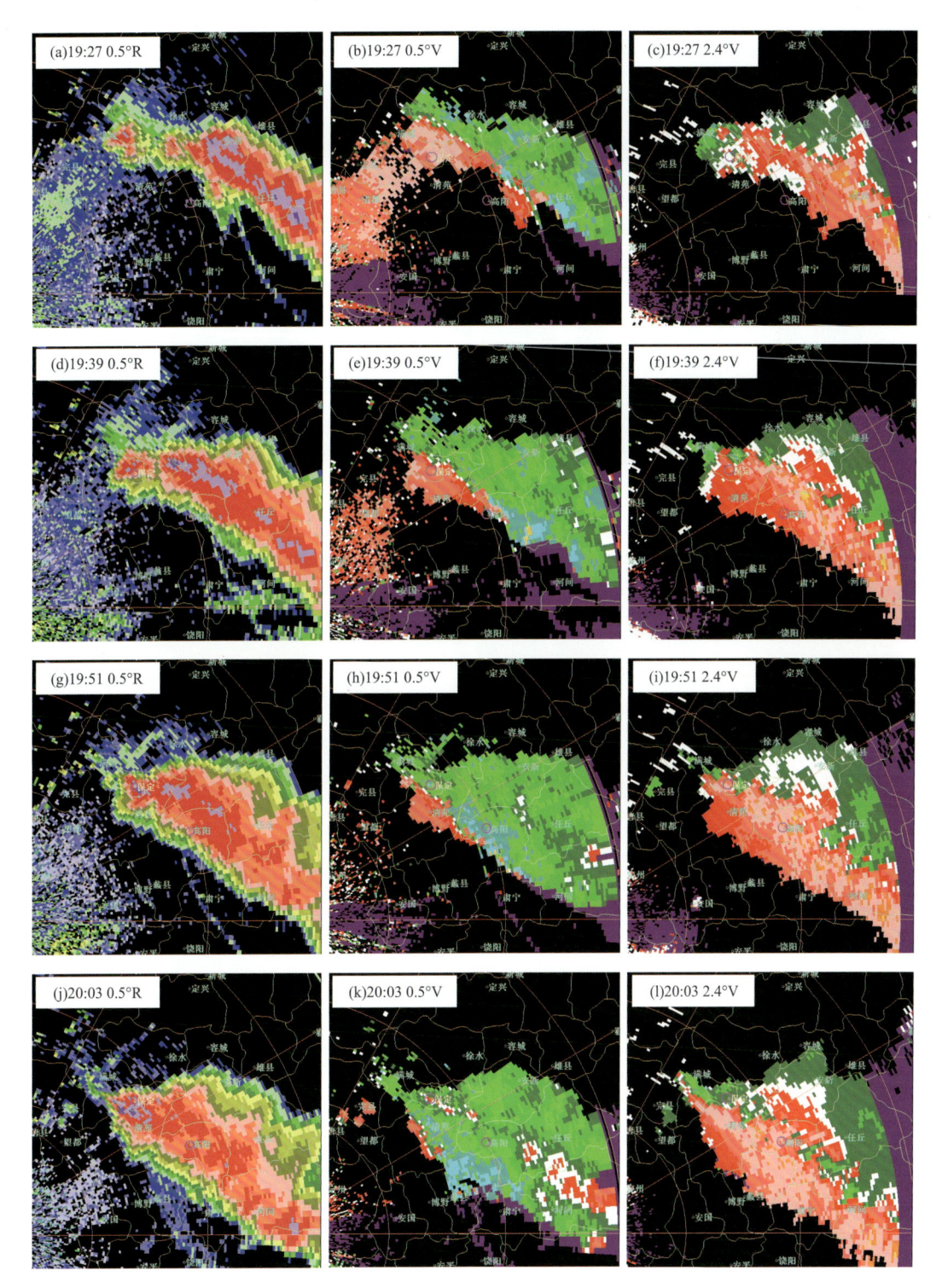

图 3.6.5　2006 年 7 月 5 日 19:27—20:03(a~l)石家庄雷达反射率因子(0.5°仰角)和平均径向速度(0.5°和 2.4°仰角)PPI(图中○为保定和高阳位置)

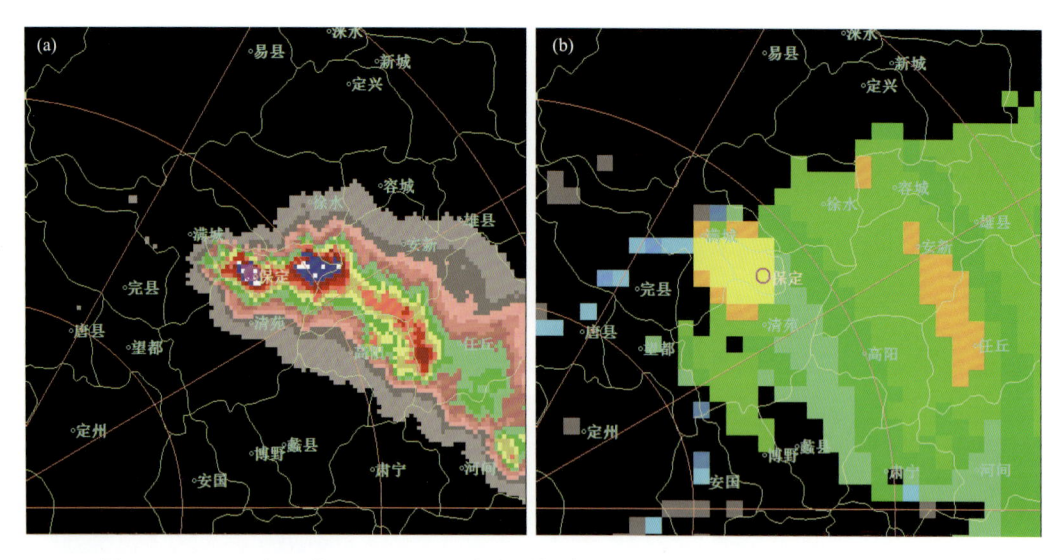

图 3.6.6　2006 年 7 月 5 日 19:45 石家庄雷达 VIL(a) 和 ET(b)(图中○为保定市位置)

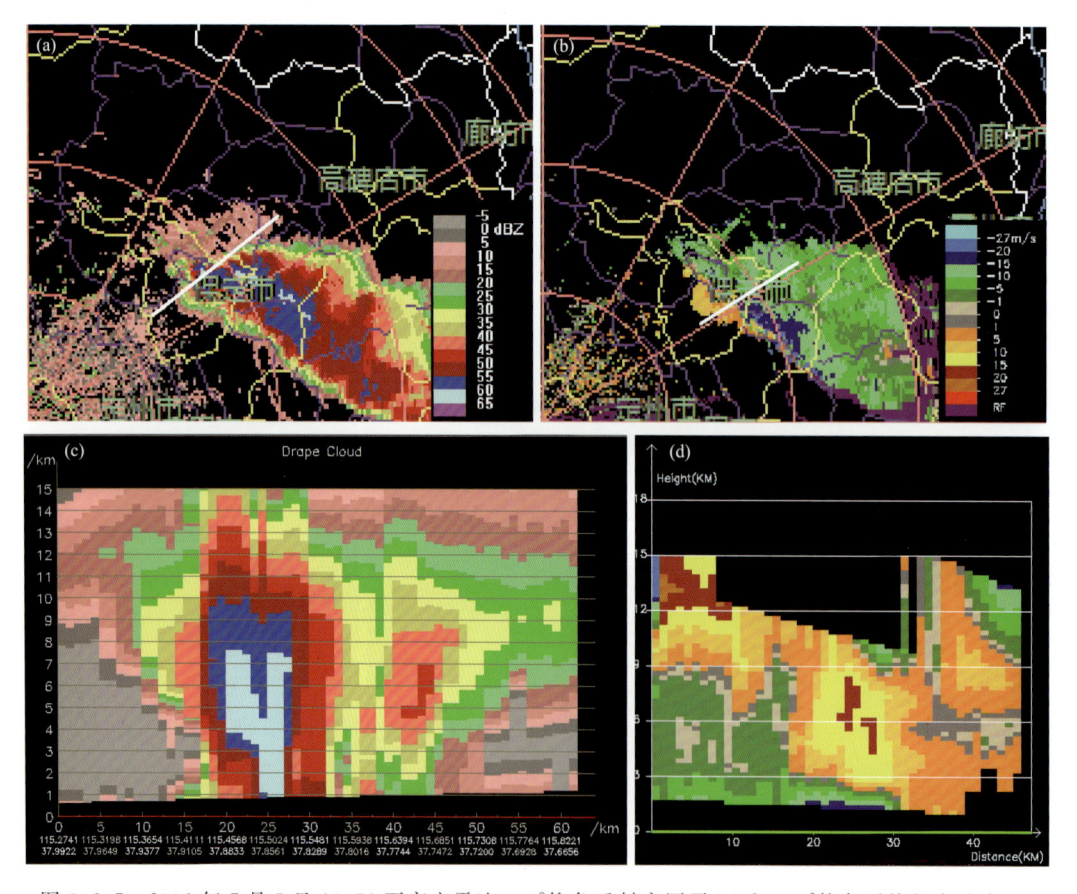

图 3.6.7　2006 年 7 月 5 日 19:51 石家庄雷达 0.5°仰角反射率因子(a) 和 0.5°仰角平均径向速度(b)
以及沿图中实线的反射率因子垂直剖面(c) 和平均径向速度垂直剖面(d)

## 3.7 2006年7月12日大风冰雹

实况:强对流天气主要出现在河北省中北部(图3.7.1a),以大风(18站)(图3.7.1b)为主,伴有冰雹(2站)(图3.7.1c),集中出现在12日15—20时。张家口蔚县18:47极大风速达24 m·s$^{-1}$(9级),廊坊三河19:41和石家庄正定18:59极大风速20 m·s$^{-1}$(8级)。承德围场最大冰雹直径为0.9 cm(15:20)。

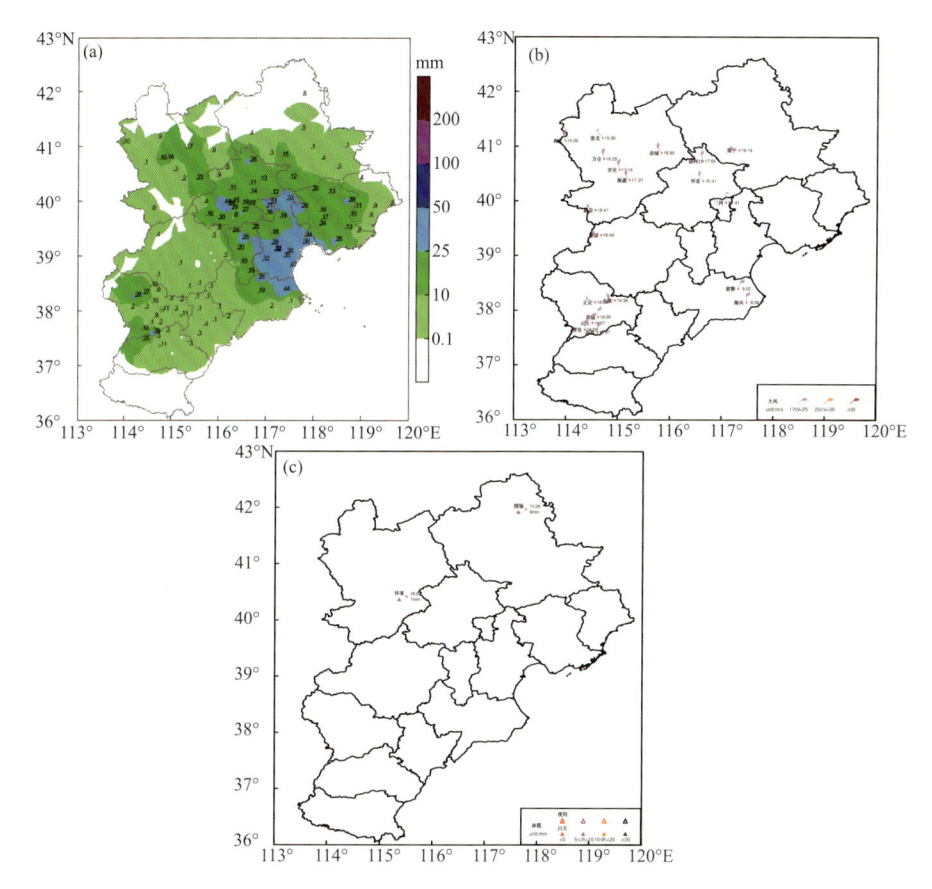

图3.7.1 2006年7月12日08时至13日08时24 h降水量(a)、大风(b)和冰雹(c)分布

主要影响系统:500 hPa北涡南槽,850 hPa切变线、暖脊。

系统配置及演变:500 hPa低槽东移,与850 hPa暖脊在河北省上空叠置,不稳定层结加大;850 hPa切变线东移到河北上空;地面处于低压前部辐合区,有利于不稳定能量释放(图3.7.2)。

从张家口探空资料分析(图3.7.3b),7月12日14时的环境条件有利于雷暴大风和冰雹的产生:(1)850~600 hPa大气温度直减率接近干绝热递减率;(2)整层温度露点差都较大,说明大气比较干燥;(3)14时850~500 hPa温差达到30 ℃,对流有效位能达到995 J·kg$^{-1}$,925 hPa到600 hPa $\theta_{se}$下降了20 ℃,存在一定的条件不稳定(图3.7.3a);(4)0~6 km的垂直风切变为6 m·s$^{-1}$(图3.7.3c);(5)0 ℃层高度为4.56 km,-20 ℃层高度为7.72 km,一旦有扰动触发对流,利于冰雹出现。

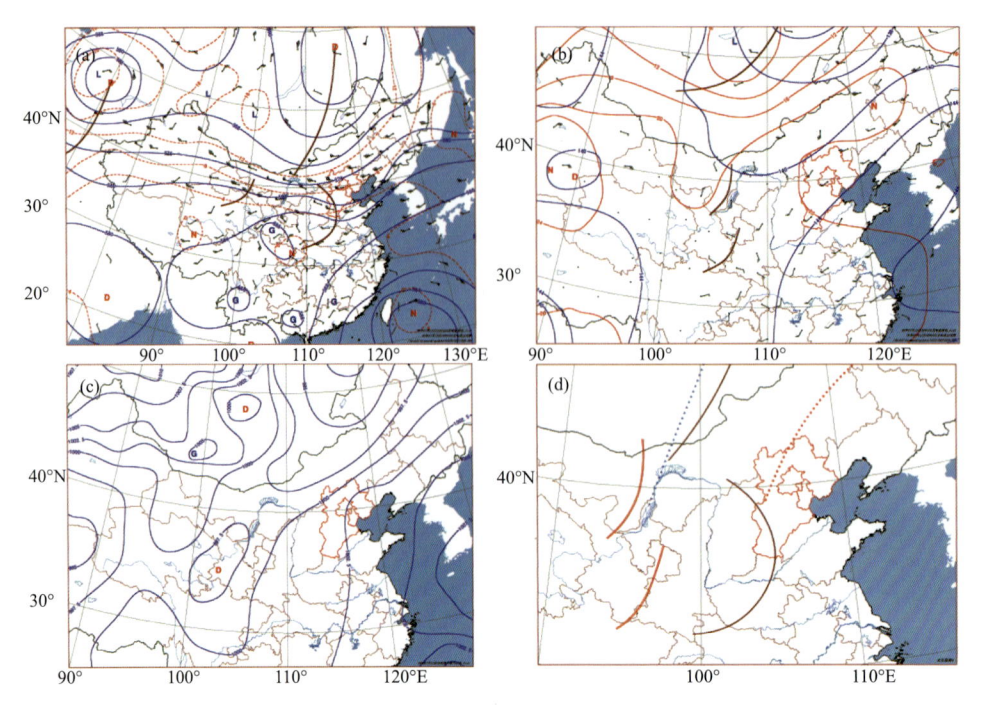

图 3.7.2　2006 年 7 月 12 日 08 时 500 hPa(a)、850 hPa(b)、地面(c)天气形势和中尺度分析(d)

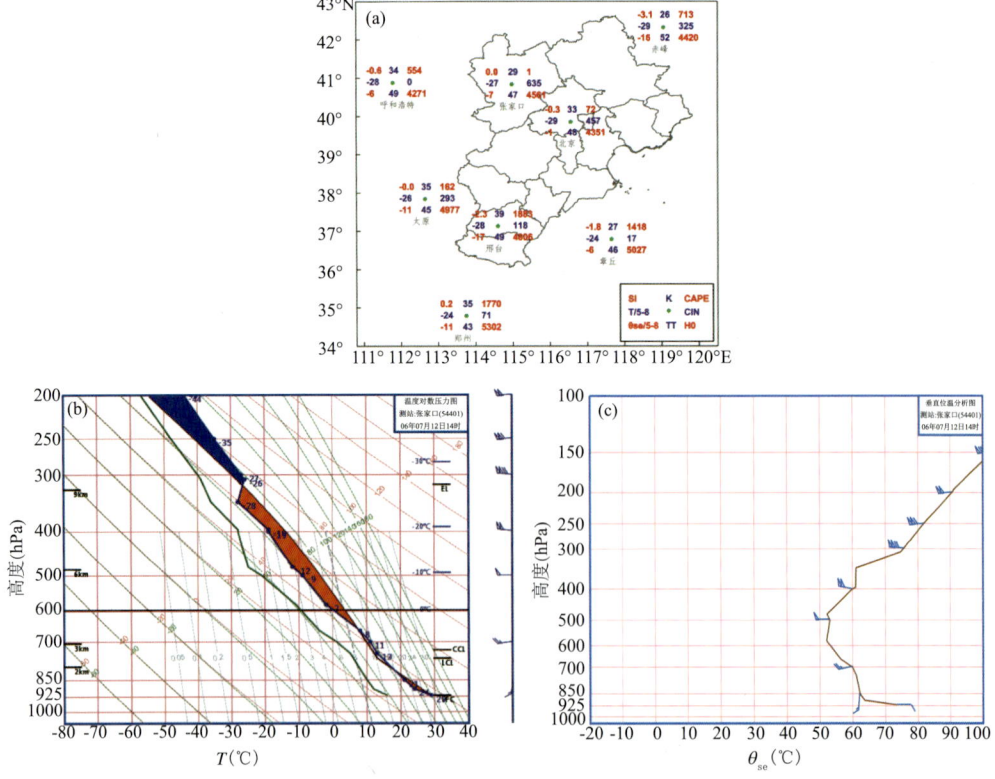

图 3.7.3　2006 年 7 月 12 日 14 时对流参数和特征高度分布(a)、54401(张家口)
$T$-$\ln p$ 图(b)和假相当位温变化(c)

卫星云图上(图3.7.4a、b),15:00前后在河北西北部有对流云团生成,并逐渐向东南方向移动,17:00前后在山西和河北交界处有对流云团生成,此后东移迅速加强发展。石家庄雷达VWP上(图3.7.4c、d),19:00以后,边界层由西南风转为东北风,6 km高度西南风风速加大,0~6 km垂直风切变较强。

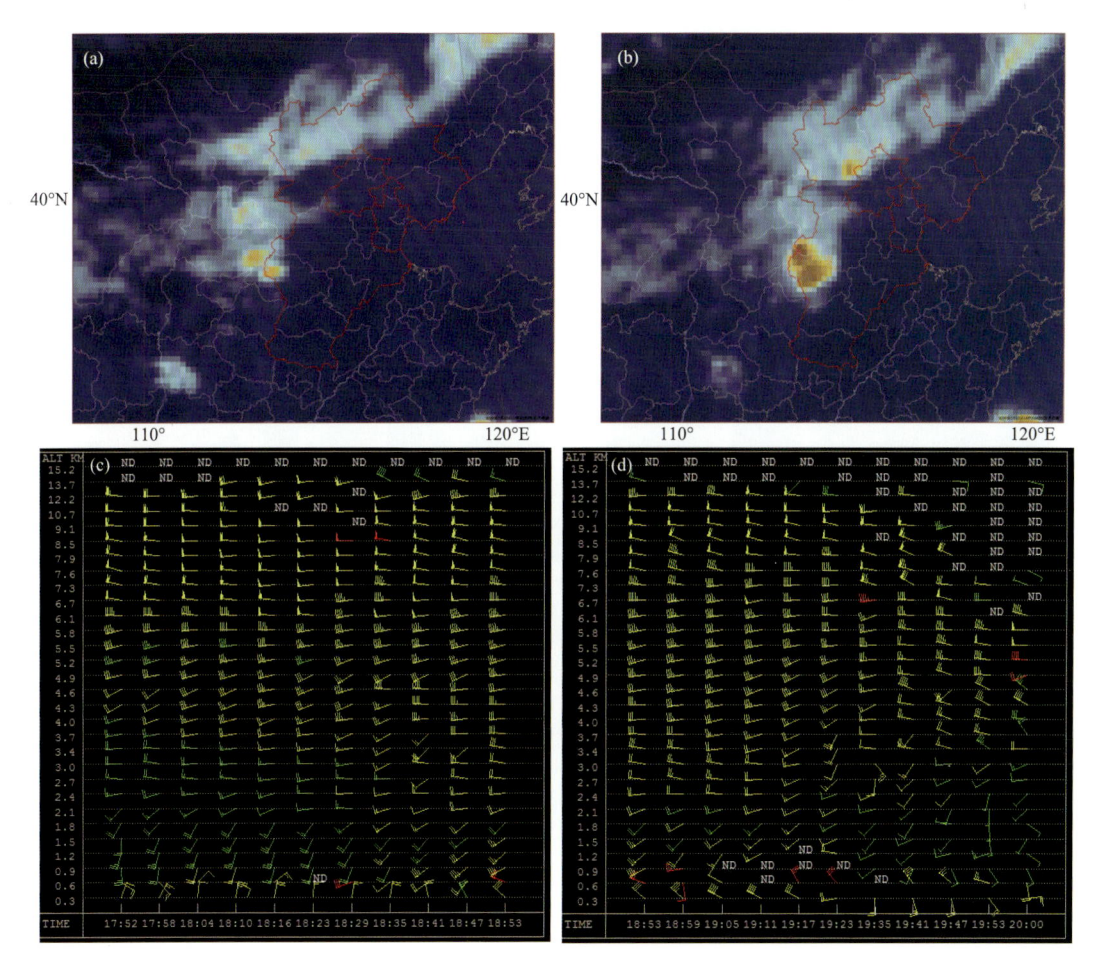

图3.7.4　2006年7月12日17时(a)和18时(b)FY-2C卫星红外云图
以及18—20时石家庄雷达VWP演变(c、d)

雷达回波向东偏南方向移动,强度超过45 dBZ,中层存在径向辐合;VIL不足15 kg·m$^{-2}$,18 dBZ回波顶高为10 km。需注意,由于雷达静锥区的存在,对VIL和回波顶高可能被低估(图3.7.5~3.7.7)。

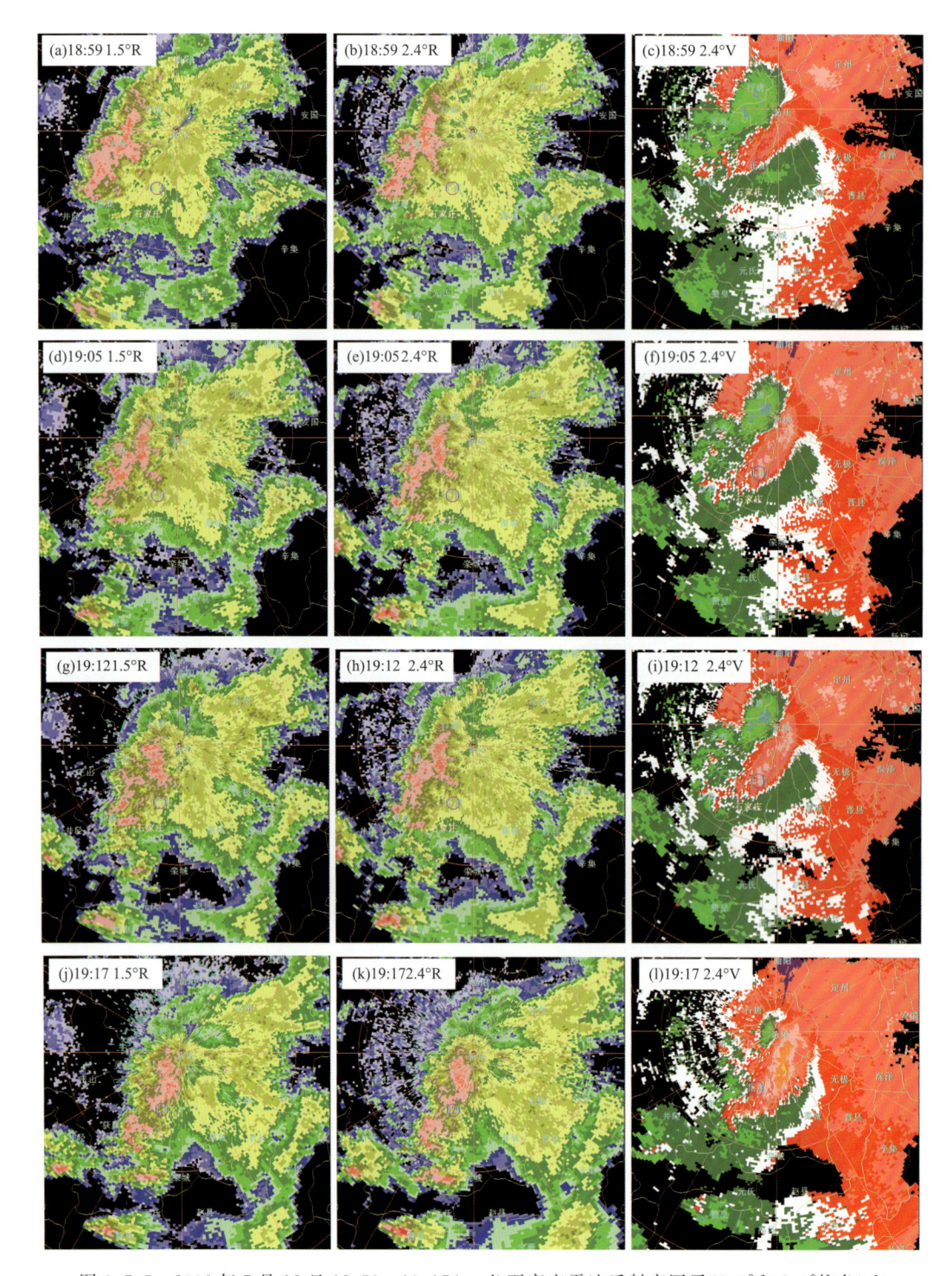

图 3.7.5　2006 年 7 月 12 日 18:59—19:17(a~l)石家庄雷达反射率因子(1.5°和 2.4°仰角)和平均径向速度(2.4°仰角)PPI(图中○为石家庄正定位置)

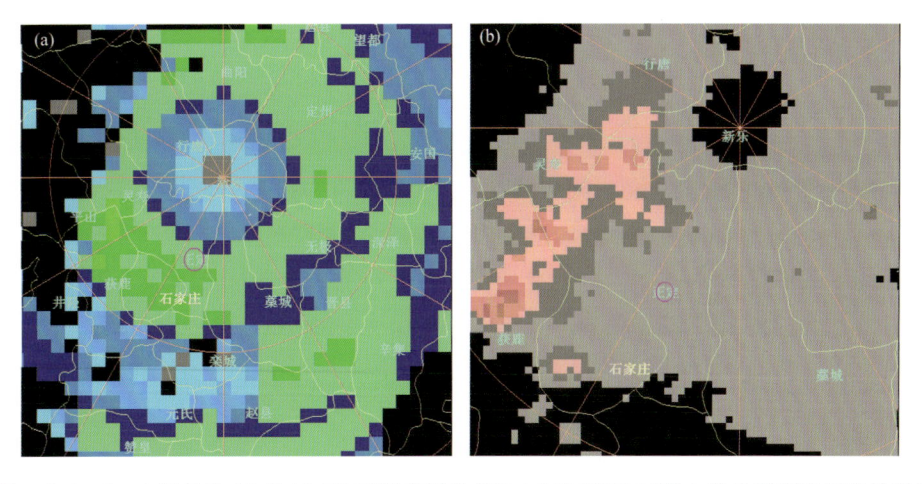

图 3.7.6　2006 年 7 月 12 日 18：59 石家庄雷达 VIL(a)和 ET(b)(图中○为石家庄正定位置)

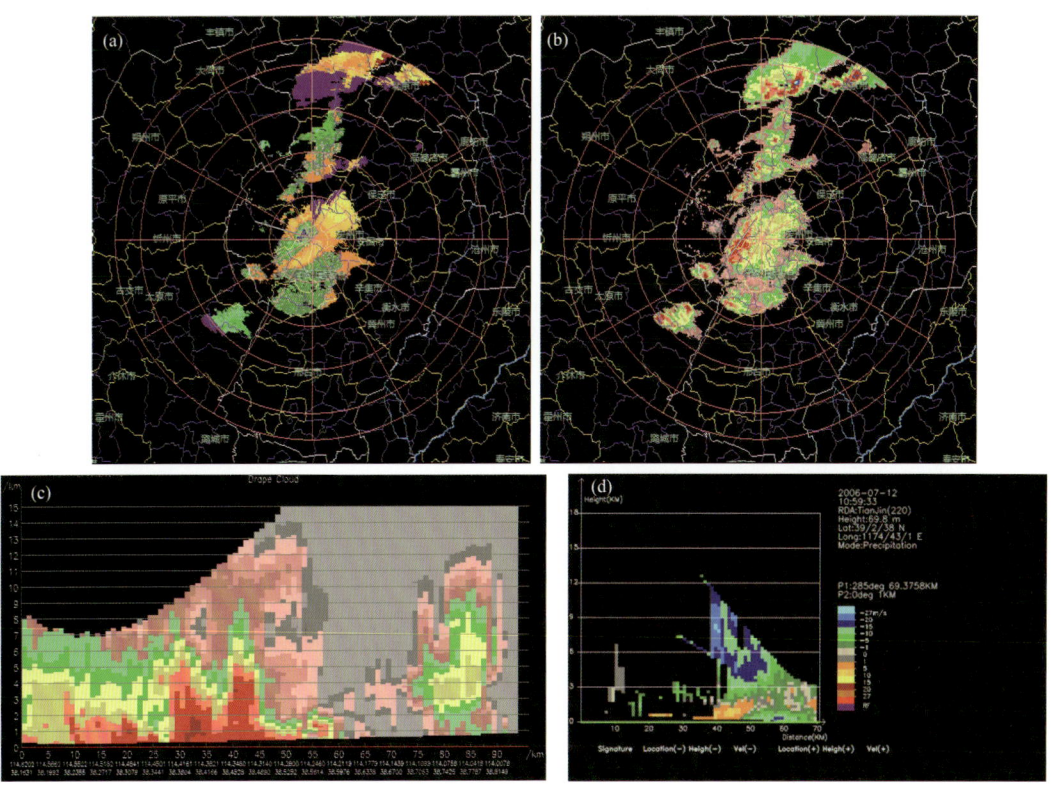

图 3.7.7　2006 年 7 月 12 日 18：59 石家庄雷达 1.5°仰角反射率因子(a)和 1.5°仰角平均径向速度(b)
以及沿图中实线的反射率因子垂直剖面(c)和平均径向速度垂直剖面(d)

## 3.8　2007年7月9日冰雹大风

实况:强对流天气主要出现在河北省东北部和南部(图3.8.1a),以冰雹(9站)(图3.8.1c)为主,伴有大风(5站)(图3.8.1b),集中出现在9日15—19时。邢台内丘最大冰雹直径为1.7 cm(19:46),石家庄高邑(17:15)和邢台宁晋(17:55)的最大冰雹直径均为1.5 cm。廊坊大厂15:30瞬时极大风速为21 m·s$^{-1}$(9级),唐山玉田16:45瞬时极大风速达28 m·s$^{-1}$(10级)。

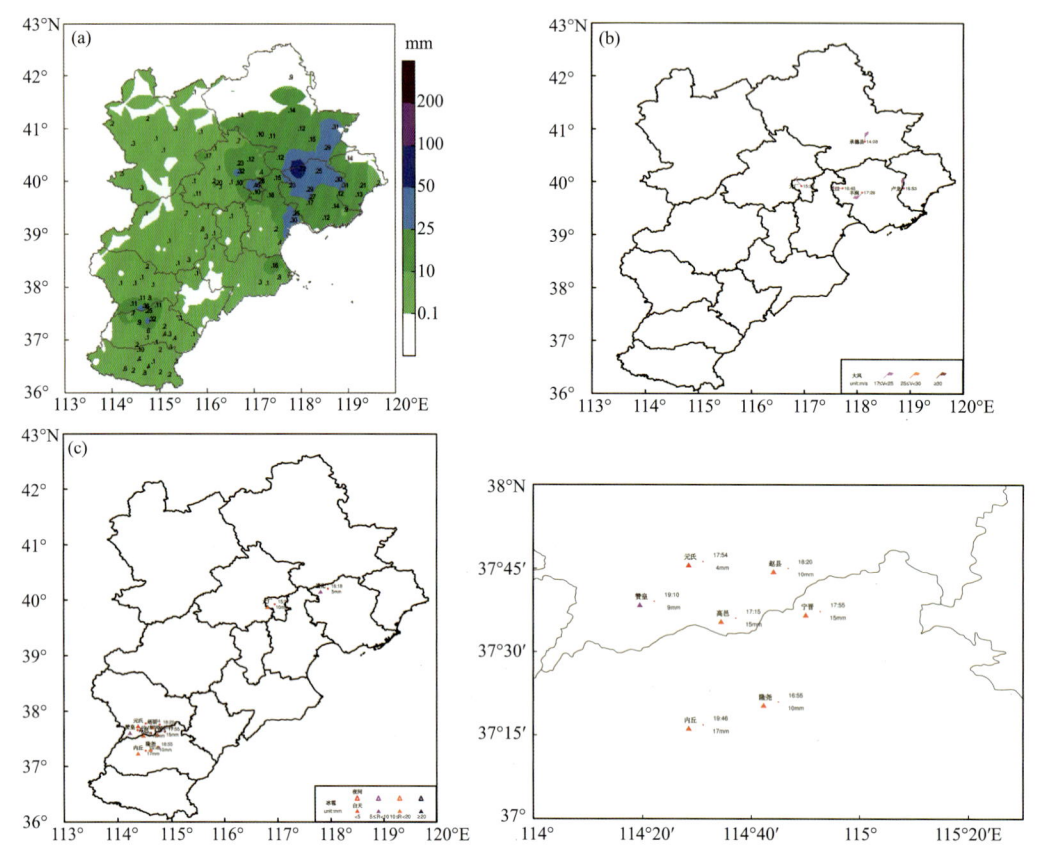

图3.8.1　2007年7月9日08时至10日08时24 h降水量(a)、大风(b)和冰雹(c)分布,(d)为冰雹分布局部放大图

主要影响系统:500 hPa低槽、850 hPa切变线、冷锋。

系统配置及演变:500 hPa低槽东移,与850 hPa暖中心在河北上空叠置,不稳定层结加大;850 hPa切变线位于河北中北部上空;地面冷锋触发不稳定能量释放(图3.8.2)。

从邢台探空资料分析(图3.8.3b),7月9日08时的环境条件有利于雷暴大风和冰雹的产生:(1)1000~925 hPa温度层结曲线接近平行于干绝热线;(2)850~600 hPa相对湿度较小;(3)08时850~500 hPa温差达到34 ℃,对流有效位能达到2645 J·kg$^{-1}$,925 hPa到600 hPa $\theta_{se}$下降了21 ℃,存在一定的条件不稳定(图3.8.3a);(4)0~6 km的垂直风切变为9 m·s$^{-1}$(图3.8.3c);(5)0 ℃层高度为4.47 km,−20 ℃层高度为7.45 km。

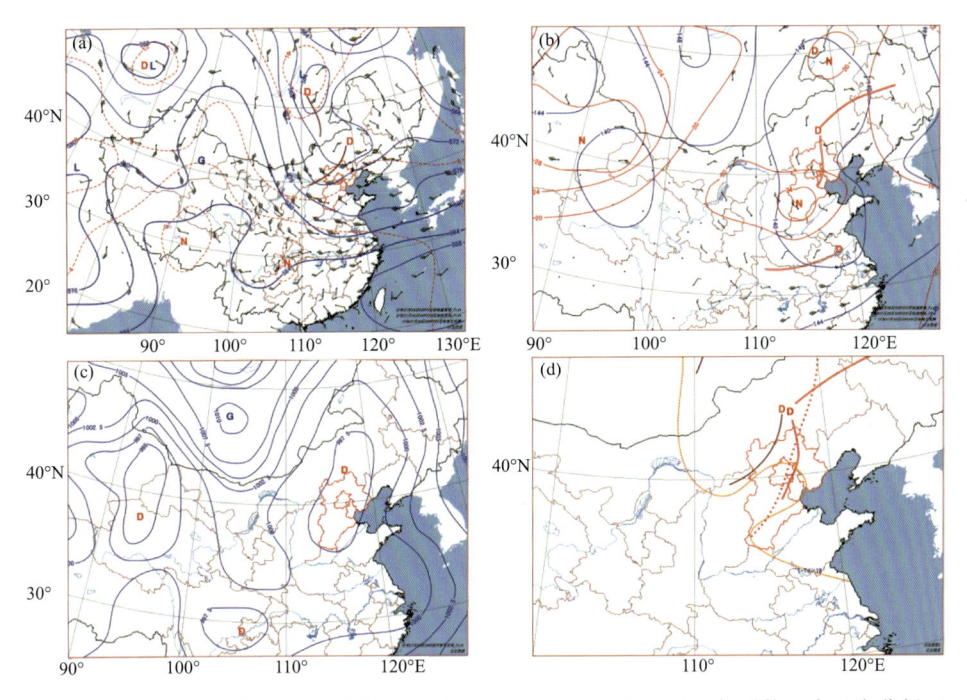

图 3.8.2　2007 年 7 月 9 日 08 时 500 hPa(a)、850 hPa(b)、地面(c)天气形势和中尺度分析(d)

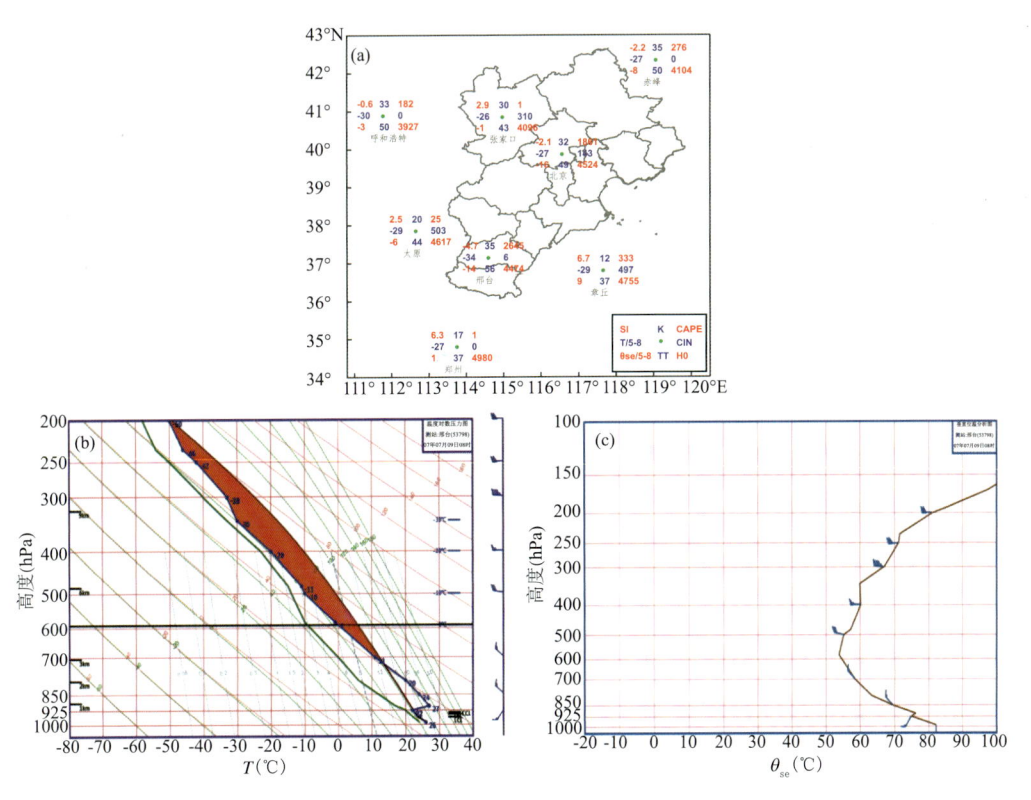

图 3.8.3　2007 年 7 月 9 日 08 时对流参数和特征高度分布(a)、53798(邢台)
$T$-$\ln p$ 图(b)和假相当位温变化(c)

卫星云图上(图3.8.4a、b),15时前后河北西北部的对流云团和山西与河北交界处的对流云团合并,东移发展。17时前后在河北南部生成的对流云团发展迅速,云顶亮温明显降低。石家庄雷达VWP上(图3.8.4c、d),16:00以后,边界层一直维持8~10 m·s$^{-1}$的东北风。

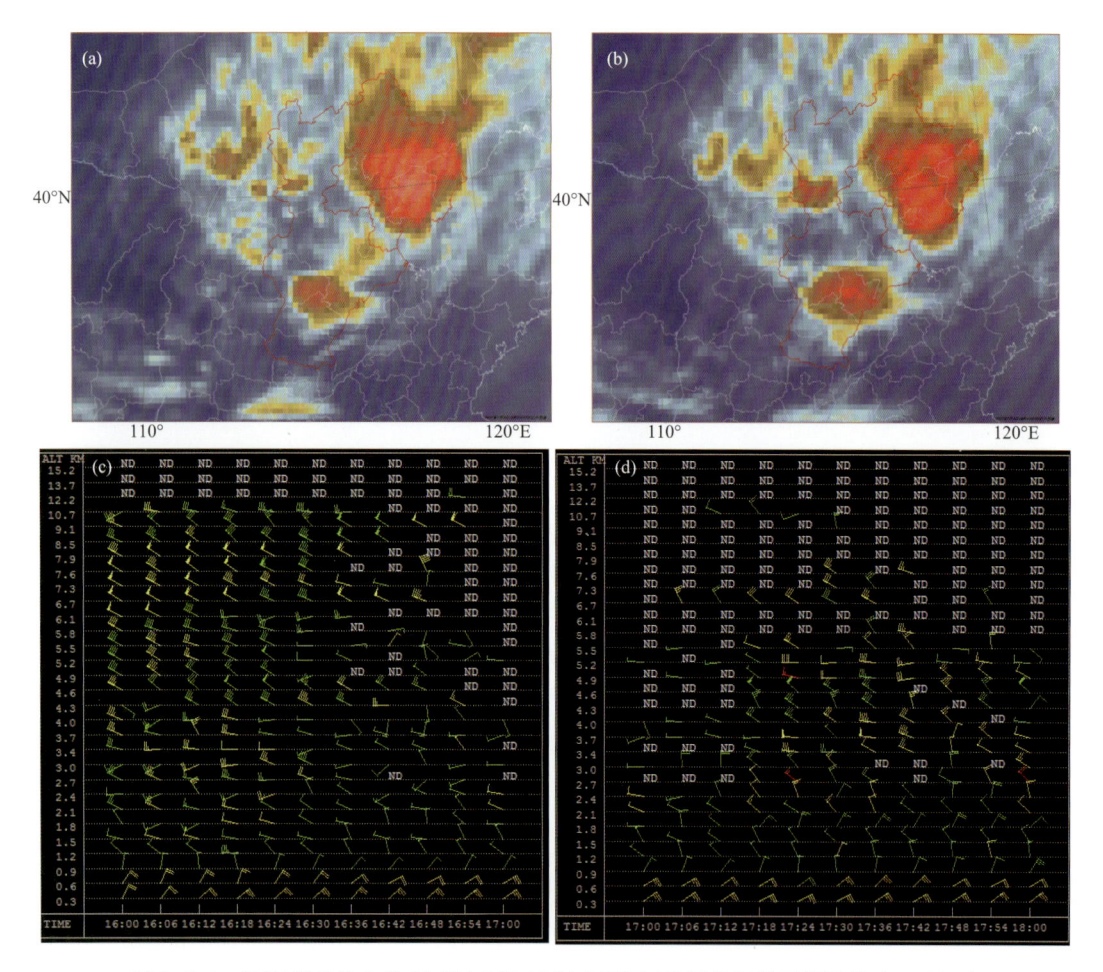

图3.8.4　2007年7月9日18时(a)和19时(b)FY-2C卫星红外云图以及16—18时石家庄雷达VWP演变(c、d)

雷达回波向东偏南方向移动,反射率因子核心强度超过60 dBZ,高层强反射率因子回波悬垂于低层弱回波区之上;VIL为26 kg·m$^{-2}$,回波顶高为10 km(图3.8.5~3.8.7)。

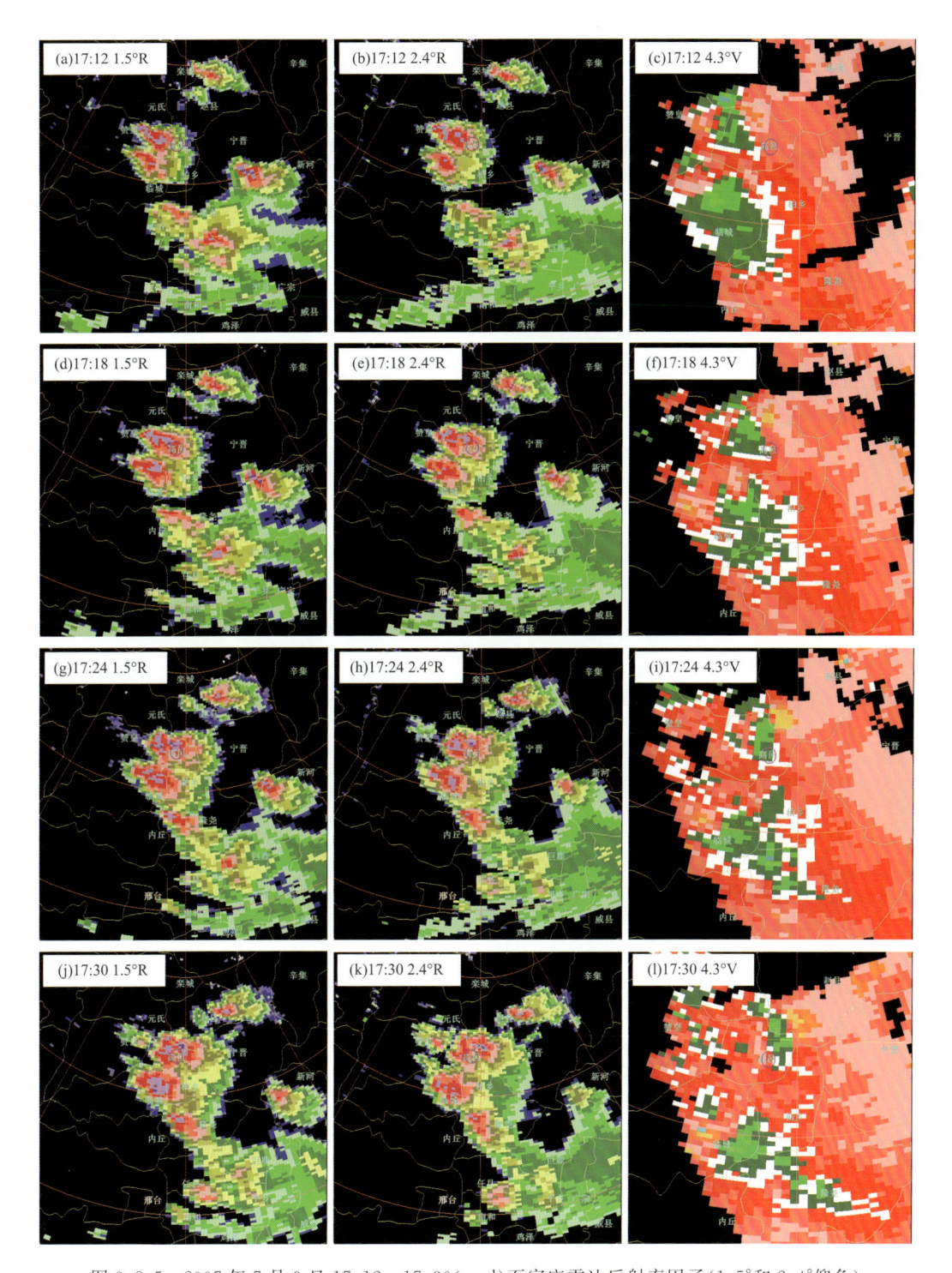

图 3.8.5　2007 年 7 月 9 日 17:12—17:30(a～l)石家庄雷达反射率因子(1.5°和 2.4°仰角)和平均径向速度(4.3°仰角)PPI(图中○为石家庄高邑位置)

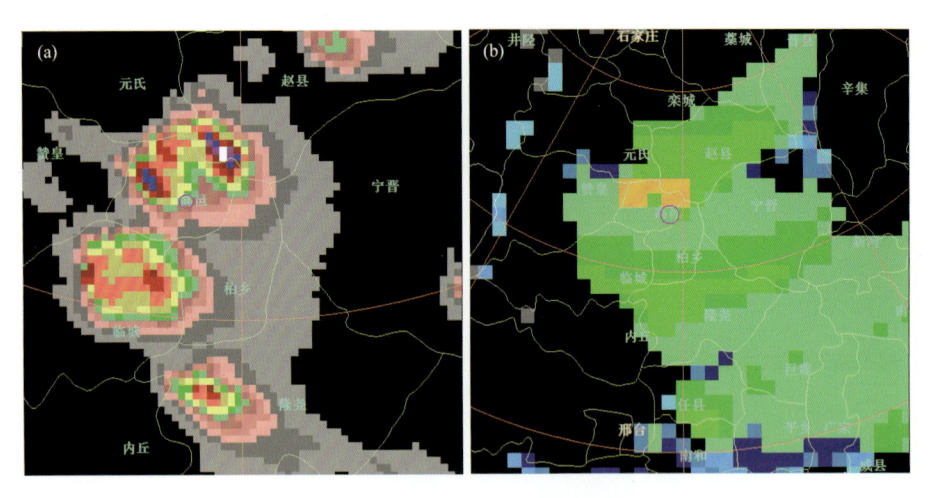

图 3.8.6　2007 年 7 月 9 日 17:24 石家庄雷达 VIL(a)和
ET(b)(图中〇为石家庄高邑位置)

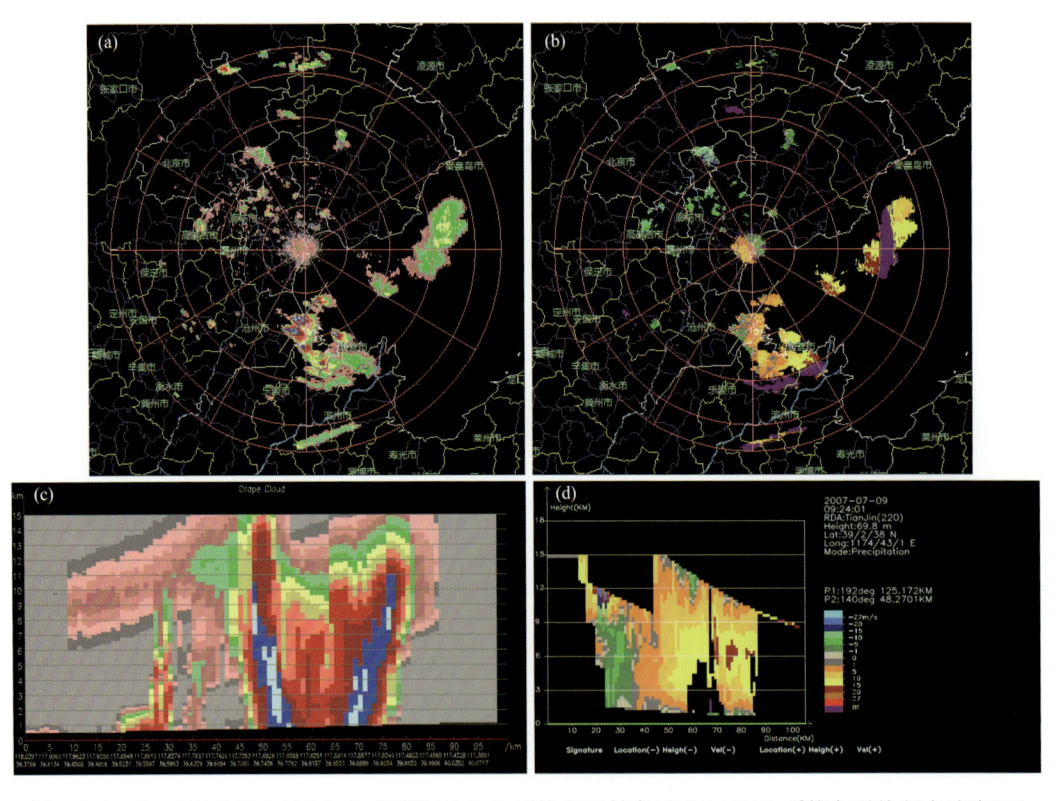

图 3.8.7　2007 年 7 月 9 日 17:24 石家庄雷达 1.5°仰角反射率因子(a)和 1.5°仰角平均径向速度(b)
以及沿图中实线的反射率因子垂直剖面(c)和平均径向速度垂直剖面(d)

## 3.9　2008年6月23日冰雹大风

实况:强对流天气主要出现在河北省中北部(图3.9.1a),以大风(21站)(图3.9.1b)为主,并伴有冰雹(12站)(图3.9.1c),集中出现在23日14—20时。保定蠡县17:03瞬时极大风速达26 m·s$^{-1}$(10级),衡水安平17:07瞬时极大风速达25 m·s$^{-1}$(10级)。石家庄高邑最大冰雹直径为1.5 cm(15:57),保定蠡县最大冰雹直径为1.0 cm(17:10)。

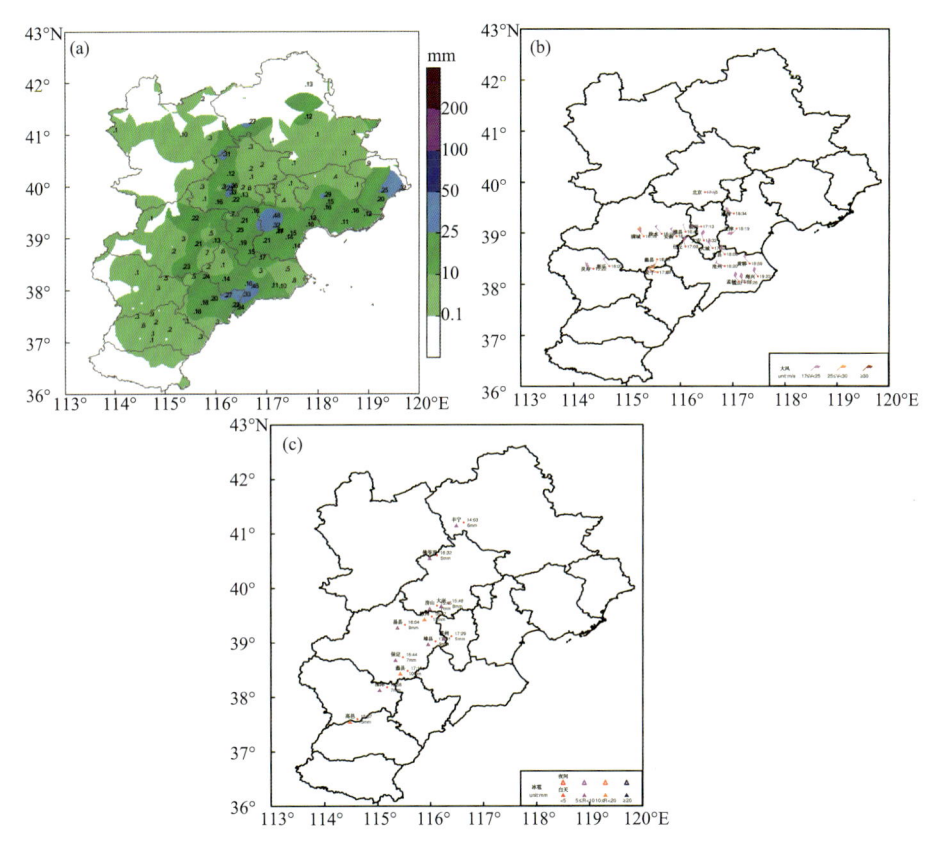

图3.9.1　2008年6月23日08时至24日08时24 h降水量(a)、大风(b)和冰雹(c)分布

主要影响系统:500 hPa冷涡低槽、850 hPa切变线。

系统配置及演变:500 hPa蒙古低涡底部低槽携带干冷空气东移影响河北省,配合850 hPa暖脊,不稳定层结加大;500 hPa偏西风大风速区(20 m·s$^{-1}$以上);500 hPa低槽、850 hPa切变线、地面低压辐合区为不稳定能量的释放提供了有利的动力强迫条件(图3.9.2)。

从北京探空资料分析(图3.9.3b),6月23日08时的环境条件有利于雷暴大风和冰雹的产生:(1)近地面到600 hPa $\theta_{se}$下降了12 ℃,存在一定的条件不稳定;(2)整层相对湿度较小,对流层高层到600 hPa附近有相对更干的干空气卷入,温、湿度层结曲线形成向上开口的喇叭形状,"上干冷、下暖湿"特征明显;(3)订正探空对流有效位能由08时的222 J·kg$^{-1}$增大至14时的1148 J·kg$^{-1}$,对流抑制能量减小(图3.9.3a);(4)850~500 hPa温差达28 ℃;(5)0~6 km的垂直风切变为20 m·s$^{-1}$(图3.9.3c);(6)0 ℃层高度为3.97 km,−20 ℃层高度为7.21 km。

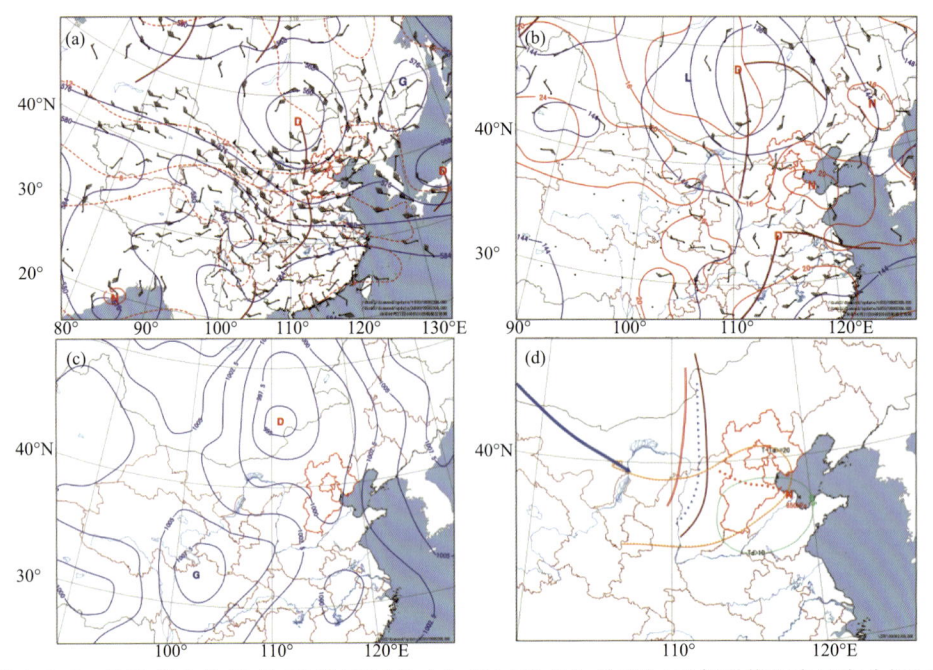

图 3.9.2　2008 年 6 月 23 日 08 时 500 hPa(a)、850 hPa(b)、地面(c)天气形势和中尺度分析(d)

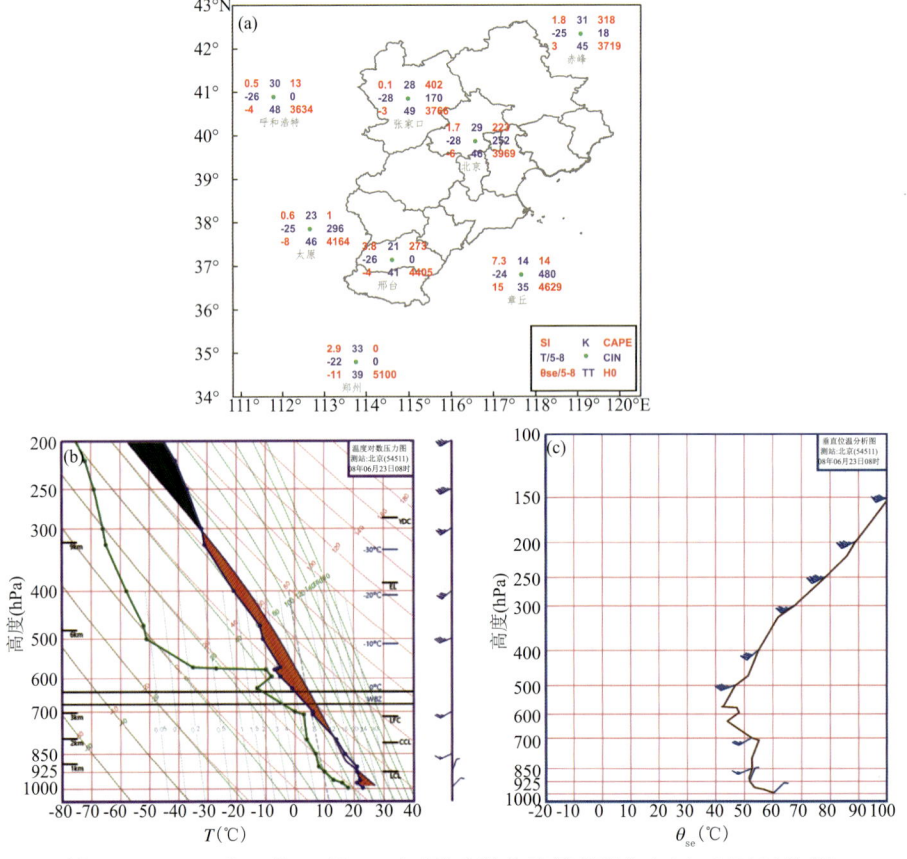

图 3.9.3　2008 年 6 月 23 日 08 时对流参数和特征高度分布(a)、54511(北京)
$T$-$\ln p$ 图(b)和假相当位温变化(c)

卫星云图上(图 3.9.4a、b),17 时前后河北西北部的带状对流云团在东移过程中于河北中部发展加强,云顶亮温明显降低,给河北省中部带来大风和冰雹。石家庄雷达 VWP 上(图 3.9.4c、d),16:54 以后,边界层由 4 m·s$^{-1}$ 的偏西风转为 12 m·s$^{-1}$ 的偏南风。

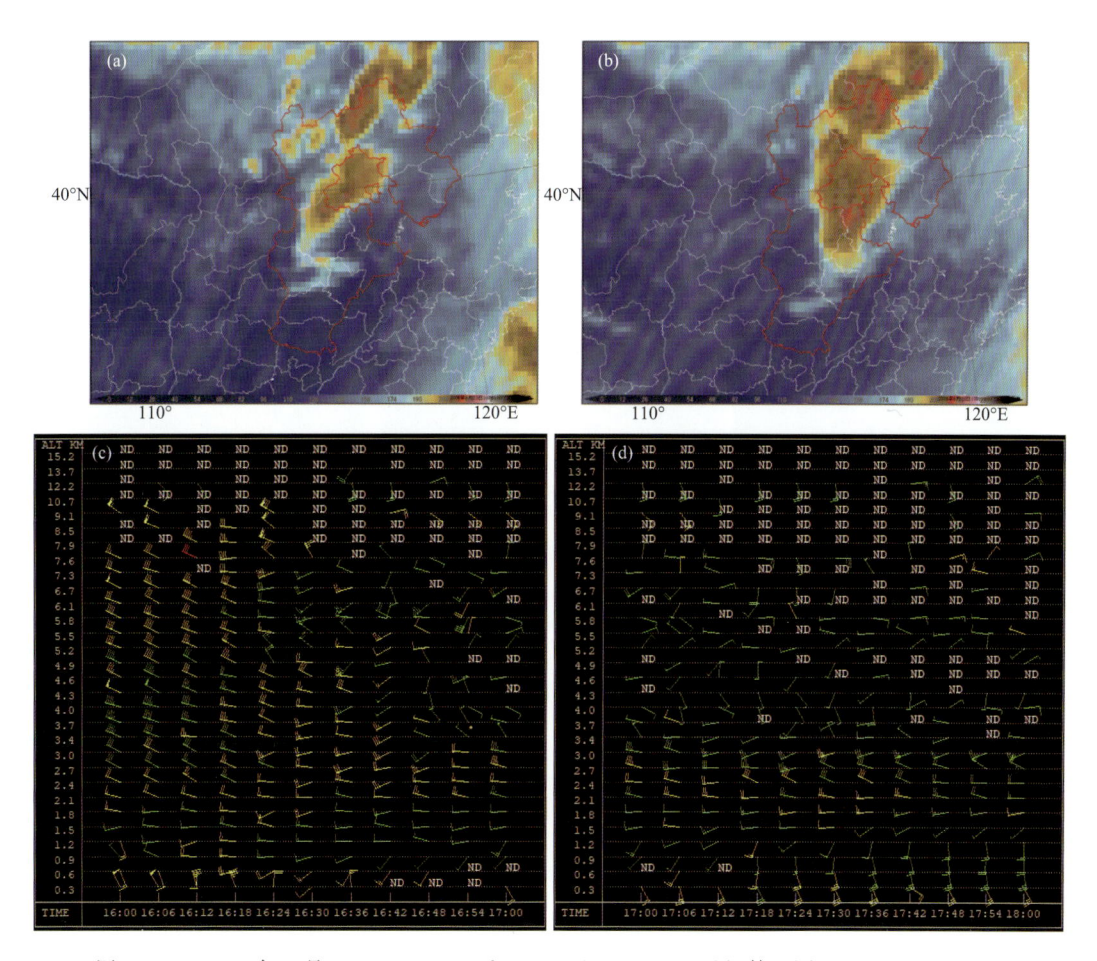

图 3.9.4　2008 年 6 月 23 日 16:00(a)和 17:30(b)FY-2C 卫星红外云图以及 16:00—18:00 石家庄雷达 VWP 演变(c、d)

雷达回波向偏东方向移动,反射率因子核心强度超过 65 dBZ,高层强反射率因子回波悬垂于低层弱回波区之上;0.5°仰角平均径向速度出现速度模糊(达 33 m·s$^{-1}$);VIL 最大达 53 kg·m$^{-2}$,回波顶高为 9 km(图 3.9.5~3.9.7)。

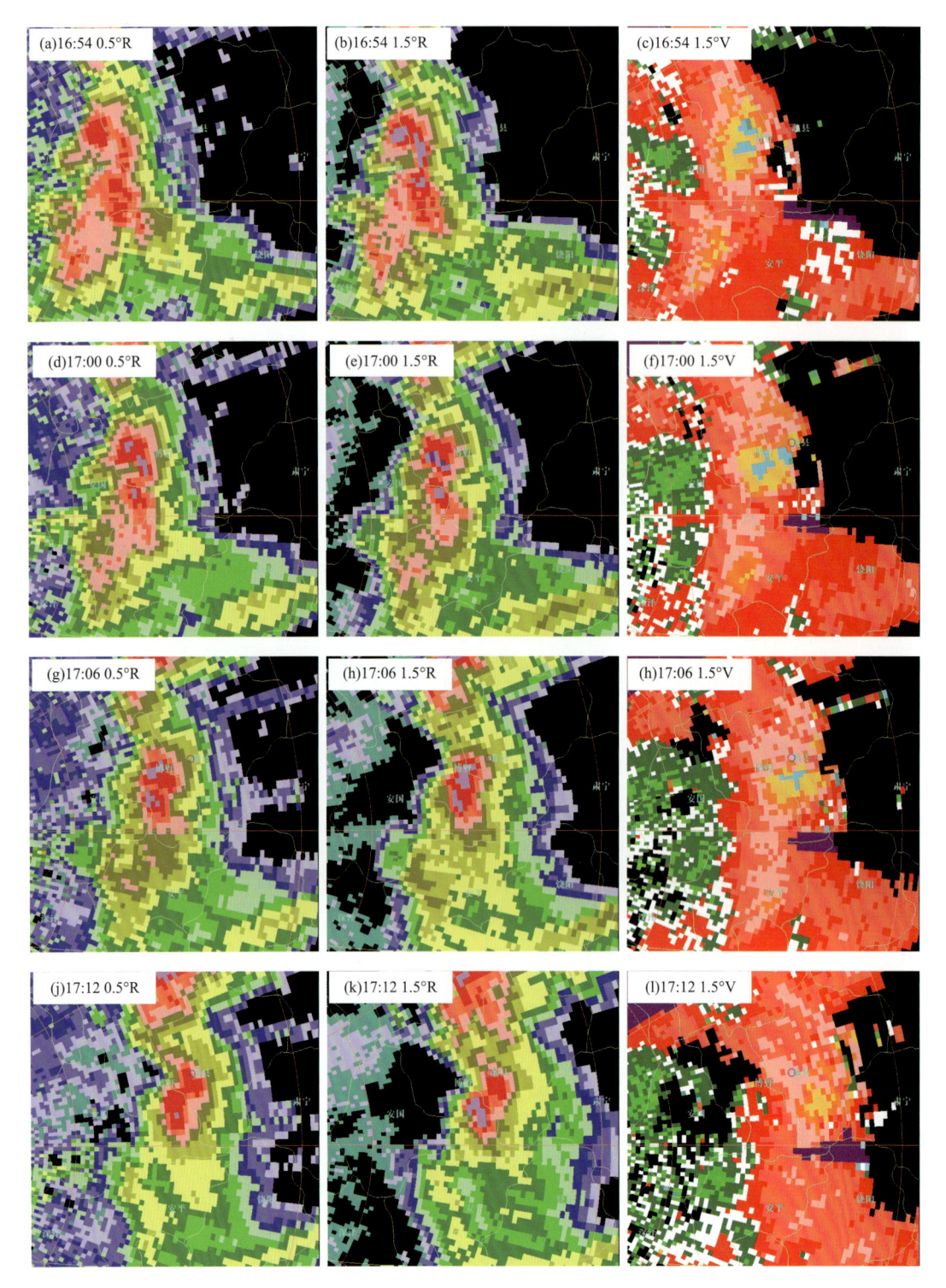

图 3.9.5 2008 年 6 月 23 日 16:54—17:12(a～l)石家庄雷达反射率因子(0.5°和 1.5°仰角)和平均径向速度(1.5°仰角)PPI(图中○为保定蠡县位置)

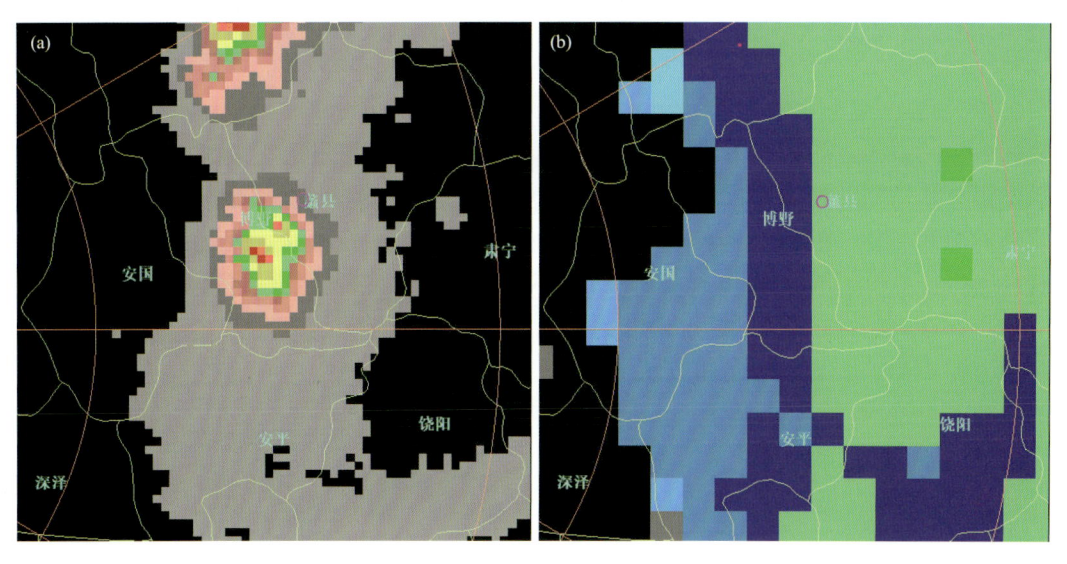

图 3.9.6　2008 年 6 月 23 日 17：06 石家庄雷达 VIL(a) 和 ET(b)（图中○为保定蠡县位置）

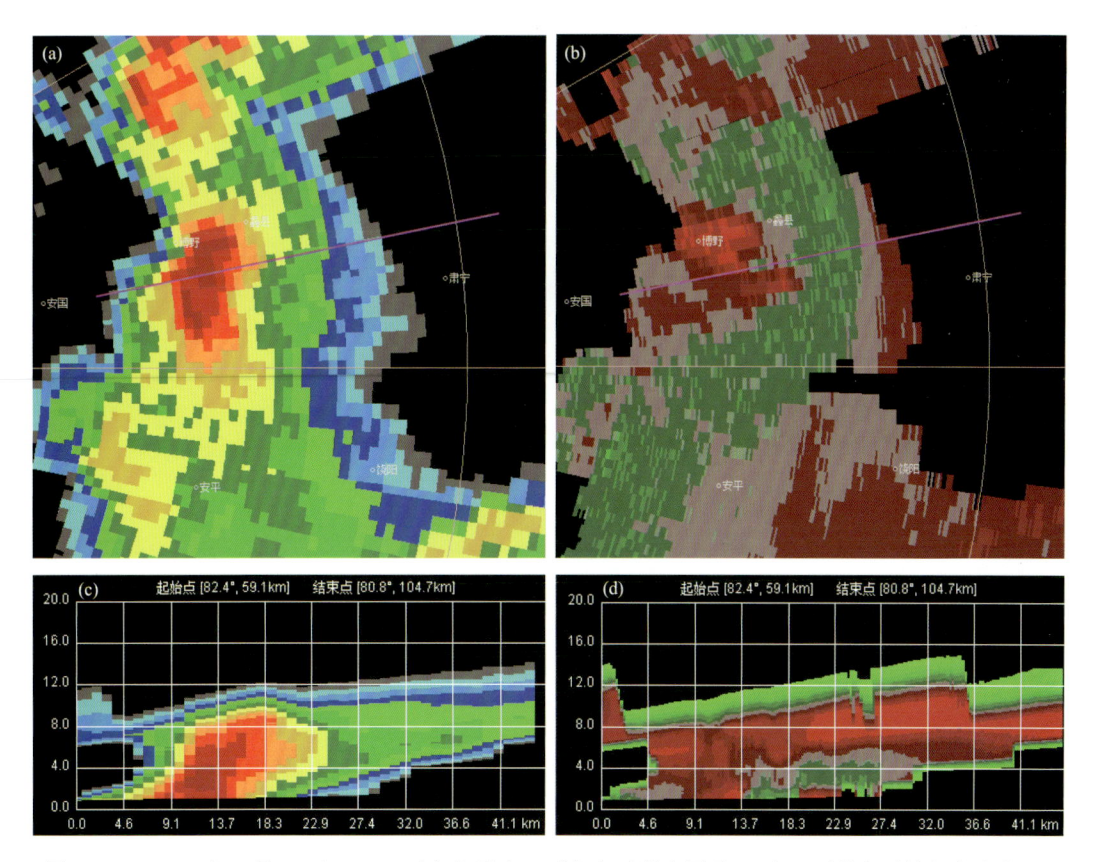

图 3.9.7　2008 年 6 月 23 日 17：06 石家庄雷达 1.5°仰角反射率因子(a)和 1.5°仰角平均径向速度(b)
以及沿图中实线的反射率因子垂直剖面(c)和平均径向速度垂直剖面(d)

## 3.10　2008年6月25日大风冰雹

实况:强对流天气主要出现在河北省南部(图3.10.1a),以大风(25站)(图3.10.1b)为主,并伴有冰雹(8站)(图3.10.1c),集中出现在25日14—22时。邯郸磁县17:00和成安17:13瞬时极大风速达25 m·s$^{-1}$(10级)。邯郸峰峰最大冰雹直径为3.9 cm(17:20)。

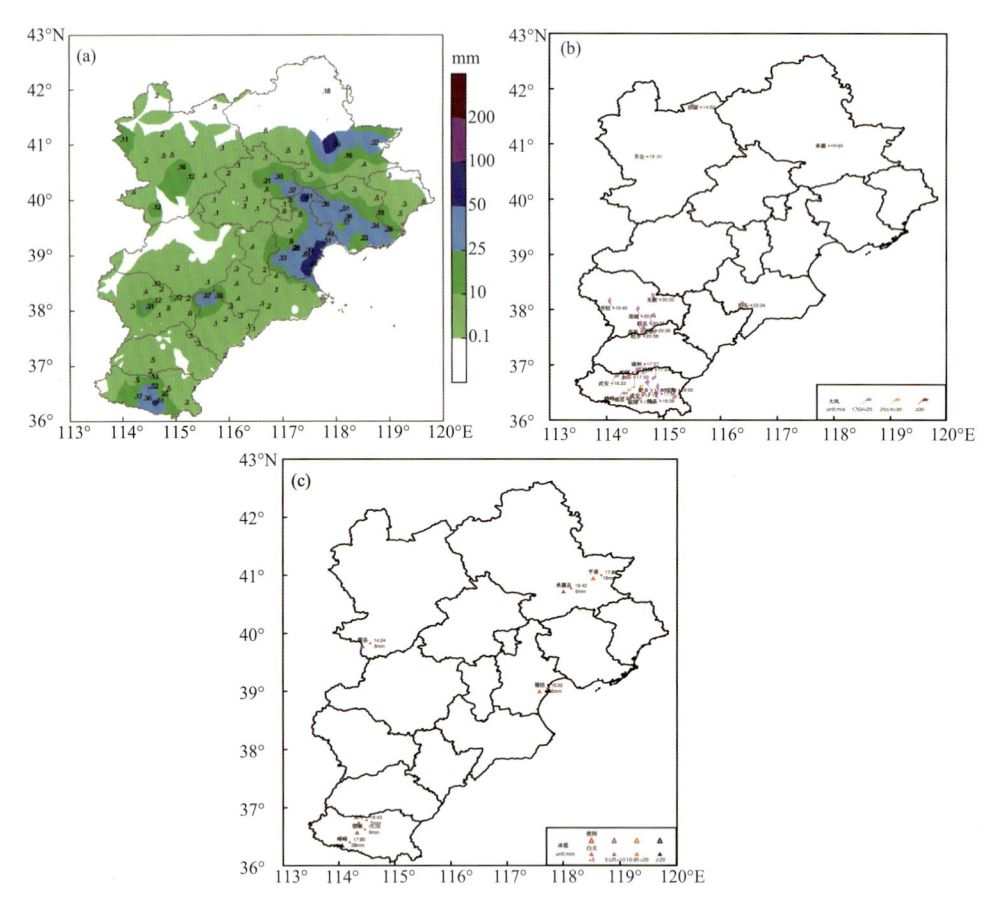

图3.10.1　2008年6月25日08时至26日08时24 h降水量(a)、大风(b)和冰雹(c)分布

主要影响系统:500 hPa低涡横槽、850 hPa切变线。

系统配置及演变:500 hPa低涡底部西北气流携带干冷空气东移影响河北省南部,配合河北省南部的850 hPa暖中心,不稳定层结加大;500 hPa河北上游存在超过16 m·s$^{-1}$的大风速带(图3.10.2)。

从邢台探空资料分析(图3.10.3b),6月25日08时的环境条件有利于雷暴大风和冰雹的产生:(1)850~500 hPa温度层结曲线接近平行于干绝热线;(2)近地面到500 hPa $\theta_{se}$下降了25 ℃,存在较强的条件不稳定;(3)900 hPa以下相对湿度较大,900 hPa以上相对湿度较小,温湿层结曲线"上干冷、下暖湿"特征明显;(4)08时对流有效位能为1933 J·kg$^{-1}$,对流抑制能量为333 J·kg$^{-1}$,850~500 hPa温差达38 ℃(图3.10.3a);(5)0~6 km的垂直风切变为8 m·s$^{-1}$(图3.10.3c);(6)0 ℃层高度为4.51 km,−20 ℃层高度为7.34 km。

第3章 高空冷平流强迫类

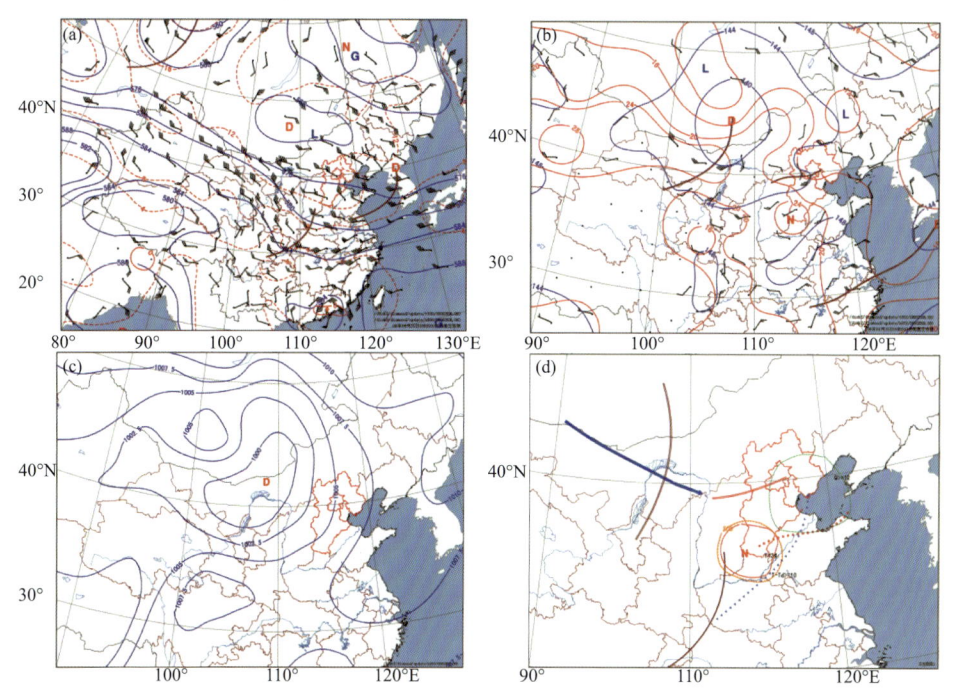

图 3.10.2　2008 年 6 月 25 日 08 时 500 hPa(a)、850 hPa(b)、地面(c)天气形势和中尺度分析(d)

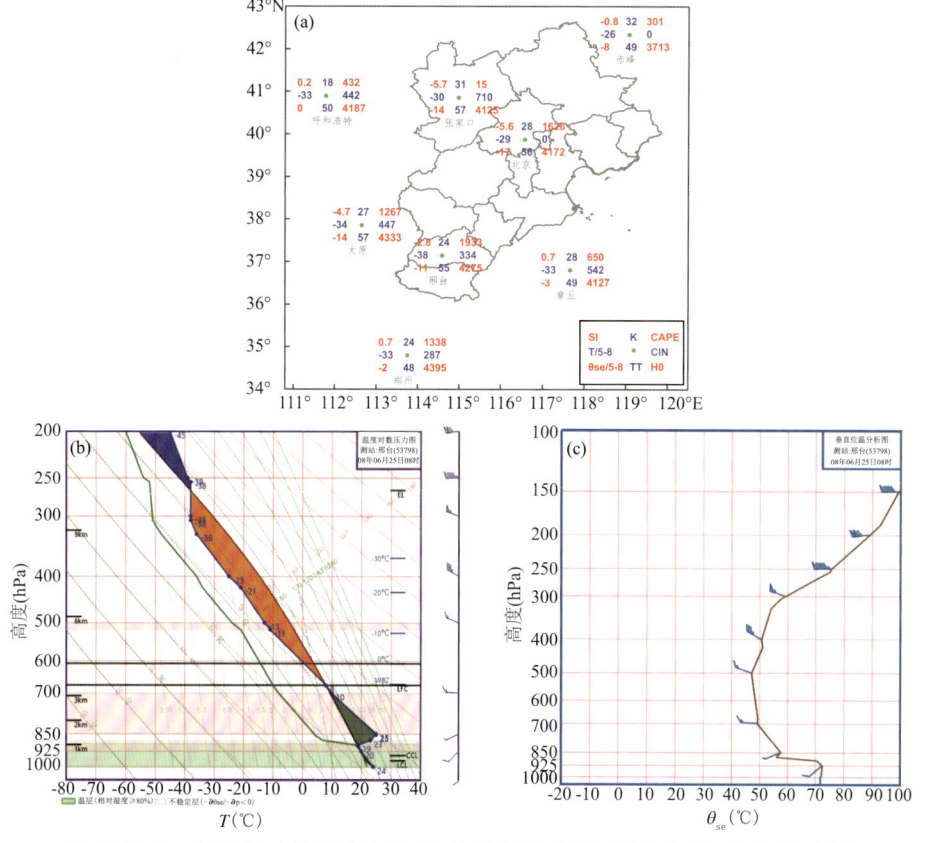

图 3.10.3　2008 年 6 月 25 日 08 时对流参数和特征高度分布(a)、53798(邢台)
$T$-$\ln p$ 图(b)和假相当位温变化(c)

卫星云图上(图3.10.4a、b),16:30前后河北省南部有中尺度对流云团东移加强,17:00,其云顶亮温明显降低,边界光滑。石家庄雷达VWP上(图3.10.4c、d),16:30以后边界层由偏南风转为偏东风。

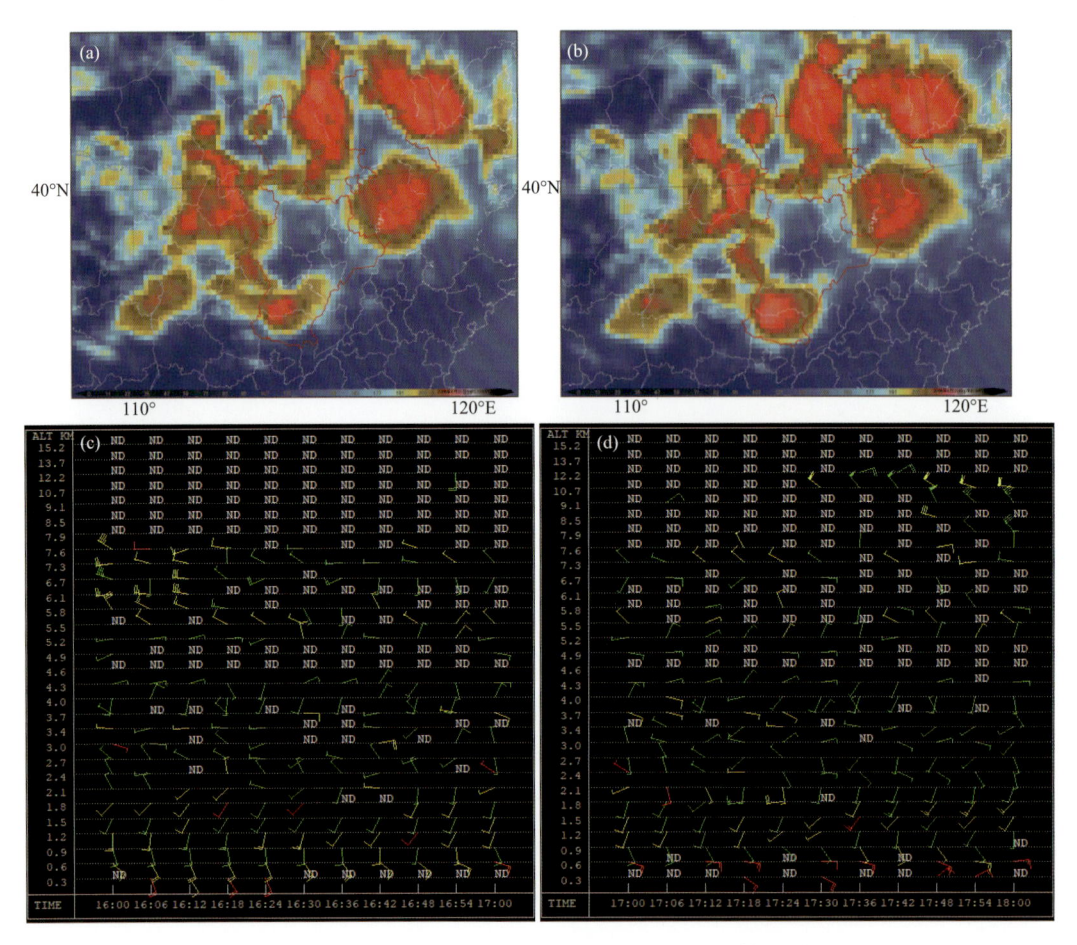

图3.10.4　2008年6月25日16:30(a)和17:00(b)FY-2C卫星红外云图以及16:00—18:00石家庄雷达VWP演变(c、d)

雷达回波向偏南方向移动,反射率因子核心强度超过60 dBZ,反射率因子核高度快速下降。径向速度剖面图上存在中层径向辐合(MARC)。VIL最大65~70 kg·m$^{-2}$,回波顶高为15~18 km(图3.10.5~3.10.7)。

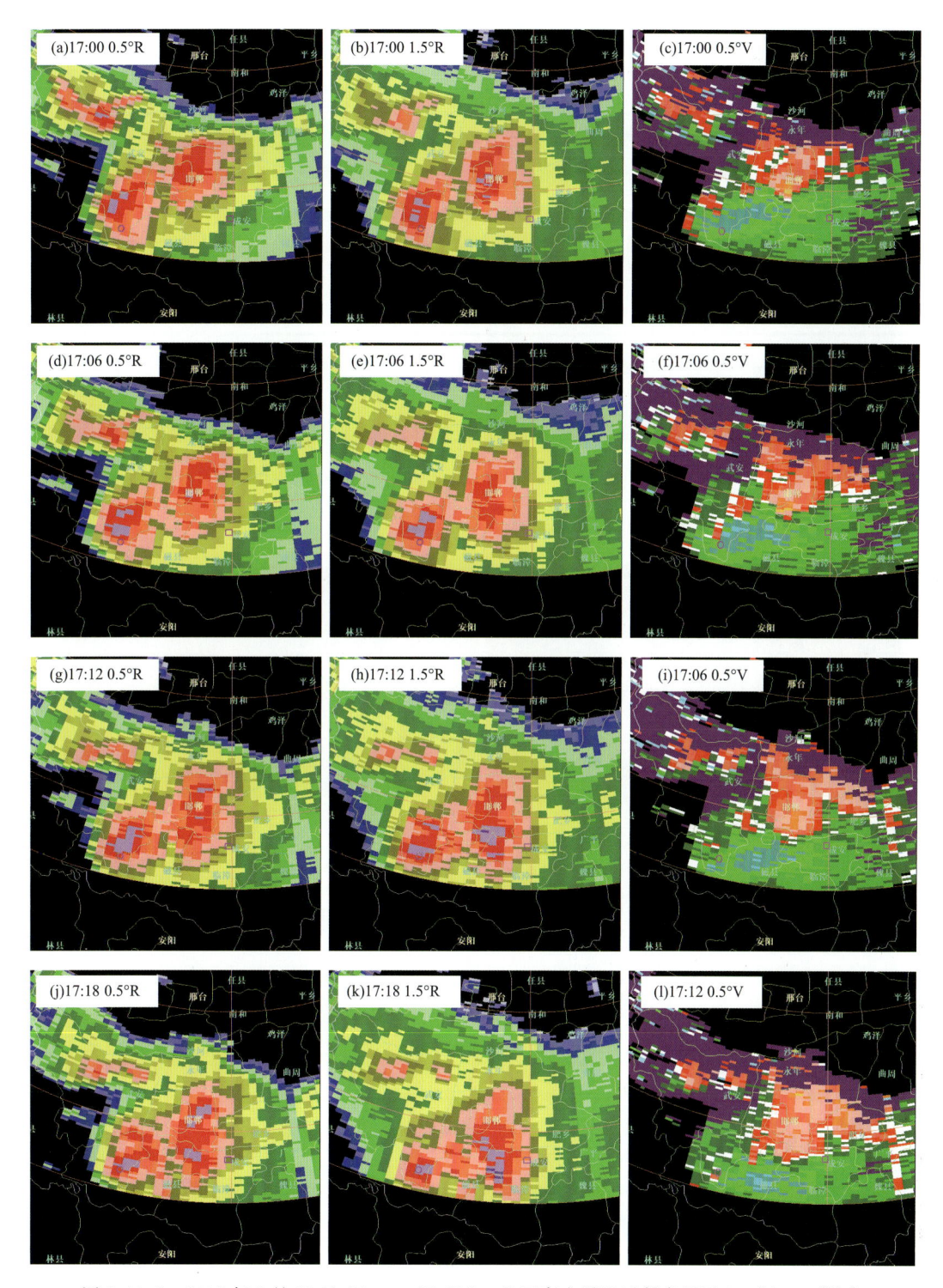

图 3.10.5　2008 年 6 月 25 日 17:00—17:18(a~l)石家庄雷达反射率因子(0.5°和 1.5°仰角)和平均径向速度(0.5°仰角)PPI(图中○为邯郸峰峰位置,□为邯郸成安位置)

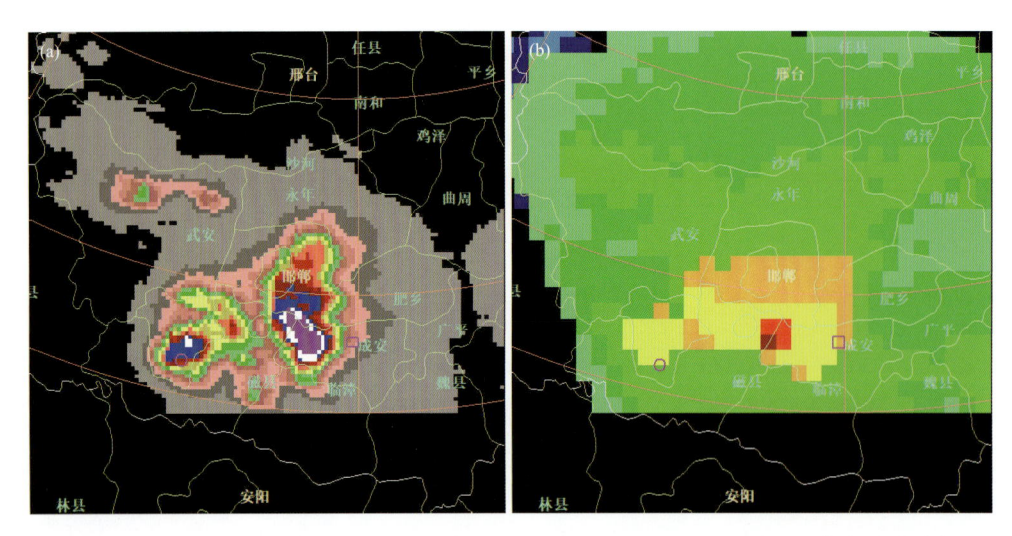

图 3.10.6　2008 年 6 月 25 日 17:18 石家庄雷达 VIL(a)和 ET(b)(图中○为邯郸峰峰位置，□为邯郸成安位置)

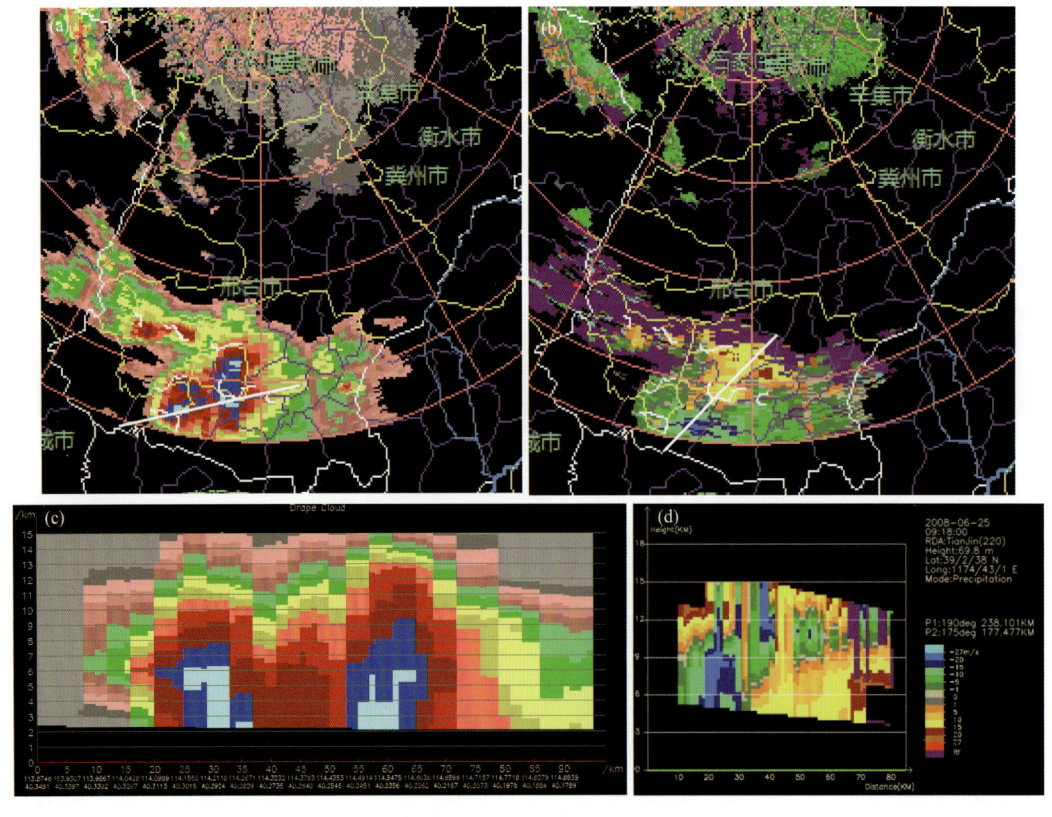

图 3.10.7　2008 年 6 月 25 日 17:18 石家庄雷达 0.5°仰角反射率因子(a)和 0.5°仰角平均径向速度(b)以及沿图中实线的反射率因子垂直剖面(c)和平均径向速度垂直剖面(d)

## 3.11　2009年7月23日大风冰雹

实况:强对流天气主要出现在河北省中部(图3.11.1a),以大风(25站)(图3.11.1b)为主,并伴有冰雹(7站)(图3.11.1c),集中出现在23日14—21时。保定高阳18:04瞬时极大风速达24 m·s$^{-1}$(9级),北京霞云岭16:07瞬时极大风速达24 m·s$^{-1}$(9级)。崇礼最大冰雹直径为1.0 cm(14:13),石家庄正定最大冰雹直径为0.8 cm(18:27)。

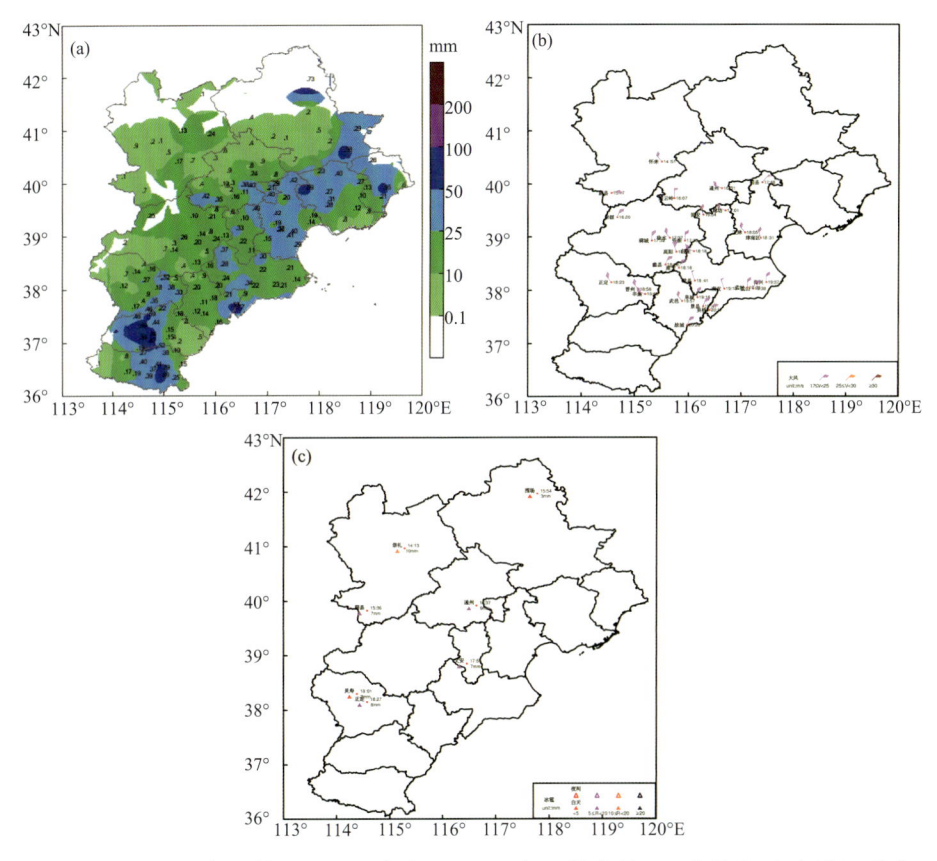

图3.11.1　2009年7月23日08时至24日08时24降水量(a)、大风(b)和冰雹(c)分布

主要影响系统:500 hPa横槽冷槽、850 hPa切变线。

系统配置及演变:500 hPa横槽下摆,槽后20 m·s$^{-1}$的西北大风速核携带干冷空气影响中部地区,并与850 hPa暖脊形成叠置,不稳定层结和垂直风切变增大;850 hPa切变线东移南下,为不稳定能量的释放提供了有利的动力强迫(图3.11.2)。

从北京探空资料分析(图3.11.3b),7月23日08时的环境条件有利于雷暴大风和冰雹的产生:(1)800~550 hPa温度层结曲线接近平行于干绝热线;(2)500~400 hPa干层明显,600 hPa下沉对流有效位能达到1057.1 J·kg$^{-1}$(图3.11.3a);(3)925 hPa到500 hPa的$\theta_{se}$下降了23 ℃,有一定的条件不稳定;(4)08时850~500 hPa温差达到28 ℃,14时订正探空后对流有效位能达到1268 J·kg$^{-1}$(图3.11.3a);(5)0~6 km的垂直风切变为18 m·s$^{-1}$;(图3.11.3c)(6)0 ℃层高度为4.54 km,-20 ℃层高度为7.44 km。

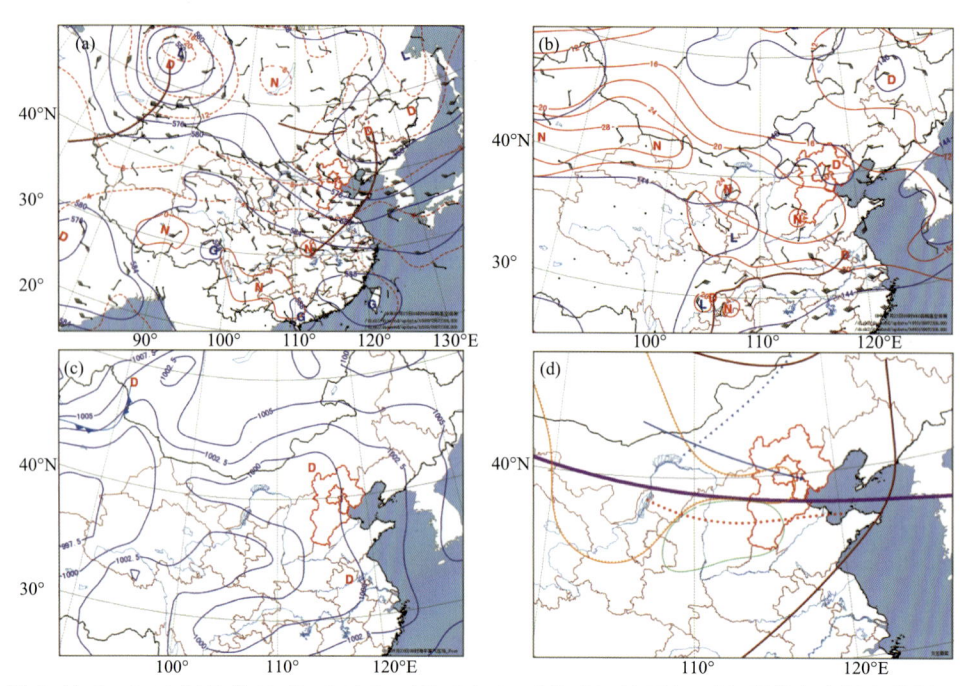

图 3.11.2　2009 年 7 月 23 日 08 时 500 hPa(a)、850 hPa(b)、地面(c)天气形势和中尺度分析(d)

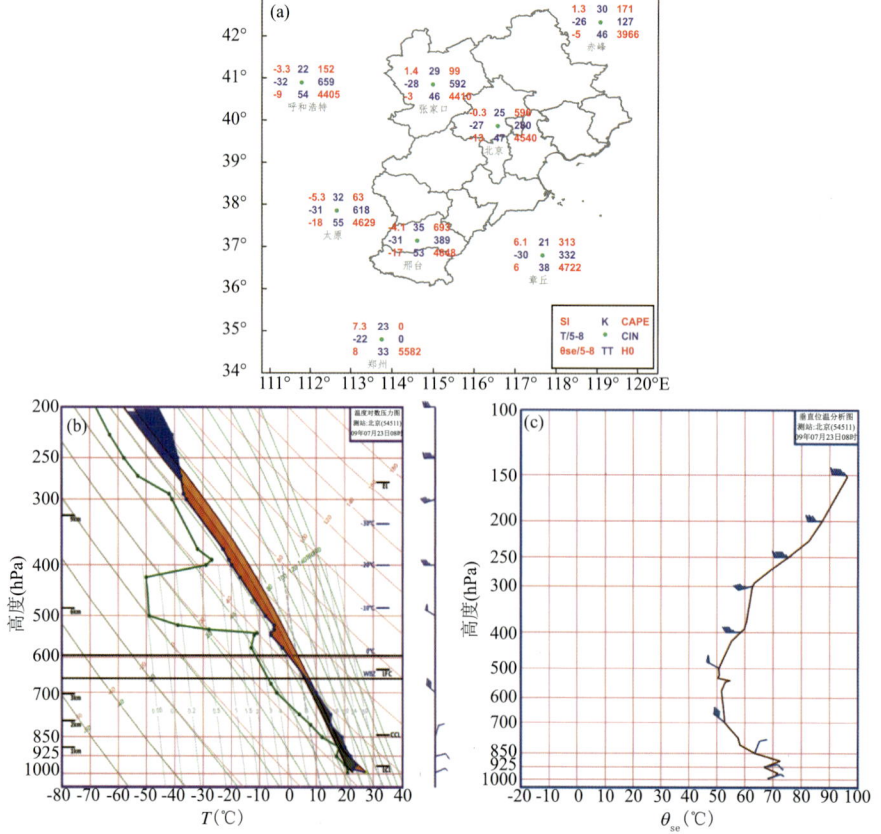

图 3.11.3　2009 年 7 月 23 日 08 时对流参数和特征高度分布(a)、54511(北京)
$T$-$\ln p$ 订正图(b)和假相当位温变化(c)

卫星云图上(图3.11.4a、b),08:00前后冷涡后部有云团发展东移,18:00云团面积增大、云顶亮温降低,控制河北中北部地区。石家庄雷达VWP上(图3.11.4c、d),17:42以后边界层转为东南风并逐渐增大。

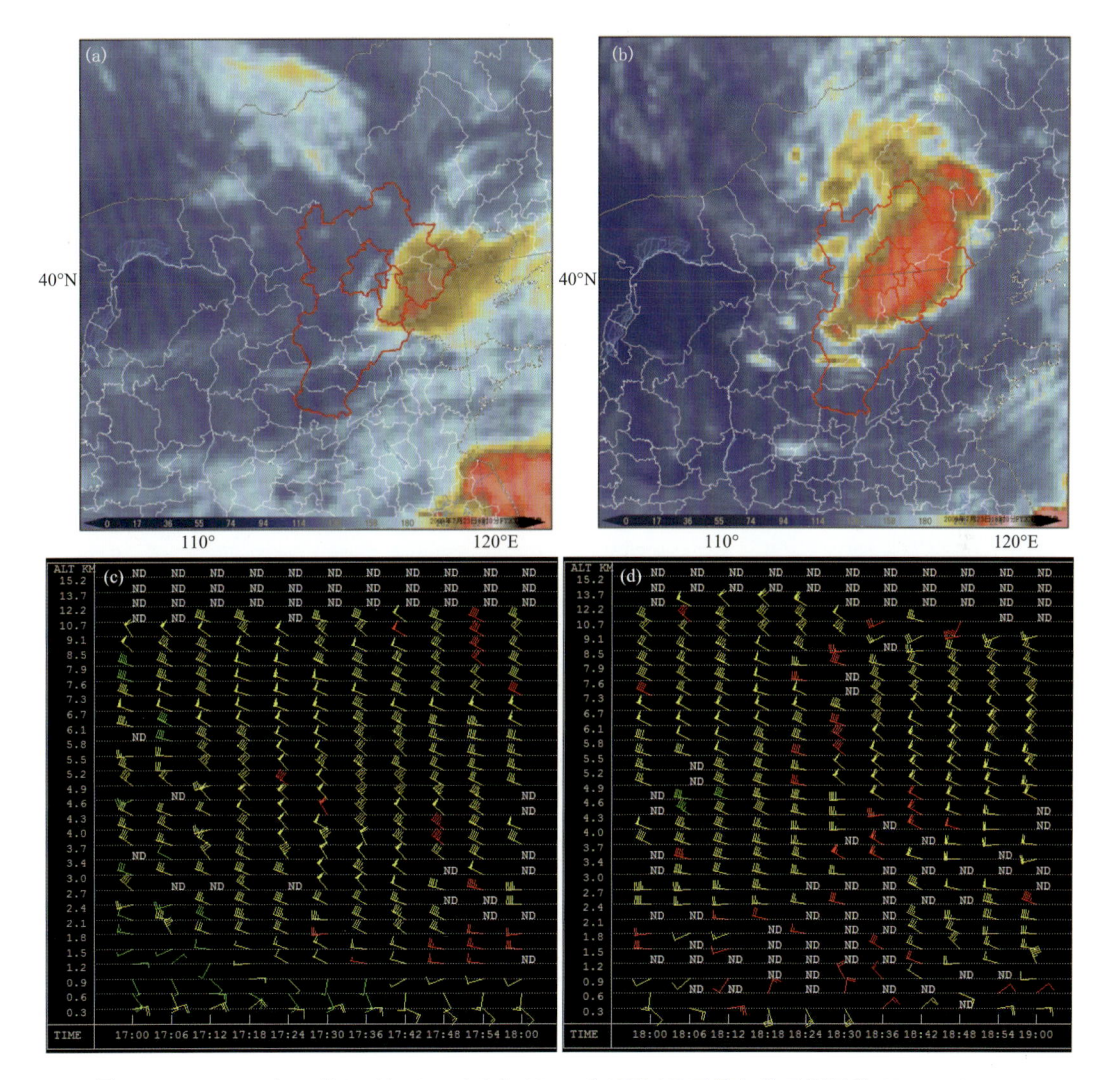

图3.11.4 2009年7月23日08:00(a)和18:00(b)FY-2C卫星红外云图以及17:00—19:00石家庄雷达VWP演变(c、d)

雷达回波向东移动,任丘和安新附近有一强回波中心南压,18:00反射率因子核心强度最大达到60 dBZ。17:54位于高阳、任丘、安新交界处的回波单体回波顶高为10 km,VIL为55 kg·m$^{-2}$(图3.11.5～3.11.7)。

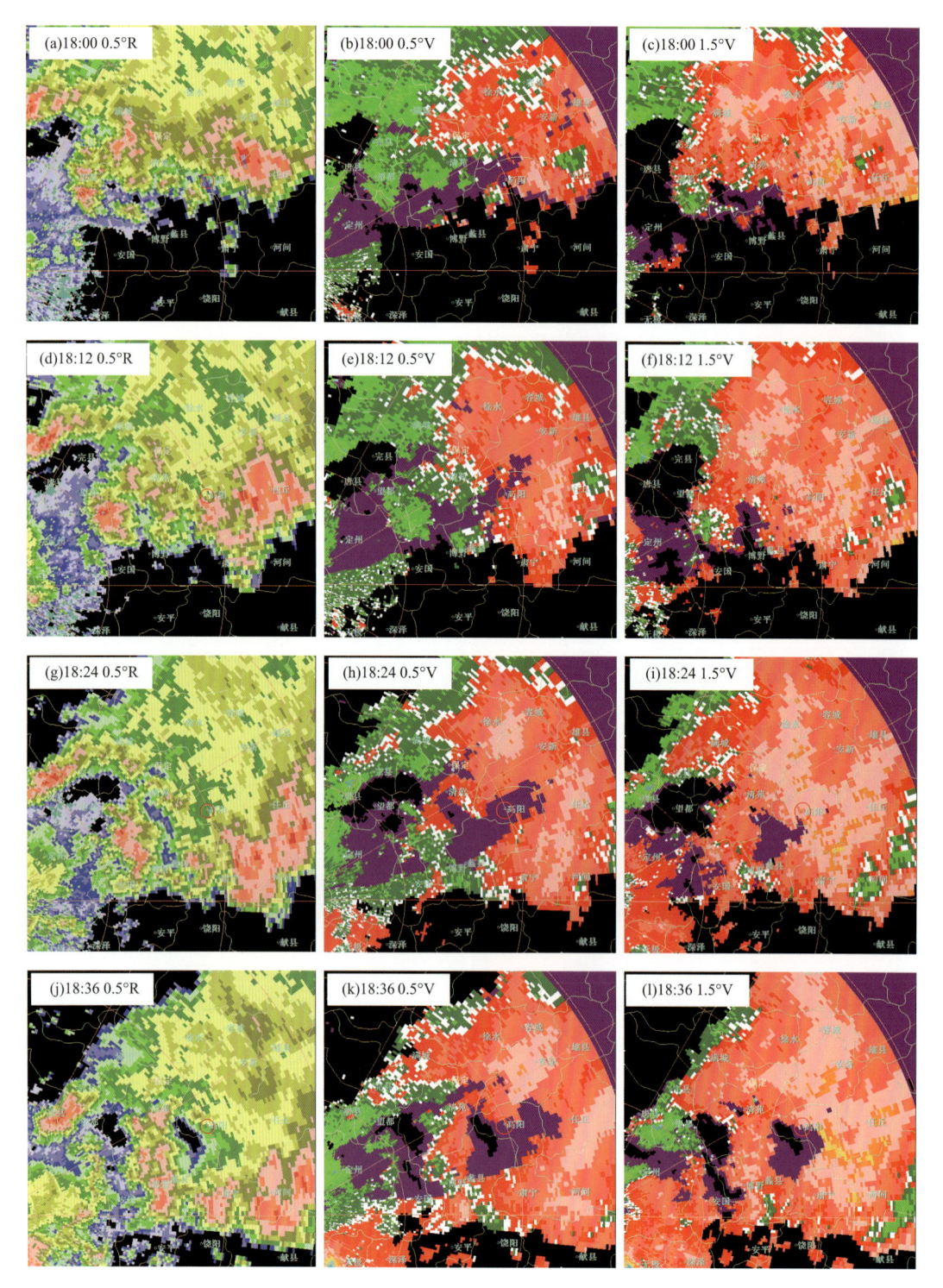

图 3.11.5 2009 年 7 月 23 日 18:00—18:36 石家庄雷达反射率因子(a～l)(0.5°仰角)和平均径向速度(0.5°和 1.5°仰角)PPI(图中○为保定高阳位置)

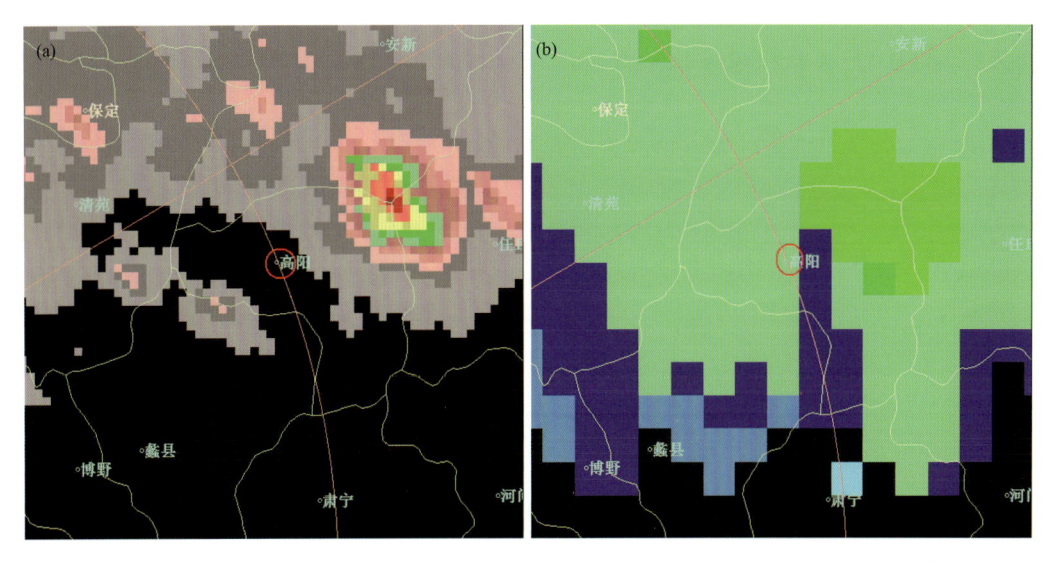

图 3.11.6　2009 年 7 月 23 日 17:54 石家庄雷达 VIL(a)和 ET(b)(图中○为保定高阳位置)

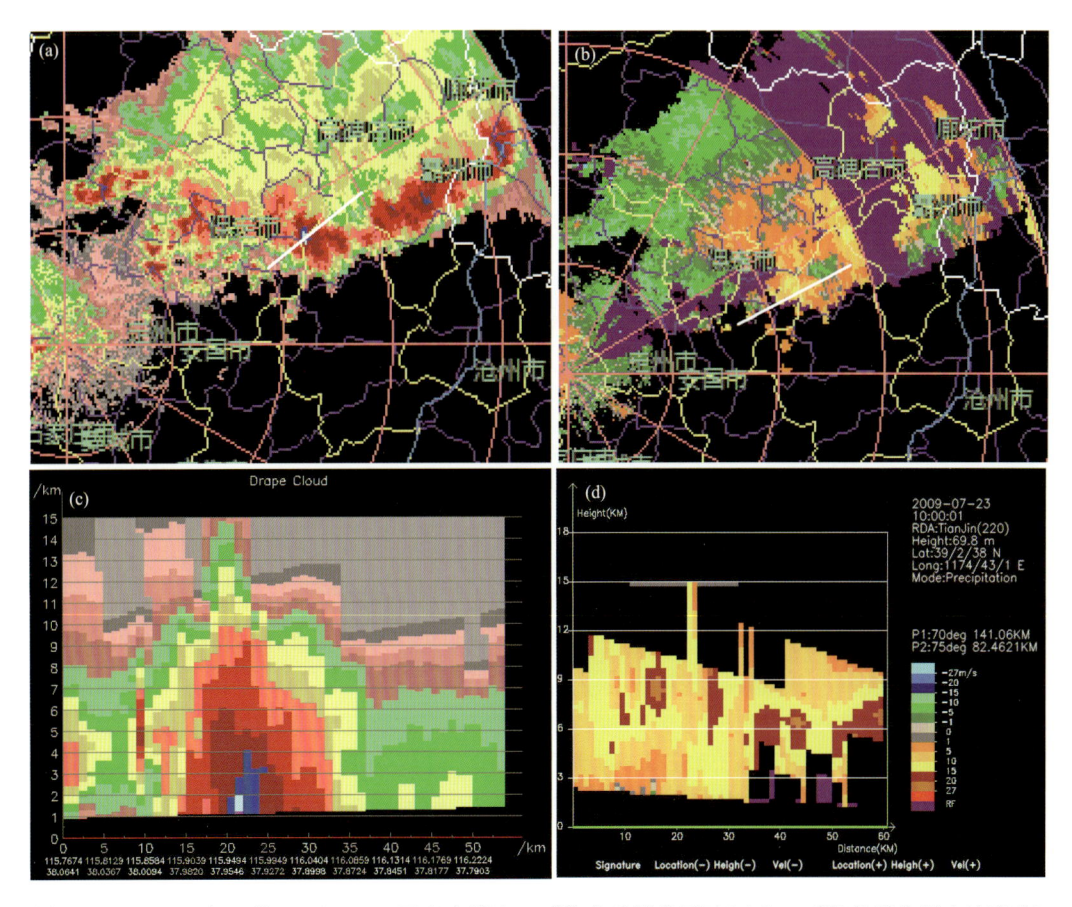

图 3.11.7　2009 年 7 月 23 日 18:00 石家庄雷达 0.5°仰角反射率因子(a)和 0.5°仰角平均径向速度(b)以及沿图中实线的反射率因子垂直剖面(c)和平均径向速度垂直剖面(d)

## 3.12　2010 年 5 月 28 日冰雹

实况：强对流天气主要出现在河北省中北部(图 3.12.1)，以冰雹(11 站)为主，集中出现在 28 日 11—20 时。保定最大冰雹直径为 0.9 cm(19:29)。

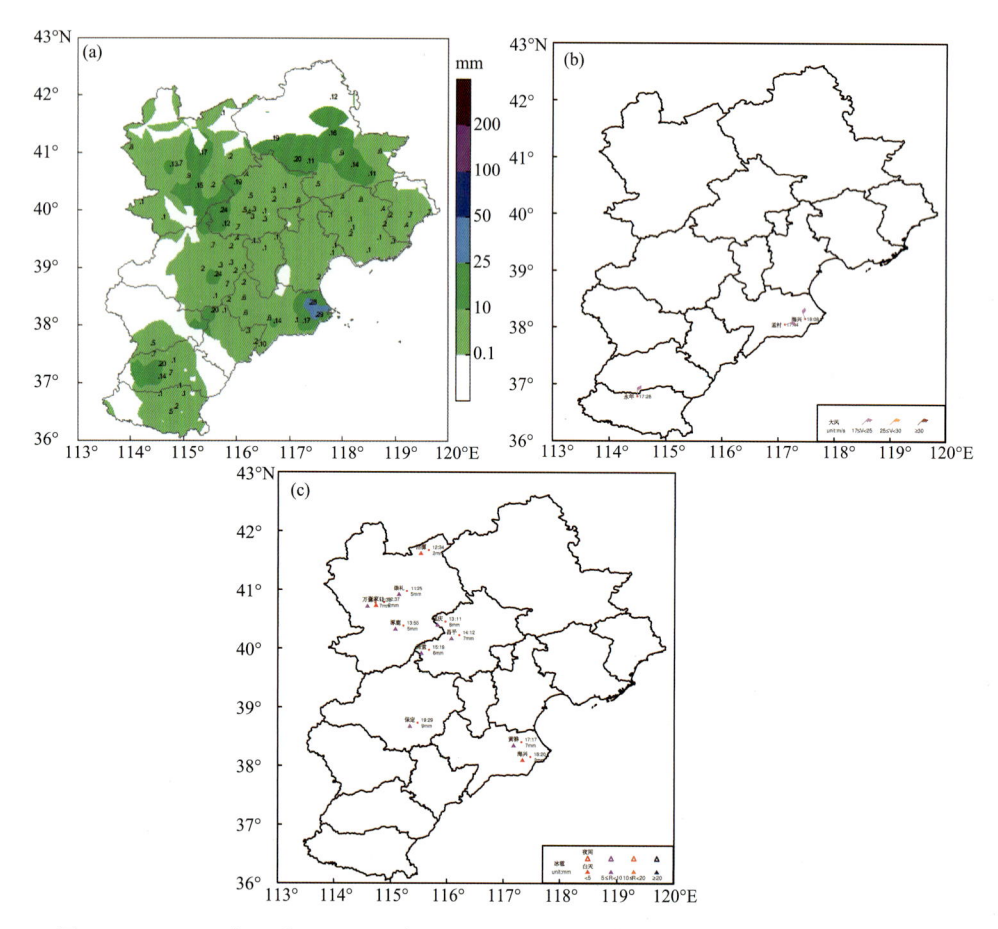

图 3.12.1　2010 年 5 月 28 日 08 时至 29 日 08 时 24 h 降水量(a)、大风(b)和冰雹(c)分布

主要影响系统：500 hPa 冷涡冷槽、850 hPa 切变线、地面低压。

系统配置及演变：500 hPa 高空槽携带干冷空气东移影响河北省，配合河北省中南部 850 hPa 暖脊、925 hPa 湿区，不稳定性增强；850 hPa 切变线以及地面辐合线，为不稳定能量的释放提供了有利的动力强迫(图 3.12.2)。

从北京探空资料分析(图 3.12.3b)，5 月 28 日 14 时订正后的环境条件有利于冰雹的产生：(1)500 hPa 以上相对湿度较小，对流层高层到 500 hPa 附近有干空气卷入，500 hPa 以下相对湿度较大；(2)08 时 850~500 hPa 温差达到 26 ℃，14 时订正探空后对流有效位能达到 1400 J·kg$^{-1}$，600 hPa 的下沉对流有效位能为 195 J·kg$^{-1}$(图 3.12.3a)；(3)近地面到 400 hPa，风速随高度升高增加明显(图 3.12.3c)。(4)0 ℃层高度和−20 ℃层高度都较低，分别为 3.2 km 和 6.3 km 左右。

第 3 章　高空冷平流强迫类

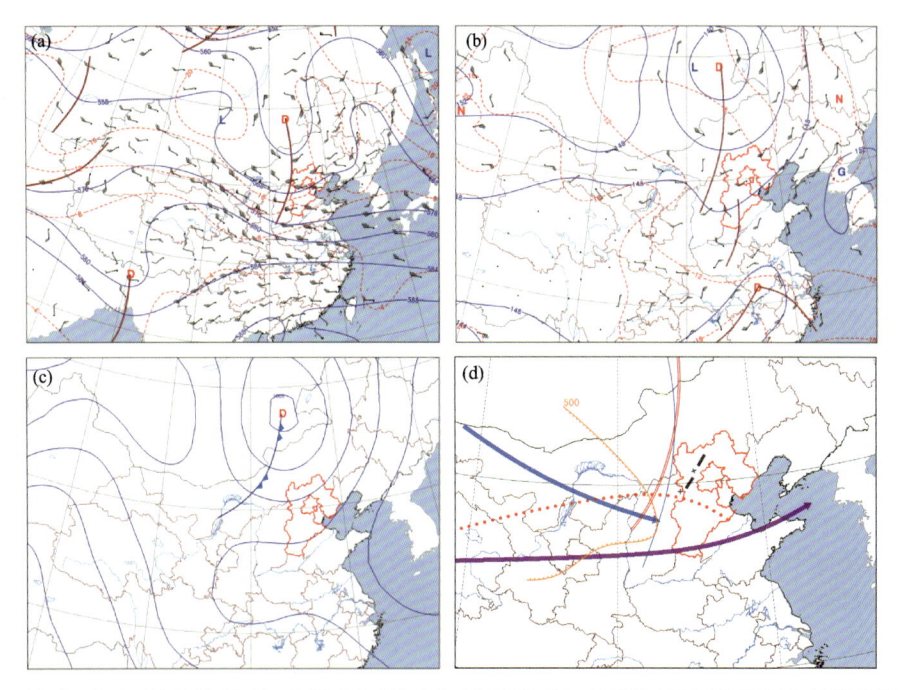

图 3.12.2　2010 年 5 月 28 日 08 时 500 hPa(a)、850 hPa(b)、地面(c)天气形势和中尺度分析(d)

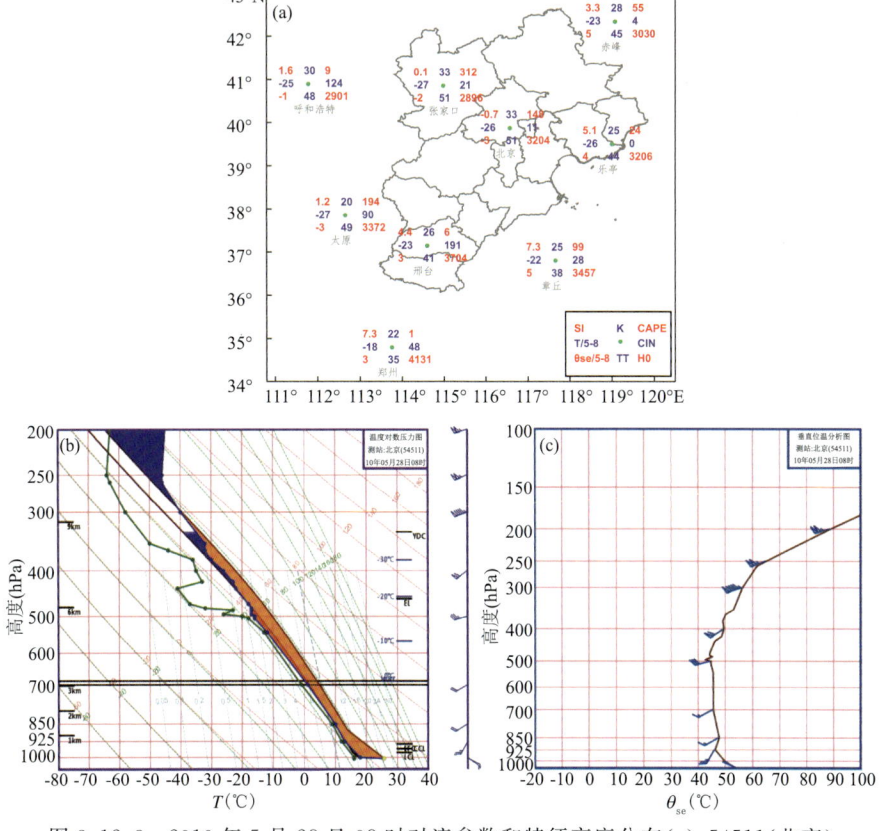

图 3.12.3　2010 年 5 月 28 日 08 时对流参数和特征高度分布(a)、54511(北京)
$T$-$\ln p$ 图(b)和假相当位温变化(c)

卫星云图上(图 3.12.4a、b),11:00 在冷涡冷槽形势下出现涡度逗点状云系,13:30 涡度逗点尾部云系发展成对流云团。

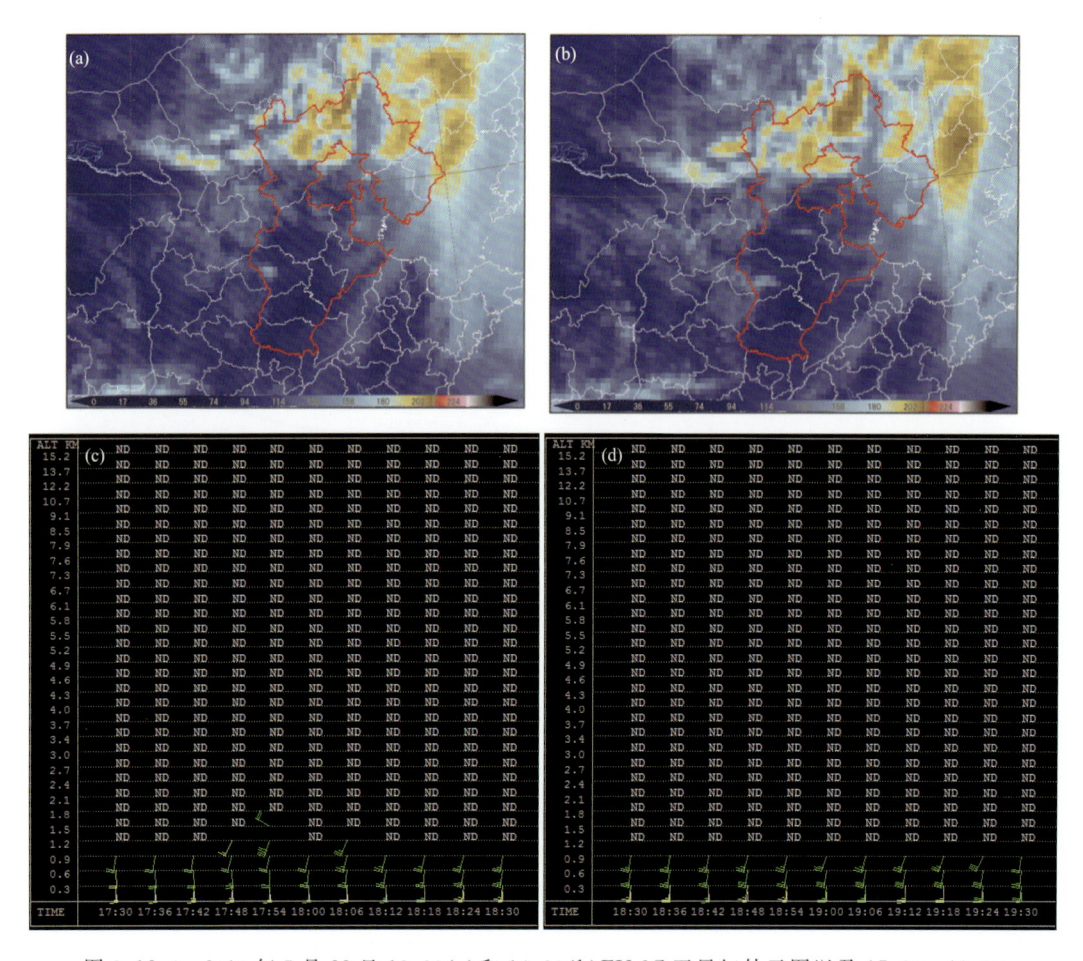

图 3.12.4  2010 年 5 月 28 日 13:30(a)和 14:30(b)FY-2C 卫星红外云图以及 17:30—19:30 石家庄雷达 VWP 演变(c、d)

雷达回波向东南方向移动,发展为多个强对流风暴,存在低层弱回波区、高悬回波;石家庄 0.5°仰角反射率因子核心强度最大值达到 66 dBZ,回波顶高最大为 10 km,VIL 为 47 kg·m$^{-2}$(图 3.12.5~3.12.7)。

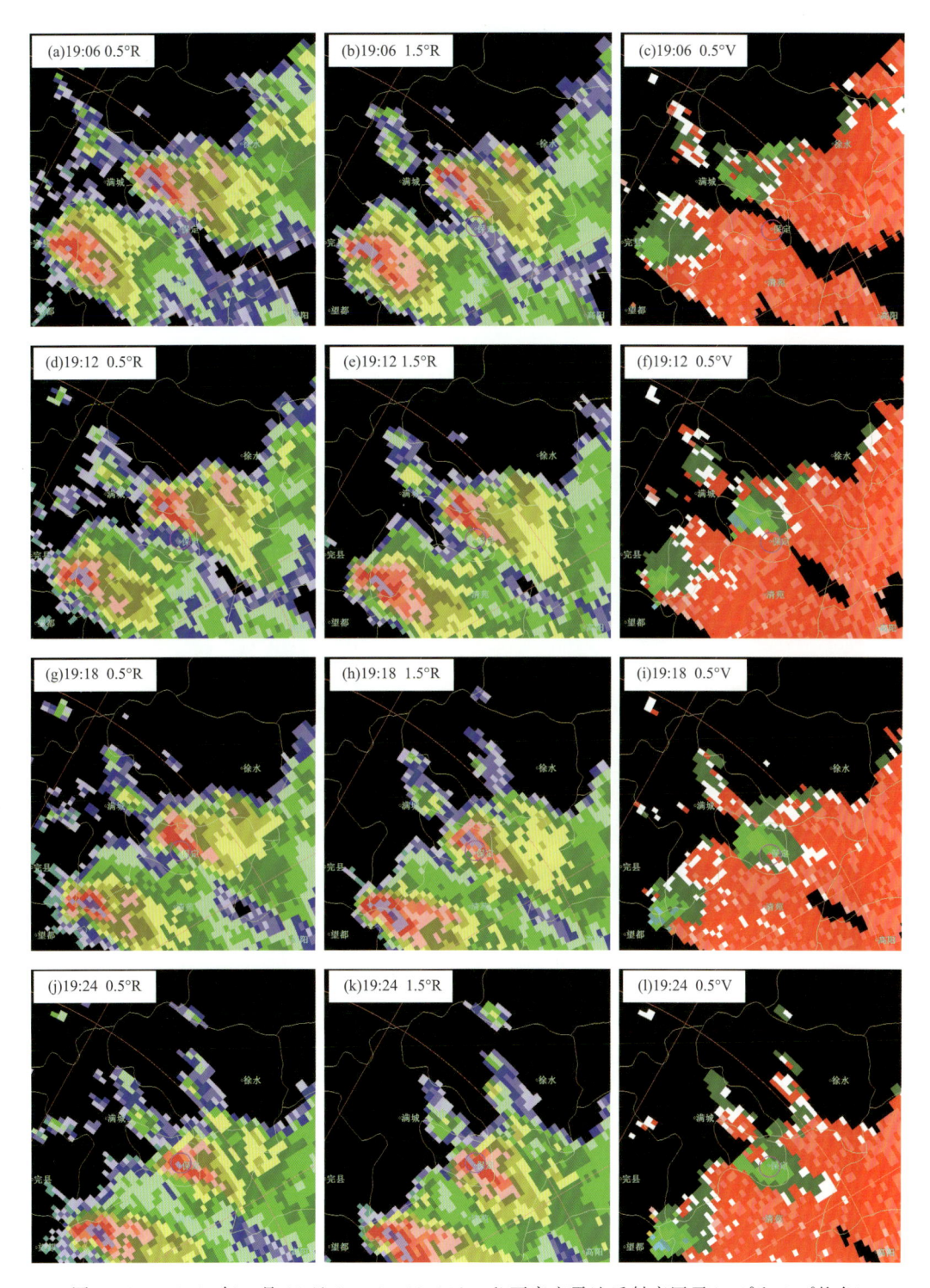

图 3.12.5 2010年5月28日 19:06—19:24(a~l)石家庄雷达反射率因子(0.5°和1.5°仰角)和平均径向速度(0.5°仰角)PPI(图中○为保定位置)

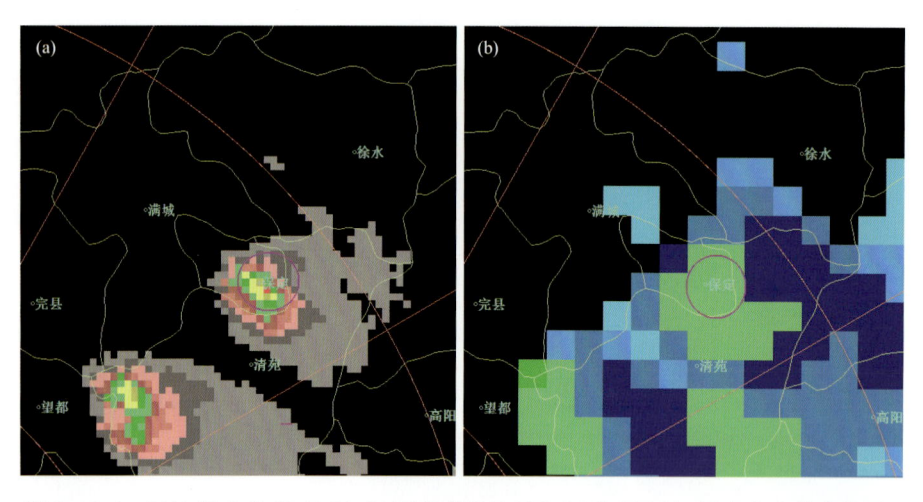

图 3.12.6　2010 年 5 月 28 日 19:24 石家庄雷达 VIL(a)和 ET(b)(图中○为保定位置)

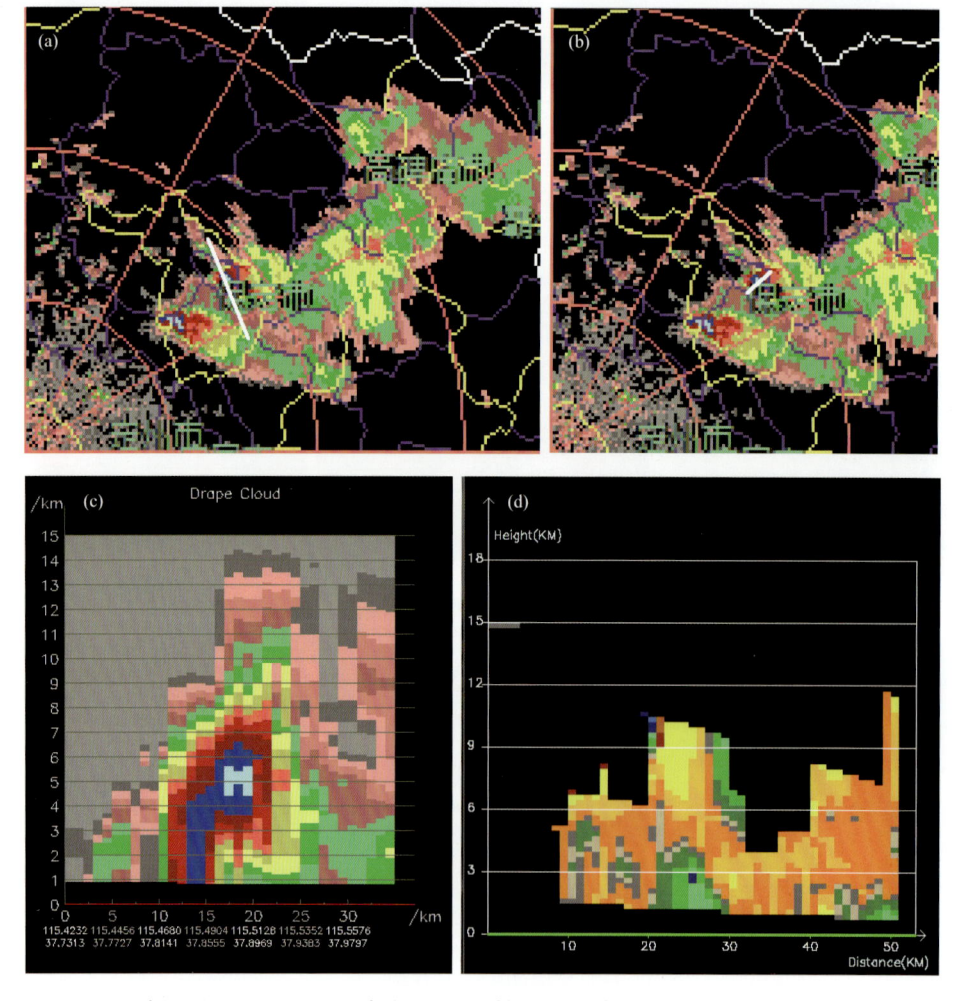

图 3.12.7　2010 年 5 月 28 日 19:24 石家庄雷达 0.5°仰角反射率因子(a)和 0.5°仰角平均径向速度(b)以及沿图中实线的反射率因子垂直剖面(c)和平均径向速度垂直剖面(d)

## 3.13　2011年6月7日雷暴大风

**实况**：强对流天气出现在河北省北部和南部(图3.13.1)，共出现54站大风，集中出现在7日16时—8日00时。承德丰宁16:05瞬时极大风速达26 m·s$^{-1}$(10级)，邢台巨鹿18:26瞬时极大风速达24 m·s$^{-1}$(9级)。

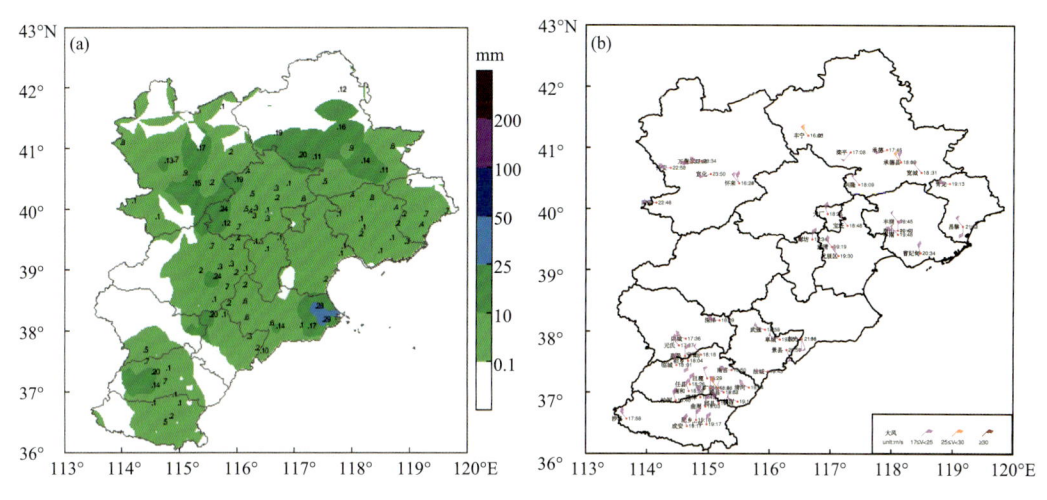

图3.13.1　2011年6月7日08时至8日08时24 h
降水量(a)和大风(b)分布

**主要影响系统**：500 hPa冷涡、850 hPa切变线、地面低压。

**系统配置及演变**：500 hPa东北冷涡后部西北气流中的弱波动携带干冷空气东移影响河北，配合河北省中东部850 hPa暖脊和925 hPa湿区，不稳定性增强；850 hPa切变线和地面低压辐合区为不稳定能量的释放提供了有利的动力强迫(图3.13.2)。

从北京探空资料分析(图3.13.3b)，6月7日08时的环境条件有利于雷暴大风的产生：(1)925～700 hPa和500 hPa以上存在明显干层，994 hPa露点温度达到18 ℃(图3.13.3a)；(2)08时850～500 hPa温差达到33 ℃，订正后14时对流有效位能达到3309 J·kg$^{-1}$，近地面层到850 hPa，条件不稳定特征明显；(3)600 hPa的下沉对流有效位能为1104 J·kg$^{-1}$；(4)0～6 km的垂直风切变为18 m·s$^{-1}$(图3.13.3c)。

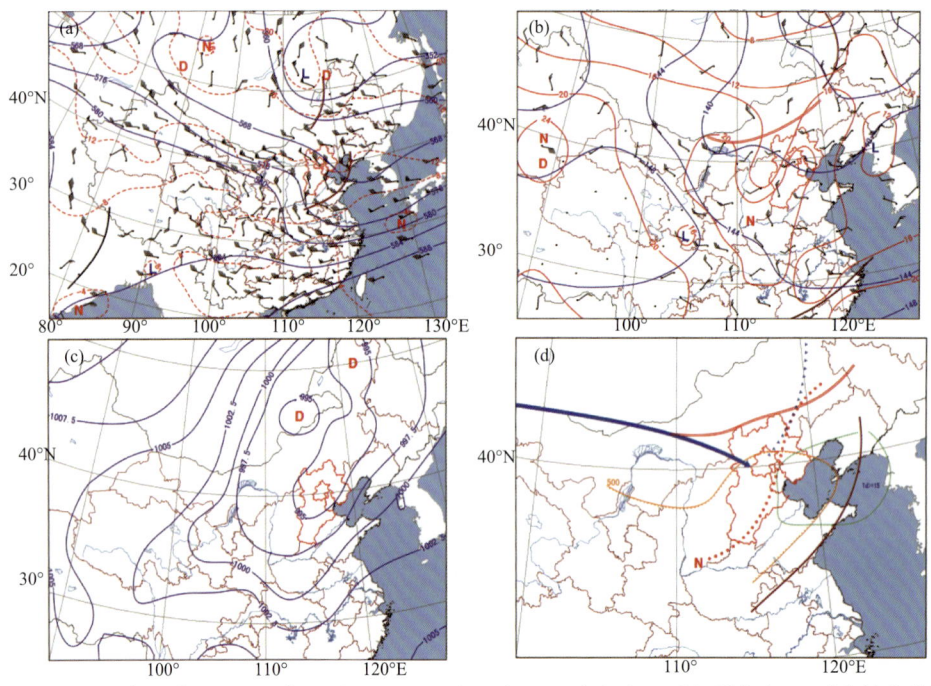

图 3.13.2　2011 年 6 月 7 日 08 时 500 hPa(a)、850 hPa(b)、14 时地面(c)天气形势和 08 时中尺度分析(d)

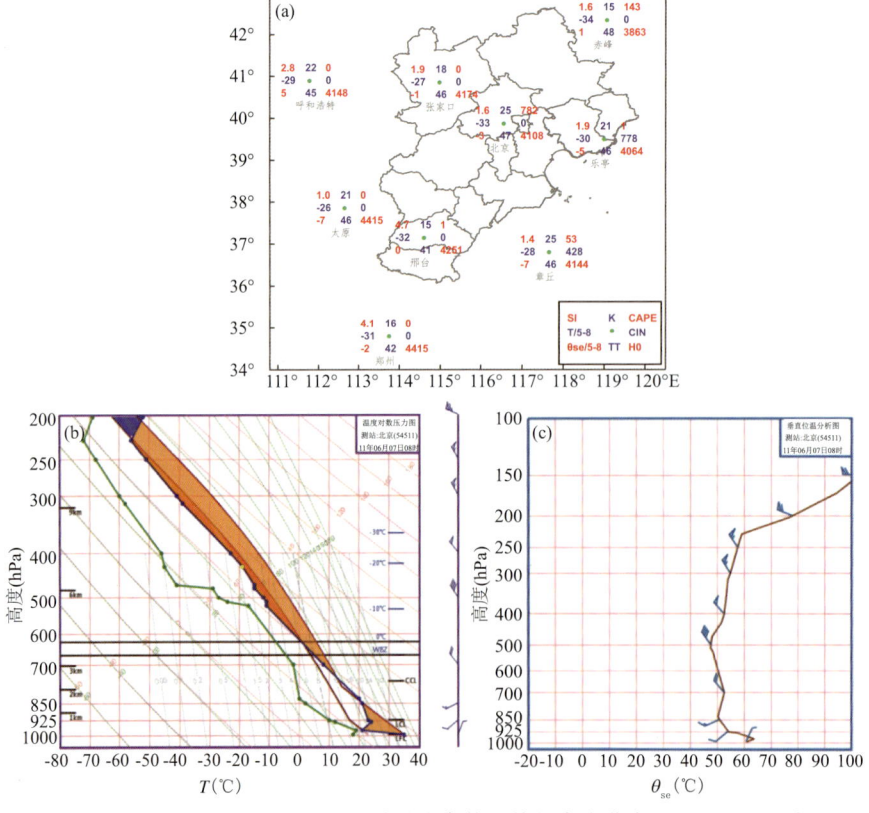

图 3.13.3　2011 年 6 月 7 日 08 时对流参数和特征高度分布(a)、54511(北京)
$T$-$\ln p$ 图(b)和假相当位温变化(c)

卫星云图上(图 3.13.4a、b),13 时开始,河北西北部有南、北两个中尺度对流系统生成并向东南方向移动,16—20 时在河北中部地区对流发展旺盛,中尺度对流系统面积增大,云顶亮温显著降低。石家庄雷达 VWP 显示(图 3.13.4c、d),16:30—18:12,1.2 km 以下为 10~12 m·s$^{-1}$ 的西南风,而 6 km 左右的西北风达到 20 m·s$^{-1}$,垂直风切变较强。

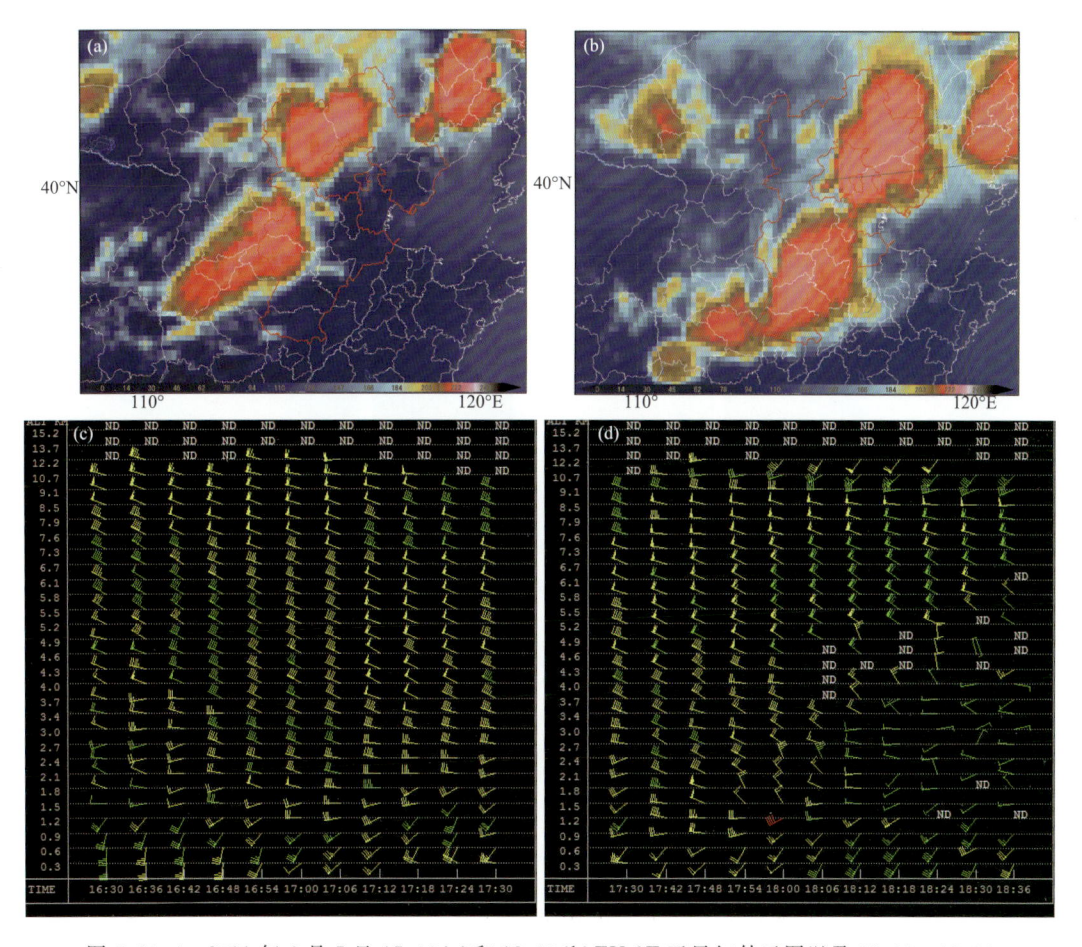

图 3.13.4　2011 年 6 月 7 日 17:00(a)和 18:00(b)FY-2E 卫星红外云图以及 16:30—18:36 石家庄雷达 VWP 演变(c、d)

带状回波向东南方向移动并发展为弓形回波,自西北向东南影响石家庄南部和邢台、邯郸地区。弓形回波后的大风速区平均径向速度超过 27 m·s$^{-1}$,出现速度模糊。径向速度剖面显示,3~6 km 存在后侧入流急流。18:30 反射率因子剖面上可见低层强反射率因子核心,50 dBZ 强反射率因子伸展到 10 km 以上等特征,回波顶高为 14 km,VIL 达到 36.5 kg·m$^{-2}$(图 3.13.5~3.13.7)。

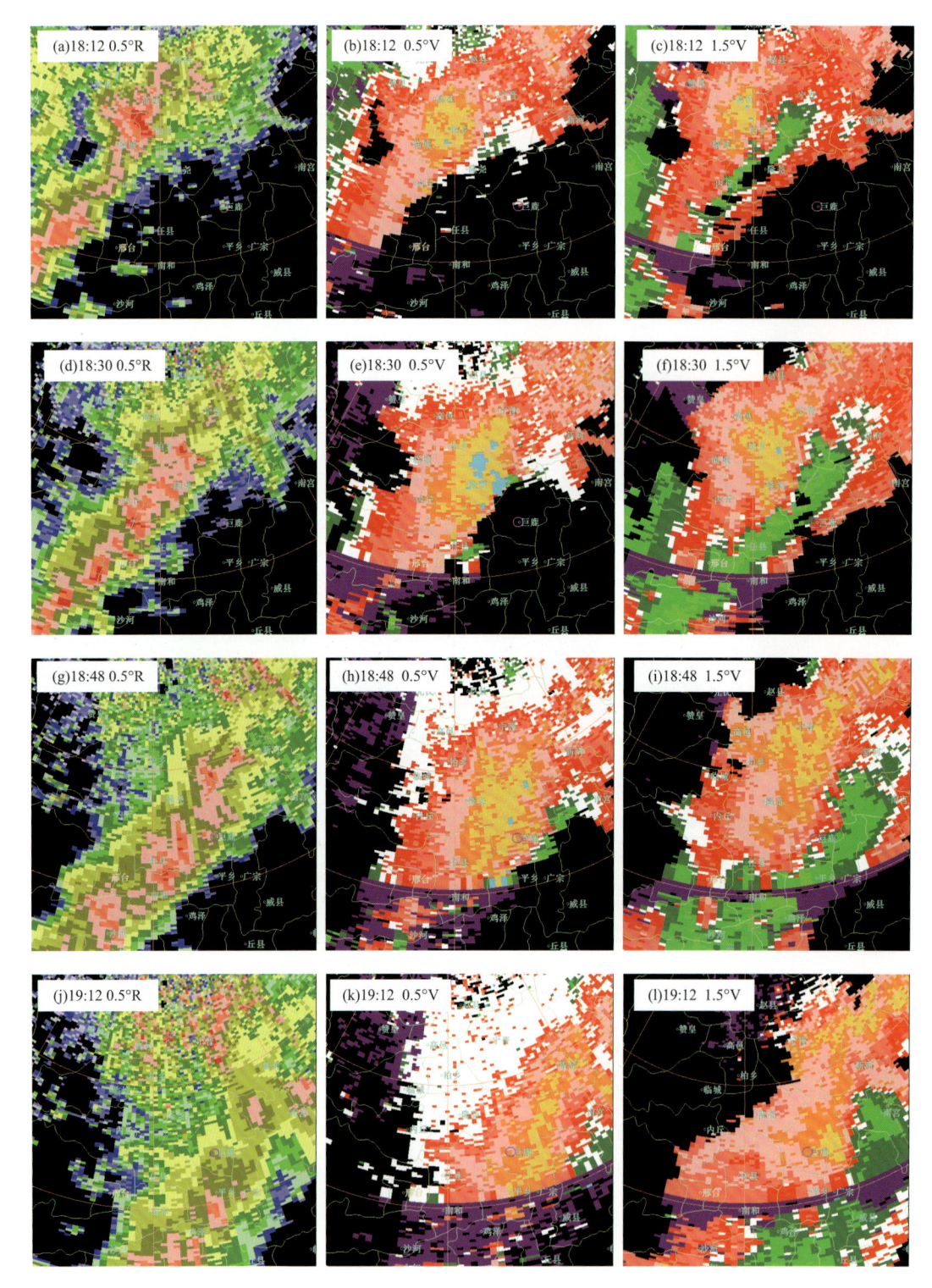

图 3.13.5 2011 年 6 月 7 日 18:12—19:12(a~l)石家庄雷达反射率因子(0.5°仰角)和平均径向速度(0.5°和 1.5°仰角)PPI(图中○为邢台巨鹿位置)

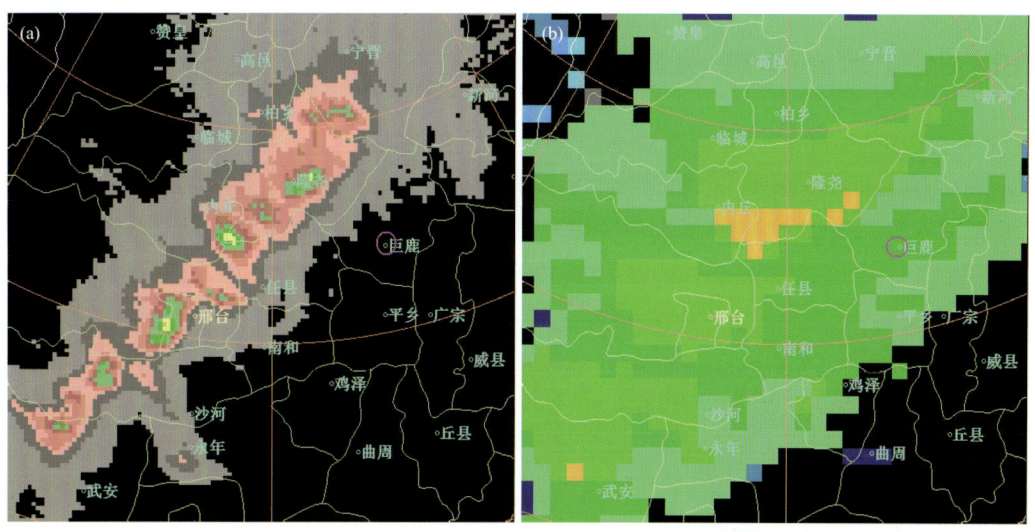

图 3.13.6　2011 年 6 月 7 日 18:30 石家庄雷达 VIL(a)和 ET(b)(图中○为邢台巨鹿位置)

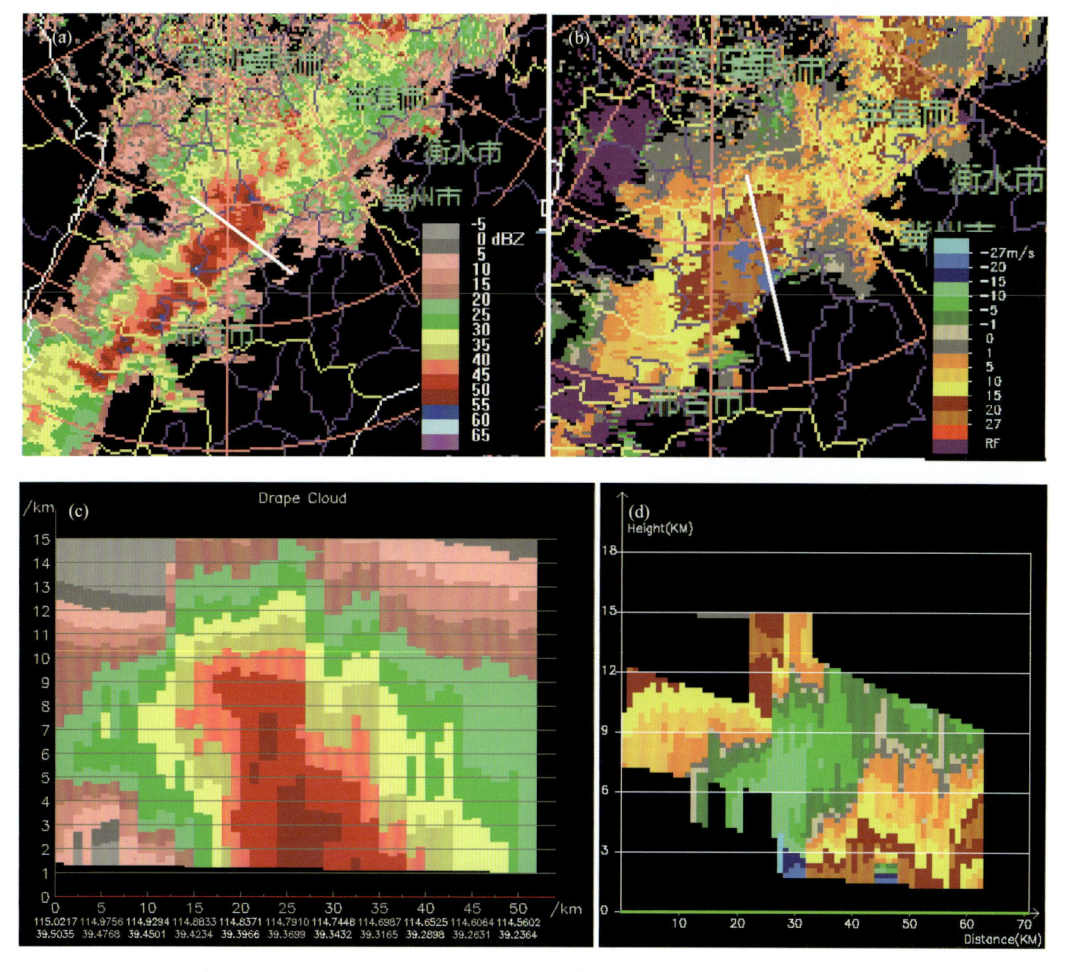

图 3.13.7　2011 年 6 月 7 日 18:30 石家庄雷达 0.5°仰角反射率因子(a)和 0.5°仰角平均径向速度(b)以及沿图中实线的反射率因子垂直剖面(c)和平均径向速度垂直剖面(d)

## 3.14　2011年6月11日冰雹大风

实况:强对流天气主要出现在河北中北部(图 3.14.1a),以冰雹(17 站)(图 3.14.1c)为主,并伴有大风(8 站)(图 3.14.1b),集中出现在 11 日 10—19 时。承德隆化最大冰雹直径为 1.2 cm(13:28)。张家口怀来 13:25 瞬时极大风速达 19 m·s$^{-1}$(9 级)。

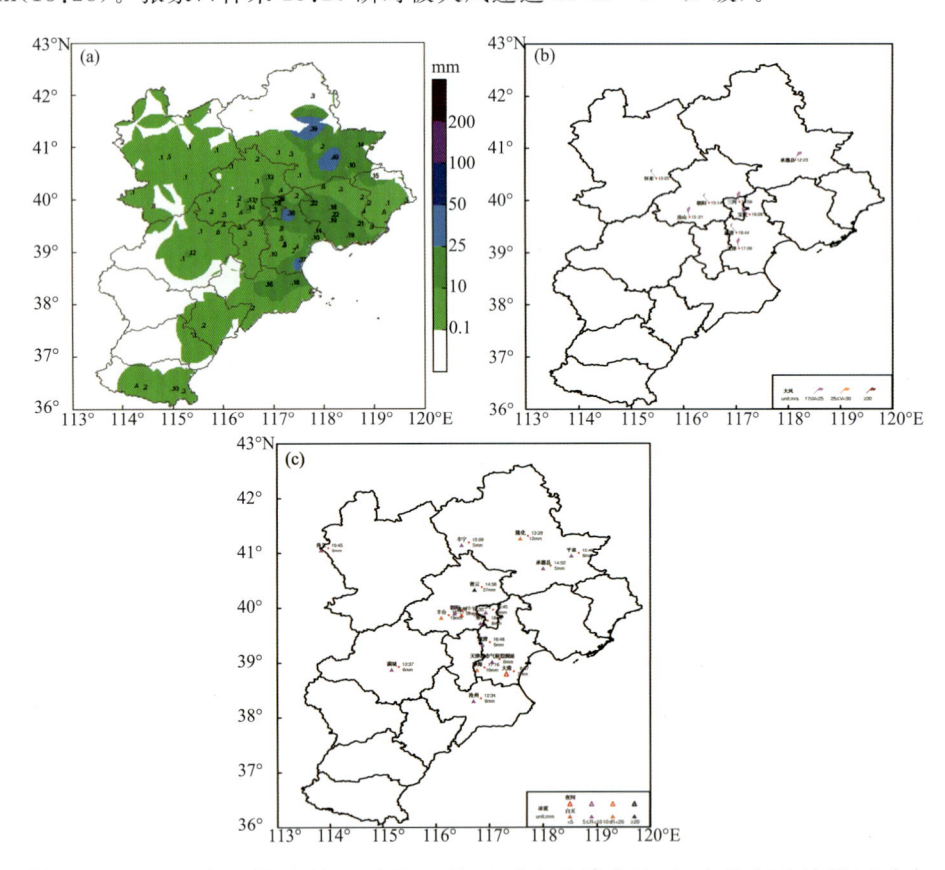

图 3.14.1　2011 年 6 月 11 日 08 时至 12 日 08 时 24 h 降水量(a)、大风(b)和冰雹(c)分布

主要影响系统:500 hPa 低槽、冷温槽,850 hPa 切变线。

系统配置及演变:500 hPa 低槽东移,槽底偏西北风大风速区(超过 20 m·s$^{-1}$)携带干冷空气影响中北部地区,并与 850 hPa 暖脊在河北上空叠置,不稳定层结和垂直风切变增大;850 hPa 切变线影响河北省中北部,为不稳定能量的释放提供了有利的动力强迫(图 3.14.2)。

从北京探空资料分析(图 3.14.3b),6 月 11 日 08 时的环境条件有利于冰雹和雷暴大风的产生:(1)近地面层到 550 hPa,条件不稳定特征明显;(2)对流层高层到 550 hPa 附近有明显的干空气层,温、湿度层结曲线形成向上开口的喇叭状结构,"上干冷、下暖湿"特征明显;(3)对流有效位能为 568 J·kg$^{-1}$,对流抑制能量 127 J·kg$^{-1}$(图 3.14.3a);(4)0~6 km 的垂直风切变为 24 m·s$^{-1}$(图 3.14.3c);(6)0 ℃层高度和 −20 ℃层高度都较低,分别为 3.5 km 和 6.5 km。

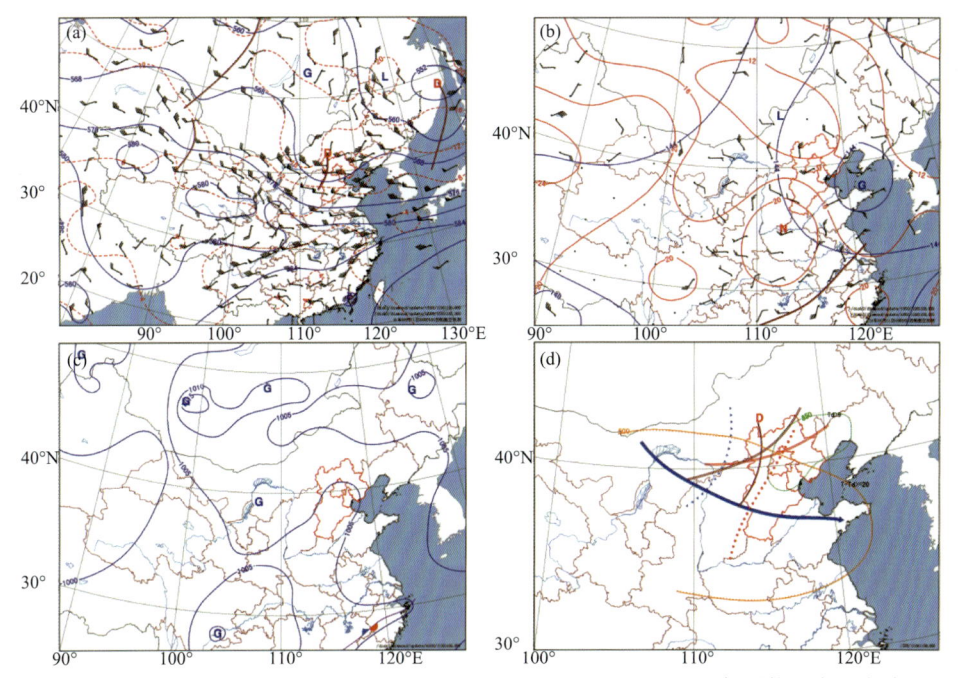

图 3.14.2　2011 年 6 月 11 日 08 时 500 hPa(a)、850 hPa(b)、地面(c)天气形势和中尺度分析(d)

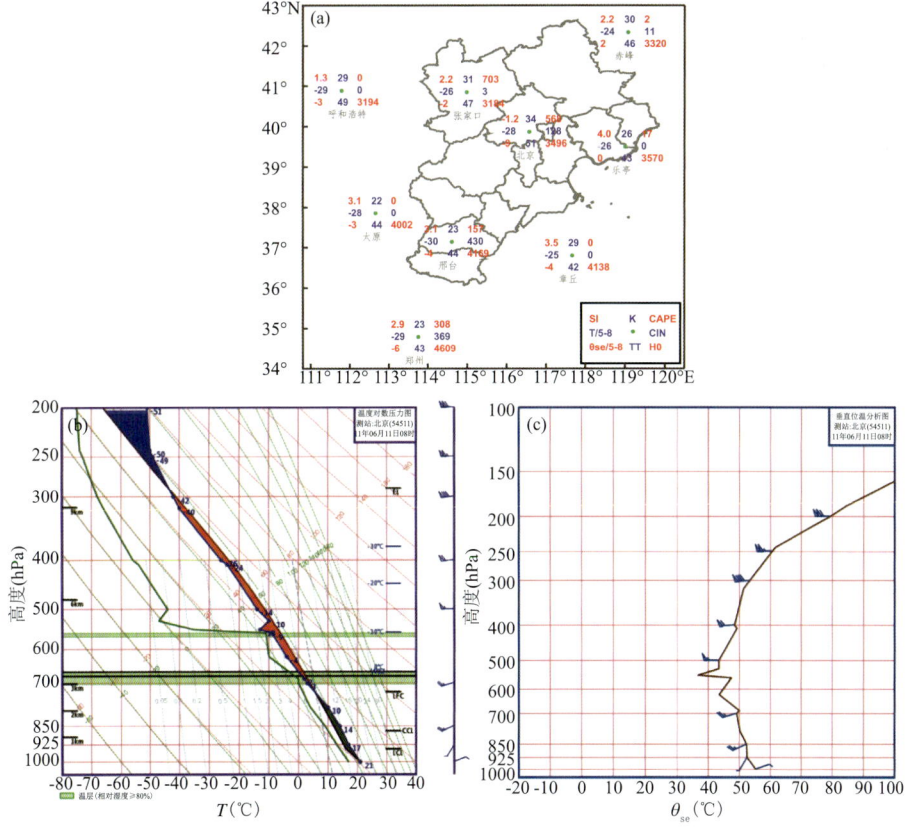

图 3.14.3　2011 年 6 月 11 日 08 时对流参数和特征高度分布(a)、54511(北京)
$T$-$\ln p$ 图(b)和假相当位温变化(c)

卫星云图上(图 3.14.4a、b),10:00—19:00 涡旋云系底部有对流云团生成加强并向东南方向移动,云团发展过程中云顶亮温逐渐降低,其西南侧的亮温梯度逐渐增大。承德雷达 VWP 上(图 3.14.4c、d),09:42 以后 0.9 km 高度由偏西风转为偏北风,近地面层为偏南风。

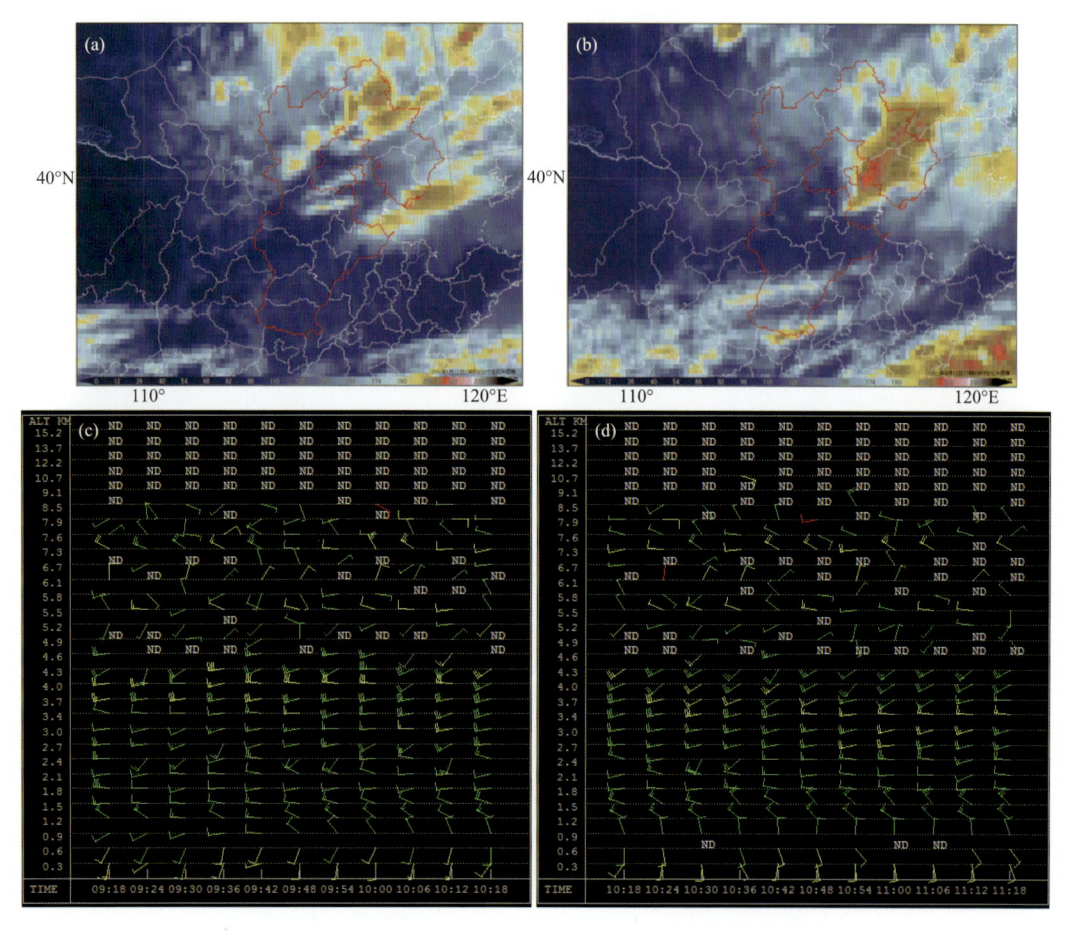

图 3.14.4　2011 年 6 月 11 日 13:30(a)和 17:00(b)FY-2E
卫星红外云图以及 09:18—11:18 承德雷达 VWP 演变(c、d)

雷达回波向偏东方向移动,强反射率因子核心强度超过 60 dBZ,存在"V"形缺口。低层平均径向速度呈气旋性辐合;VIL 最大为 40 kg·m$^{-2}$,回波顶高最高为 11 km(图 3.14.5～3.14.7)。

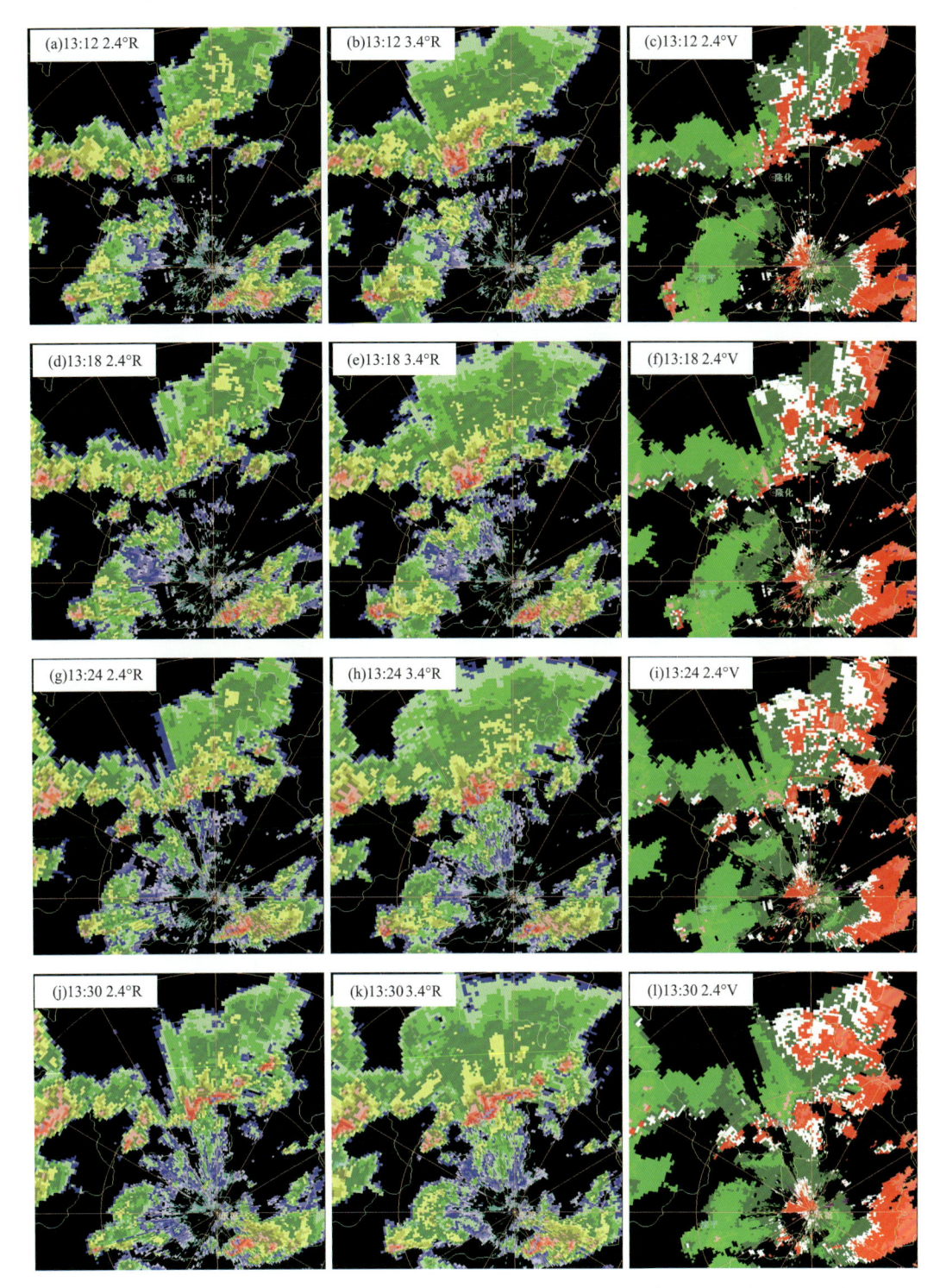

图 3.14.5　2011 年 6 月 11 日 13:12—13:30(a~l)承德雷达反射率因子(2.4°和 3.4°仰角)和平均径向速度(2.4°仰角)PPI(图中○为承德隆化位置)

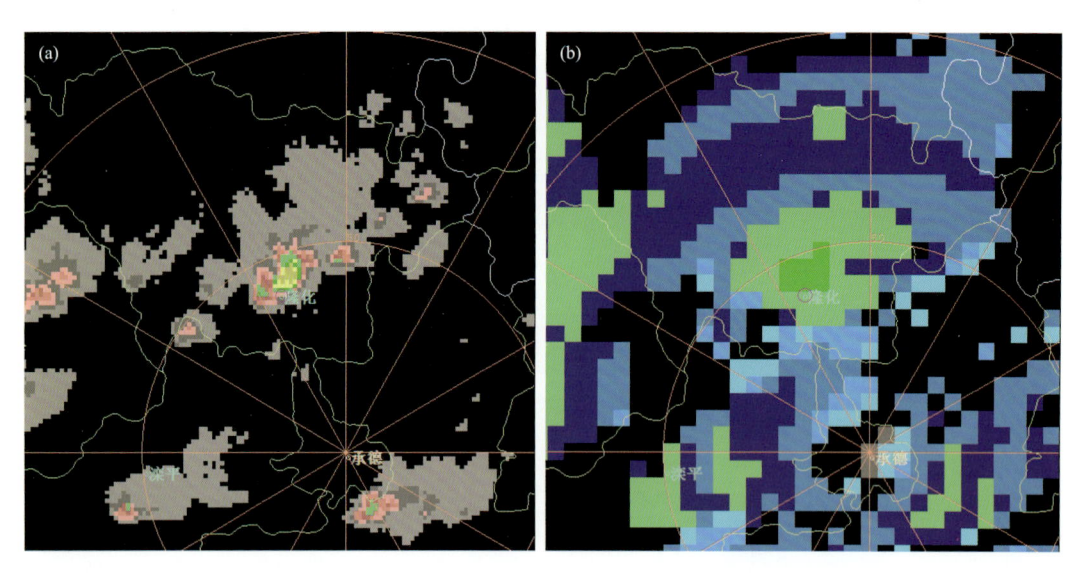

图 3.14.6  2011年6月11日13:24承德雷达VIL(a)和ET(b)(图中○为承德隆化位置)

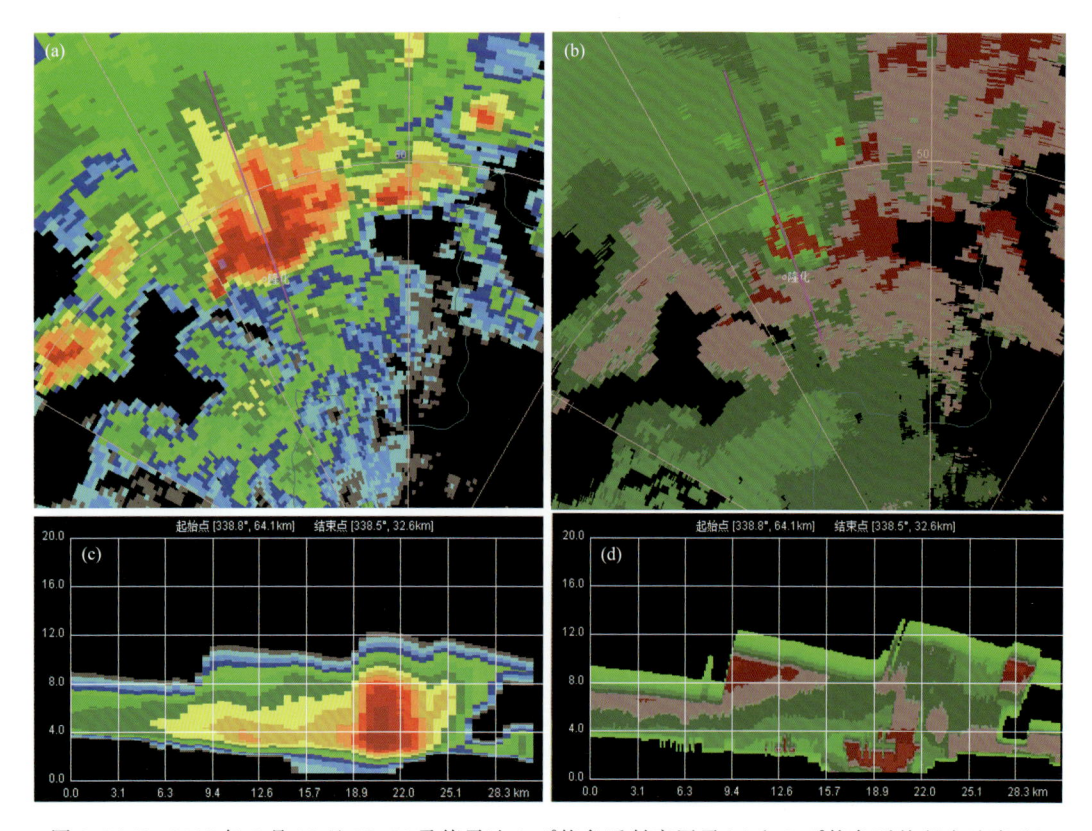

图 3.14.7  2011年6月11日13:24承德雷达3.4°仰角反射率因子(a)和3.4°仰角平均径向速度(b)以及沿图中实线的反射率因子垂直剖面(c)和平均径向速度垂直剖面(d)

## 3.15　2011年6月23日大风冰雹

实况:强对流天气主要出现在河北省中西部(图3.15.1a),以大风(14站)(图3.15.1b)、冰雹(5站)(图3.15.1c)为主,集中出现在23日13—21时。承德丰宁13:38瞬时极大风速达24 m·s$^{-1}$(10级),保定曲阳17:51瞬时极大风速达18 m·s$^{-1}$(8级),最大冰雹直径为0.9 cm(17:54)。

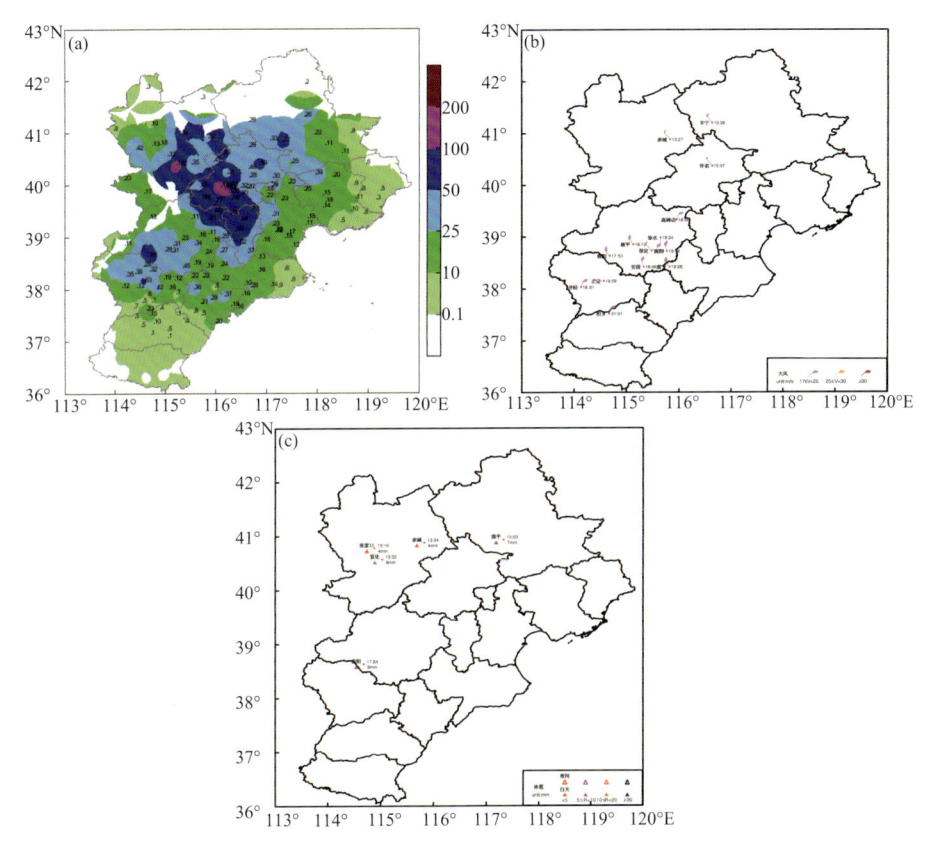

图3.15.1　2011年6月23日08时至24日08时24 h降水量(a)、大风(b)和冰雹(c)分布

主要影响系统:500 hPa横槽、冷温槽,850 hPa切变线,地面低压。

系统配置及演变:500 hPa横槽下摆,槽后20 m·s$^{-1}$以上西北大风速核携带干冷空气东移影响河北,配合河北中西部850 hPa暖脊和湿区,不稳定性增强;850 hPa切变线以及地面低压辐合区,为不稳定能量的释放提供了有利的动力强迫(图3.15.2)。

从北京探空资料分析(图3.15.3b),6月23日08时的环境条件有利于雷暴大风、冰雹和短时强降水的产生:(1)500 hPa附近存在明显干层,600 hPa以下湿层深厚,994 hPa露点温度达到22 ℃;(2)08时850~500 hPa温差达到26 ℃,订正后对流有效位能达到1066 J·kg$^{-1}$(图3.15.3a),近地面层到500 hPa随高度下降了21 ℃,条件不稳定特征明显;(3)600 hPa的下沉对流有效位能为440 J·kg$^{-1}$;(4)0~6 km的垂直风切变为16 m·s$^{-1}$(图3.15.3c);(5)0 ℃层高度为4.63 km,−20 ℃层高度为8.27 km。

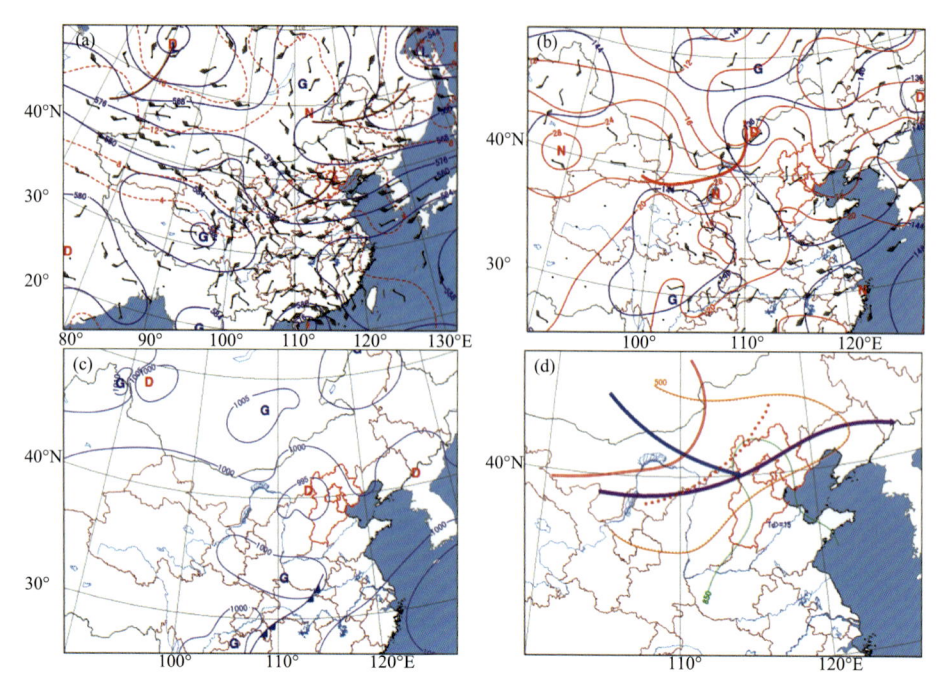

图 3.15.2　2011 年 6 月 23 日 08 时 500 hPa(a)、850 hPa(b)、14 时地面(c)天气形势和 08 时中尺度分析(d)

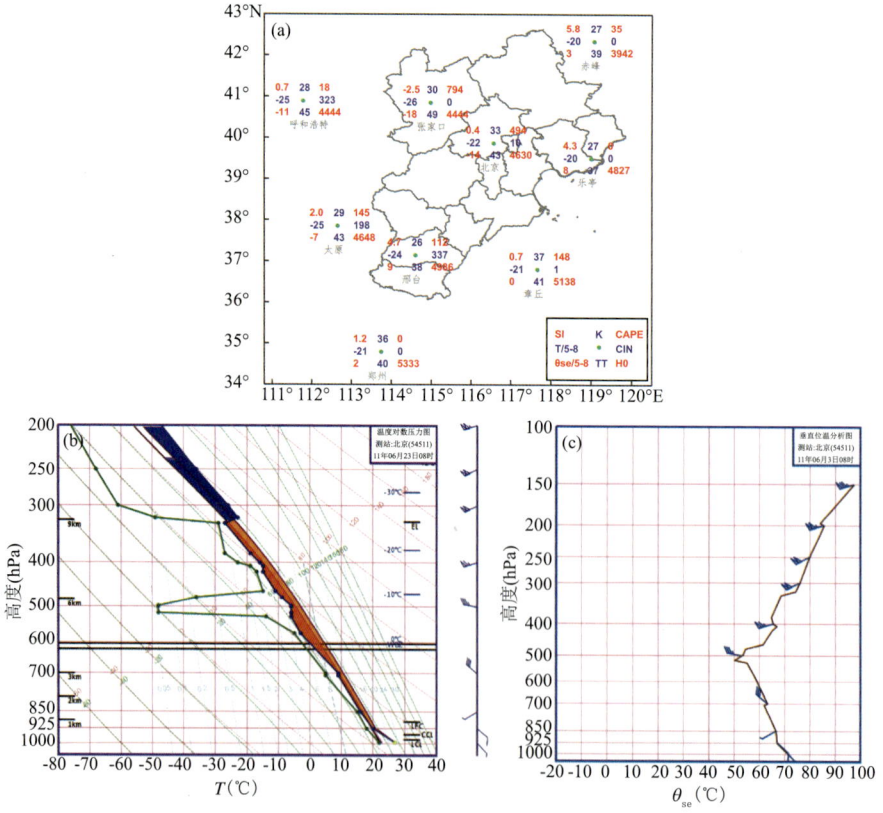

图 3.15.3　2011 年 6 月 23 日 08 时对流参数和特征高度分布(a)、54511(北京)
$T$-$\ln p$ 图(b)和假相当位温变化(c)

卫星云图上(图 3.15.4a、b),河北西北部有带状对流云发展并向东南方向移动,在河北中部地区对流系统发展旺盛,云顶亮温显著降低,存在后向传播和列车效应的现象。石家庄雷达 VWP 显示(图 3.15.4c、d),17:48 开始,6~8 km 偏西风速显著增大,达到 20~26 m·s$^{-1}$,18:36 开始,转为西北大风并逐渐下传至 3~4 km 高度,垂直风切变逐渐增大。

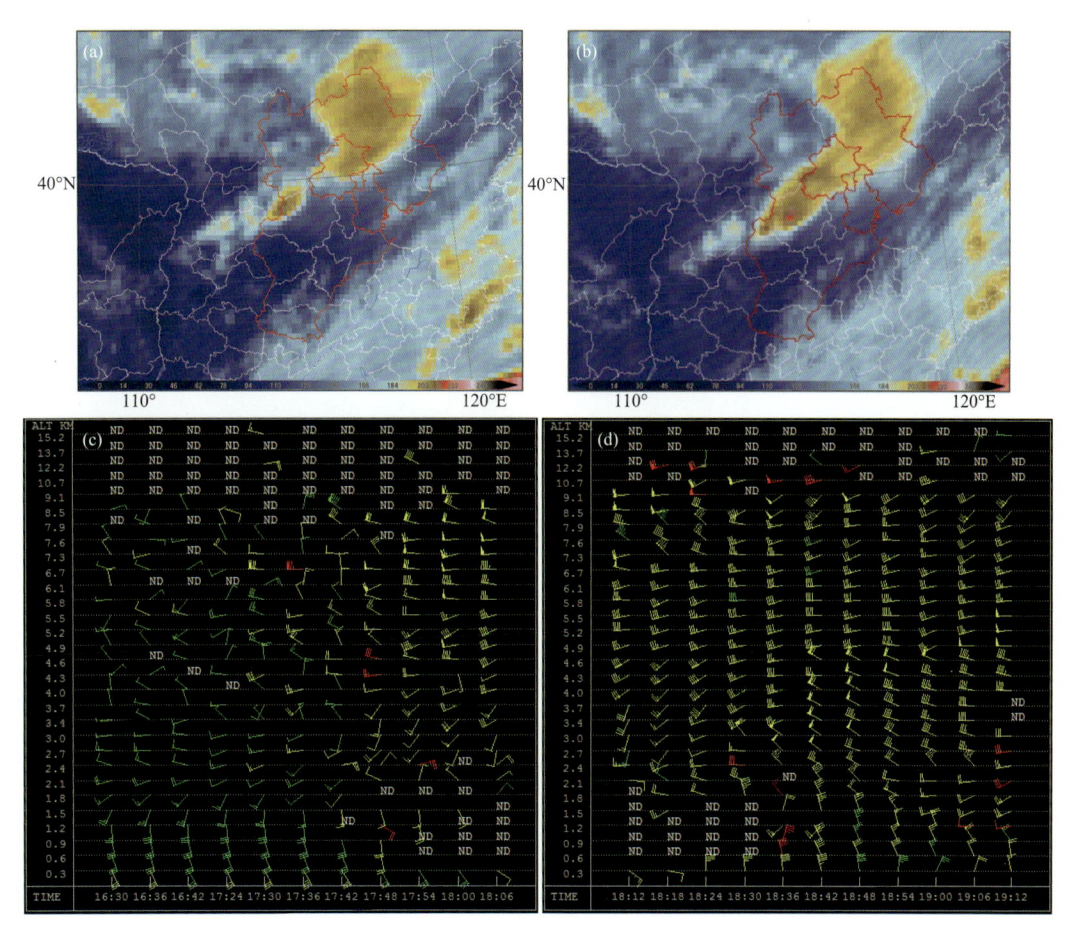

图 3.15.4 2011 年 6 月 23 日 17:00(a)和 18:00(b)FY-2E 卫星红外云图以及 16:30—19:12 石家庄雷达 VWP 演变(c、d)

雷达回波向东南方向移动并发展为飑线,飑线大风速区平均径向速度超过 20 m·s$^{-1}$,曲阳附近出现速度模糊,飑线前方存在阵风锋。径向速度剖面显示,3~6 km 存在后侧入流急流,冷池深厚。17:54,曲阳附近 0.5°仰角强反射率因子核心强度最大达到 60 dBZ,低层为弱回波区,中高层回波悬垂,55 dBZ 强反射率因子伸展到 10 km 以上,回波顶高最高为 11 km,VIL 达到 36 kg·m$^{-2}$(图 3.15.5~3.15.7)。

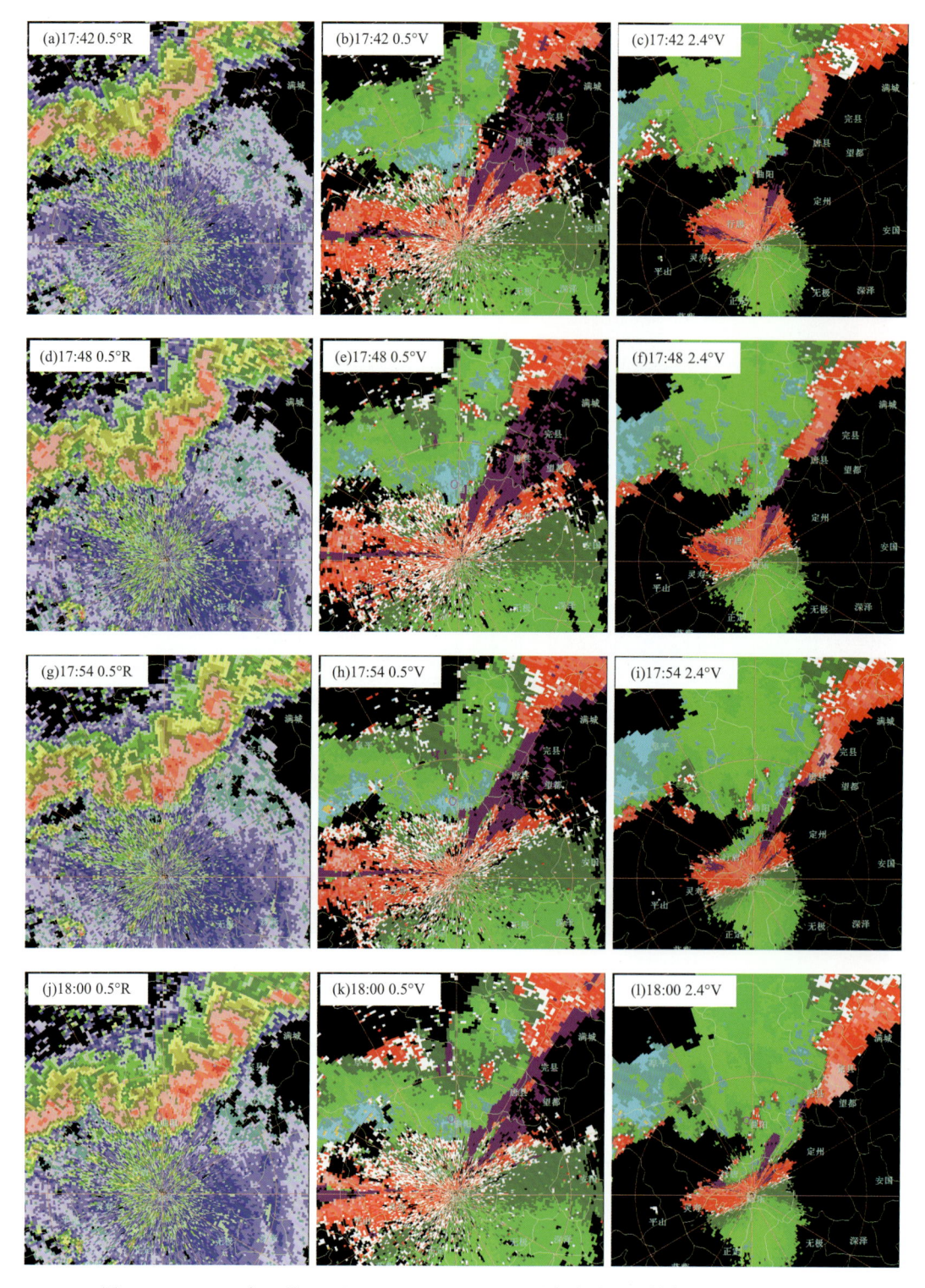

图 3.15.5　2011 年 6 月 23 日 17:42—18:00(a~l)石家庄雷达反射率因子(0.5°仰角)和平均径向速度(0.5°和 2.4°仰角)PPI(图中○为保定曲阳位置)

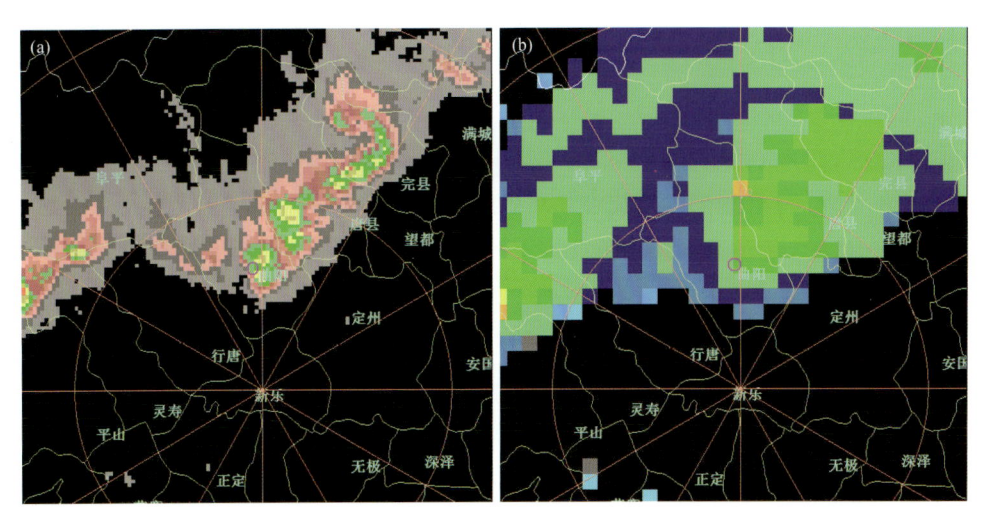

图 3.15.6　2011 年 6 月 23 日 17:54 石家庄雷达 VIL(a)和 ET(b)(图中○为保定曲阳位置)

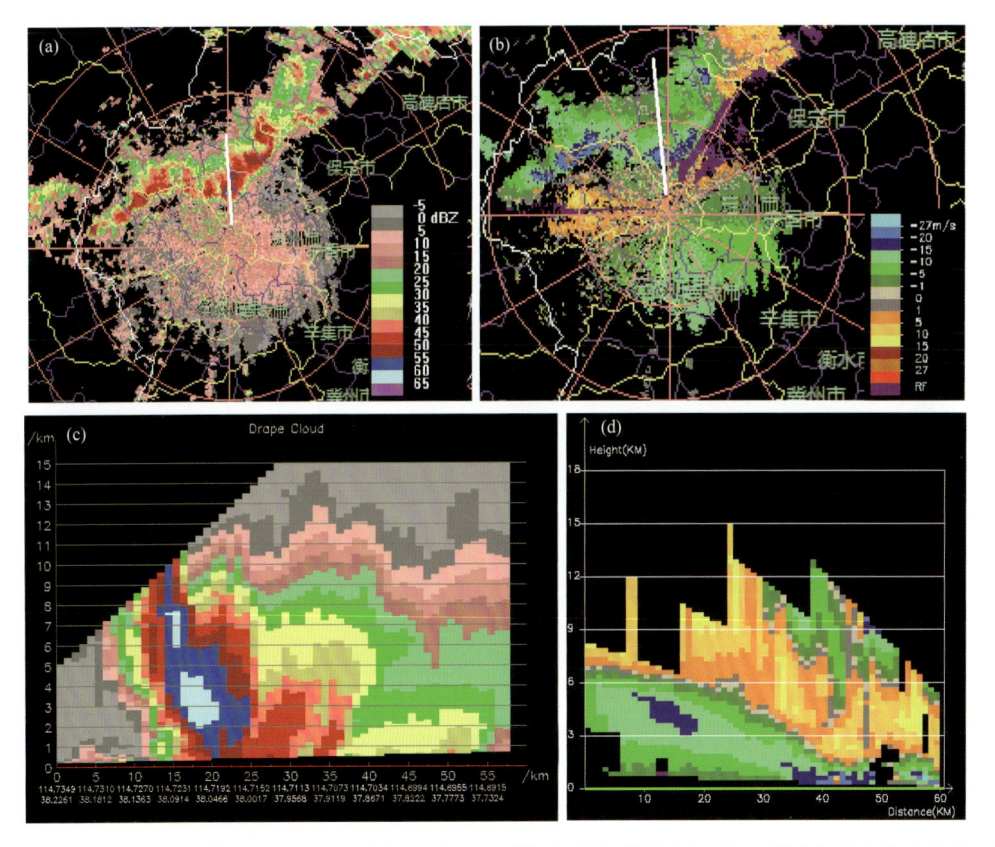

图 3.15.7　2011 年 6 月 23 日 17:54 石家庄雷达 0.5°仰角反射率因子(a)和 0.5°仰角平均径向速度(b)
以及沿图中实线的反射率因子垂直剖面(c)和平均径向速度垂直剖面(d)

## 3.16　2013年6月25日冰雹大风

**实况**：强对流天气主要出现在河北省中部(图 3.16.1a)，以冰雹(12 站)(图 3.16.1c)、大风(18 站)(图 3.16.1b)为主，集中出现在 25 日 15—21 时。保定阜平最大冰雹直径 1.5 cm (14:53)，沧州黄骅 20:10 瞬时极大风速达 31 m·s$^{-1}$(11 级)。

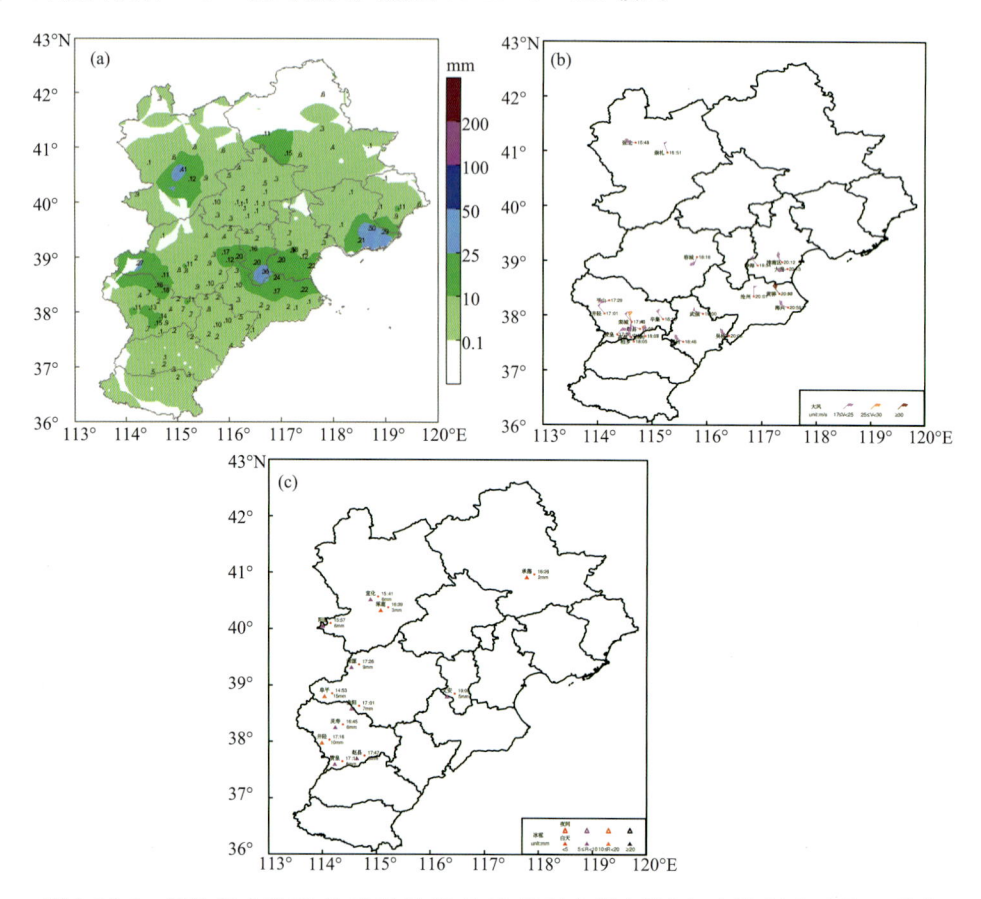

图 3.16.1　2013 年 6 月 25 日 08 时至 26 日 08 时 24 h 降水量(a)、大风(b)和冰雹(c)分布

**主要影响系统**：500 hPa 前倾槽，地面低压、辐合线。

**系统配置及演变**：500 hPa 短波槽后部干冷空气叠加在 850 hPa 槽前西南气流和暖脊之上，垂直方向上形成前倾槽结构；850 hPa 有湿舌伸展到河北中部；地面处于低压带中，存在辐合线(图 3.16.2)。

从邢台探空资料分析(图 3.16.3b)，6 月 25 日 14 时的环境条件有利于冰雹、大风的产生：(1)850 hPa 以下的温度层结接近平行于干绝热线；(2)温度露点廓线整层较干，有利于干对流；(3)14 时 850~500 hPa 温差达到 30 ℃，对流有效位能达到 1600 J·kg$^{-1}$，600 hPa 的下沉对流有效位能达到 1330 J·kg$^{-1}$，750 hPa 到 1000 hPa $\theta_{se}$ 下降了 20 ℃，条件不稳定特征明显(图 3.16.3a)；(4)0~6 km 的垂直风切变达 20 m·s$^{-1}$(图 3.16.3c)；(5)0 ℃层高度为 4.6 km，−20 ℃层高度为 7.3 km。

第3章 高空冷平流强迫类

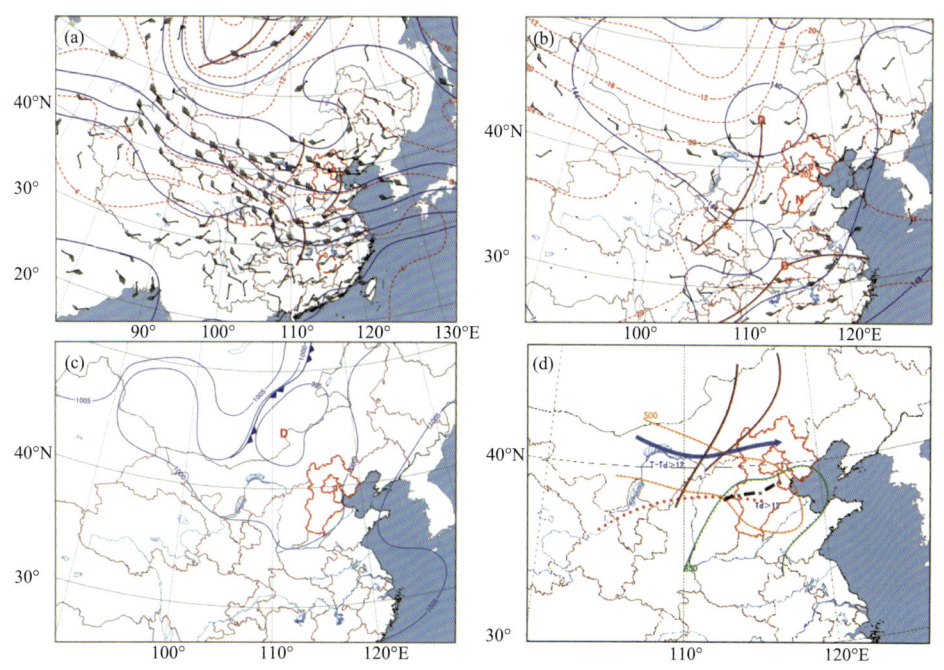

图 3.16.2　2013 年 6 月 25 日 08 时 500 hPa(a)、850 hPa(b)、地面(c)天气形势和中尺度分析(d)

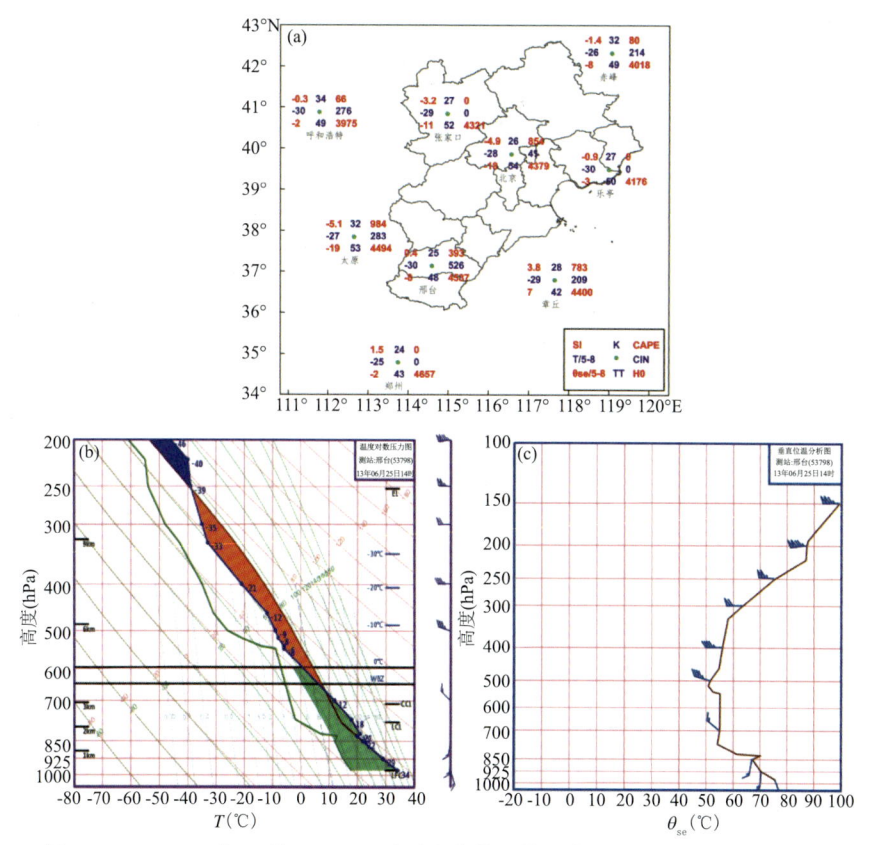

图 3.16.3　2013 年 6 月 25 日 14 时对流参数和特征高度分布(a)、53798(邢台)
$T$-$\ln p$ 图(b)和假相当位温变化(c)

卫星云图上(图3.16.4a、b),15:00前后河北西北部形成多个β中尺度对流系统云系,之后在东移的过程中合并加强,到20:00形成2个主要的α中尺度对流系统,位于河北中部的对流云发展为圆形中尺度对流云团。沧州雷达VWP上(图3.16.4c、d),低层为较强的西南风,20:04转为16 m·s$^{-1}$的偏北风。

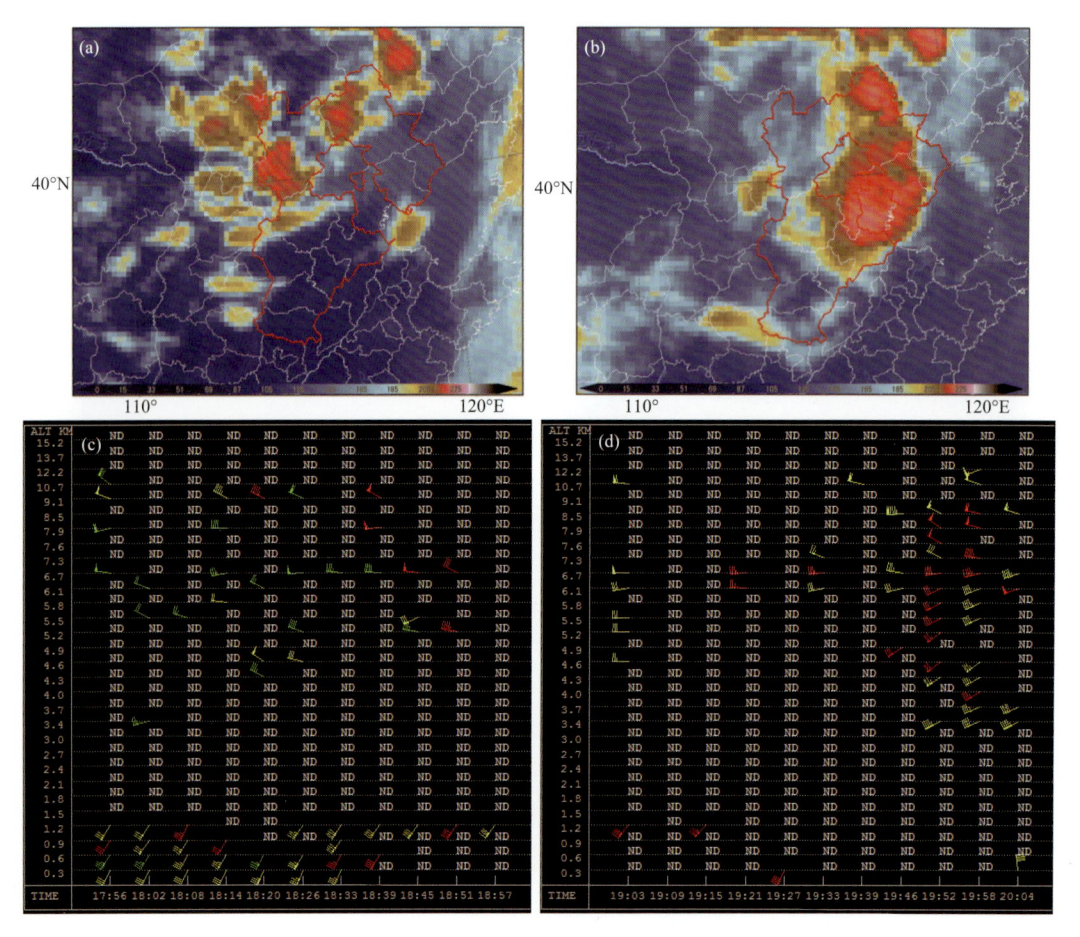

图3.16.4 2013年6月25日15:00(a)和20:00(b)FY-2E卫星可见光云图以及17:56—18:57(c)和19:03—20:04(d)沧州雷达VWP演变

前期沧州雷达站附近存在明显的云街,说明西南气流较强,对流单体组成带状回波东移,强回波前沿伴随出流边界,边界附近回波迅速发展加强,存在明显的后侧入流急流,最大径向速度超过25 m·s$^{-1}$;VIL最大值达50 kg·m$^{-2}$,回波顶高最高大于14 km(图3.16.5~3.16.7)。

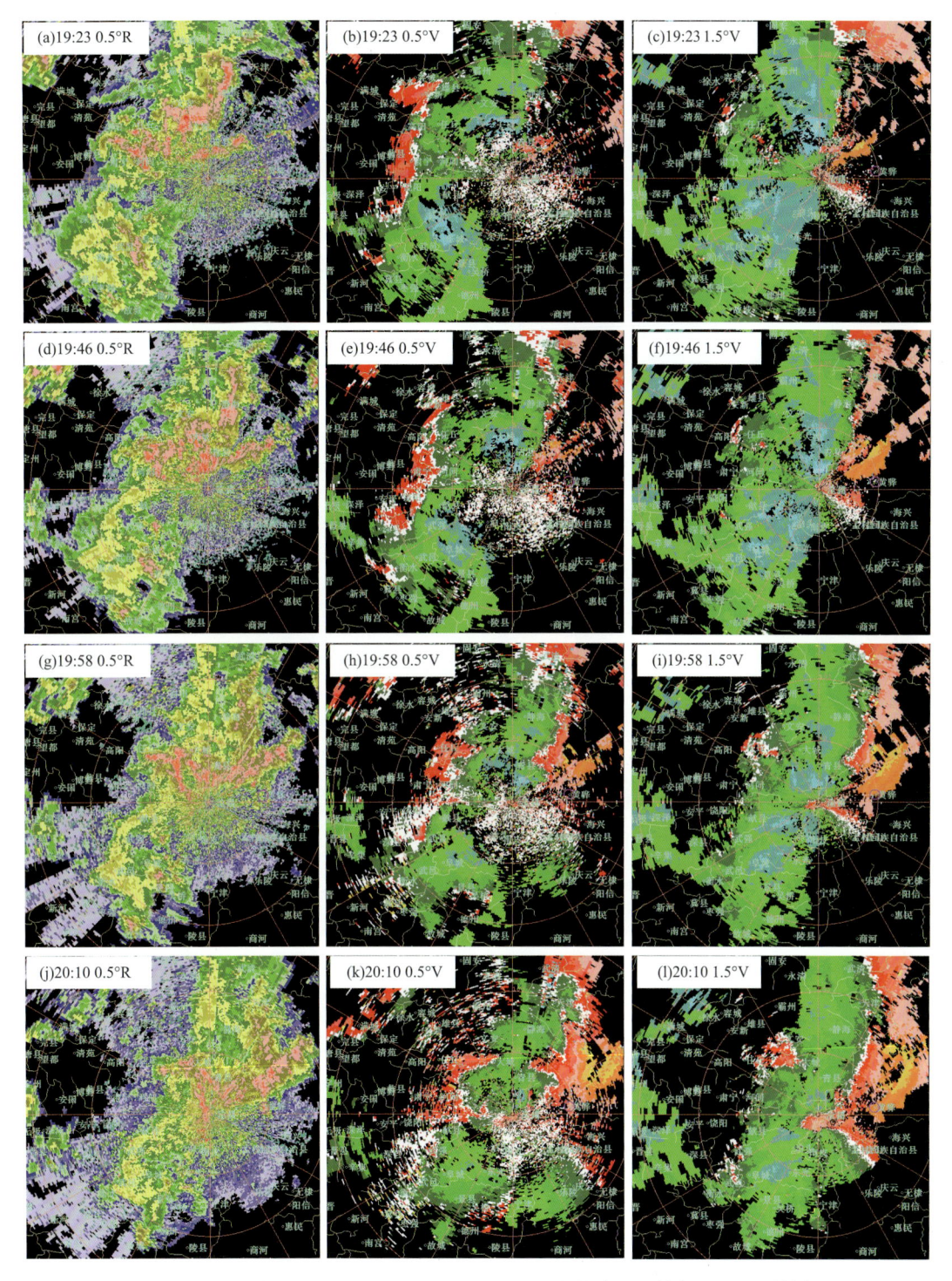

图 3.16.5 2013 年 6 月 25 日 19:23—20:10(a~l)沧州雷达反射率因子(0.5°仰角)和平均径向速度(0.5°和 1.5°仰角)PPI(图中○为沧州黄骅位置)

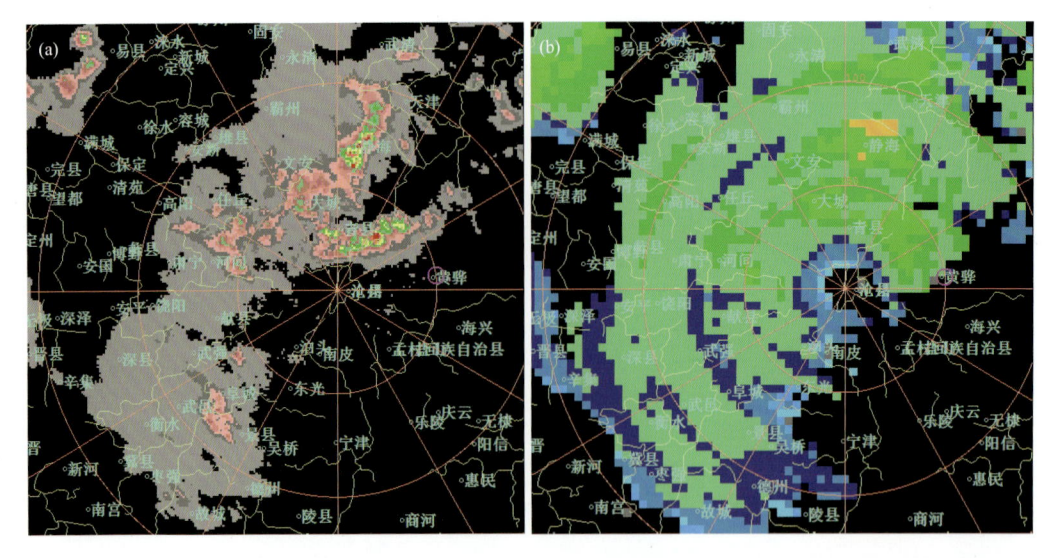

图 3.16.6 2013年6月25日19:33沧州雷达VIL(a)和ET(b)(图中○为沧州黄骅位置)

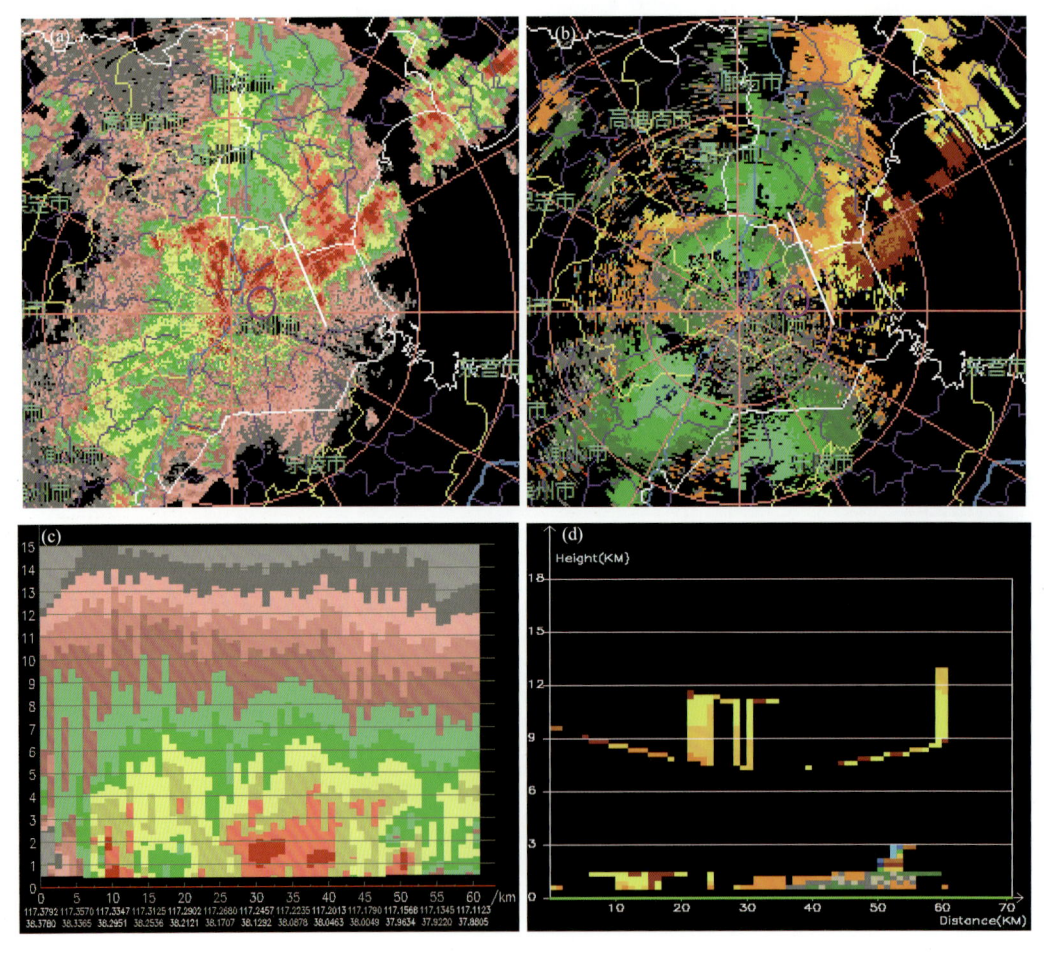

图 3.16.7 2013年6月25日20:10沧州雷达0.5°仰角反射率因子(a)和0.5°仰角平均径向速度(b)以及沿图中实线的反射率因子垂直剖面(c)和平均径向速度垂直剖面(d)

## 3.17　2013年7月4日雷暴大风

实况:强对流天气主要出现在河北省中北部(图3.17.1a),以大风(26站)(图3.17.1b)为主,伴有冰雹(3站)(图3.17.1c),集中出现在4日14:30—21:15。张家口阳原最大冰雹直径2.3 cm(15:41),廊坊霸州18:28瞬时极大风速达29 m·s$^{-1}$(11级)。

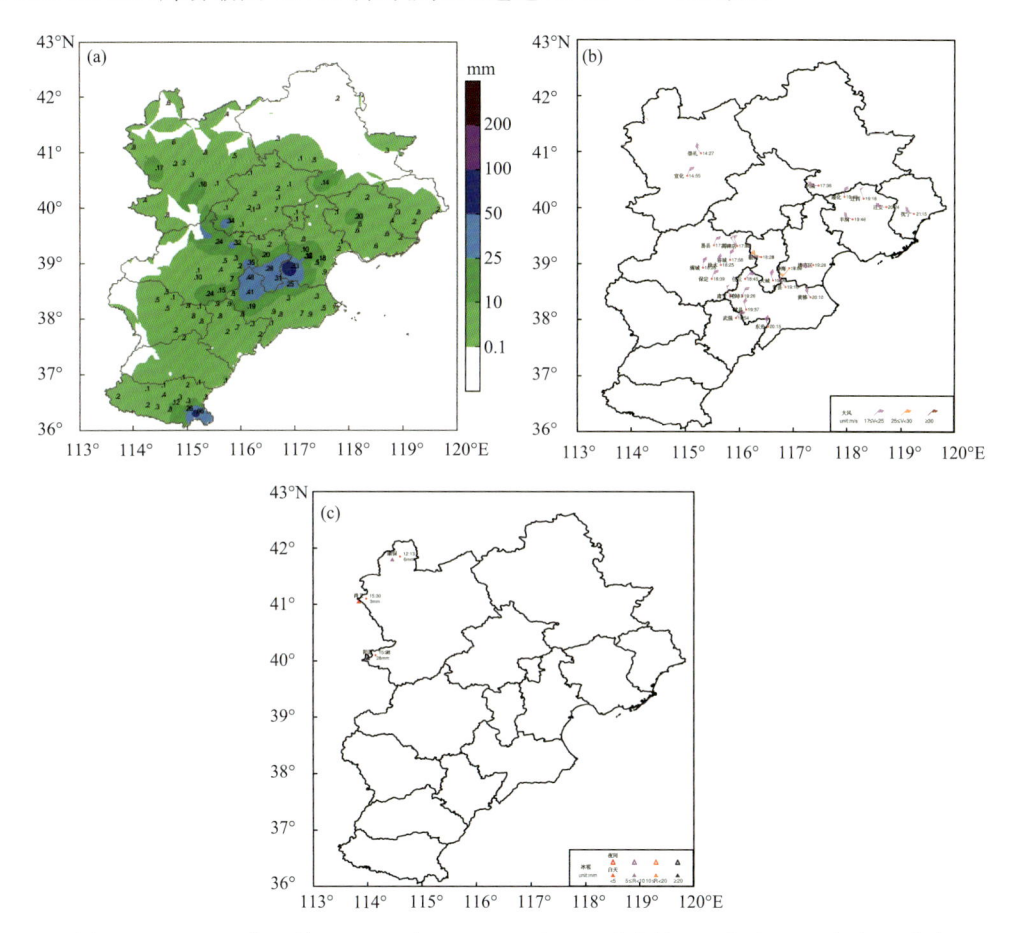

图3.17.1　2013年7月4日08时至5日08时24 h降水量(a)、大风(b)和冰雹(c)分布

主要影响系统:500 hPa冷温槽,地面低压、辐合线。

系统配置及演变:500 hPa东北低涡后部西北气流,有冷温槽和干平流;925 hPa有湿舌伸展到河北中部;地面处于低压带中,存在辐合线(图3.17.2)。

从北京探空资料分析(图3.17.3b),7月4日08时的环境条件有利于雷暴大风的产生:(1)925~550 hPa大气垂直温度绝热递减率较大;(2)温度露点廓线整层较低,有利于干对流;(3)08时850~500 hPa温差达到31 ℃,14时订正后对流有效位能为670 J·kg$^{-1}$,600 hPa的下沉对流有效位能达到1370 J·kg$^{-1}$,850 hPa到750 hPa $\theta_{se}$下降了15 ℃,存在条件不稳定(图3.17.3a);(4)0~6 km的垂直风切变为12 m·s$^{-1}$(图3.17.3c);(5)0 ℃层高度为4.5 km,-20 ℃层高度为8.1 km。

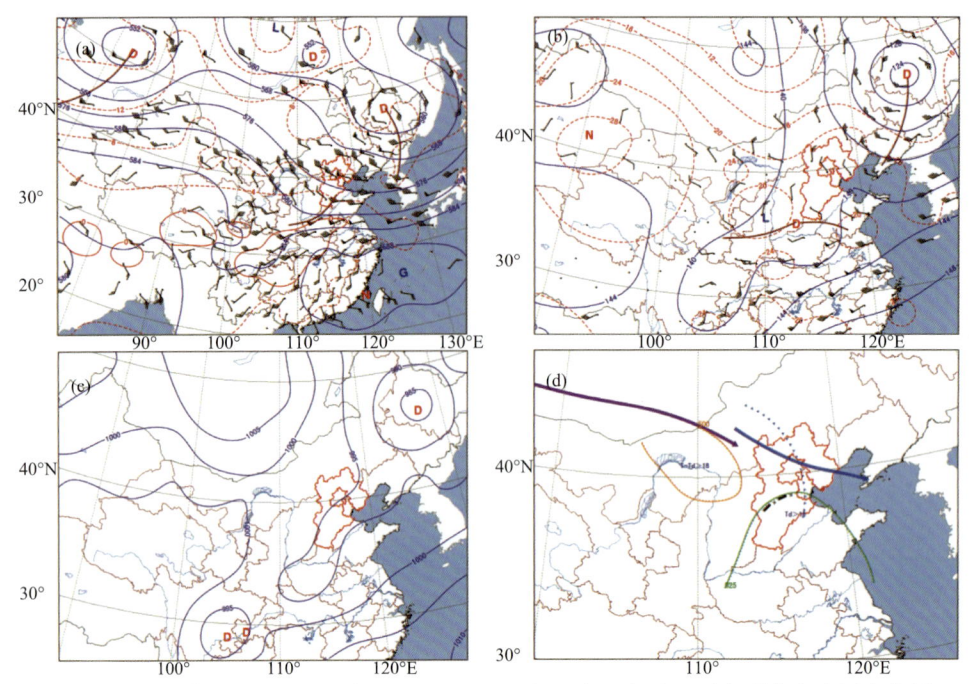

图 3.17.2  2013 年 7 月 4 日 08 时 500 hPa(a)、850 hPa(b)、地面(c)天气形势和中尺度分析(d)

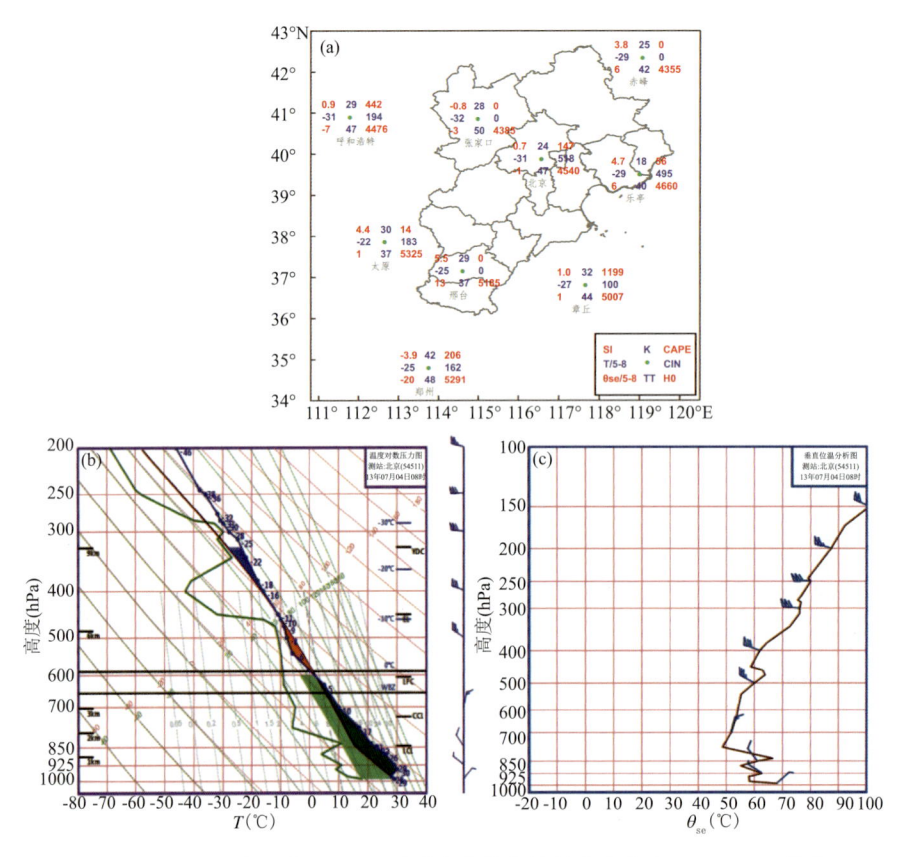

图 3.17.3  2013 年 7 月 4 日 08 时对流参数和特征高度分布(a)、54511(北京)
$T$-$\ln p$ 图(b)和假相当位温变化(c)

卫星云图上(图 3.17.4a、b),17:00 前后河北西北部形成东北—西南走向的带状云系,水平尺度约 350 km,19:00 带状对流云南侧发展为圆形中尺度对流云团。沧州雷达 VWP 上(图 3.17.4c、d),19:00 前后边界层为西南风,19:37 后开始出现超过 20 m·s$^{-1}$ 西北风。

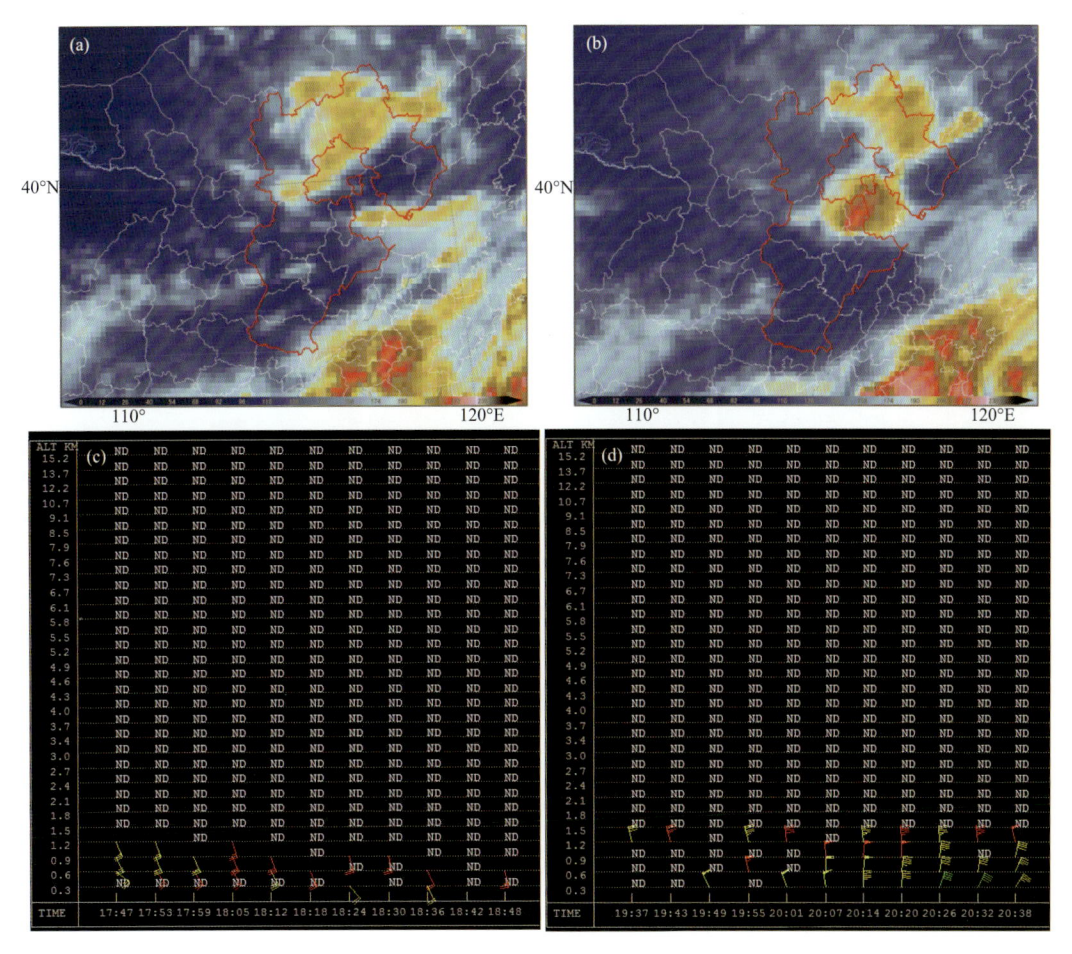

图 3.17.4 2013 年 7 月 4 日 17:00(a)和 19:00(b)FY-2E 卫星可见光云图以及
17:47—18:48(c)和 19:37—20:38(d)沧州雷达 VWP 演变

前期对流单体产生多条出流边界,边界相遇后回波迅速加强,雷达回波从块状演变为带状,存在明显的后侧入流急流,最大径向速度超过 25 m·s$^{-1}$;VIL 最大达 55 kg·m$^{-2}$,回波顶高最高大于 16 km(图 3.17.5～3.17.7)。

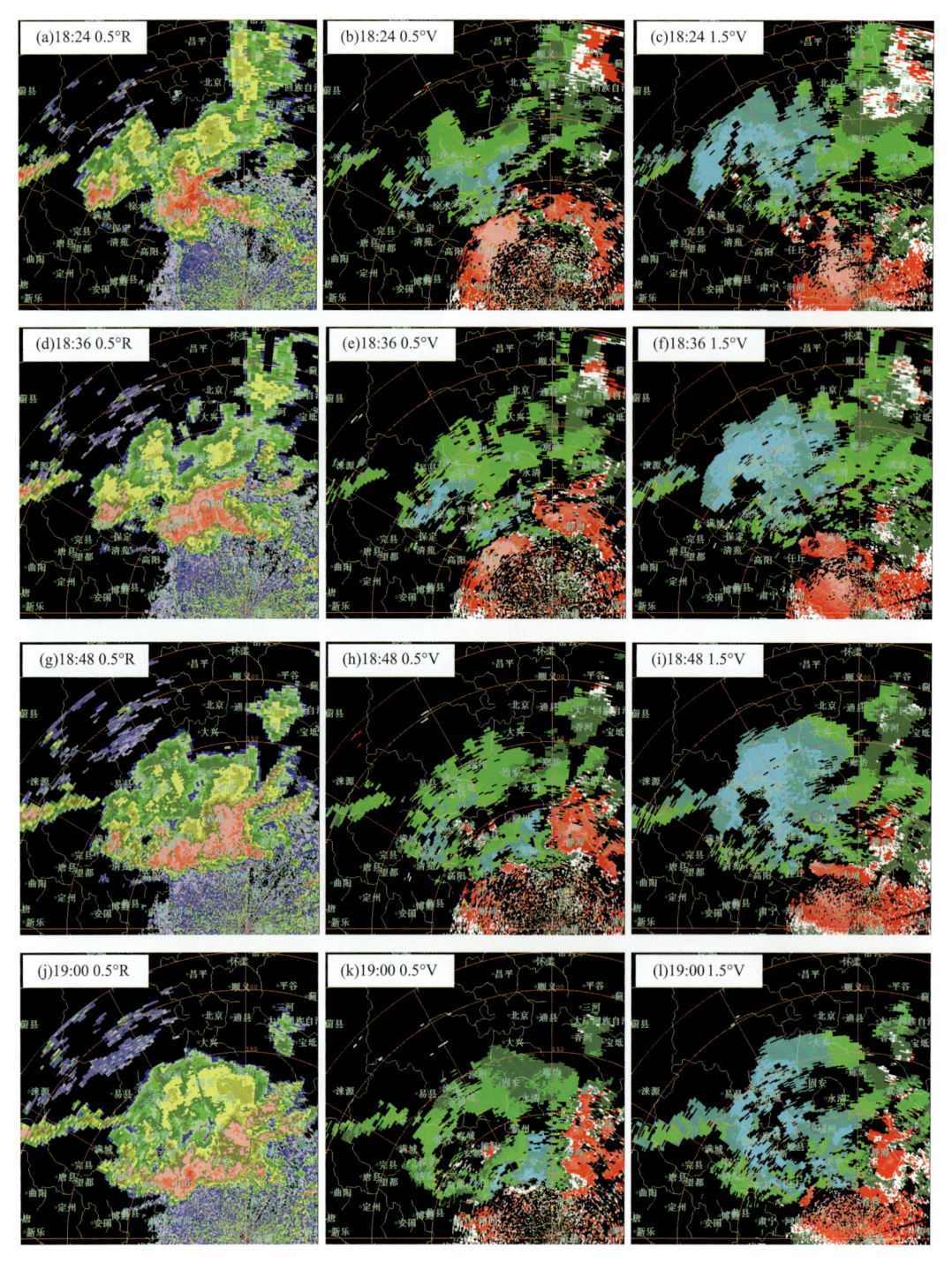

图 3.17.5　2013 年 7 月 4 日 18:24—19:00(a~l)沧州雷达反射率因子(0.5°仰角)和平均径向速度(0.5°和 1.5°仰角)PPI(图中○为廊坊霸州位置)

第 3 章 高空冷平流强迫类 · 105 ·

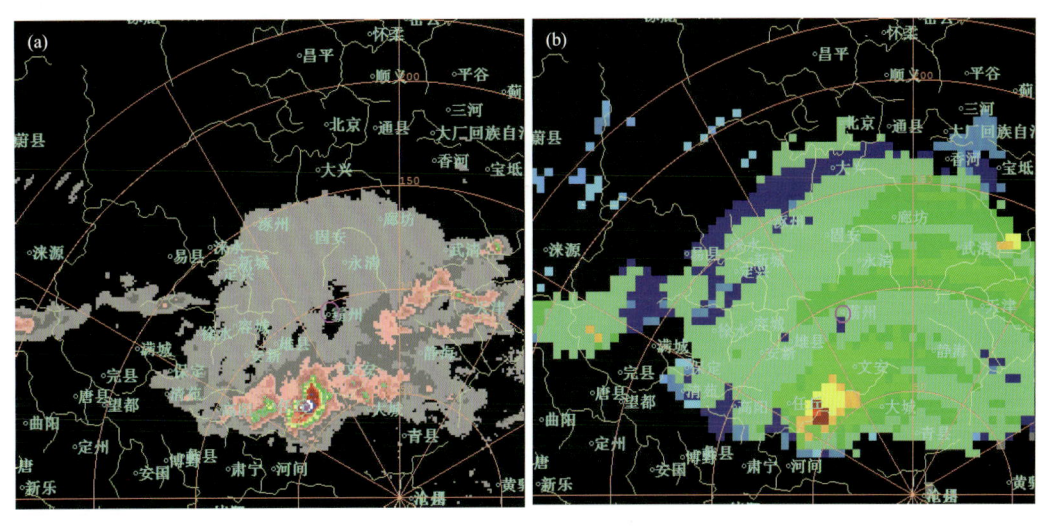

图 3.17.6 2013 年 7 月 4 日 19:00 沧州雷达 VIL(a) 和 ET(b)(图中○为廊坊霸州位置)

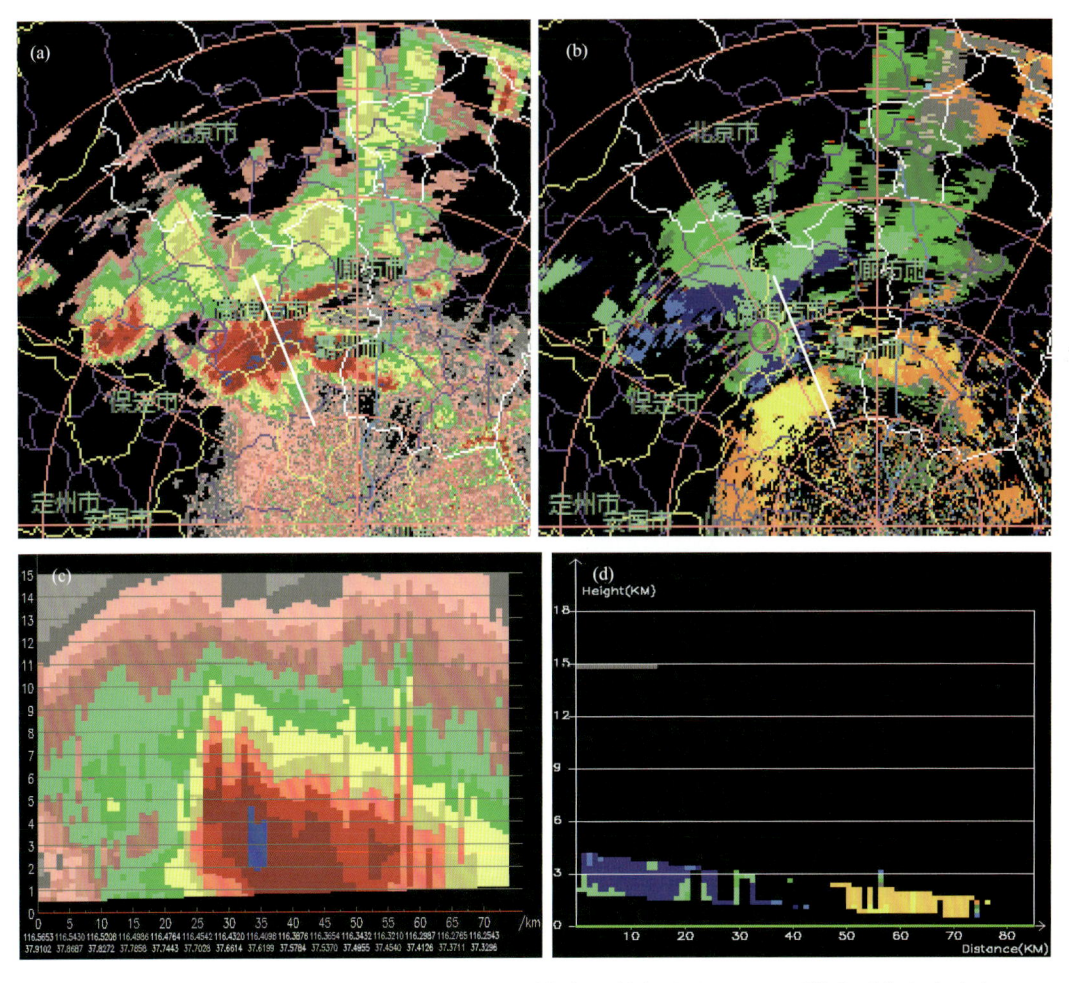

图 3.17.7 2013 年 7 月 4 日 18:30 沧州雷达 0.5°仰角反射率因子(a)和 0.5°仰角平均径向速度(b)以及沿图中实线的反射率因子垂直剖面(c)和平均径向速度垂直剖面(d)

## 3.18　2013年8月4日大风冰雹

实况:强对流天气主要出现在河北省中北部(图3.18.1a),以大风(56站)(图3.18.1b)为主,伴有冰雹(5站)(图3.18.1c),集中出现在4日16:00—23:06。张家口尚义最大冰雹直径0.9 cm(16:27),承德县20:37、唐山迁西21:26、保定安新21:31瞬时极大风速均达28 m·s$^{-1}$(10级)。

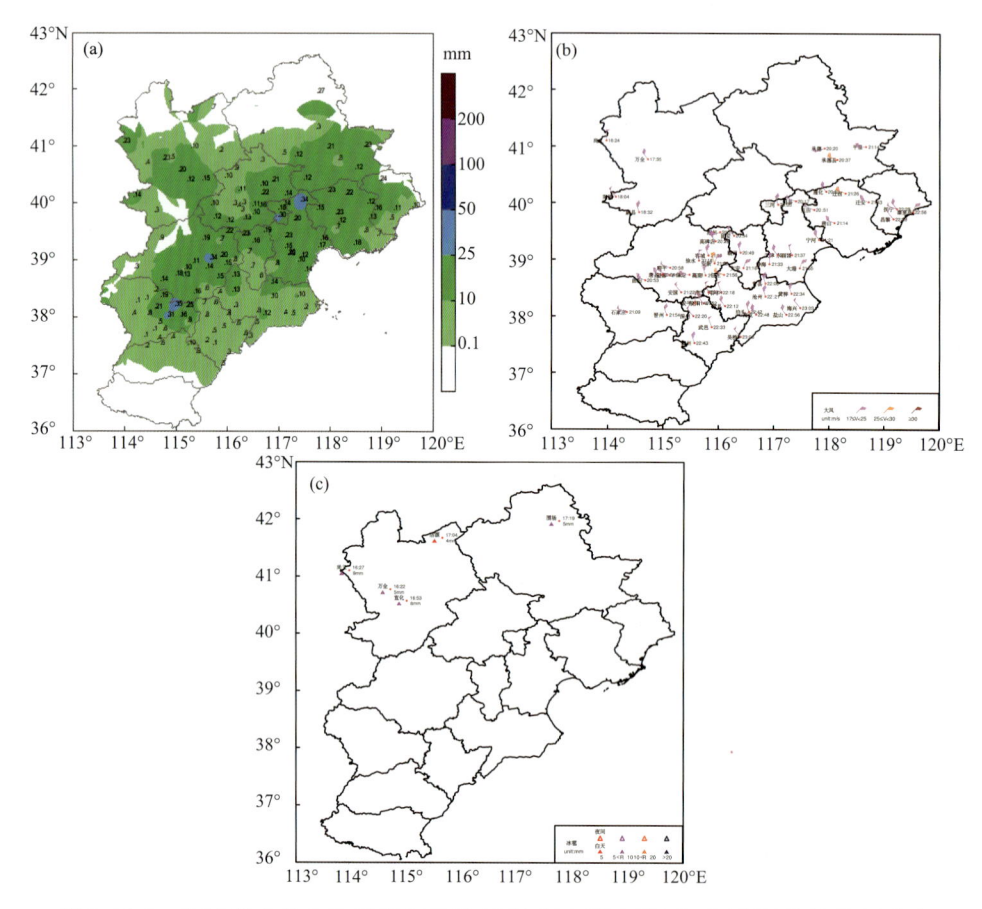

图3.18.1　2013年8月4日08时至5日08时24 h降水量(a)、大风(b)和冰雹(c)分布

主要影响系统:500 hPa冷温槽、850 hPa切变线、地面冷锋。

系统配置及演变:500 hPa冷温槽快速东移,叠加在850 hPa西南气流之上,850 hPa存在暖温度脊;地面冷锋移入河北省(图3.18.2)。

从乐亭探空资料分析(图3.18.3b),8月4日20时的环境条件有利于雷暴大风的产生:(1)700~500 hPa大气垂直温度绝热递减率大;(2)温度露点廓线为"上干下湿"的"喇叭口"结构;(3)20时850~500 hPa温差达到31 ℃,对流有效位能达到4800 J·kg$^{-1}$,600 hPa的下沉对流有效位能达到1450 J·kg$^{-1}$,1000 hPa到700 hPa$\theta_{se}$下降了35 ℃,存在明显的条件不稳定(图3.18.3a);(4)0~6 km的垂直风切变为12 m·s$^{-1}$(图3.18.3c);(5)0 ℃层高度为4.7 km,-20 ℃层高度为7.7 km,不利于大冰雹出现。

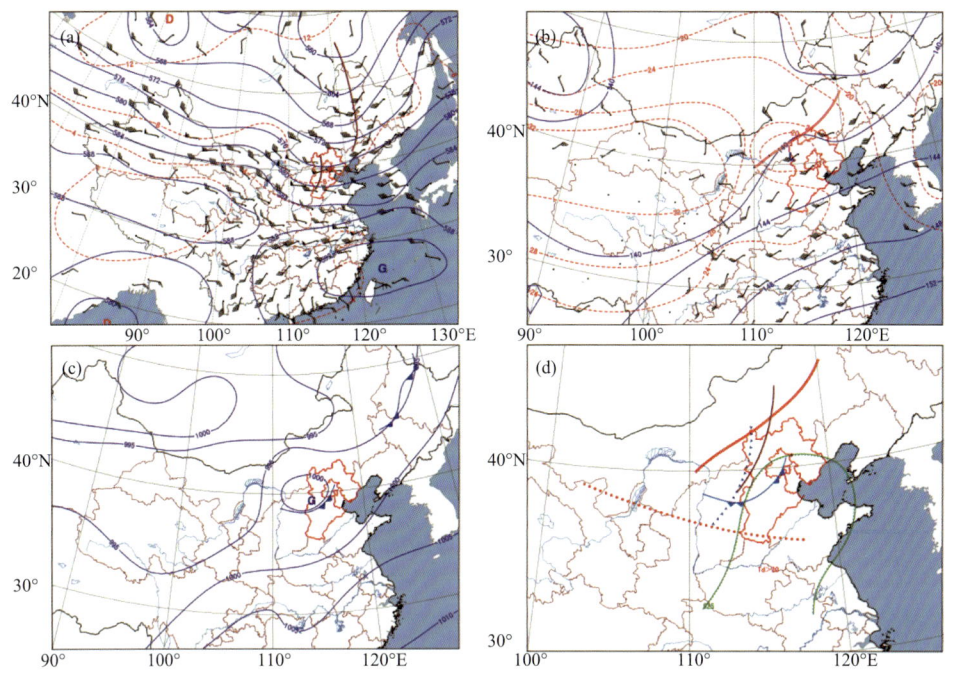

图 3.18.2　2013 年 8 月 4 日 20 时 500 hPa(a)、850 hPa(b)、地面(c)天气形势和中尺度分析(d)

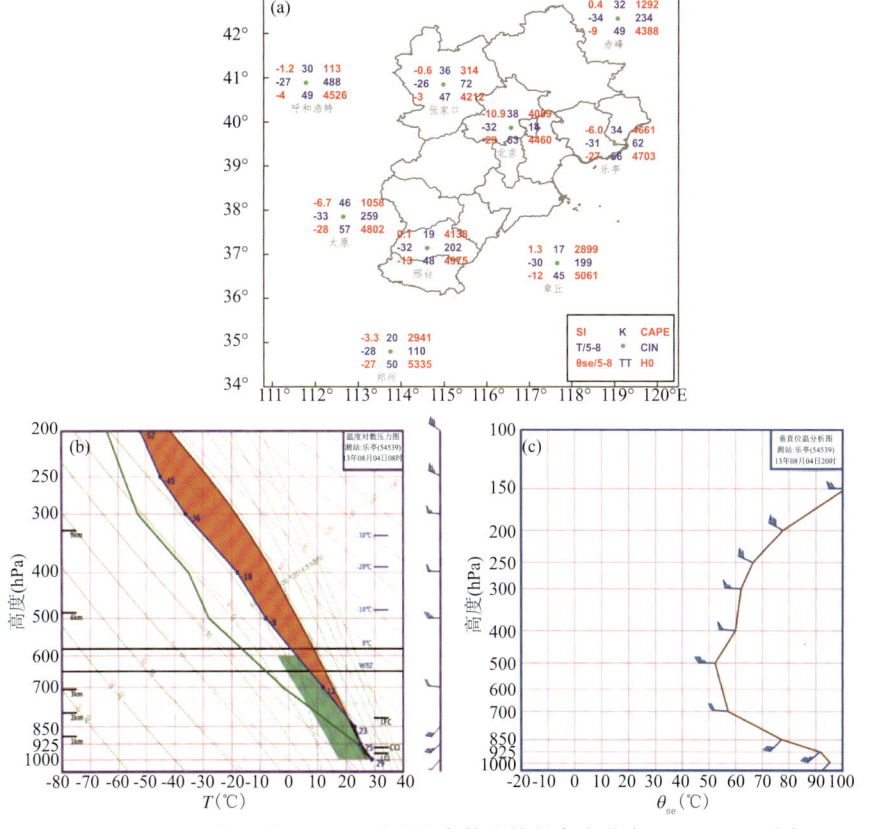

图 3.18.3　2013 年 8 月 4 日 20 时对流参数和特征高度分布(a)、54539(乐亭)
$T$-$\ln p$ 图(b)和假相当位温变化(c)

卫星云图上(图3.18.4a、b),20:00前后东北—西南走向的带状云系位于河北省西北部,水平尺度超700 km,22:00线状对流云带进一步加强向东移动。秦皇岛雷达VWP上(图3.18.4c、d),2 km以下维持较强的西南风,21:36之后2 km高度首先出现超过20 m·s$^{-1}$西北风,并逐渐下降到地面。

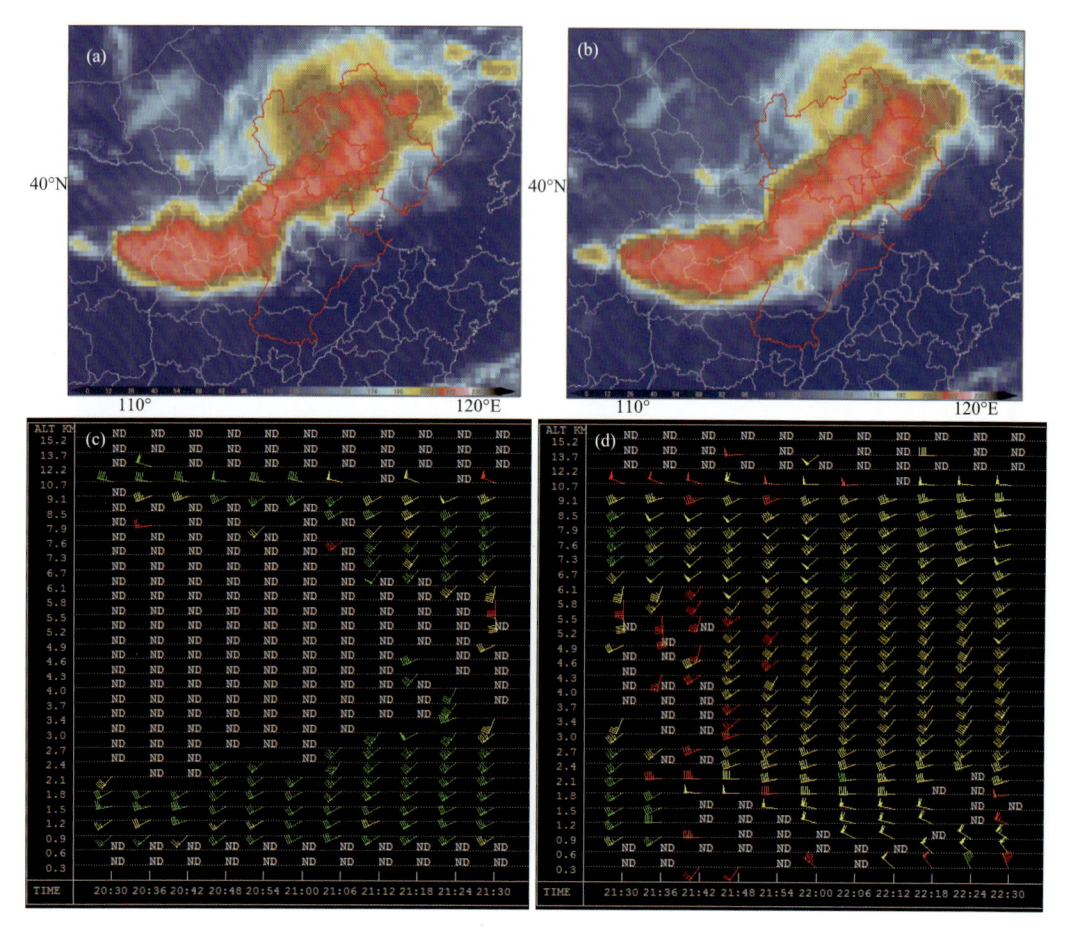

图3.18.4　2013年8月4日20:00(a)和21:00(b)FY-2E卫星可见光云图以及20:30—21:30(c)和21:30—22:30(d)秦皇岛雷达VWP演变

雷达回波形成一条完整的飑线自西向东移动,水平尺度接近300 km,强回波前沿伴有出流边界,存在明显的后侧入流急流,低层最大径向速度达37 m·s$^{-1}$,出现速度模糊;VIL最大达50 kg·m$^{-2}$,回波顶高最高大于15 km(图3.18.5～3.18.7)。

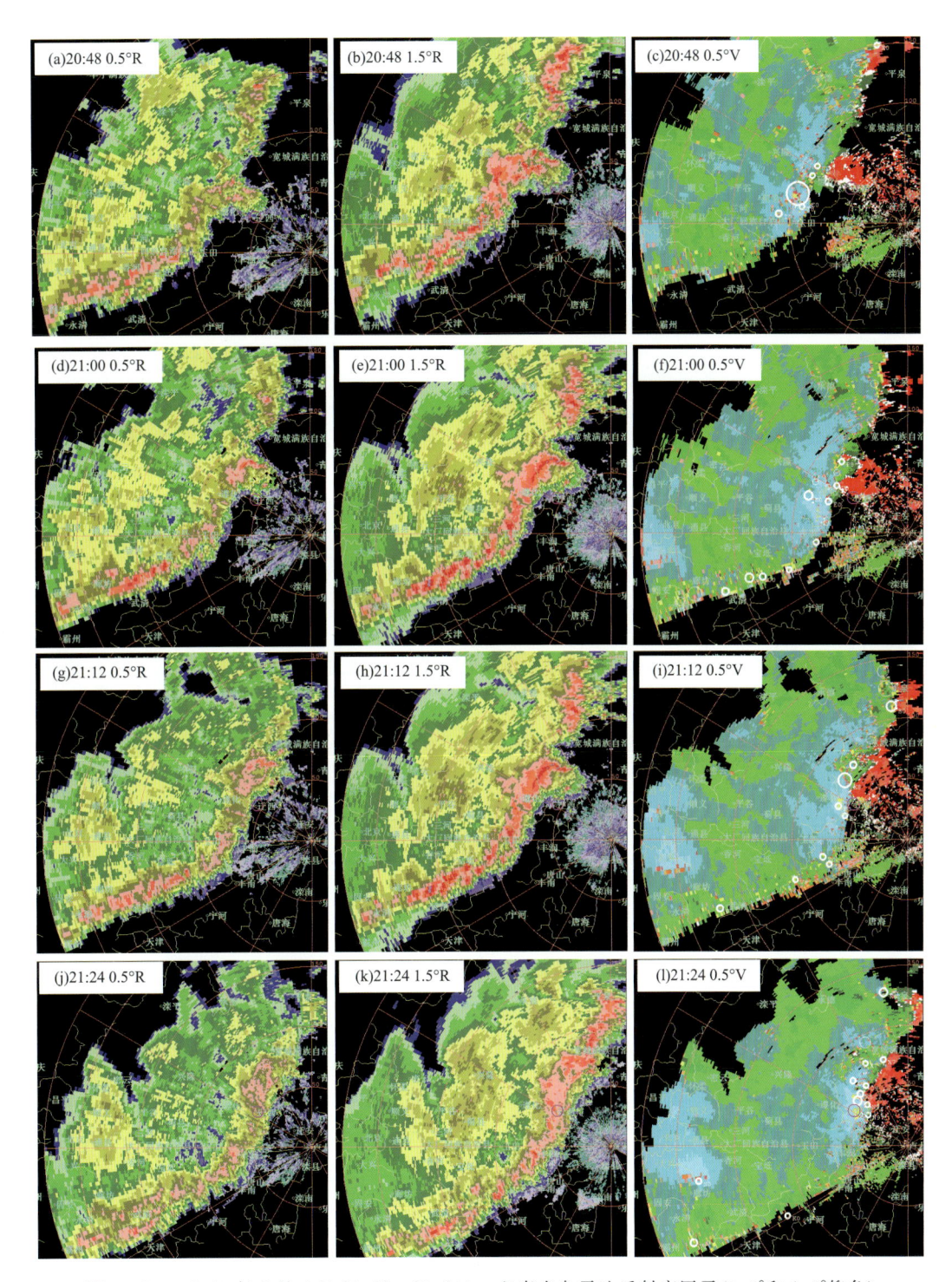

图 3.18.5 2013 年 8 月 4 日 20:48—21:24(a~l)秦皇岛雷达反射率因子(0.5°和 1.5°仰角)和平均径向速度(0.5°仰角)PPI(图中○为唐山迁西位置)

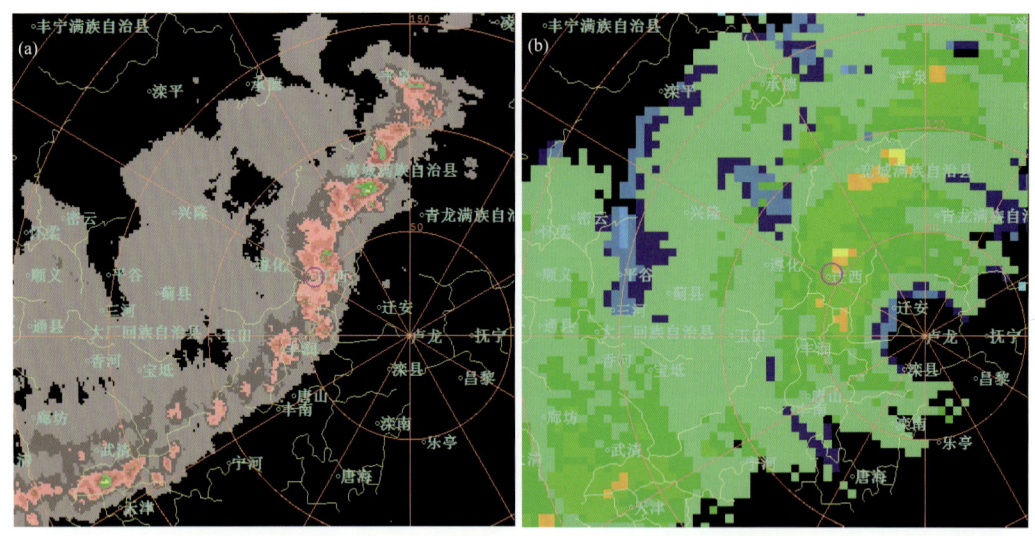

图 3.18.6　2013 年 8 月 4 日 21:24 秦皇岛雷达 VIL(a)和 ET(b)(图中○为唐山迁西位置)

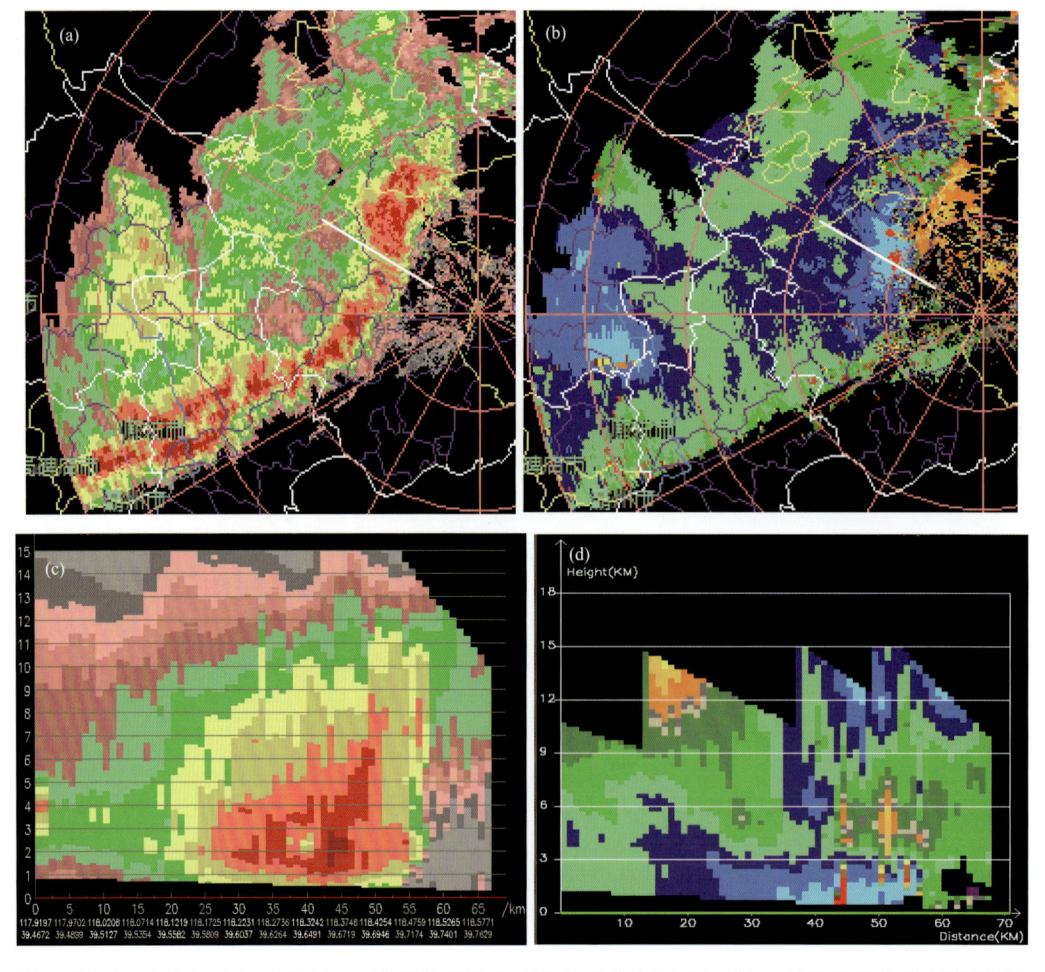

图 3.18.7　2013 年 8 月 4 日 21:24 秦皇岛雷达 0.5°仰角反射率因子(a)和 0.5°仰角平均径向速度(b)以及沿图中实线的反射率因子垂直剖面(c)和平均径向速度垂直剖面(d)

## 3.19 2014年6月8日大风冰雹

**实况**：强对流天气主要出现在河北中北部（图3.19.1a），以大风（18站）（图3.19.1b）为主，伴有冰雹（4站）（图3.19.1c），集中出现在8日12—20时。沧州黄骅19:19瞬时极大风速达25 m·s$^{-1}$（10级）。张家口崇礼最大冰雹直径为1.8 cm（15:16）。

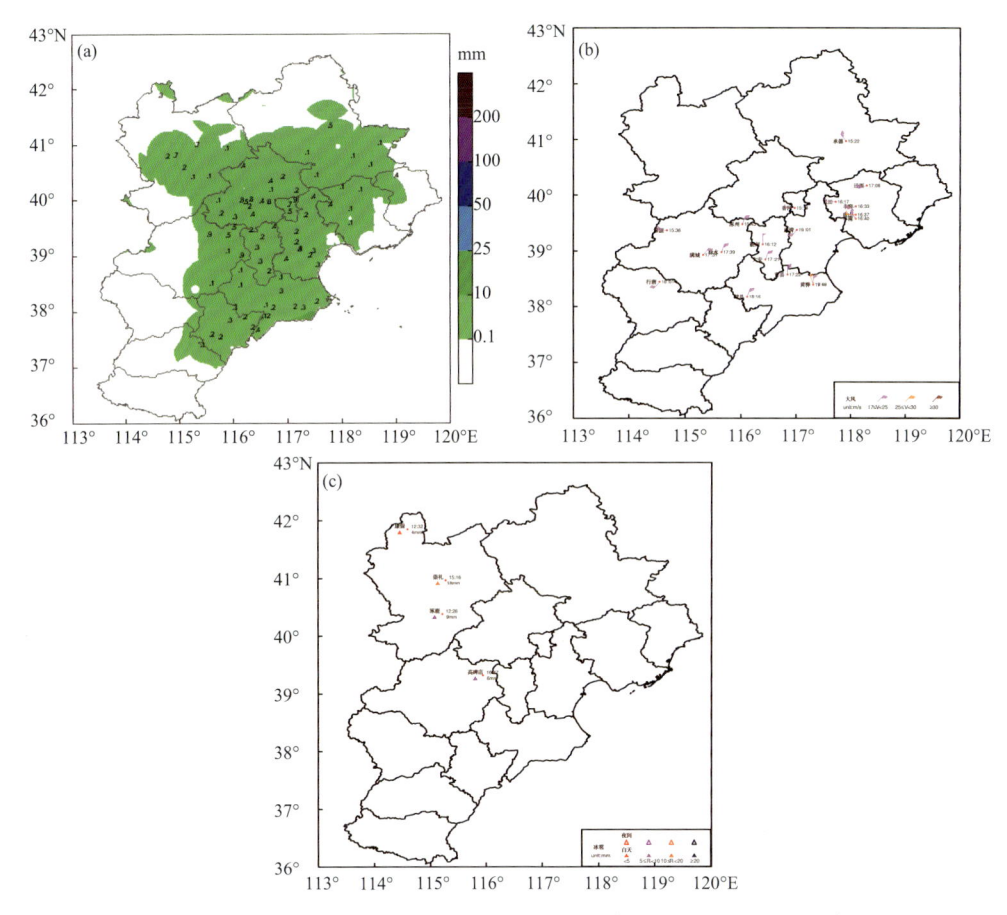

图3.19.1　2014年6月8日08时至9日08时24 h降水量(a)、大风(b)和冰雹(c)分布

**主要影响系统**：500 hPa冷涡、850 hPa切变线。

**系统配置及演变**：500 hPa低涡后部西北气流有冷温槽和干平流，与850 hPa暖脊在河北省上空叠置；地面处于低压区中（图3.19.2）。

从北京探空资料分析（图3.19.3b），6月8日14时的环境条件有利于雷暴大风和冰雹的产生：(1) 600 hPa以下温度层结曲线接近平行于干绝热线；(2) 整层相对湿度较小；(3) 对流有效位能为955 J·kg$^{-1}$，近地面到700 hPa $\theta_{se}$下降了11 ℃，存在一定的条件不稳定（图3.19.3a）；(4) 0~6 km的垂直风切变为12 m·s$^{-1}$（图3.19.3c）；(5) 0 ℃层高度为3.57 km，−20 ℃层高度为6.24 km。

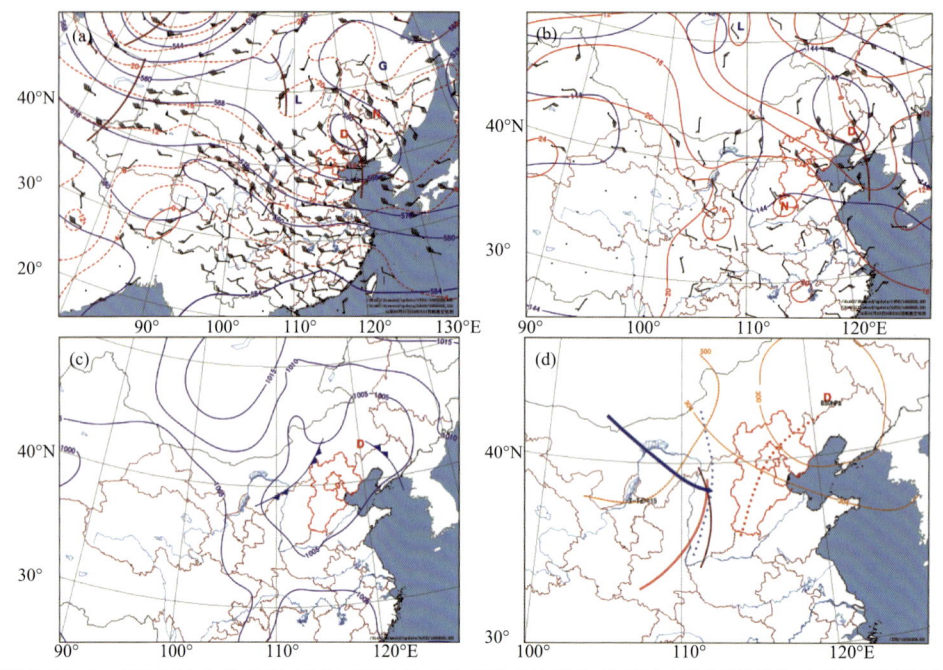

图 3.19.2　2014 年 6 月 8 日 08 时 500 hPa(a)、850 hPa(b)、地面(c)天气形势和中尺度分析(d)

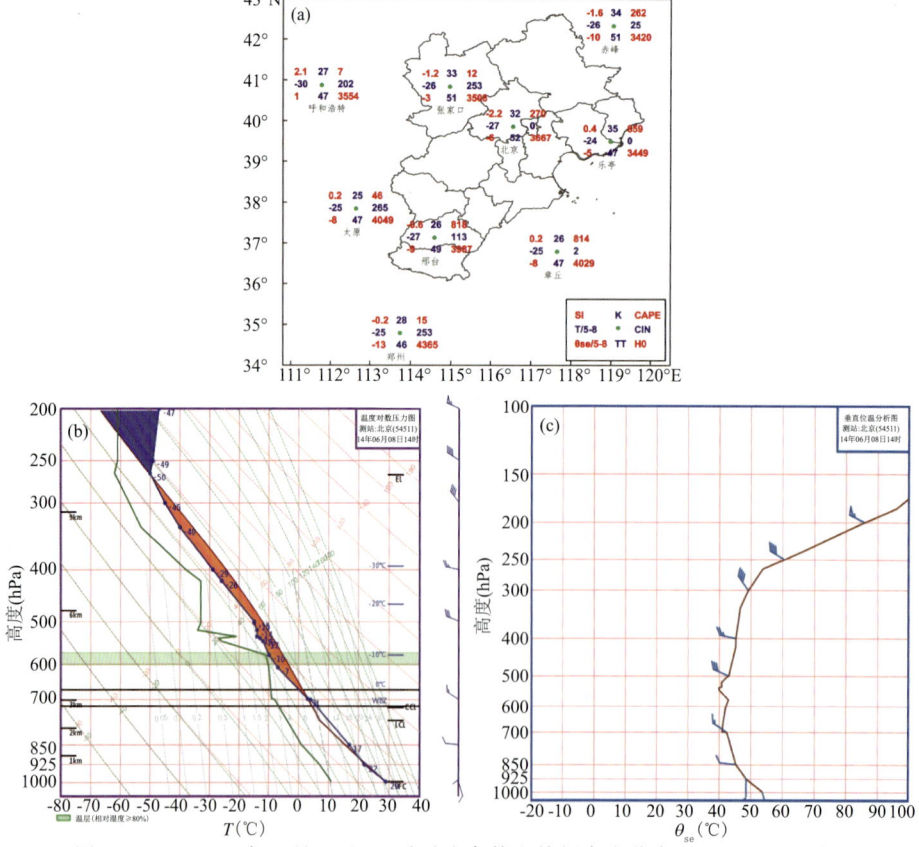

图 3.19.3　2014 年 6 月 8 日 14 时对流参数和特征高度分布(a)、54511(北京)
$T$-$\ln p$ 图(b)和假相当位温变化(c)

卫星云图上(图 3.19.4a、b),15:00 前后在张家口的对流云团发展为近乎圆形的中尺度对流系统。张家口雷达 VWP 上(图 3.19.4c、d),15:08 以后,低层由偏北风转为偏东风,6 km 高度西北偏西风加大,0～6 km 垂直风切变增强。

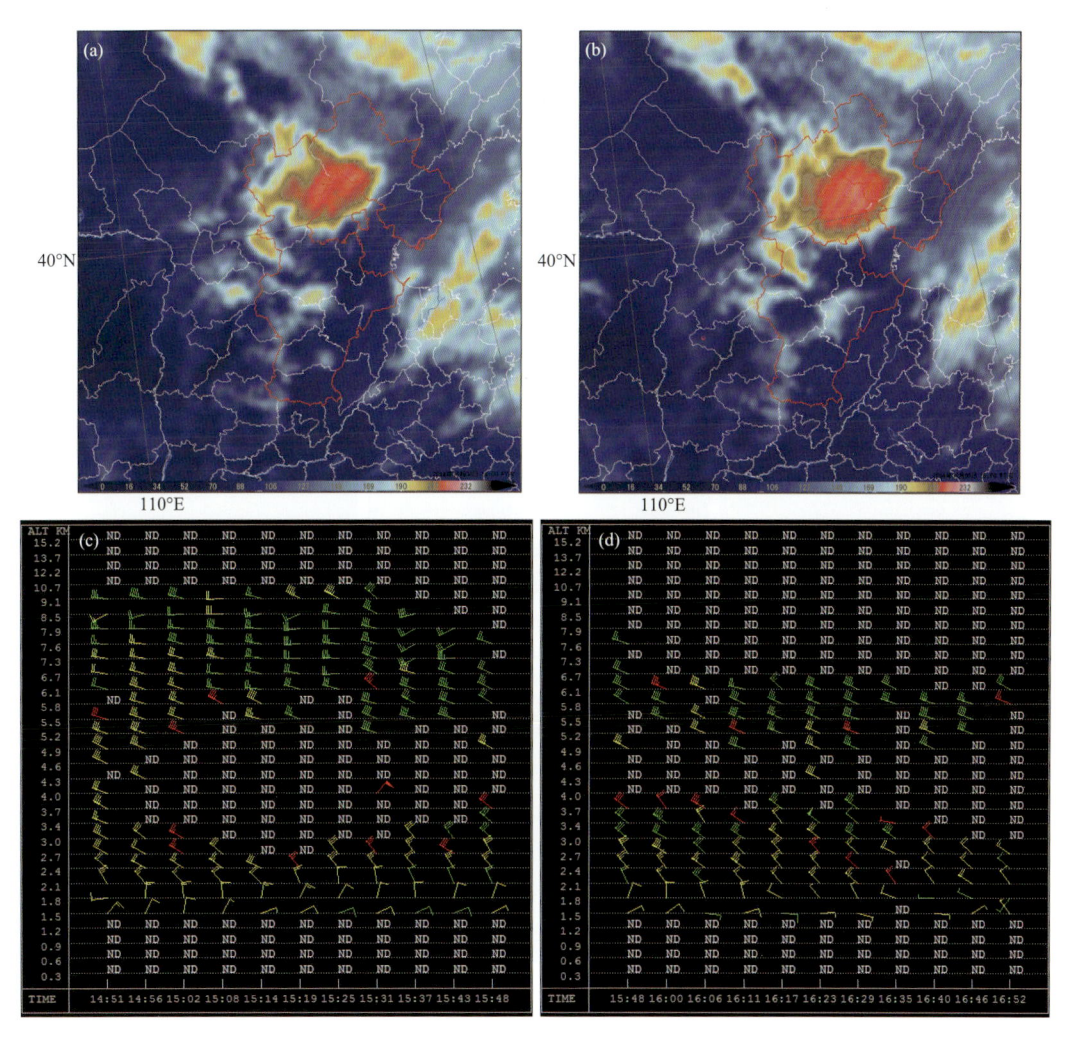

图 3.19.4  2014 年 6 月 8 日 14:00(a)和 15:00(b)FY-2E 卫星红外云图以及 14:51—16:52 张家口雷达 VWP 演变(c、d)

雷达回波向东偏南方向移动,反射率因子核心强度超过 55 dBZ,有明显旁瓣回波。低层最大径向速度为 15 m·s$^{-1}$;VIL 不足 11 kg·m$^{-2}$,回波顶高最高为 10 km(图 3.19.5～3.19.7)。

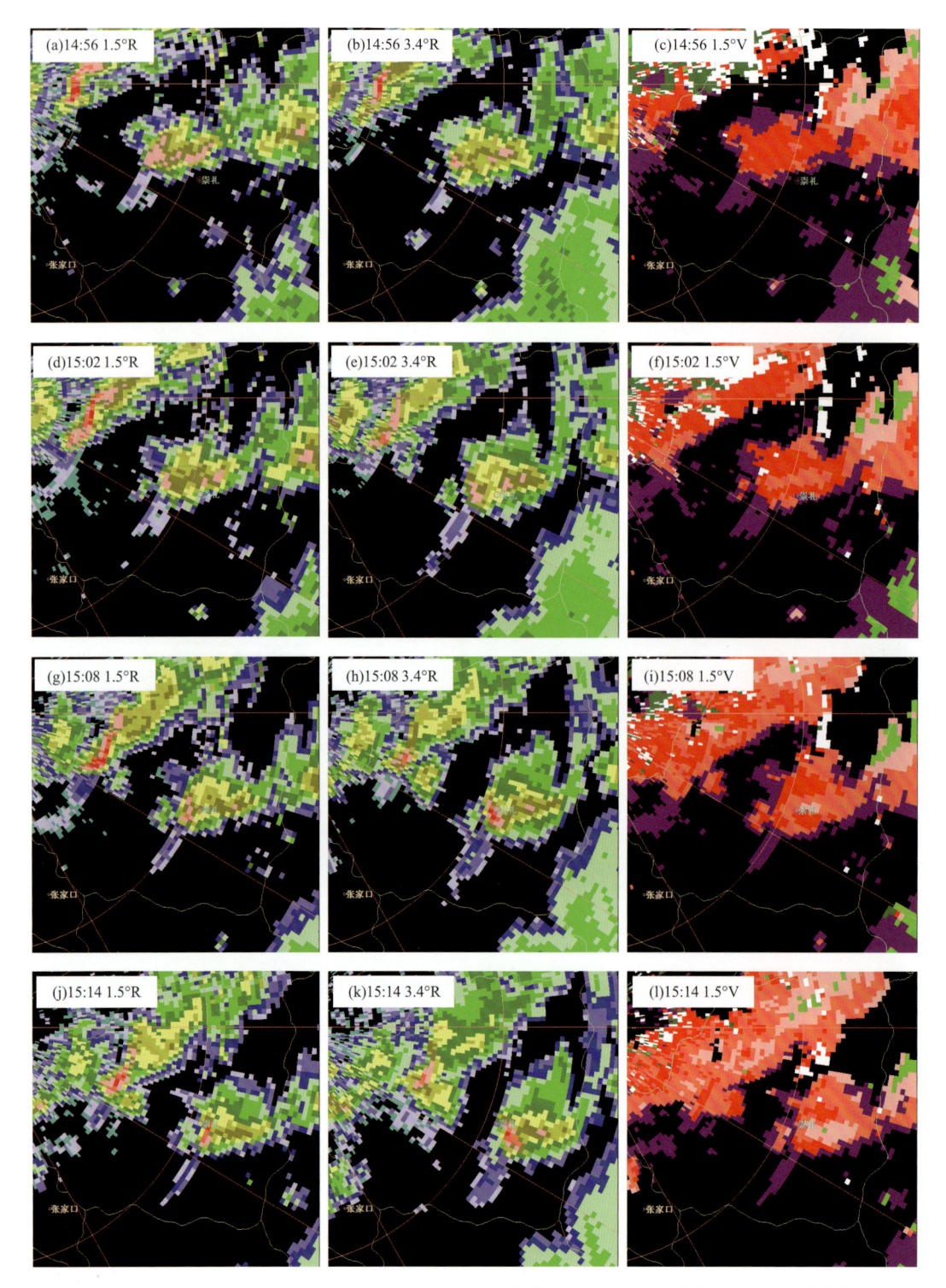

图3.19.5 2014年6月8日14:56—15:14(a~l)张家口雷达反射率因子(1.5°和3.4°仰角)和平均径向速度(1.5°仰角)PPI(图中○为张家口崇礼位置)

第 3 章 高空冷平流强迫类

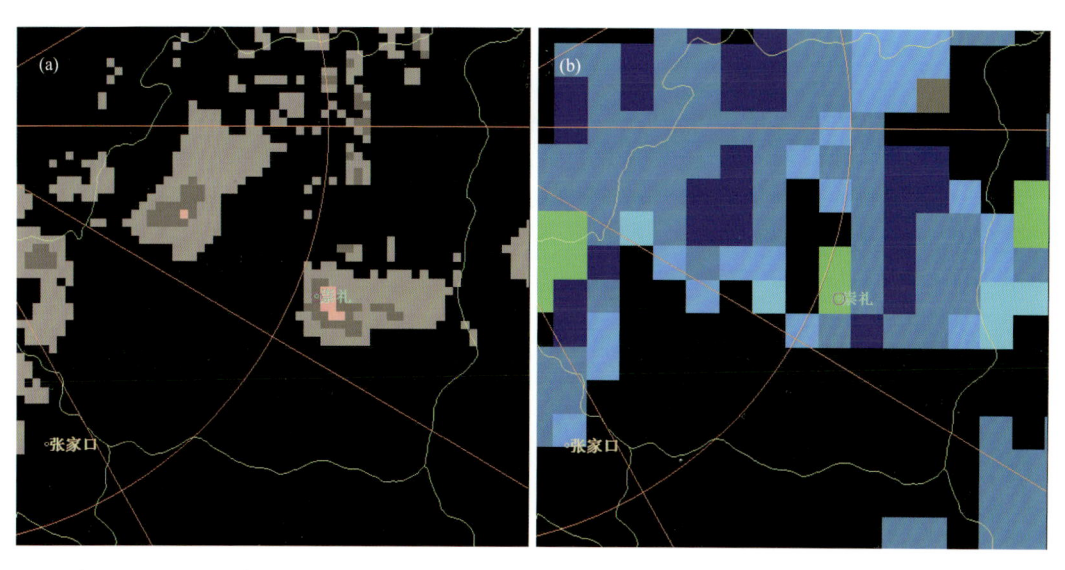

图 3.19.6 2014 年 6 月 8 日 15:14 张家口雷达 VIL(a)和 ET(b)(图中○为张家口崇礼位置)

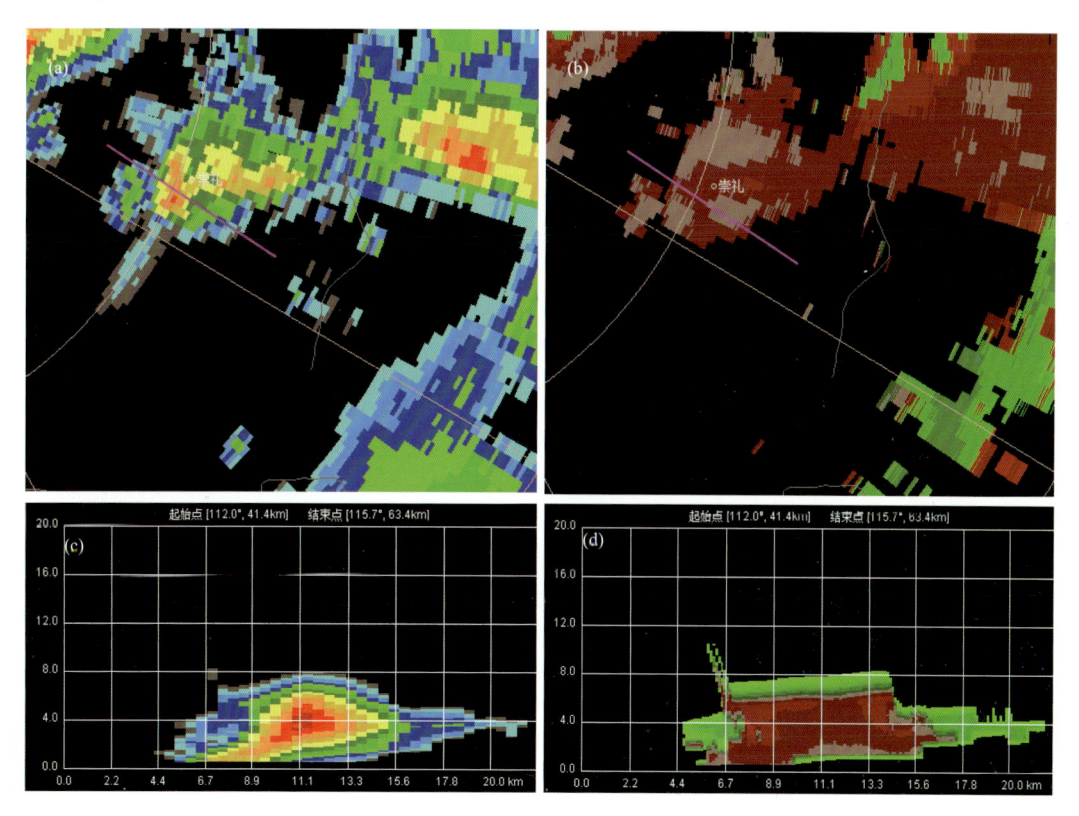

图 3.19.7 2014 年 6 月 8 日 15:14 张家口雷达 1.5°仰角反射率因子(a)和 1.5°仰角平均径向速度(b)以及沿图中实线的反射率因子垂直剖面(c)和平均径向速度垂直剖面(d)

## 3.20　2014年6月22日大风冰雹

实况：强对流天气主要出现在河北省中部(图3.20.1a)，以大风(10站)(图3.20.1b)和冰雹(5站)(图3.20.1c)为主，集中出现在22日11—19时。石家庄高邑17:36和邢台南宫18:04瞬时极大风速达22 m·s$^{-1}$(9级)。沧州肃宁(14:50)和石家庄藁城(16:38)最大冰雹直径为1 cm。

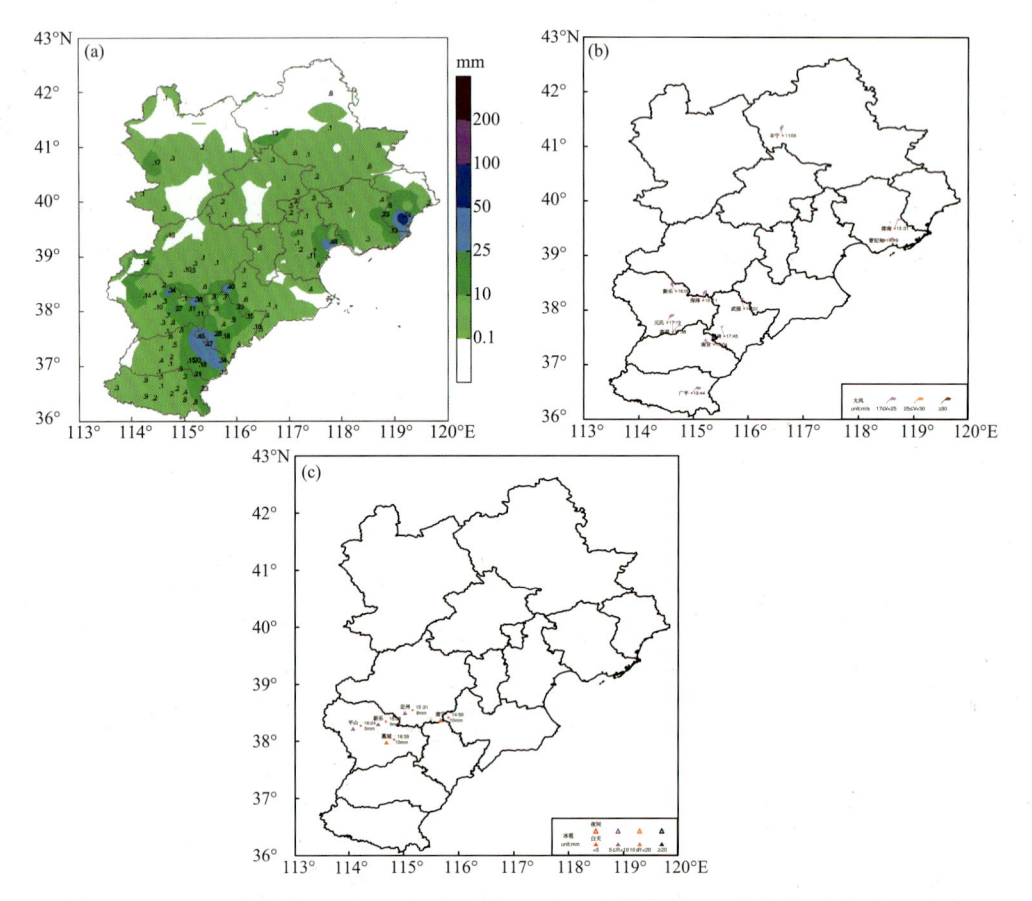

图3.20.1　2014年6月22日08时至23日08时24 h降水量(a)、大风(b)和冰雹(c)分布

主要影响系统：500 hPa冷涡、850 hPa切变线。

系统配置及演变：500 hPa冷涡底部西北风大风速带(超过20 m·s$^{-1}$)携干冷空气东移，与850 hPa暖脊在河北上空叠置，不稳定层结和垂直风切变加大；850 hPa有切变线东移至河北上空，为不稳定能量的释放提供了有利的动力强迫(图3.20.2)。

从邢台探空资料分析(图3.20.3b)，6月22日08时的环境条件有利于雷暴大风和冰雹的产生：(1)气温从925 hPa到600 hPa下降了18 ℃，条件不稳定特征明显；(2)温度层结曲线与露点曲线下部紧靠、上部分离，上干下湿，呈"喇叭状"结构；(3)对流有效位能为818 J·kg$^{-1}$，对流抑制能量113 J·kg$^{-1}$(图3.20.3a)；(4)0~6 km的垂直风切变为18 m·s$^{-1}$(图3.20.3c)；(5)零度层高度为3.99 km，-20 ℃层高度为6.87 km。

第 3 章 高空冷平流强迫类

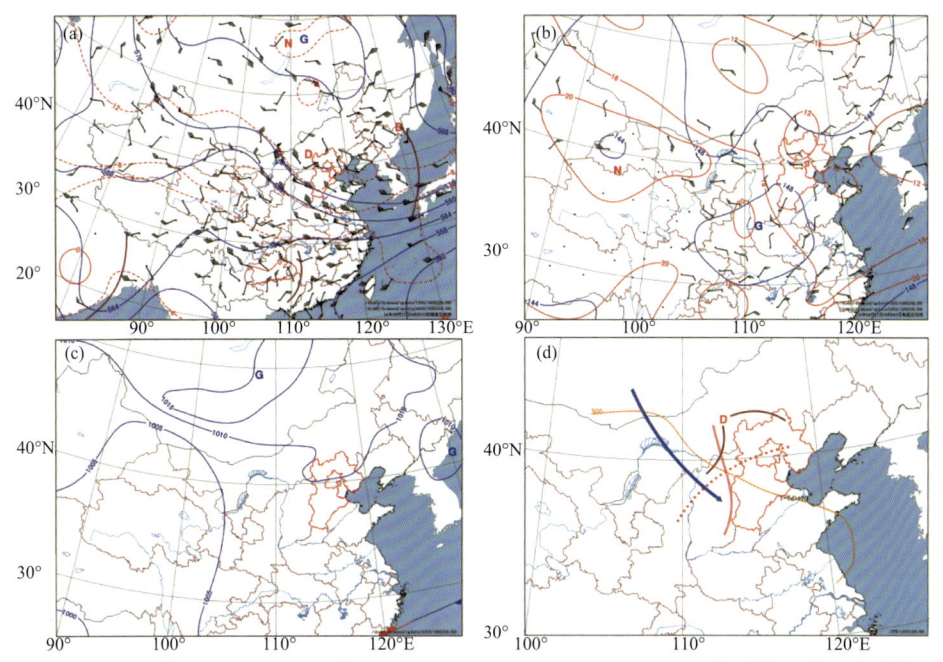

图 3.20.2 2014 年 6 月 22 日 08 时 500 hPa(a)、850 hPa(b)、地面(c)天气形势和中尺度分析(d)

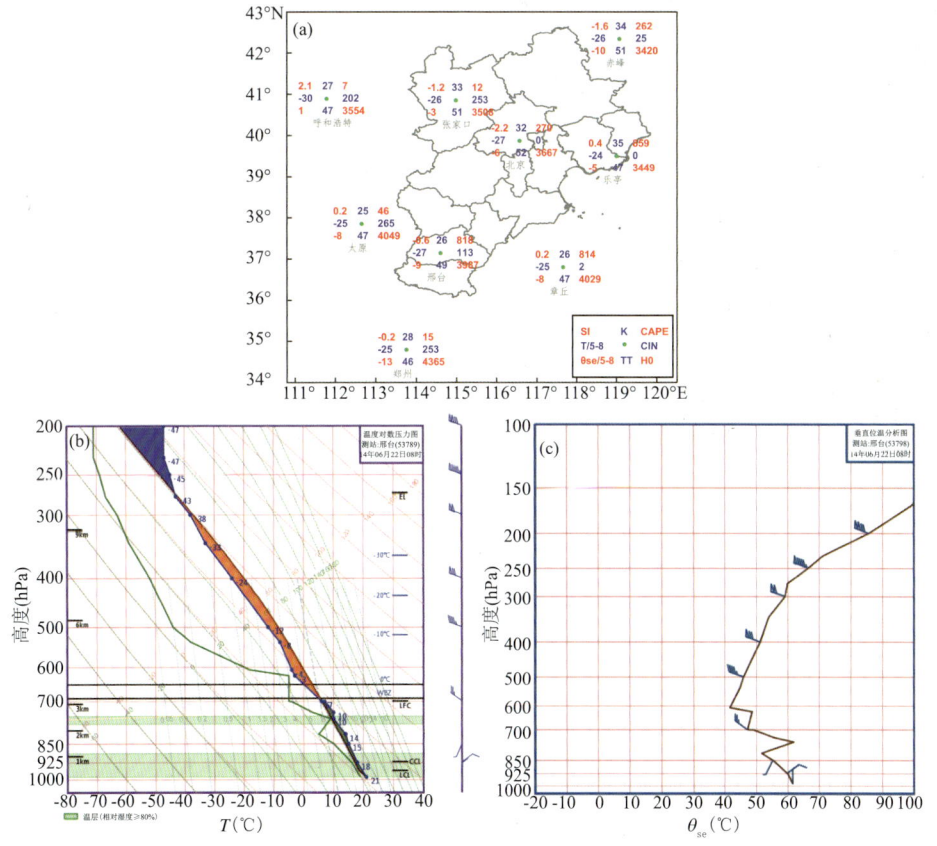

图 3.20.3 2014 年 6 月 22 日 08 时对流参数和特征高度分布(a)、53798(邢台)
$T$-$\ln p$ 图(b)和假相当位温变化(c)

卫星云图上(图 3.20.4a、b),16:00—17:00 在河北省中部有对流云团向东南移动加强,其西南侧云团的亮温梯度最大。石家庄雷达 VWP 上垂直风切变很大(图 3.20.4c、d),15:06 以后风随高度逆转,15:30 开始边界层偏东风加大至 12 m·s$^{-1}$ 以上并逐渐转为偏北风。

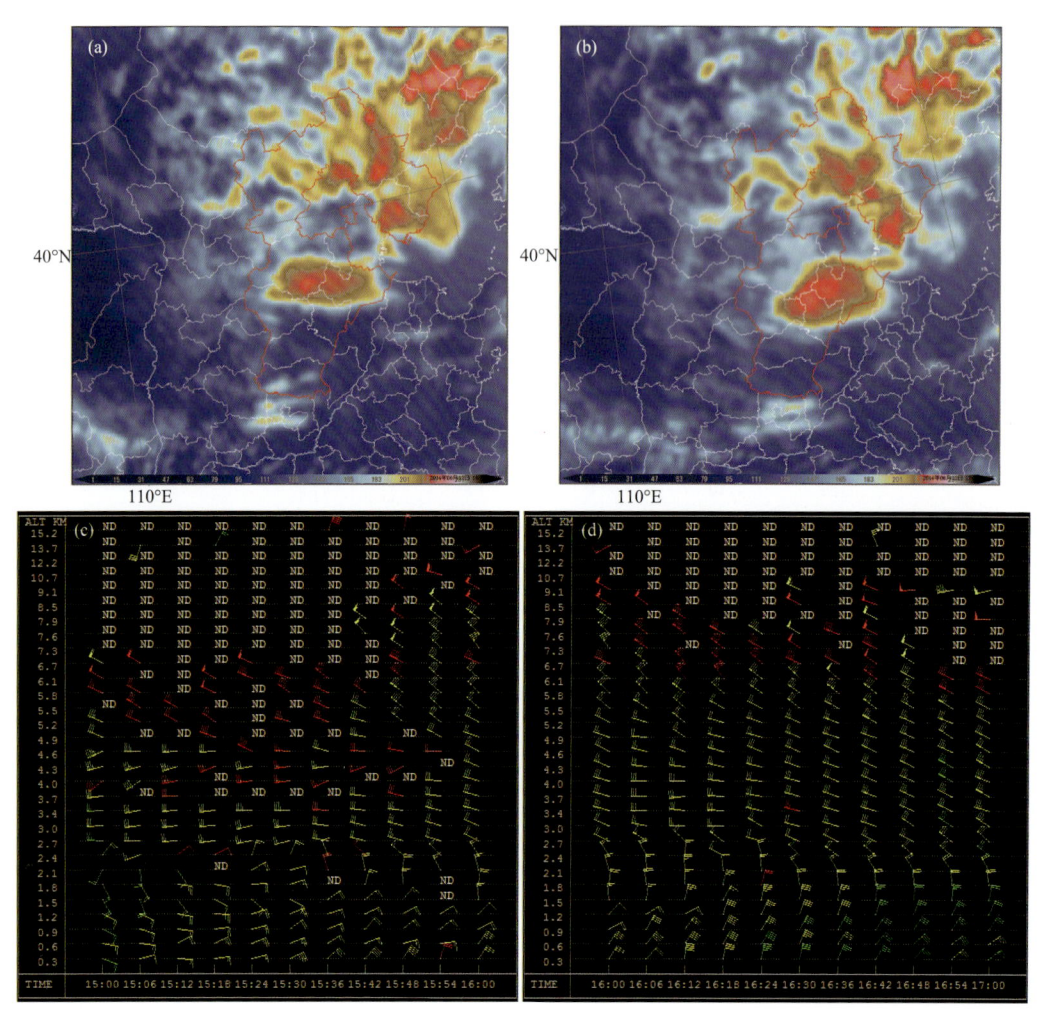

图 3.20.4　2014 年 6 月 22 日 16 时(a)和 17 时(b)FY-2E 卫星红外云图以及 15:00—17:00 石家庄雷达 VWP 演变(c、d)

雷达回波的反射率因子梯度大值区在雷暴单体的东南部,其核心强度超过 60 dBZ,且高层强回波位于低层弱回波之上。低层平均径向速度呈气旋性辐合并出现速度模糊;VIL 最大为 40 kg·m$^{-2}$,回波顶高最高为 13 km(图 3.20.5~3.20.7)。

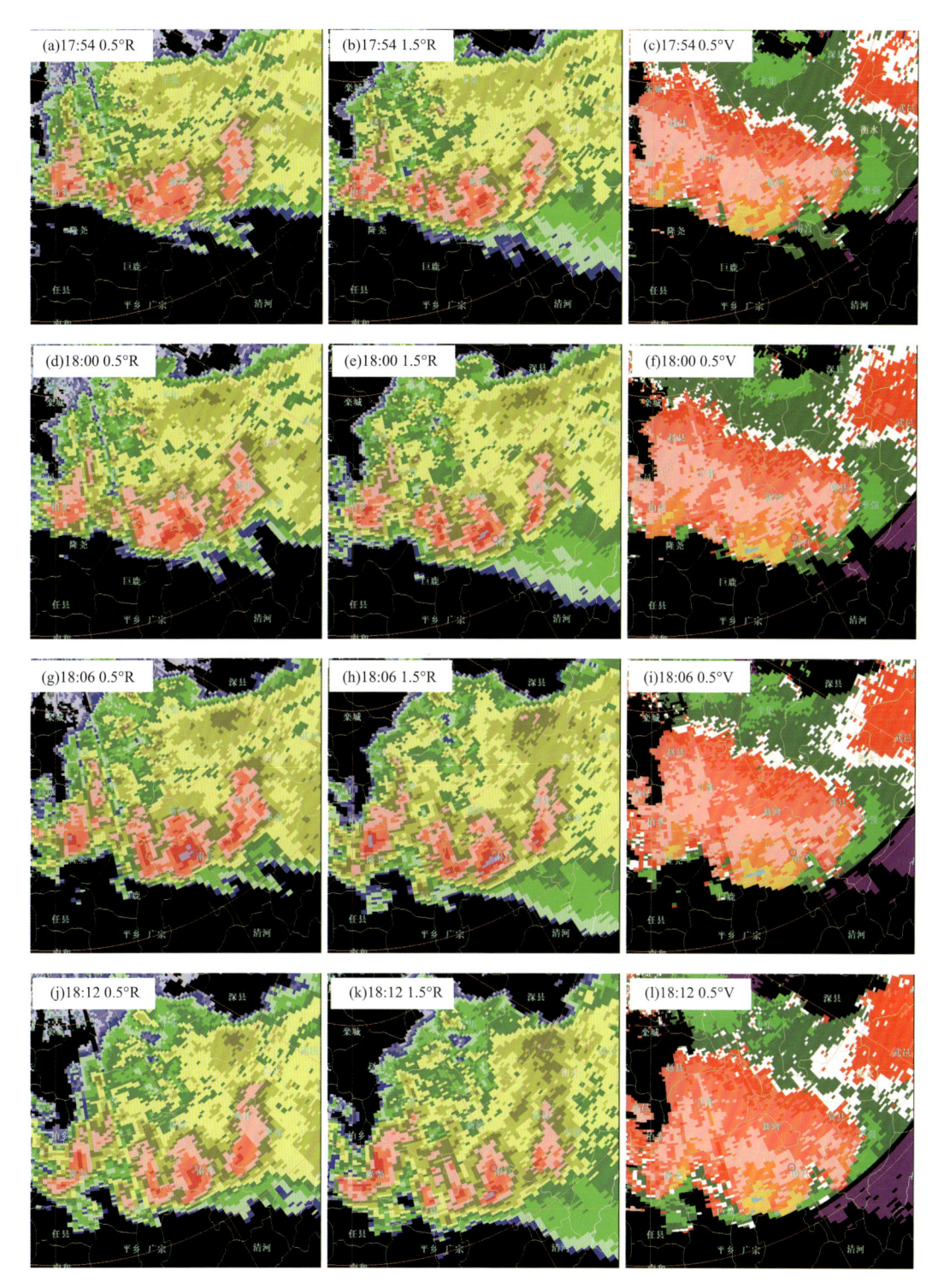

图 3.20.5 2014年6月22日17:54—18:12(a~l)石家庄雷达反射率因子(0.5°和1.5°仰角)和平均径向速度(0.5°仰角)PPI(图中○为邢台南宫位置)

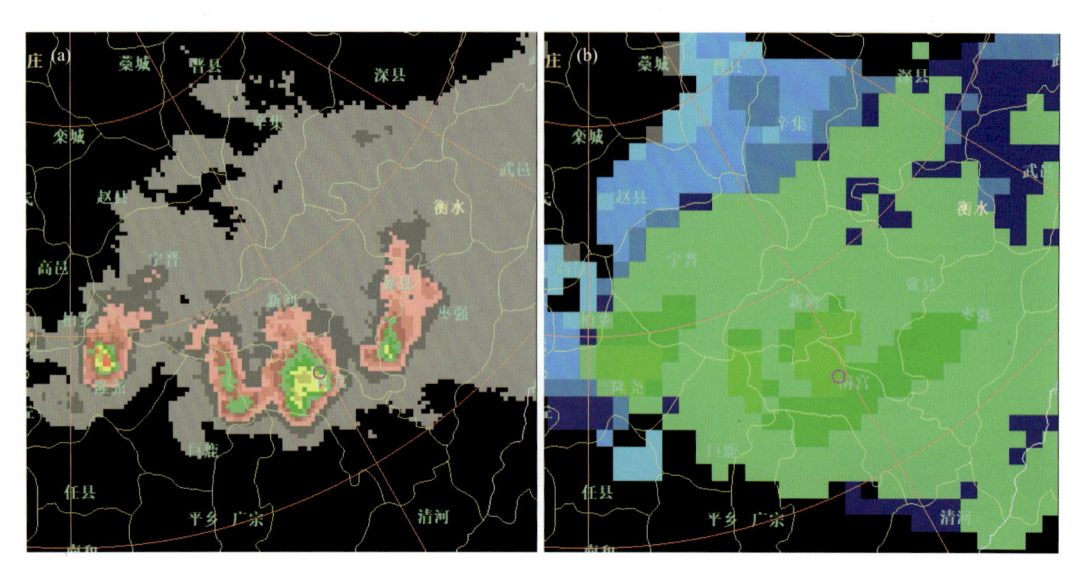

图 3.20.6　2014 年 6 月 22 日 18:06 石家庄雷达 VIL(a)和 ET(b)(图中○为邢台南宫位置)

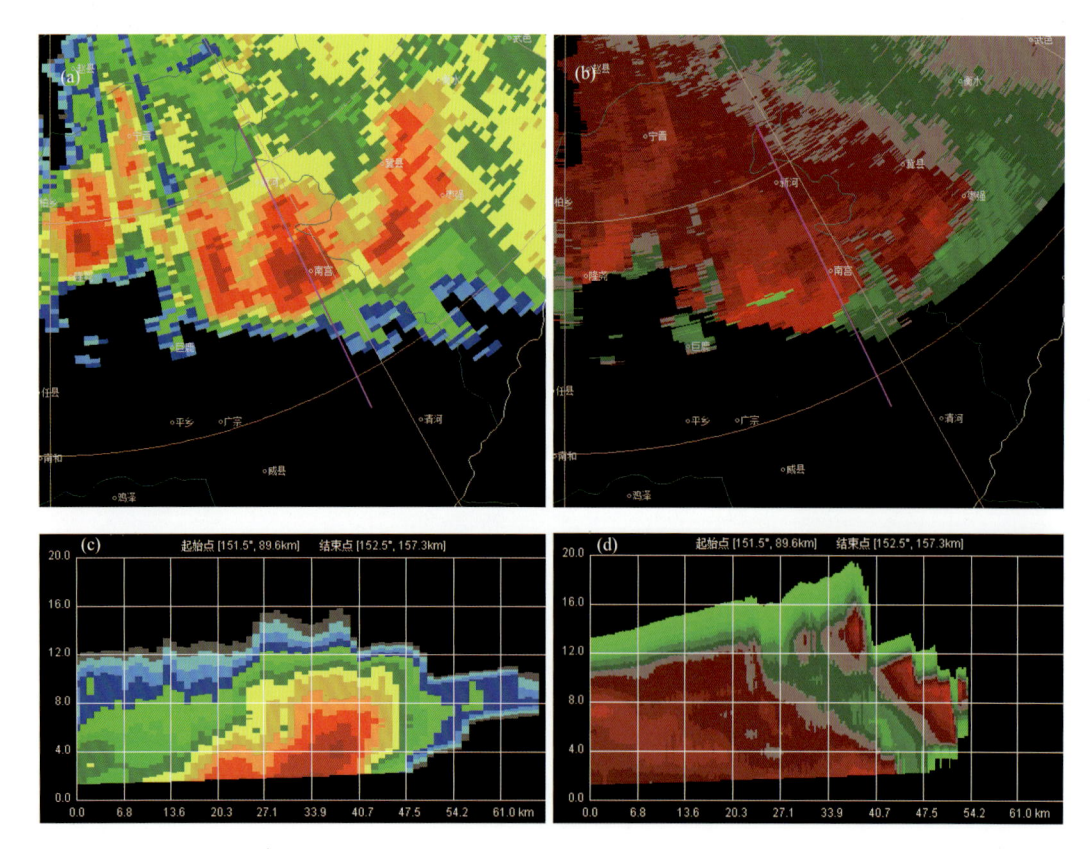

图 3.20.7　2014 年 6 月 22 日 18:06 石家庄雷达 0.5°仰角反射率因子(a)和 0.5°仰角平均径向速度(b)以及沿图中实线的反射率因子垂直剖面(c)和平均径向速度垂直剖面(d)

## 3.21　2015年7月1日大风

实况:强对流天气主要出现在河北省中部(图3.21.1a),以大风(17站)(图3.21.1b)为主,集中出现在1日16—21时。保定涿州17:37瞬时极大风速达21 m·s$^{-1}$(9级),保定涞源18:01、廊坊文安18:35、沧州肃宁19:30瞬时极大风速20 m·s$^{-1}$(9级)。

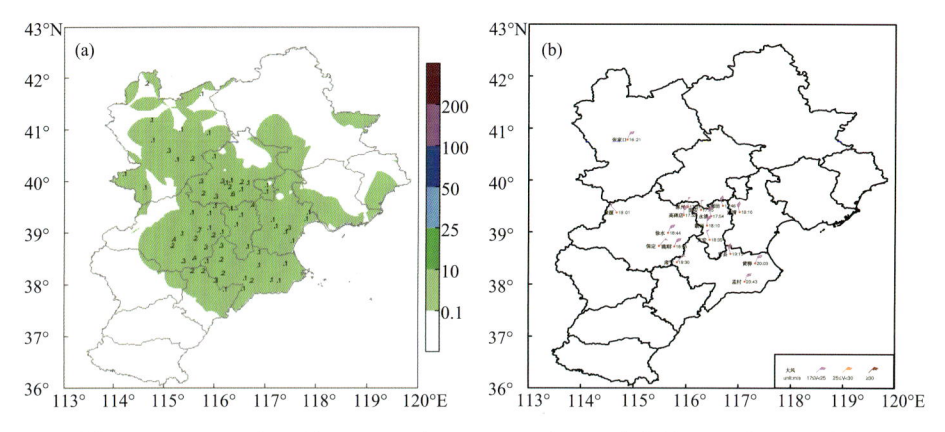

图3.21.1　2015年7月1日08时至2日08时24 h降水量(a)和大风(b)分布

主要影响系统:500 hPa冷涡、850 hPa暖脊。

系统配置及演变:500 hPa东北冷涡后部的西北风大风速带(超过20 m·s$^{-1}$)携干冷空气东移,与850 hPa暖脊在河北中南部上空叠置;地面处于冷锋后部(图3.21.2)。

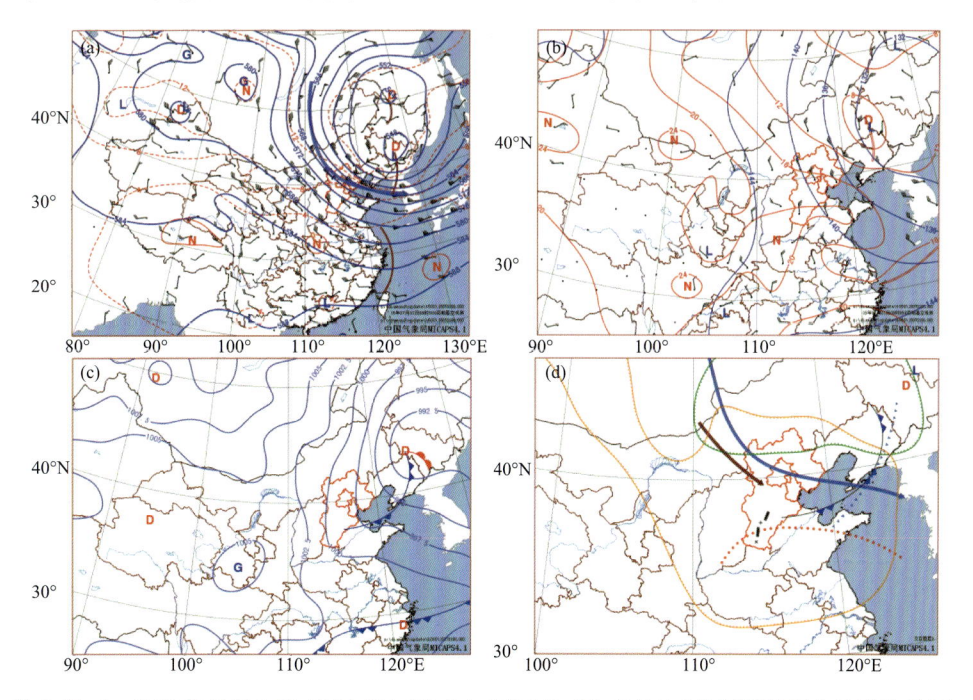

图3.21.2　2015年7月1日08时500 hPa(a)、850 hPa(b)、地面(c)天气形势和中尺度分析(d)

从北京探空资料分析(图3.21.3b),7月1日08时的环境条件有利于雷暴大风的产生:(1)925~750 hPa温度层结曲线接近平行于干绝热线;(2)整层相对湿度较小;(3)下沉对流有效位能达到828.4 J·kg$^{-1}$(图3.21.3a);(4)0~6 km的垂直风切变超过20 m·s$^{-1}$(图3.21.3c)。

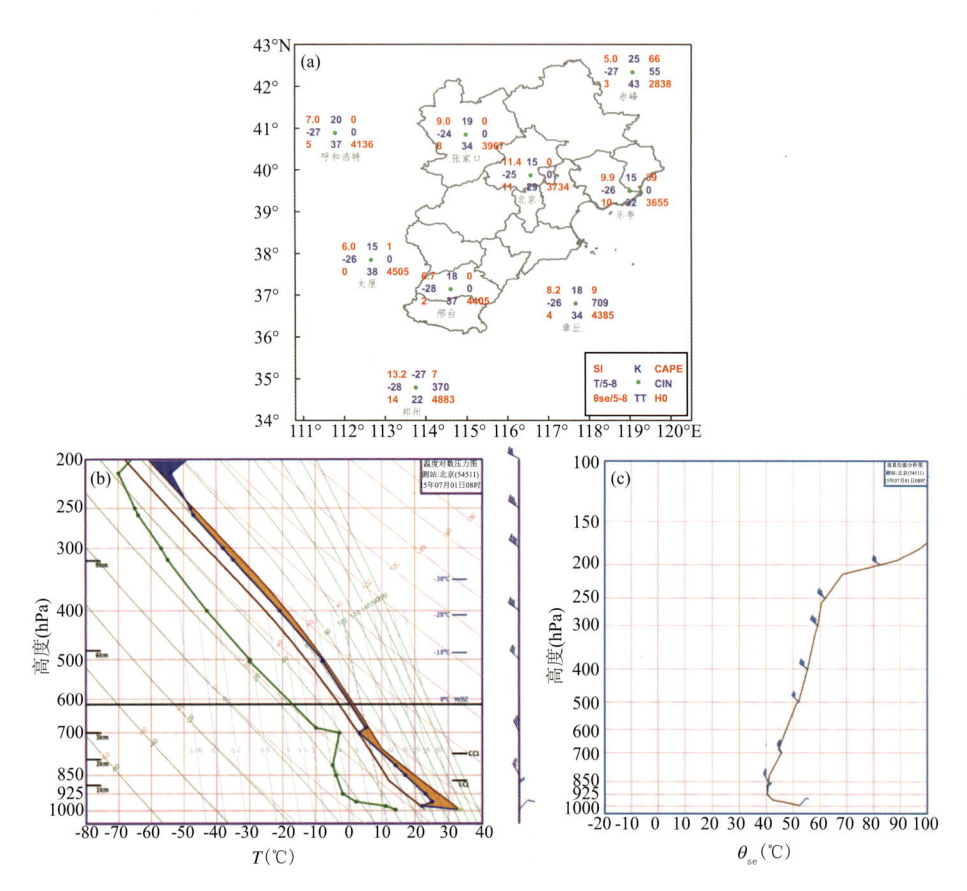

图3.21.3　2015年7月1日08时对流参数和特征高度分布(a)、54511(北京) $T$-ln$p$图(b)和假相当位温变化(c)

卫星云图上(图3.21.4a、b),18:15前后在河北省中部有对流云带自西北向东南移动,19:15东移南压到沧州及天津附近。沧州雷达VWP上(图3.21.4c,d),19:48—20:42,边界层为20 m·s$^{-1}$的东北风。

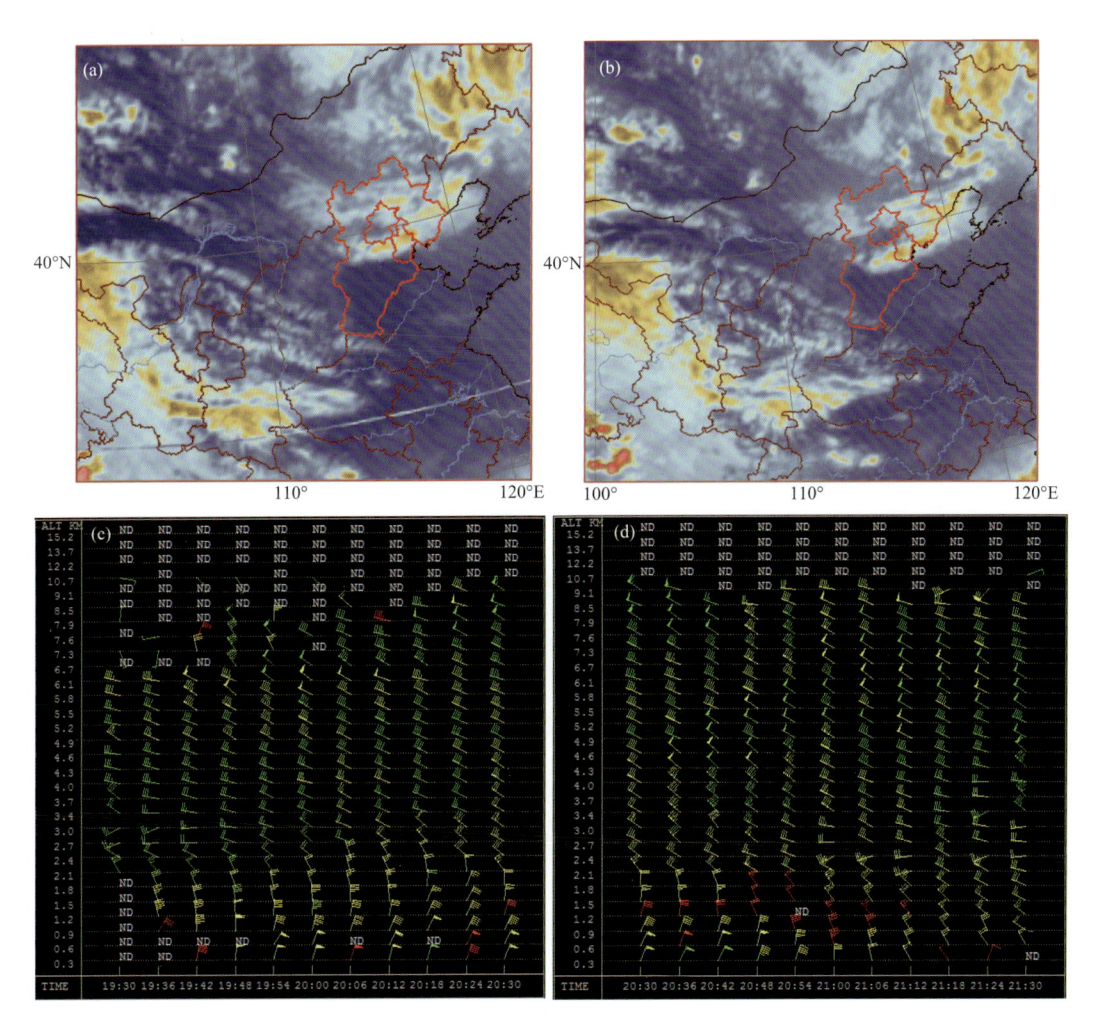

图 3.21.4 2015 年 7 月 1 日 18 时 15 分(a)和 19 时 15 分(b)FY-2G 卫星红外云图以及 19:30—21:30 沧州雷达 VWP 演变(c、d)

带状雷达回波自北向南移动,其前沿有明显的阵风锋,在阵风锋经过文安时,产生了 20 m·s$^{-1}$ 的大风;VIL 最大不足 10 kg·m$^{-2}$,回波顶高最高小于 14 km(图 3.21.5~ 3.21.7)。

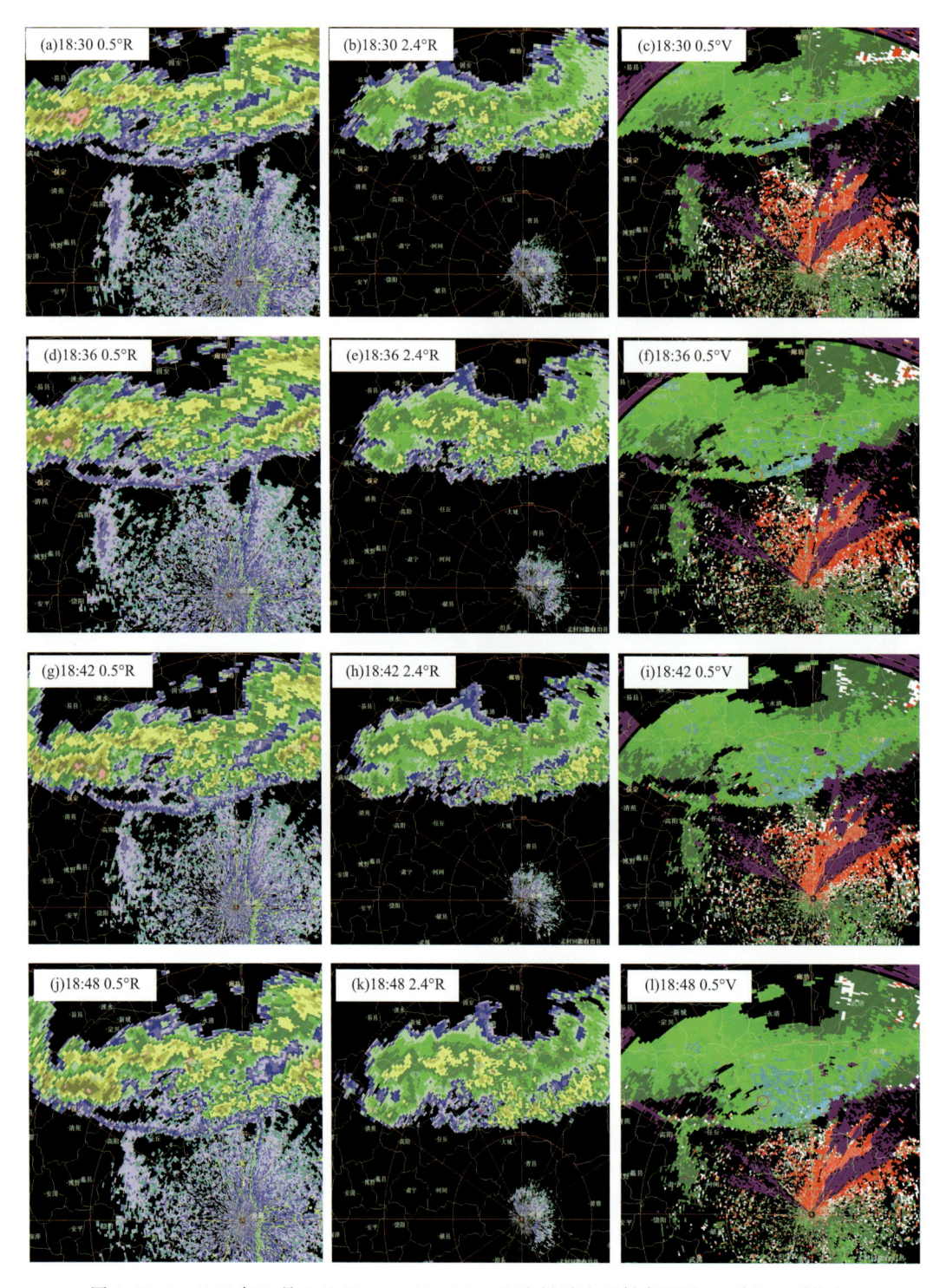

图 3.21.5　2015 年 7 月 1 日 18:30—18:48(a～l)沧州雷达反射率因子(0.5°和 2.4°仰角)和平均径向速度(0.5°仰角)PPI(图中○为廊坊文安位置)

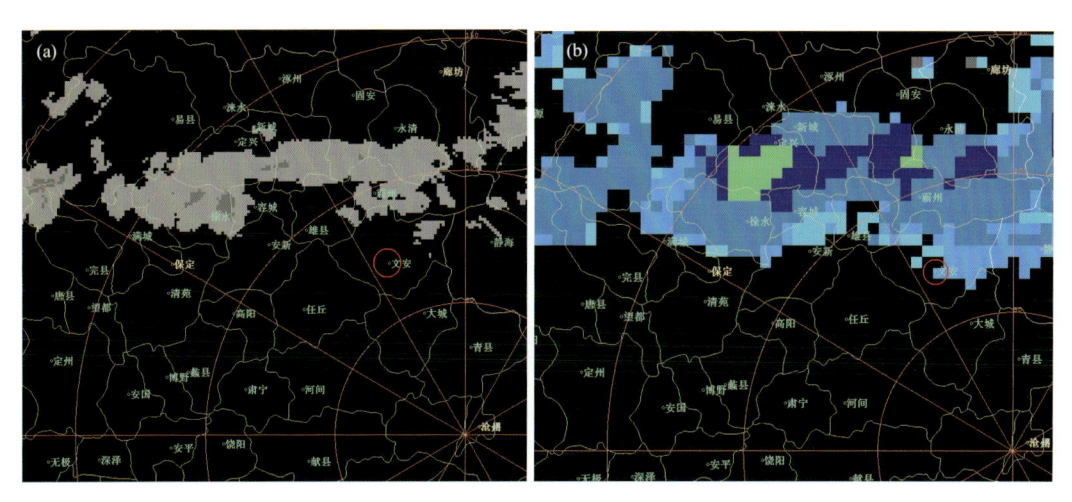

图 3.21.6　2015 年 7 月 1 日 18:36 沧州雷达 VIL(a)和 ET(b)(图中○为廊坊文安位置)

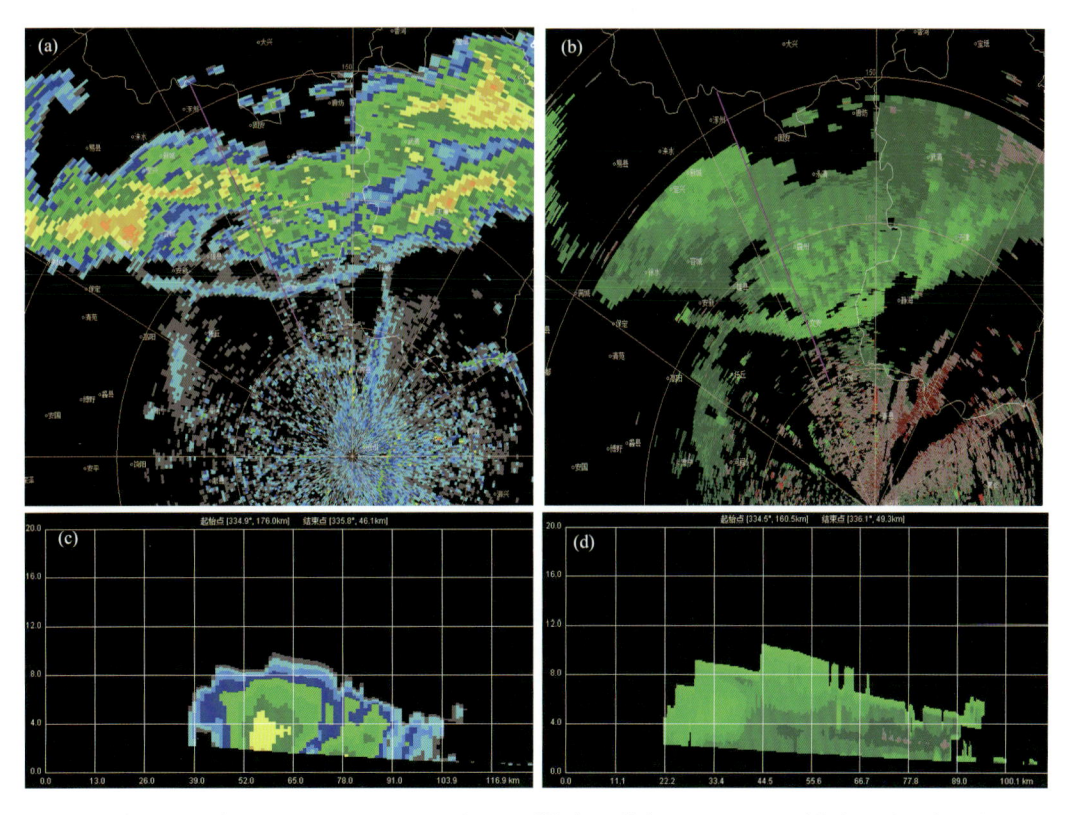

图 3.21.7　2015 年 7 月 1 日 18:36 沧州雷达 0.5°仰角反射率因子(a)和 0.5°仰角平均径向速度(b)以及沿图中实线的反射率因子垂直剖面(c)和平均径向速度垂直剖面(d)

## 3.22　2016年6月10日大风冰雹

**实况**：强对流天气主要出现在河北省中北部(图3.22.1a)，以大风(14站)(图3.22.1b)为主，伴有冰雹(4站)(图3.22.1c)，集中出现在10日16—22时。唐山迁西17:27瞬时极大风速达19 m·s$^{-1}$(8级)。廊坊最大冰雹直径为1.5 cm(17:42)。

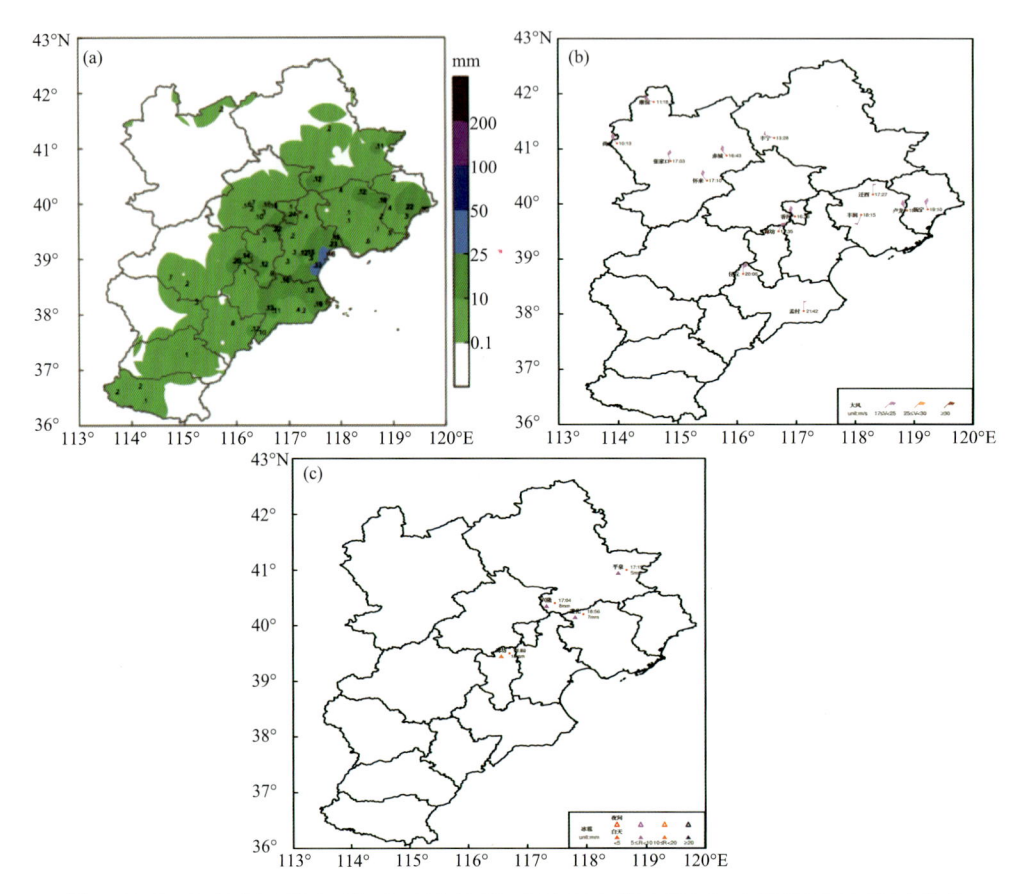

图3.22.1　2016年6月10日08时至11日08时24 h降水量(a)、大风(b)和冰雹(c)分布

**主要影响系统**：500 hPa低槽、850 hPa低涡切变、地面冷锋。

**系统配置及演变**：500 hPa低槽携带干冷空气东移，超过20 m·s$^{-1}$的大风速带经过河北省北部；850 hPa有人字形切变线，冷性切变线影响河北省；地面受弱冷锋影响，有利于触发强对流(图3.22.2)。

从北京探空资料分析(图3.22.3b)，6月10日08时的环境条件有利于大风和冰雹的产生：(1)850 hPa以下相对湿度较大，以上相对湿度较小，"上干冷、下暖湿"特征明显；(2)08时对流有效位能为366 J·kg$^{-1}$，14时订正探空后对流有效位能达到2683 J·kg$^{-1}$，925 hPa到700 hPa $\theta_{se}$下降了18 ℃，存在位势不稳定(图3.22.3c)；(3)0～6 km的垂直风切变为20 m·s$^{-1}$(图3.22.3c)；(4)0 ℃层高度4.10 km，−20 ℃层高度6.98 km。

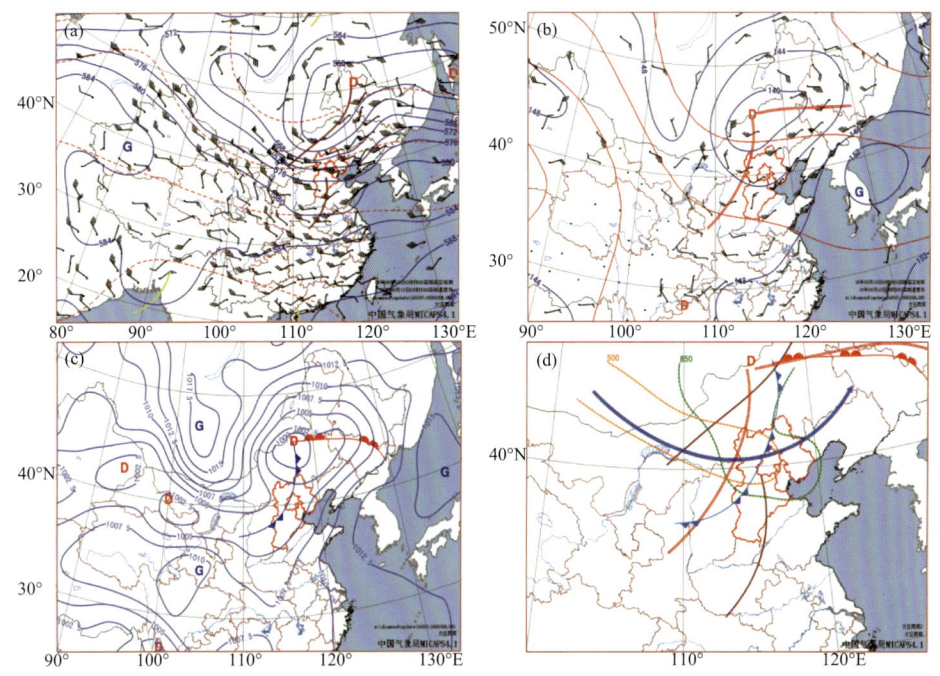

图 3.22.2　2016 年 6 月 10 日 08 时 500 hPa(a)、850 hPa(b)、地面(c)天气形势和中尺度分析(d)

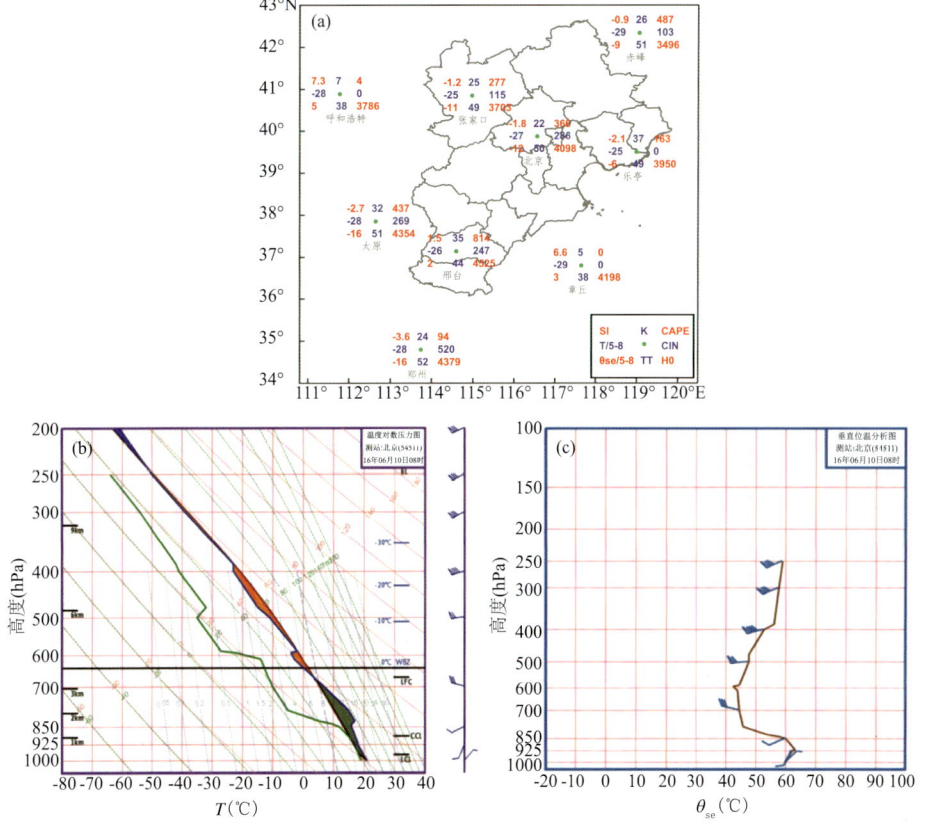

图 3.22.3　2016 年 6 月 10 日 08 时对流参数和特征高度分布(a)、54511(北京)
$T$-$\ln p$ 图(b)和假相当位温变化(c)

卫星云图上(图3.22.4a、b),14:00前后在河北承德有带状对流云团生成,16:00以后迅速发展加强并东移影响河北东北部。承德雷达VWP上垂直风切变很大(图3.22.4c、d),在中层(2~3 km)存在一定的干层。

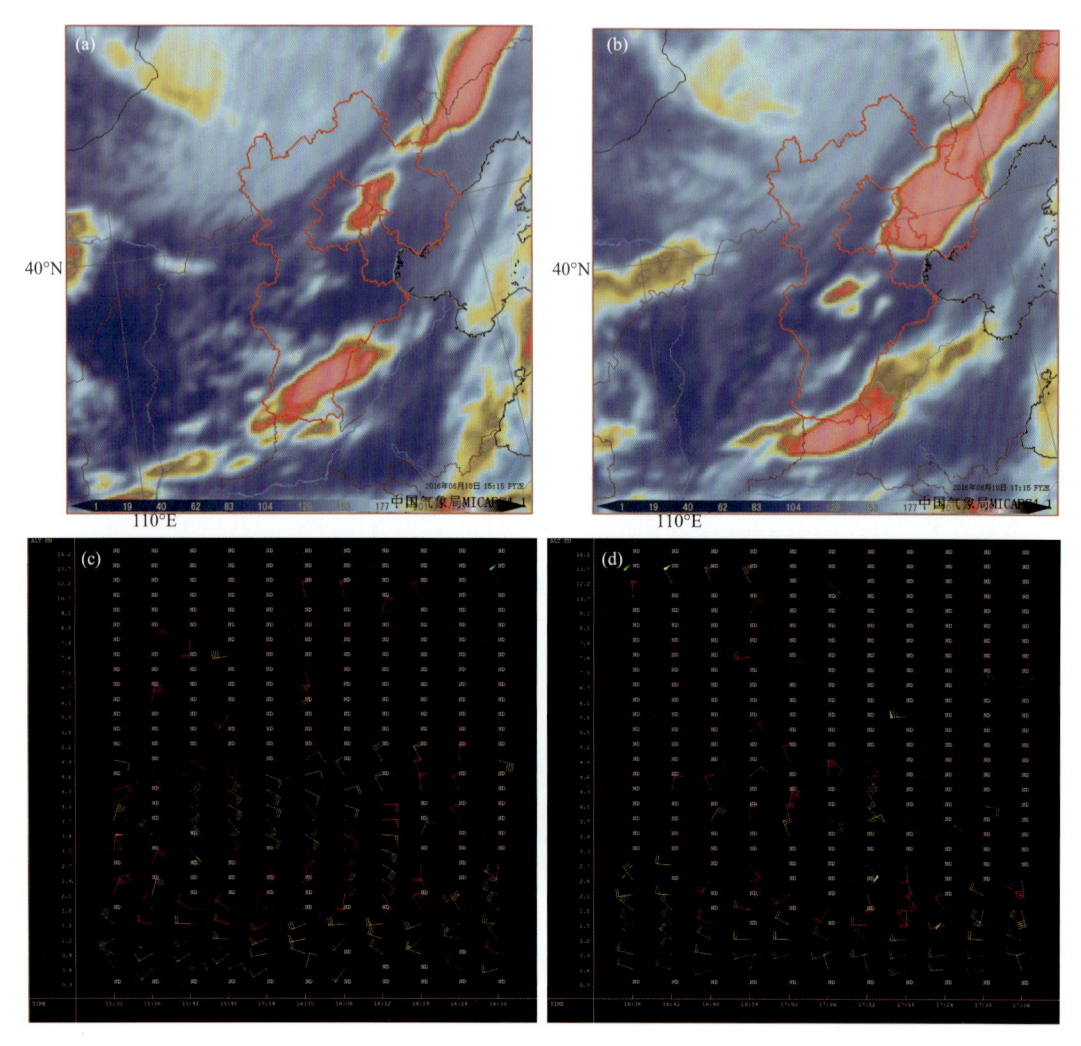

图3.22.4　2016年6月10日15时(a)和17时(b)FY-2E卫星红外云图以及15:30—17:30承德雷达VWP演变(c、d)

雷达回波向偏东方向移动,前方反射率因子梯度大,低层最大径向速度13 m·s$^{-1}$;VIL高达55 kg·m$^{-2}$,回波顶高最高10 km。需注意,由于速度方向和雷达径向近乎垂直,径向速度可能被低估(图3.22.5~3.22.7)。

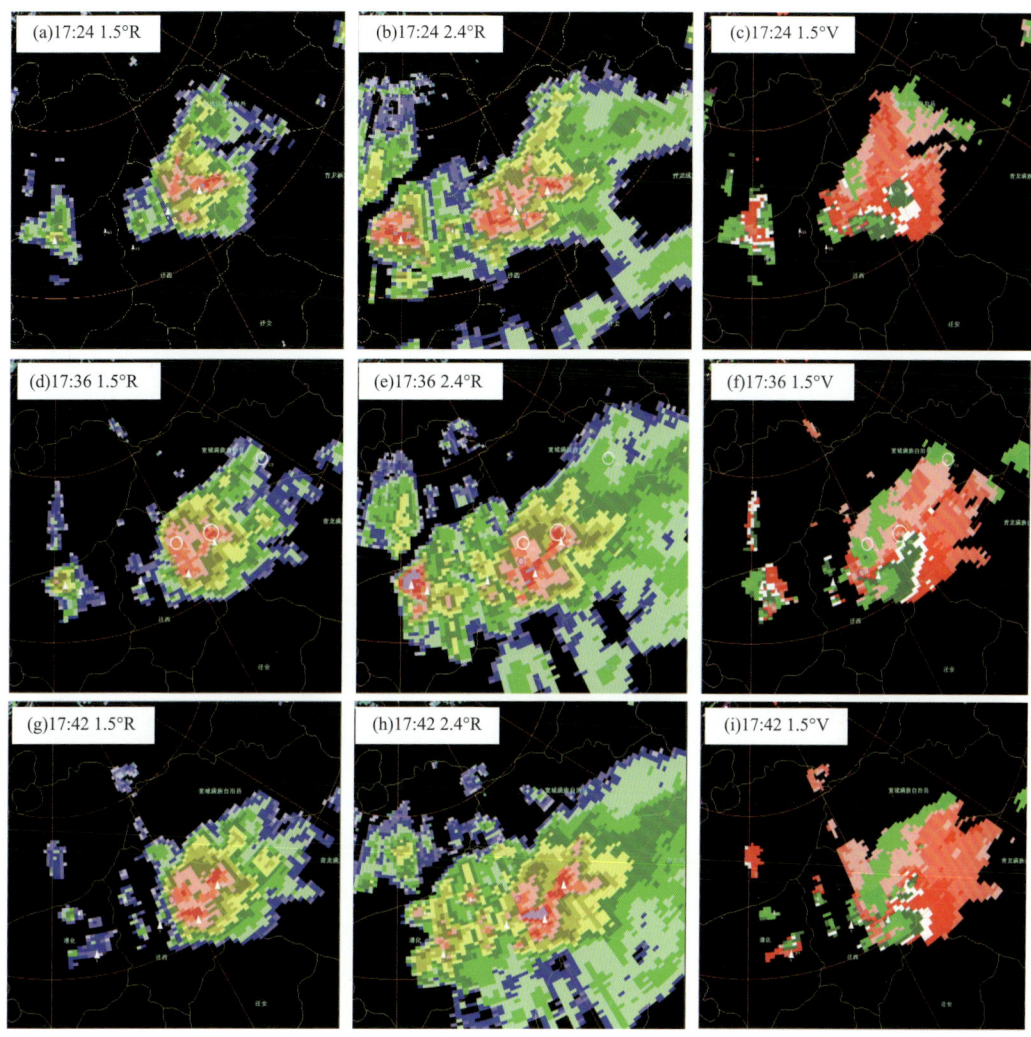

图 3.22.5 2016年6月10日 17:24—17:42(a～i)承德雷达反射率因子(1.5°和2.4°仰角)和平均径向速度(1.5°仰角)PPI(图中○为唐山迁西位置)

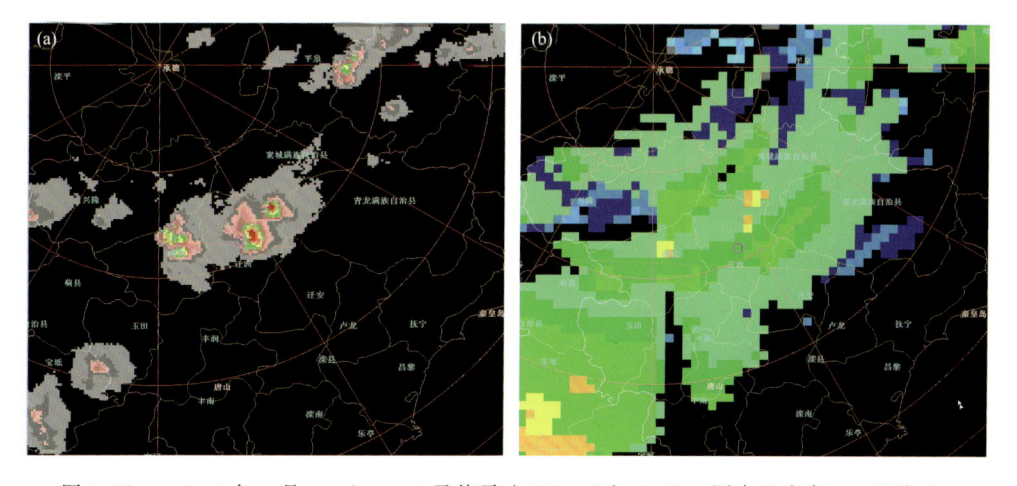

图 3.22.6 2016年6月10日 17:36承德雷达VIL(a)和ET(b)(图中○为唐山迁西位置)

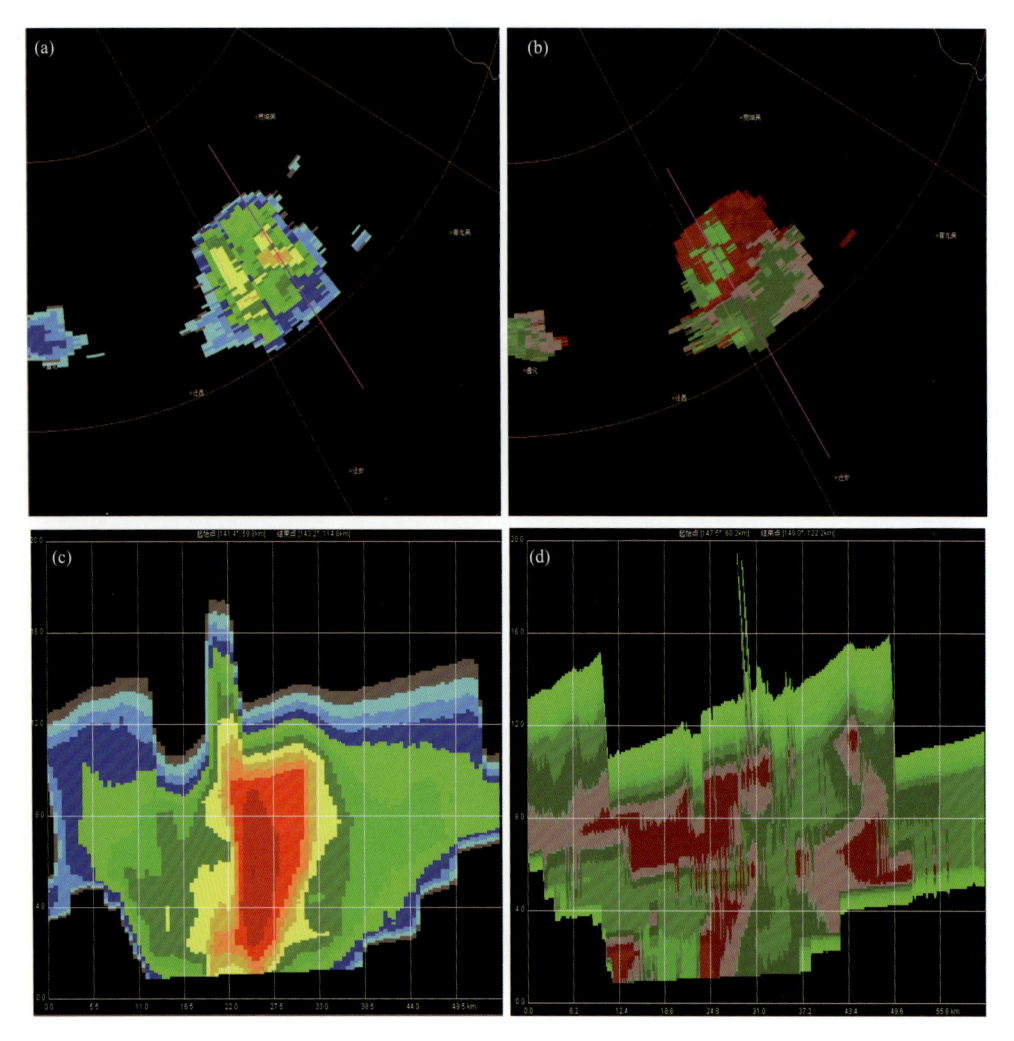

图 3.22.7　2016 年 6 月 10 日 17:36 承德雷达 0.5°仰角反射率因子(a)和 0.5°仰角平均径向速度(b)以及沿图中实线的反射率因子垂直剖面(c)和平均径向速度垂直剖面(d)

## 3.23　2016 年 6 月 22 日大风冰雹

实况:强对流天气主要出现在河北省中部(图 3.23.1a),以大风(29 站)(图 3.23.1b)为主,伴有冰雹(3 站)(图 3.23.1c),集中出现在 22 日 17—21 时。沧州泊头 19:13 瞬时极大风速达 34 m·s$^{-1}$(12 级),石家庄新乐 18:18 瞬时极大风速 25 m·s$^{-1}$(10 级)。承德平泉最大冰雹直径为 1.5 cm(18:52)。

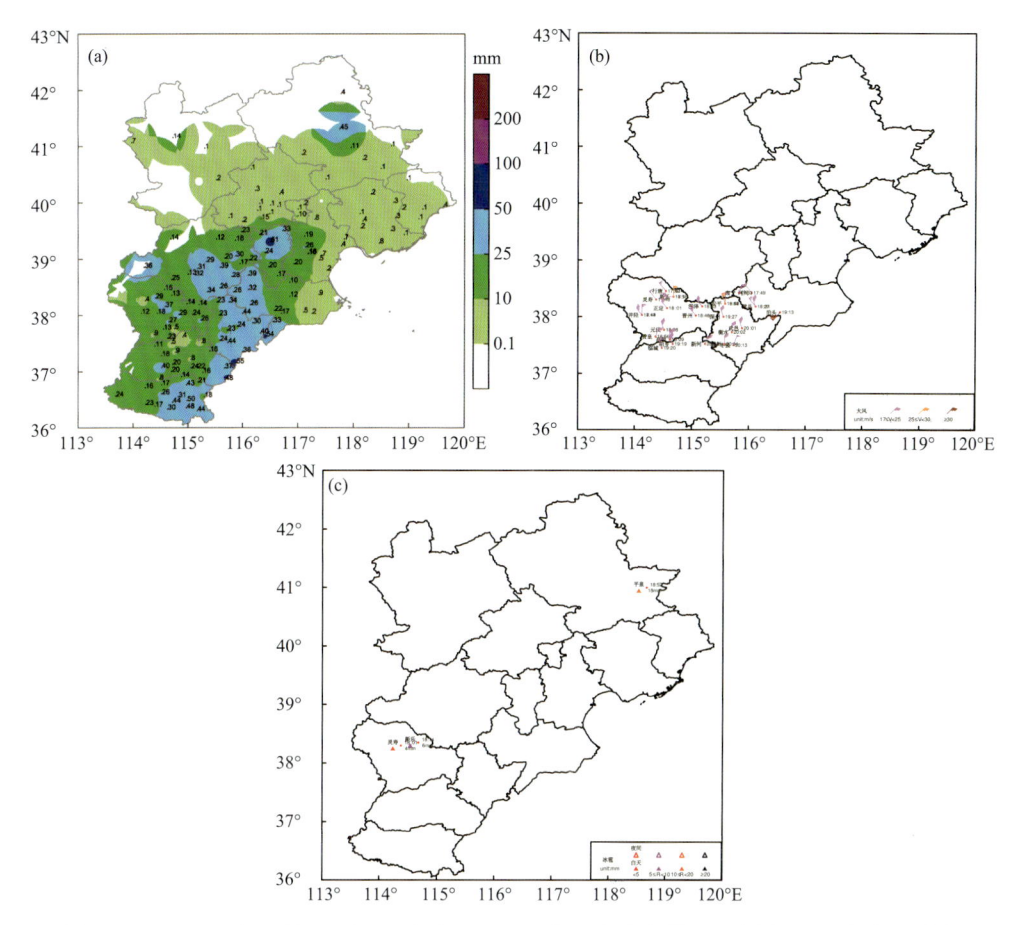

图 3.23.1　2016 年 6 月 22 日 08 时至 23 日 08 时 24 h 降水量(a)、大风(b)和冰雹(c)分布

主要影响系统：500 hPa 低槽冷槽，850 hPa 切变线。

系统配置及演变：500 hPa 低槽携带干冷空气东移，与 850 hPa 暖脊在河北上空叠置，不稳定层结加大；500 hPa 超过 20 m·s$^{-1}$ 的大风速带向东伸展，850 hPa 有切变线东伸至河北中部地区上空。地面处于冷锋前部低压辐合区，有利于不稳定能量释放(图 3.23.2)。

从邢台探空资料分析(图 3.23.3b)，6 月 22 日 08 时的环境条件有利于雷暴大风和冰雹的产生：(1)850～600 hPa 温度层结曲线接近平行于干绝热线；(2)整层相对湿度较小；(3)08 时 850～500 hPa 温差达到 29 ℃，14 时订正探空后，对流有效位能为 781 J·kg$^{-1}$，600 hPa 的下沉对流有效位能达 1439.4 J·kg$^{-1}$，925 hPa 到 700 hPa $\theta_{se}$ 下降了 10 ℃，存在一定的条件不稳定(图 3.23.3c)；(4)0～6 km 的垂直风切变 12 m·s$^{-1}$ (图 3.23.3c)；(5)0 ℃ 层高度为 4.86 km，−20 ℃ 层高度为 7.71 km。

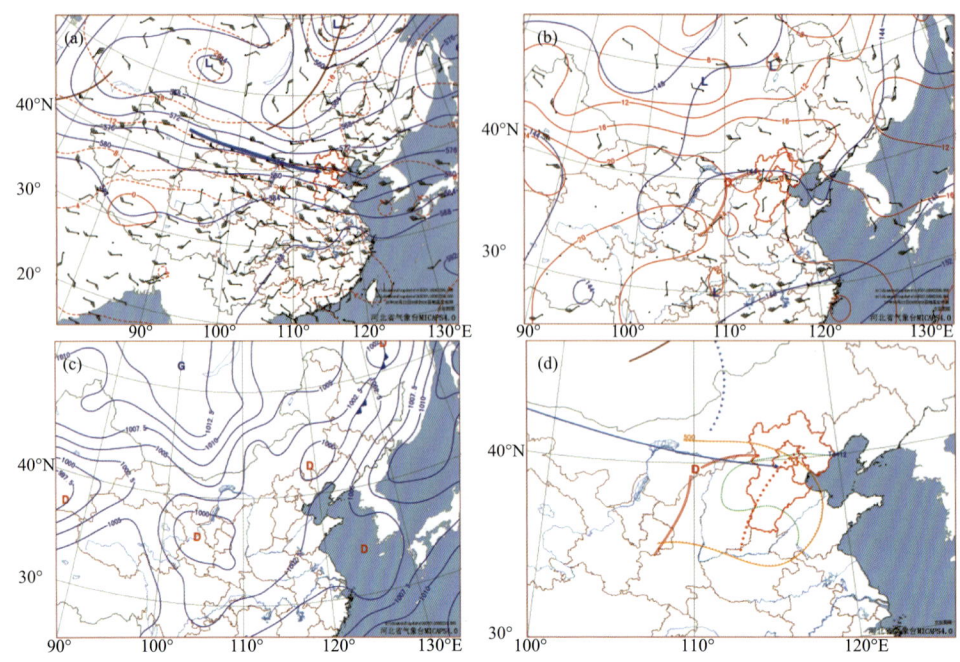

图 3.23.2　2016 年 6 月 22 日 08 时 500 hPa(a)、850 hPa(b)、地面(c)天气形势和中尺度分析(d)

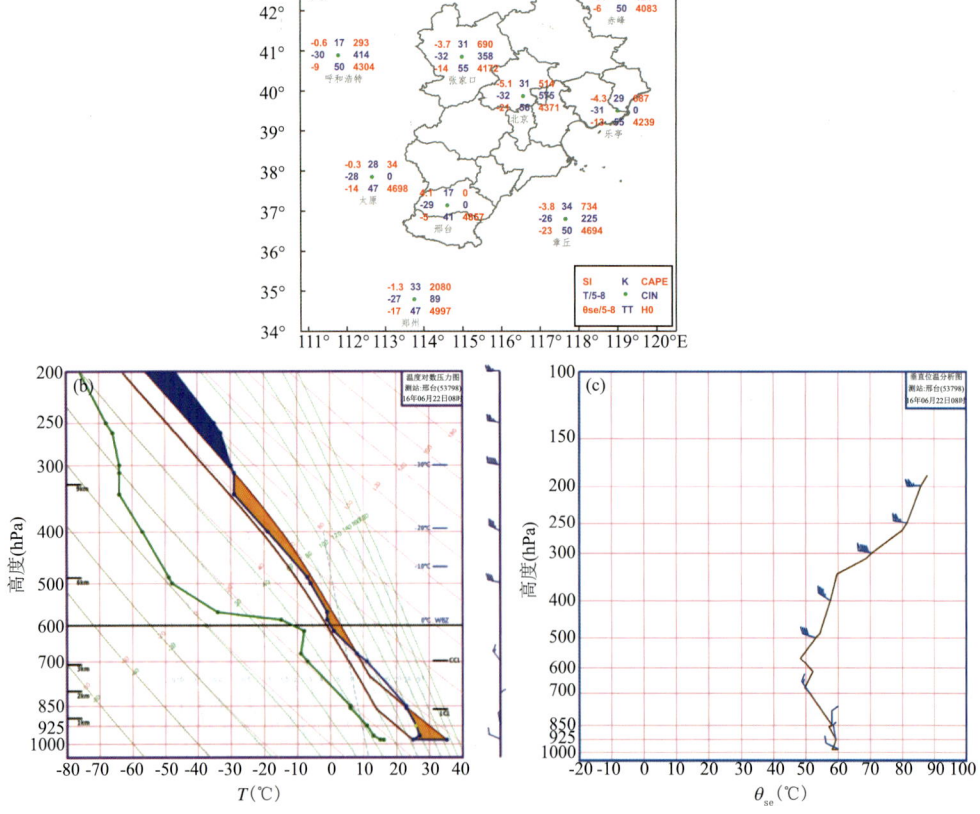

图 3.23.3　2016 年 6 月 22 日 08 时对流参数和特征高度分布(a)、53798(邢台)
$T$-$\ln p$ 图(b)和假相当位温变化(c)

卫星云图上(图 3.23.4a、b),16:00 前后在河北中部有对流云团生成,17:00 以后迅速发展加强并东移南压。石家庄雷达 VWP 上(图 3.23.4c、d),17:30 以后,边界层由偏南风转为偏东风,6 km 高度西北偏西风加大,0~6 km 垂直风切变增强。

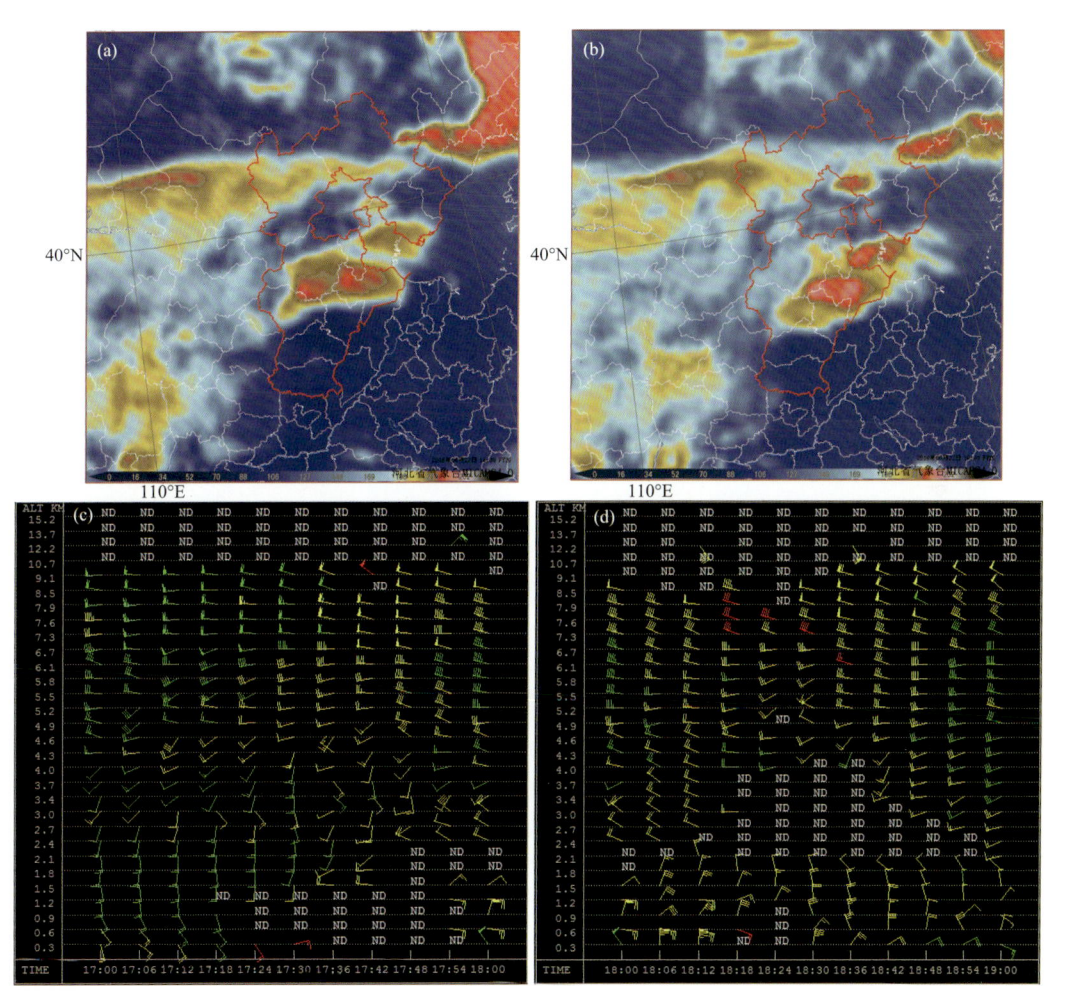

图 3.23.4　2016 年 6 月 22 日 18 时(a)和 19 时(b)FY-2G 卫星红外云图以及
17:00—18:00(c)和 18:00—19:00(d)石家庄雷达 VWP 演变

雷达回波向东偏南方向移动,强度超过 55 dBZ,形成明显的前侧阵风锋,存在后侧入流急流,低层最大径向速度达 37 m·s$^{-1}$;VIL 不足 30 kg·m$^{-2}$,回波顶高最高大于 12 km(图 3.23.5~3.23.7)。

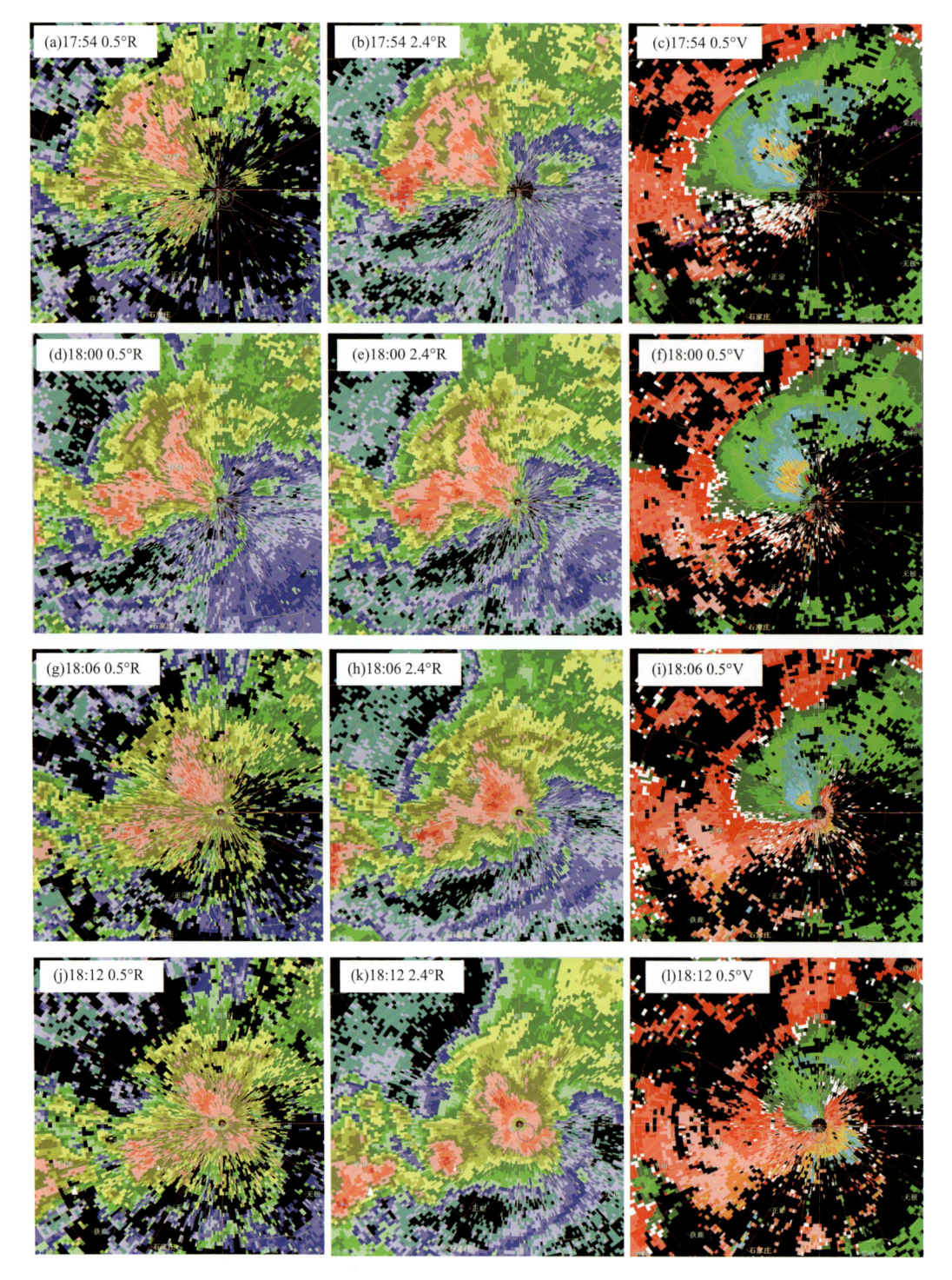

图 3.23.5　2016 年 6 月 22 日 17:54—18:12(a～l)石家庄雷达反射率因子(0.5°和 2.4°仰角)和平均径向速度(0.5°仰角)PPI(图中○为石家庄新乐位置)

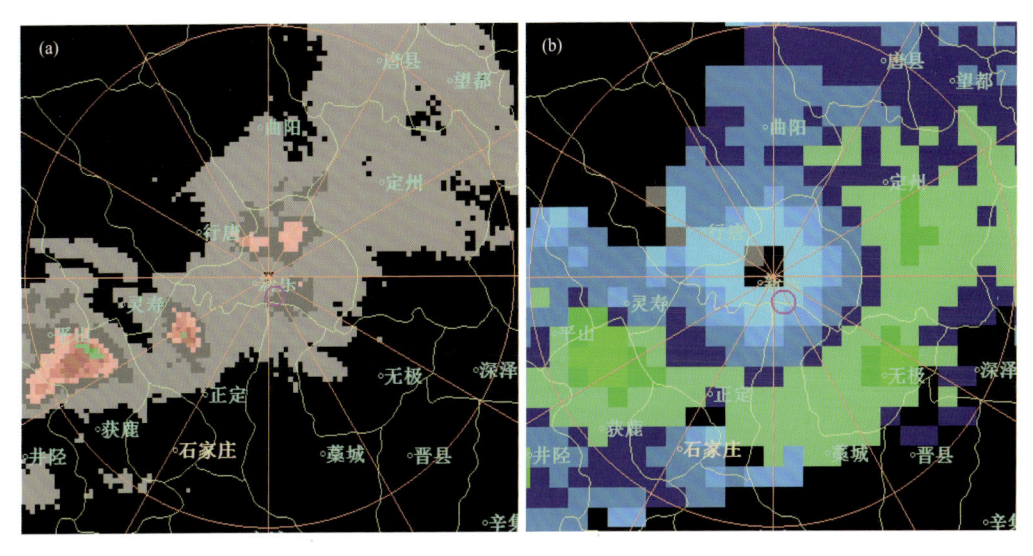

图 3.23.6　2016 年 6 月 22 日 18:12 石家庄雷达 VIL(a)和 ET(b)(图中○为石家庄新乐位置)

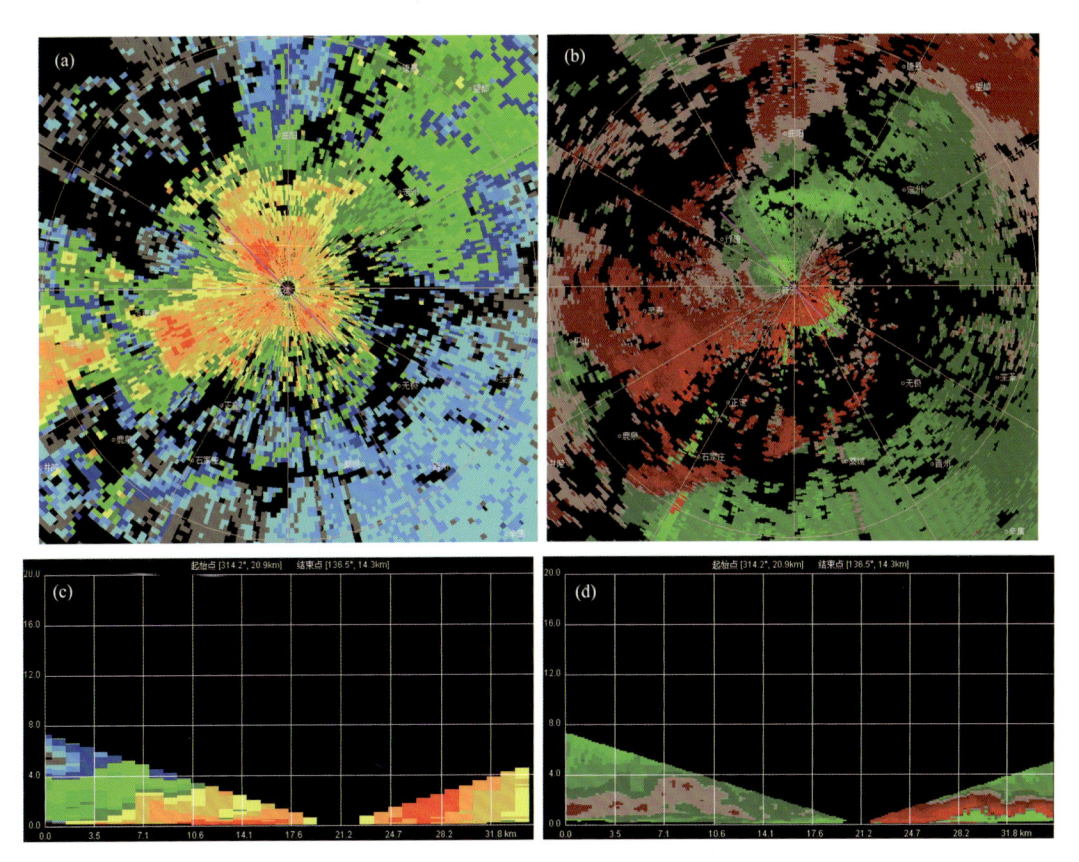

图 3.23.7　2016 年 6 月 22 日 18:12 石家庄雷达 0.5°仰角反射率因子(a)和 0.5°仰角平均径向速度(b)
以及沿图中实线的反射率因子垂直剖面(c)和平均径向速度垂直剖面(d)

## 3.24　2016年6月27日冰雹大风

实况：强对流天气以大风（11站）（图3.24.1b）为主，伴有冰雹（5站）（图3.24.1c），集中出现在27日13—19时，大风主要出现在河北省东北部和南部，冰雹主要出现在河北省中部。石家庄赞皇14:51瞬时极大风速达35 m·s$^{-1}$（12级）。保定顺平最大冰雹直径为2.5 cm（17:38）。

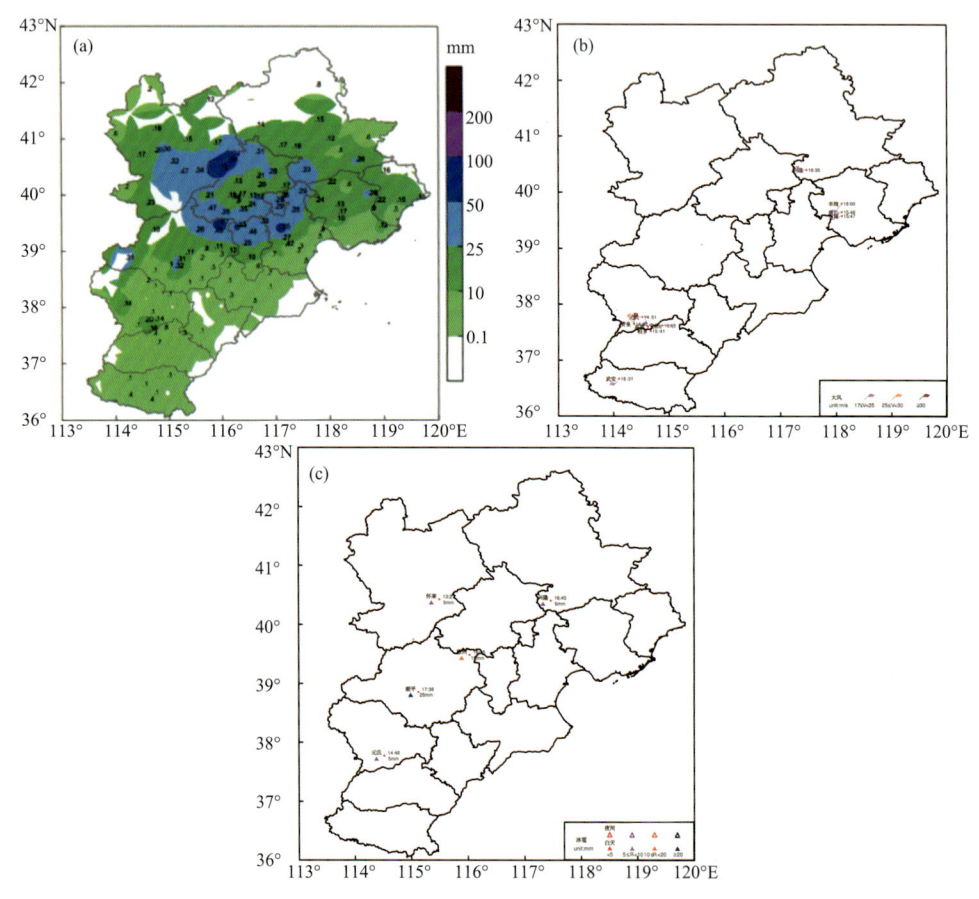

图3.24.1　2016年6月27日08时至28日08时24 h降水量(a)、大风(b)和冰雹(c)分布

主要影响系统：500 hPa冷涡、850 hPa切变线。

系统配置及演变：500 hPa冷涡低槽后部有超过20 m·s$^{-1}$的大风速核，其携带干冷空气叠加在850 hPa暖中心之上；地面处于低压前部，偏南气流有利于不稳定能量的累积（图3.24.2）。

从邢台探空资料分析（图3.24.3b），6月27日08时的环境条件有利于雷暴大风和冰雹的产生：(1)925～600 hPa温度层结曲线接近平行于干绝热线，600 hPa的下沉对流有效位能达1155.2 J·kg$^{-1}$；(2)整层相对湿度较小；(3)08时850～500 hPa温差达到30 ℃，925 hPa到700 hPa$\theta_{se}$存在条件不稳定（图3.24.3c）；(4)0～6 km的垂直风切变为15 m·s$^{-1}$（图3.24.3c）；(5)0 ℃层高度为4.36 km，−20 ℃层高度为7.32 km。

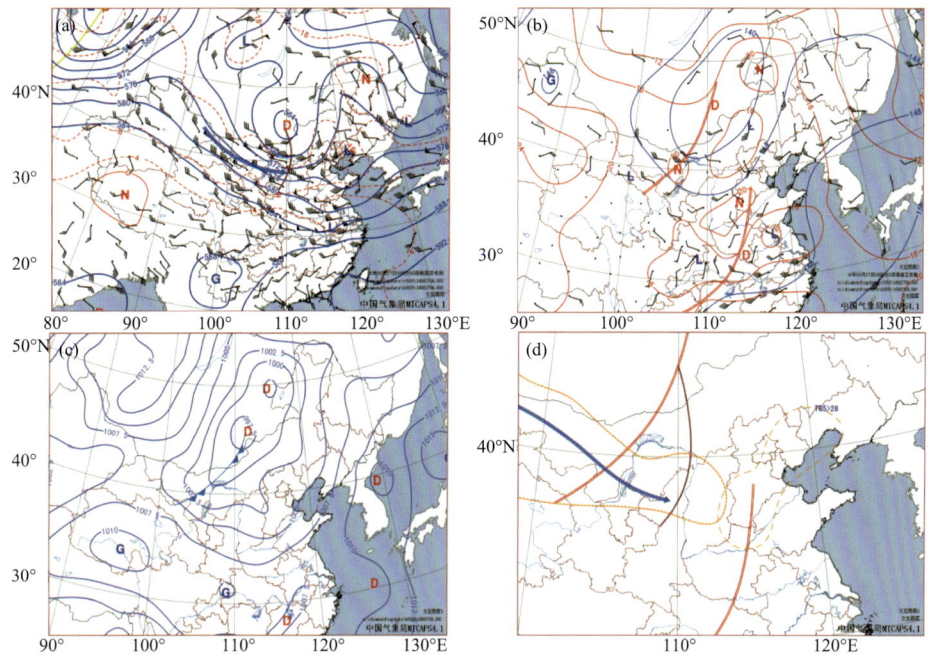

图 3.24.2　2016 年 6 月 27 日 08 时 500 hPa(a)、850 hPa(b)、地面(c)天气形势和中尺度分析(d)

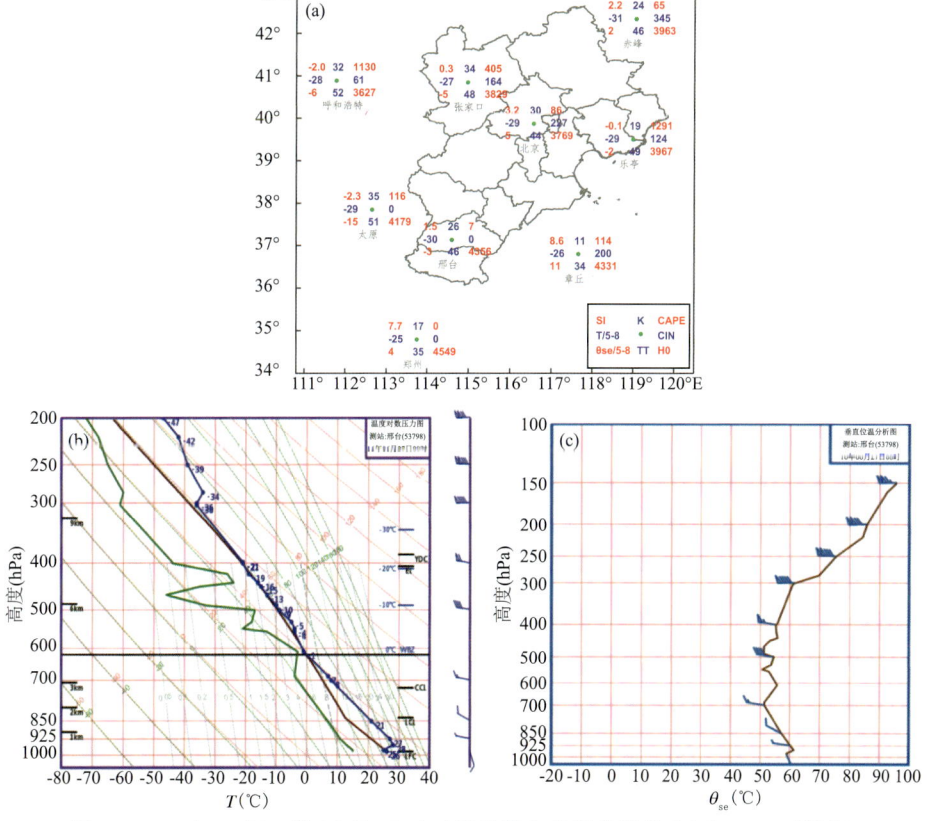

图 3.24.3　2016 年 6 月 27 日 08 时对流参数和特征高度分布(a)、53798(邢台)
$T$-$\ln p$ 图(b)和假相当位温变化(c)

卫星云图上(图 3.24.4a、b),11:00 前后冷涡云系开始影响河北,14:00 以后云系尾部在河北南部地区迅速发展加强并东移,16:00 在中部地区又生成新的对流云团,在向东北移动过程中加强。石家庄雷达 VWP 上(图 3.24.4c、d),15:30 以后,可以看到高空有干冷空气逐渐向低层渗透,16:18 在 4 km 高度上下出现大于 20 m·s$^{-1}$ 的大风速核。

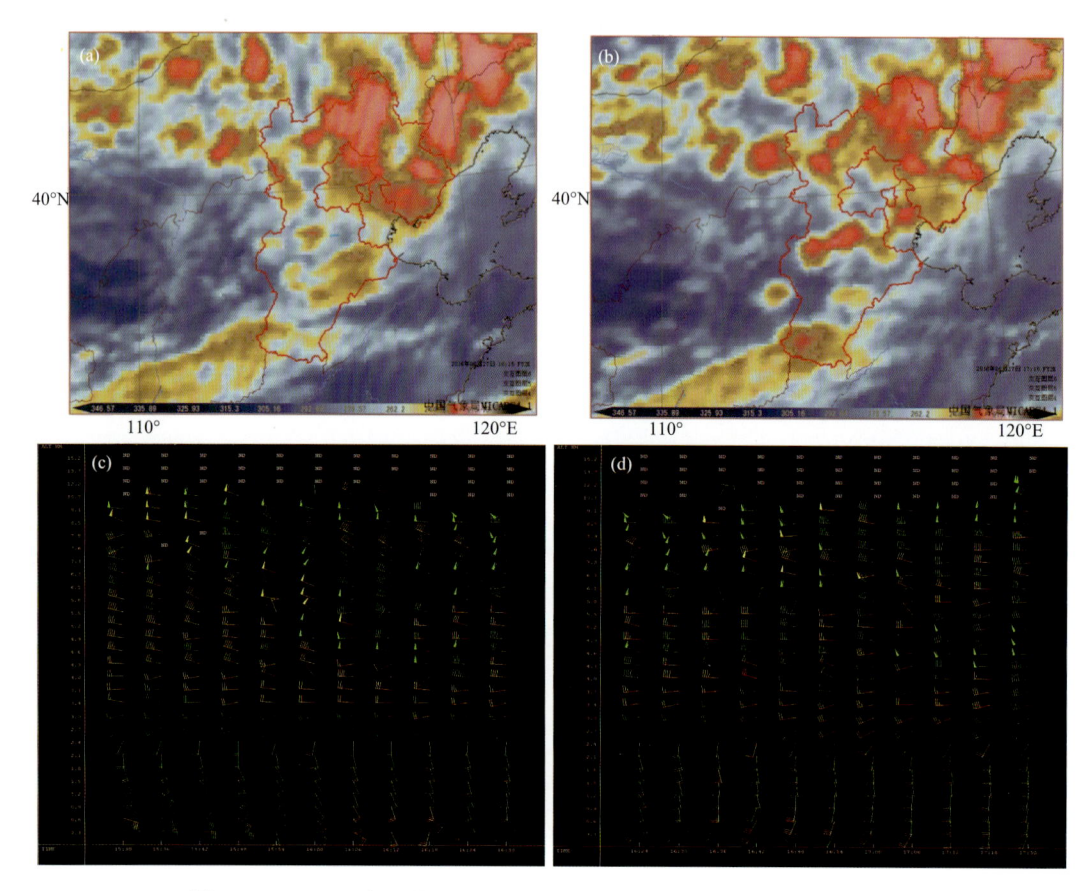

图 3.24.4　2016 年 6 月 27 日 16 时(a)和 17 时(b)FY-2E 卫星红外云图以及 15:30—17:30 石家庄雷达 VWP 演变(c、d)

雷达回波向东南方向移动,最大反射率因子强度高达 65 dBZ,梯度很大,易县南侧出现旁瓣回波;VIL 达到 60 kg·m$^{-2}$,回波顶高最高大于 14 km。从剖面图上看到,有明显的回波悬垂,50 dBZ 的反射率因子向上伸展到 10 km,中低层速度场有深厚的辐合区,高空为辐散(图 3.24.5～3.24.7)。

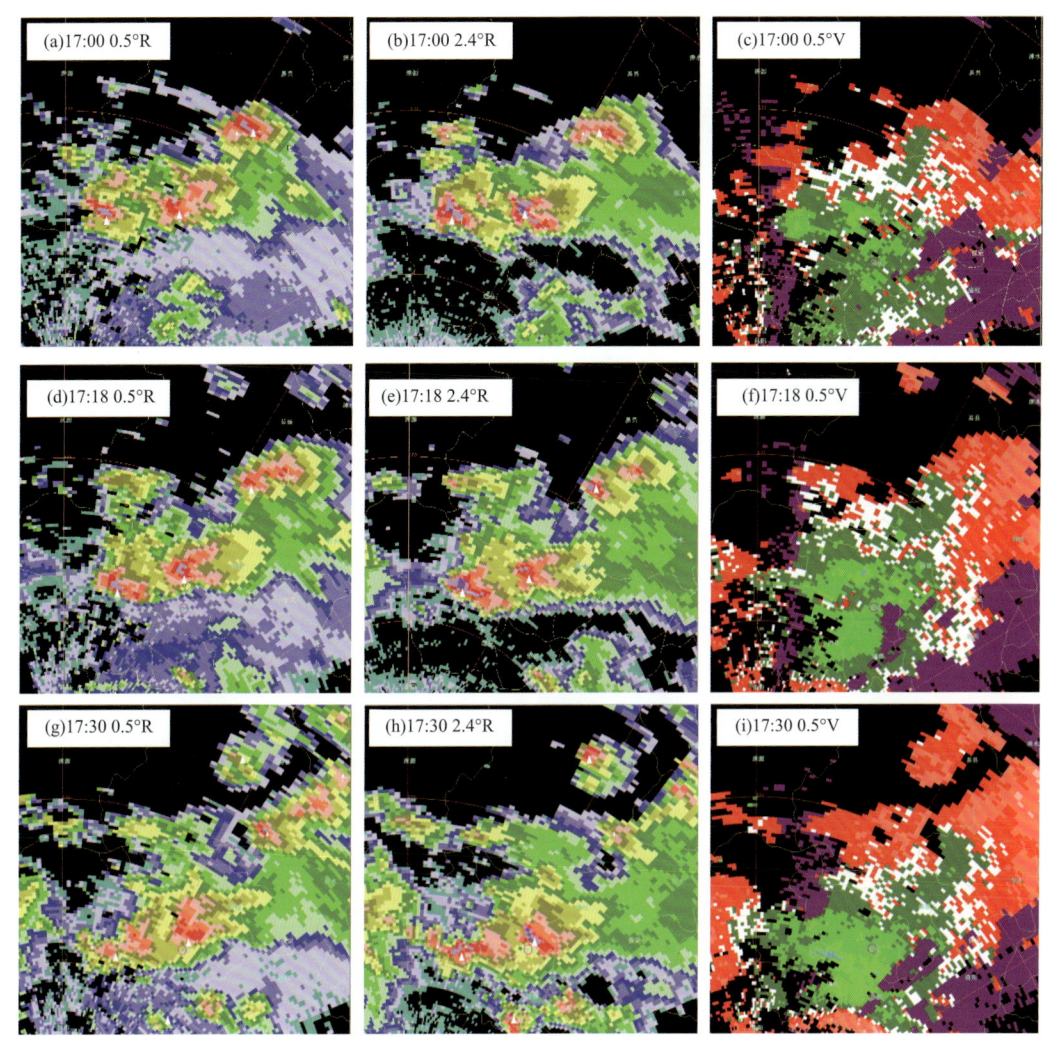

图 3.24.5　2016 年 6 月 27 日 17:00—17:30(a～i)石家庄雷达反射率因子(0.5°和 2.4°仰角)和平均径向速度(0.5°仰角)PPI(图中○为保定顺平位置)

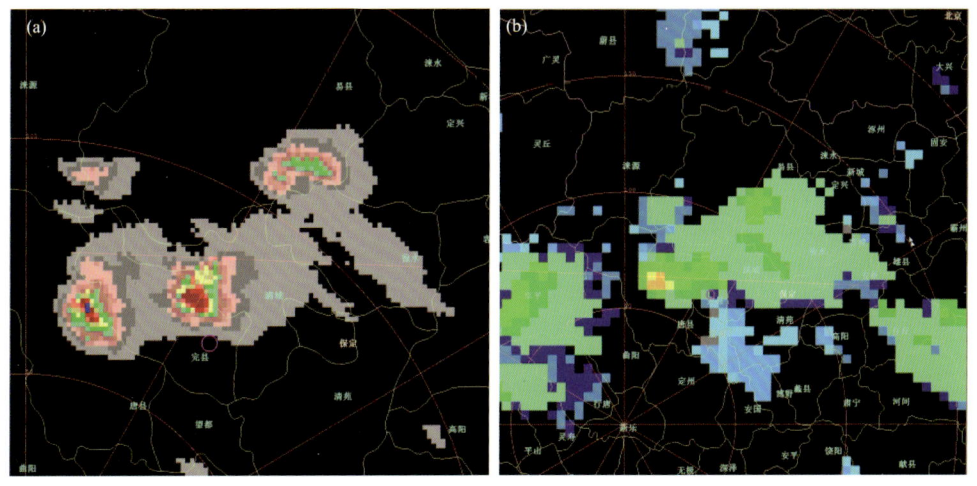

图 3.24.6　2016 年 6 月 27 日 17:06 石家庄雷达 VIL(a)和 ET(b)(图中○为石家庄新乐位置)

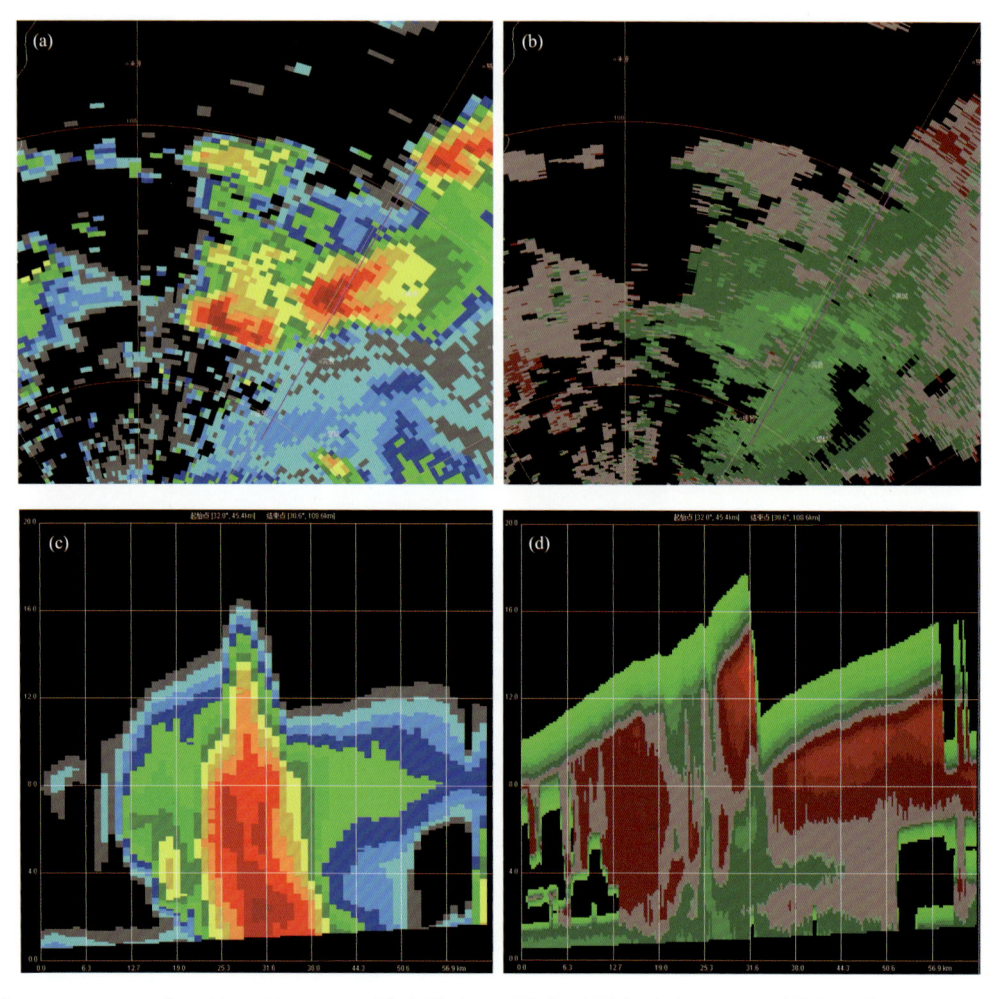

图 3.24.7　2016 年 6 月 27 日 17:18 石家庄雷达 0.5°仰角反射率因子(a)和 0.5°仰角平均径向速度(b)
以及沿图中实线的反射率因子垂直剖面(c)和平均径向速度垂直剖面(d)

## 3.25　2017 年 7 月 9 日大风冰雹

实况:强对流天气主要出现在河北省中南部(图 3.25.1a),以大风(58 站)(图 3.25.1b)为主,伴有冰雹(5 站)(图 3.25.1c),集中出现在 9 日 16:30—22:30。沧州献县 20:20 瞬时极大风速达 34 m·s$^{-1}$(12 级);石家庄正定(17:16)和栾城(17:42)、保定顺平(19:15)和保定(19:30)最大冰雹直径均为 1 cm,保定望都最大冰雹直径 0.5 cm(19:31)。

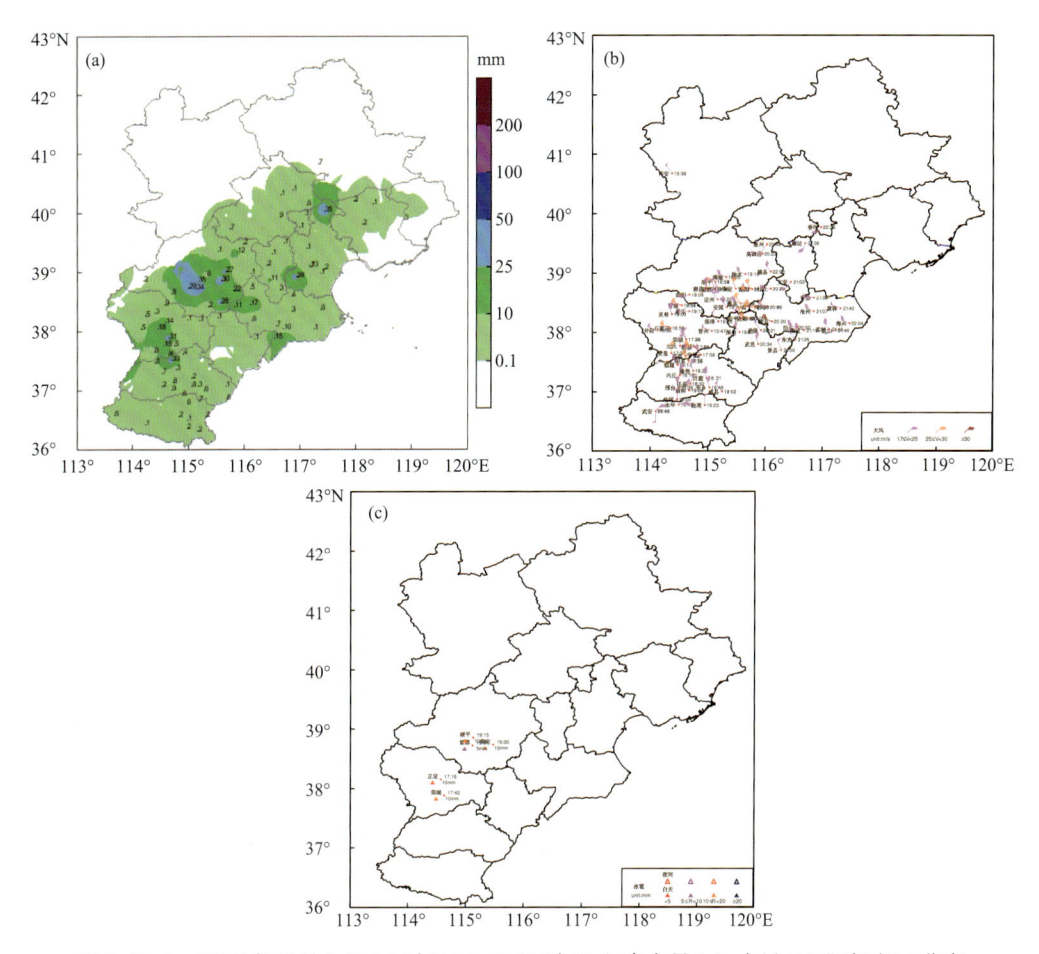

图 3.25.1 2017 年 7 月 9 日 08 时至 10 日 08 时 24 h 降水量(a)、大风(b)和冰雹(c)分布

主要影响系统:500 hPa 冷涡冷槽、850 hPa 切变线、地面低压。

系统配置及演变:500 hPa 冷涡底部冷温槽携带干冷空气东移,与 850 hPa 暖脊在河北省南部上空叠置,不稳定层结加大;500 hPa 西北风大风速带达到 20 m·s$^{-1}$并伸展到河北上游,850 hPa 有切变线东伸至河北中部地区上空;地面处于低压辐合区,有利于不稳定能量释放(图 3.25.2)。

从邢台探空资料分析(图 3.25.3b),7 月 9 日 08 时的环境条件有利于雷暴大风和冰雹的产生:(1)850~500 hPa 温度层结曲线接近平行于干绝热线;(2)400 hPa 以下相对湿度较小;(3)08 时 850~500 hPa 温差达到 35 ℃,对流有效位能为 463 J·kg$^{-}$,SI 指数−4.43 ℃,14 时订正探空后对流有效位能高达 4260 J·kg,925 hPa 到 700 hPa $\theta_{se}$下降了 30 ℃,存在明显的条件不稳定(图 3.25.3c);(4)0~6 km 的垂直风切变为 6 m·s$^{-1}$(图 3.25.3c);(5)0 ℃层高度为 4.68 km,−20 ℃层高度为 7.72 km。

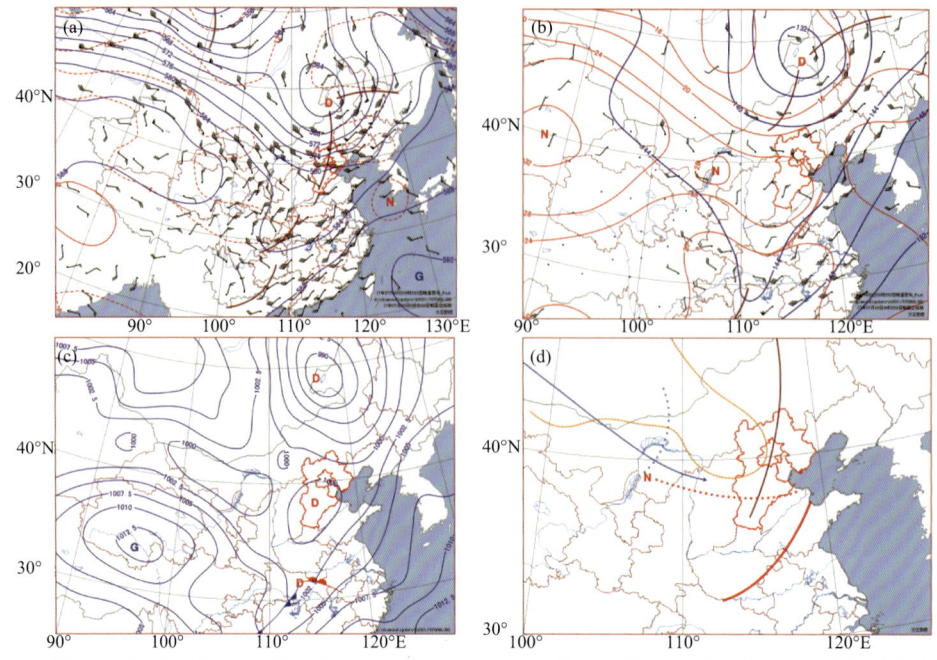

图 3.25.2　2017 年 7 月 9 日 08 时 500 hPa(a)、850 hPa(b)、地面(c)天气形势和中尺度分析(d)

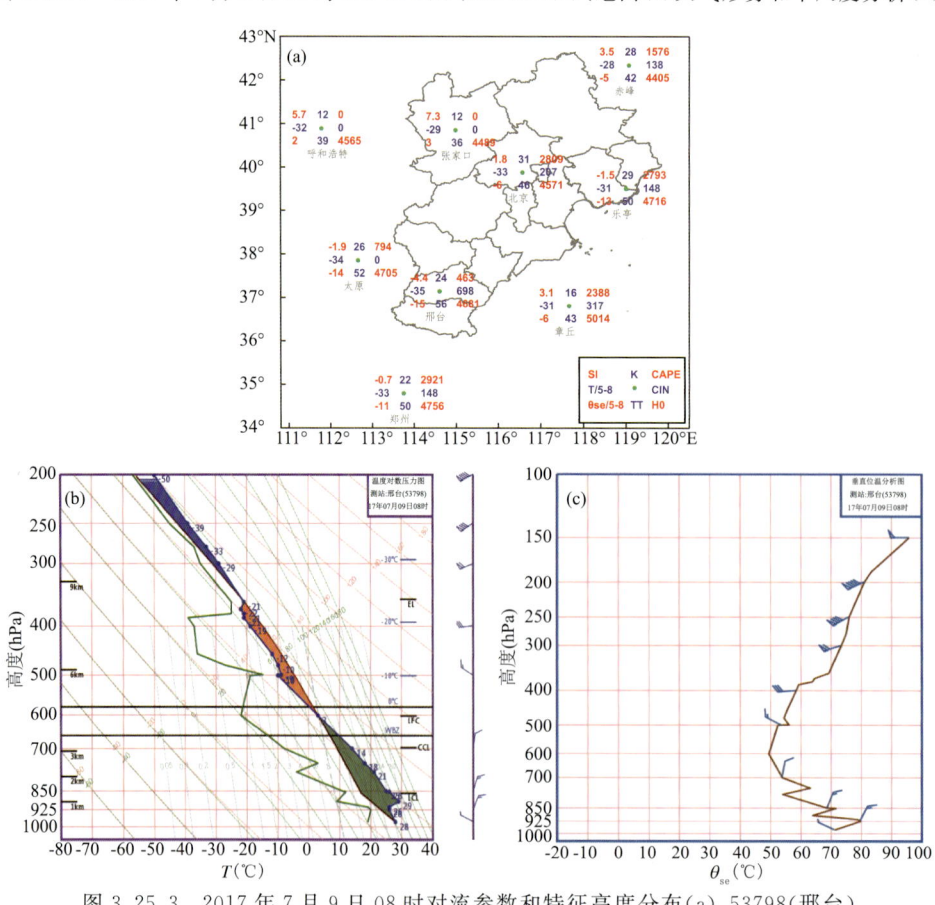

图 3.25.3　2017 年 7 月 9 日 08 时对流参数和特征高度分布(a)、53798(邢台)
$T$-$\ln p$ 图(b)和假相当位温变化(c)

卫星云图上(图 3.25.4a、b),19:45 前后在河北中部有对流云团生成,东移过程中发展加强。石家庄雷达 VWP 上,17:00 以后,边界层由偏南风转为西南风,6 km 高度西北风和边界层西南风均加大,0～6 km 垂直风切变增强。沧州雷达 VWP 上(图 3.25.4c、d),6 km 风速始终较小,边界层风速较大。

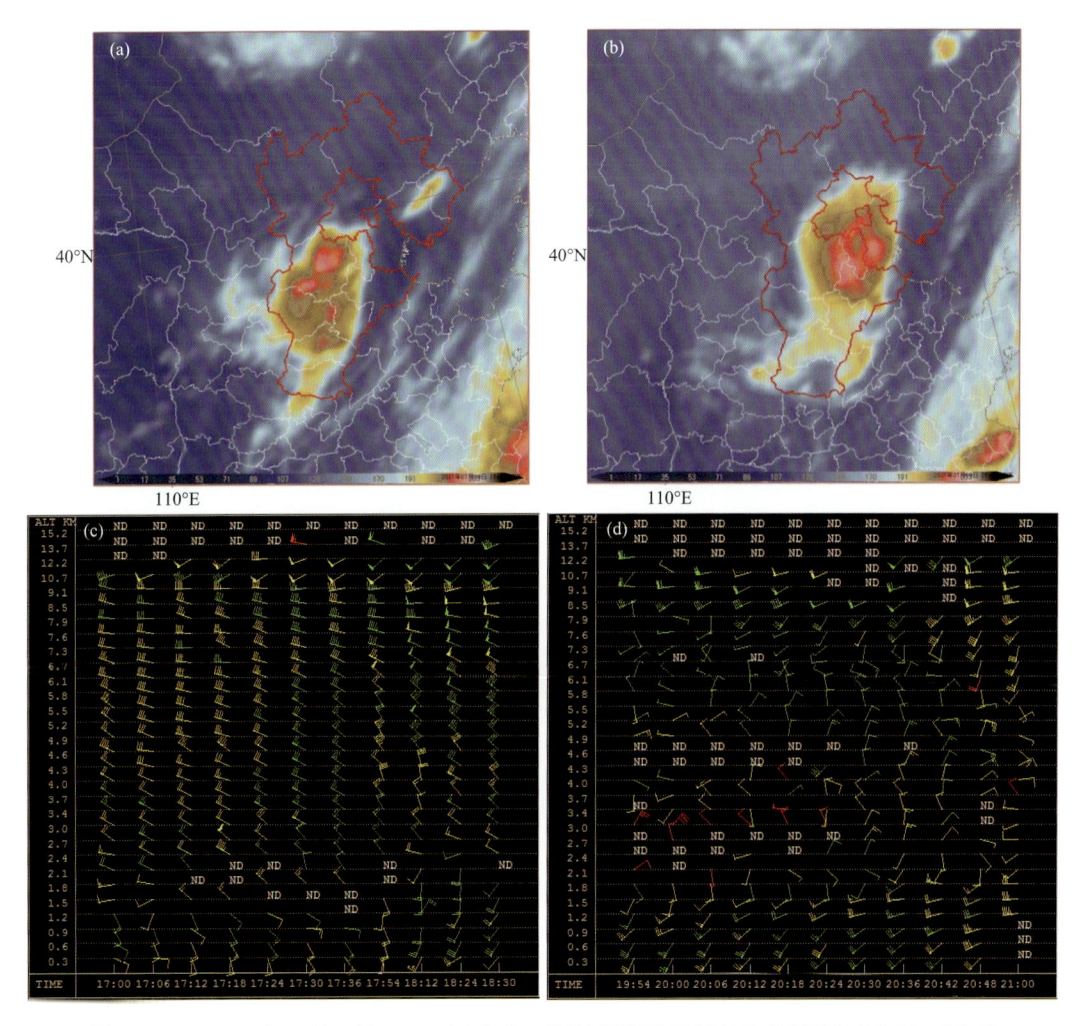

图 3.25.4　2017 年 7 月 9 日 19:45(a)和 20:45(b)FY-2E 卫星红外云图以及 17:00—18:30 石家庄雷达(c)和 19:54—21:00 沧州雷达(d)VWP 演变

石家庄雷达回波图上,雷达回波向东偏南方向移动,回波中心强度普遍超过 55 dBZ,具有明显的三体散射特征,存在旋转径向速度对;VIL 最大超过 60 kg·m$^{-2}$,回波顶高最高可达 15 km(图 3.25.5～3.25.7)。

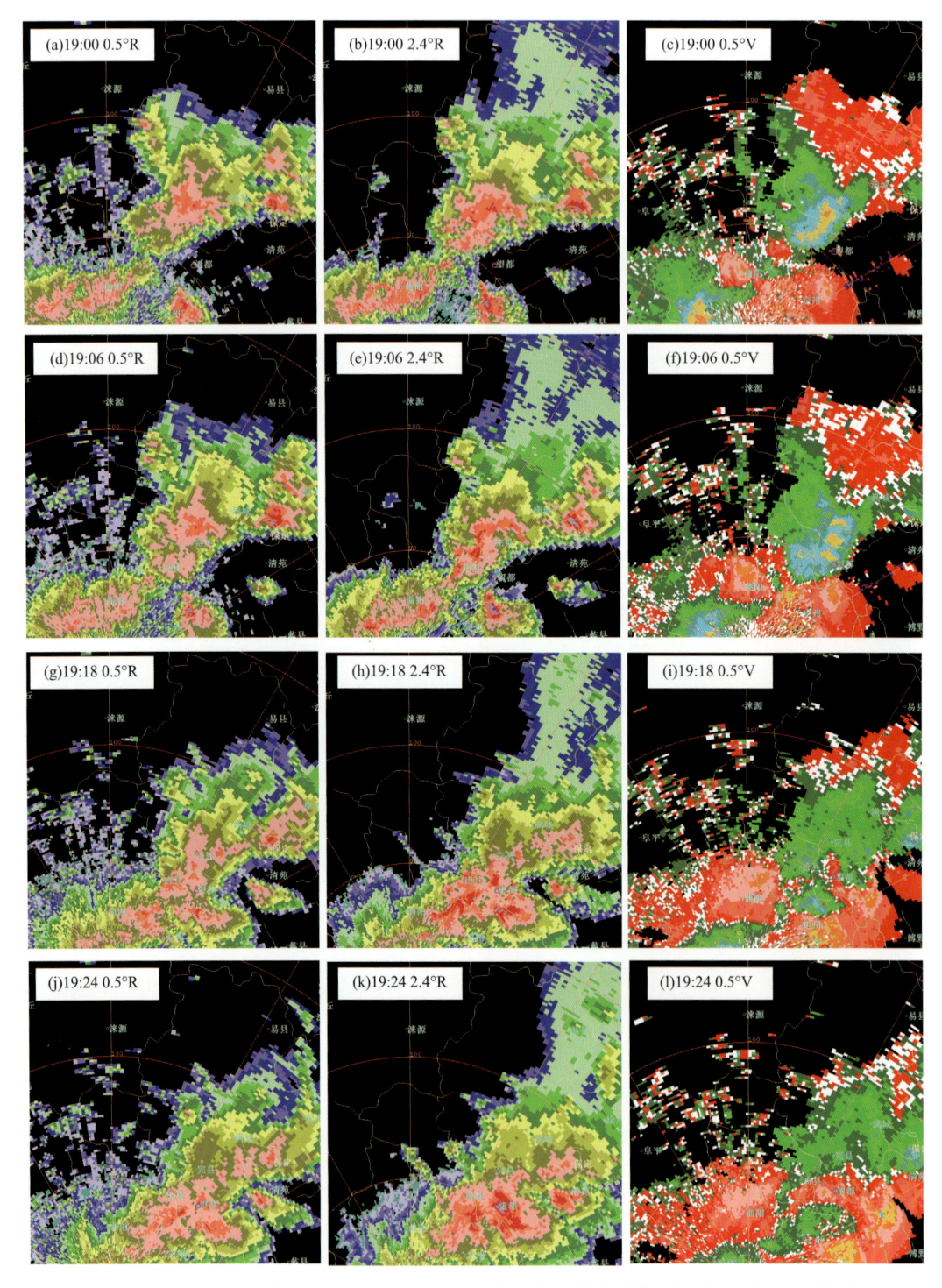

图 3.25.5 2017 年 7 月 9 日 19:00—19:24(a~l)石家庄雷达反射率因子(0.5°和 2.4°仰角)和平均径向速度(0.5°仰角)PPI(图中○为保定望都位置)

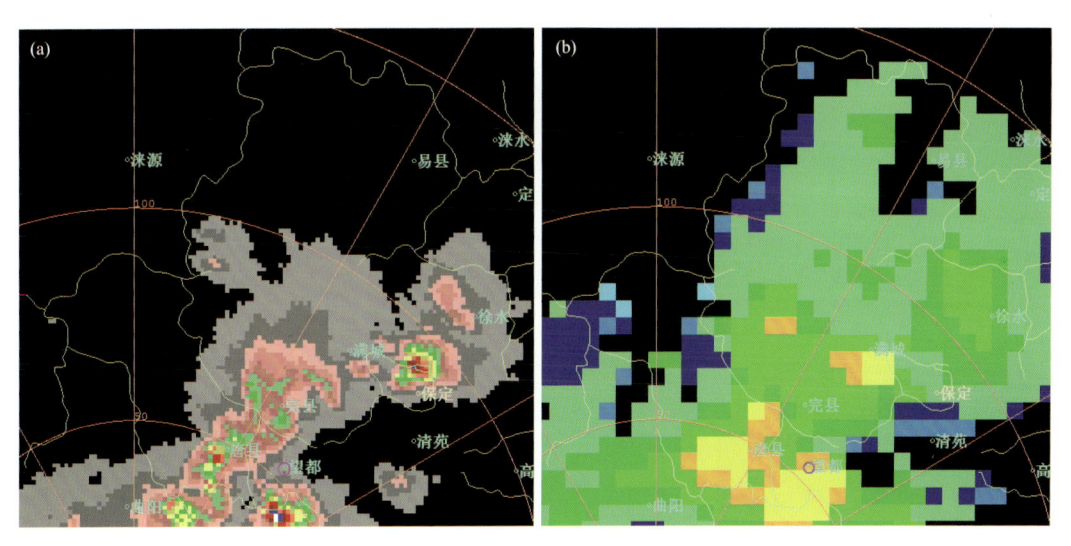

图 3.25.6　2017 年 7 月 9 日 19:06 石家庄雷达 VIL(a) 和 ET(b)(图中○为保定望都位置)

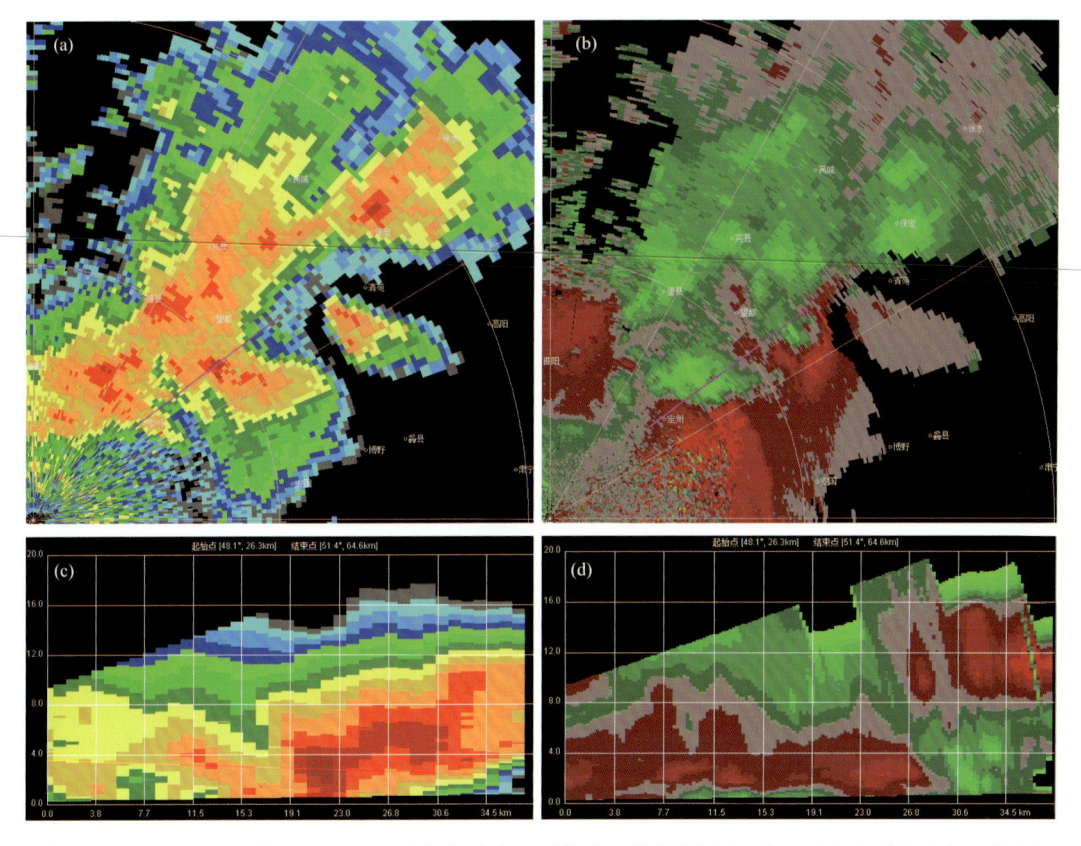

图 3.25.7　2017 年 7 月 9 日 19:18 石家庄雷达 0.5°仰角反射率因子(a)和 0.5°仰角平均径向速度(b)
以及沿图中实线的反射率因子垂直剖面(c)和平均径向速度垂直剖面(d)

沧州雷达回波图上，飑线回波自西向东移动，回波中心强度普遍超过 50 dBZ，伴有前侧阵风锋，径向速度图上存在后侧入流急流，1 km 以下最大径向速度 34 m·s$^{-1}$；VIL 最大超过

$45 \text{ kg} \cdot \text{m}^{-2}$,回波顶高最高可达 14 km(图 3.25.8～3.25.10)。

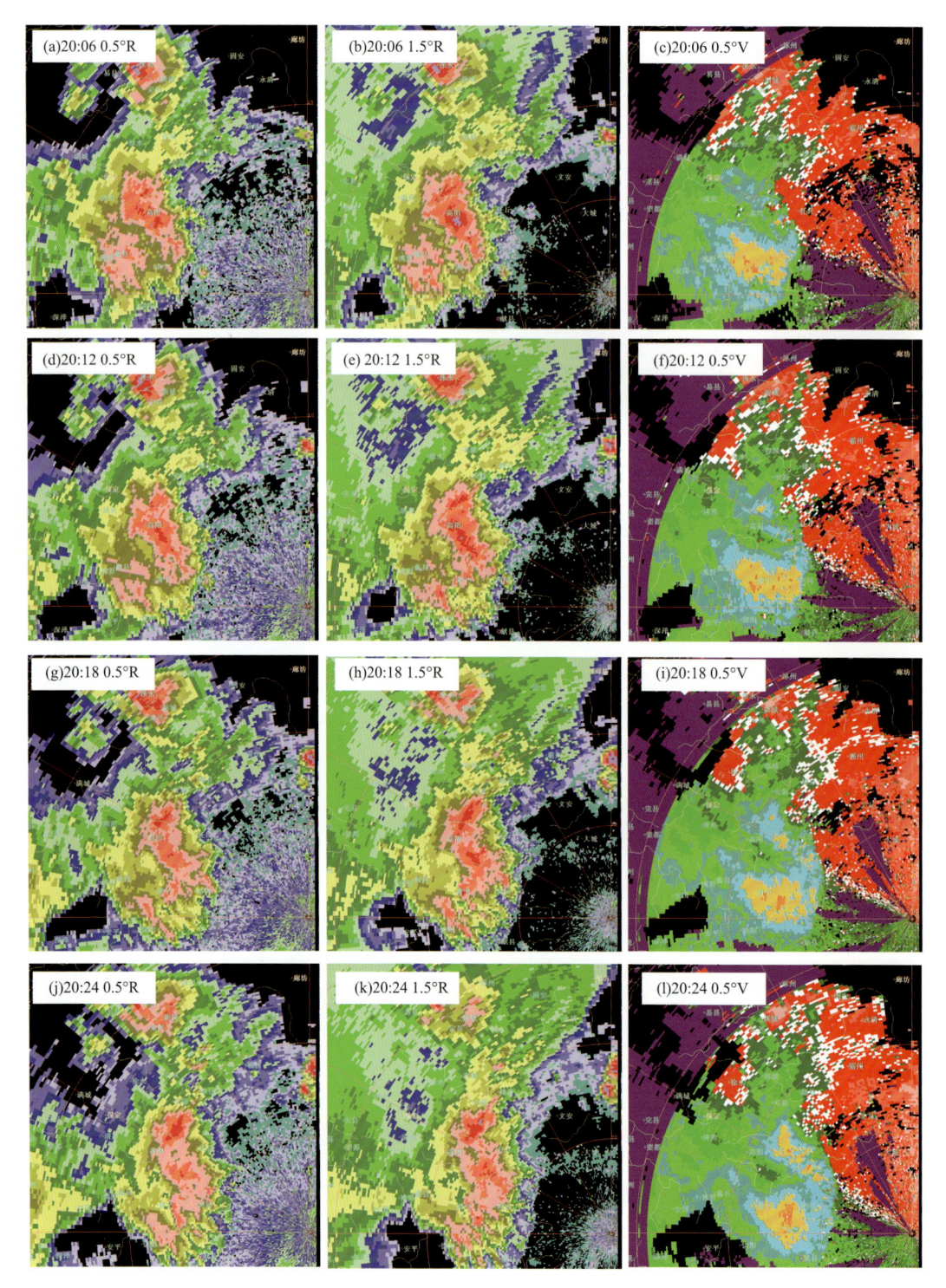

图 3.25.8 2017 年 7 月 9 日 20:06—20:24(a～l)沧州雷达反射率因子(0.5°和 1.5°仰角)和平均径向速度(0.5°仰角)PPI(图中○为沧州献县位置)

第 3 章 高空冷平流强迫类

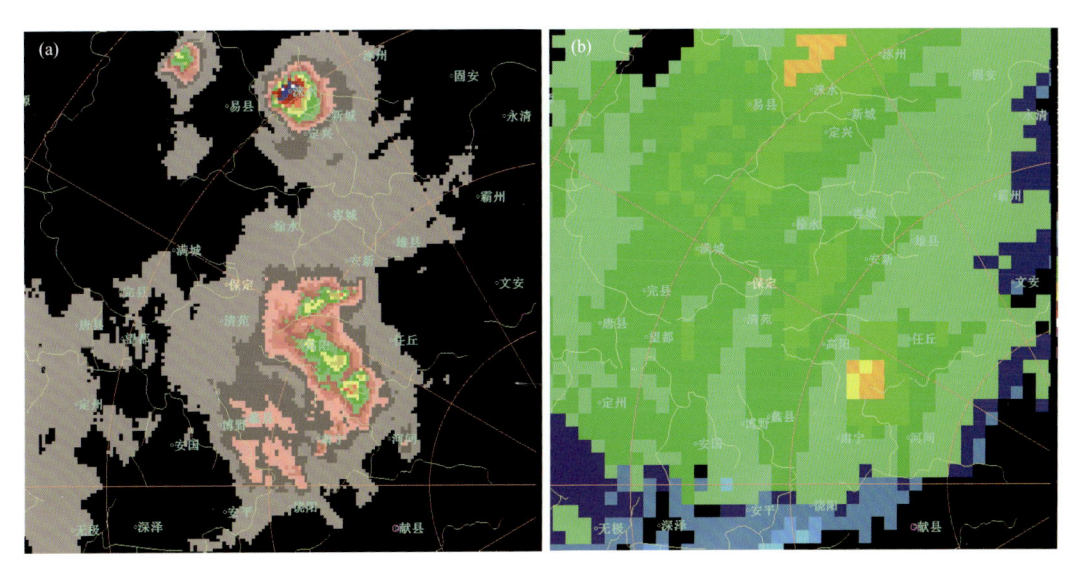

图 3.25.9 2017 年 7 月 9 日 20:00 沧州雷达 VIL(a)和 ET(b)(图中○为沧州献县位置)

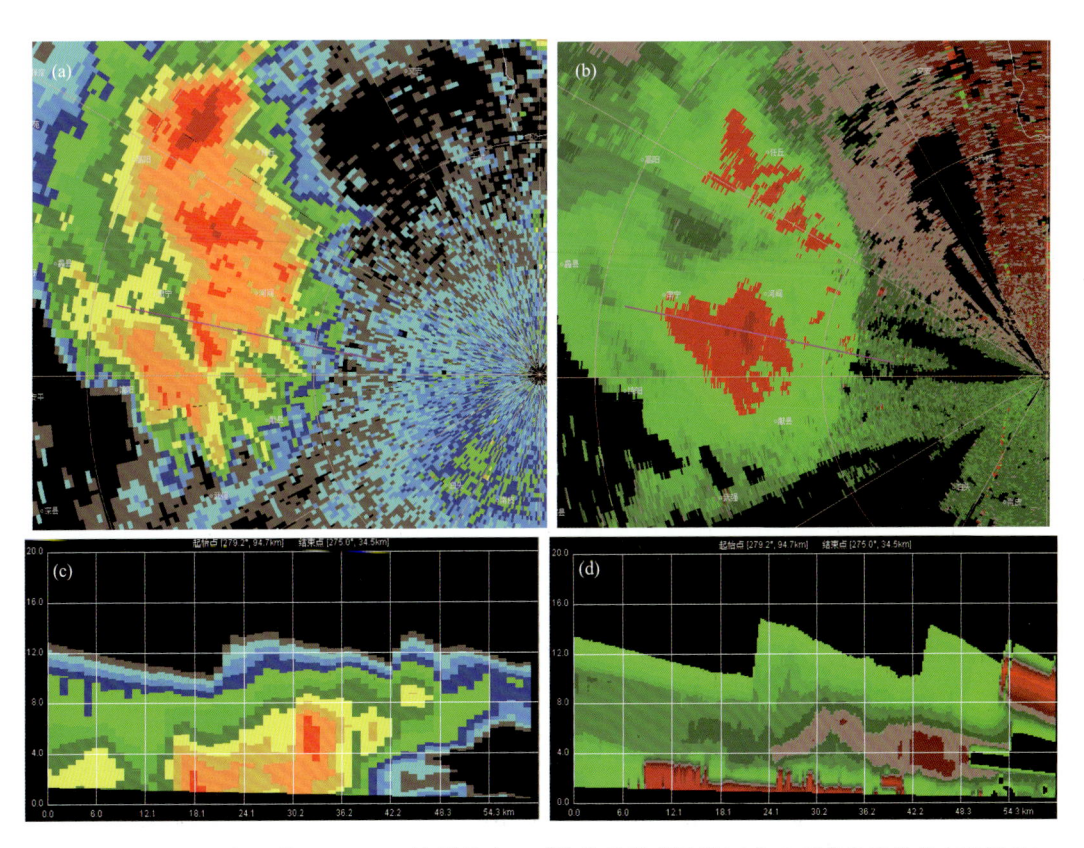

图 3.25.10 2017 年 7 月 9 日 19:18 沧州雷达 0.5°仰角反射率因子(a)和 0.5°仰角平均径向速度(b)以及沿图中实线的反射率因子垂直剖面(c)和平均径向速度垂直剖面(d)

## 3.26  2017年7月11日雷暴大风

实况:强对流天气主要出现在河北省西南部(图3.26.1a),以大风(23站)(图3.26.1b)为主,伴有冰雹(1站)(图3.26.1c),集中出现在11日17:30—21:30。石家庄赞皇17:57瞬时极大风速达29 m·s$^{-1}$(11级),石家庄17:55瞬时极大风速达25 m·s$^{-1}$(10级)。

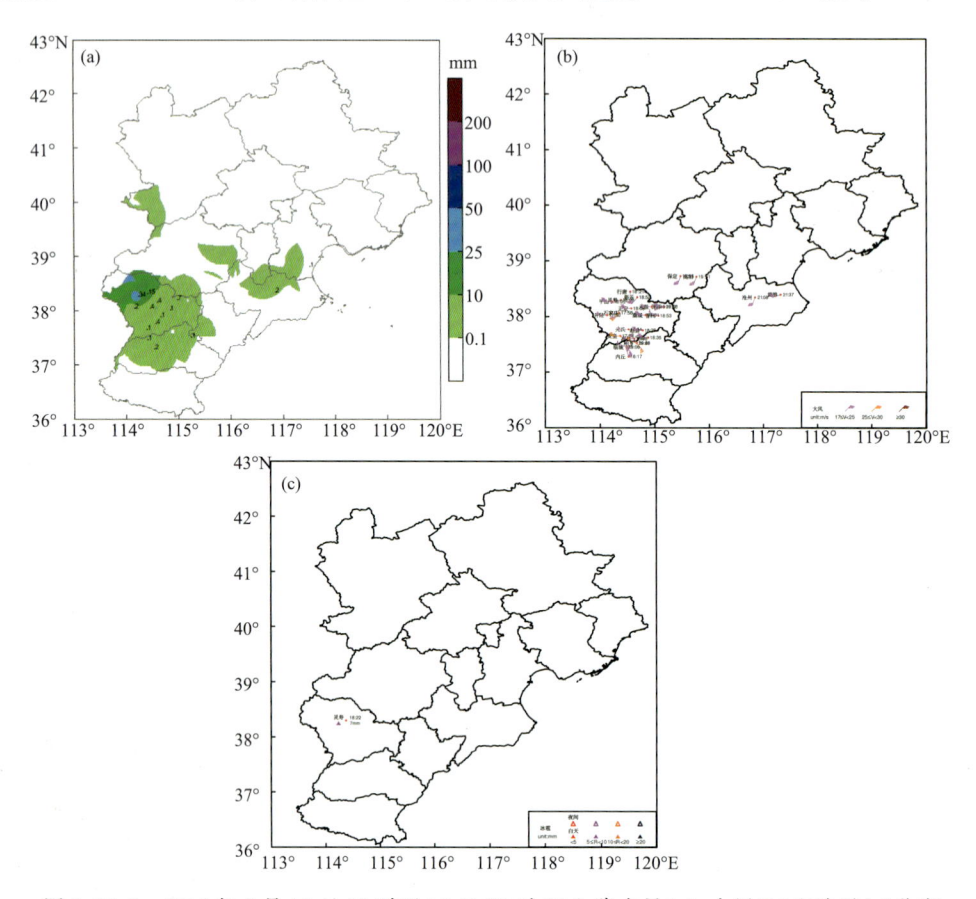

图3.26.1  2017年7月11日08时至12日08时24 h降水量(a)、大风(b)和冰雹(c)分布

主要影响系统:500 hPa冷涡、850 hPa切变线、地面辐合线。

系统配置及演变:500 hPa蒙古高原冷涡底部西北气流,冷温槽携带冷空气东移,850 hPa存在切变线;500 hPa上游存在超过20 m·s$^{-1}$的大风速核;地面处于低压辐合区,地面存在风场辐合线(图3.26.2)。

从邢台探空资料分析(图3.26.3b),7月11日08时的环境条件有利于雷暴大风的产生:(1)850~600 hPa温度层结曲线接近平行于干绝热线;(2)整层相对湿度较小;(3)08时850~500 hPa温差达到36 ℃,14时订正后对流有效位能达到1280 J·kg$^{-1}$,600 hPa的下沉对流有效位能达到1790 J·kg$^{-1}$,1000 hPa到925 hPa$\theta_{se}$下降了12 ℃,存在条件不稳定(图3.26.3c);(4)0~6 km的垂直风切变为8 m·s$^{-1}$(图3.26.3c);(5)0 ℃层高度为4.8 km,-20 ℃层高度为7.4 km,不利于大冰雹出现。

第 3 章 高空冷平流强迫类

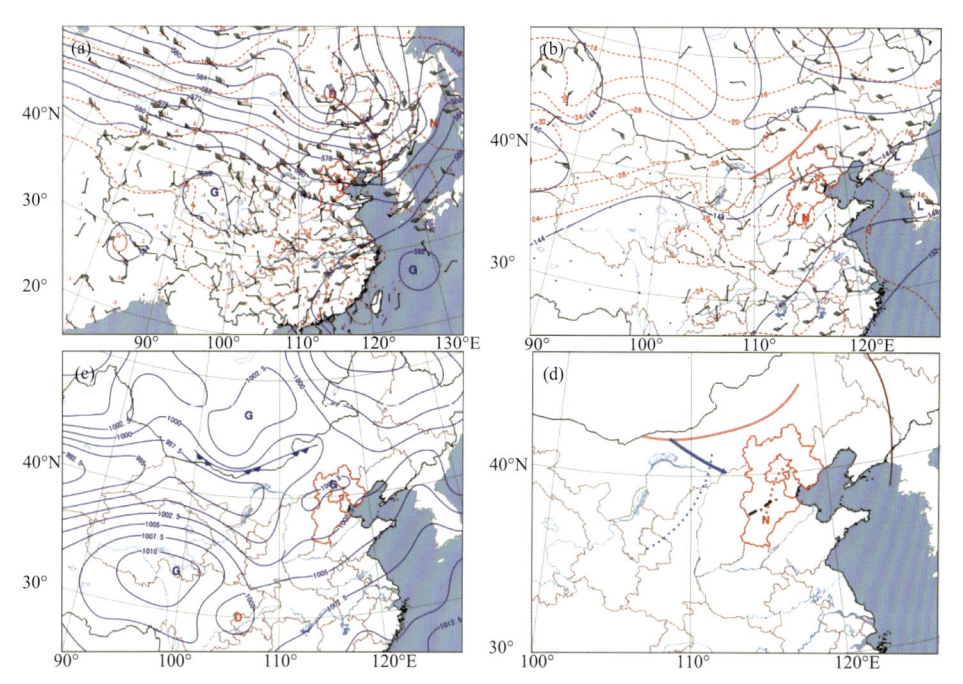

图 3.26.2  2017 年 7 月 11 日 08 时 500 hPa(a)、850 hPa(b)、地面(c)天气形势和中尺度分析(d)

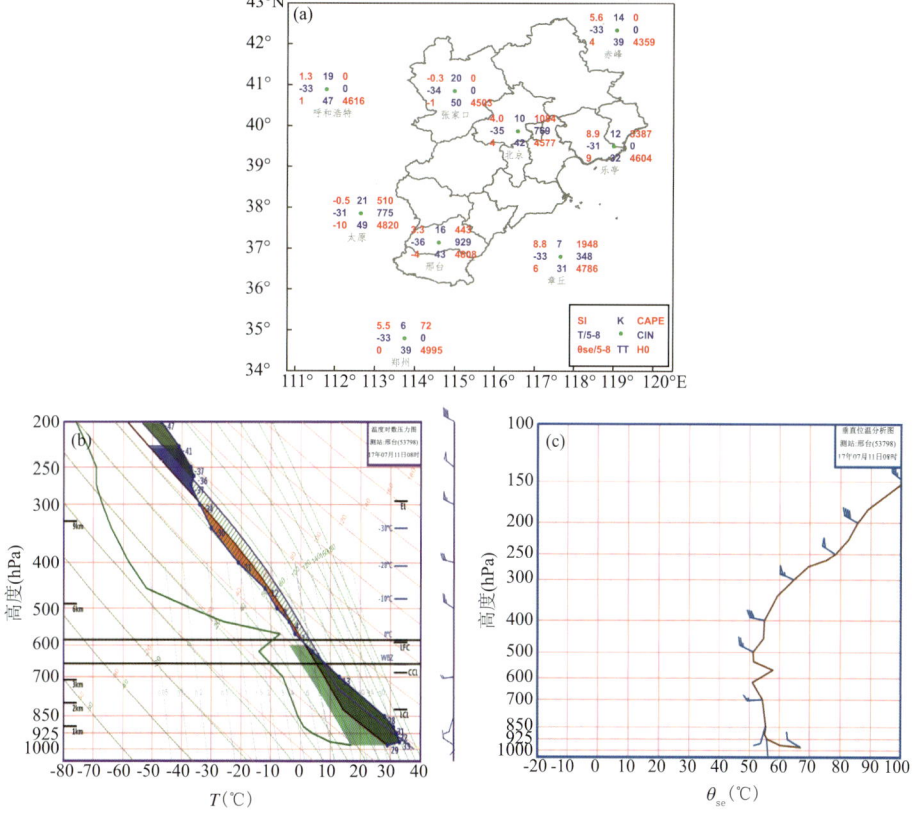

图 3.26.3  2017 年 7 月 11 日 08 时对流参数和特征高度分布(a)、53798(邢台)
$T$-$\ln p$ 图(b)和假相当位温变化(c)

卫星云图上(图 3.26.4a、b),17:45 前后在石家庄有孤立的团状对流云发展,18:45 发展增强并东移。石家庄雷达 VWP 上(图 3.26.4c、d),18:00 之前边界层为偏东风,0~6 km 垂直风切变较大,18:12 后边界层由东风转为偏西风。

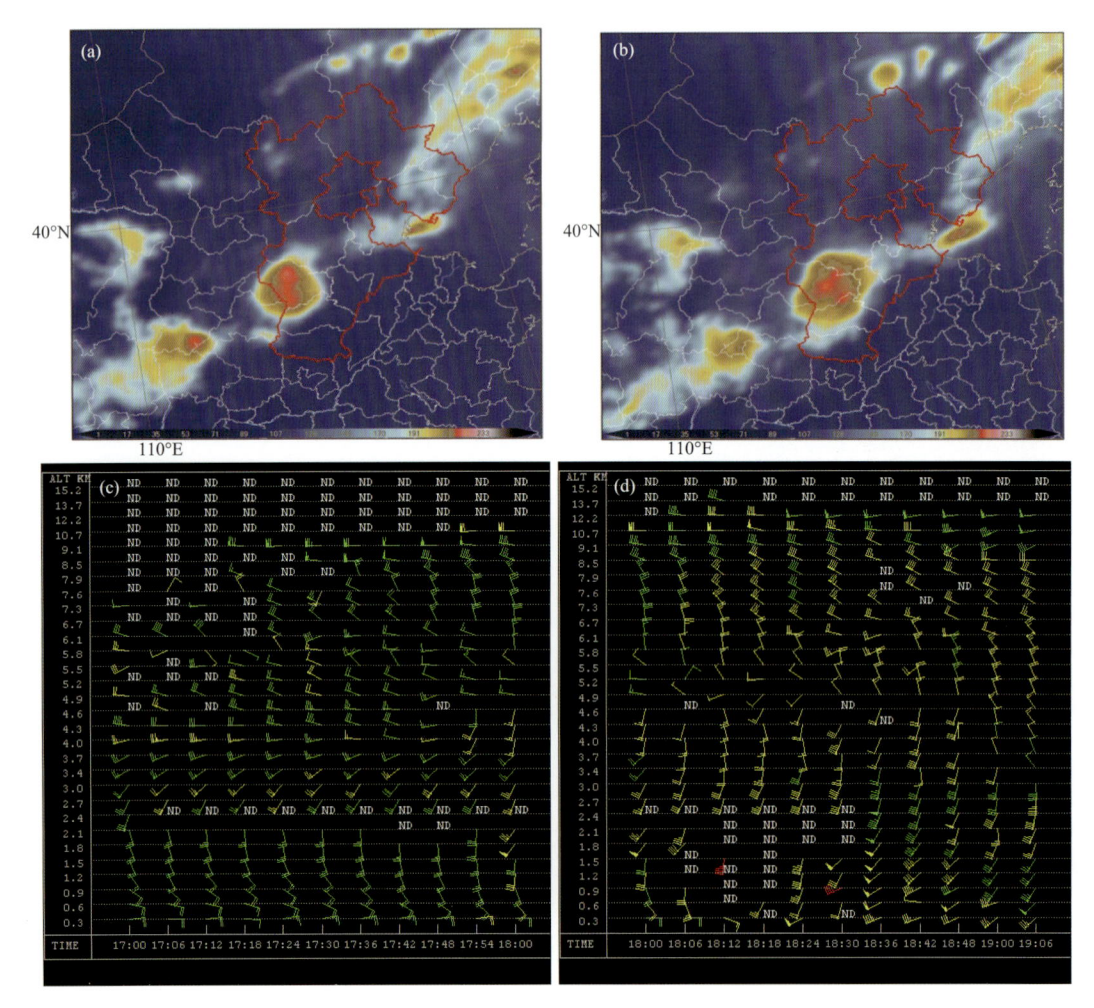

图 3.26.4 2017 年 7 月 11 日 17:45(a)和 18:45(b)FY-2E 卫星可见光云图以及
石家庄雷达 17:00—18:00(c)和 18:00—19:06(d)VWP 演变

雷达回波自西向东移动,中心强度超过 55 dBZ,回波前沿伴有出流边界,存在明显的后侧入流急流,低层最大径向速度 34 m·s$^{-1}$;VIL 最大 35 kg·m$^{-2}$,回波顶高最高大于 14 km(图 3.26.5~3.26.7)。

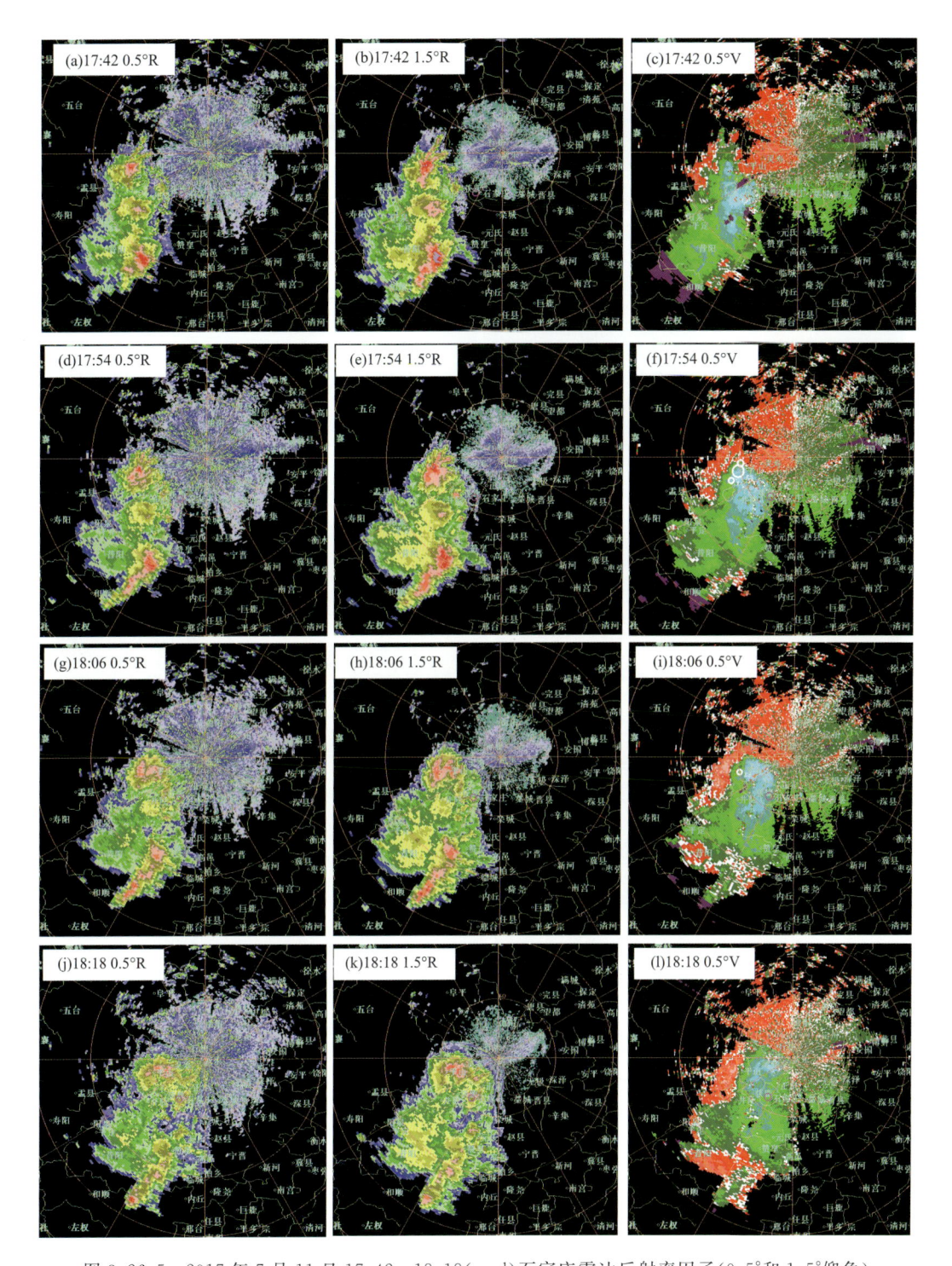

图 3.26.5 2017年7月11日17:42—18:18(a~l)石家庄雷达反射率因子(0.5°和1.5°仰角)和平均径向速度(0.5°仰角)PPI(图中○为石家庄位置)

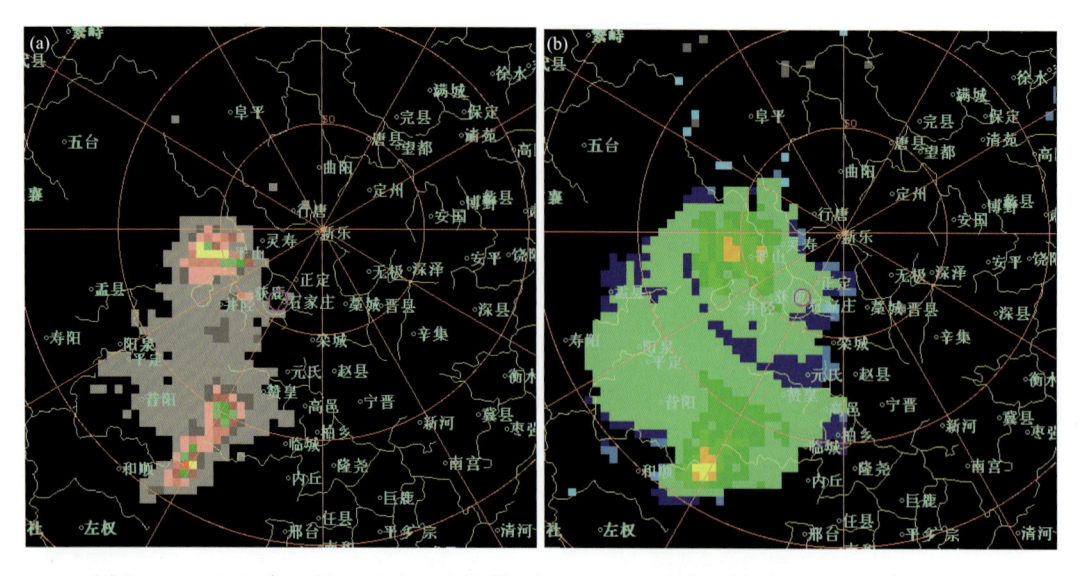

图 3.26.6 2017 年 7 月 11 日 17:54 石家庄雷达 VIL(a)和 ET(b)(图中○为石家庄位置)

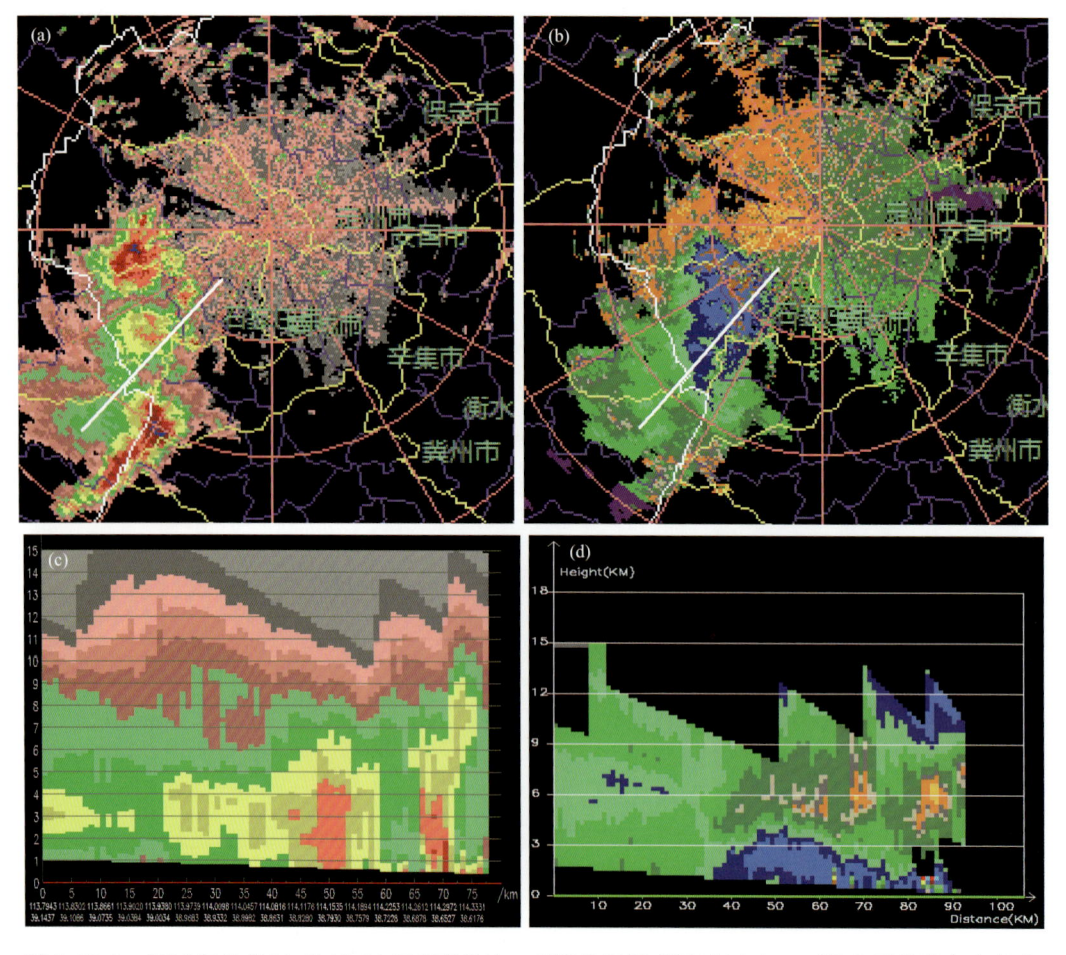

图 3.26.7 2017 年 7 月 11 日 17:54 石家庄雷达 0.5°仰角反射率因子(a)和 0.5°仰角平均径向速度(b)以及沿图中实线的反射率因子垂直剖面(c)和平均径向速度垂直剖面(d)

## 3.27　2017年7月13日雷暴大风

实况:强对流天气主要出现在河北省西北部(图3.27.1a),以大风(20站)(图3.27.1b)为主,伴有冰雹(1站)(图3.27.1c),集中出现在13日20:00—23:19。保定顺平21:31瞬时极大风速达24 m·s$^{-1}$(9级)。

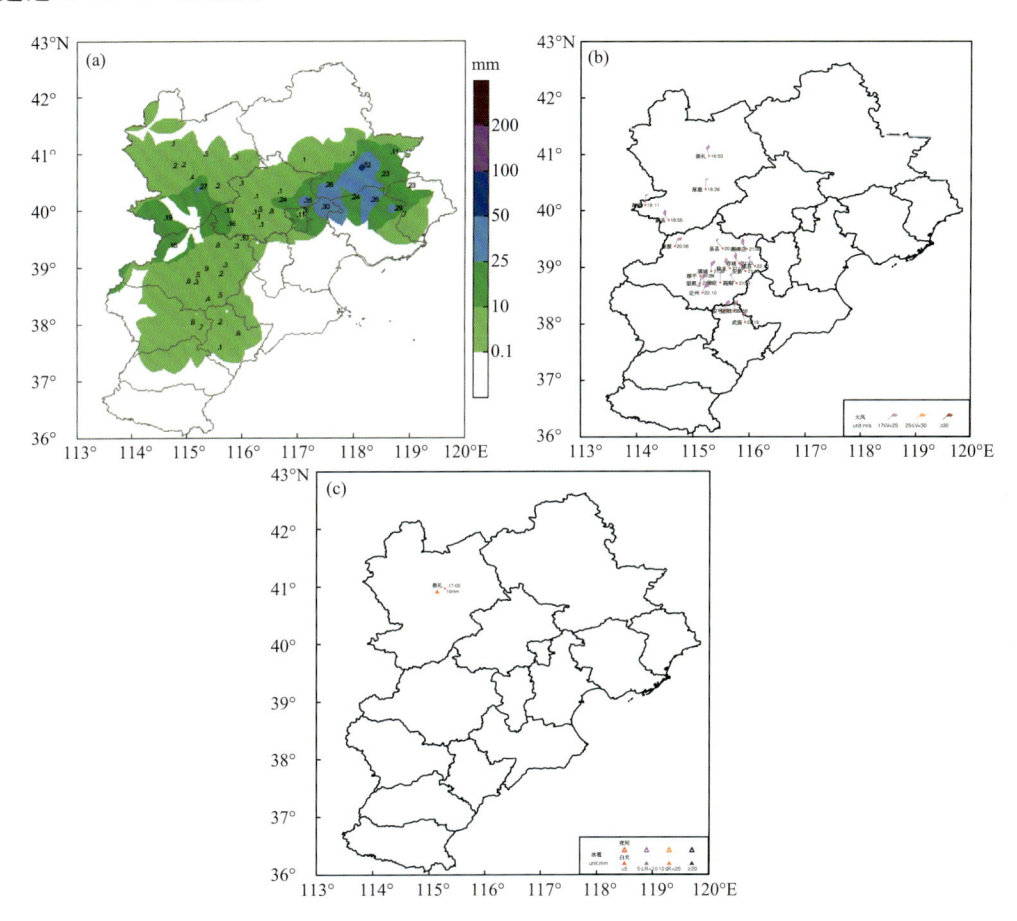

图3.27.1　2017年7月13日08时至12日08时24 h降水量(a)、大风(b)和冰雹(c)分布

主要影响系统:500 hPa前倾槽、地面冷锋。

系统配置及演变:500 hPa平直环流上有短波槽快速东移,超前于850 hPa槽形成前倾槽结构,850 hPa存在暖脊;地面冷锋移入河北(图3.27.2)。

分析北京探空资料(图3.27.3b),7月13日20时的环境条件有利于雷暴大风的产生:(1)700~550 hPa以及850 hPa以下温度层结曲线接近平行于干绝热线;(2)"上干下湿"的湿度廓线;(3)20时850~500 hPa温差达到29 ℃,对流有效位能达到3100 J·kg$^{-1}$,600 hPa的下沉对流有效位能达到1331 J·kg$^{-1}$,850 hPa到750 hPa $\theta_{se}$下降了28 ℃,明显的条件不稳定(图3.27.3c);(4)0~6 km的垂直风切变为7 m·s$^{-1}$(图3.27.3c);(5)0 ℃层高度为5 km,−20 ℃层高度为7.9 km,不利于大冰雹出现。

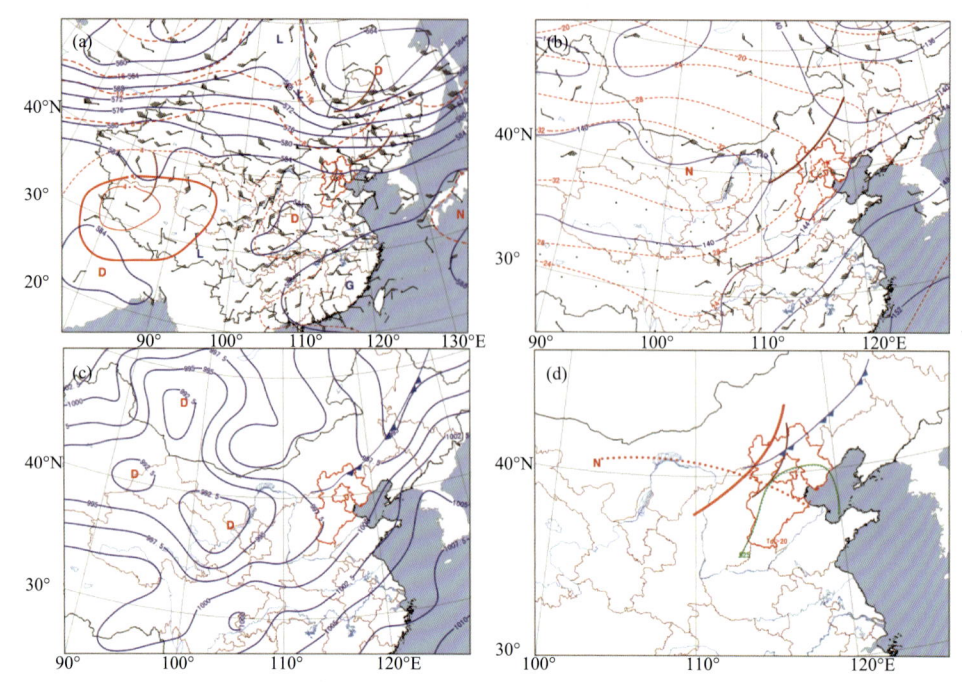

图 3.27.2　2017 年 7 月 13 日 20 时 500 hPa(a)、850 hPa(b)、地面(c)天气形势和中尺度分析(d)

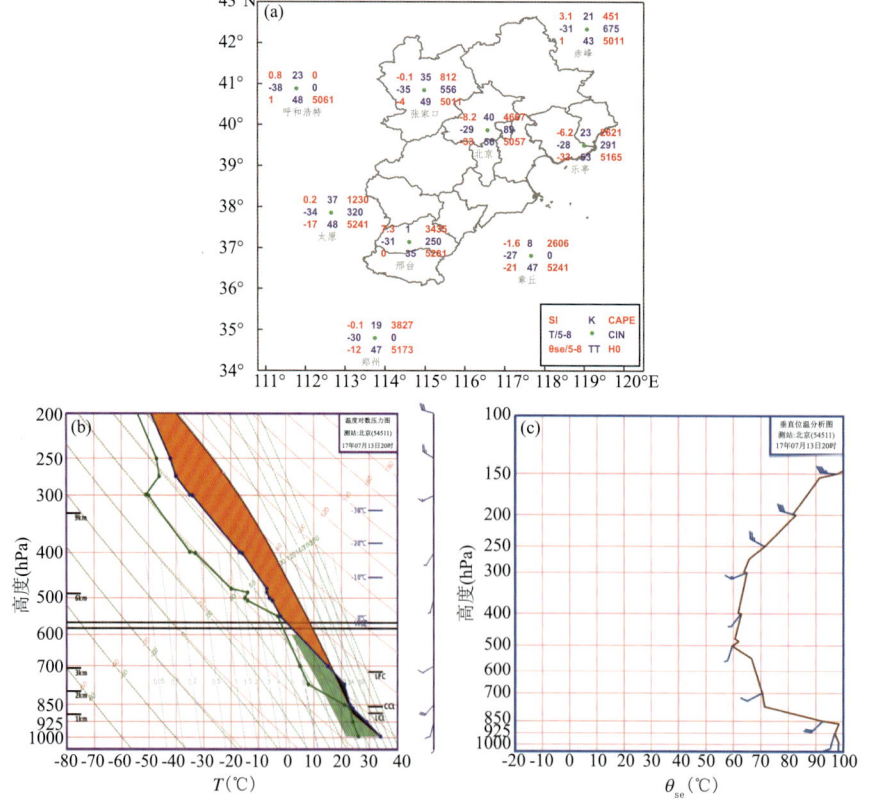

图 3.27.3　2017 年 7 月 13 日 20 时对流参数和特征高度分布(a)、54511(北京)
$T$-$\ln p$ 图(b)和假相当位温变化(c)

卫星云图上(图 3.27.4a、b),20:45 前后在河北西北部有近乎圆形的 α 中尺度对流系统发展,直径超过 250 km,呈团状,22:45 范围进一步扩大并向东南移动。石家庄雷达 VWP 上(图 3.27.4c、d),边界层始终维持较明显的偏南风。

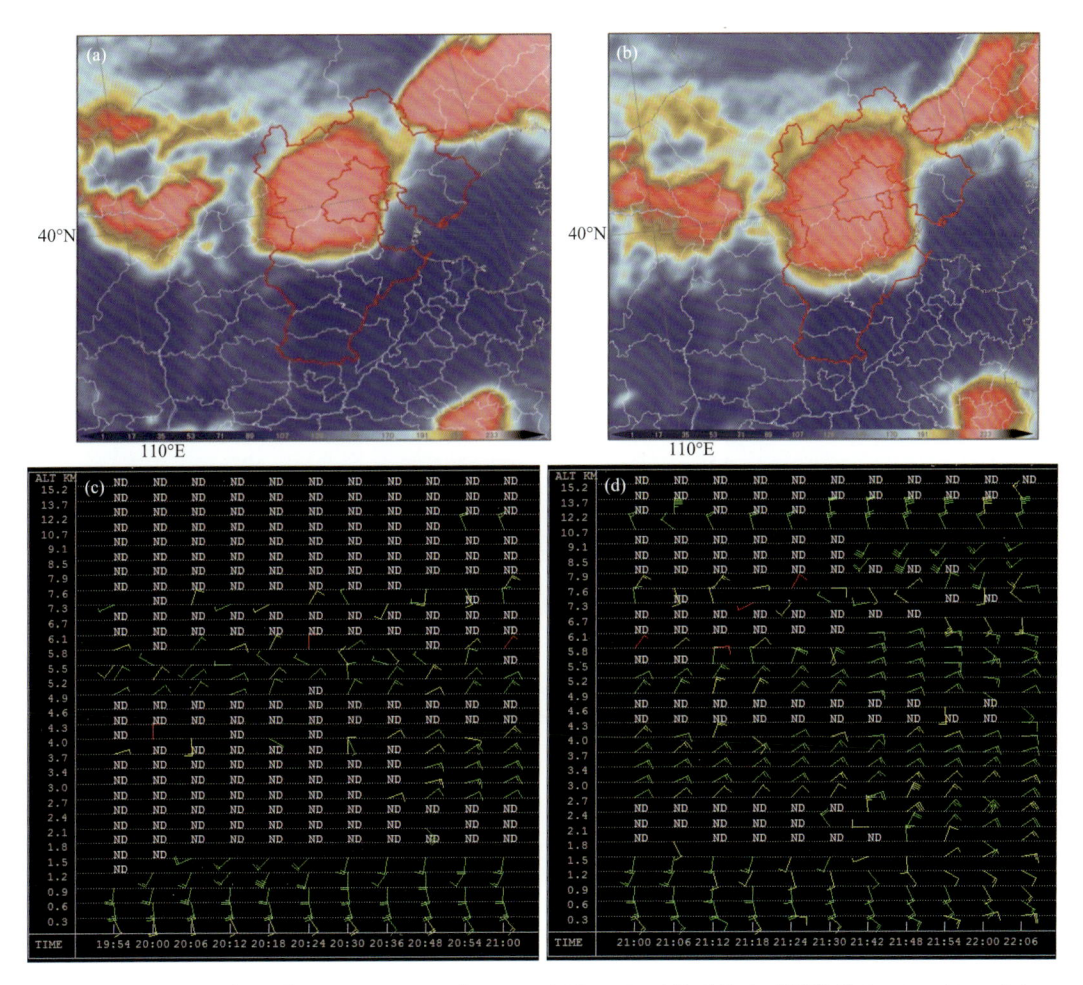

图 3.27.4　2017 年 7 月 13 日 20:45(a)和 22:45(b)FY-2E 卫星可见光云图以及 19:54—21:00(c)和 21:00—22:06(d)石家庄雷达 VWP 演变

雷达回波形成一条完整的飑线自北向南移动,中心强度超过 50 dBZ,强回波前沿伴有出流边界,存在明显的后侧入流急流,低层最大径向速度达 24 m·s$^{-1}$;VIL 最大 25 kg·m$^{-2}$,回波顶高最高大于 16 km(图 3.27.5～3.27.7)。

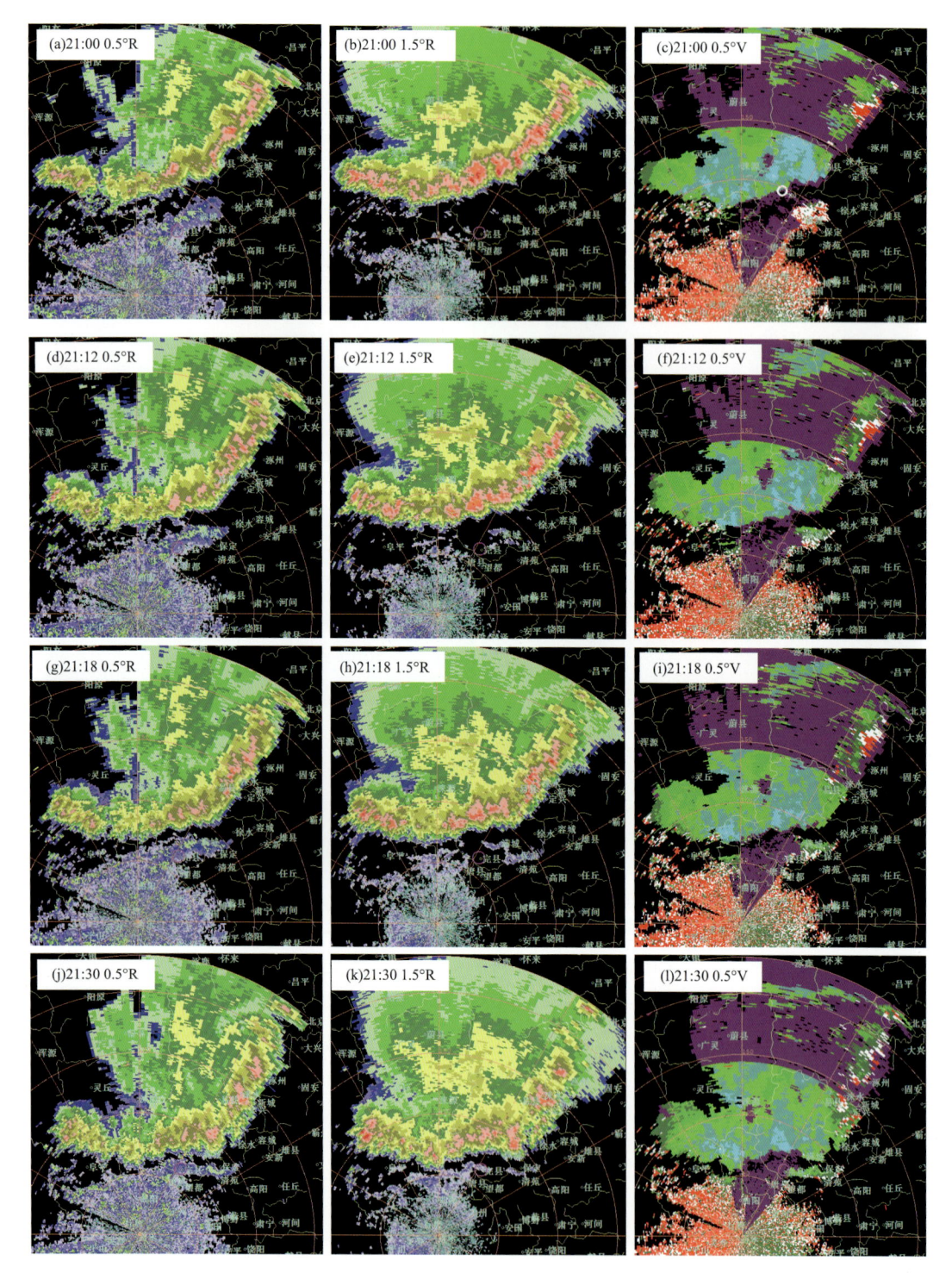

图 3.27.5 2017 年 7 月 13 日 21:00—21:30(a～l)石家庄雷达反射率因子(0.5°和 1.5°仰角)和平均径向速度(0.5°仰角)PPI(图中○为保定顺平位置)

第 3 章 高空冷平流强迫类 · 157 ·

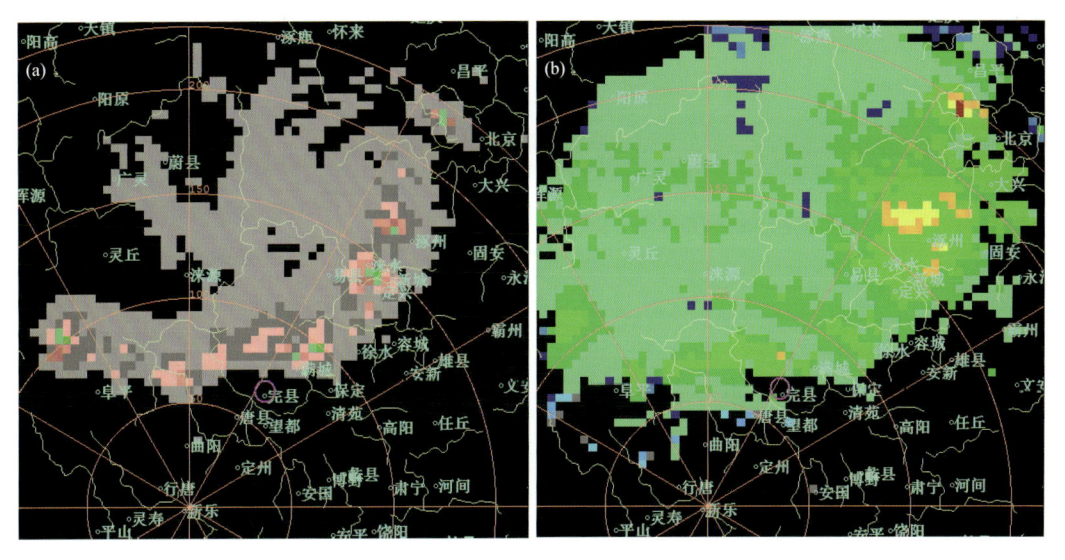

图 3.27.6 2017 年 7 月 13 日 21:30 石家庄雷达 VIL(a) 和 ET(b)(图中 ○ 为保定顺平位置)

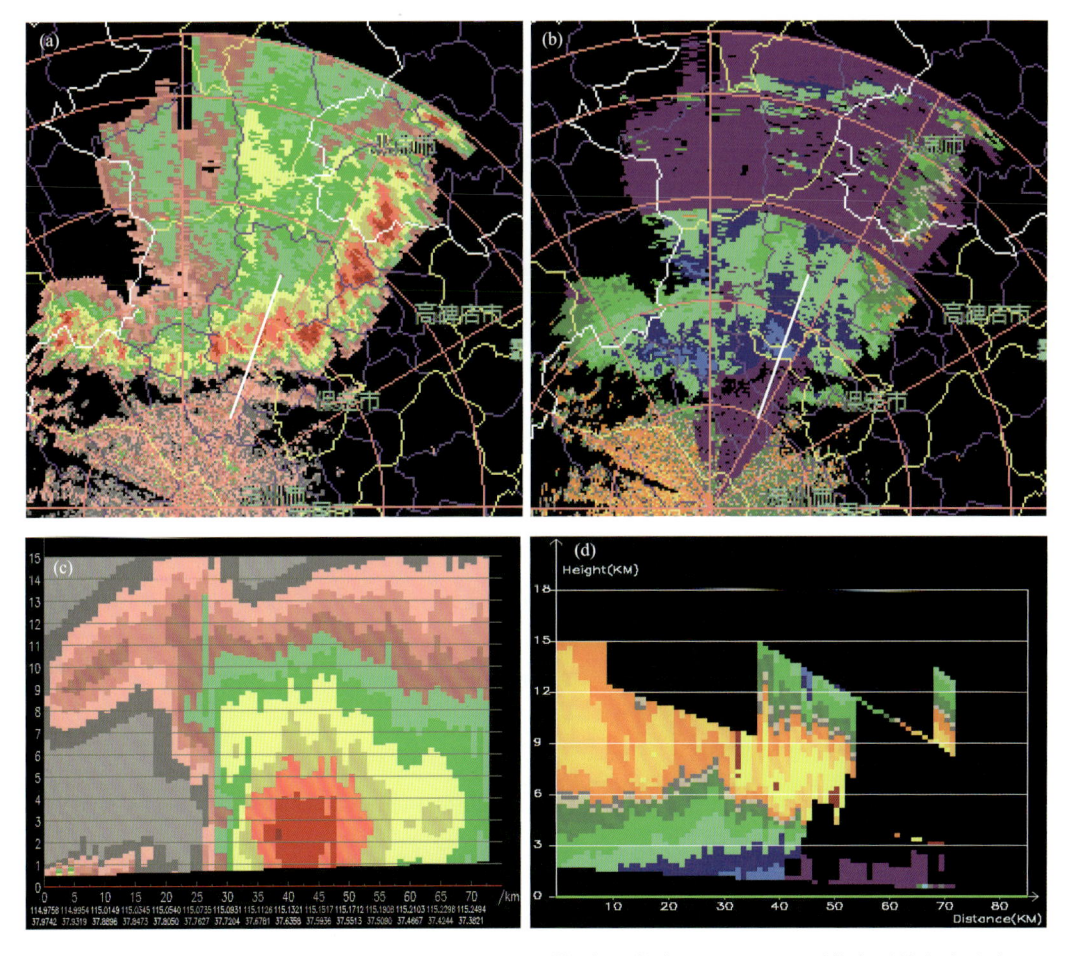

图 3.27.7 2017 年 7 月 13 日 21:30 石家庄雷达 0.5°仰角反射率因子(a)和 0.5°仰角平均径向速度(b)以及沿图中实线的反射率因子垂直剖面(c)和平均径向速度垂直剖面(d)

## 3.28 2017年8月16日短时强降水

**实况**：短时强降水主要出现在河北省东部（图3.28.1a），发生时段在16日上午至夜间。最大小时雨量出现在沧州盐山的千童镇，为88.7 mm（16日20时）（图3.28.1b、c）。

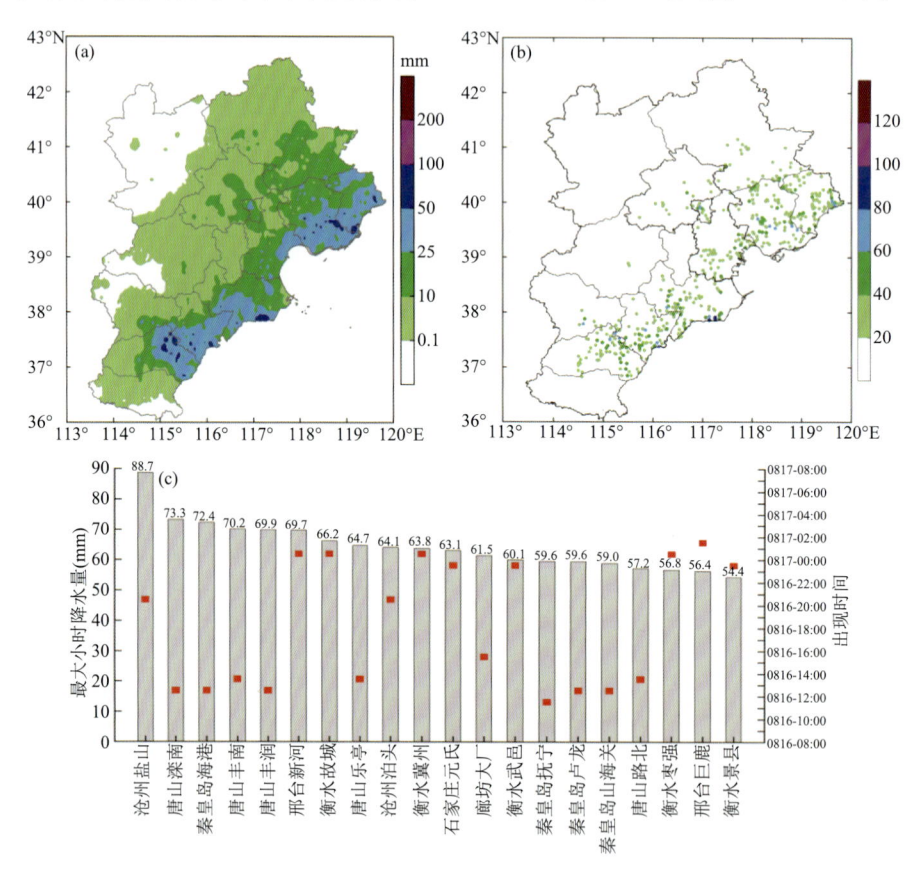

图3.28.1 2017年8月16日08时至17日08时24 h降水量(a)、最大小时雨量(b)和短时强降水出现时间(c)

**主要影响系统**：500 hPa低涡、横槽，850 hPa切变线。

**系统配置及演变**：500 hPa横槽下摆，槽后伴有16 m·s$^{-1}$以上西北大风速区携带干冷空气影响东部地区，并与850 hPa湿区、暖脊形成叠置，不稳定层结和垂直风切变增大；500 hPa低槽、850 hPa切变线东移南下，为不稳定能量的释放提供了有利的动力强迫（图3.28.2）。

分析北京探空资料（图3.28.3b），8月16日08时的环境条件有利于短时强降水的产生：(1)925 hPa到700 hPa $\theta_{se}$下降了10 ℃，有一定的条件不稳定特征；(2)对流有效位能较高，为1793 J·kg$^{-1}$；(3)K指数达到36 ℃（850 hPa与500 hPa温差为27 ℃，850 hPa的露点为14 ℃，700 hPa的温度露点差为5 ℃），表明对流层中下层存在热力不稳定层结（图3.28.3a）；(4)850 hPa以下层结偏湿，850 hPa和925 hPa比湿分别为12 g·kg$^{-1}$和15 g·kg$^{-1}$；(5)0~6 km的垂直风切变为12 m·s$^{-1}$，700 hPa以下风随高度顺转（图3.28.3c）。

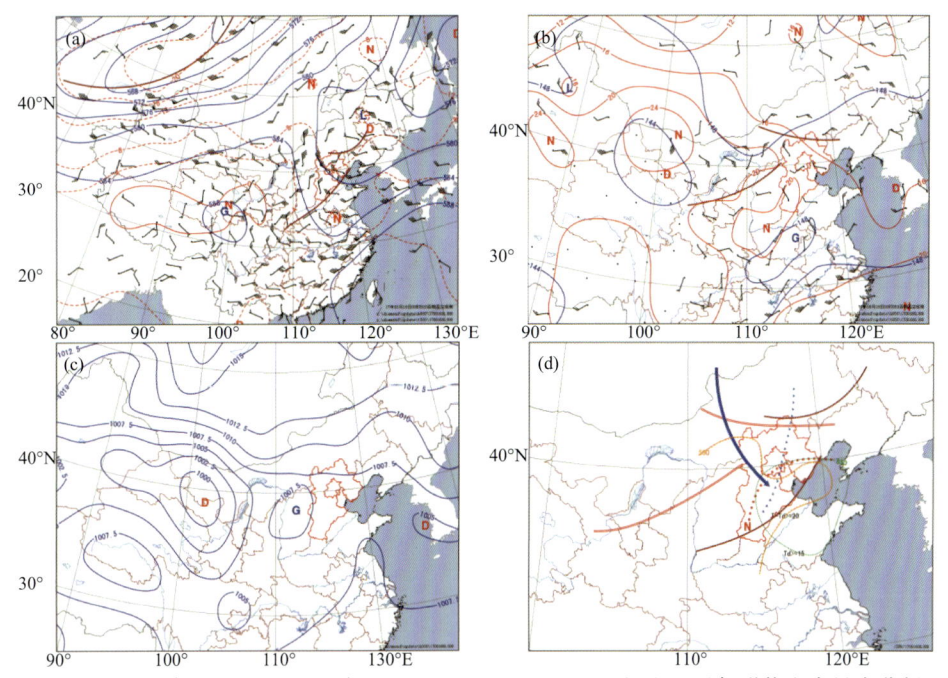

图 3.28.2　2017 年 8 月 16 日 08 时 500 hPa(a)、850 hPa(b)、地面(c)天气形势和中尺度分析(d)

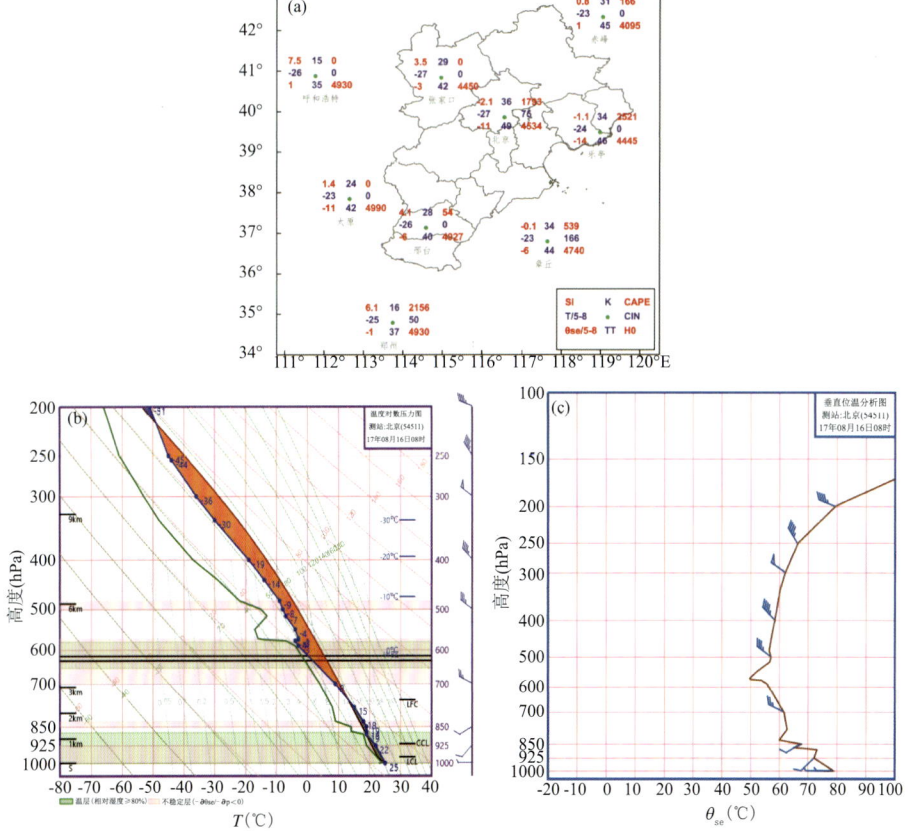

图 3.28.3　2017 年 8 月 16 日 08 时对流参数和特征高度分布(a)、54511(北京)
$T$-$\ln p$ 图(b)和假相当位温变化(c)

卫星云图上(图3.28.4a、b),16日19:00—22:00在河北沧州有中尺度对流云团发展,云团面积迅速增大、云顶亮温迅速降低。沧州雷达VWP上(图3.28.4c、d),19:00以后低层偏东风风速增强且垂直方向范围由1.2 km扩大至2.4 km高度,风随高度逆转表明低层有冷空气入侵。

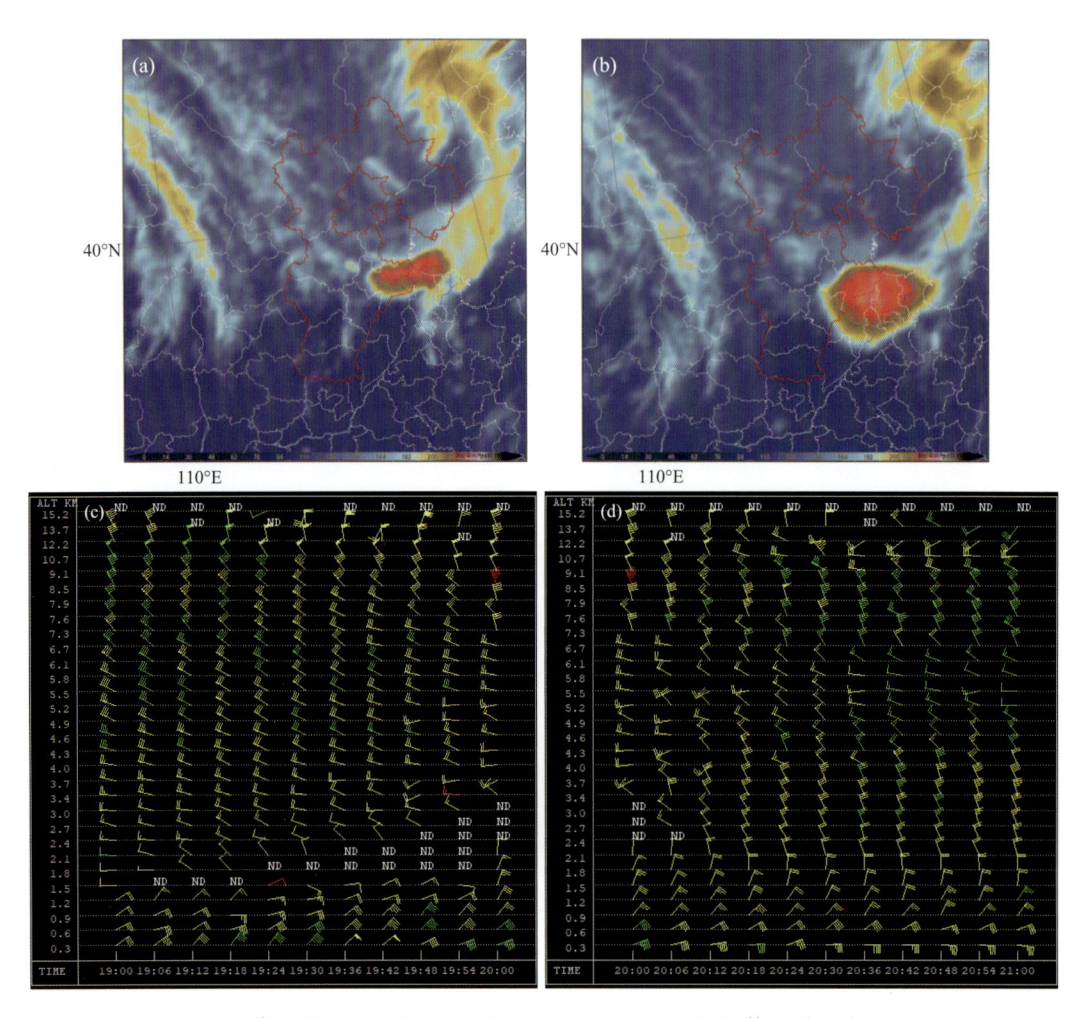

图3.28.4 2017年8月16日19:30(a)和21:30(b)FY-2E卫星红外云图以及19:00—21:00沧州雷达VWP演变(c、d)

回波带缓慢南移,不断接近前方阵风锋出流,回波迅速发展加强。45 dBZ以上回波维持,回波整体位置少动,具有列车效应特征。45 dBZ以上回波多在9 km以下(参考反射率因子剖面图),3~7 km高度出现60 dBZ强回波(0 ℃层高度4.5 km),具有大陆型强降水回波特征。VIL最大为42 kg·m$^{-2}$,回波顶高最高为16 km(图3.28.5~3.28.7)。

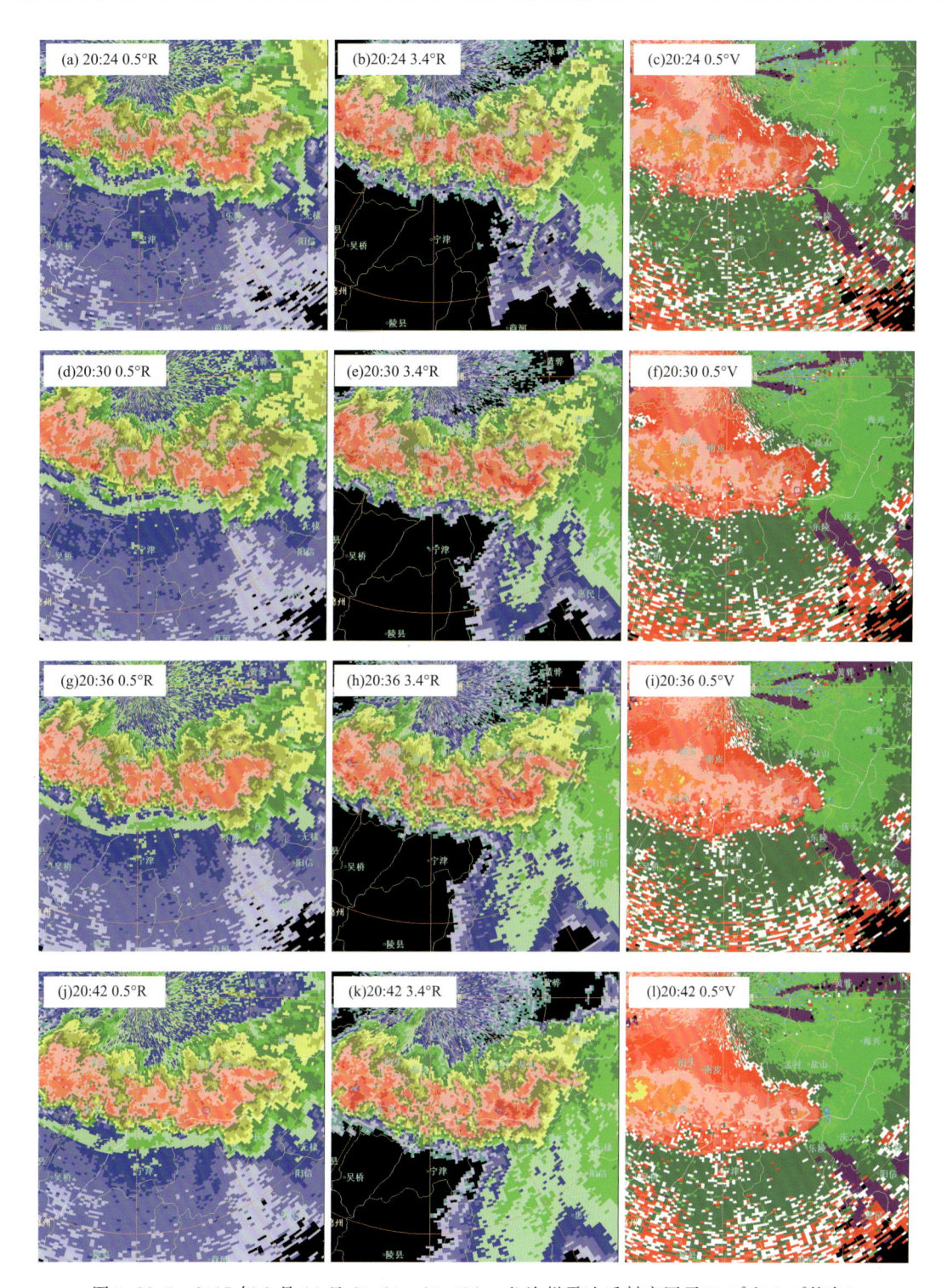

图 3.28.5 2017年8月16日20:24—20:42(a~l)沧州雷达反射率因子(0.5°和3.4°仰角)和平均径向速度(0.5°仰角)PPI(图中○为沧州盐山千童镇位置)

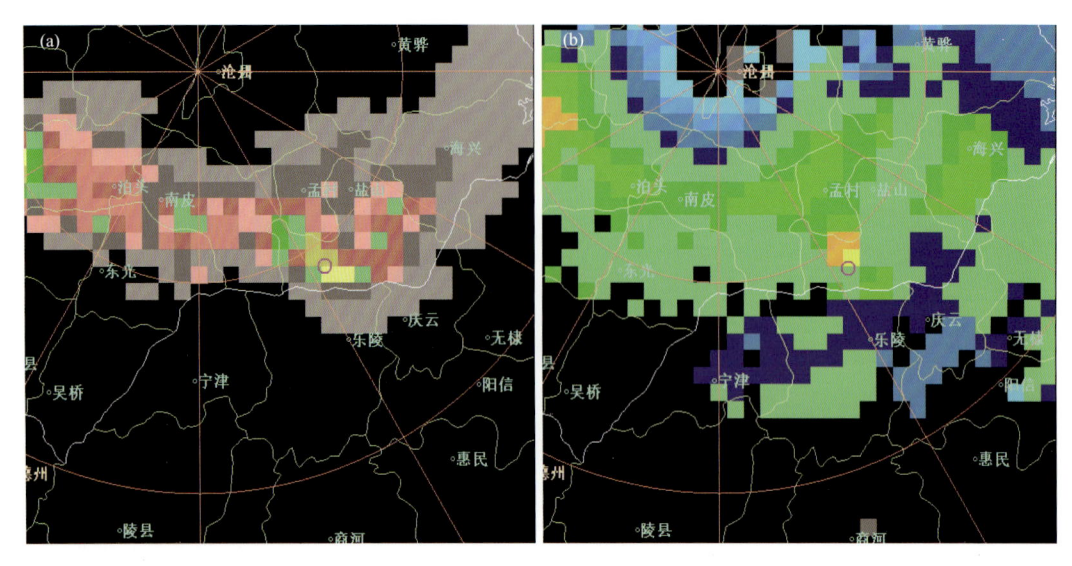

图3.28.6 2017年8月16日20:24沧州雷达VIL(a)和ET(b)(图中○为沧州盐山千童镇位置)

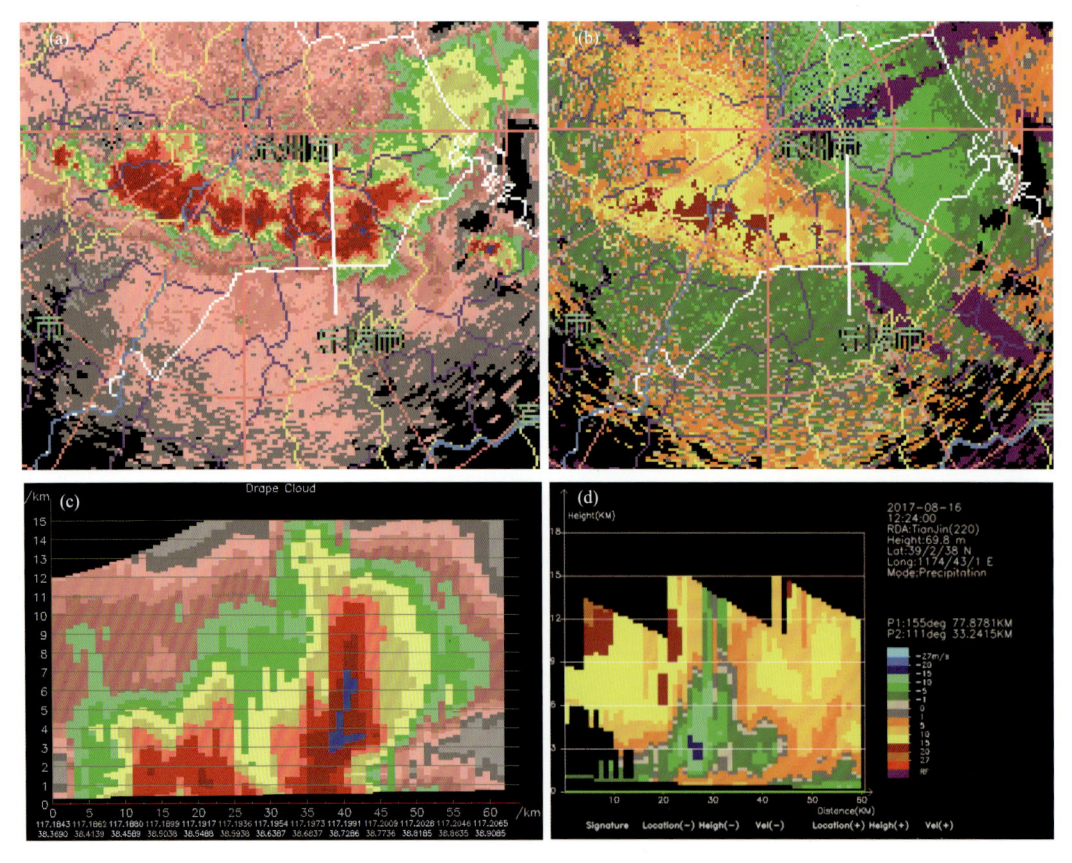

图3.28.7 2017年8月16日20:24沧州雷达0.5°仰角反射率因子(a)和0.5°仰角平均径向速度(b)以及沿图中实线的反射率因子垂直剖面(c)和平均径向速度垂直剖面(d)

## 3.29　2017年9月21日雷暴大风

实况：强对流天气主要出现在河北省中部（图3.29.1a），以大风（27站）（图3.29.1b）为主，集中出现在21日18—23时。沧州河间21:20瞬时极大风速达33 m·s$^{-1}$（12级）。

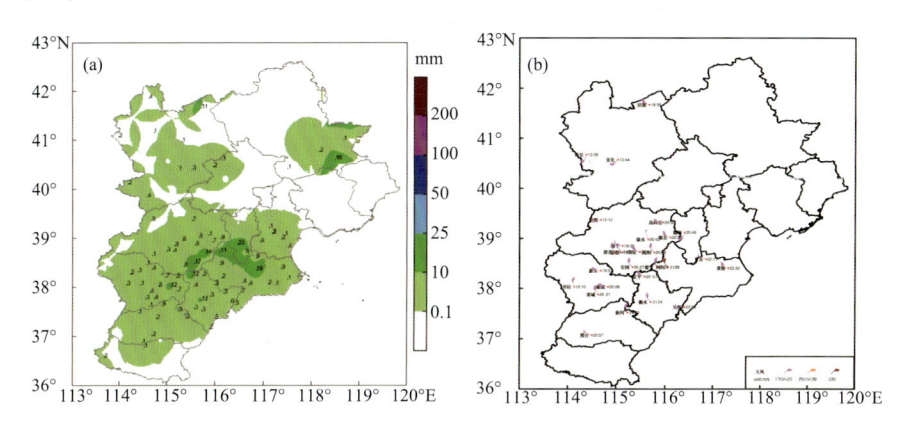

图3.29.1　2017年9月21日08时至22日08时24 h降水量(a)和大风(b)分布

主要影响系统：500 hPa冷涡冷槽、850 hPa暖脊、地面辐合线。

系统配置及演变：500 hPa低涡前部冷槽携带冷空气东移，与850 hPa暖脊在河北上空叠置，不稳定层结加大；500 hPa超过20 m·s$^{-1}$的大风速带从新疆北部向河北上游伸展；地面处于冷锋前部低压辐合区，地面存在风场辐合线有利于不稳定能量释放（图3.29.2）。

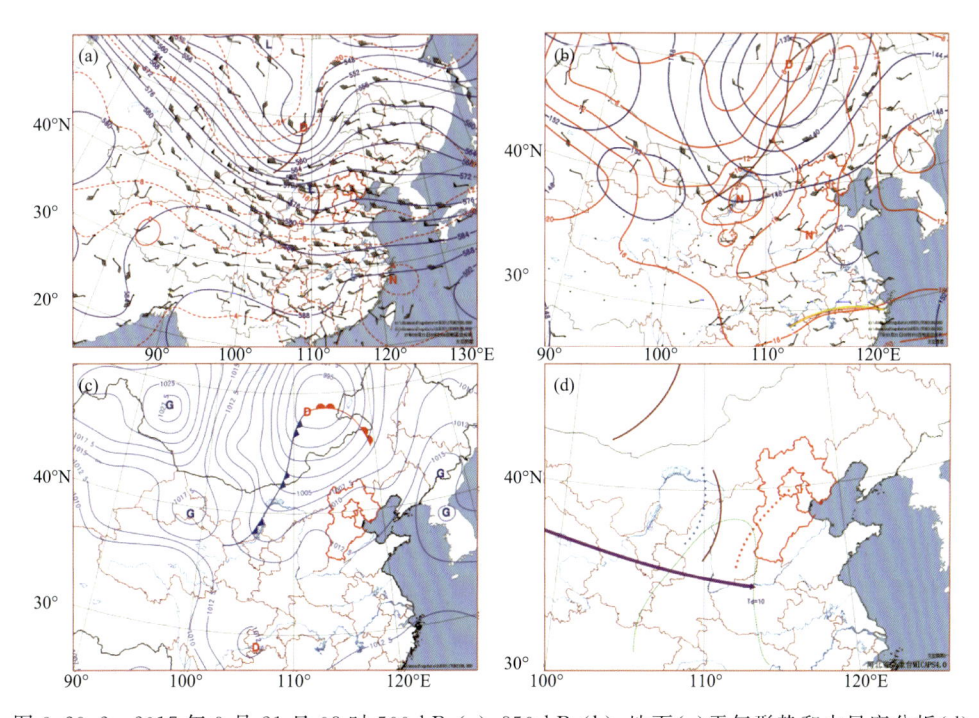

图3.29.2　2017年9月21日08时500 hPa(a)、850 hPa(b)、地面(c)天气形势和中尺度分析(d)

分析邢台探空资料(图 3.29.3b),9 月 21 日 14 时订正后的环境条件有利于雷暴大风的产生:(1)850～700 hPa 温度层结曲线接近平行于干绝热线;(2)整层相对湿度较小;(3)08 时 850～500 hPa 温差达到 31 ℃,14 时订正探空后对流有效位能为 781 J·kg$^{-1}$,600 hPa 的下沉对流有效位能达到 1200 J·kg$^{-1}$,925 hPa 到 700 hPa $\theta_{se}$ 下降了 8 ℃,存在一定的条件不稳定(图 3.29.3c);(4)0～6 km 的垂直风切变为 10 m·s$^{-1}$(图 3.29.3c);(5)0 ℃ 层高度为 3.9 km,-20 ℃ 层高度为 6.9 km。

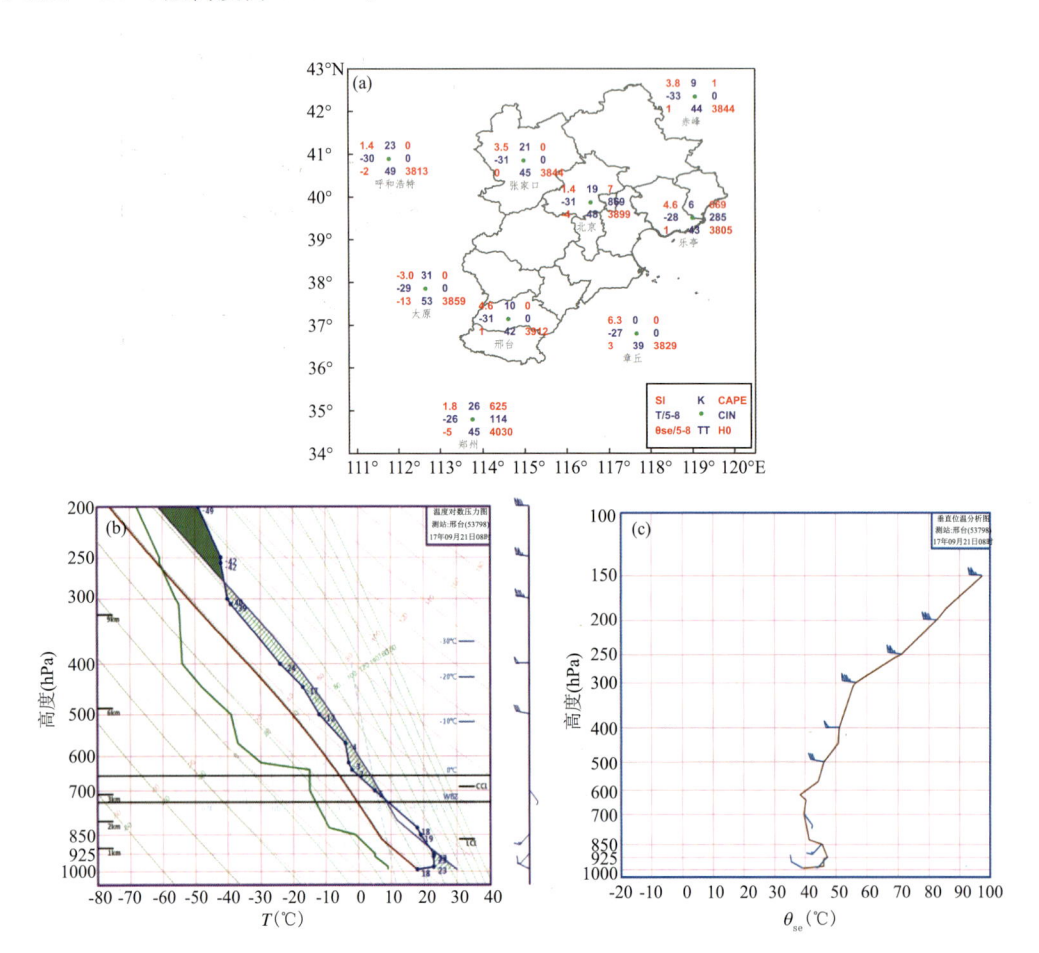

图 3.29.3　2017 年 9 月 21 日 08 时对流参数和特征高度分布(a)、53798(邢台) T-ln$p$ 图(b)和假相当位温变化(c)

卫星云图上(图 3.29.4a、b),21:30 前后在河北中部有带状对流云团发展,22:30 以后迅速发展加强为逗点状云系并东移。石家庄雷达 VWP 上(图 3.29.4c、d),19:30 以后,边界层由偏西风转为偏北风,6 km 高度西北风加大到 20 m·s$^{-1}$ 以上,0～6 km 垂直风切变增强。

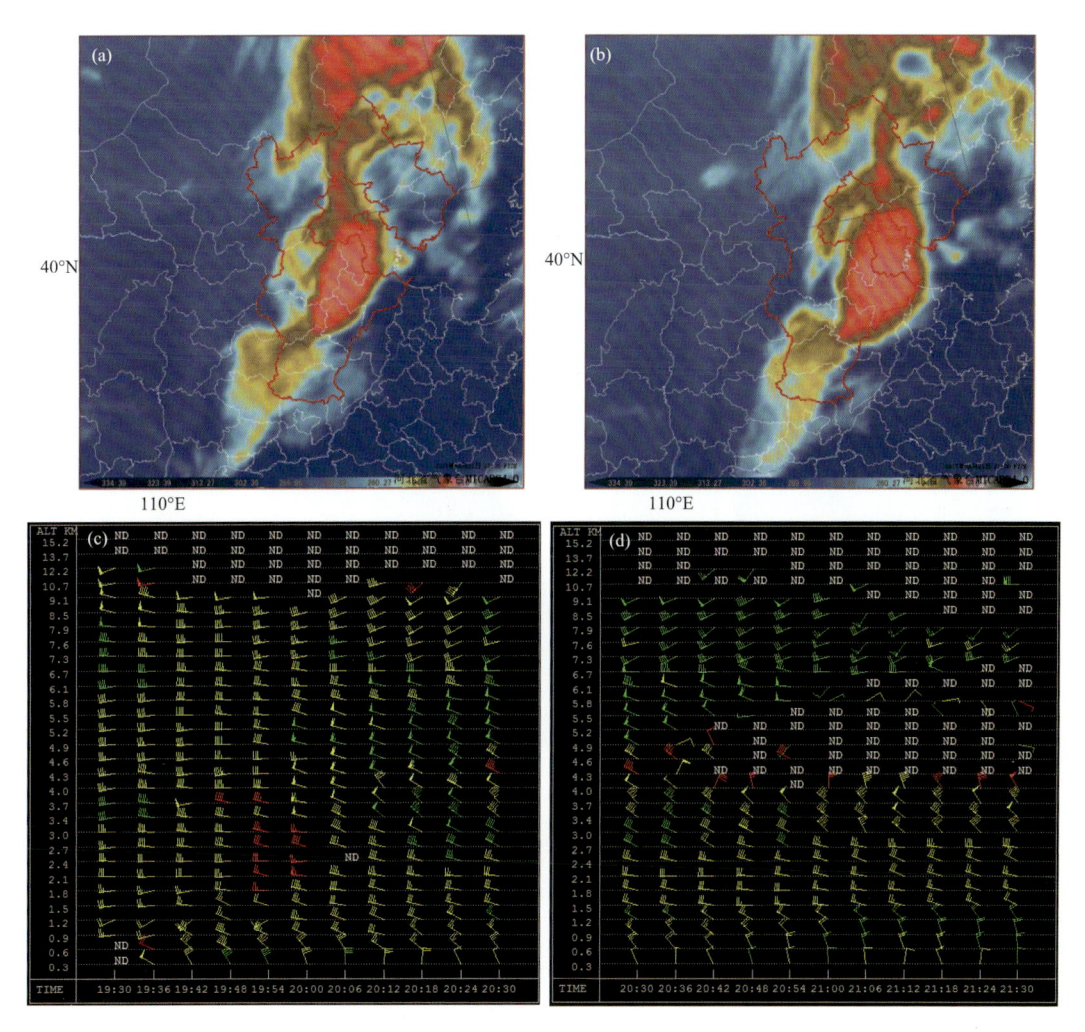

图 3.29.4 2017 年 9 月 21 日 20:30(a)和 21:30(b)FY-2E 卫星红外云图以及 19:30—21:30 石家庄雷达 VWP 演变(c、d)

雷达回波自西向东移动,强度超过 55 dBZ,形成明显的带状回波,存在弓形回波并伴有后侧入流急流,低层最大径向速度达 31 m·s$^{-1}$,2.4°仰角伴随中层径向辐合和中气旋;VIL 最大 45 kg·m$^{-2}$,回波顶高最高大于 14 km(图 3.29.5~3.29.7)。

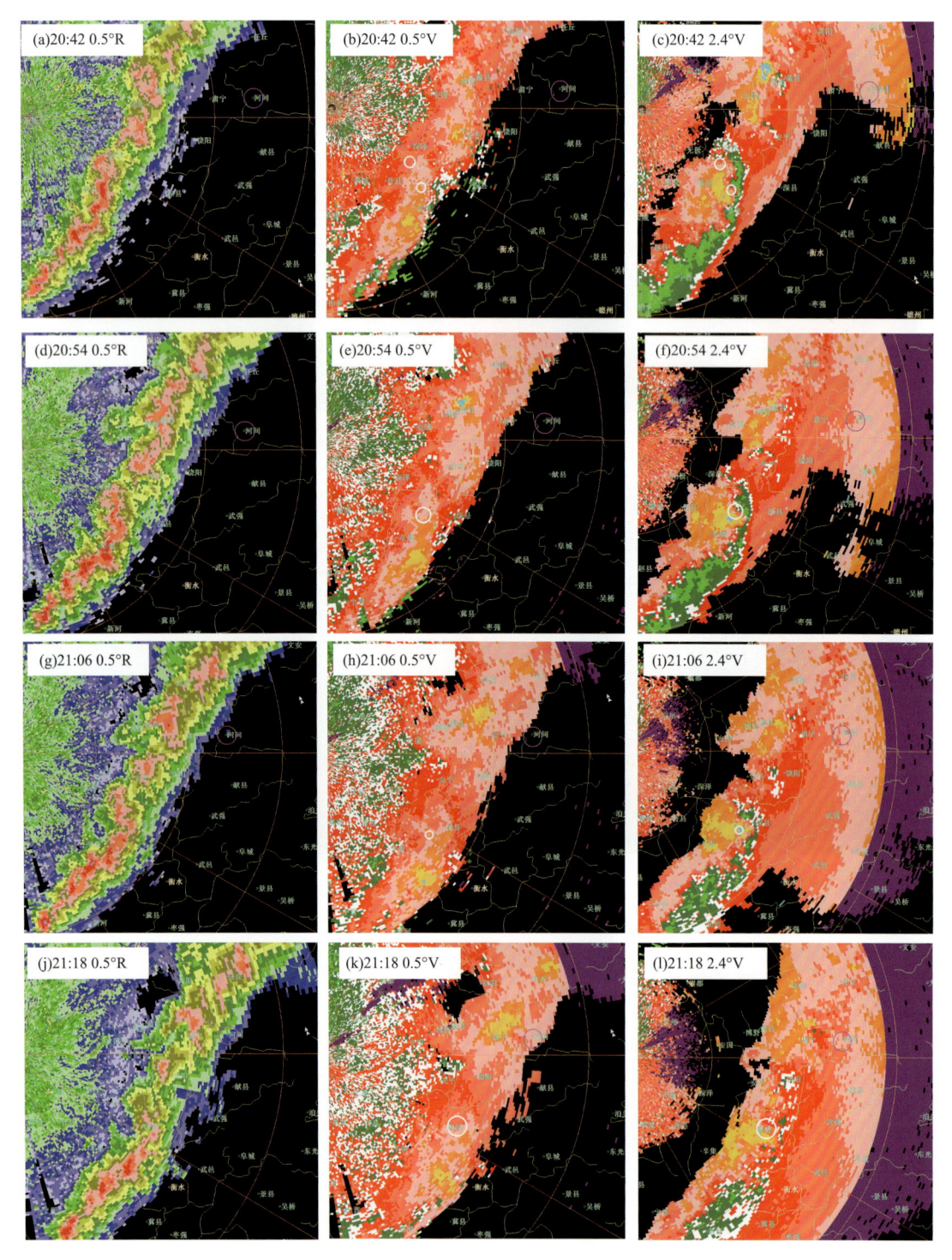

图 3.29.5　2017 年 9 月 21 日 20:42—21:18(a~l)石家庄雷达反射率因子(0.5°仰角)和平均径向速度(0.5°和 2.4°仰角)PPI(图中○为沧州河间位置)

第 3 章 高空冷平流强迫类 · 167 ·

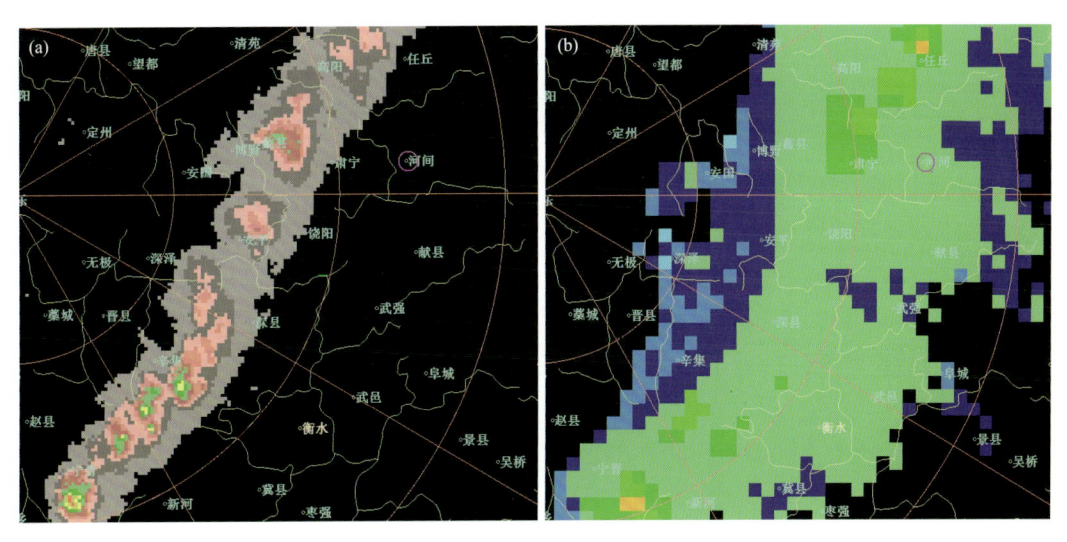

图 3.29.6 2017 年 9 月 21 日 21:00 石家庄雷达 VIL(a) 和 ET(b)(图中○为沧州河间位置)

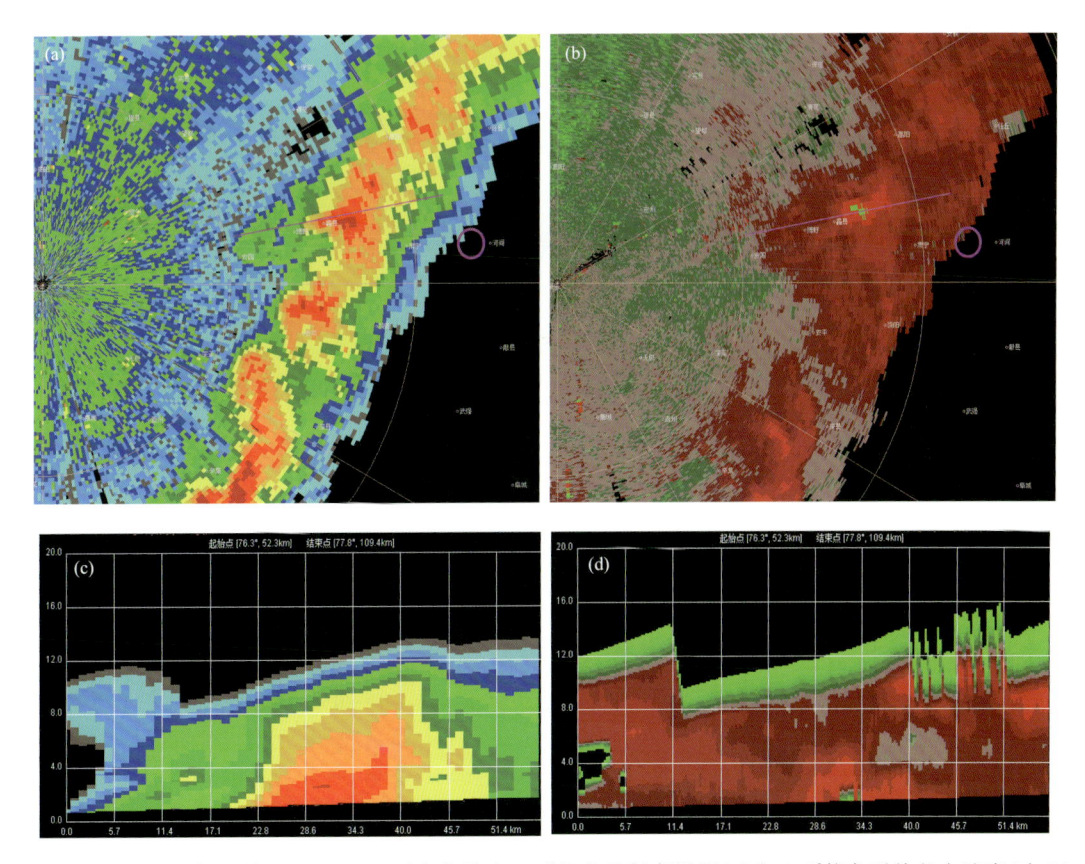

图 3.29.7 2017 年 9 月 21 日 21:00 石家庄雷达 0.5°仰角反射率因子(a)和 0.5°仰角平均径向速度(右 b) 以及沿图中实线的反射率因子垂直剖面(c)和平均径向速度垂直剖面(d)

# 第 4 章  低层暖平流强迫类

## 4.1  2012 年 7 月 21 日短时强降水

实况：短时强降水主要影响河北省东北部(76 站)，集中出现在 7 月 21 日 08 时至 22 日 08 时(图 4.1.1a～c)。小时降水量最大为 112.0 mm，出现在廊坊固安(17—18 时)，承德兴隆最大小时降水量为 89.8 mm(17—18 时)(图 4.1.1c)。

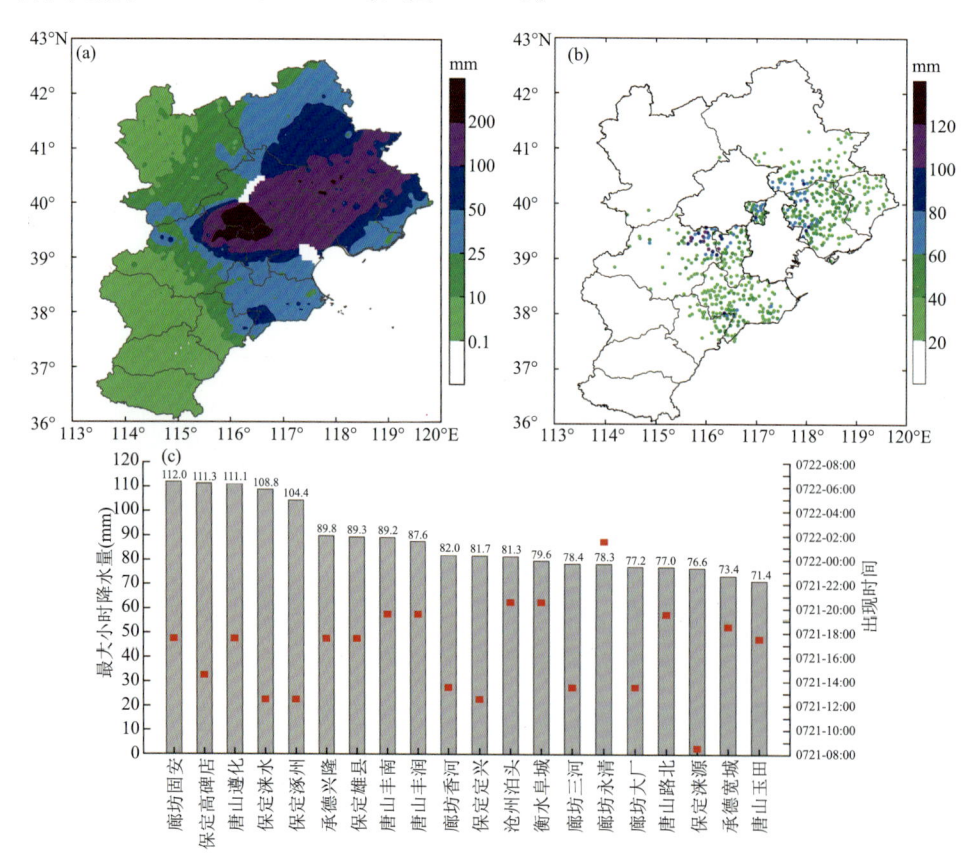

图 4.1.1  2012 年 7 月 20 日 08 时至 21 日 08 时 24 h 降水量(a)、最大小时降水量(b)和短时强降水出现时间(c)

主要影响系统：500 hPa 高空槽、副热带高压，850 hPa 低涡切变线，地面冷锋。

系统配置及演变：500 hPa 蒙古冷涡底部的高空槽配合 850 hPa 暖脊和湿区，850 hPa 低涡与副热带高压之间的气压梯度加大,西南风加大为低空急流;地面冷锋及 850 hPa 切变线为不稳定能量的释放提供了有利的动力强迫(图 4.1.2)。

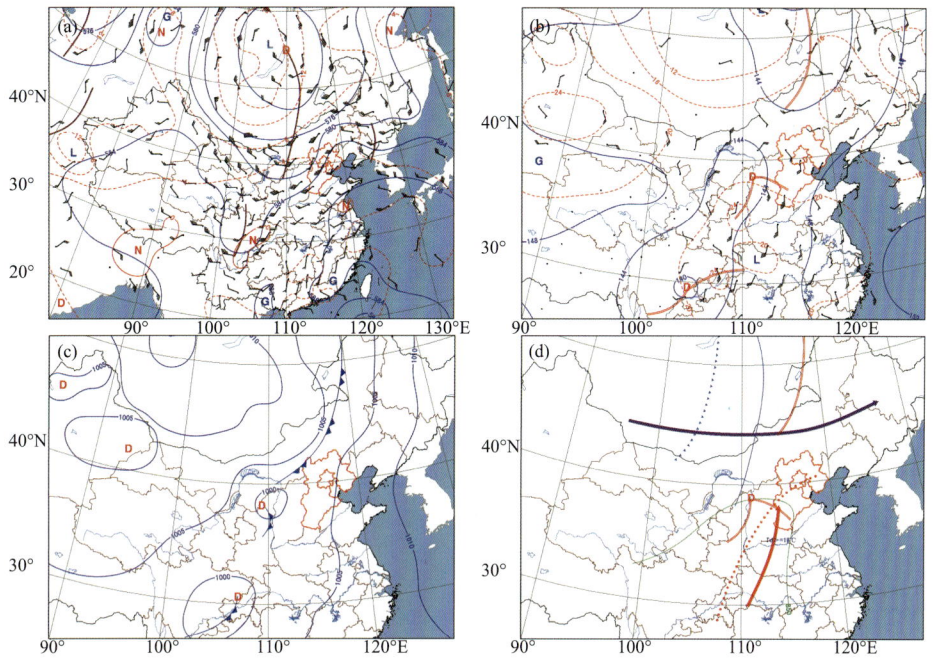

图 4.1.2　2012 年 7 月 21 日 08 时 500 hPa(a)、850 hPa(b),20 时地面(c)天气形势和 08 时中尺度分析(d)

从北京探空资料分析(图 4.1.3b),7 月 21 日 08 时的环境条件有利于短时强降水的产生:(1)850~600 hPa 存在一定的干层,850 hPa 以下湿层深厚(图 4.1.3b),1000 hPa 露点温度达到 23.8 ℃;(2)08 时 850~500 hPa 温差达到 23 ℃,对流有效位能达到 955 J·kg$^{-1}$(图 4.1.3a),1000 hPa 至 700 hPa $\theta_{se}$ 随高度降低 36 ℃,位势不稳定层深厚(图 4.1.3c);(3)0 ℃ 层高度为 5.01 km,抬升凝结高度为 948 hPa,暖云层深厚。

卫星云图上(图 4.1.4a、b),21 日 08—20 时,中尺度对流系统移动缓慢。中午之后不断有新单体在中尺度对流系统西南侧生成,形成列车效应。秦皇岛雷达 VWP 显示(图 4.1.4c、d),0.3 km 高度以下一直为偏东风,0.3 km 高度以上顺转为西南风,西南风风速≥12 m·s$^{-1}$,低层有明显的暖平流。

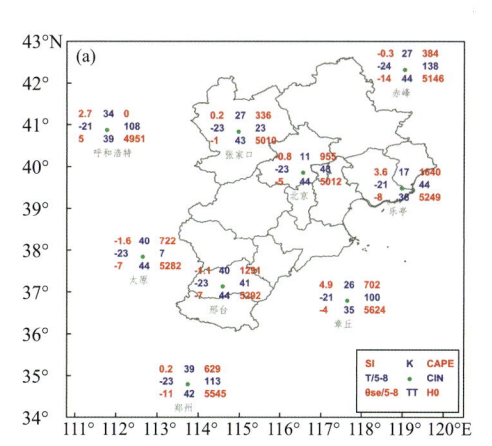

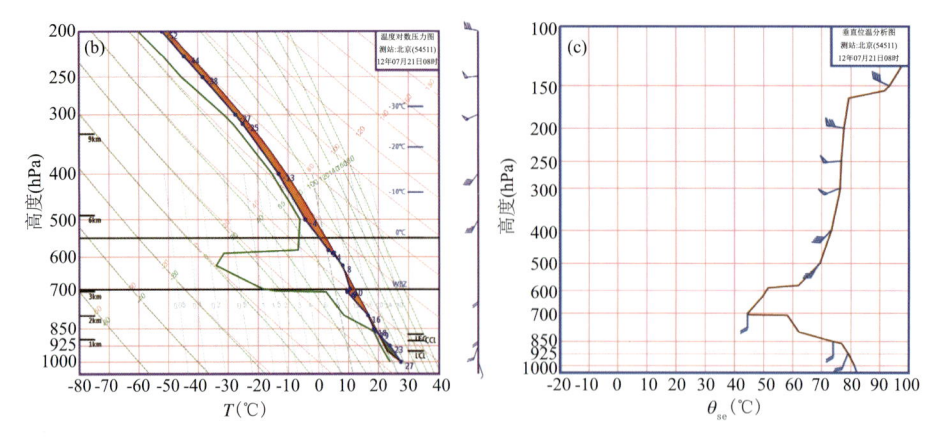

图 4.1.3　2012 年 7 月 21 日 08 时对流参数和特征高度分布(a)、54511(北京)
$T$-$\ln p$ 图(b)和假相当位温变化(c)

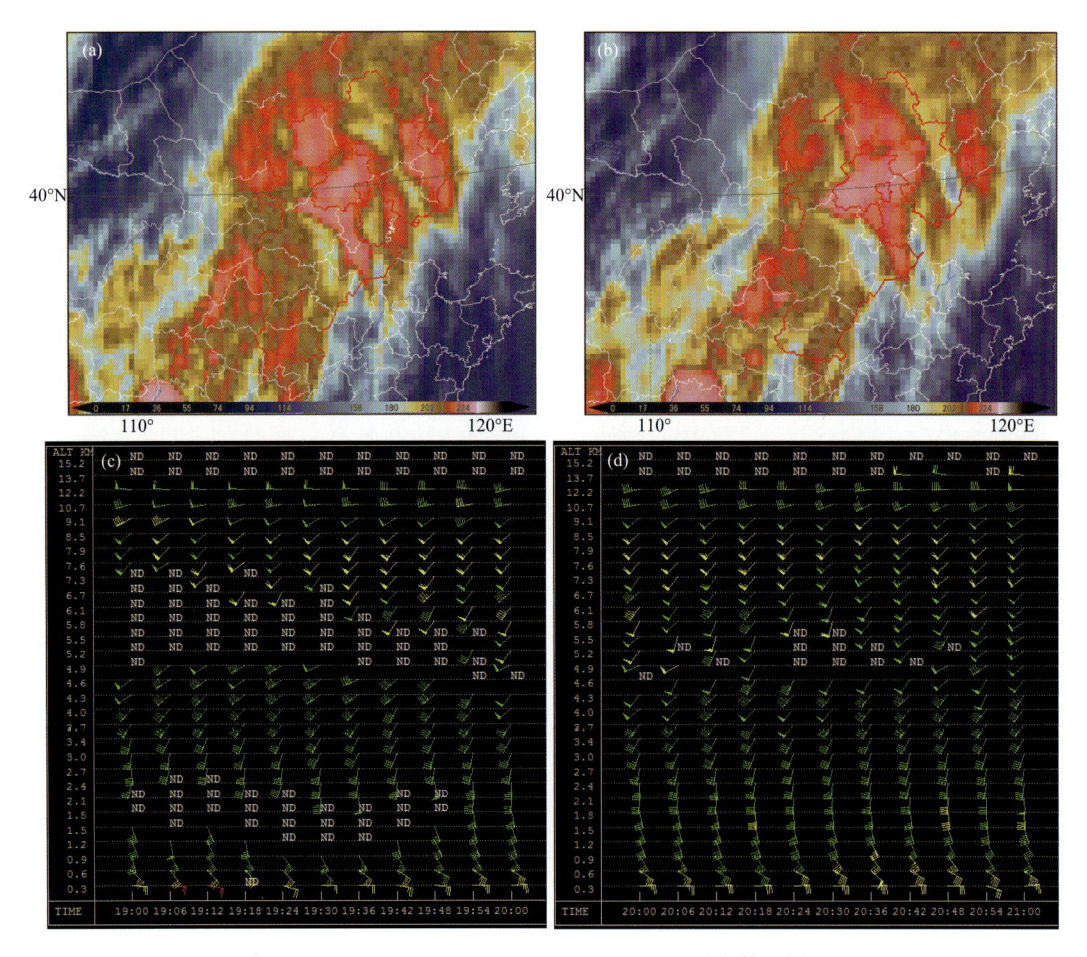

图 4.1.4　2012 年 7 月 21 日 17:00(a)和 18:00(b)FY-2E 卫星红外云图以及 19:00—21:00
秦皇岛雷达 VWP 演变(c 和 d)

雷达回波表现为层状云为主的层云积云混合型回波,呈絮状,35 dBZ 以上的回波不断经过承德兴隆,形成列车效应。回波顶高最高为 8 km,VIL 最大达到 5 kg·m$^{-2}$。回波质心在

5 km 以下,降水效率高,为热带对流型短时强降水(图 4.1.5～4.1.7)。

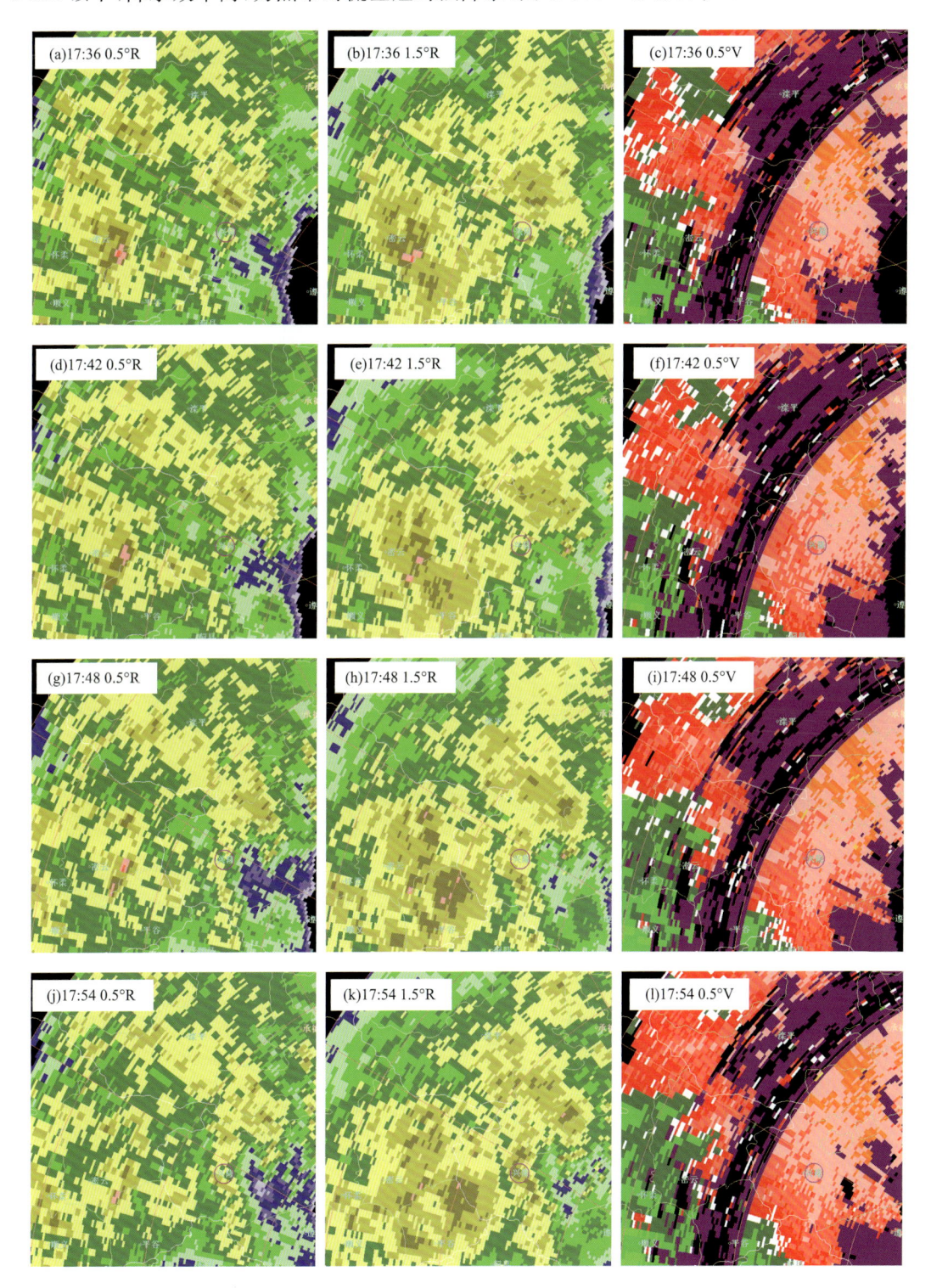

图 4.1.5  2012 年 7 月 21 日 17:36—17:54(a～l)秦皇岛雷达反射率因子(0.5°和 1.5°仰角)和平均径向速度(0.5°仰角)PPI(图中○为承德兴隆位置)

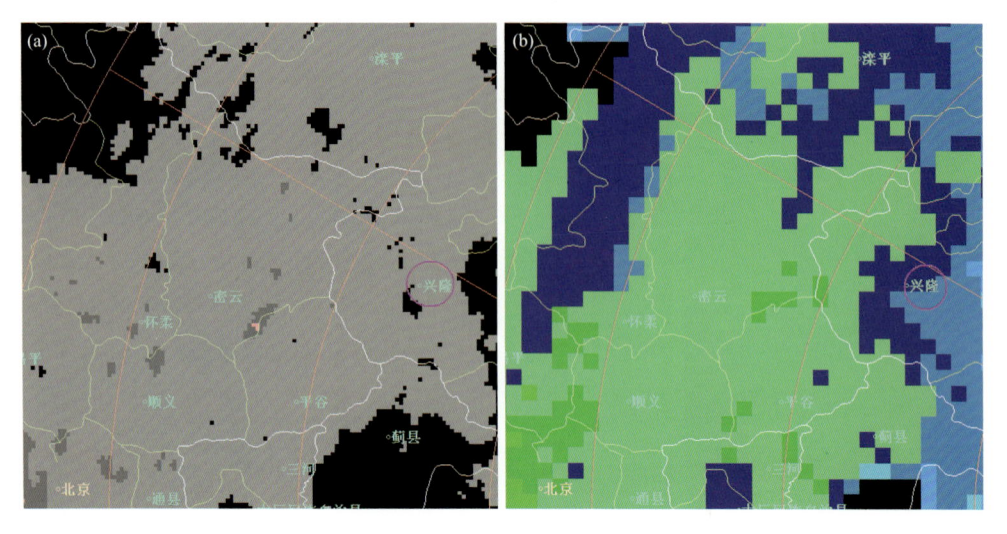

图 4.1.6　2012 年 7 月 21 日 17:54 秦皇岛雷达 VIL(a) 和 ET(b)（图中○为承德兴隆位置）

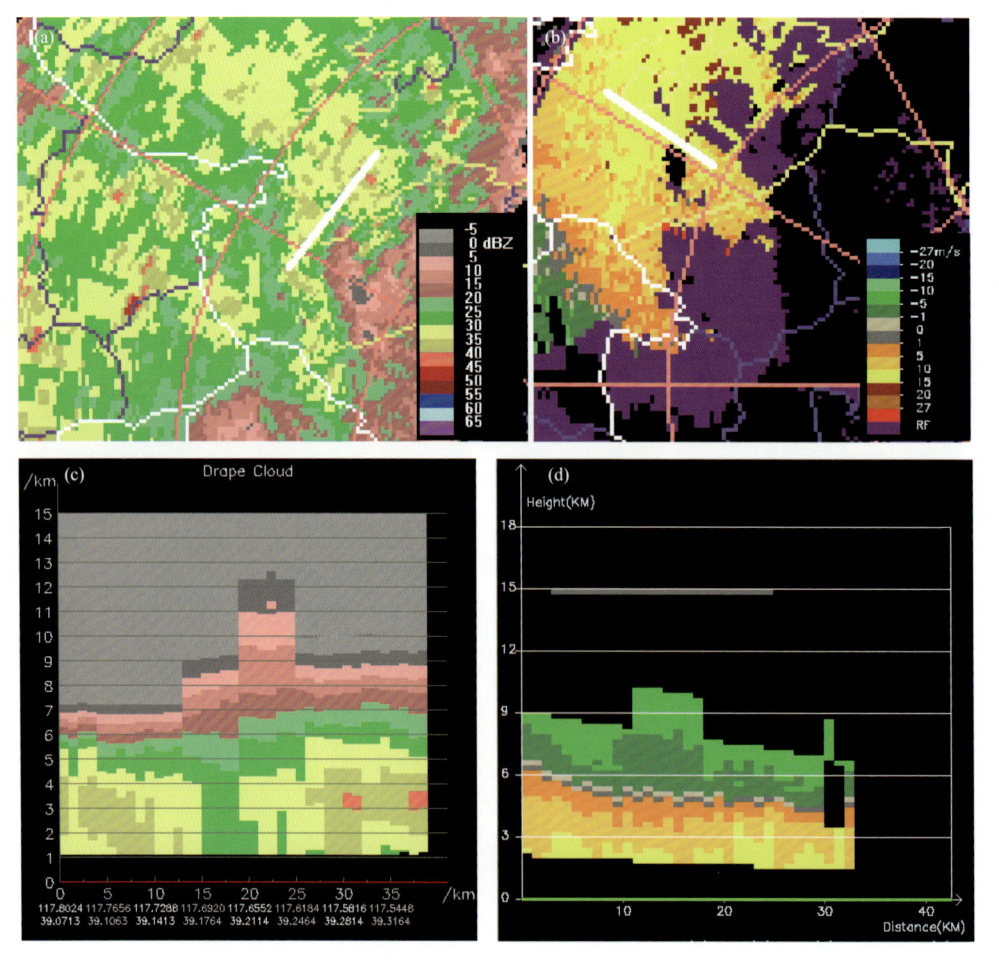

图 4.1.7　2012 年 7 月 21 日 17:54 秦皇岛雷达 0.5°仰角反射率因子(a)和 0.5°仰角平均径向速度(b)
以及沿图中实线的反射率因子垂直剖面(c)和平均径向速度垂直剖面(d)

## 4.2 2012年7月26日短时强降水

**实况**：短时强降水主要影响河北省中南部，集中出现在26日白天（图4.2.1a～c）。小时降水量最大为103.3 mm，出现在邢台沙河（12—13时），石家庄辛集最大小时降水量为76 mm（16—17时）（图4.2.1c）。

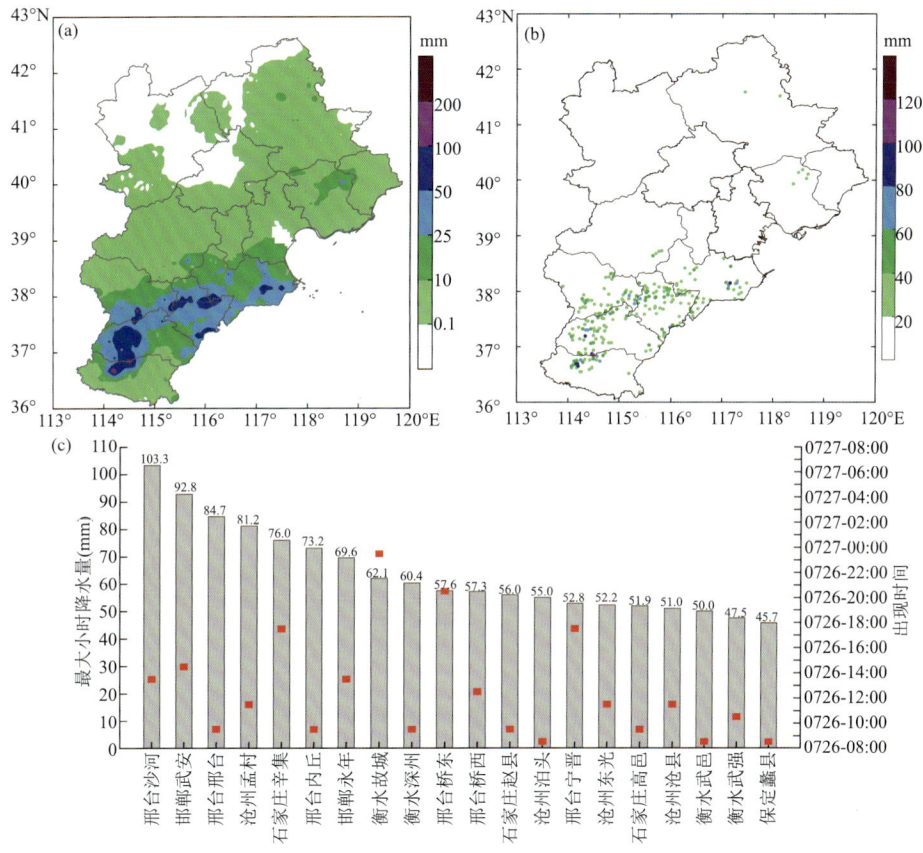

图4.2.1 2012年7月26日08时至27日08时24 h降水量(a)、最大小时降水量(b)和短时强降水出现时间(c)

**主要影响系统**：500 hPa低槽、850 hPa切变线、地面低压。

**系统配置及演变**：500 hPa低槽携带弱冷空气东移，700 hPa为切变线，850 hPa受西南暖湿气流控制，河北东部处于500 hPa干区与850 hPa湿区、暖脊叠置区域，不稳定层结强；地面位于低压辐合区内，为不稳定能量的释放提供了有利的动力强迫（图4.2.2）。

分析邢台探空资料（图4.2.3b），7月26日08时的环境条件有利于短时强降水的产生：(1)925 hPa到700 hPa $\theta_{se}$ 下降了20 ℃，条件不稳定特征明显（图4.2.3c）；(2)对流有效位能为1866 J·kg$^{-1}$，对流抑制能量126 J·kg$^{-1}$（图4.2.3a）；(3)K指数达到40.5 ℃（850 hPa与500 hPa温差为28 ℃，850 hPa的露点为18 ℃），对流层中下层存在热力不稳定层结（图4.2.3a）；(4)500 hPa以下层结偏湿，925 hPa和850 hPa比湿分别为19 g·kg$^{-1}$和16 g·kg$^{-1}$；(5)0～6 km的垂直风切变为12 m·s$^{-1}$，700 hPa以下风随高度顺转。

图 4.2.2　2012 年 7 月 26 日 08 时 500 hPa(a)、850 hPa(b)、地面(c)天气形势和中尺度分析(d)

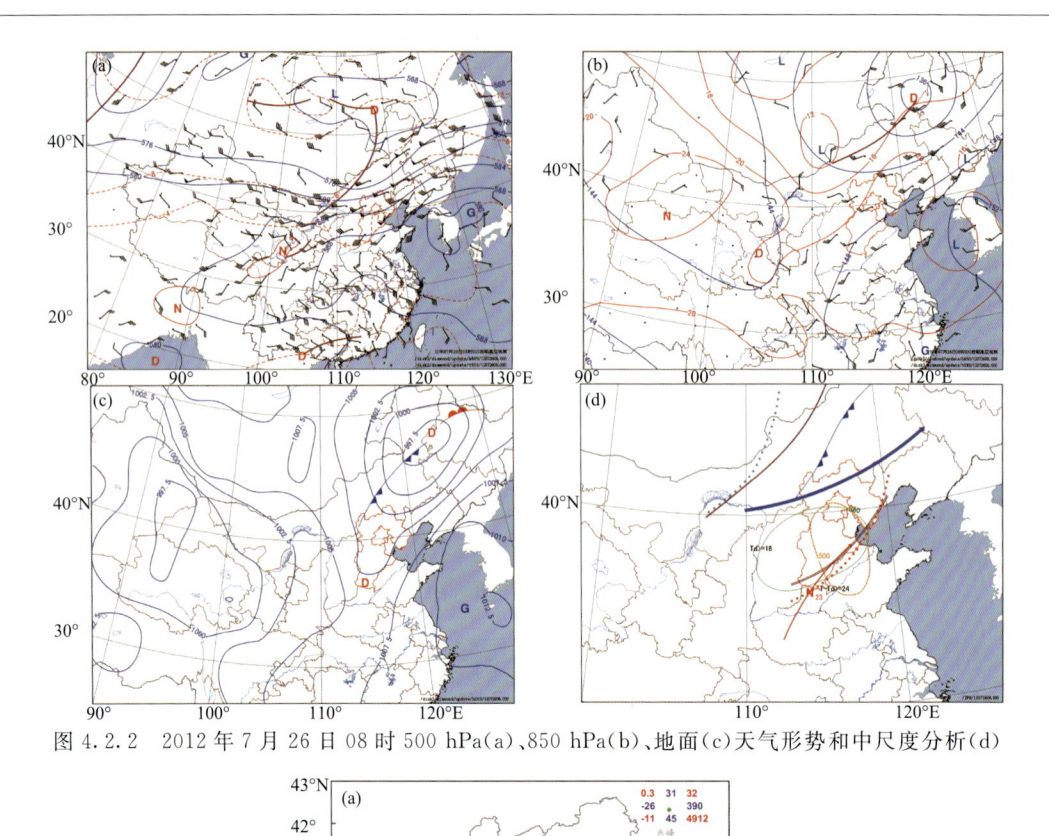

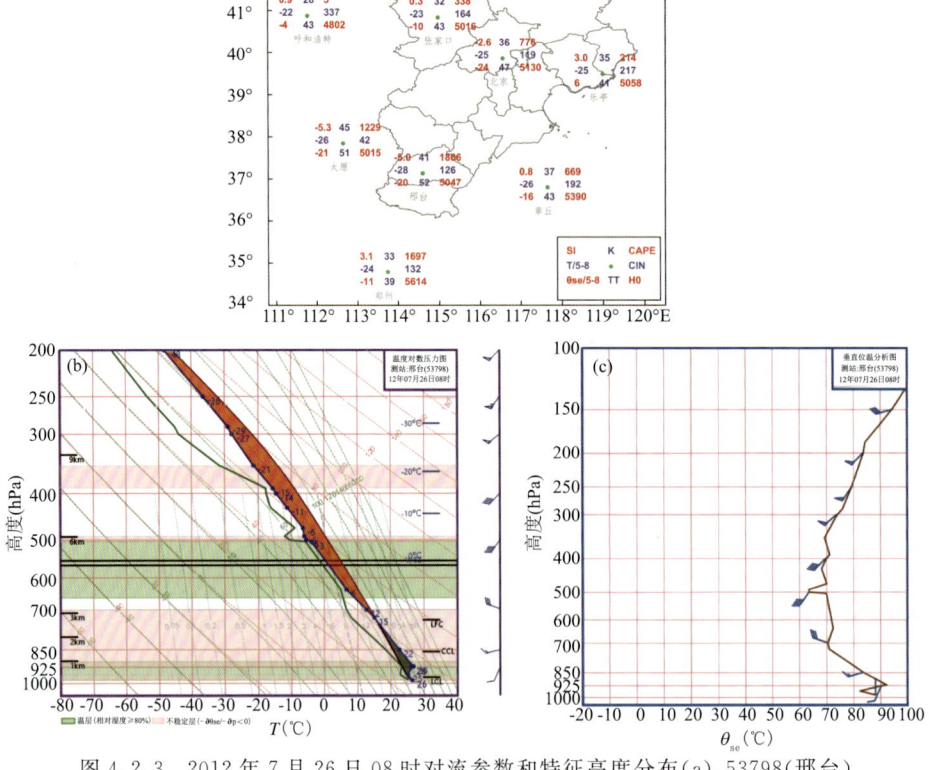

图 4.2.3　2012 年 7 月 26 日 08 时对流参数和特征高度分布(a)、53798(邢台)
$T$-$\ln p$ 图(b)和假相当位温变化(c)

卫星云图上(图 4.2.4a、b),17:00—18:00 河北省西部有中尺度对流云团原地快速发展加强,云团面积迅速增大且南侧边界光滑、亮温梯度大。石家庄雷达 VWP 上(图 4.2.4c、d)垂直风切变很大,16:24 以后 4.5 km 高度偏西风急流加强并向下层入侵,17:00 以后 4.5~8 km 高度范围内偏西风急流加强。

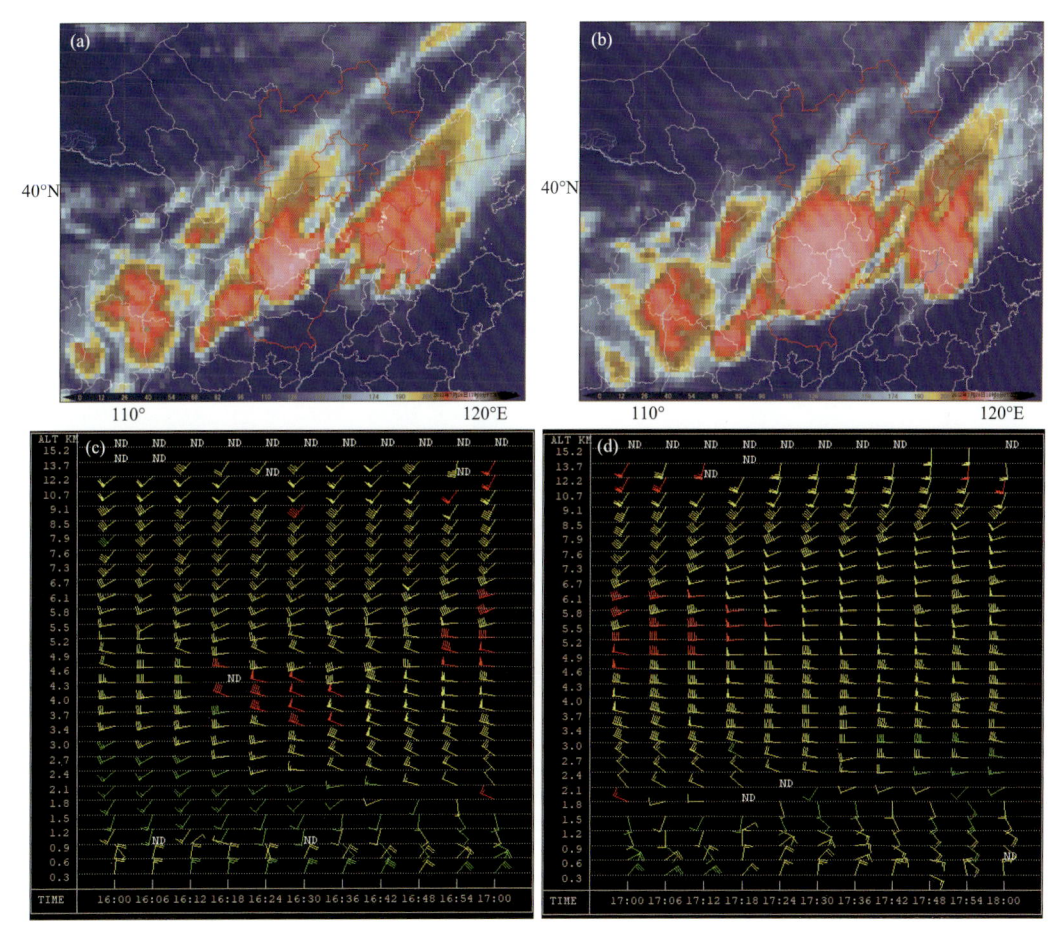

图 4.2.4　2012 年 7 月 26 日 17:00(a)和 18:00(b)FY-2C 卫星红外云图以及 16:00—18:00 石家庄雷达 VWP 演变(c 和 d)

雷达回波表现为积状云为主的混合云降水回波,回波带西南侧不断有 45 dBZ 以上的新回波发展维持,回波整体少动,具有列车效应特征。45 dBZ 回波多在 8 km 以下,具有大陆型强降水回波特征。VIL 最大为 13 kg·m$^{-2}$,回波顶高最高为 14 km(图 4.2.5~4.2.7)。

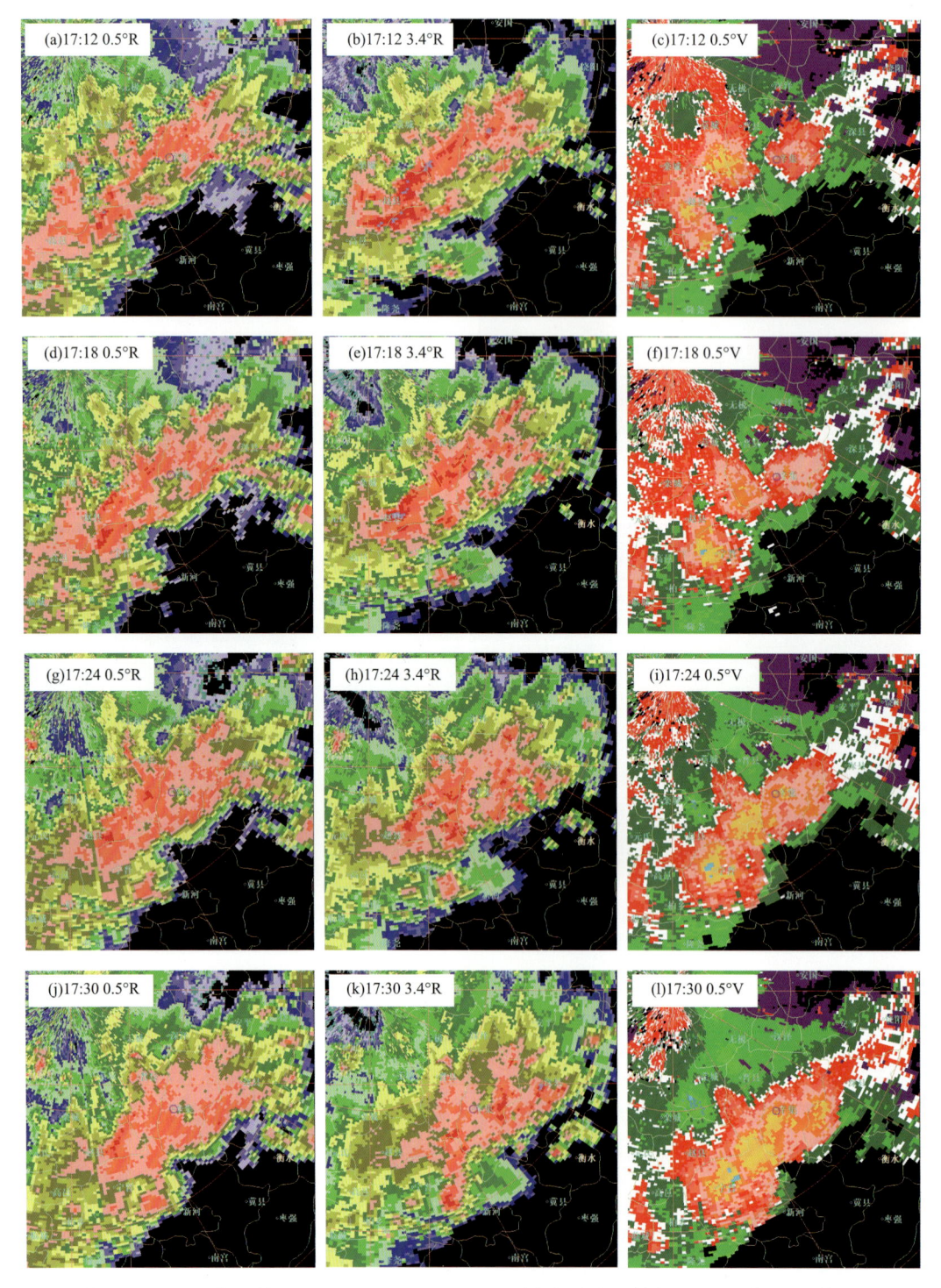

图 4.2.5 2012年7月26日17:12—17:30(a~l)石家庄雷达反射率因子(0.5°和3.4°仰角)和平均径向速度(0.5°仰角)PPI(图中○为石家庄辛集位置)

第 4 章 低层暖平流强迫类

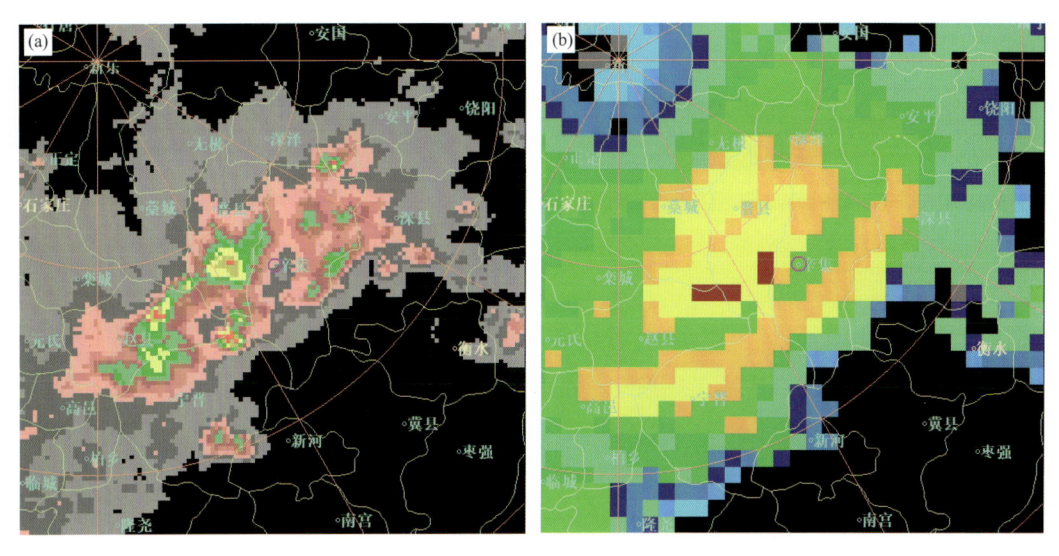

图 4.2.6 2012 年 7 月 26 日 17：18 石家庄雷达 VIL(a)和 ET(b)(图中○为石家庄辛集位置)

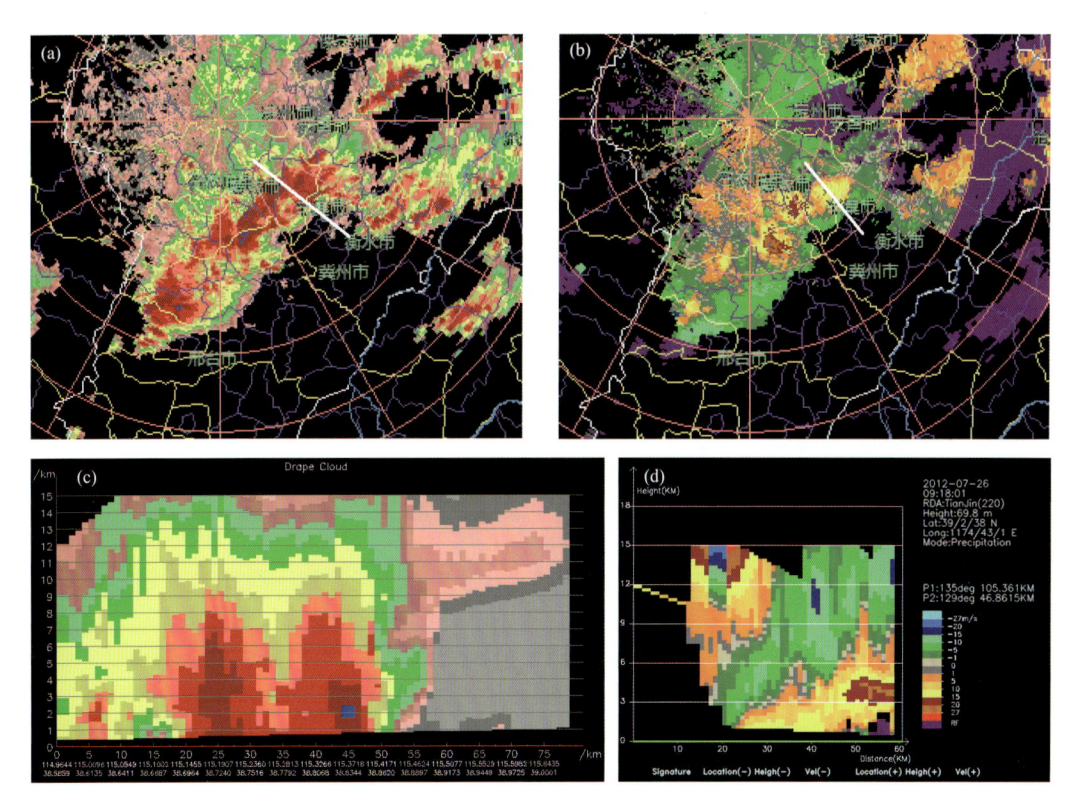

图 4.2.7 2012 年 7 月 26 日 17：18 石家庄雷达 0.5°仰角反射率因子(a)和 0.5°仰角平均径向速度(b)以及沿图中实线的反射率因子垂直剖面(c)和平均径向速度垂直剖面(d)

## 4.3 2013年7月1日短时强降水

**实况**：短时强降水主要影响河北省中部（81站），集中出现在7月1日13时至2日03时（图4.3.1a～c）。小时降水量最大为121.9 mm，出现在衡水深州（16—17时），邢台宁晋最大小时降水量为121.8 mm（17—18时）（图4.3.1c）。

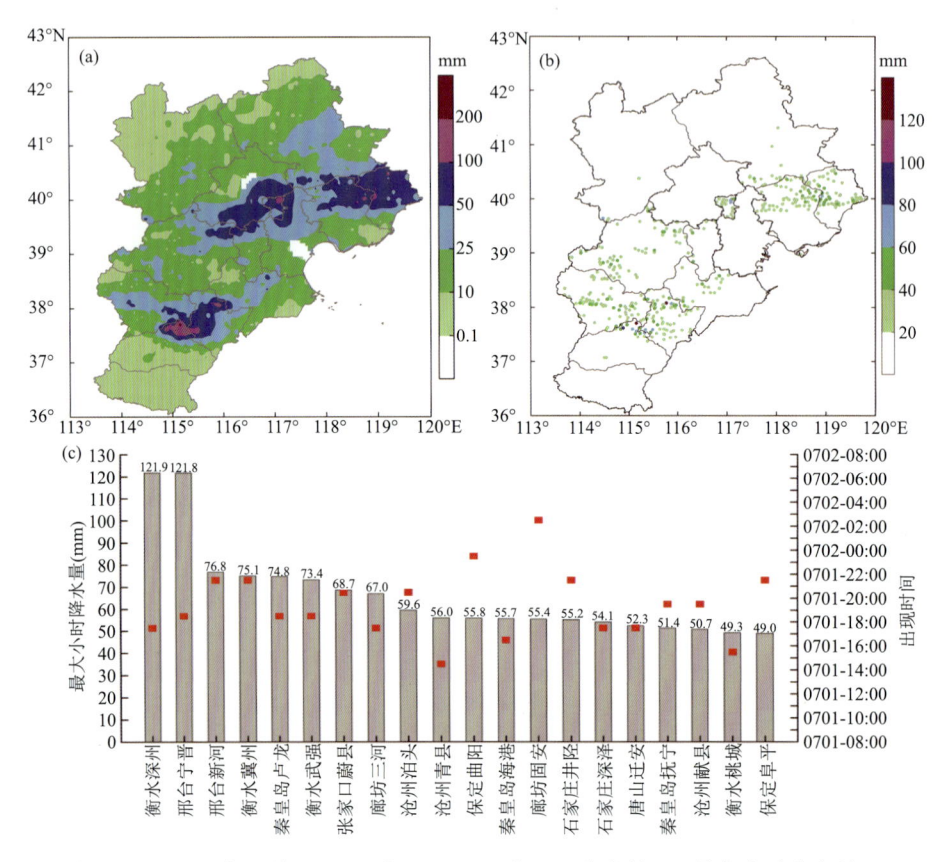

图4.3.1 2013年7月1日08时至2日08时24 h降水量（a）、最大小时降水量（b）和短时强降水出现时间（c）

**主要影响系统**：500 hPa高空槽、850 hPa低涡切变、地面冷锋。

**系统配置及演变**：500 hPa高空槽东移，低层低涡切变发展，850 hPa对应西南低空急流；地面冷锋及锋前低压辐合区为不稳定能量的释放提供了有利的动力强迫（图4.3.2）。

分析邢台探空资料（图4.3.3b），7月1日08时的环境条件有利于短时强降水的产生：（1）600～400 hPa存在一定的干层，600 hPa以下湿层深厚（图4.3.3b），980 hPa露点温度达到24.3 ℃；（2）08时850～500 hPa温差达到25 ℃（图4.3.3a），订正后对流有效位能达到3232 J·kg$^{-1}$，1000 hPa至600 hPa $\theta_{se}$随高度降低20 ℃，位势不稳定层深厚（图4.3.3c）；（3）0 ℃层高度为5.21 km，抬升凝结高度为937 hPa，暖云层深厚。

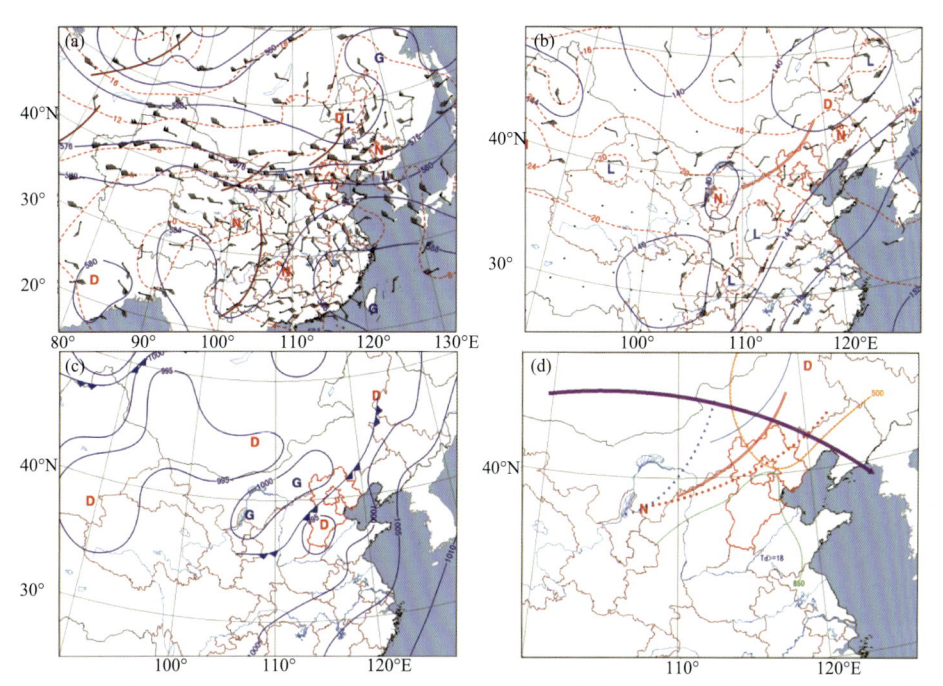

图 4.3.2　2013 年 7 月 1 日 08 时 500 hPa(a)、850 hPa(b)和 20 时地面(c)天气形势和 08 时中尺度分析(d)

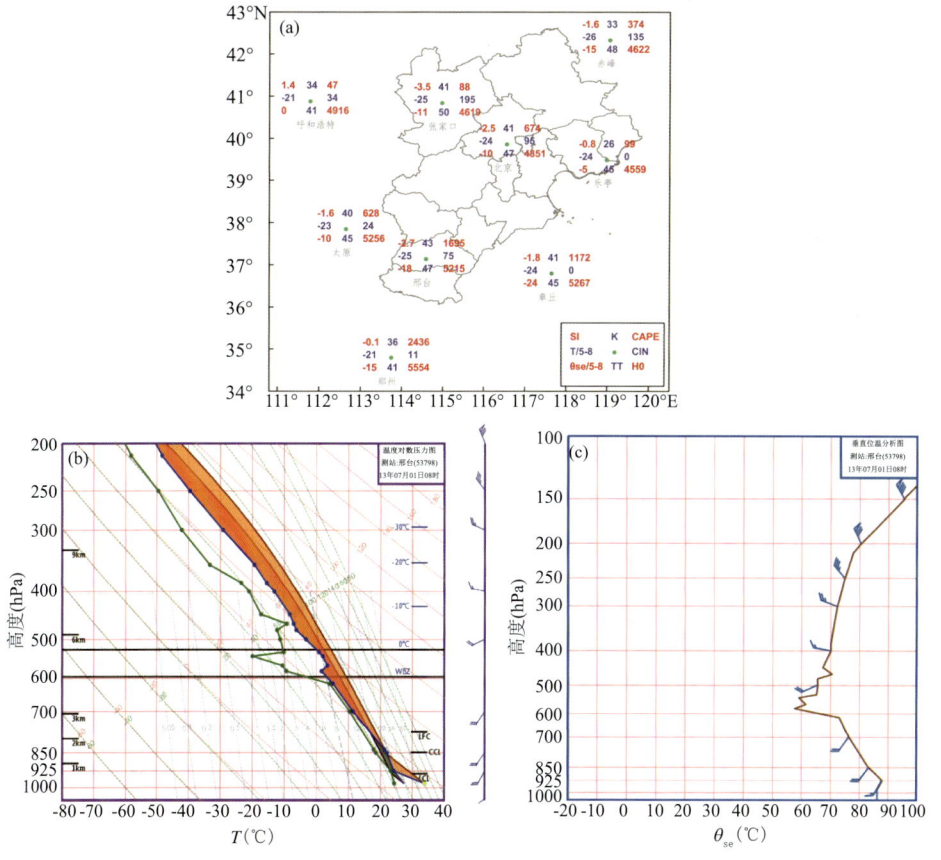

图 4.3.3　2013 年 7 月 1 日 08 时对流参数和特征高度分布(a)、53798(邢台)
$T\text{-}\ln p$ 图(b)和假相当位温变化(c)

卫星云图上(图4.3.4a、b),17时开始,山西到河北西北部有带状对流云发展,暖区中尺度对流系统中可见后向传播和列车效应。20时中尺度对流系统合并加强,对流云云顶亮温进一步下降。石家庄雷达VWP显示(图4.3.4c、d),2 km高度以下一直为偏东风,3 km高度以上顺转为西南到偏西风,说明低层有明显的暖平流。

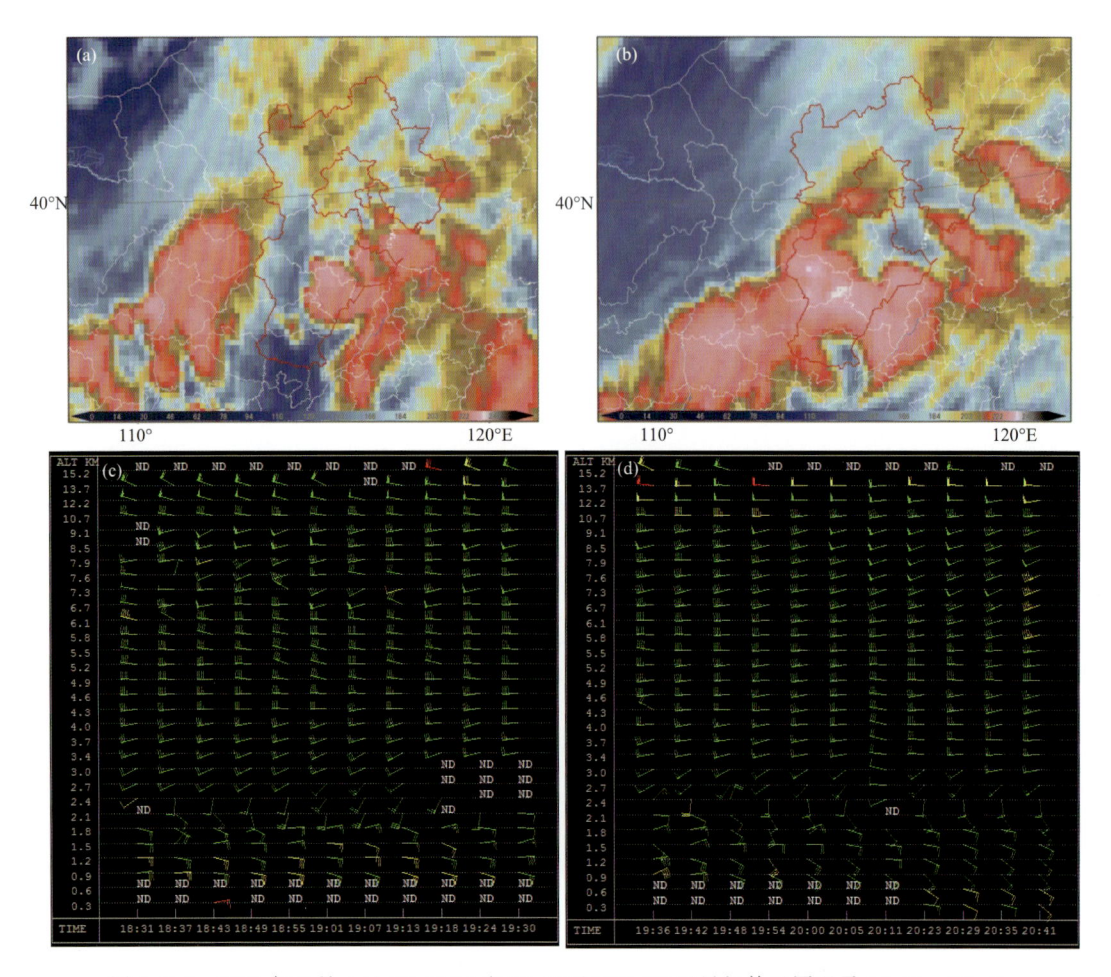

图4.3.4　2013年7月1日17:00(a)和20:00(b)FY-2E卫星红外云图以及18:31—20:41石家庄雷达VWP演变(c和d)

雷达回波表现为积云层状云混合降水回波,东西向带状对流回波逐渐发展为片状,45 dBZ以上的强回波不断经过邢台宁晋(至少6个体扫),形成列车效应。回波顶高最高为15.8 km,VIL最大达25 kg·m$^{-2}$。回波质心较高,为大陆对流型短时强降水(图4.3.5~4.3.7)。

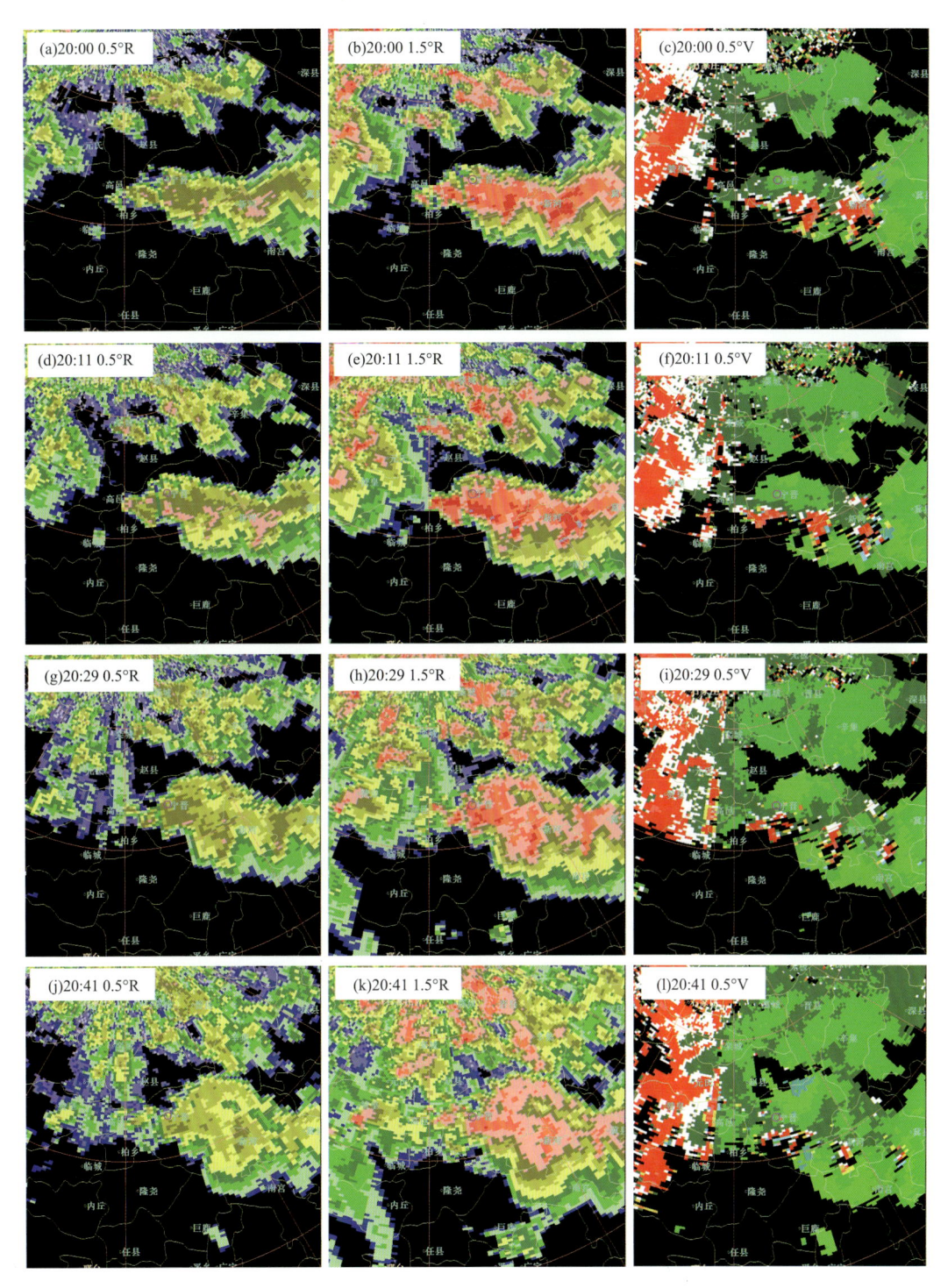

图 4.3.5 2013 年 7 月 1 日 20:00—20:41(a~l)石家庄雷达反射率因子(0.5°和1.5°仰角)和平均径向速度(0.5°仰角)PPI(图中○为邢台宁晋位置)

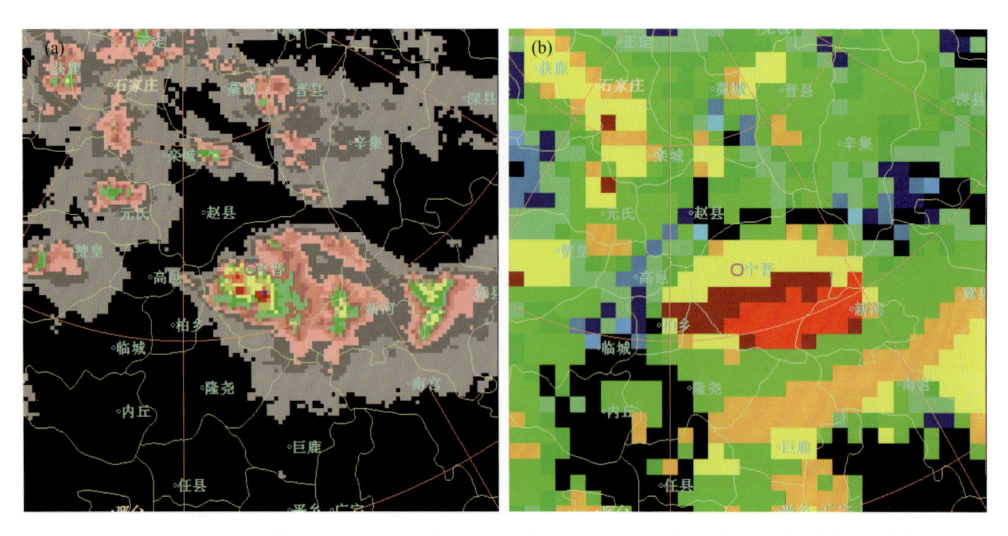

图 4.3.6　2013 年 7 月 1 日 20:23 石家庄雷达 VIL(a)和 ET(b)(图中○为邢台宁晋位置)

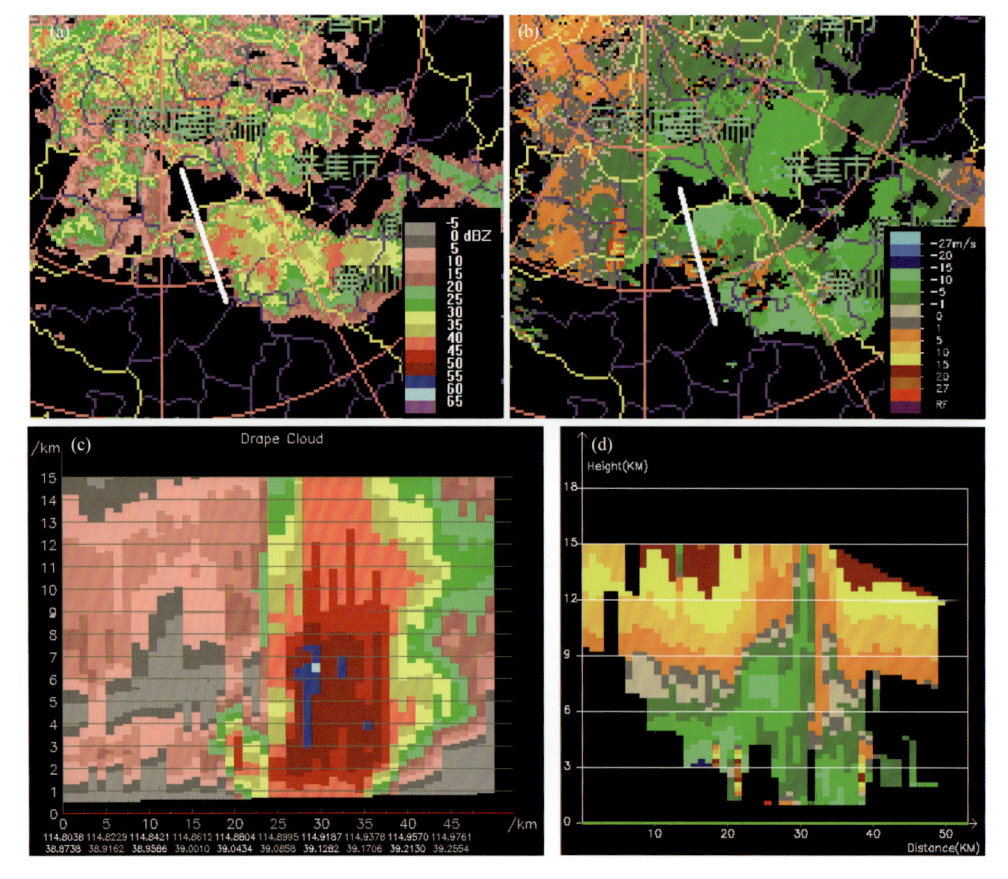

图 4.3.7　2013 年 7 月 1 日 20:29 石家庄雷达 0.5°仰角反射率因子(a)和 0.5°仰角平均径向速度(b)以及沿图中实线的反射率因子垂直剖面(c)和平均径向速度垂直剖面(d)

## 4.4 2013年7月8日短时强降水

**实况**：短时强降水主要影响河北省中南部（106站），集中出现在7月8日19时至9日06时（图4.4.1a～c）。小时降水量最大为83.3 mm，出现在保定清苑（9日02—03时）（图4.4.1c）。

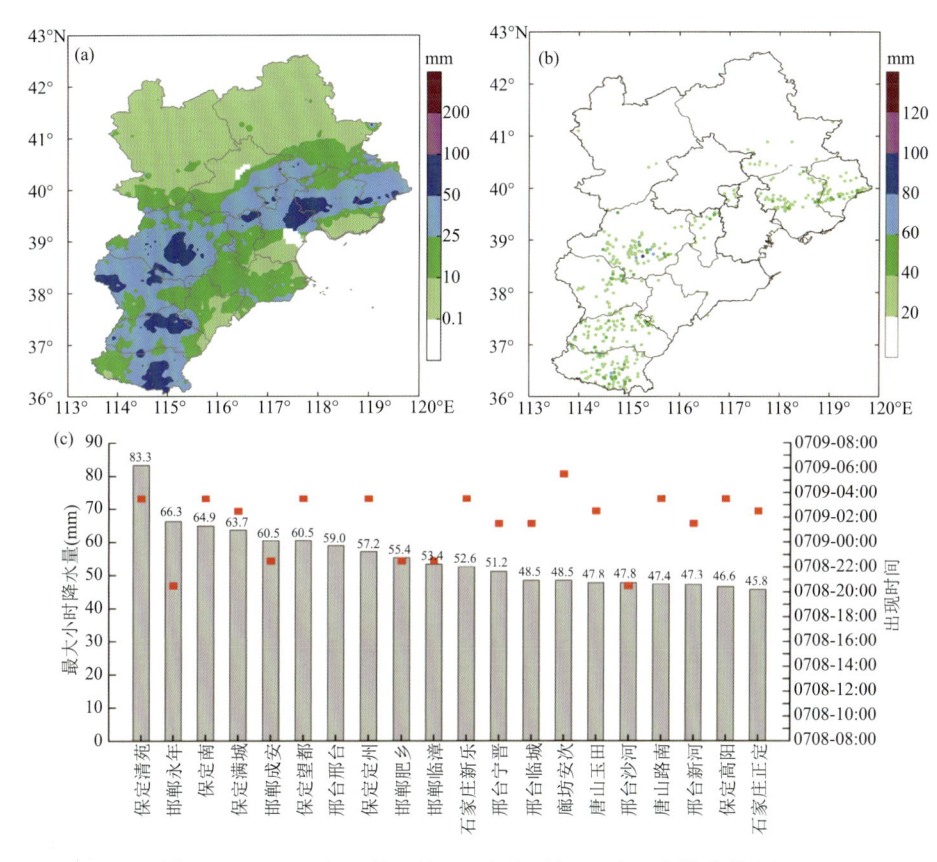

图4.4.1 2013年7月8日08时至9日08时24 h降水量(a)、最大小时降水量(b)和短时强降水出现时间(c)

**主要影响系统**：500 hPa高空槽、850 hPa切变线、地面低压。

**系统配置及演变**：河北处于500 hPa槽前西南气流中，850 hPa上河南存在暖式切变线；河北中南部整层湿度较大，850 hPa露点温度超过17 ℃；暖式切变线北推辐合抬升，造成河北中南部的短时强降水（图4.4.2）。

分析邢台探空资料（图4.4.3b），7月8日20时的环境条件有利于短时强降水的产生：(1)湿层深厚（图4.4.3b），980 hPa露点温度达到25 ℃，500和700 hPa存在一定的干层；(2)850～500 hPa温差达到25 ℃，对流有效位能达到1966 J·kg$^{-1}$（图4.4.3a），1000 hPa至500 hPa $\theta_{se}$随高度降低23 ℃，位势不稳定层深厚（图4.4.3c）；(3)0 ℃层高度为5.21 km，抬升凝结高度为924.7 hPa，暖云层深厚。

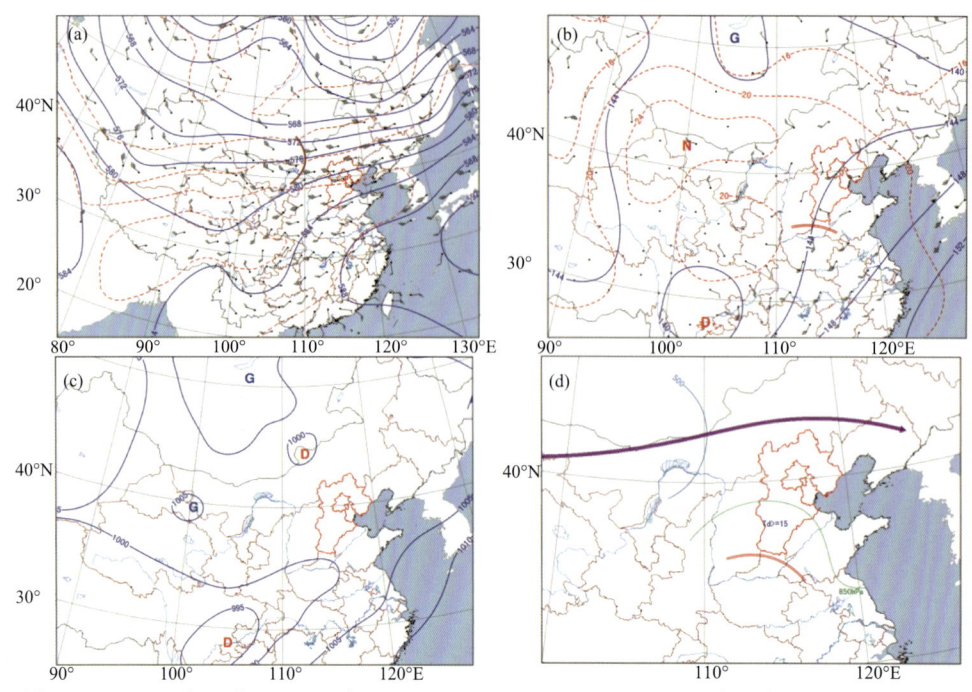

图 4.4.2　2013 年 7 月 8 日 20 时 500 hPa(a)、850 hPa(b)、地面(c)天气形势和中尺度分析(d)

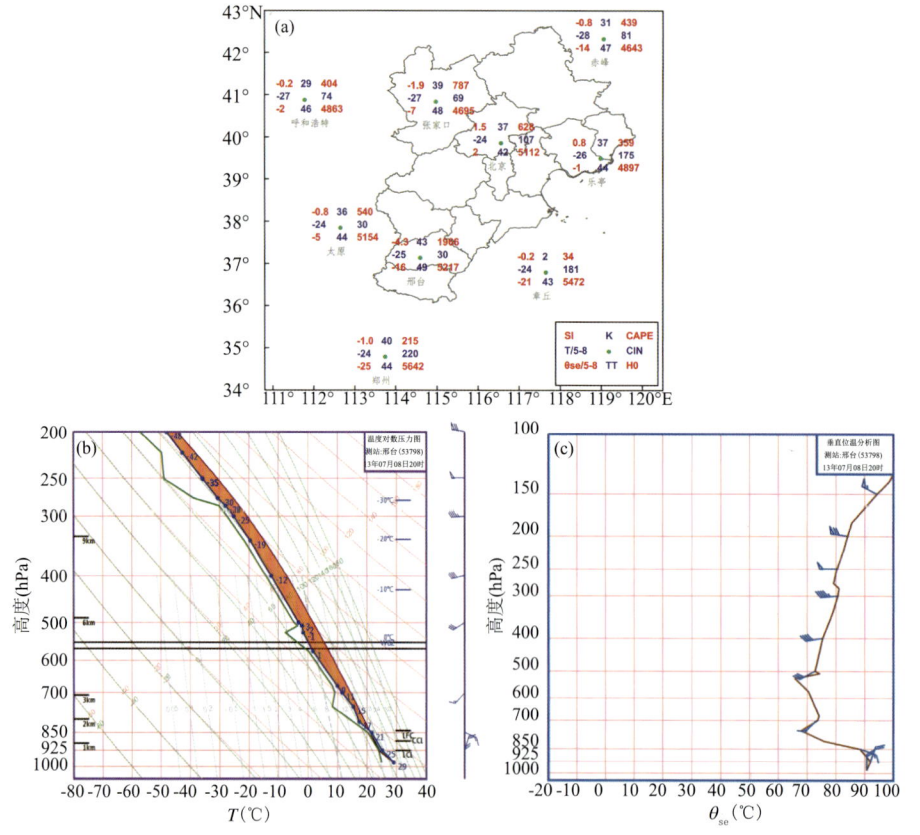

图 4.4.3　2013 年 7 月 8 日 20 时对流参数和特征高度分布(a)、53798(邢台)
$T$-$\ln p$ 图(b)和假相当位温变化(c)

卫星云图上(图 4.4.4a、b),切变线东侧有对流云团发展并不断向北移,形成列车效应。石家庄雷达 VWP 显示(图 4.4.4c、d),01—03 时,5~6 km 高度由西南风转为西到西北风,3 km 高度以下的偏南风由 8~10 m·s$^{-1}$ 增大至 12~14 m·s$^{-1}$,低空急流的形成有利于短时强降水的出现。

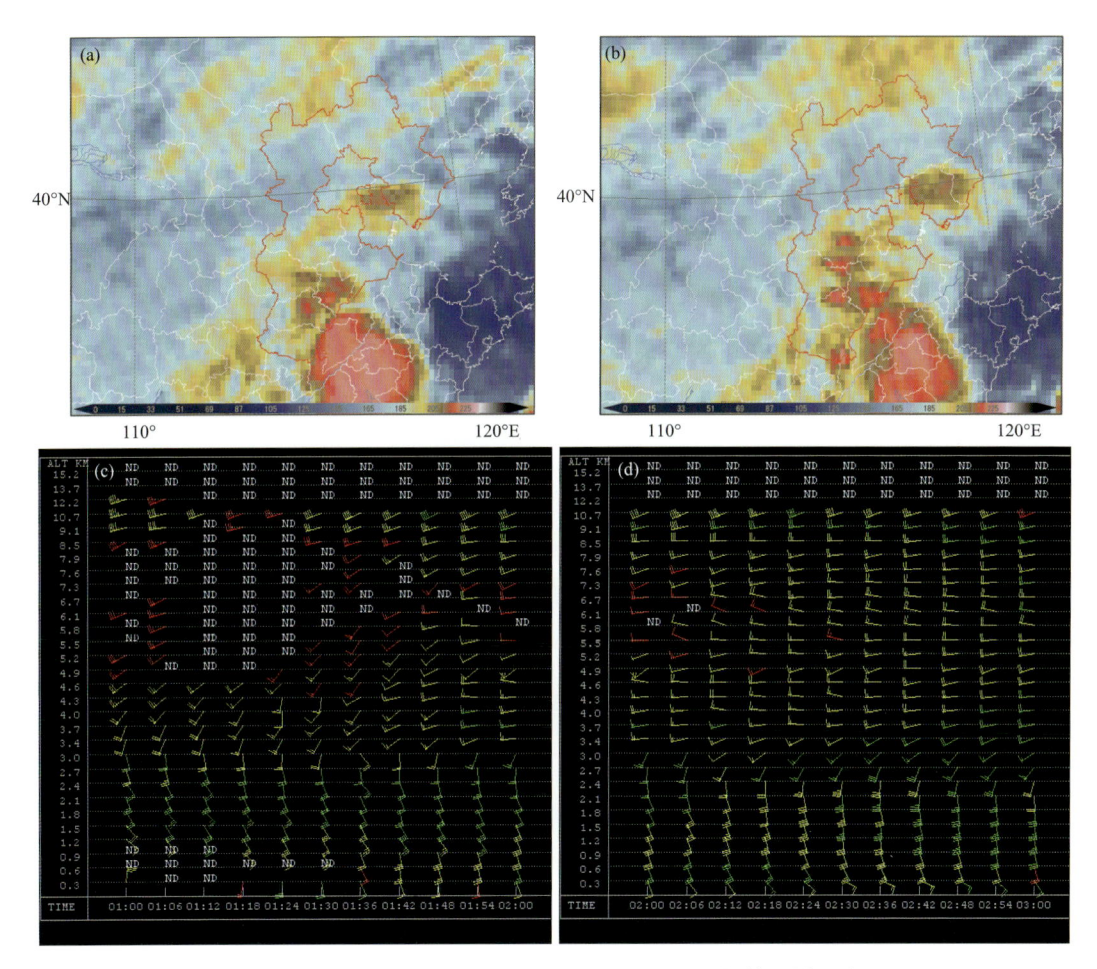

图 4.4.4 2013 年 7 月 9 日 00:00(a)和 01:00(b)FY-2E 卫星红外云图以及 02:00—03:00 石家庄雷达 VWP 演变(c 和 d)

雷达回波呈片状,强回波自西向东移动,形成列车效应,0.5°仰角反射率因子上 45 dBZ 以上的强回波 02—03 时持续 11 个体扫。回波顶高为 10.8 km,VIL 最大为 11 kg·m$^{-2}$。回波质心基本上在 2 km 以下,高度较低,是典型的热带型强降水过程(图 4.4.5~4.4.7)。

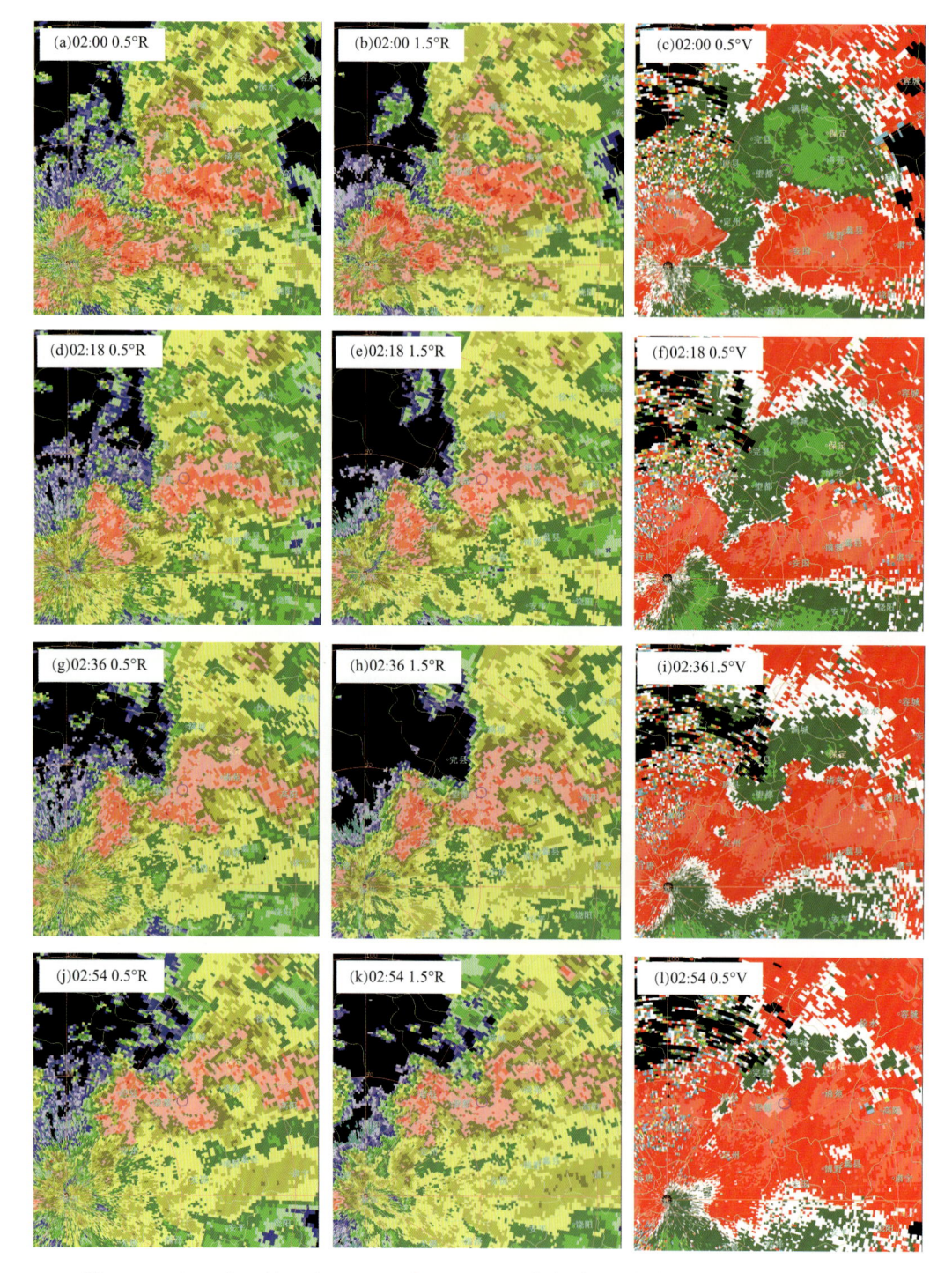

图 4.4.5　2013 年 7 月 9 日 02:00—02:54(a~l)石家庄雷达反射率因子(0.5°和 1.5°仰角)和平均径向速度(0.5°仰角)PPI(图中○为保定望都位置)

第 4 章　低层暖平流强迫类

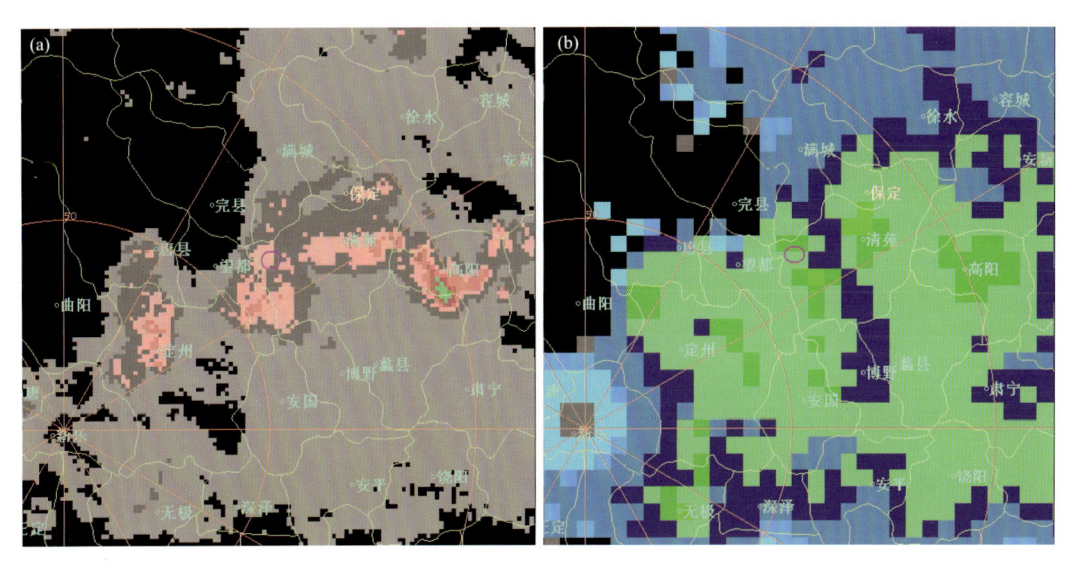

图 4.4.6　2013 年 7 月 9 日 02:30 石家庄雷达 VIL(a)和 ET(b)(图中○为保定望都位置)

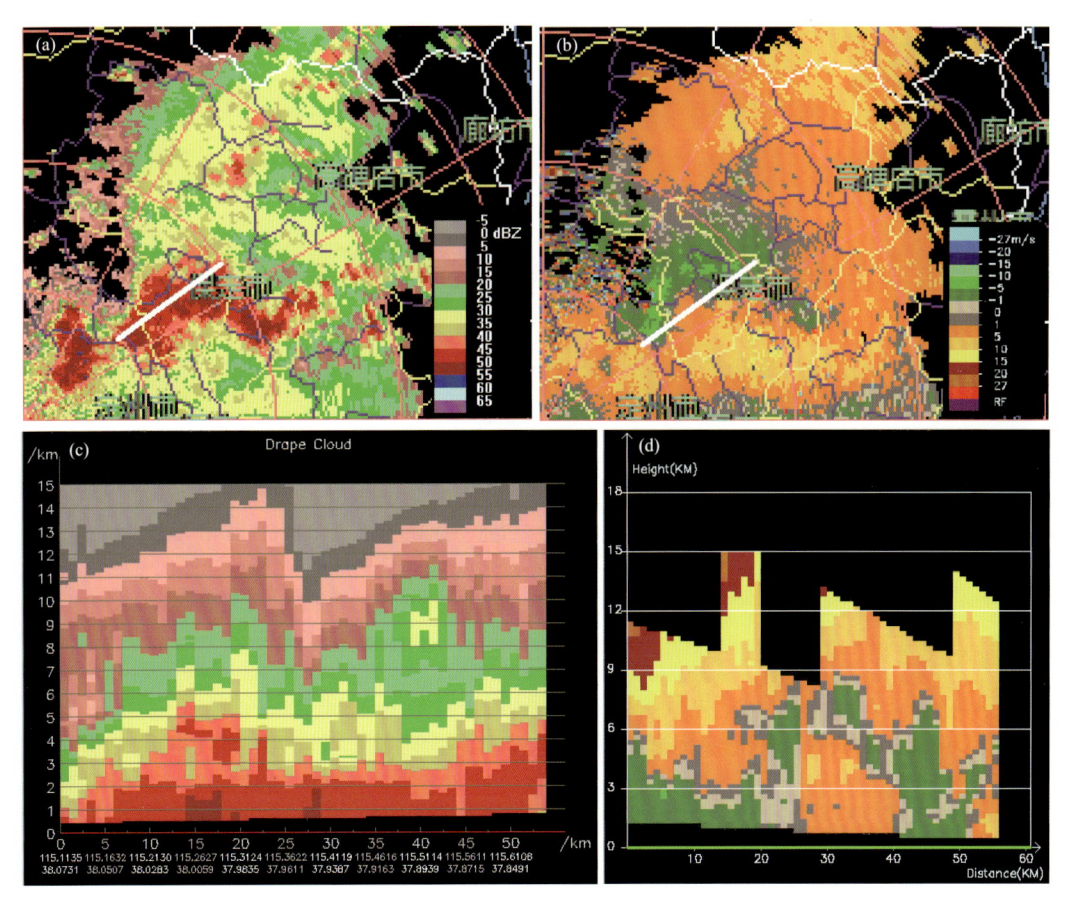

图 4.4.7　2013 年 7 月 9 日 02:30 石家庄雷达 0.5°仰角反射率因子(a)和 0.5°仰角平均径向速度(b)以及沿图中实线的反射率因子垂直剖面(c)和平均径向速度垂直剖面(d)

## 4.5 2013 年 8 月 11 日大风冰雹

实况：强对流天气主要出现在河北东部和中南部，以雷暴大风（21 站）为主，伴有冰雹（2 站），集中出现在 11 日 16—23 时（图 4.5.1a～c）。邢台临城 16:36 瞬时极大风速达 28 m·s$^{-1}$（10 级），石家庄藁城 17:26 瞬时极大风速 18 m·s$^{-1}$（8 级）（图 4.5.1b）。张家口沽源最大冰雹直径为 0.4 cm（17:52）（图 4.5.1c）。

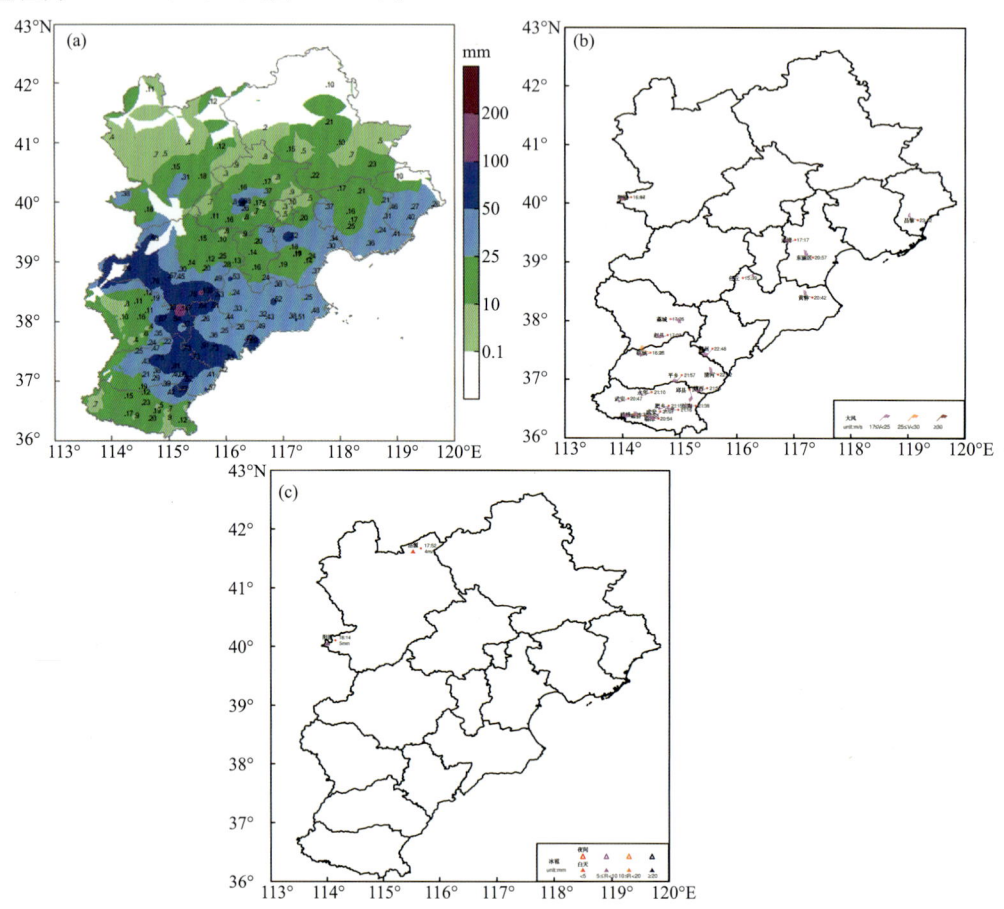

图 4.5.1　2013 年 8 月 11 日 08 时至 12 日 08 时 24 h 降水量(a)、大风(b)和冰雹(c)分布

主要影响系统：500 hPa 低槽、副热带高压，850 hPa 切变线。

系统配置及演变：500 hPa 低槽东移，与 850 hPa 暖脊在河北省上空叠置，不稳定层结加大；850 hPa 切变线东伸至河北中南部地区上空；地面处于低压辐合区前部，有利于不稳定能量释放（图 4.5.2）。

分析邢台探空资料（图 4.5.3b），8 月 11 日 08 时的环境条件有利于雷暴大风的产生：(1)850～600 hPa 大气温度直减率接近干绝热递减率（图 4.5.3b）；(2)700 hPa 以上露点差都较大，说明大气比较干燥（图 4.5.3b）；(3)08 时 850～500 hPa 温差达到 27 ℃，对流有效位能达到 1935 J·kg$^{-1}$（图 4.5.3a），925 hPa 到 700 hPa $\theta_{se}$ 下降了 20 ℃，存在一定的条件不稳定（图 4.5.3c）；(4)0～6 km 的垂直风切变为 10 m·s$^{-1}$。

第 4 章 低层暖平流强迫类

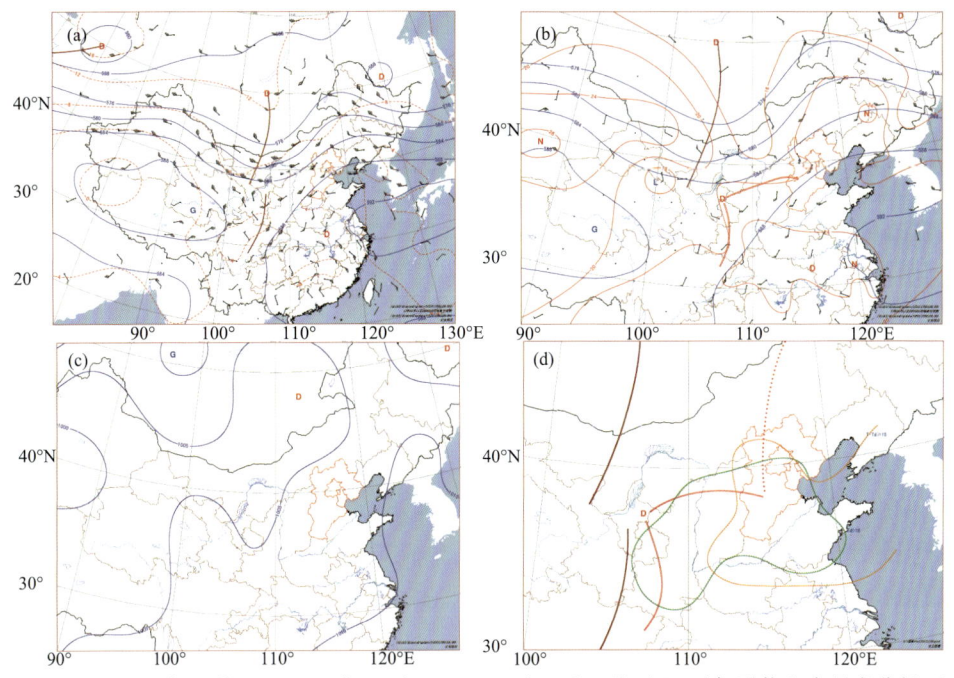

图 4.5.2 2013 年 8 月 11 日 08 时 500 hPa(a)、850 hPa(b)、地面(c)天气形势和中尺度分析(d)

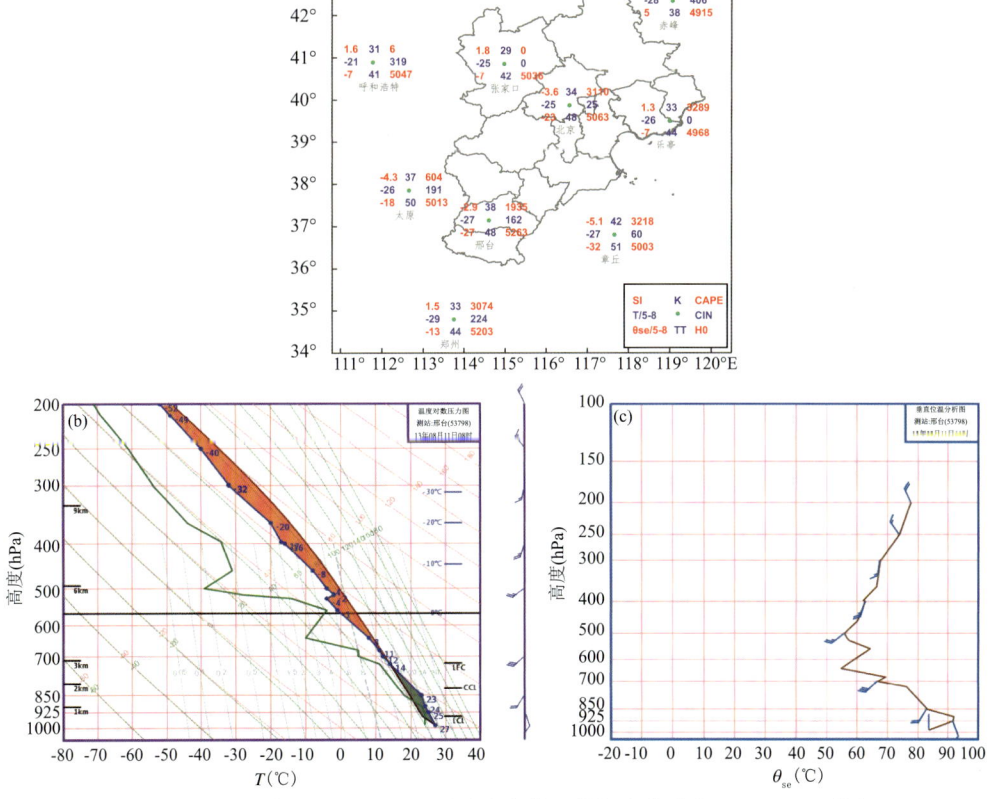

图 4.5.3 2013 年 8 月 11 日 08 时对流参数和特征高度分布(a)、53798(邢台)
$T$-$\ln p$ 图(b)和假相当位温变化(c)

卫星云图上(图4.5.4a、b),13:00前后在河北省中部有对流云团生成发展,山西东南部对流云团15:00前后移入河北,17:00两个云团合并且迅速发展加强。石家庄雷达VWP上(图4.5.4c、d),17:00以后,边界层由东北风转为东南风,6 km高度西南风风速加大,0~6 km垂直风切变较强。

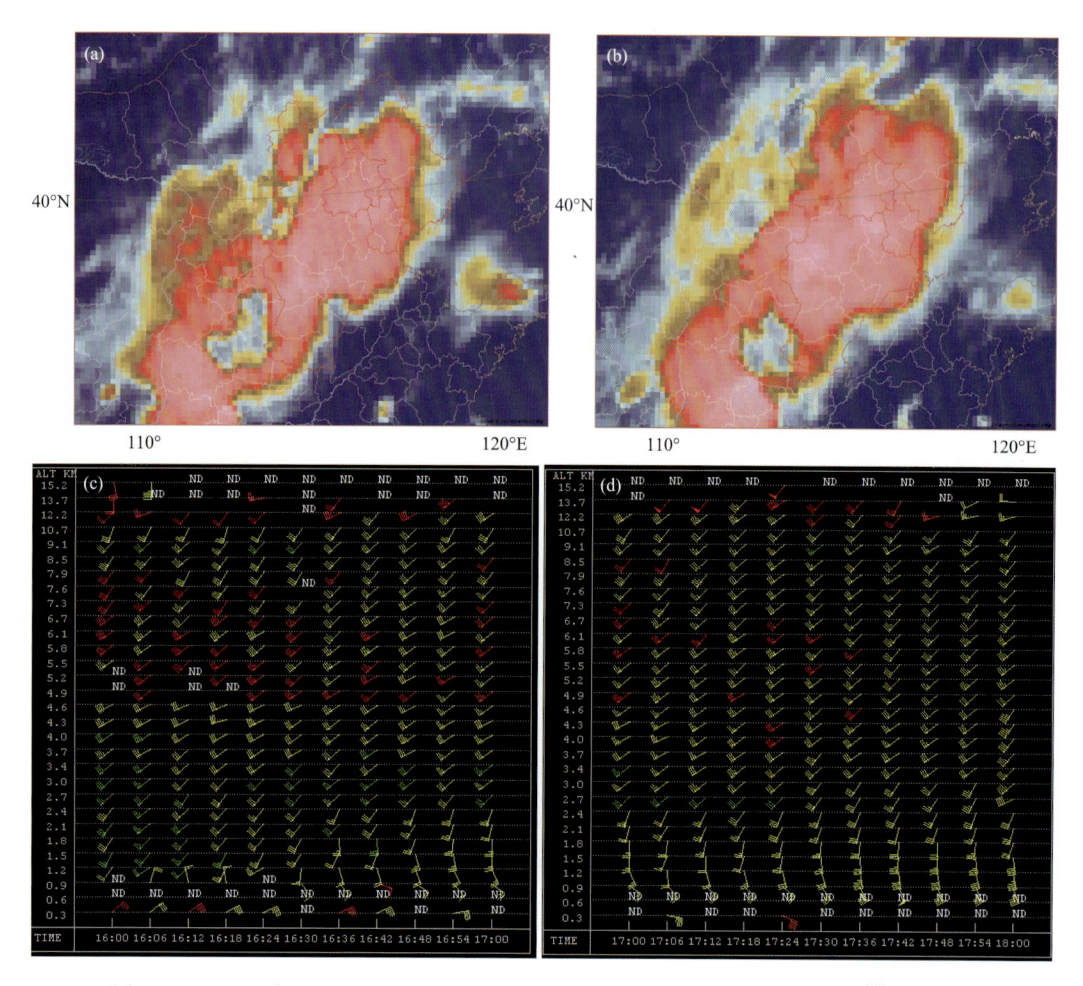

图4.5.4 2013年8月11日17时(a)和18时(b)FY-2E卫星红外云图以及16—18时石家庄雷达VWP演变(c和d)

雷达回波以积状云为主向东偏北方向移动,回波强度超过50 dBZ,形成明显的前侧阵风锋,径向速度对应大风速区,入流速度超27 m·s$^{-1}$,出现速度模糊,中层存在径向辐合;VIL最大为21 kg·m$^{-2}$,回波顶高最高为19 km(图4.5.5~4.5.7)。

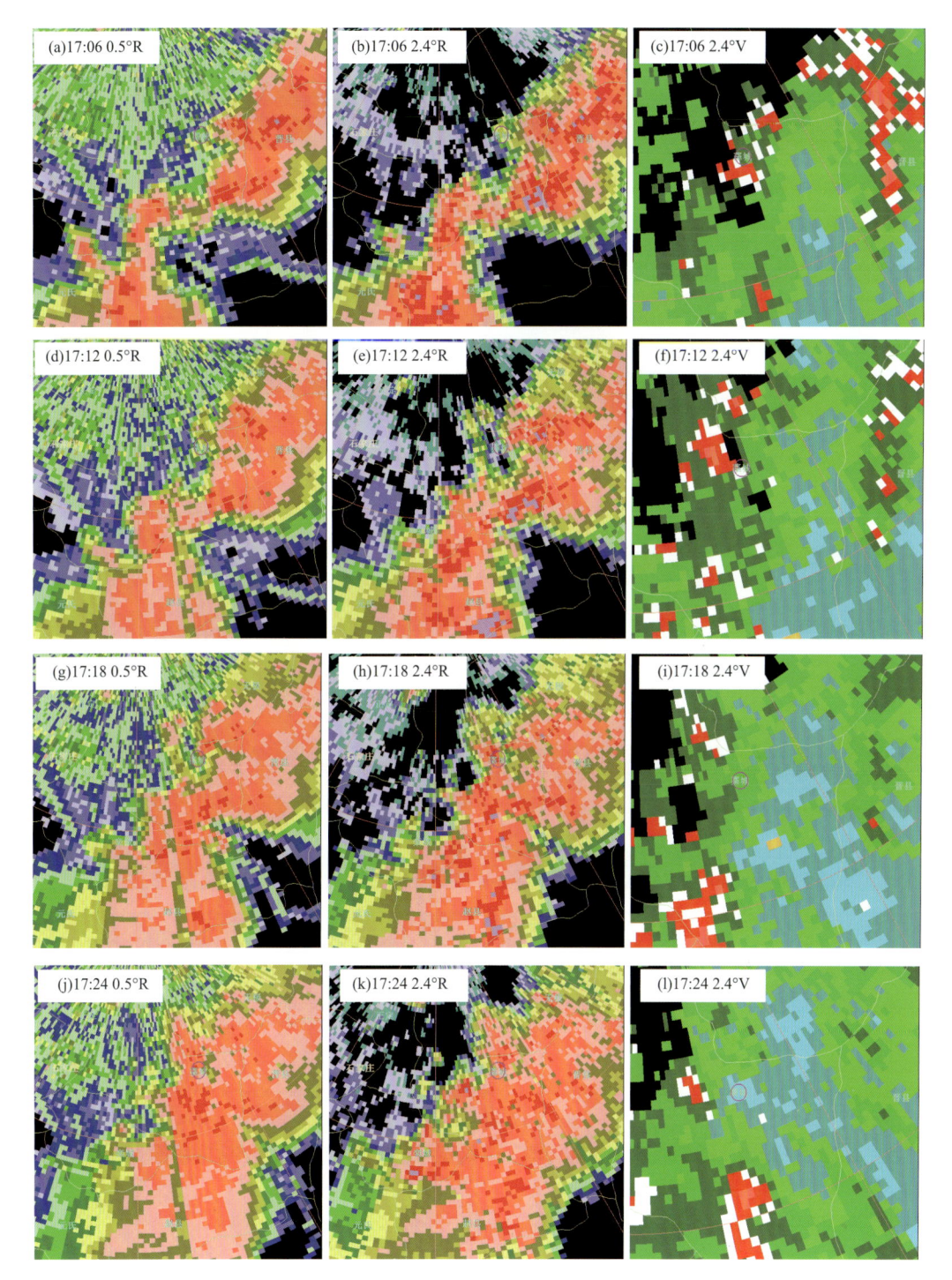

图 4.5.5　2013 年 8 月 11 日 17:06—17:24(a~l)石家庄雷达反射率因子(0.5°和 2.4°仰角)和平均径向速度(2.4°仰角)PPI(图中○为石家庄藁城位置)

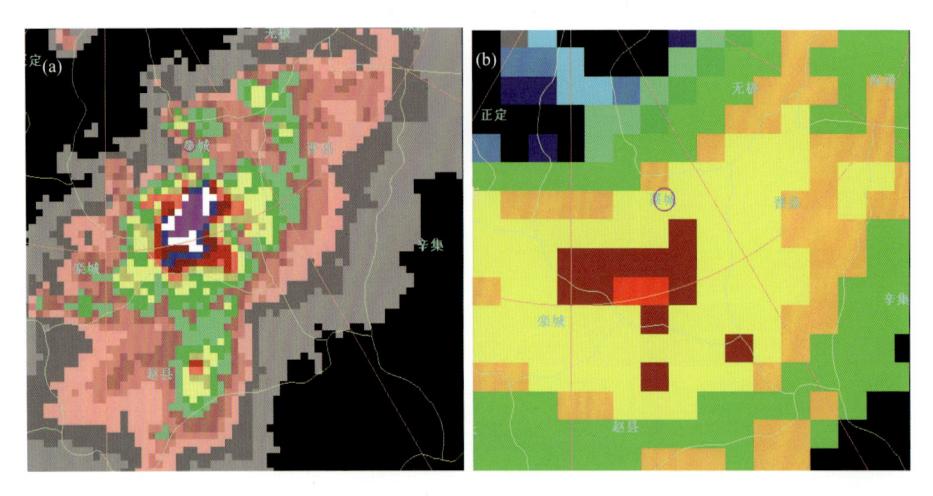

图 4.5.6　2013 年 8 月 11 日 17:18 石家庄雷达 VIL(a)和 ET(b)(图中○为石家庄藁城位置)

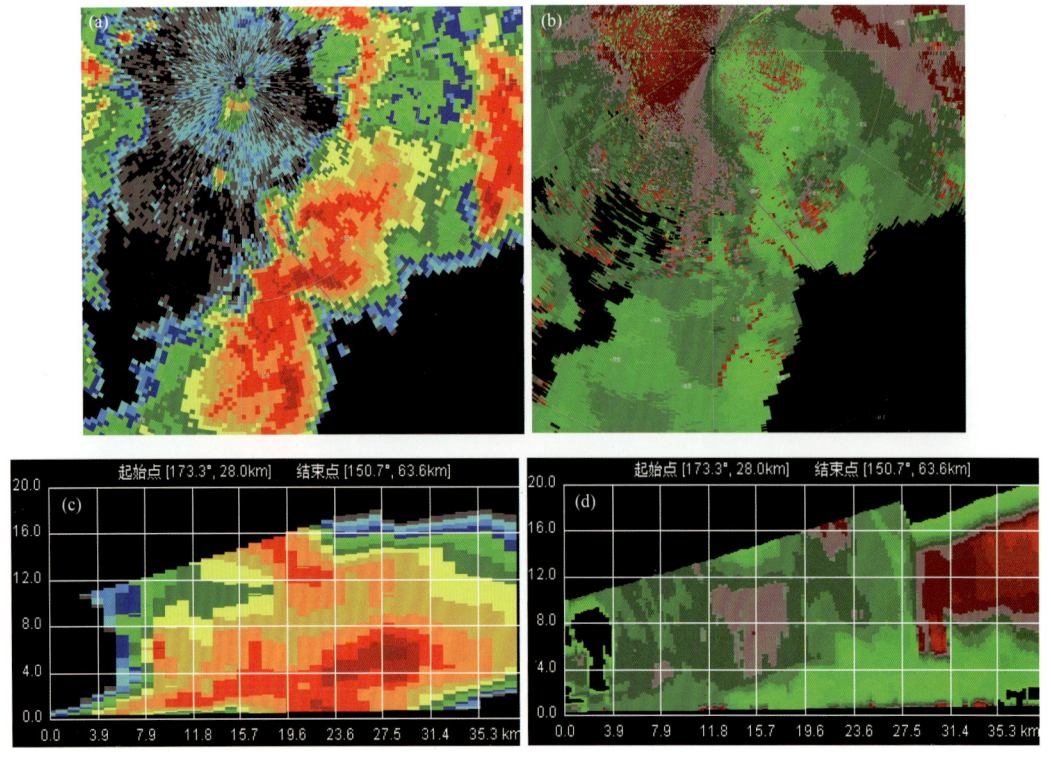

图 4.5.7　2013 年 8 月 11 日 17:18 石家庄雷达 1.5°仰角反射率因子(a)和 1.5°仰角平均径向速度(b)
以及沿图中实线的反射率因子垂直剖面(c)和平均径向速度垂直剖面(d)

## 4.6　2015年7月29日短时强降水

实况：短时强降水主要影响河北省中北部(29站)，集中出现在29日傍晚到夜间(图4.6.1a~c)。小时降水量最大为53.3 mm，出现在唐山滦县(30日02—03时)，沧州孟村最大小时降水量52.8 mm(29日21—22时)(图4.6.1c)。

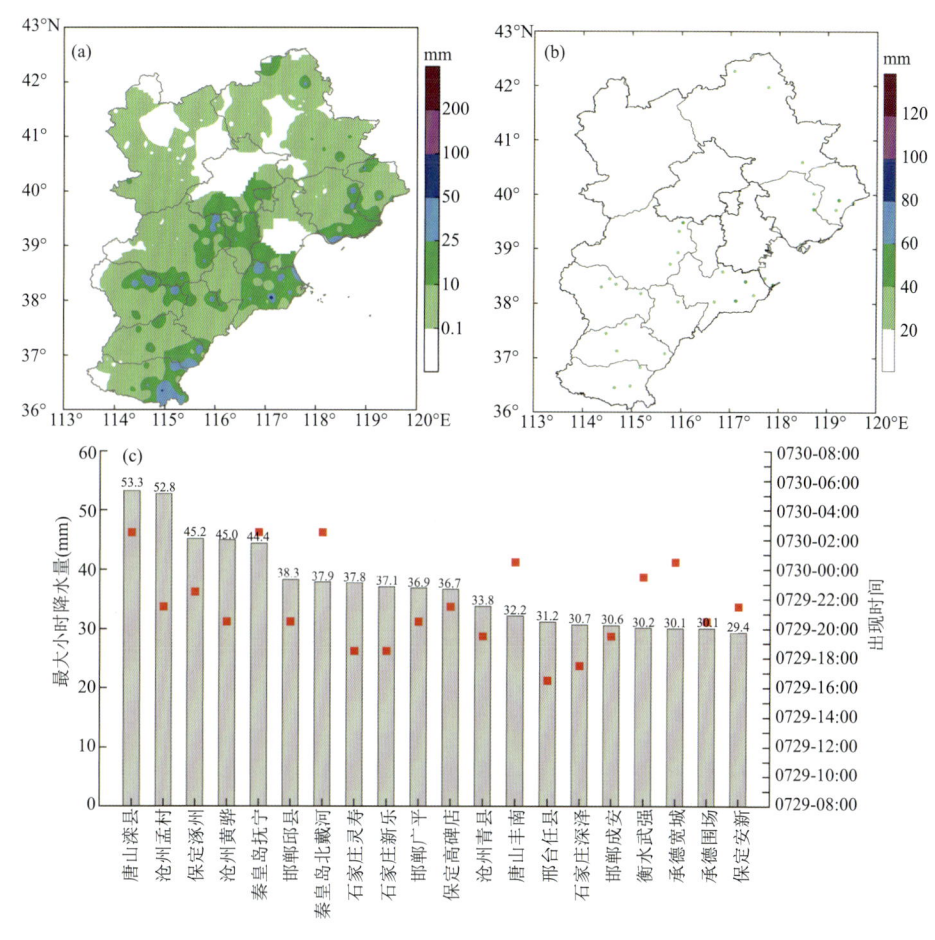

图4.6.1　2015年7月29日08时至30日08时24 h降水量(a)、
最大小时降水量(b)和短时强降水出现时间(c)

主要影响系统：500 hPa高空槽、850 hPa切变线、地面冷锋。

系统配置及演变：500 hPa高空槽东移，588线位于河北南侧，低层有低空切变和地面冷锋，河北唐山乐亭的K指数达到31 ℃，有利于短时强降水的发生(图4.6.2)。

从乐亭探空资料分析(图4.6.3b)，7月29日08时的环境条件有利于短时强降水的产生：(1)低层湿度较大，800~500 hPa之间有明显干层(图4.6.3b)；(2)08时的对流有效位能为2761.7 J·kg$^{-1}$(图4.6.3a)，不稳定能量很大；(3)1000 hPa到700 hPa $\theta_{se}$明显下降，条件不稳定较强(图4.6.3c)。

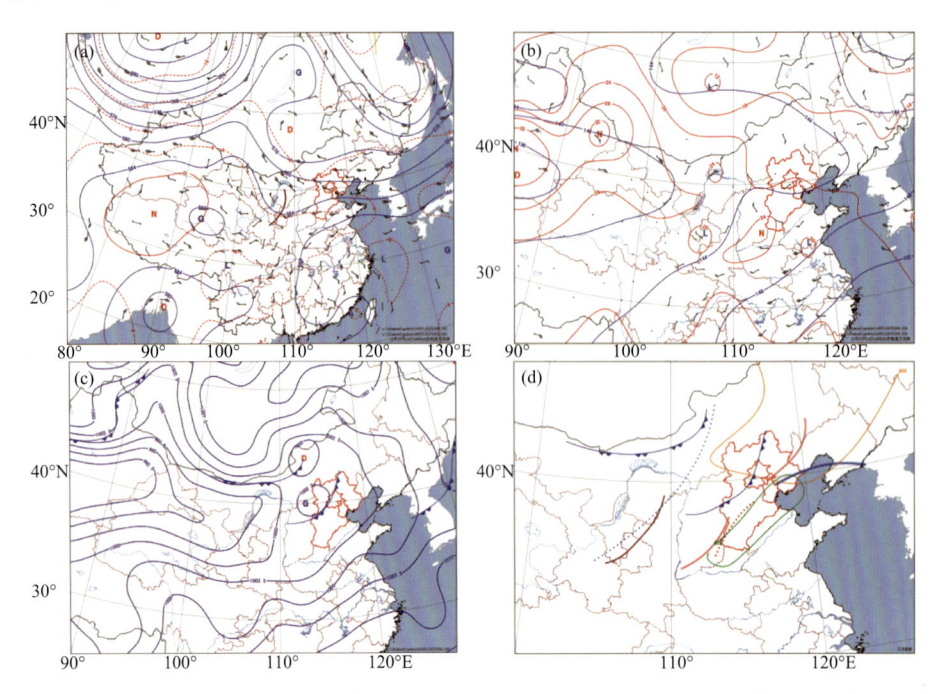

图 4.6.2　2015 年 7 月 29 日 08 时 500 hPa(a)、850 hPa(b)、地面(c)天气形势和中尺度分析(d)

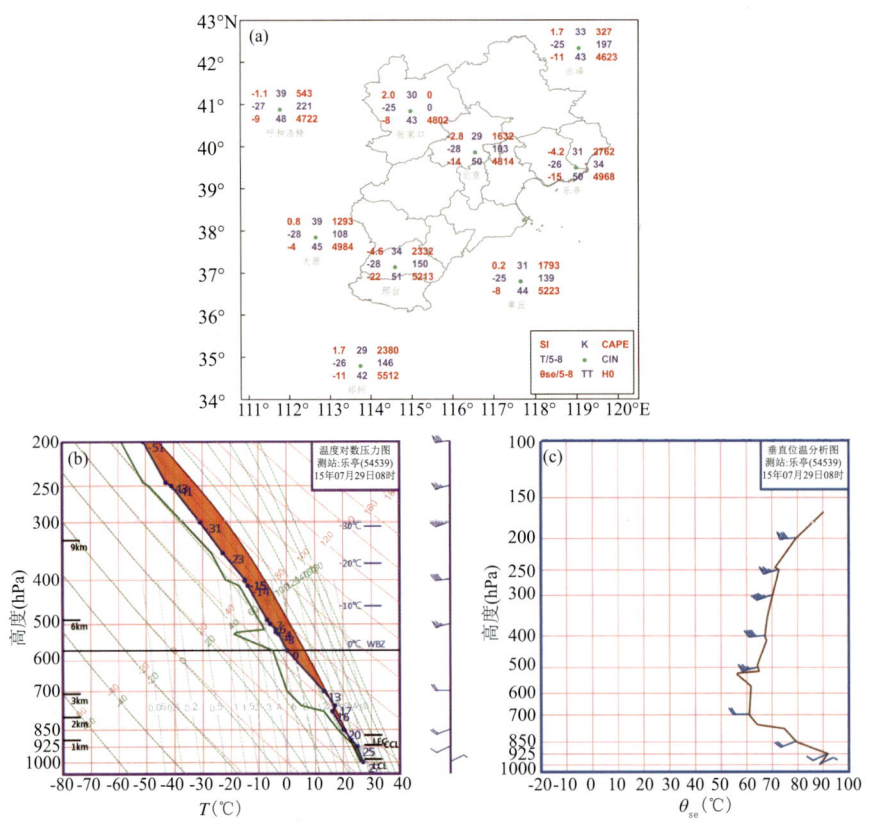

图 4.6.3　2015 年 7 月 29 日 08 时对流参数和特征高度分布(a)、54539(乐亭)
$T$-$\ln p$ 图(b)和假相当位温变化(c)

卫星云图上(图4.6.4a、b),30日02:15前后,河北省东部受对流云团影响,03:15云区进一步扩大并缓慢东移。秦皇岛VWP上(图4.6.4c、d),30日02:00以后低层为偏北风转为偏东风。

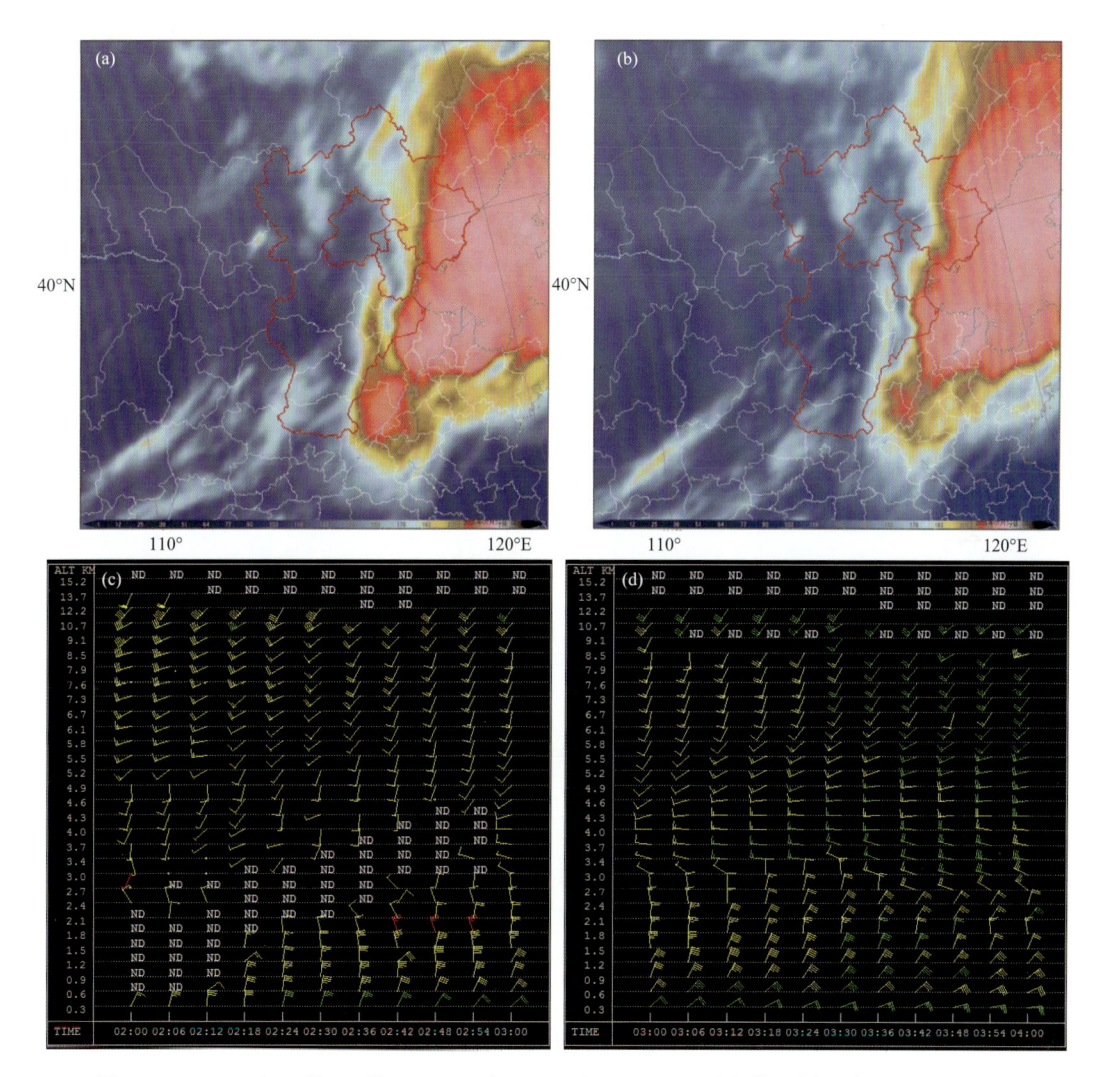

图4.6.4　2015年7月30日02:15(a)和03:15(b)FY-2G卫星红外云图以及02:00—04:00秦皇岛雷达VWP演变(c和d)

雷达回波表现为片状的积云层状云混合降水回波,位于滦县的回波缓慢东移,02:18反射率因子强度达到61.5 dBZ,0.5°仰角径向速度为较强的偏北风,表现为正、负大风速核;VIL最大为26.5 kg·m$^{-2}$,回波顶高最高达18 km。强回波质心高度较低,降水效率较高(图4.6.5~4.6.7)。

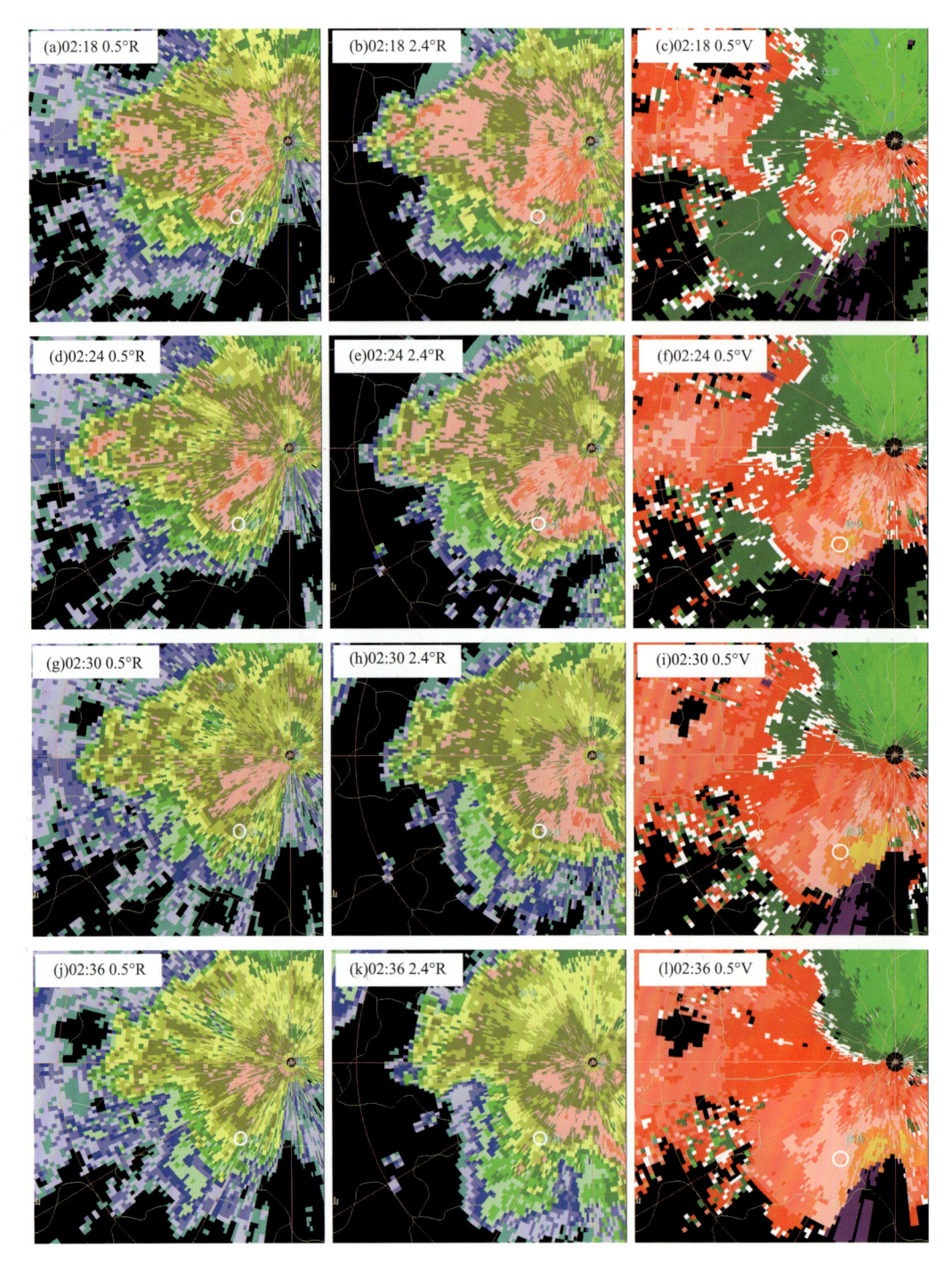

图 4.6.5 2015 年 7 月 30 日 02:18—02:36(a~l)秦皇岛雷达反射率因子(0.5°和 2.4°仰角)和平均径向速度(0.5°仰角)PPI(图中○为唐山滦县位置)

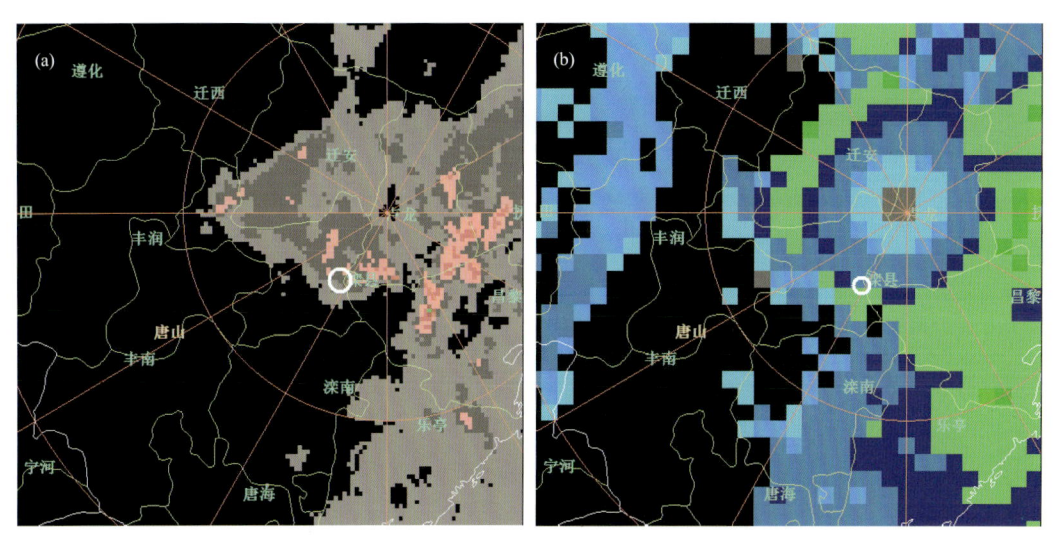

图 4.6.6　2015 年 7 月 30 日 02：18 秦皇岛雷达 VIL(a)和 ET(b)(图中○为唐山滦县位置)

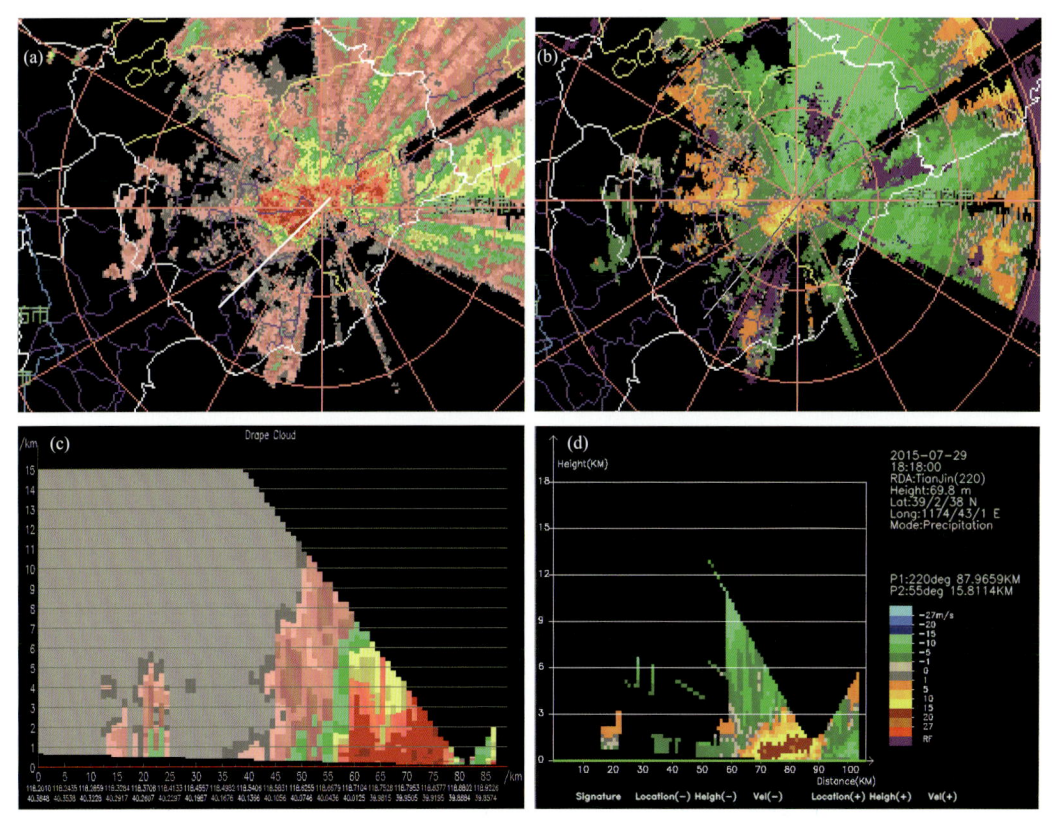

图 4.6.7　2015 年 7 月 30 日 02：18 秦皇岛雷达 0.5°仰角反射率因子(a)和 0.5°仰角平均径向速度(b)
以及沿图中实线的反射率因子垂直剖面(c)和平均径向速度垂直剖面(d)

## 4.7 2015年8月2日短时强降水

**实况**：短时强降水主要影响河北省中南部，集中出现在2日后半夜至3日早晨（图4.7.1a～c）。小时降水量最大为100.5 mm，出现在衡水武邑（3日03—04时），衡水饶阳最大小时降水量为87.6 mm（3日03—04时）（图4.7.1c）。

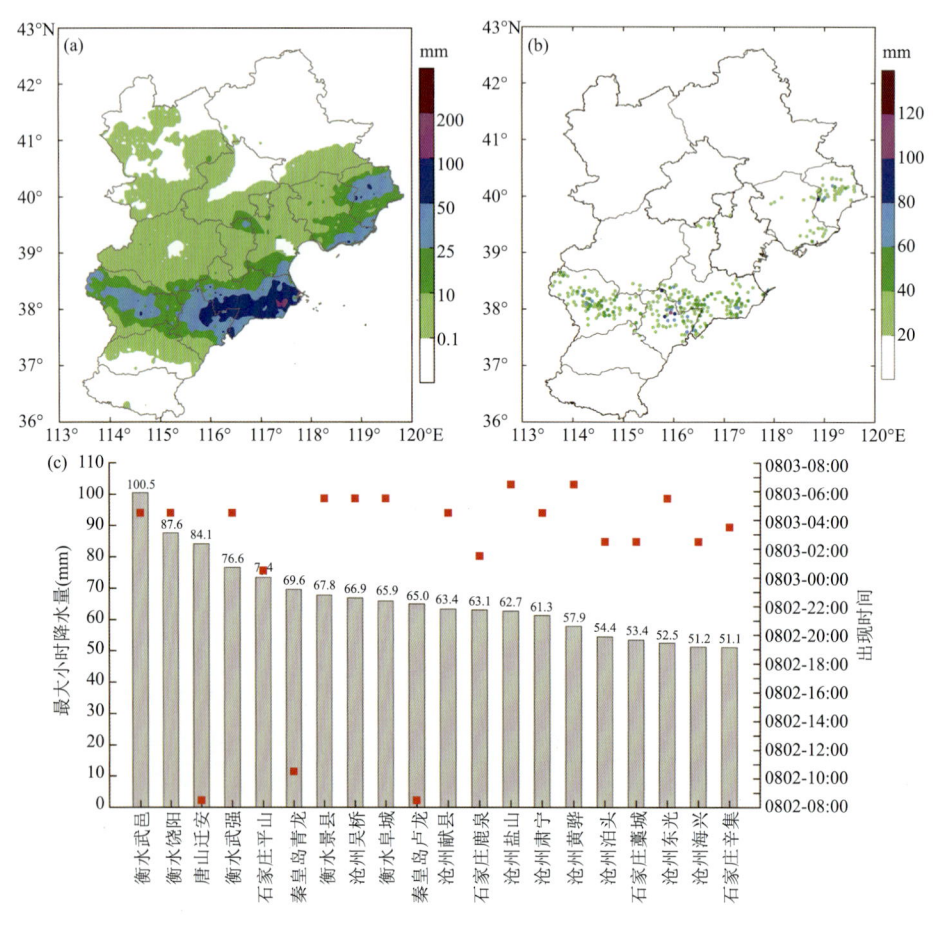

图4.7.1　2015年8月2日08时至3日08时24 h降水量(a)、
最大小时降水量(b)和短时强降水出现时间(c)

**主要影响系统**：500 hPa冷涡、低槽，850 hPa切变线、西南急流。

**系统配置及演变**：500 hPa冷涡底部低槽携带干冷空气东移，850 hPa西南急流携带暖湿空气北上，850 hPa湿区、暖中心与500 hPa干区叠置，不稳定层结增强；河北省中南部700 hPa和850 hPa切变线控制，为不稳定能量的释放提供了有利的动力强迫（图4.7.2）。

分析邢台探空资料（图4.7.3b），8月2日20时的环境条件有利于短时强降水的产生：(1) 925 hPa到850 hPa $\theta_{se}$下降了19 ℃，条件不稳定特征明显（图4.7.3c）；(2) 对流有效位能为4025 J·kg$^{-1}$（图4.7.3a）；(3) K指数达到39 ℃，850 hPa与500 hPa温差为28 ℃，对流层中下层存在热力不稳定层结（图4.7.3a）；(4) 500～700 hPa层结偏湿（图4.7.3b），850 hPa和

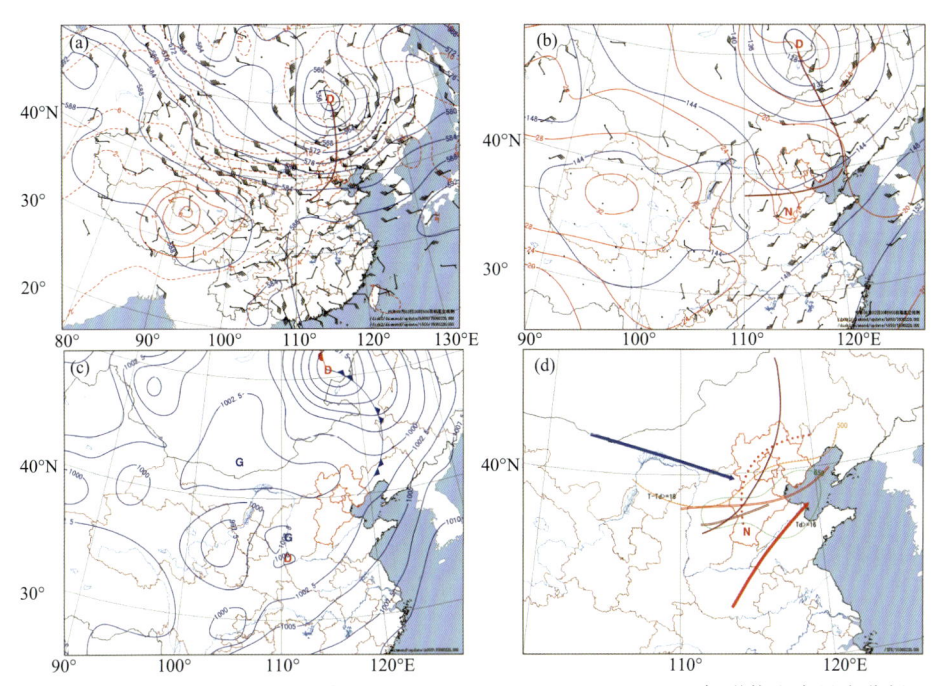

图 4.7.2　2015 年 8 月 2 日 20 时 500 hPa(a)、850 hPa(b)、地面(c)天气形势和中尺度分析(d)

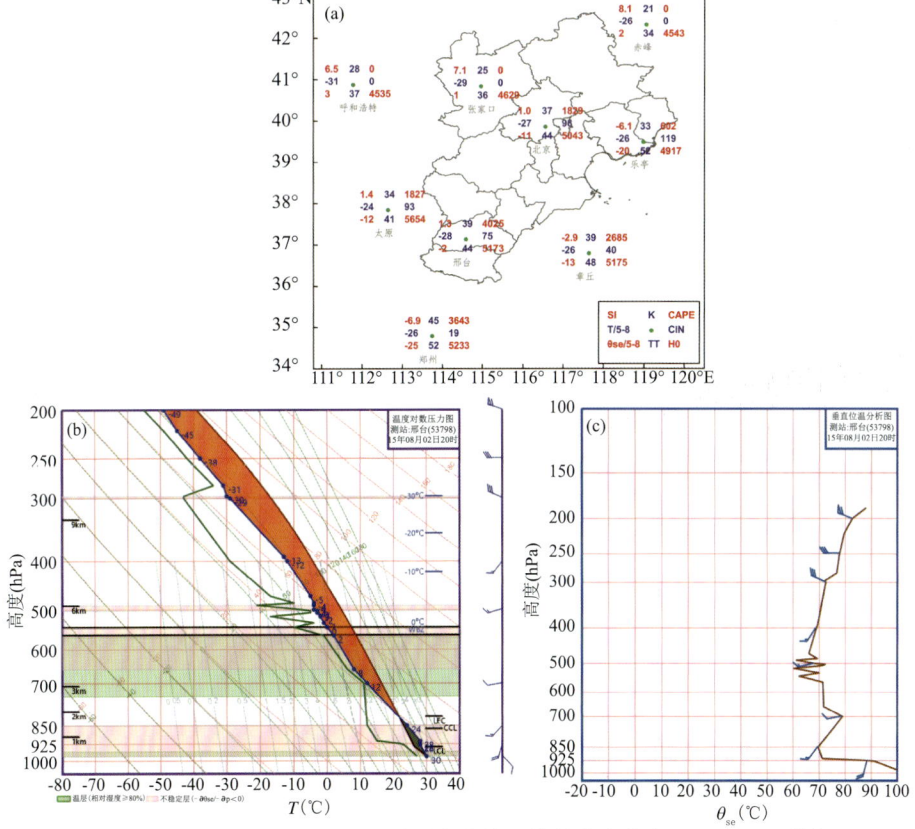

图 4.7.3　2015 年 8 月 2 日 20 时对流参数和特征高度分布(a)、53798(邢台)
$T$-$\ln p$ 图(b)和假相当位温变化(c)

700 hPa 比湿分别为 10 g·kg$^{-1}$ 和 11 g·kg$^{-1}$;(5)0~6 km 的垂直风切变较弱,700 hPa 以下风随高度上升顺时针旋转。

卫星云图上(图 4.7.4a、b),3 日 03:00—05:00 河北中部有中尺度对流云团快速发展且少动,云团面积迅速增大、云顶亮温迅速降低,后侧云边界光滑且亮温梯度增大。沧州雷达 VWP 上(图 4.7.4c、d),03:42 以后边界层由偏西风转为偏北风,中层由偏西风转为偏南风,高层偏西风加强,风随高度顺转表明暖平流加强。

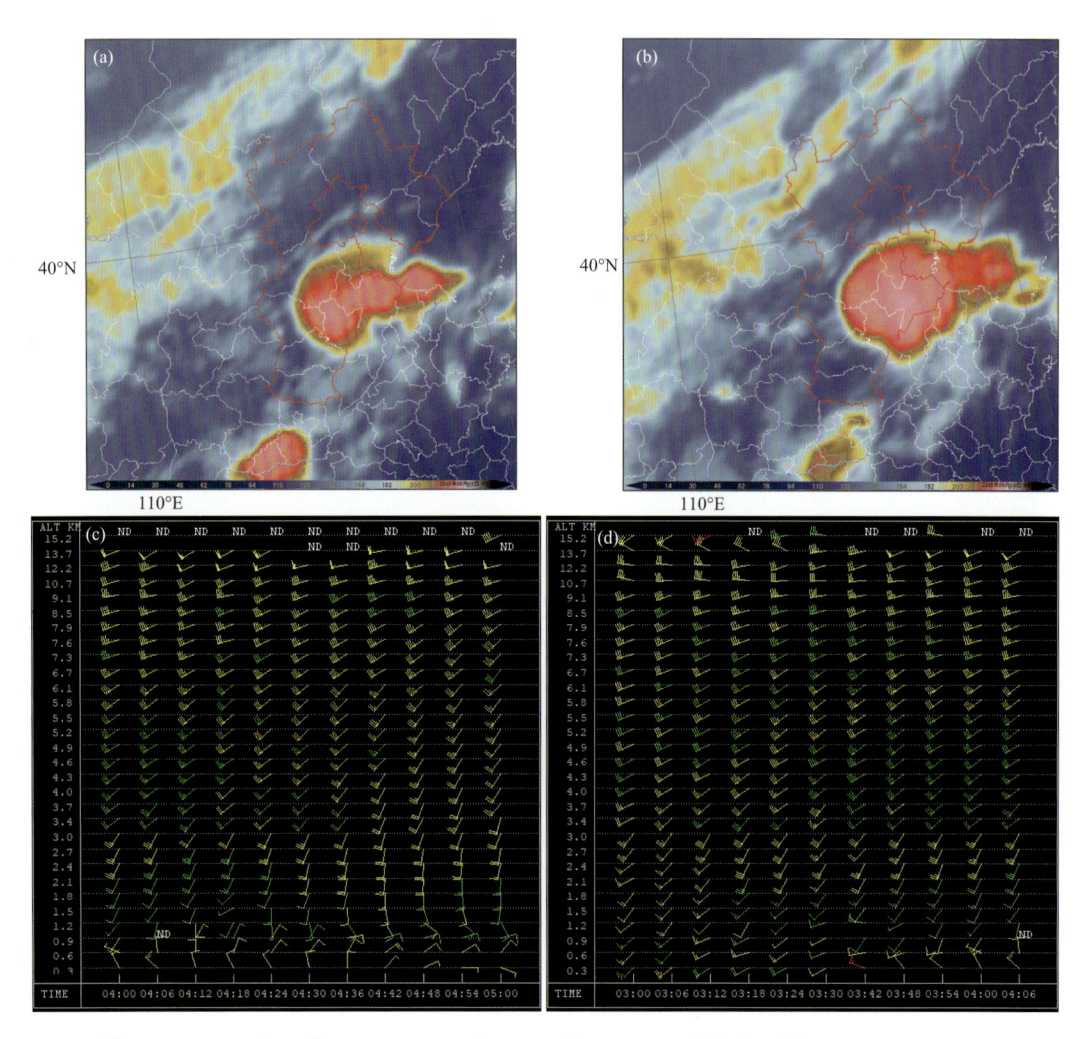

图 4.7.4  2015 年 8 月 3 日 03:45(a)和 05:15(b)FY-2E 卫星红外云图以及 03:00—05:00 沧州雷达 VWP 演变(c 和 d)

雷达回波为积状云为主的混合云降水回波带,45 dBZ 以上回波不断发展维持,回波整体位置少动,具有列车效应特征。45 dBZ 以上回波多在 8 km 高度以下,具有大陆型强降水回波特征。VIL 最大为 38 kg·m$^{-2}$,回波顶高最高为 11 km(图 4.7.5~4.7.7)。

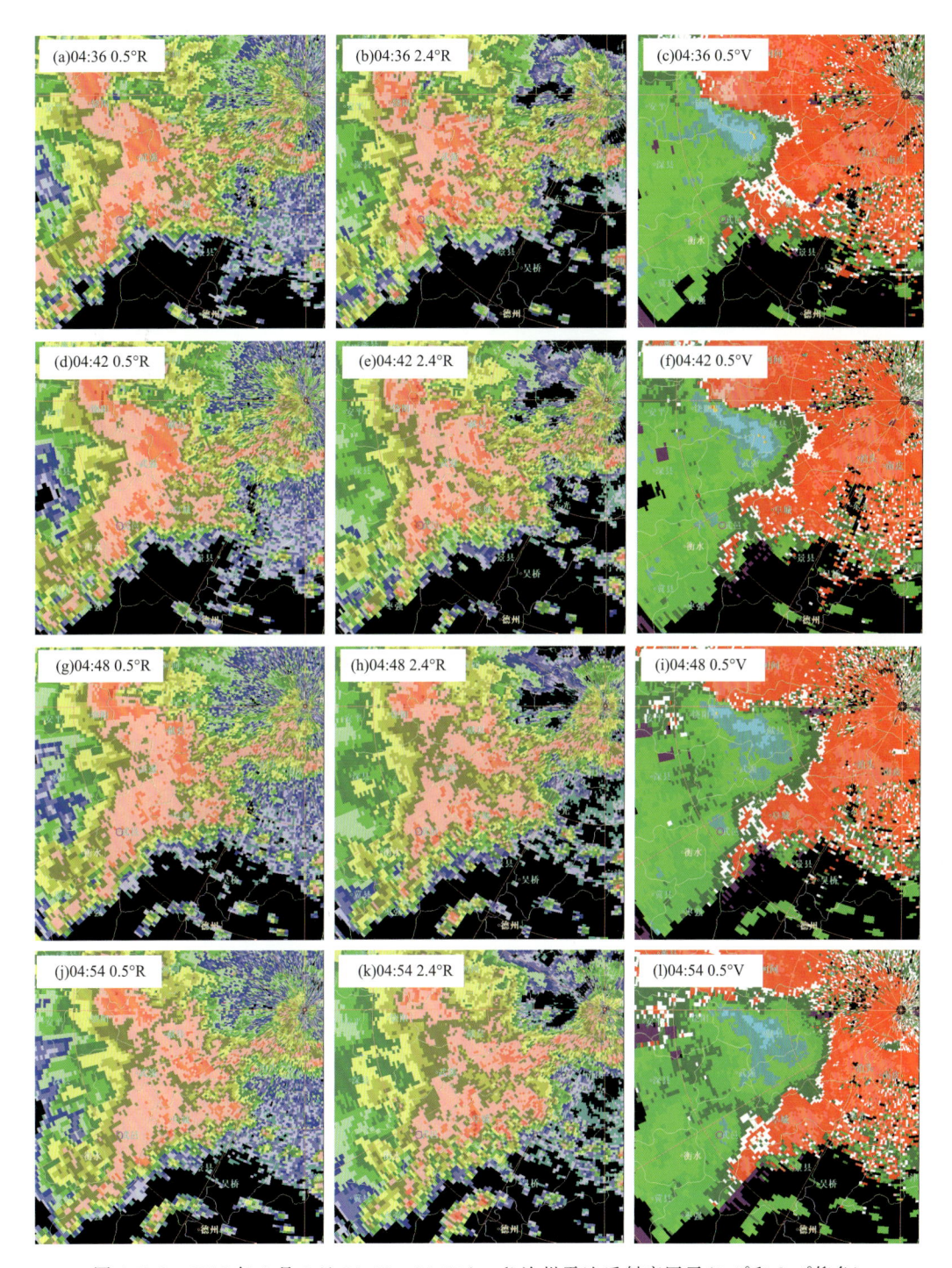

图 4.7.5 2015 年 8 月 3 日 04:36—04:54(a~l)沧州雷达反射率因子(0.5°和 2.4°仰角)和平均径向速度(0.5°仰角)PPI(图中○为衡水武邑位置)

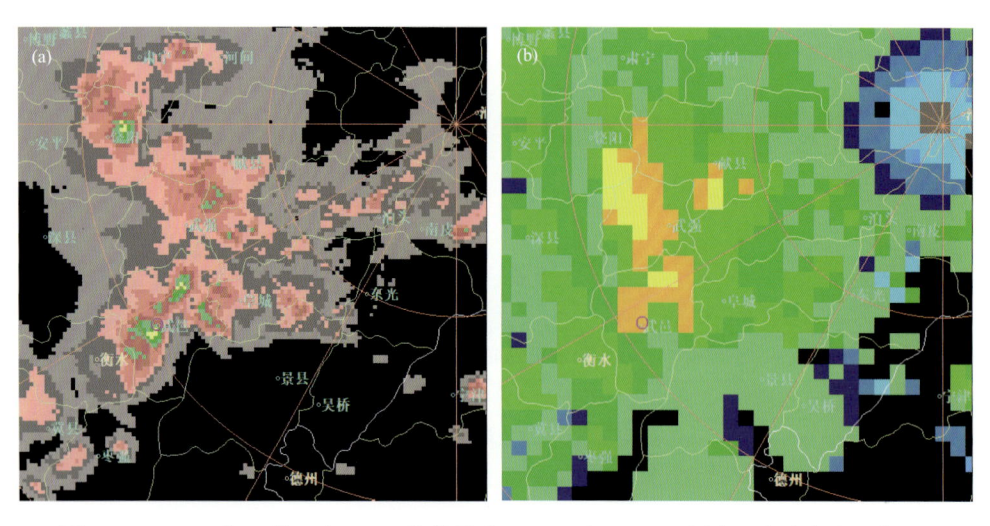

图 4.7.6 2015 年 8 月 3 日 04:36 沧州雷达 VIL(a)和 ET(b)(图中〇为衡水武邑位置)

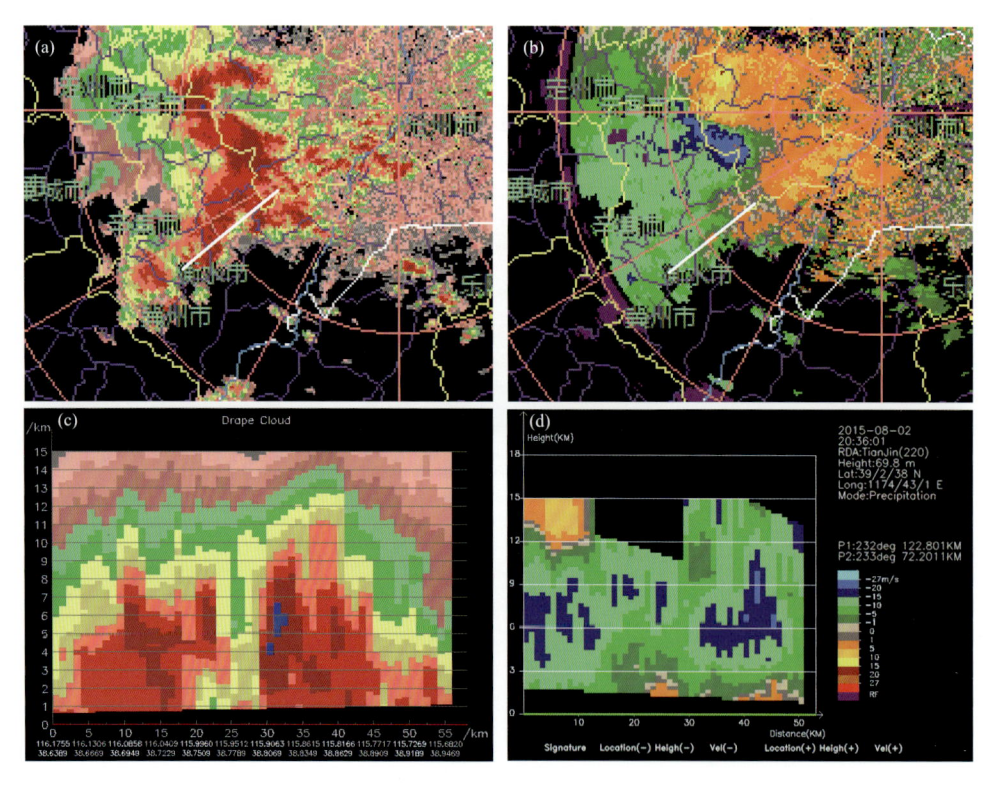

图 4.7.7 2015 年 8 月 3 日 04:36 沧州雷达 0.5°仰角反射率因子(a)和 0.5°仰角平均径向速度(b)以及沿图中实线的反射率因子垂直剖面(c)和平均径向速度垂直剖面(d)

## 4.8 2016年7月30日雷暴大风

实况：强对流天气主要出现在河北省中南部，以雷暴大风(14 站)为主，集中出现在 30 日 12—23 时(图 4.8.1a～b)。保定定州 17:20 瞬时极大风速达 25 m·s$^{-1}$(10 级)，衡水冀州 19:18 瞬时极大风速达 20 m·s$^{-1}$(8 级)(图 4.8.1b)。

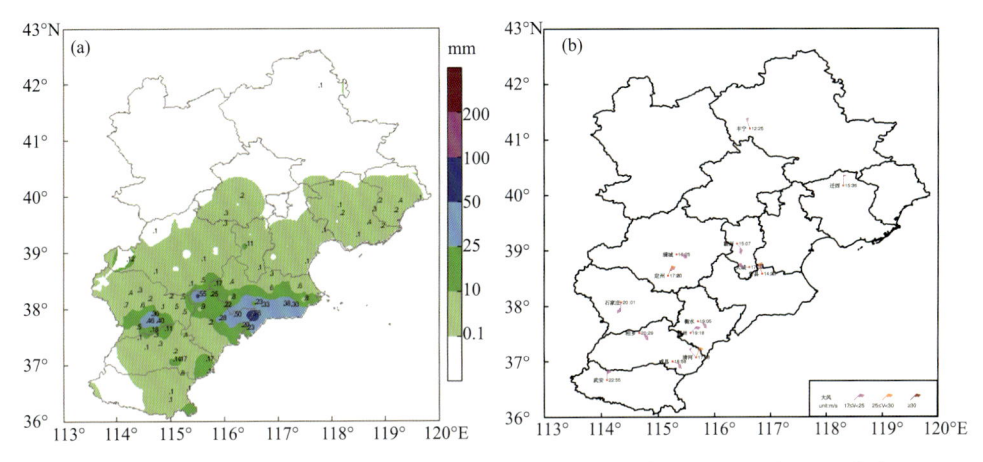

图 4.8.1　2016 年 7 月 30 日 08 时至 31 日 08 时 24 h 降水量(a)和大风(b)分布

主要影响系统：500 hPa 短波槽、850 hPa 暖脊、地面辐合线。

系统配置及演变：500 hPa 短波槽携带冷空气东移，与 850 hPa 暖脊在河北上空叠置，不稳定层结加大；地面处于低压辐合区，存在风场辐合线，有利于不稳定能量释放(图 4.8.2)。

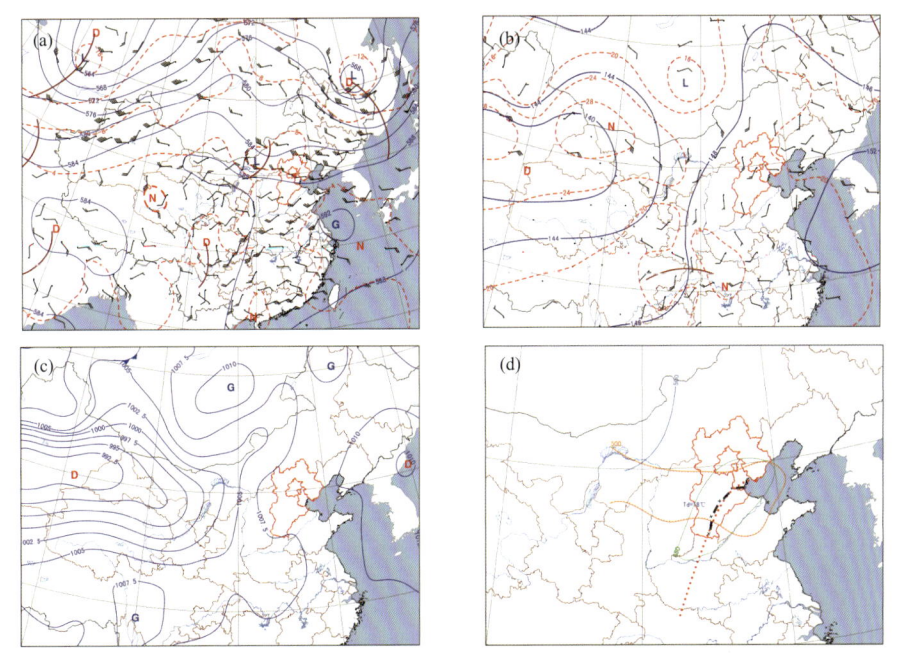

图 4.8.2　2016 年 7 月 30 日 08 时 500 hPa(a)、850 hPa(b)、地面(c)天气形势和中尺度分析(d)

分析邢台探空资料(图 4.8.3b),7 月 30 日 08 时订正后的环境条件有利于雷暴大风的产生:(1)1000~850 hPa 大气温度直减率近似为干绝热递减率(图 4.8.3b);(2)850~400 hPa 温度露点差都较大,说明中低层大气比较干燥(图 4.8.3b);(3)08 时 850~500 hPa 温差达到 27 ℃,14 时订正探空后对流有效位能达到 3961 J·kg$^{-1}$,600 hPa 的下沉对流有效位能达到 1039 J·kg$^{-1}$(图 4.8.3a),925 hPa 到 700 hPa $\theta_{se}$ 下降了 30 ℃,存在条件不稳定(图 4.8.3c);(4)0~6 km 的垂直风切变为 4 m·s$^{-1}$。

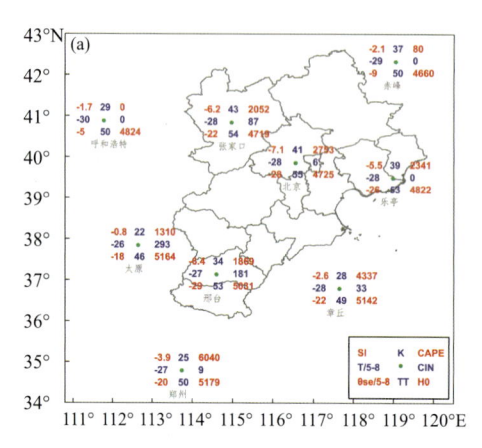

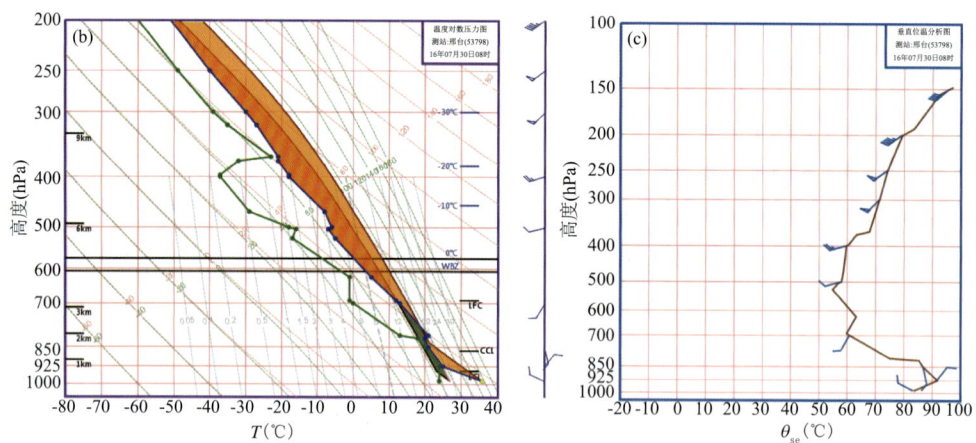

图 4.8.3　2016 年 7 月 30 日 08 时对流参数和特征高度分布(a)、53798(邢台) $T$-ln$p$ 图(b)和假相当位温变化(c)

卫星云图上(图 4.8.4a、b),17:00 前后在河北有中尺度对流云团发展,并具有后向传播特征,22:00 发展成熟。石家庄雷达 VWP 上(图 4.8.4c、d),17:00 以后边界层偏东风风速加大到 12 m·s$^{-1}$,西北风高度由 7.6 km 下降至 4.0 km,0~6 km 垂直风切变增强。

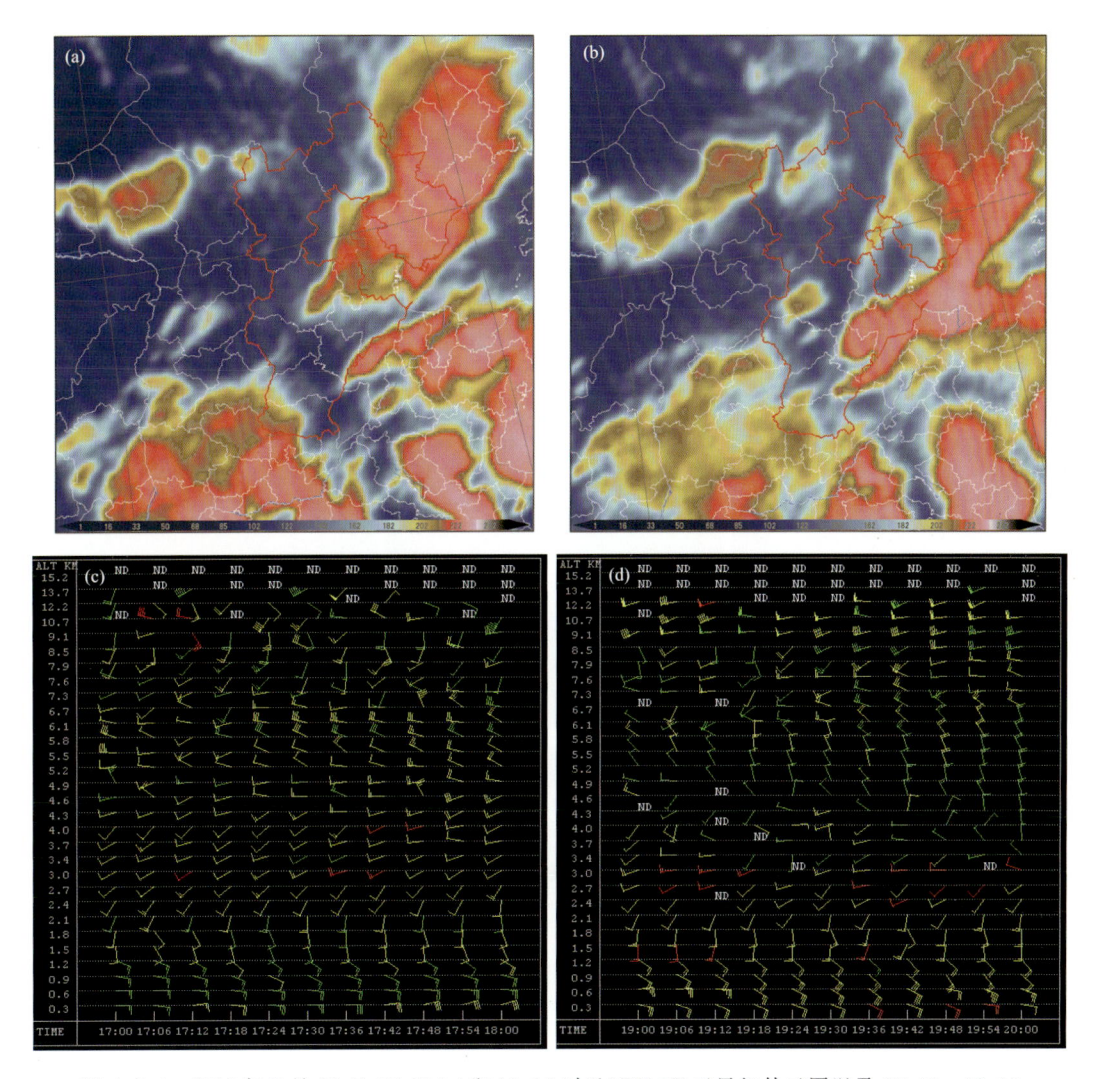

图 4.8.4 2016 年 7 月 30 日 17:15(a)和 19:15 时(b)FY-2E 卫星红外云图以及 17:00—18:00 和 19:00—20:00 石家庄雷达 VWP 演变(c、d)

阵风锋自北向南移动中触发对流,反射率因子核心下降,回波强度超过 62 dBZ,1.5°仰角伴随中层径向辐合;VIL 最大为 49 kg·m$^{-2}$,回波顶高最高大于 16 km(图 4.8.5~4.8.7)。

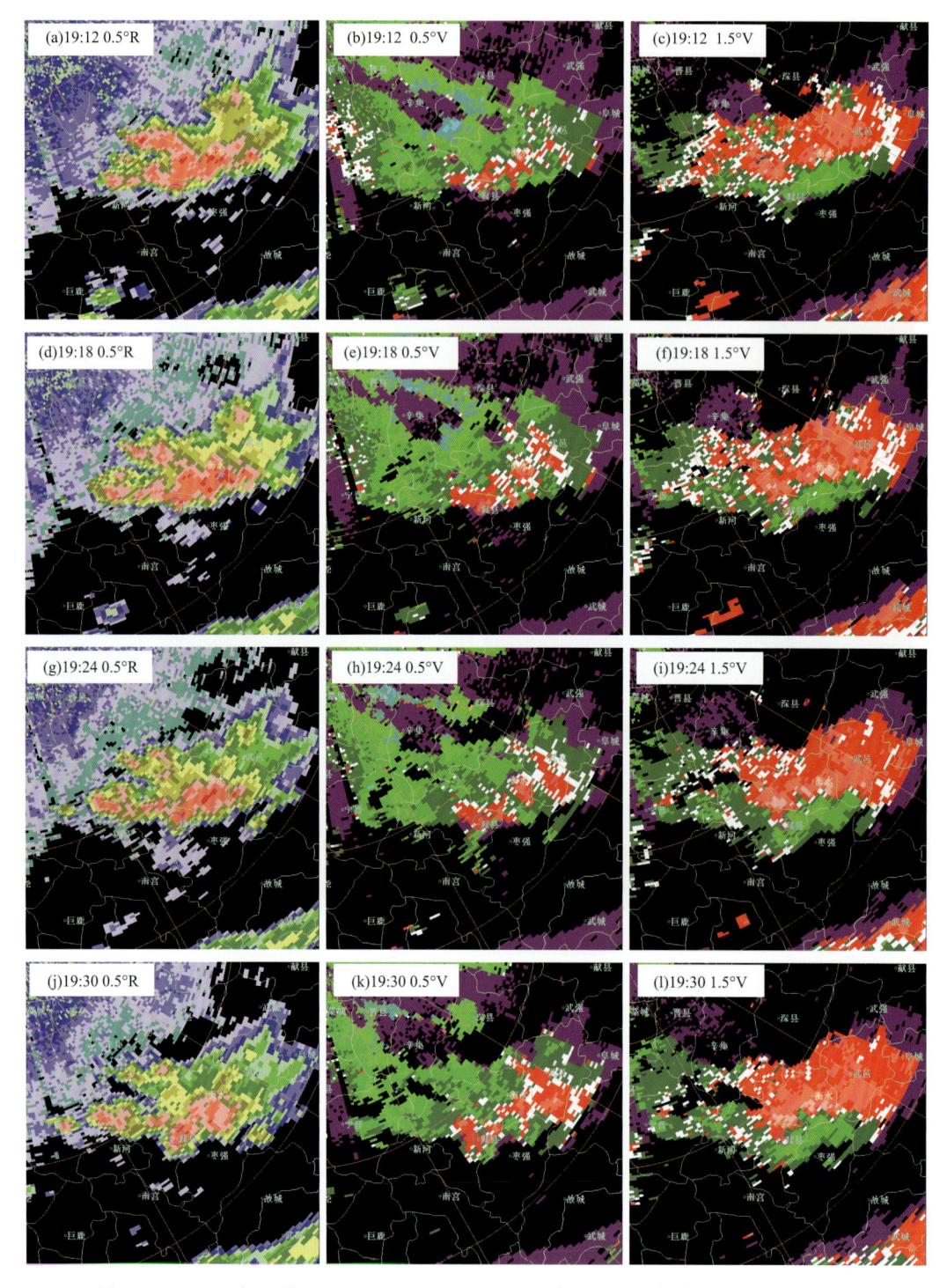

图 4.8.5　2016 年 7 月 30 日 19:12—19:30(a～l)石家庄雷达反射率因子(0.5°仰角)和平均径向速度(0.5°和 1.5°仰角)PPI(图中○衡水冀州位置)

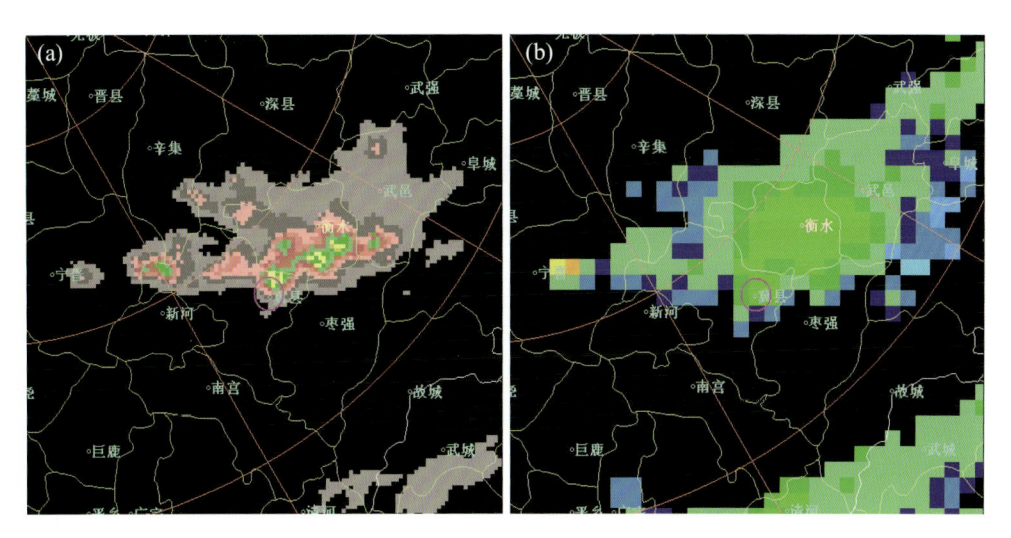

图 4.8.6　2016 年 7 月 30 日 19:18 石家庄雷达 VIL(a)和 ET(b)(图中○为衡水冀州位置)

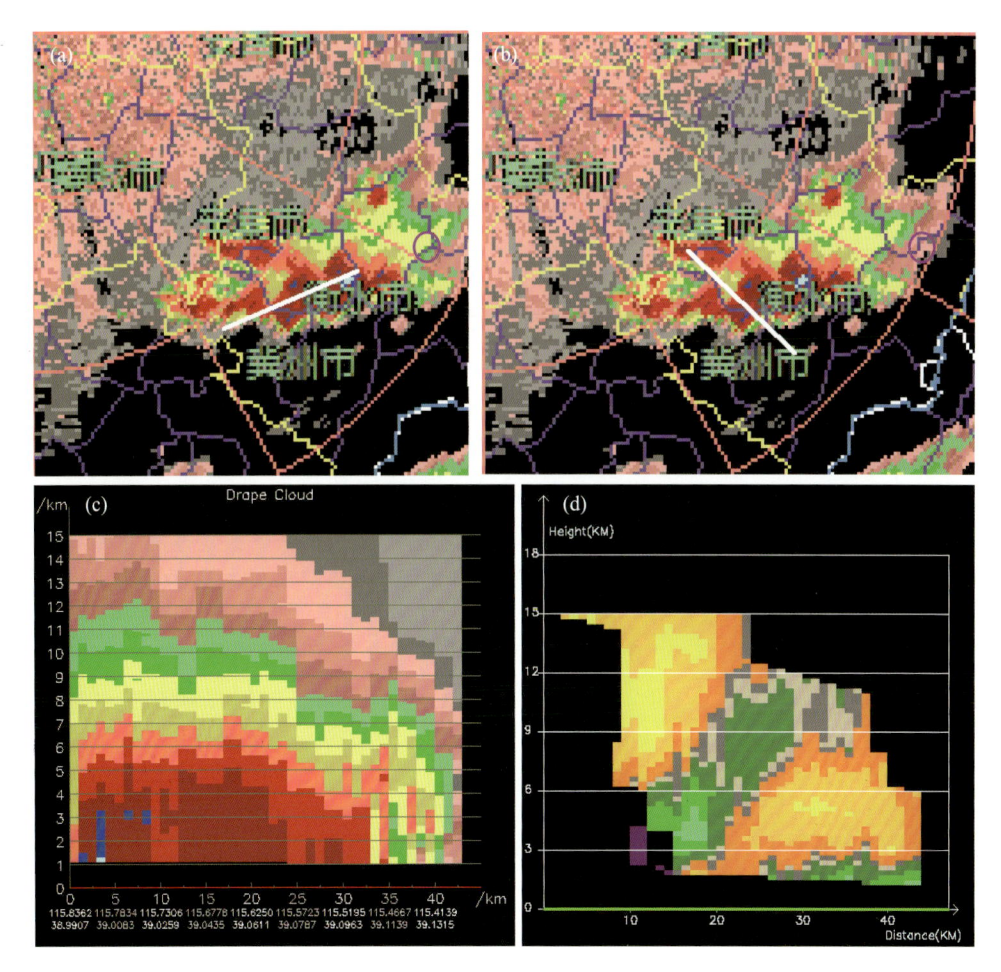

图 4.8.7　2016 年 7 月 30 日 19:18 石家庄雷达 0.5°仰角反射率因子(a)和 0.5°仰角平均径向速度(b)以及沿图中实线的反射率因子垂直剖面(c)和平均径向速度垂直剖面(d)

## 4.9 2017年6月21日雷暴大风

实况:强对流天气主要出现在河北省中南部,以雷暴大风(36站)为主,集中出现在16—21时(图4.9.1a、b)。邯郸武安16:47瞬时极大风速达24 m·s$^{-1}$(9级),保定高阳18:51瞬时极大风速为24 m·s$^{-1}$(9级),石家庄无极18:33瞬时极大风速为18 m·s$^{-1}$(8级)(图4.9.1b)。

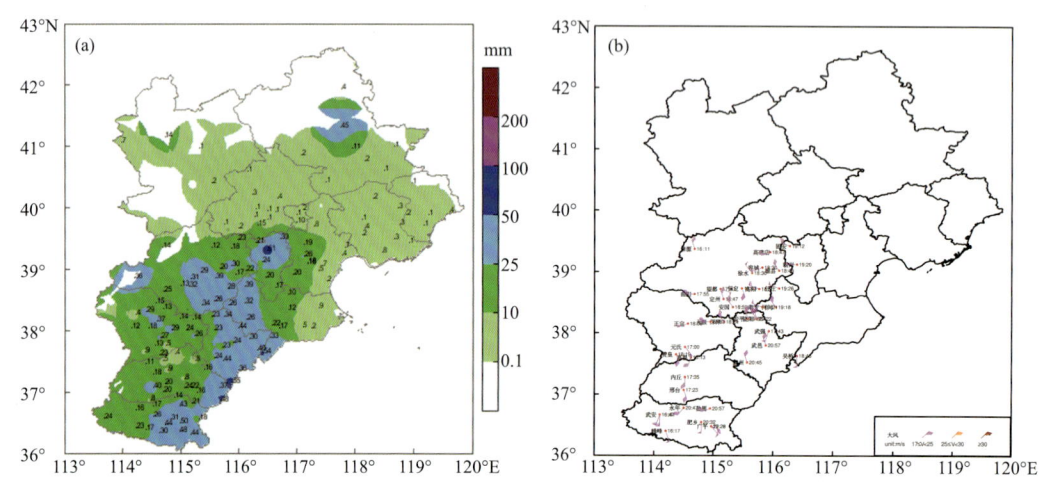

图4.9.1 2017年6月21日08时至22日08时24 h降水量(a)、大风(b)分布

主要影响系统:500 hPa短波槽、850 hPa切变线、地面辐合线。

系统配置及演变:在东北冷涡的背景下,500 hPa短波槽东移,850 hPa暖脊在河北有温度脊配合暖平流,不稳定层结加大;850 hPa有切变线东伸至河北中部地区上空;地面处于低压前部,存在地面辐合线,有利于不稳定能量释放(图4.9.2)。

分析邢台探空资料(图4.9.3b),6月21日08时的环境条件有利于雷暴大风的产生:(1)850~600 hPa大气温度直减率接近干绝热递减率(图4.9.3b);(2)700 hPa有明显的干空气层;(3)14时订正后探空,对流有效位能达到1142 J·kg$^{-1}$,600 hPa的下沉对流有效位能达到1346.8 J·kg$^{-1}$(图4.9.3a);(4)925 hPa到700 hPa $\theta_{se}$下降了20 ℃,存在一定的条件不稳定(图4.9.3c);(5)08时850~500 hPa温差达到33 ℃,TT、SI和K指数分别达到49 ℃、0.3 ℃和25 ℃,表明对流层中层和中下层存在热力不稳定层结(图4.9.3a)。

第4章 低层暖平流强迫类

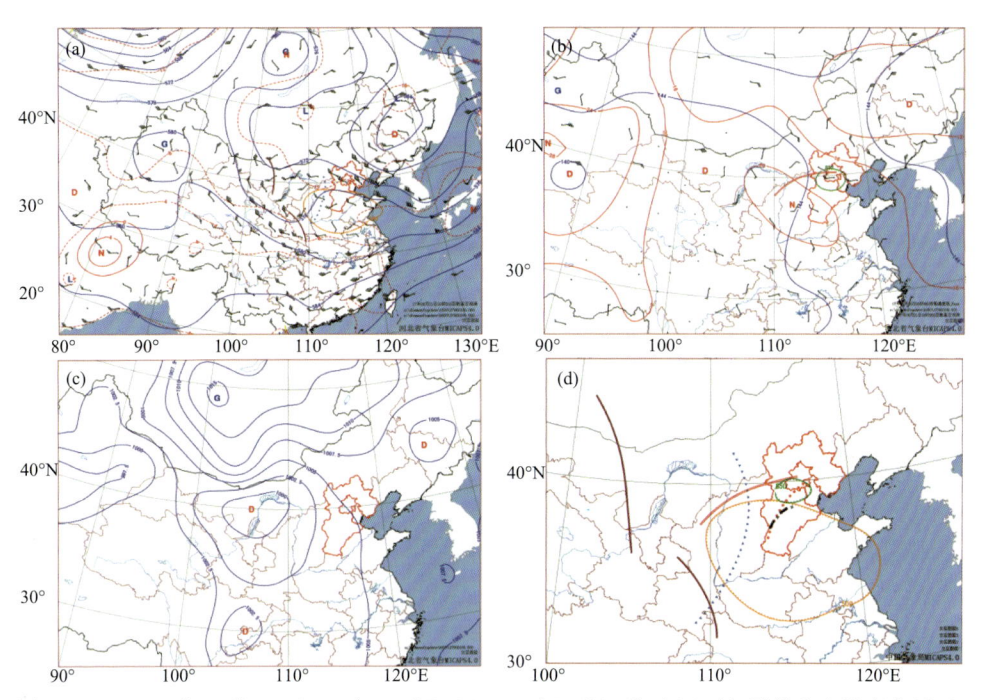

图4.9.2　2017年6月21日08时500 hPa(a)、850 hPa(b)、地面(c)天气形势和中尺度分析(d)

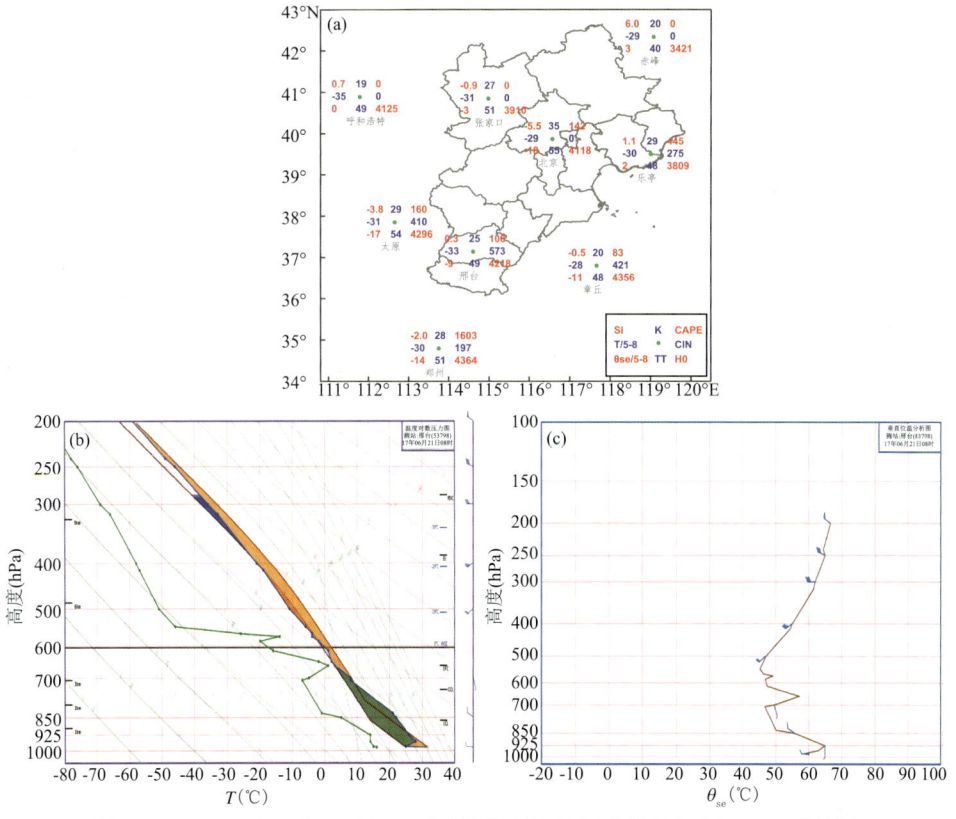

图4.9.3　2017年6月21日08时对流参数和特征高度分布(a)、53798(邢台)
$T$-$\ln p$图(b)和假相当位温变化(c)

卫星云图上(图 4.9.4a、b),13:00 前后在河北西部山区有多个对流云团生成、发展、合并,18:00 以后发展成熟,形成两个中尺度对流系统,向东北偏北方向移动。石家庄雷达 VWP 上(图 4.9.4c、d),16:30 以后,边界层由东南风转为偏东风,6 km 高度西南风加大,0～6 km 垂直风切变增强。

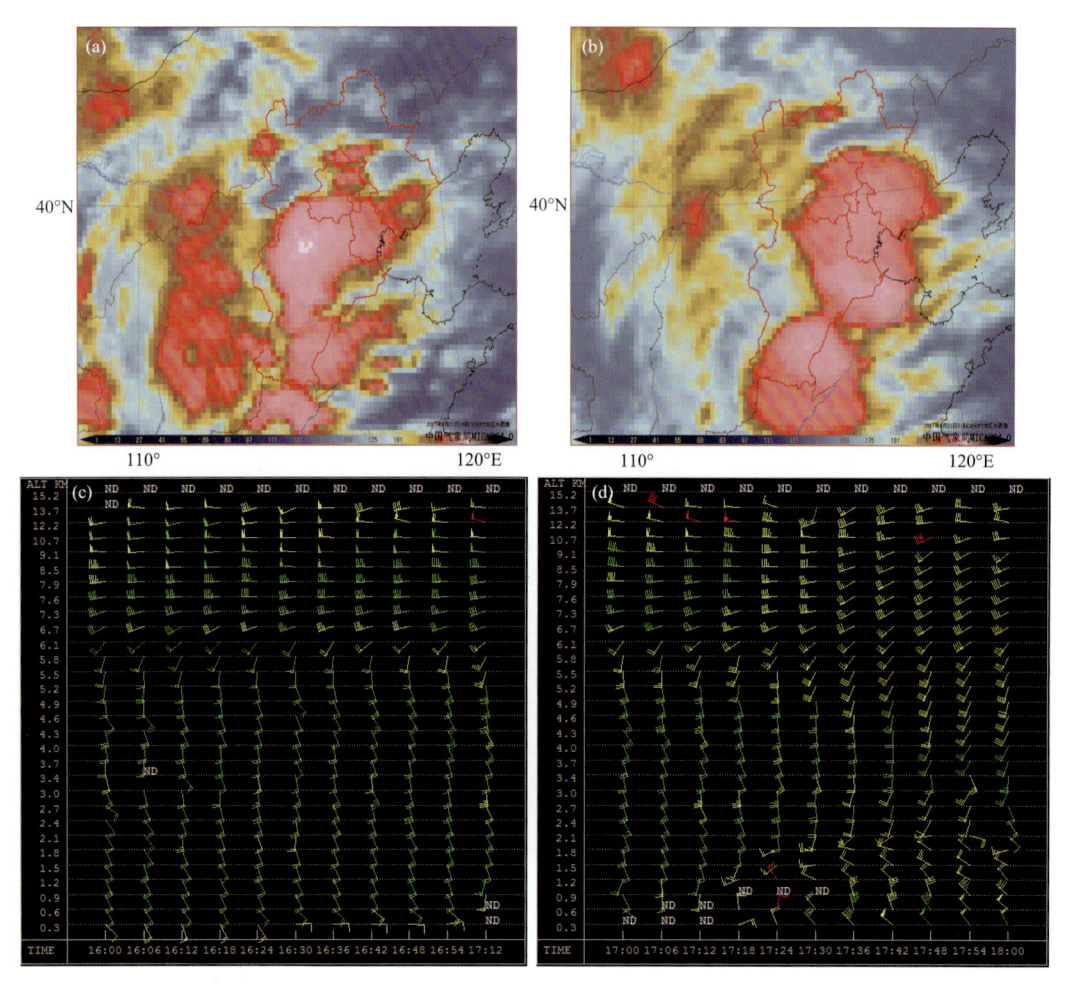

图 4.9.4　2017 年 6 月 21 日 18:30(a)和 21:30(b)FY-2G 卫星红外云图以及 16:00—18:00 石家庄雷达 VWP 演变(c、d)

雷达回波呈片絮状以层状云为主的混合云降水回波,向东北方向移动,强中心回波强度超过 55 dBZ,形成明显的前侧阵风锋,存在后侧入流急流,低层最大径向速度达 25.5 m·s$^{-1}$。回波顶高最高大于 10 km(图 4.9.5～4.9.7)。

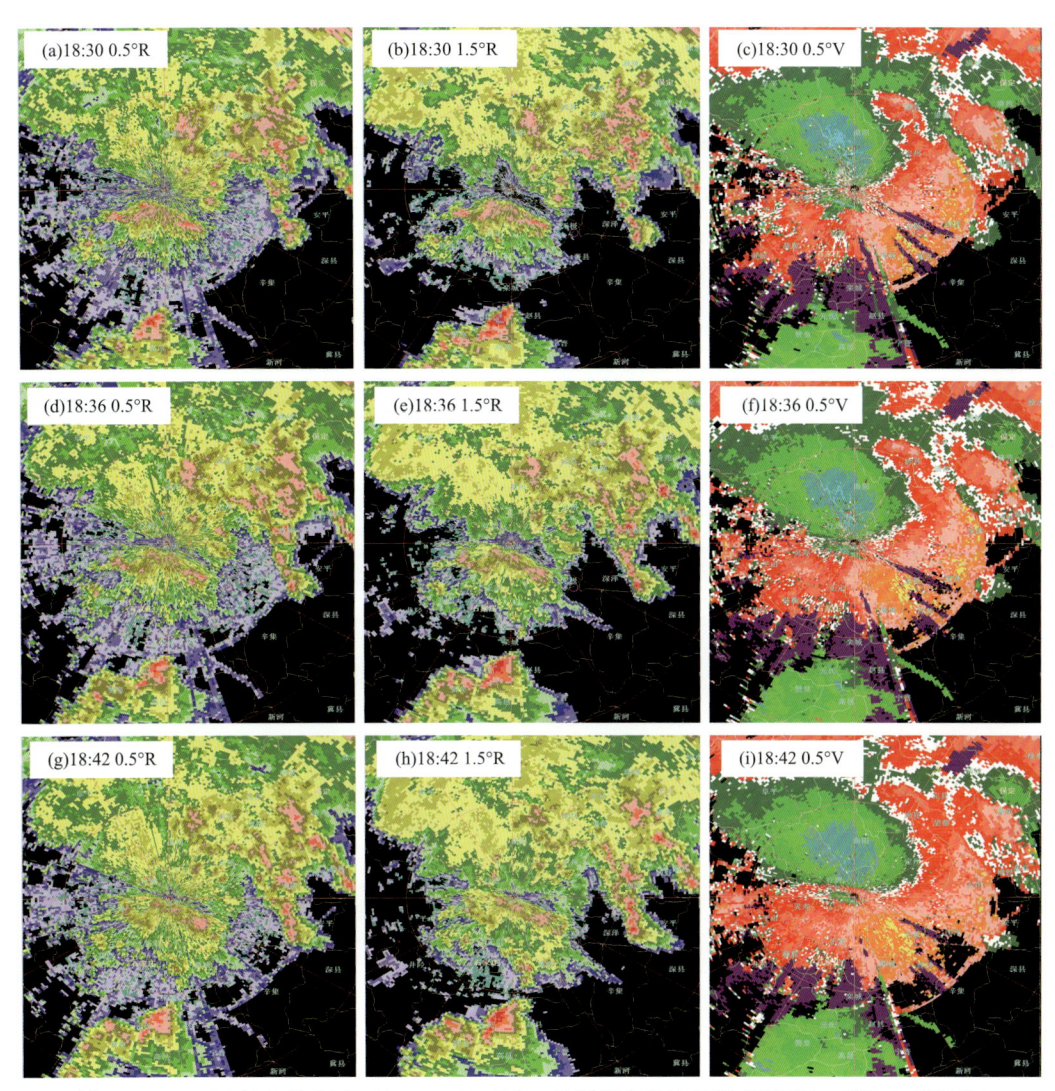

图 4.9.5　2017 年 6 月 21 日 18:30—18:42(a~i)石家庄雷达反射率因子(0.5°和 1.5°仰角)和平均径向速度(0.5°仰角)PPI(图中○为石家庄无极位置)

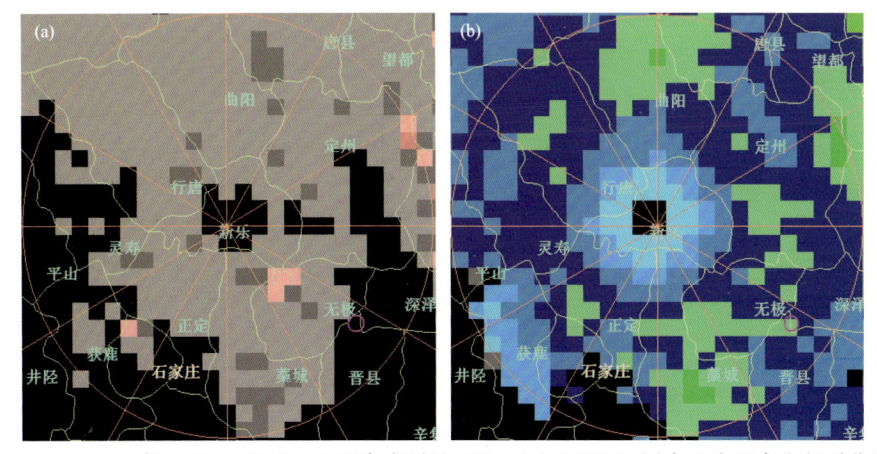

图 4.9.6　2017 年 6 月 21 日 18:36 石家庄雷达 VIL(a)和 ET(b)(图中○为石家庄新乐位置)

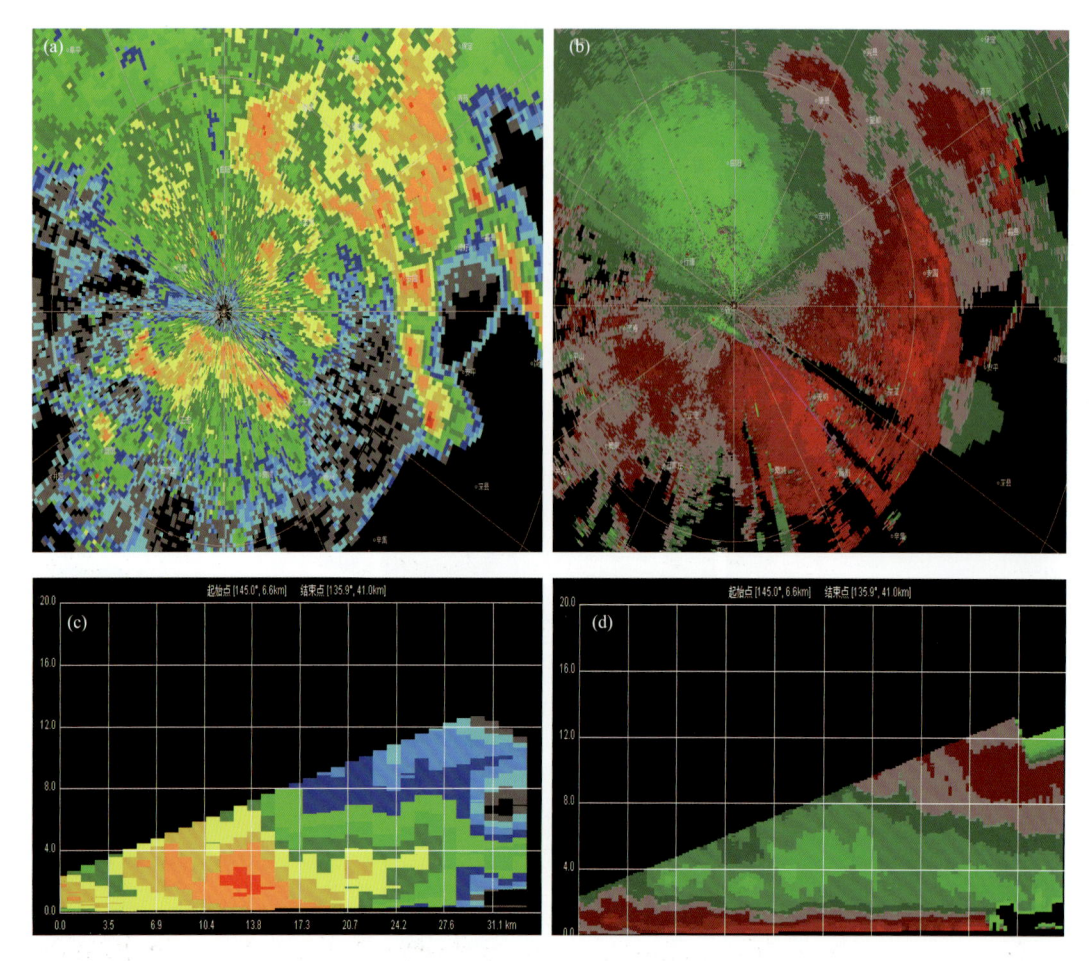

图 4.9.7 2017 年 6 月 21 日 18:36 石家庄雷达 0.5°仰角反射率因子(a)和 0.5°仰角平均径向速度(b)以及沿图中实线的反射率因子垂直剖面(c)和平均径向速度垂直剖面(d)

## 4.10　2017 年 7 月 6 日短时强降水

实况：短时强降水主要影响河北省中北部(107 站)，集中出现在 7 月 6 日 08—23 时(图 4.10.1a～c)。小时降水量最大为 60.6 mm，出现在廊坊三河(19—20 时)，保定涿州最大小时降水量为 60.4 mm(11—12 时)(图 4.10.1c)。

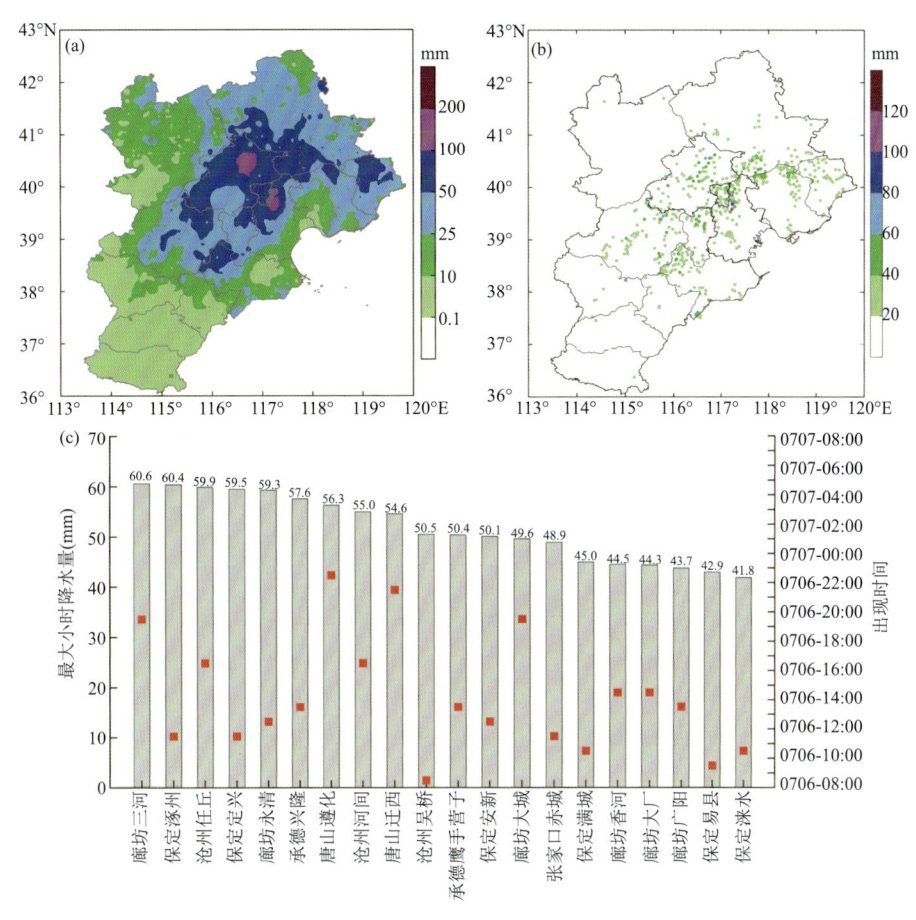

图 4.10.1　2017 年 7 月 6 日 08 时至 7 日 08 时 24 h 降水量(a)、
最大小时降水量(b)和短时强降水出现时间(c)

主要影响系统：500 hPa 高空槽、850 hPa 低涡切变、地面冷锋。

系统配置及演变：500 hPa 高空槽配合 850 hPa 低涡切变影响河北；河北东部中层有明显干层，850 hPa 为偏南暖湿气流，对流不稳定性加人；河北东部出现低空急流，暖切变线北推，河北中东部有强烈的辐合抬升，为不稳定能量的释放提供了有利的动力强迫(图 4.10.2)。

分析北京探空资料(图 4.10.3b)，7 月 6 日 08 时的环境条件有利于短时强降水的产生：(1)400～600 hPa 存在明显的干层，600 hPa 以下湿层深厚(图 4.10.3b)，1000 hPa 露点温度达到 23.5 ℃；(2)850～500 hPa 温差为 23 ℃，对流有效位能达到 682 J·kg$^{-1}$(图 4.10.3a)，1000 hPa 至 650 hPa $\theta_{se}$ 随高度上升降低 27 ℃，位势不稳定层深厚(图 4.10.3c)；(3)0 ℃层高度为 4.79 km，抬升凝结高度为 971 hPa，暖云层深厚。

图4.10.2 2017年7月6日08时500 hPa(a)、850 hPa(b)、地面(c)天气形势和中尺度分析(d)

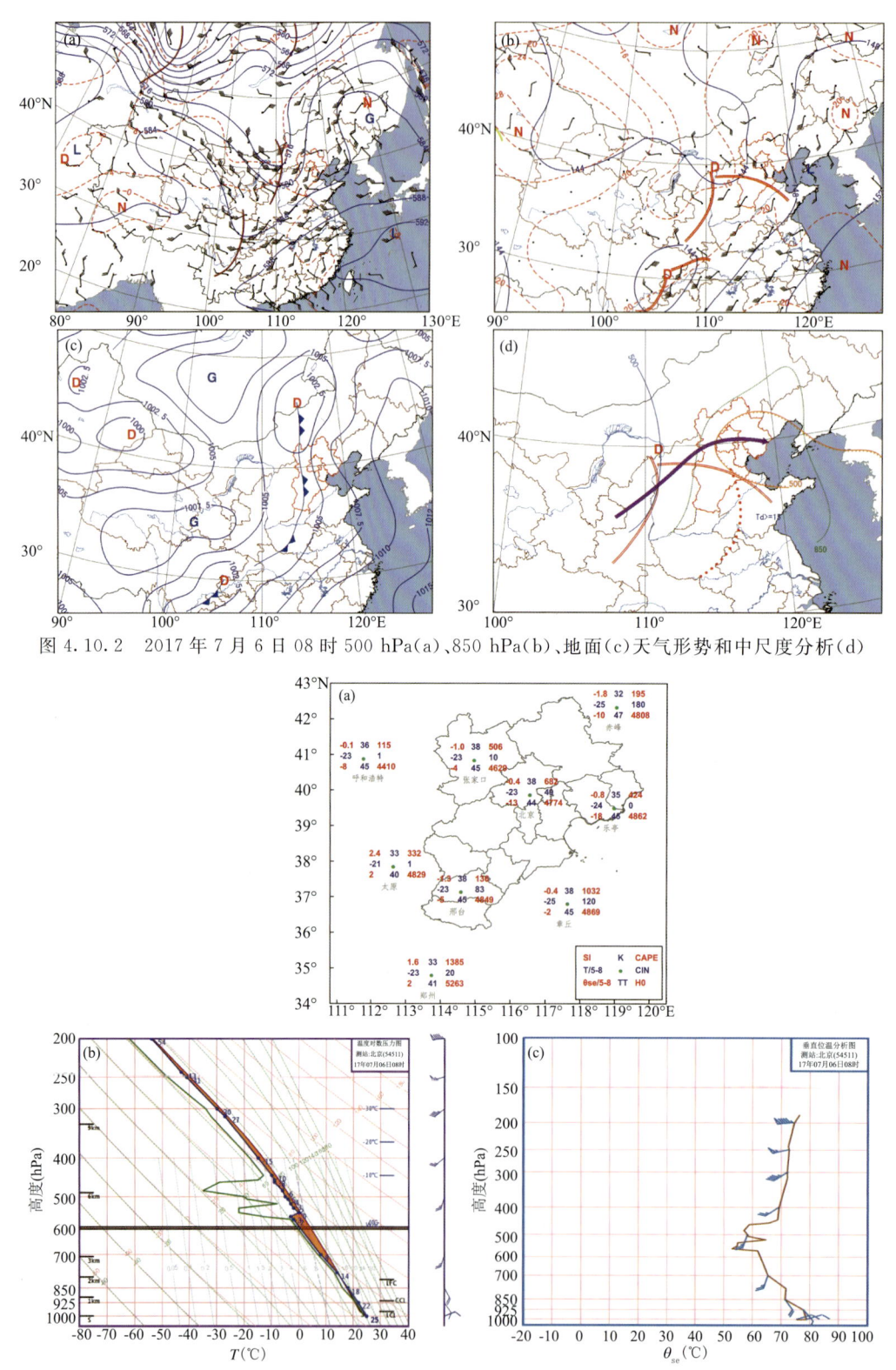

图4.10.3 2017年7月6日08时对流参数和特征高度分布(a)、54511(北京)$T$-$\ln p$ 图(b)和假相当位温变化(c)

卫星云图上(图 4.10.4a、b),河北上空是典型的低涡切变云系,暖切变线一侧的中尺度对流系统在北推的过程中范围增大,云顶亮温降低,造成中东部强降水。沧州雷达 VWP 显示(图 4.10.4c、d),15:00—17:18 沧州上空中低层一直是持续的 10~12 m·s$^{-1}$ 的西南风,有利于水汽输送。

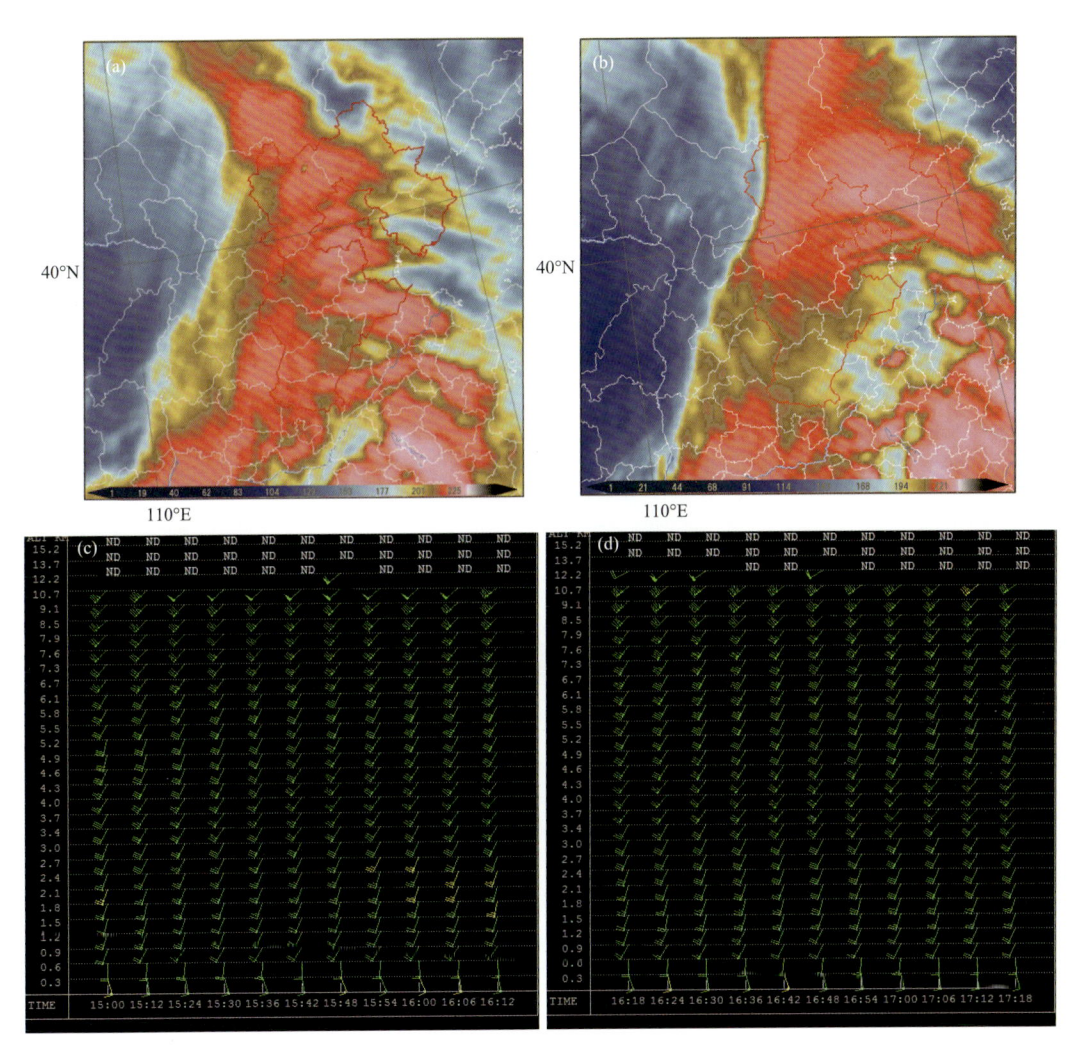

图 4.10.4 2017 年 7 月 6 日 09:45(a)和 13:45(b)FY-2E
卫星红外云图以及 15:00—17:18 沧州雷达 VWP 演变(c 和 d)

雷达回波表现为层积混合回波,45 dBZ 以上的强回波维持 6 个体扫(0.5°仰角)。回波顶高为 10 km,VIL 为 7.5 kg·m$^{-2}$。回波质心在 4 km 以下,低于 0 ℃层高度,是典型的热带型短时强降水(图 4.10.5~4.10.7)。

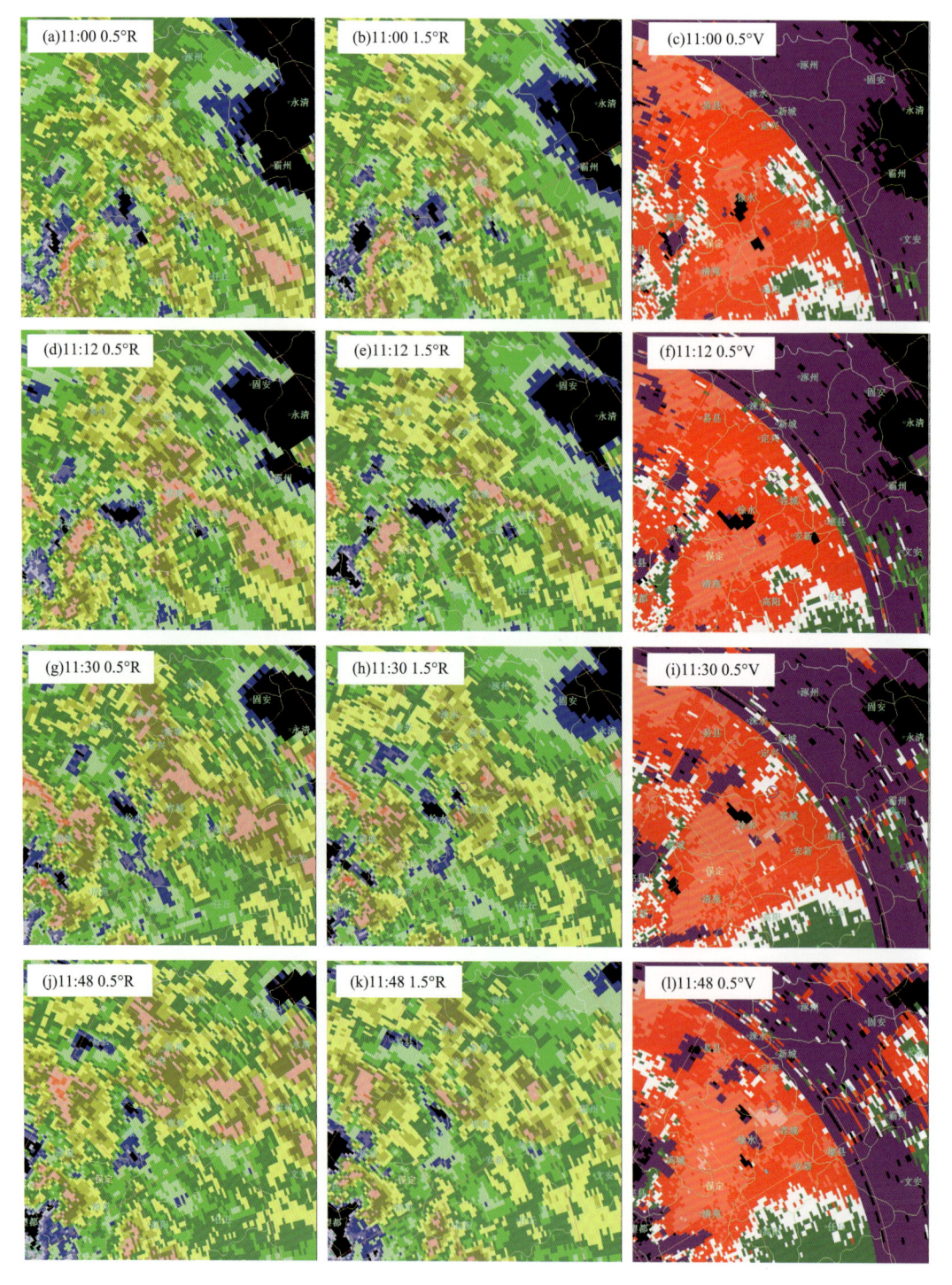

图 4.10.5 2017年7月6日 11:00—11:48(a~l)石家庄雷达反射率因子(0.5°仰角和1.5°仰角)和平均径向速度(0.5°仰角)PPI(图中○为短时强降水区域站位置)

第 4 章　低层暖平流强迫类

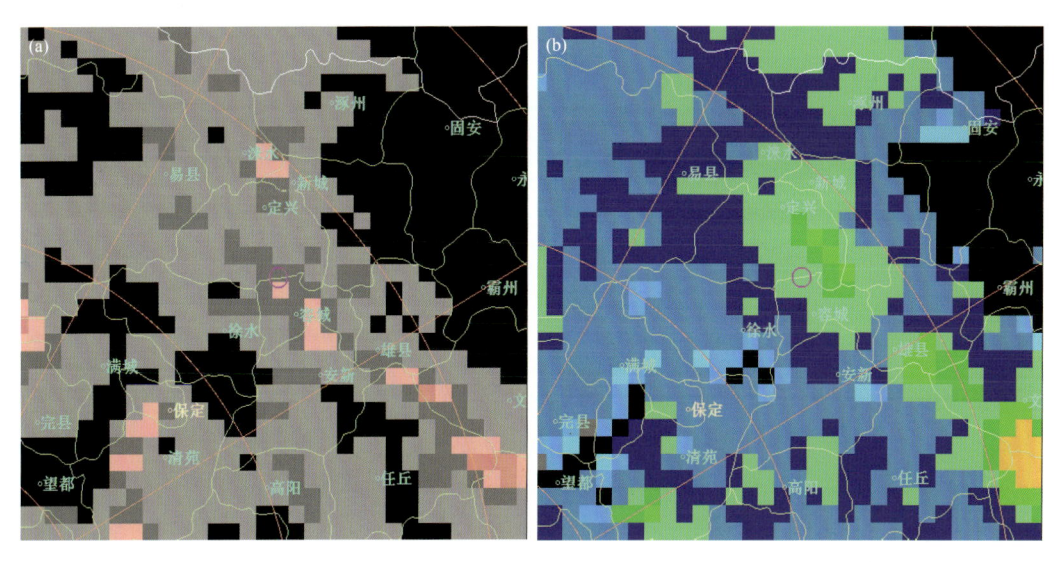

图 4.10.6　2017 年 7 月 6 日 11:00 石家庄雷达 VIL(a)和 ET(b)(图中○为短时强降水区域站位置)

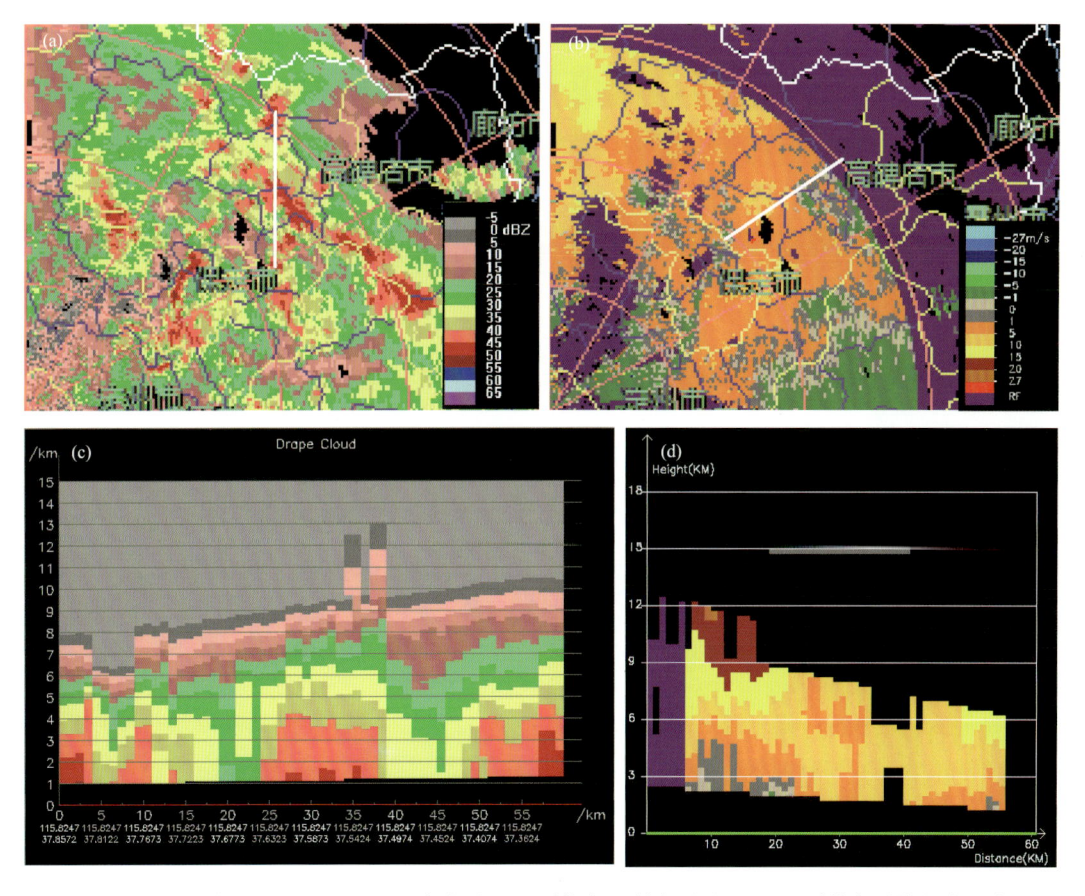

图 4.10.7　2017 年 7 月 6 日 11:00 石家庄雷达 0.5°仰角反射率因子(a)和 0.5°仰角平均径向速度(b)以及沿图中实线的反射率因子垂直剖面(c)和平均径向速度垂直剖面(d)

# 第 5 章　斜压锋生类

## 5.1　2006 年 6 月 12 日雷暴大风

实况：强对流天气主要出现在河北省中南部，以雷暴大风（25 站）为主，集中出现在 12 日 11—19 时（图 5.1.1a、b）。保定定州 18:55 和涿州 19:07 瞬时极大风速达 19 m·s$^{-1}$（8 级）（图 5.1.1b）。

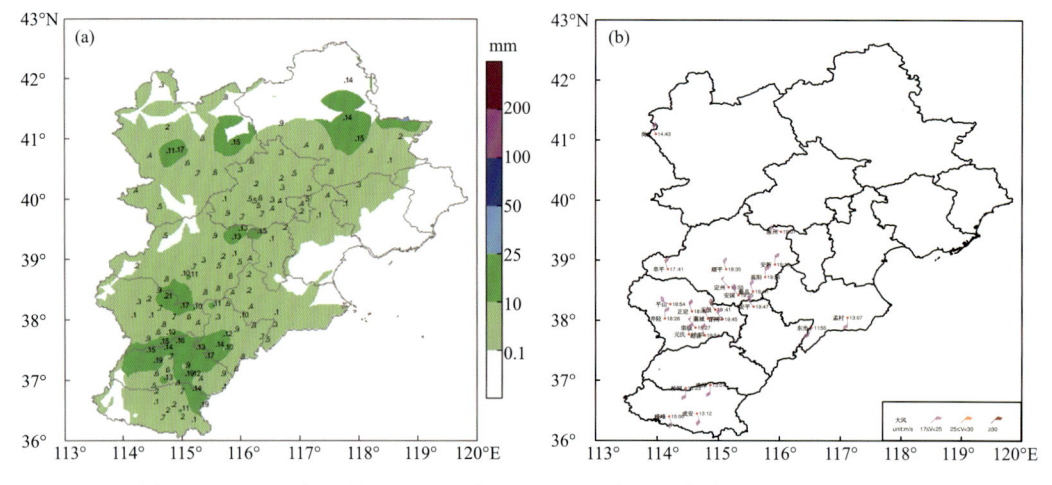

图 5.1.1　2006 年 6 月 12 日 08 时至 13 日 08 时 24 h 降水量(a)、大风(b)分布

主要影响系统：500 hPa 低槽、850 hPa 切变线。

系统配置及演变：500 hPa 低槽携带十冷空气东移，与 850 hPa 锋前暖区以及河北东部湿区在河北上空叠置，不稳定层结加强；500 hPa 低槽、850 hPa 切变线、地面冷锋为不稳定能量的释放提供了有利的动力强迫（图 5.1.2）。

分析邢台探空资料（图 5.1.3b），6 月 12 日 08 时的环境条件有利于雷暴大风的产生：(1)850~600 hPa 大气温度直减率近乎等于干绝热递减率（图 5.1.3b）；(2)温度层结曲线与露点曲线向下分离，整层较干（图 5.1.3b）；(3)600 hPa 的下沉对流有效位能为 1484 J·kg$^{-1}$，对流有效位能为 43 J·kg$^{-1}$，K 指数、SI 指数分别为 23 ℃、−7 ℃（图 5.1.3a）；(4)0~3 km 的垂直风切变为 5 m·s$^{-1}$。

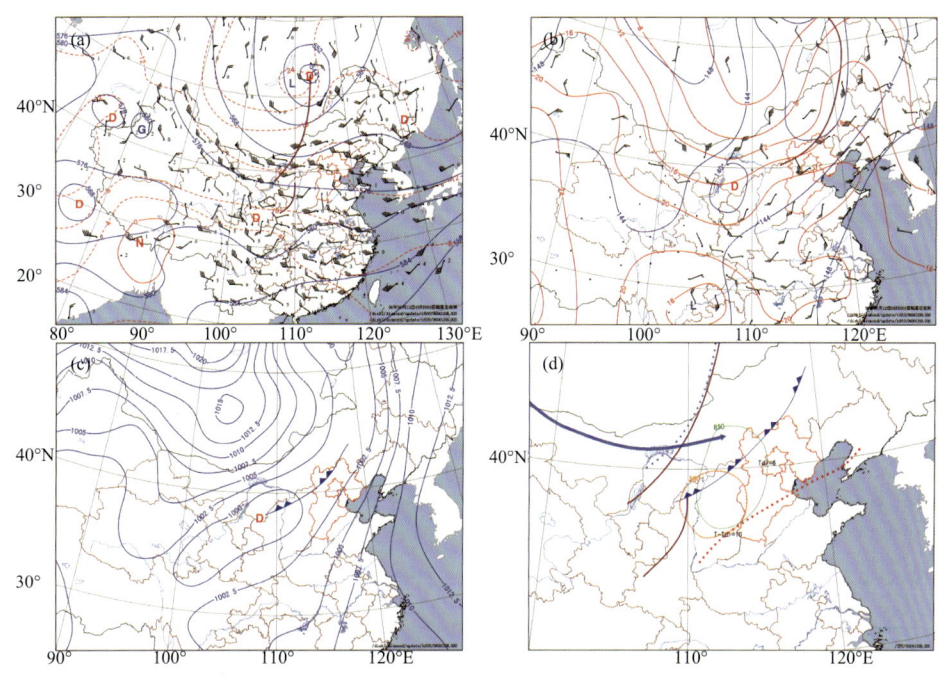

图 5.1.2　2006 年 6 月 12 日 08 时 500 hPa(a)、850 hPa(b)、地面(c)天气形势和中尺度分析(d)

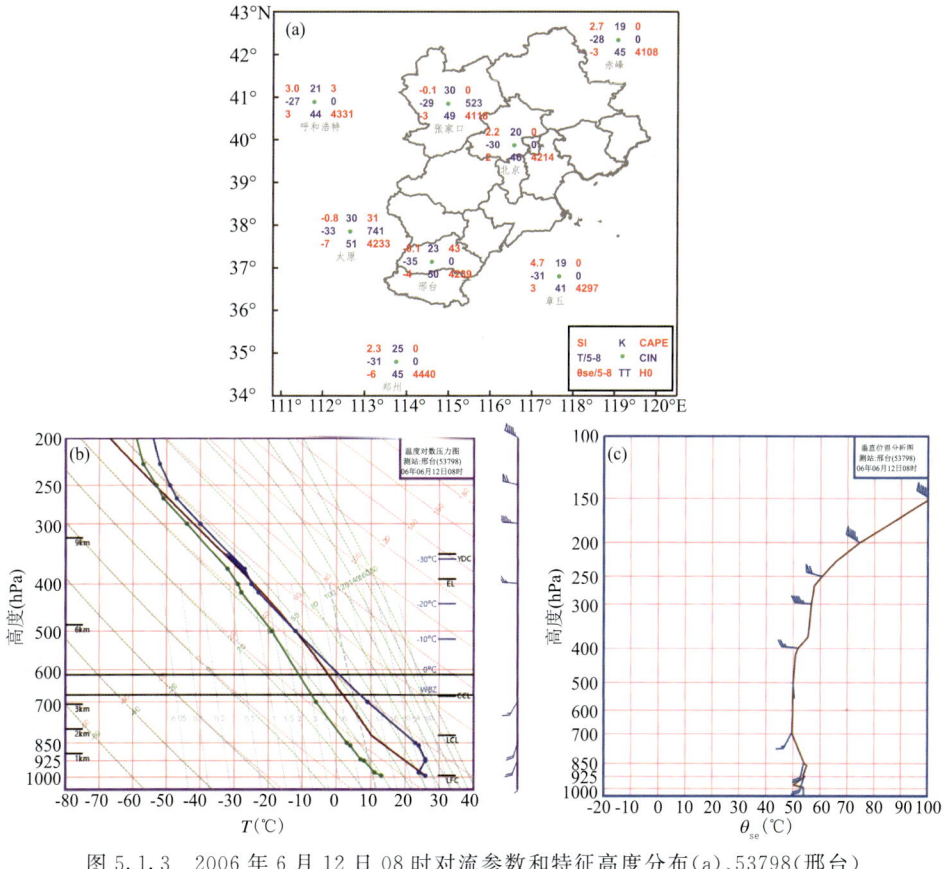

图 5.1.3　2006 年 6 月 12 日 08 时对流参数和特征高度分布(a)、53798(邢台)
$T$-$\ln p$ 图(b)和假相当位温变化(c)

卫星云图上(图 5.1.4a、b),18:00—19:30,槽前带状云系东移发展加强,云顶亮温快速降低,云团移动前方云边界清晰光滑。石家庄雷达 VWP 上(图 5.1.4c),18:41—18:47 开始 5 km 高度偏西风增大,1 km 高度以下边界层西北风增大到 16 m·s$^{-1}$。

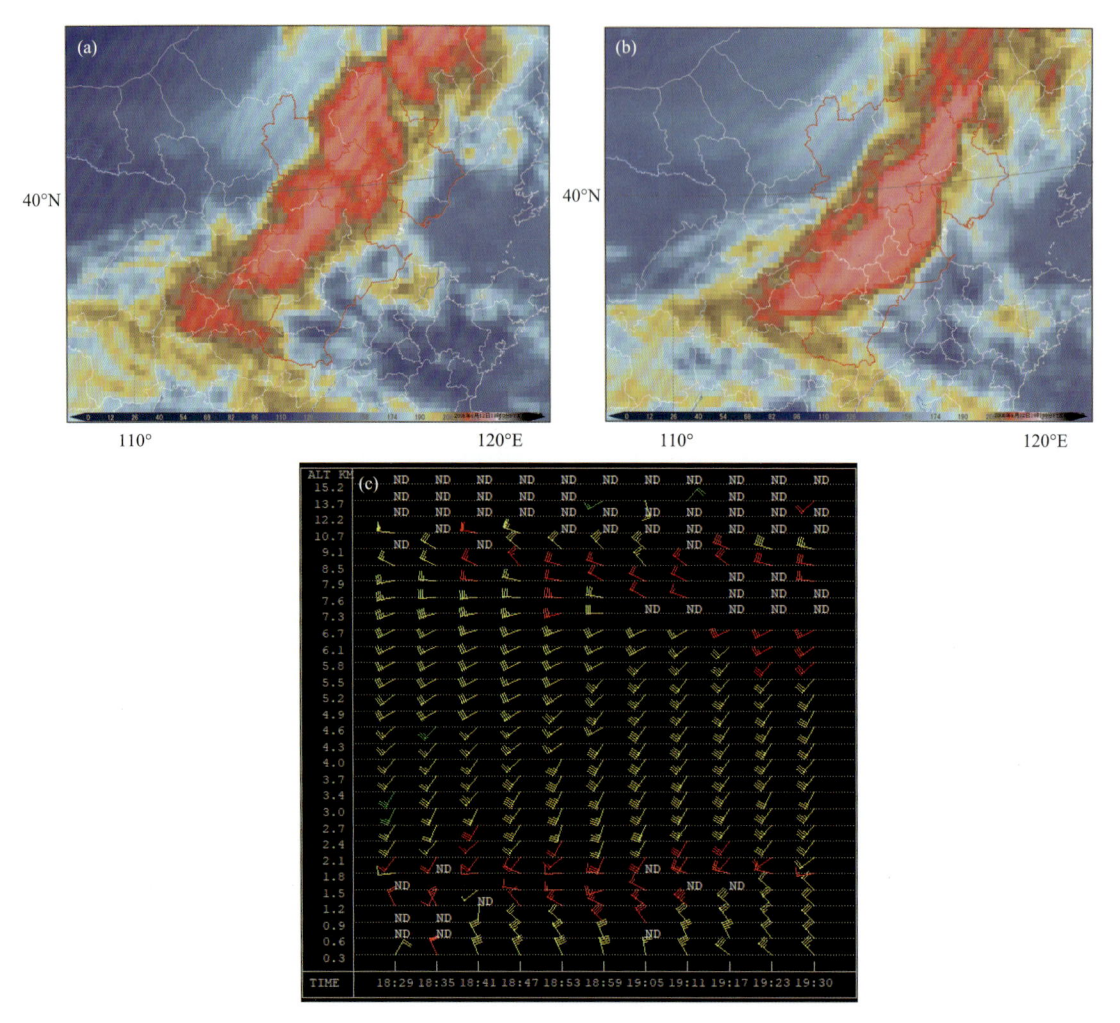

图 5.1.4　2006 年 6 月 12 日 18:00(a)和 19:30(b)FY-2E 卫星红外云图以及 18:30—19:30 石家庄雷达 VWP 演变(c)

雷达回波呈线状向东偏南方向移动,强回波强度超 50 dBZ,高层强反射率因子核心悬垂于低层弱回波之上,0.5°仰角径向速度 11 m·s$^{-1}$,中层出现中气旋。VIL 最大为 37 kg·m$^{-2}$,回波顶高最高为 12 km(图 5.1.5~5.1.7)。

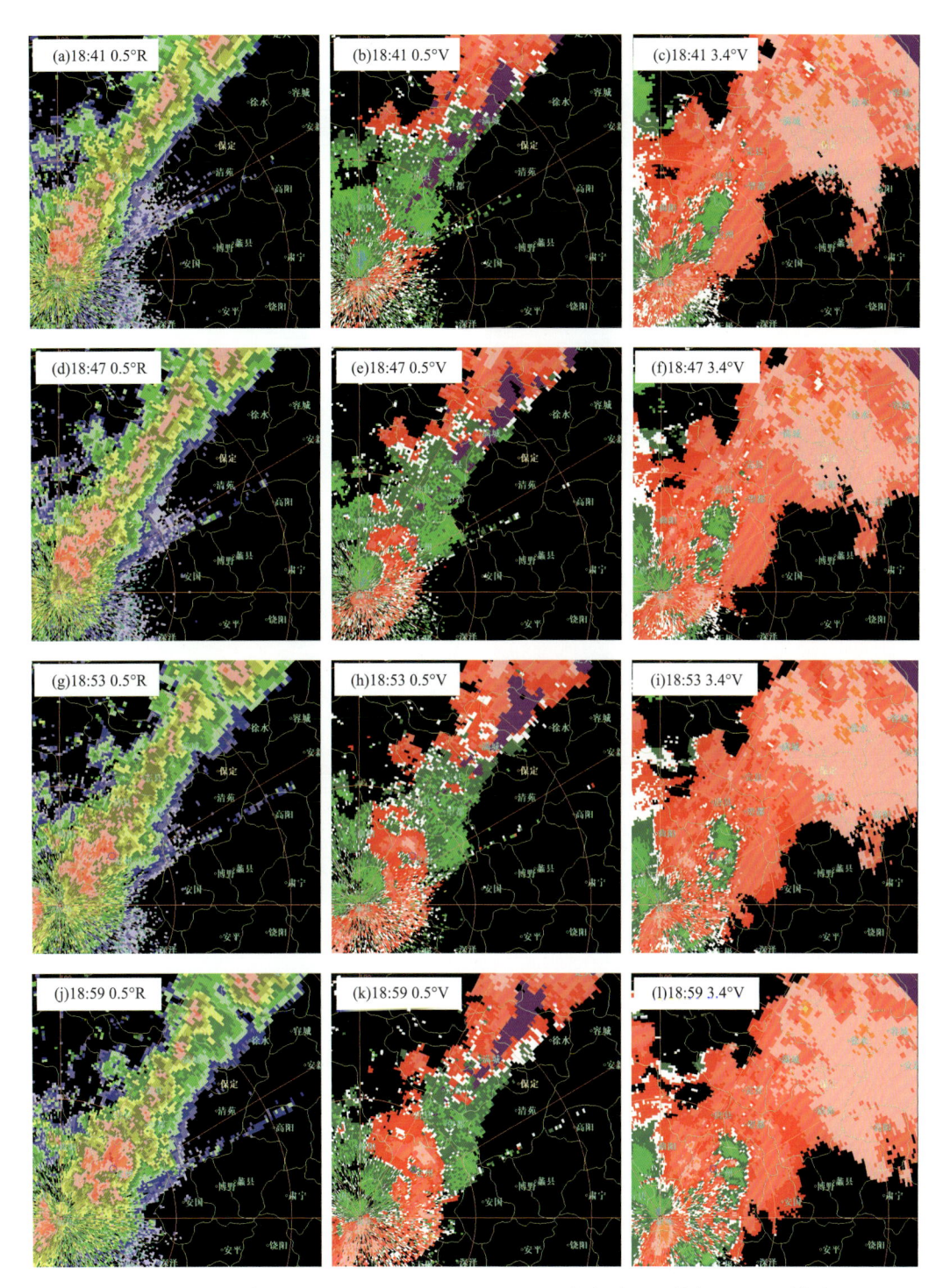

图 5.1.5 2006 年 6 月 12 日 18:41—18:59(a～l)石家庄雷达反射率因子(0.5°仰角)和平均径向速度(0.5°和 3.4°仰角)PPI(图中○为保定定州位置)

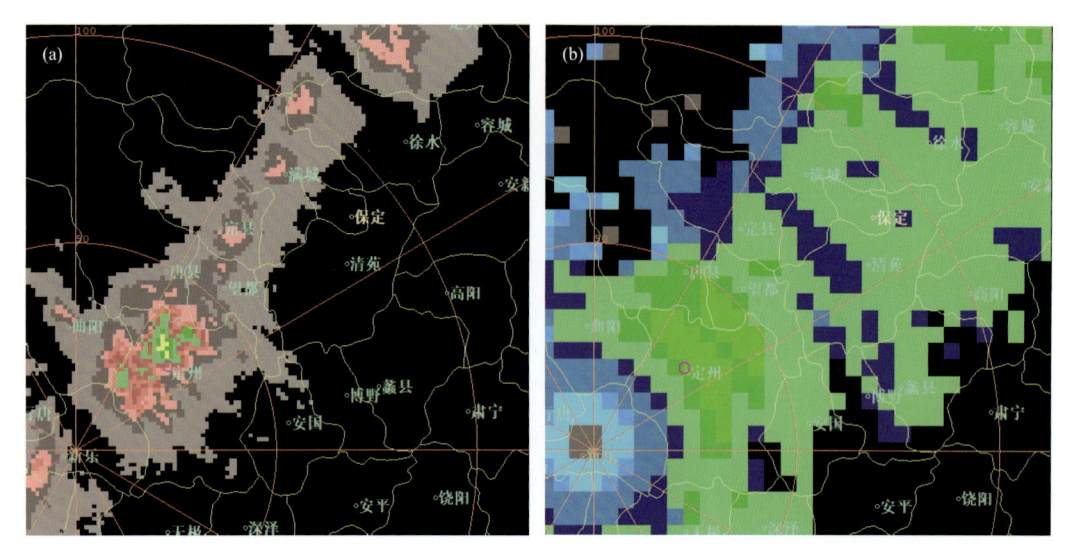

图 5.1.6　2006 年 6 月 12 日 18:53 石家庄雷达 VIL(a) 和 ET(b)(图中○为保定定州位置)

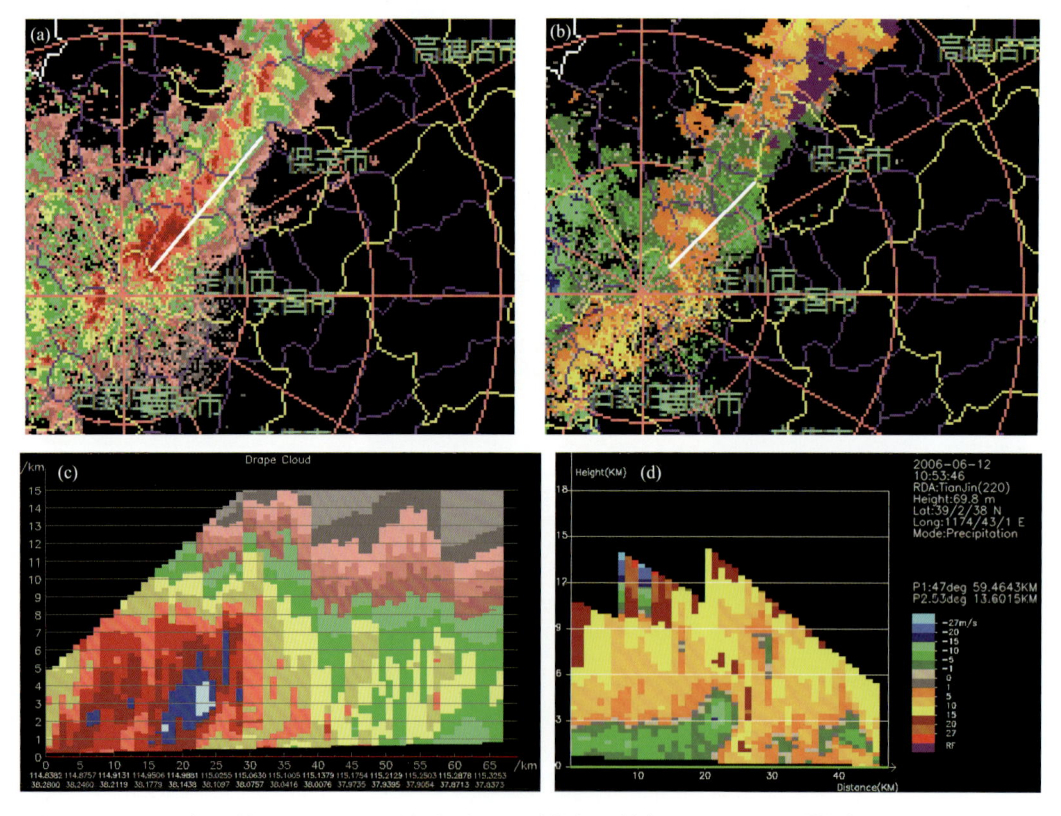

图 5.1.7　2006 年 6 月 12 日 18:53 石家庄雷达 0.5°仰角反射率因子(a) 和 0.5°仰角平均径向速度(b)
以及沿图中实线的反射率因子垂直剖面(c)和平均径向速度垂直剖面(d)

## 5.2 2008年5月3日大风冰雹

实况:强对流天气主要出现在河北省东部和南部,以雷暴大风(22站)为主,伴有冰雹(3站),集中出现在3日12—17时(图5.2.1a~c)。邯郸广平16:23瞬时极大风速达20 m·s$^{-1}$(8级),邢台南宫16:02瞬时极大风速17 m·s$^{-1}$(7级)(图5.2.1b)。沧州最大冰雹直径为1.0 cm(15:46)(图5.2.1c)。

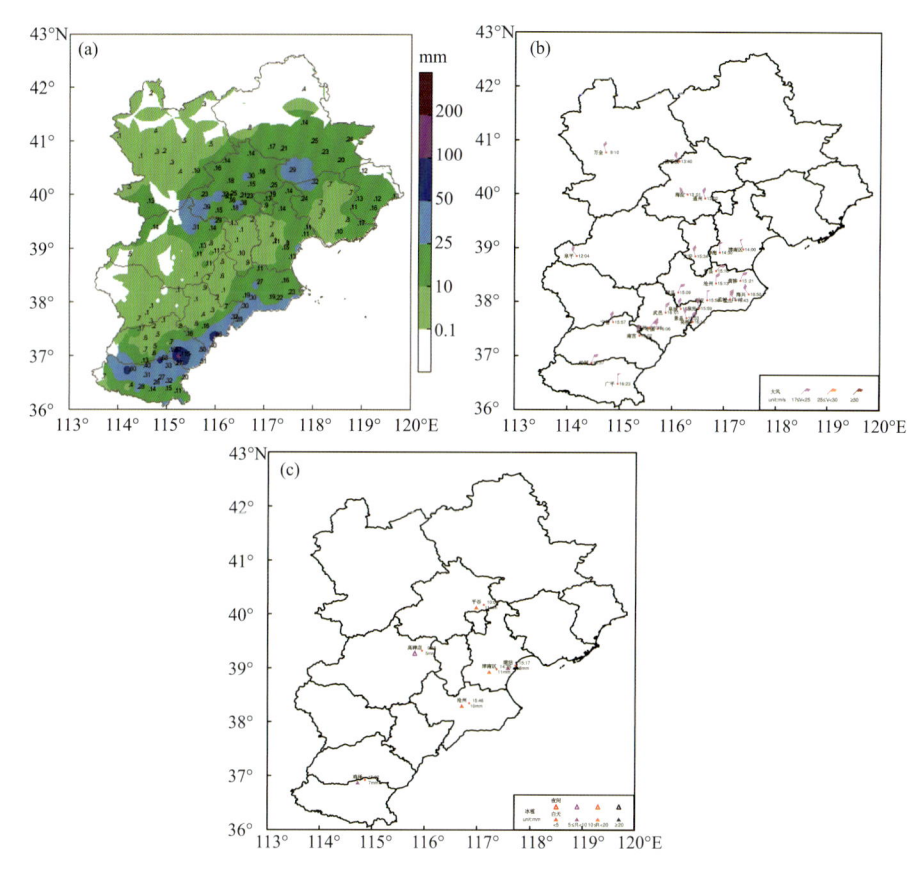

图5.2.1　2008年5月3日08时至4日08时24 h降水量(a)、大风(b)和冰雹(c)分布

主要影响系统:500 hPa低槽、850 hPa切变线、地面冷锋。

系统配置及演变:500 hPa冷槽携带冷空气东移,不稳定层结加大;850 hPa切变线移过河北上空,地面冷锋过境有利于不稳定能量释放(图5.2.2)。

分析邢台探空资料(图5.2.3b),5月3日08时的环境条件有利于雷暴大风和冰雹的产生:(1)850~600 hPa大气温度直减率接近干绝热递减率(图5.2.3b);(2)850~500 hPa温度露点差都较大,说明大气比较干燥;(3)08时850~500 hPa温差达到28 ℃,对流有效位能达到880 J·kg$^{-1}$(图5.2.3a),925 hPa到700 hPa $\theta_{se}$下降了22 ℃,存在一定的条件不稳定(图5.2.3b);(4)0~6 km的垂直风切变为11 m·s$^{-1}$;(5)0 ℃层高度为4.14 km,-20 ℃层高度为6.77 km,一旦有扰动触发对流,利于冰雹出现(图5.2.3b)。

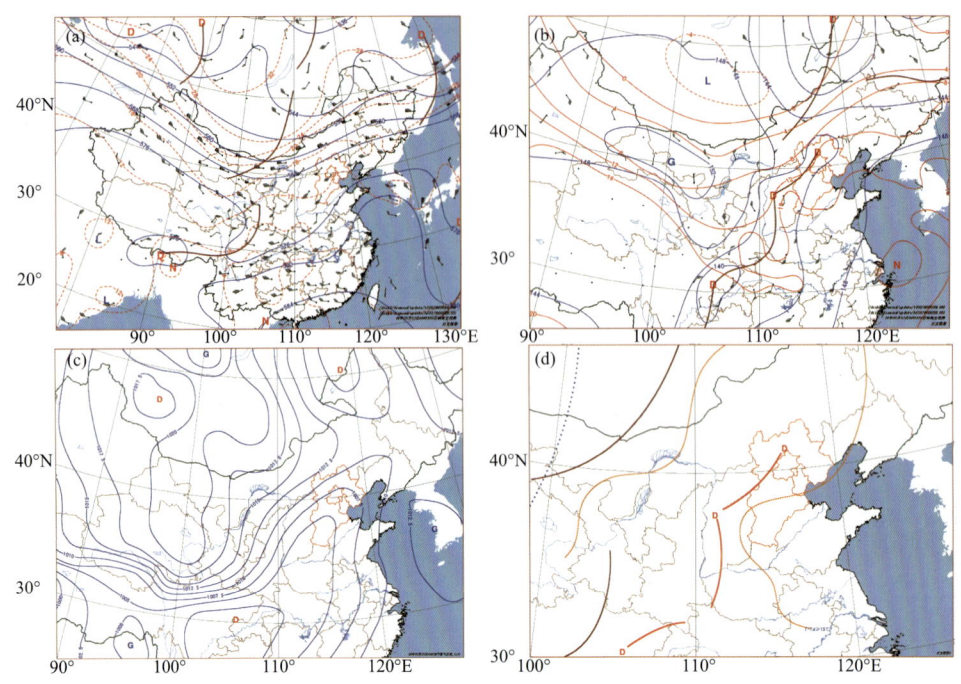

图 5.2.2　2008 年 5 月 3 日 08 时 500 hPa(a)、850 hPa(b)、地面(c)天气形势和中尺度分析(d)

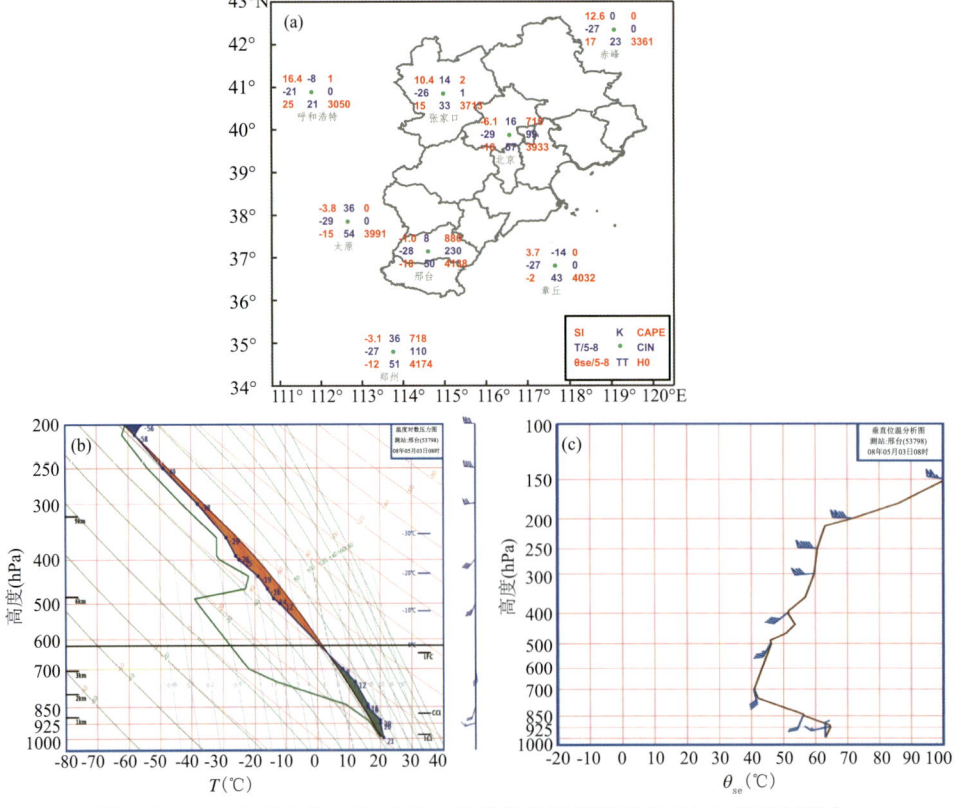

图 5.2.3　2008 年 5 月 3 日 08 时对流参数和特征高度分布(a)、53798(邢台)
$T$-$\ln p$ 图(b)和假相当位温变化(c)

卫星云图上(图 5.2.4a、b),14:00 前后河北南部和东部均有对流云图生成,17:00 两个云团合并且迅速发展加强向东北方向移动。石家庄雷达 VWP 上(图 5.2.4c、d),16:00 以后,边界层北风风速大,6 km 高度为西南风,0~6 km 垂直风切变较强。

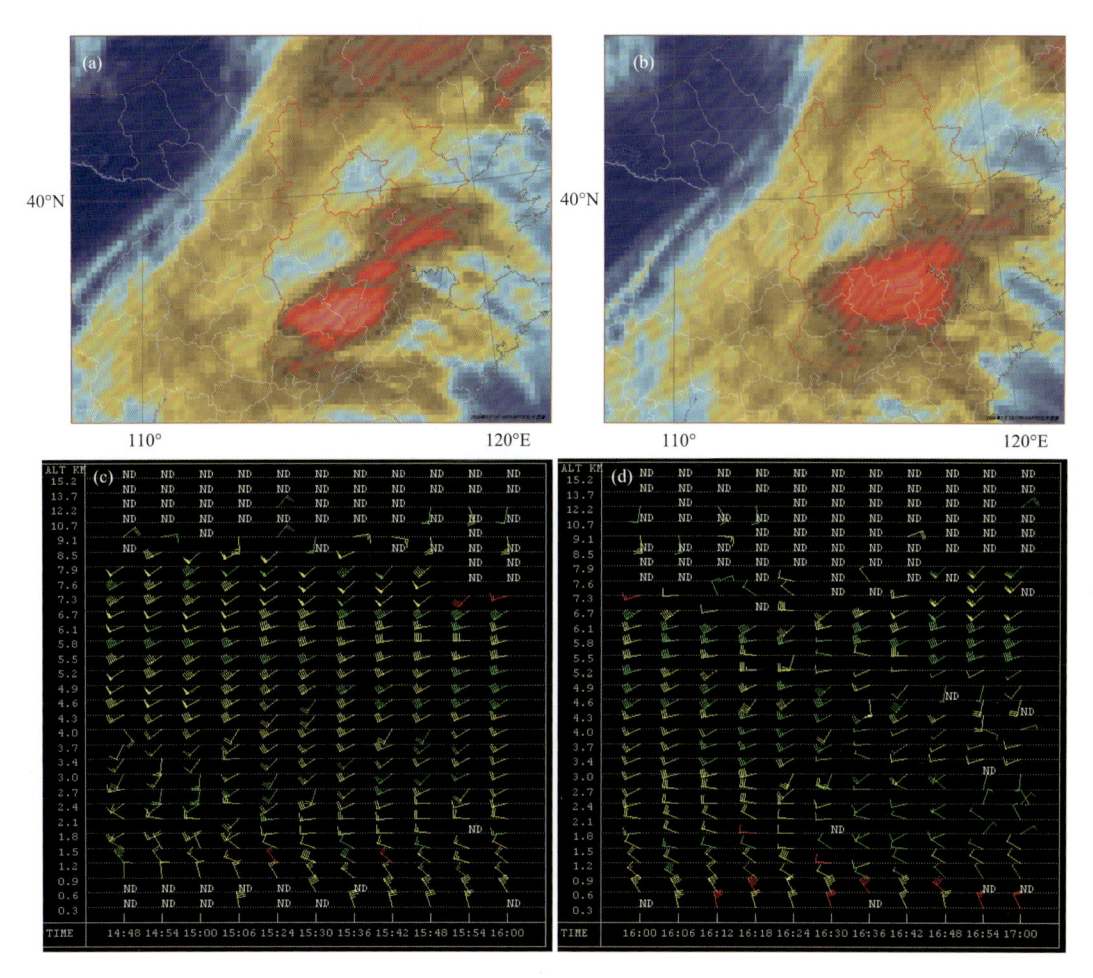

图 5.2.4　2008 年 5 月 3 日 16 时(a)和 17 时(b)FY-2E 卫星
红外云图以及 15—17 时石家庄雷达 VWP 演变(c、d)

雷达回波表现为积云层状云混合降水回波并向东偏北方向移动,强度超过 45 dBZ,中层存在径向辐合;回波顶高最高为 9 km(图 5.2.5~5.2.7)。

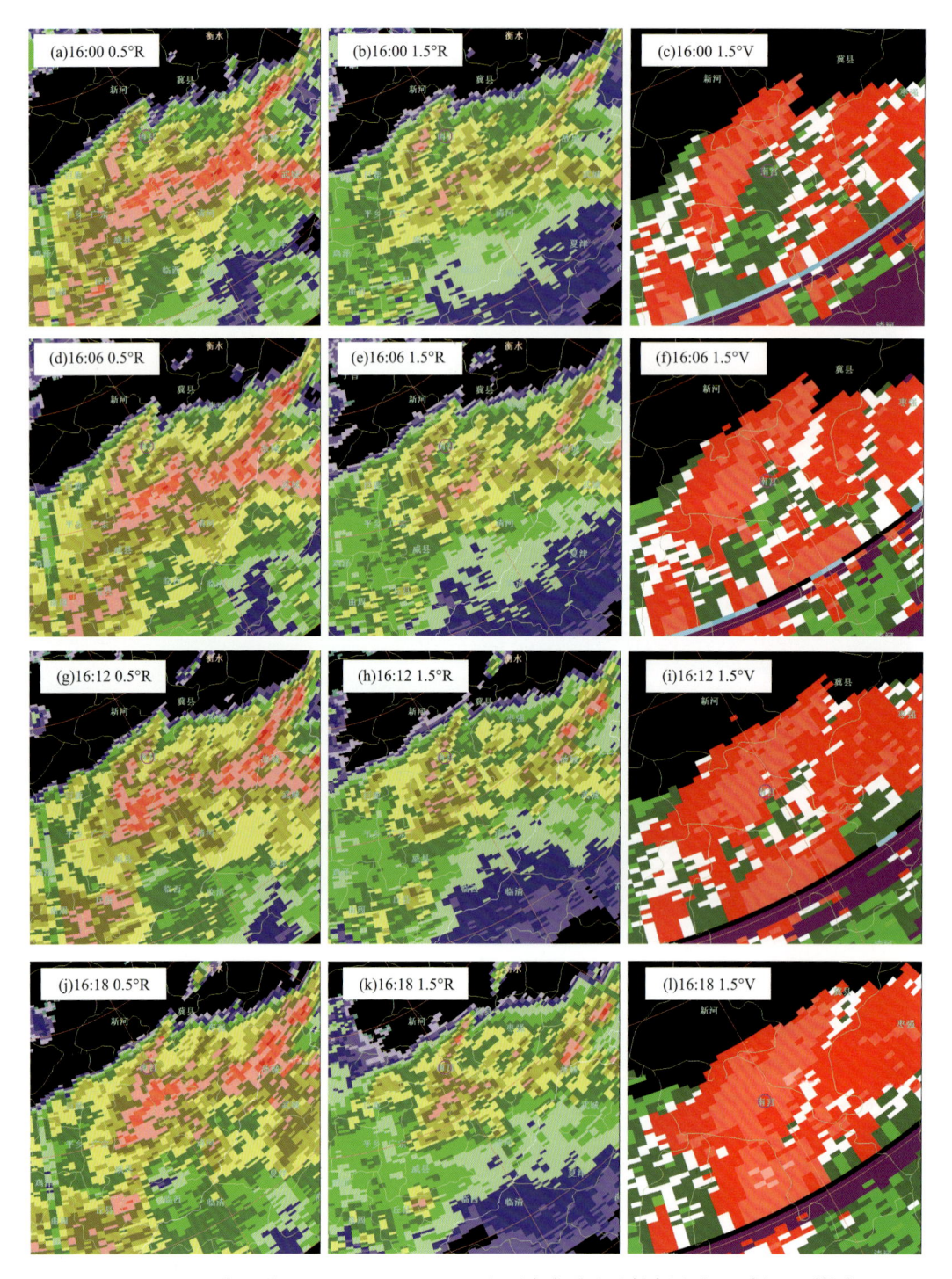

图 5.2.5　2008 年 5 月 3 日 16:00—16:18(a～l)石家庄雷达反射率因子(0.5°和 1.5°仰角)和平均径向速度(1.5°仰角)PPI(图中○为邢台南宫位置)

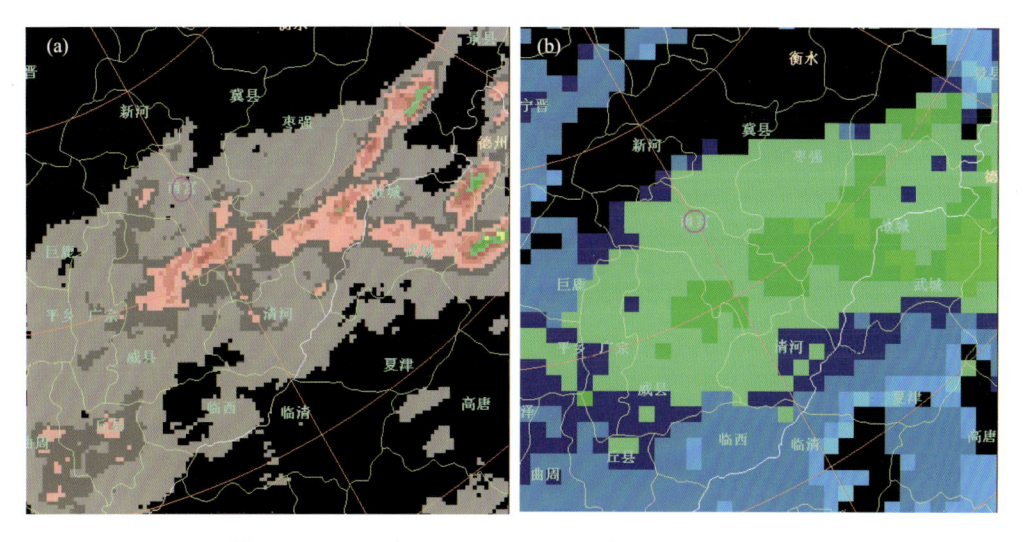

图 5.2.6　2008 年 5 月 3 日 16:06 石家庄雷达 VIL(a)和
ET(b)(图中〇为邢台南宫位置)

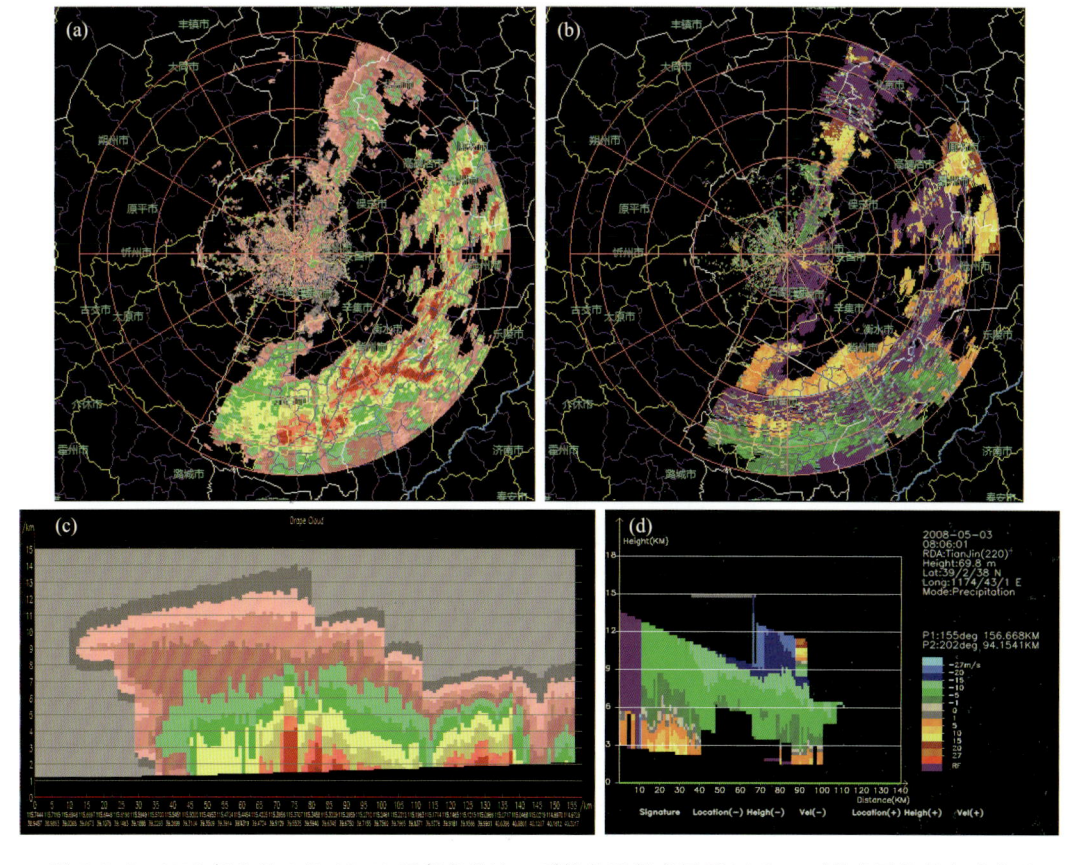

图 5.2.7　2008 年 5 月 3 日 16:06 石家庄雷达 0.5°仰角反射率因子(a)和 0.5°仰角平均径向速度(b)
以及沿图中实线的反射率因子垂直剖面(c)和平均径向速度垂直剖面(d)

## 5.3　2008年5月9日雷暴大风

实况:强对流天气主要出现在河北中南部,以雷暴大风(27站)为主,伴有冰雹(1站),集中出现在9日13—16时(图5.3.1a~c)。衡水安平13:32和枣强14:59瞬时极大风速22 m·s$^{-1}$(9级),石家庄深泽12:59、邢台临城13:35和平乡14:44瞬时极大风速20 m·s$^{-1}$(8级)(图5.3.1b)。保定蠡县最大冰雹直径0.2 cm(13:22)(图5.3.1c)。

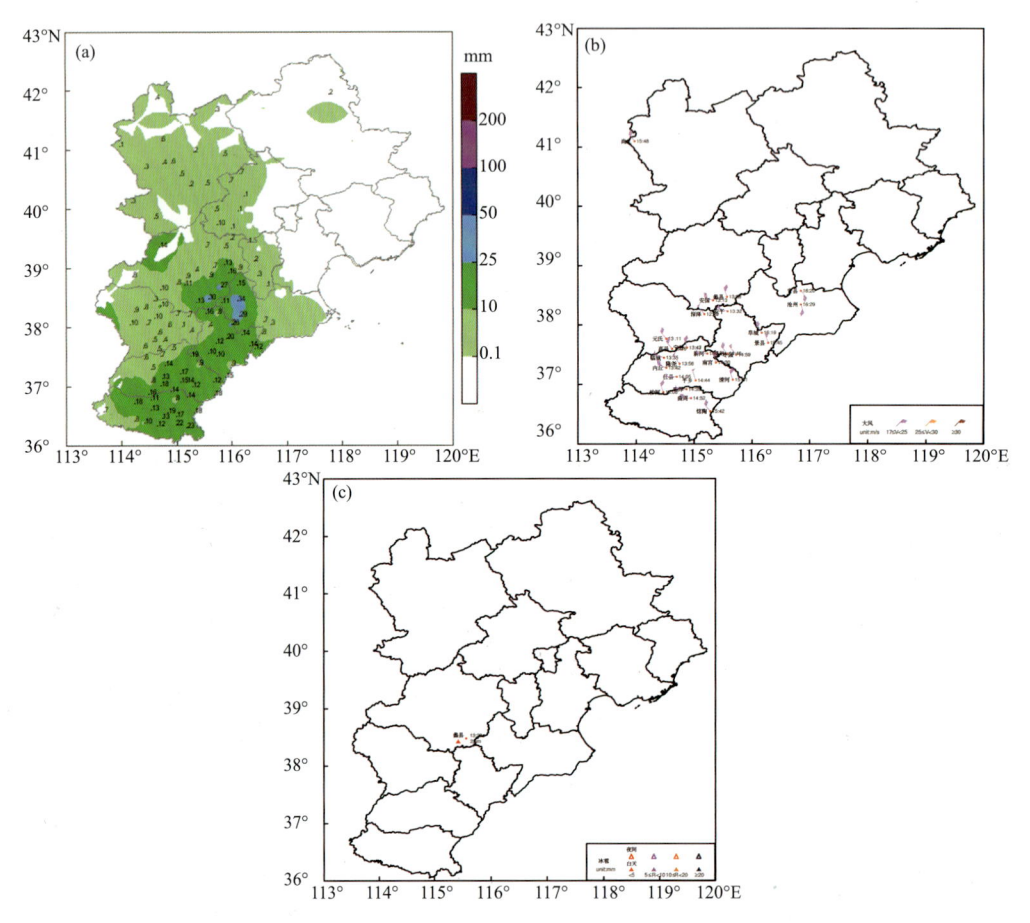

图5.3.1　2008年5月9日08时至10日08时24 h降水量(a)、大风(b)和冰雹(c)分布

主要影响系统:500 hPa低槽、850 hPa低涡切变、地面冷锋。

系统配置及演变:500 hPa低槽东移,850 hPa低涡和切变线东移至河北省中南部;地面处于低压辐合区,冷锋快速南下触发不稳定能量释放(图5.3.2)。

分析邢台探空资料(图5.3.3b),5月9日08时的环境条件有利于雷暴大风的产生:(1)900~600 hPa大气温度直减率接近干绝热递减率(图5.3.3b);(2)整层温度露点差都较大,说明大气比较干燥;(3)08时850~500 hPa温差达到25 ℃,存在一定的条件不稳定(图5.3.3a);(4)0~6 km的垂直风切变为15 m·s$^{-1}$;(5)0 ℃层高度为2.78 km,−20 ℃层高度为6.05 km,一旦有扰动触发对流,利于冰雹出现(图5.3.3a)。

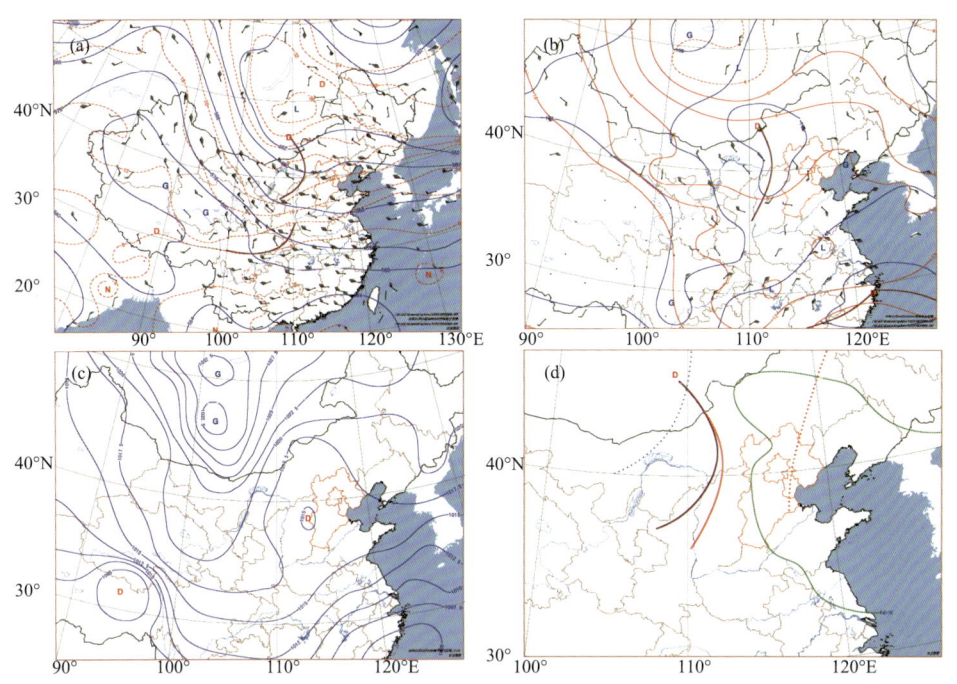

图 5.3.2  2008 年 5 月 9 日 08 时 500 hPa(a)、850 hPa(b)、地面(c)天气形势和中尺度分析(d)

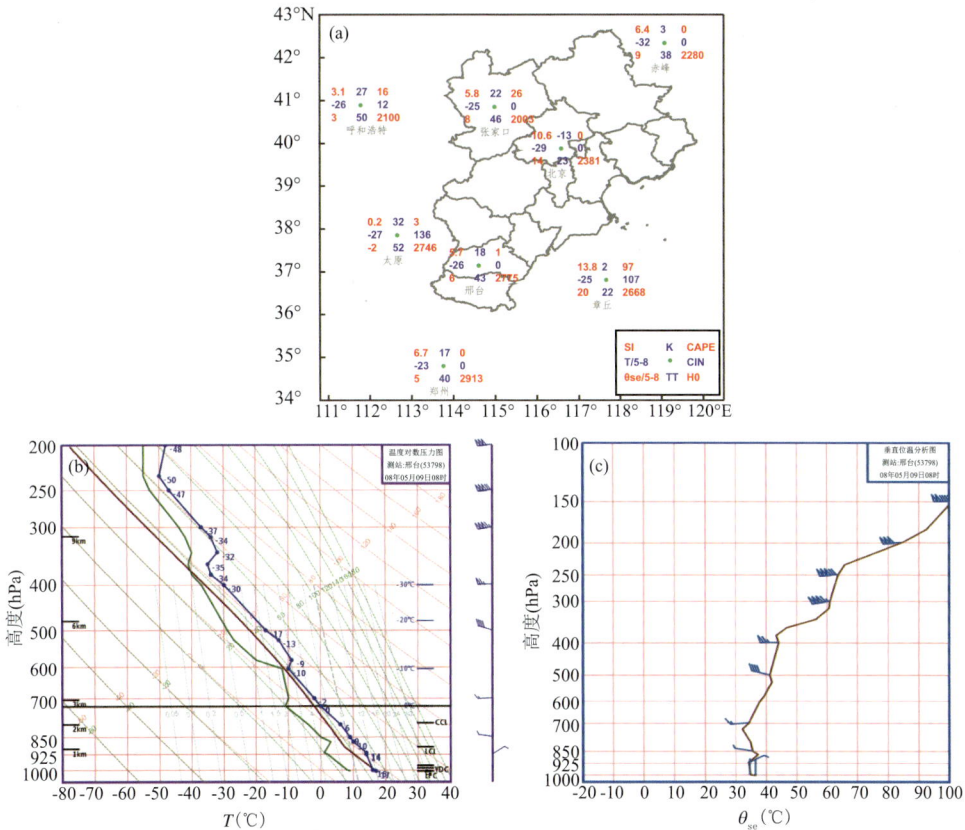

图 5.3.3  2008 年 5 月 9 日 08 时对流参数和特征高度分布(a)、53798(邢台)
$T$-$\ln p$ 图(b)和假相当位温变化(c)

卫星云图上(图 5.3.4a、b),10:00 前后在河北省西部和山西省交界处有对流云图生成,13:00 以后迅速发展加强并东移。石家庄雷达 VWP 上(图 5.3.4c、d),13:12 以后,边界层由北风转为西北风,6 km 高度西南风风速增大,0~6 km 垂直风切变较强。

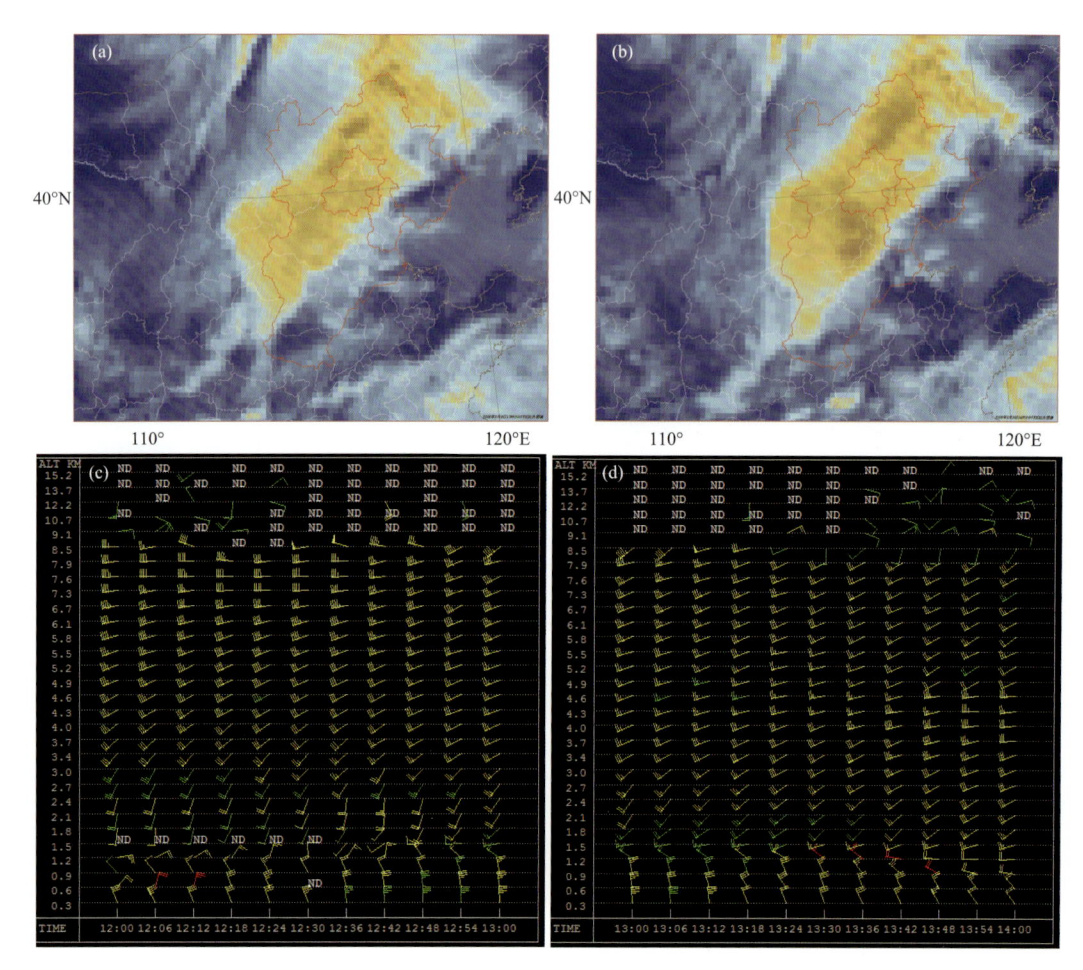

图 5.3.4　2008 年 5 月 9 日 13 时(a)和 14 时(b)FY-2E 卫星红外云图以及 12—14 时石家庄雷达 VWP 演变(c、d)

雷达回波表现为层状云为主的积云层状云混合回波,向东偏北方向移动,强中心强度超过 50 dBZ,形成明显的钩状回波,中层存在径向辐合;VIL 最大为 13 kg·m$^{-2}$,回波顶高最高为 9 km(图 5.3.5~5.3.7)。

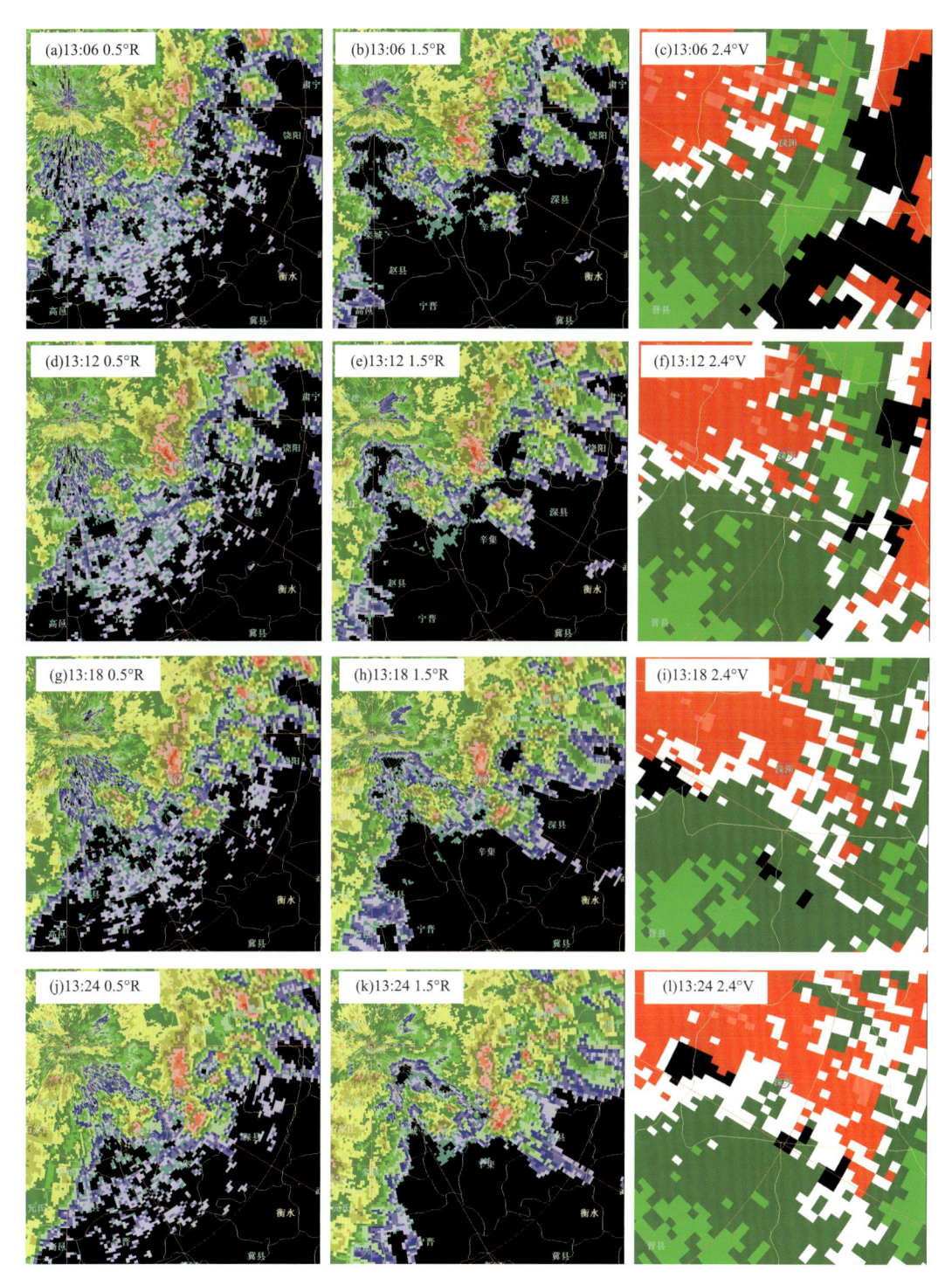

图 5.3.5 2008 年 5 月 9 日 13:06—13:24(a~l)石家庄雷达反射率因子(0.5°和 1.5°仰角)和平均径向速度(2.4°仰角)PPI(图中○为石家庄深泽位置)

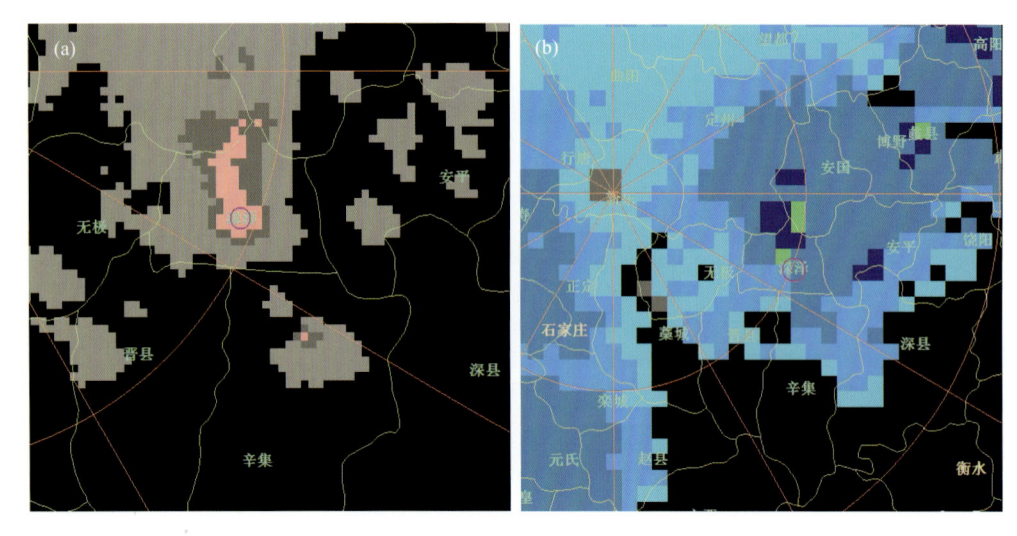

图 5.3.6　2008 年 5 月 9 日 13:12 石家庄雷达 VIL(a)和
ET(b)(图中○为石家庄深泽位置)

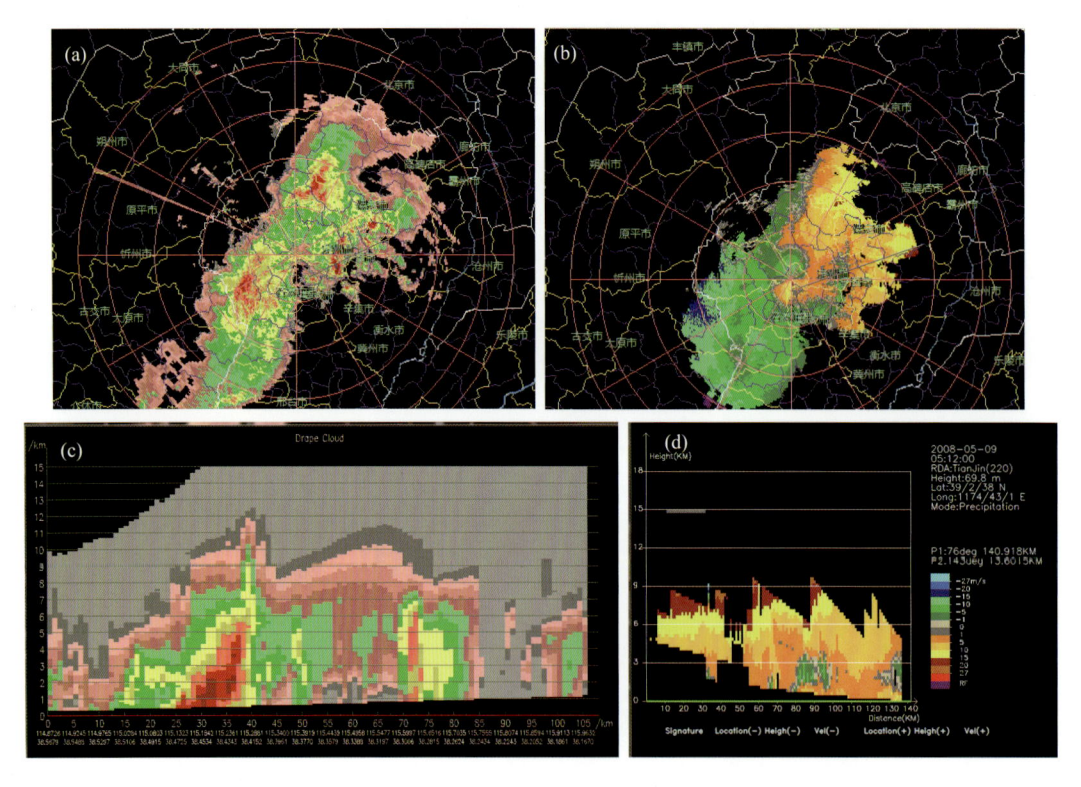

图 5.3.7　2008 年 5 月 9 日 13:12 石家庄雷达 1.5°仰角反射率因子(a)和 1.5°仰角平均径向速度(b)
以及沿图中实线的反射率因子垂直剖面(c)和平均径向速度垂直剖面(d)

## 5.4　2008 年 7 月 11 日雷暴大风

实况:强对流天气主要出现在河北省中南部,以雷暴大风(27 站)为主,集中出现在 11 日 15—20 时(图 5.4.1a、b)。衡水安平 17:36 瞬时极大风速达 19 m·s$^{-1}$(8 级),17:44 瞬时极大风速达 24 m·s$^{-1}$(9 级)(图 5.4.1b)。

图 5.4.1　2008 年 7 月 11 日 08 时至 12 日 08 时 24 h 降水量(a)、大风(b)分布

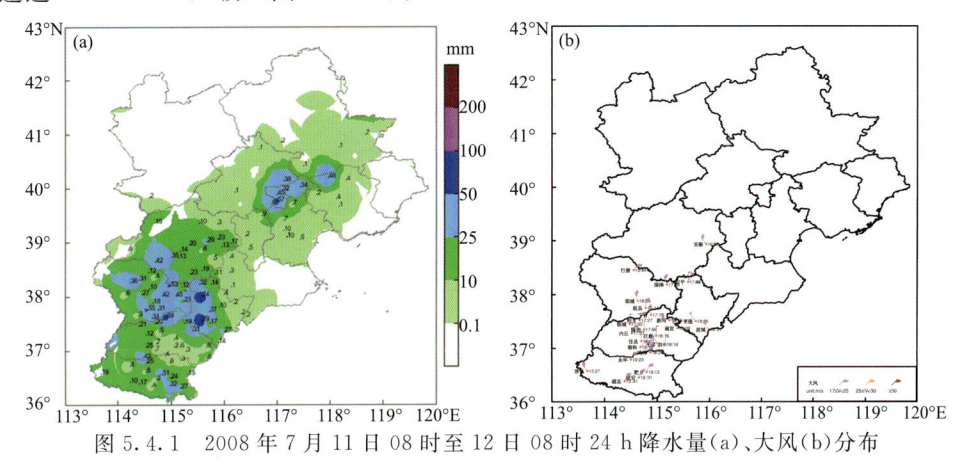

主要影响系统:500 hPa 低槽、850 hPa 切变线、地面冷锋。

系统配置及演变:河北中南部处于 850 hPa 湿度中心和暖脊与 500 hPa 干区的叠置区域,不稳定性较强;500 hPa 低槽、700 hPa 和 850 hPa 切变线逐渐东移,配合地面锋面辐合区,为不稳定能量的释放提供了有利的动力强迫(图 5.4.2)。

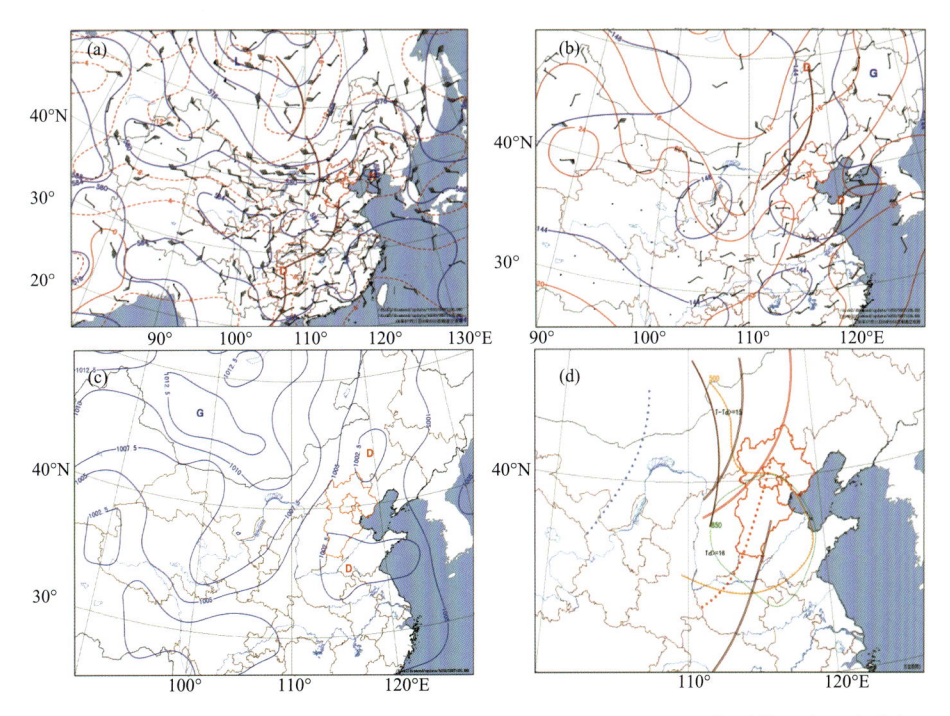

图 5.4.2　2008 年 7 月 11 日 08 时 500 hPa(a)、850 hPa(b)、地面(c)天气形势和中尺度分析(d)

分析邢台探空资料(图 5.4.3b),7 月 11 日 08 时的环境条件有利于雷暴大风的产生:(1)925~700 hPa $\theta_{se}$ 下降 21 ℃,条件不稳定特征明显(图 5.4.3c);(2)温度层结曲线与露点曲线下部紧靠、上部分离,呈"喇叭状"结构(图 5.4.3b);(3)对流有效位能达到 1584 J·kg$^{-1}$;(4)SI、K、TT 指数分别为-0.3、32 和 41 ℃,对流层中下层有热力不稳定层结(图 5.4.3a);(5)0~6 km 的垂直风切变为 6 m·s$^{-1}$。

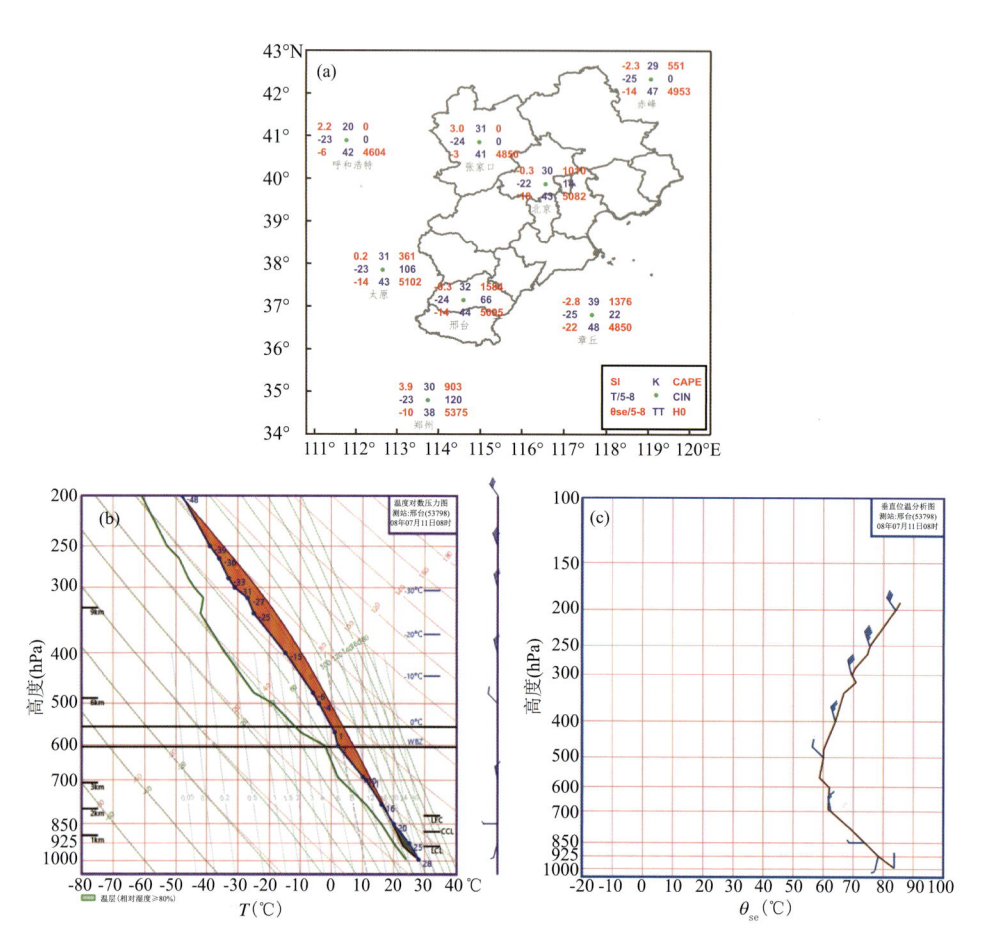

图 5.4.3  2008 年 7 月 11 日 08 时对流参数和特征高度分布(a)、53798(邢台)$T$-ln$p$ 图(b)和假相当位温变化(c)

卫星云图上(图 5.4.4a、b),16:30—18:00 河北中部有对流云团迅速发展并向东南方向移动,云团西南部亮温梯度大。石家庄雷达 VWP 上(图 5.4.4c、d),5 km 高度以下风随高度逆转有冷平流,17:18 以后 6~7 km 高度偏西风逐渐增大到 16 m·s$^{-1}$ 以上,垂直风切变增大。

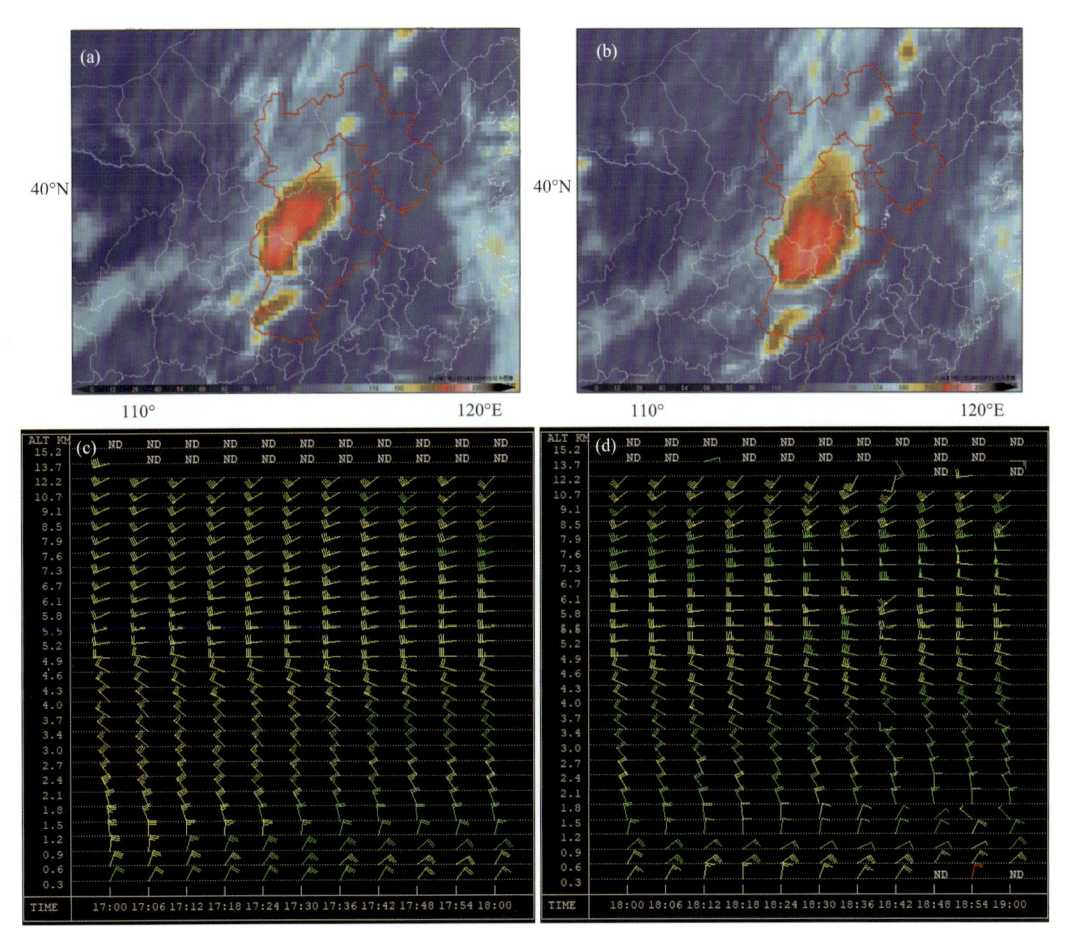

图 5.4.4　2008 年 7 月 11 日 16:30(a)和 18:00(b)FY-2C 卫星红外云图以及 17:00—19:00 石家庄雷达 VWP 演变(c 和 d)

雷达回波表现为积层混合云降水回波并向东南移动,回波强度超 50 dBZ,移动前方有阵风锋出流,中高层辐散明显。VIL 最大达 25 kg·m$^{-2}$,回波顶高为 9~14 km(图 5.4.5~5.4.7)。

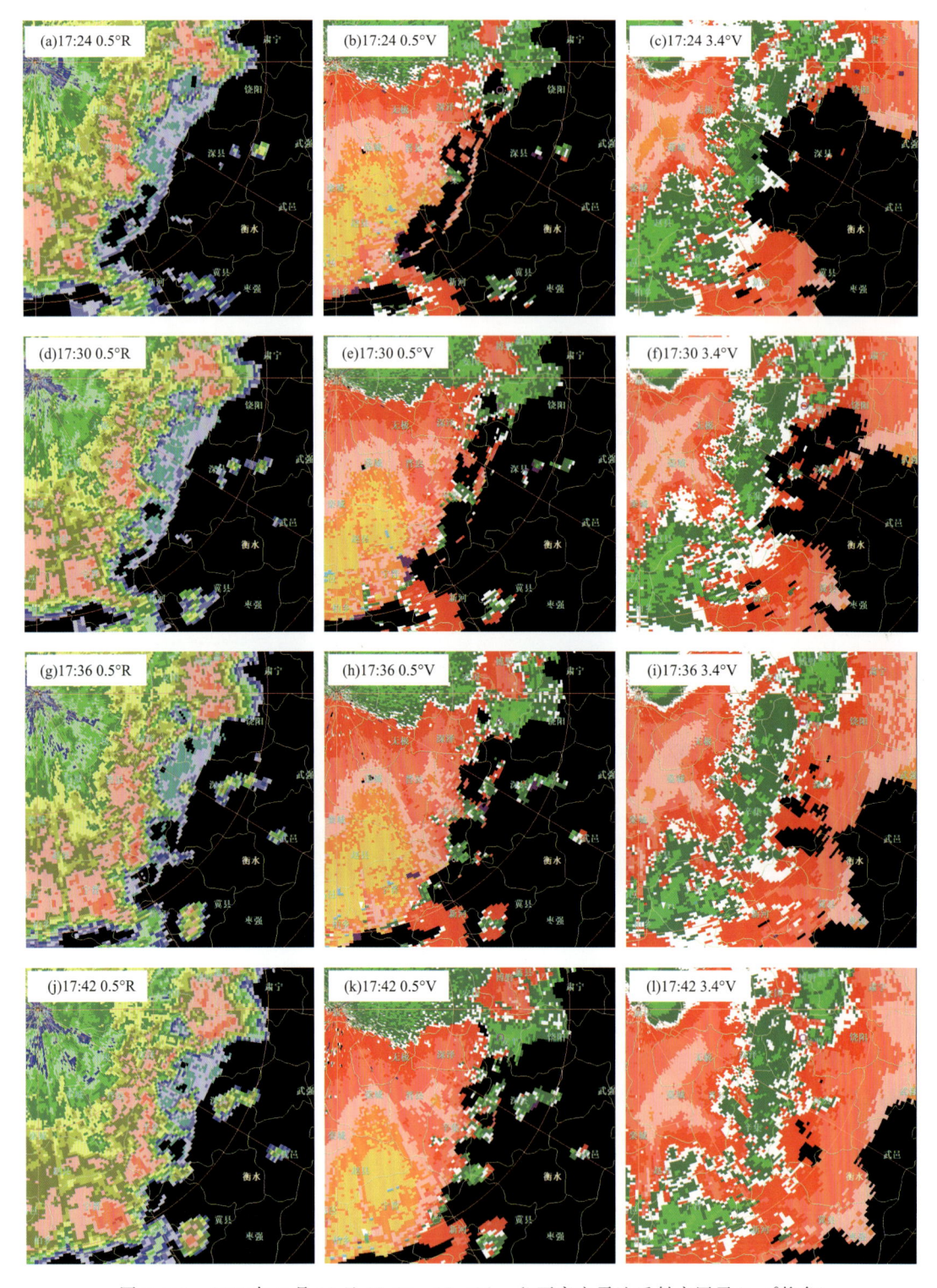

图 5.4.5 2008 年 7 月 11 日 17:24—17:42(a~l)石家庄雷达反射率因子(0.5°仰角)和平均径向速度(0.5°和 3.4°仰角)PPI(图中○为衡水安平位置)

第 5 章 斜压锋生类

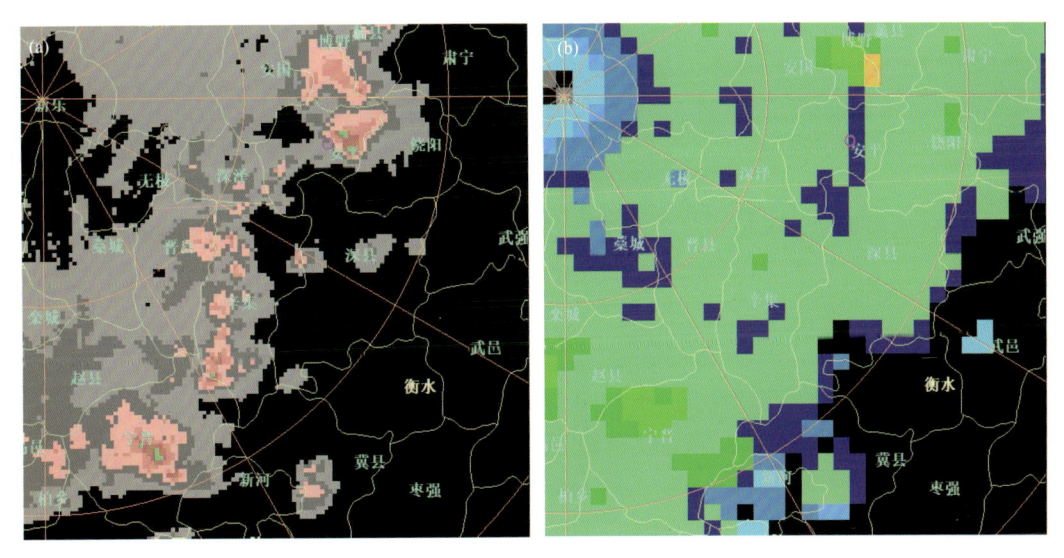

图 5.4.6 2008 年 7 月 11 日 17:36 石家庄雷达 VIL(a)和 ET(b)(图中○为衡水安平位置)

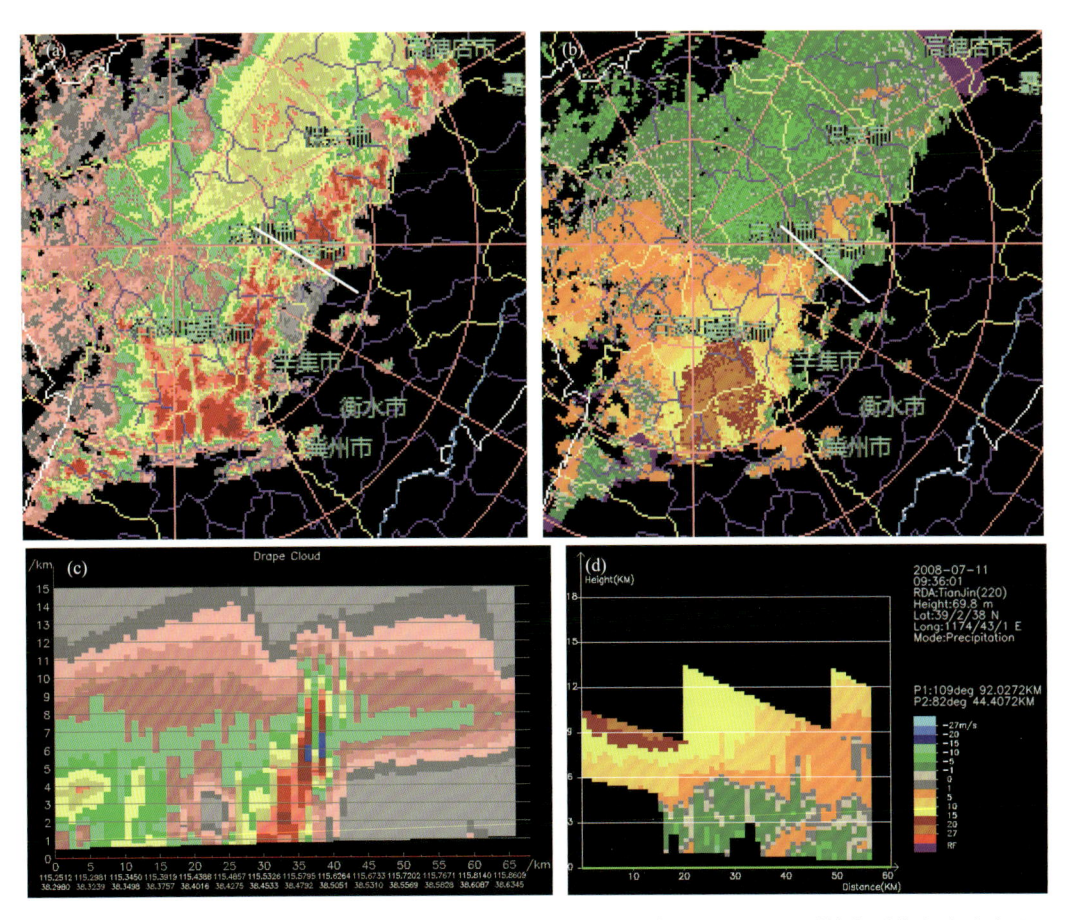

图 5.4.7 2008 年 7 月 11 日 17:36 石家庄雷达 0.5°仰角反射率因子(a)和 0.5°仰角平均径向速度(b)以及沿图中实线的反射因子垂直剖面(c)和平均径向速度垂直剖面(d)

## 5.5　2009年8月27日雷暴大风

实况:强对流天气主要出现在河北省中部,以雷暴大风(17站)为主,并伴有冰雹(6站),承德大风出现在27日10—13时,河北省南部大风冰雹出现在16—20时(图5.5.1a～c)。石家庄晋州17:30和辛集17:43瞬时极大风速达25 m·s$^{-1}$(10级)(图5.5.1b)。邢台宁晋最大冰雹直径为4.0 cm(18:06)(图5.5.1c)。

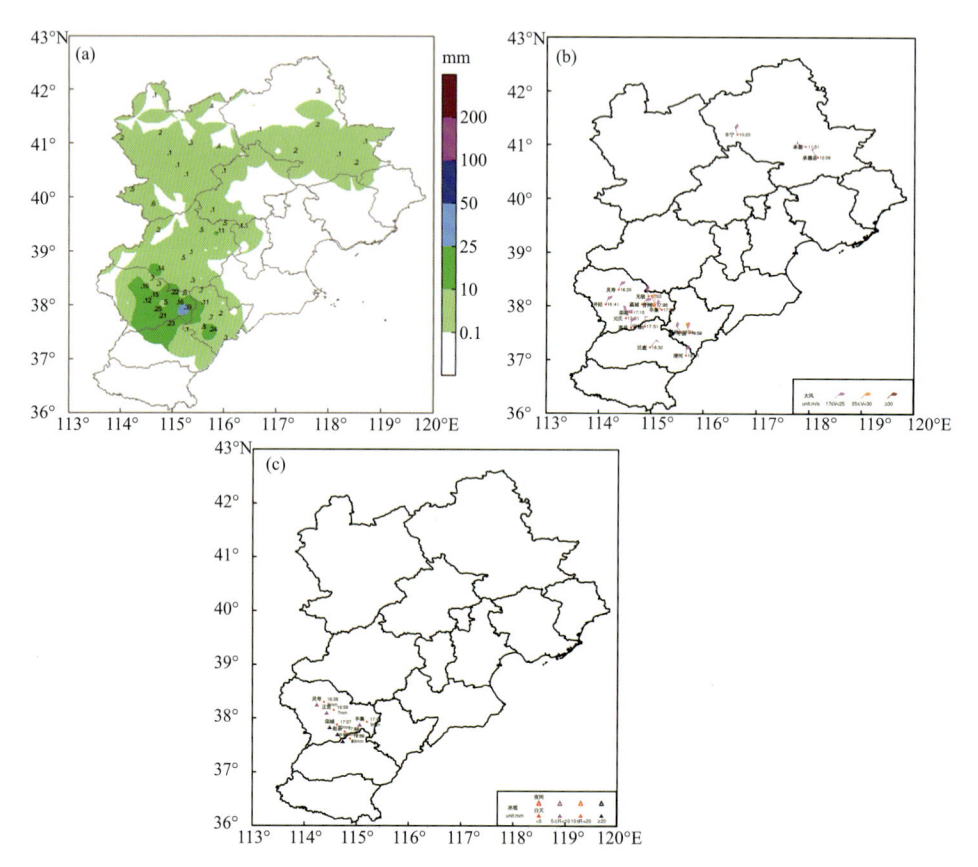

图5.5.1　2009年8月27日08时至28日08时24 h降水量(a)、大风(b)和冰雹(c)分布

主要影响系统:500 hPa低槽、850 hPa切变线、地面冷锋。

系统配置及演变:200 hPa高空急流穿过河北中部,500 hPa高空槽位于河北与内蒙古交界处,配合有明显的冷槽,河北省北部出现较强西北气流;中南部850 hPa有暖脊,不稳定性增强;地面冷锋位于河北省北部并南压(图5.5.2)。

分析邢台探空资料(图5.5.3b),8月27日08时的环境条件有利于雷暴大风和冰雹的产生:(1)08时河北省中南部出现大范围雾,近地面层湿度条件较好,上空整层较干,下沉对流有效位能达到1425.2 J·kg$^{-1}$(图5.5.3a);(2)14时订正探空对流抑制能量消失,对流有效位能达到1200 J·kg$^{-1}$;(3)700 hPa以下$\theta_{se}$随高度上升降低,具有一定的条件不稳定(图5.5.3c);(4)0 ℃层高度为4.46 km,−20 ℃层高度为7.86 km(图5.5.3a、b),−20 ℃高度随着冷空气南下可能会有所下降,有利于冰雹发生。

第 5 章 斜压锋生类

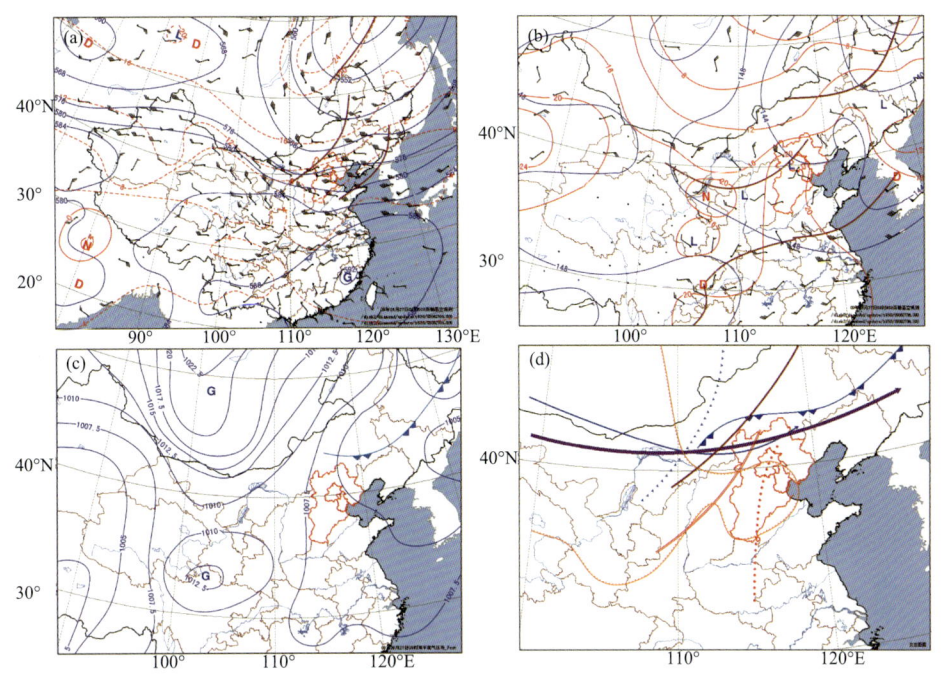

图 5.5.2 2009 年 8 月 27 日 08 时 500 hPa(a)、850 hPa(b)、地面(c)天气形势和中尺度分析(d)

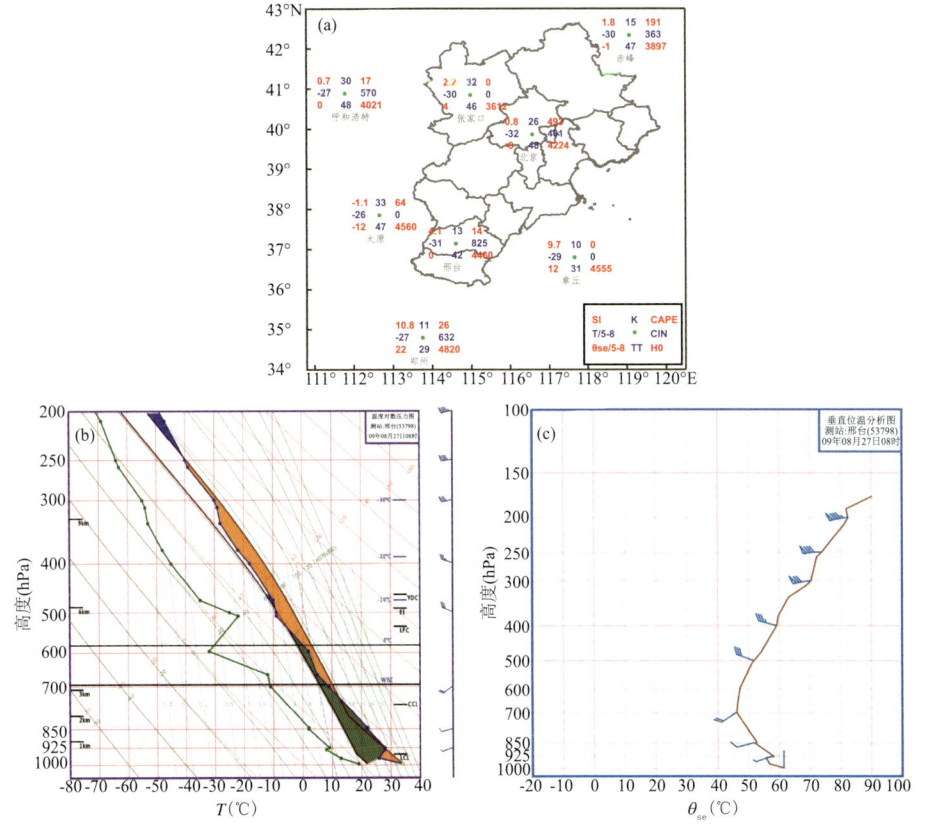

图 5.5.3 2009 年 8 月 27 日 08 时对流参数和特征高度分布(a)、53798(邢台)
$T$-$\ln p$ 订正图(b)和假相当位温变化(c)

卫星云图上(图 5.5.4a、b),16:00 河北中部有线状云系发展。17:00 保定、石家庄地区发展出类似中尺度对流复合体的中尺度云团。石家庄雷达 VWP 上(图 5.5.4c、d),16:00 以后 1 km 高度以下东北风明显。

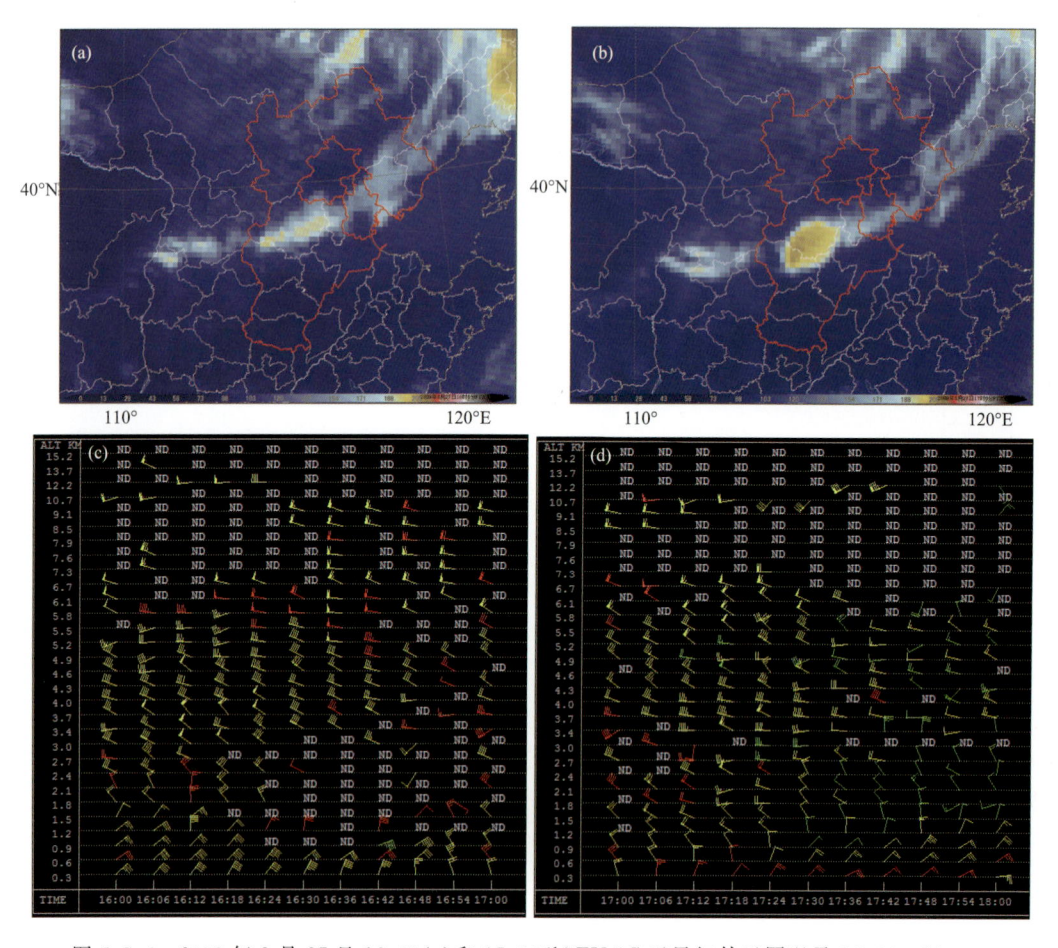

图 5.5.4　2009 年 8 月 27 日 16:00(a)和 17:00(b)FY-2C 卫星红外云图以及 16:00—18:00 石家庄雷达 VWP 演变(c 和 d)

雷达回波表现为块状强单体,向南偏东方向移动,最大反射率因子超过 60 dBZ。径向速度大风速区出现模糊,径向速度值达到 37 m·s$^{-1}$。回波顶高最高超过 15 km,VIL 超过 55 kg·m$^{-2}$。剖面图的回波悬垂和径向辐合明显(图 5.5.5~5.5.7)。

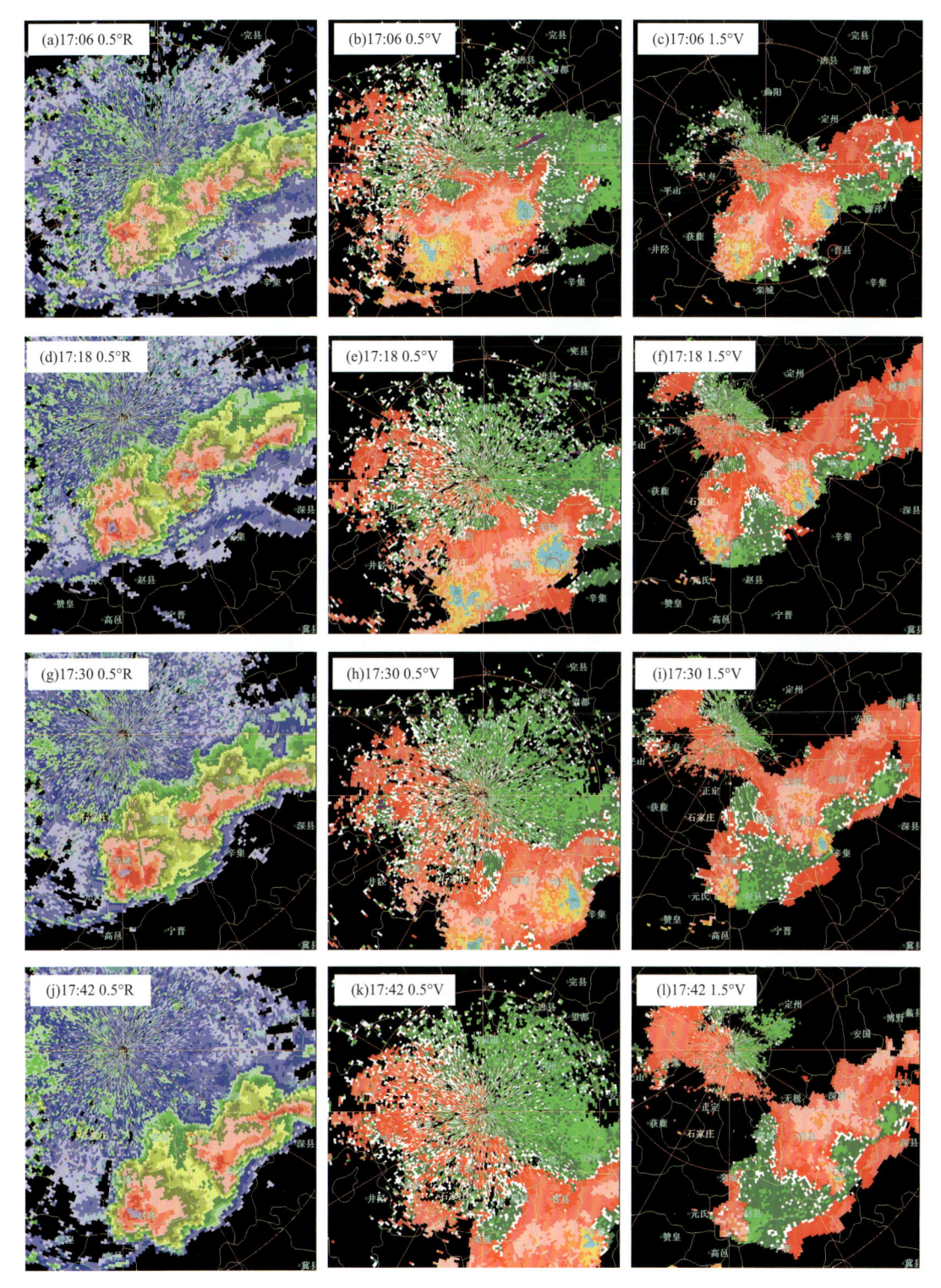

图 5.5.5 2009年8月27日17:06—17:42(a~l)石家庄雷达反射率因子(0.5°仰角)和平均径向速度(0.5°和1.5°仰角)PPI(图中○为石家庄晋州位置)

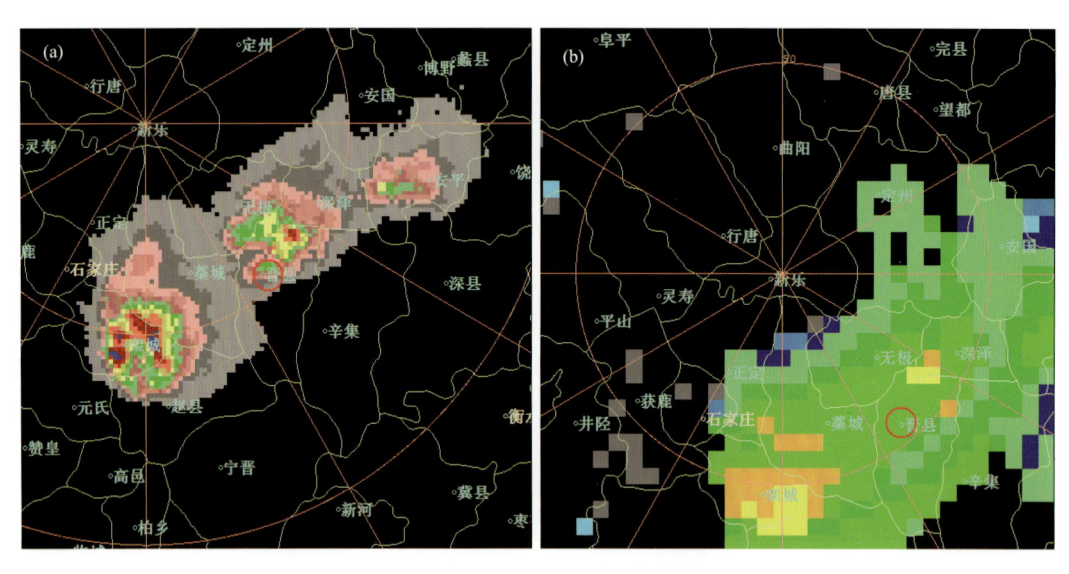

图 5.5.6　2009 年 8 月 27 日 17:18 石家庄雷达 VIL(a)和 ET(b)(图中○为石家庄晋州位置)

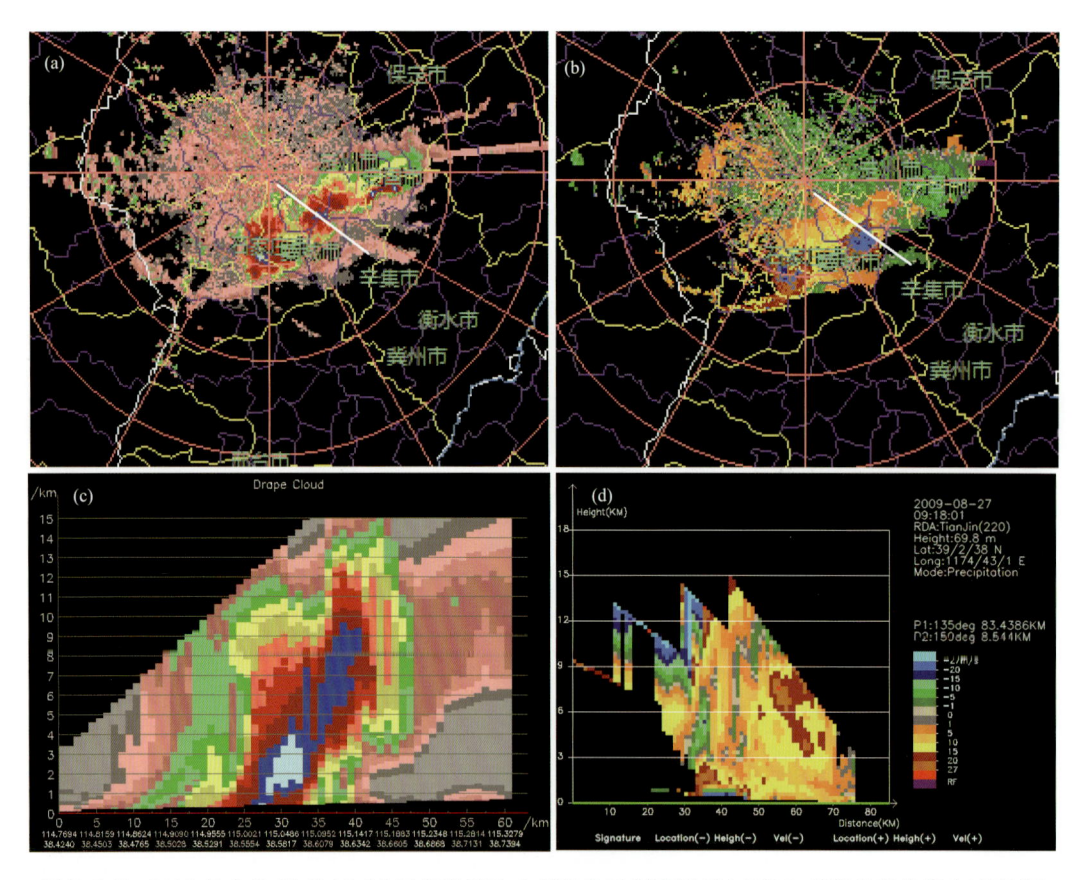

图 5.5.7　2009 年 8 月 27 日 17:18 石家庄雷达 0.5°仰角反射率因子(a)和 0.5°仰角平均径向速度(b)
以及沿图中实线的反射率因子垂直剖面(c)和平均径向速度垂直剖面(d)

## 5.6 2010年6月17日冰雹大风

**实况**：强对流天气主要出现在河北省东北部，以冰雹(10 站)和雷暴大风(7 站)为主，集中出现在 17 日 11—20 时(图 5.6.1a~c)。沧州孟村 18:56 瞬时极大风速达 24 m·s$^{-1}$(9 级)(图 5.6.1b)。承德宽城最大冰雹直径为 1.4 cm(13:37)(图 5.6.1c)。

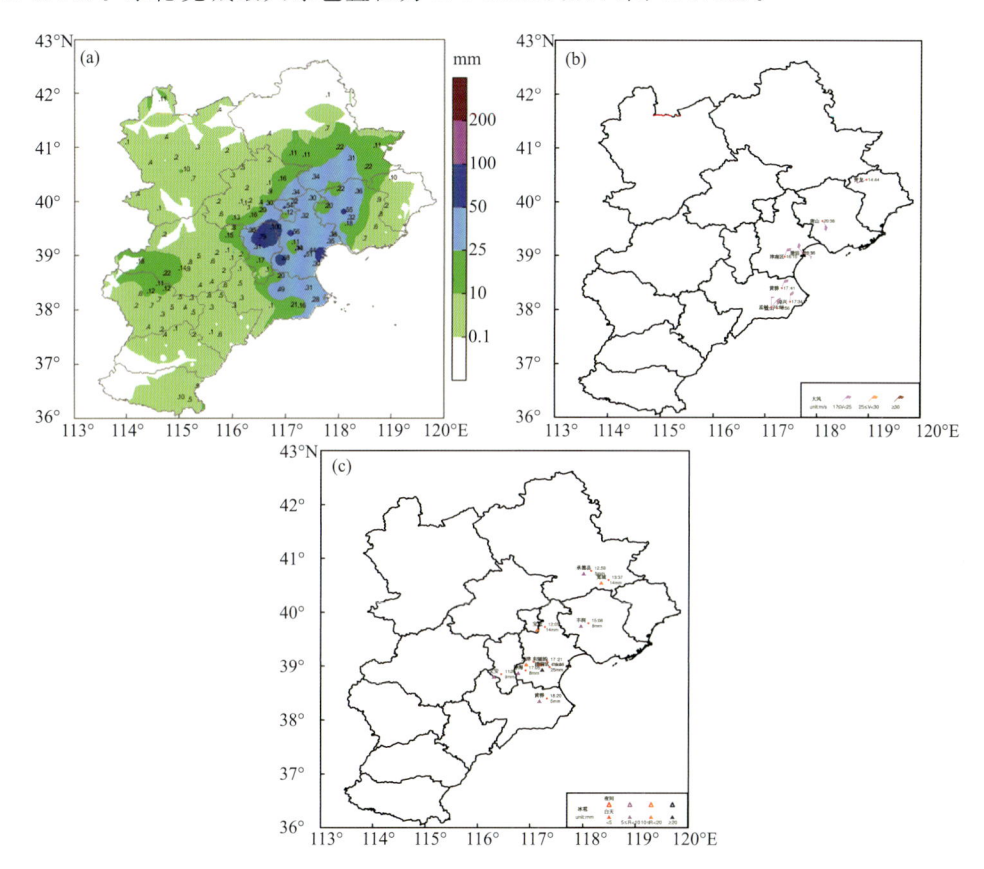

图 5.6.1　2010 年 6 月 17 日 08 时至 18 日 08 时 24 h 降水量(a)、大风(b)和冰雹(c)分布

**主要影响系统**：500 hPa 冷涡、850 hPa 低涡切变线。

**系统配置及演变**：500 hPa 低涡前大风速带和干冷空气与 850 hPa 暖脊、湿区在河北省上空叠置，垂直风切变加大，不稳定层结显著加强；低涡系统、地面低压倒槽为不稳定能量的释放提供了有利的动力强迫(图 5.6.2)。

分析北京探空资料(图 5.6.3)，6 月 17 日 08 时的环境条件有利于雷暴大风和冰雹的产生：(1)850 hPa 到 500 hPa $\theta_{se}$ 下降了 17 ℃，条件不稳定特征明显(图 5.6.3c)；(2)500 hPa 以下湿层明显，上干下湿呈"喇叭口"状结构(图 5.6.3b)；(3)对流有效位能为 156 J·kg$^{-1}$，对流抑制能量 401 J·kg$^{-1}$；K 指数、SI 指数分别为 42 ℃、-6.12 ℃(图 5.6.3a)；(4)0~6 km 的垂直风切变为 22 m·s$^{-1}$；(5)0 ℃层高度为 3.80 km，-20 ℃层高度为 6.64 km，利于小冰雹发生。

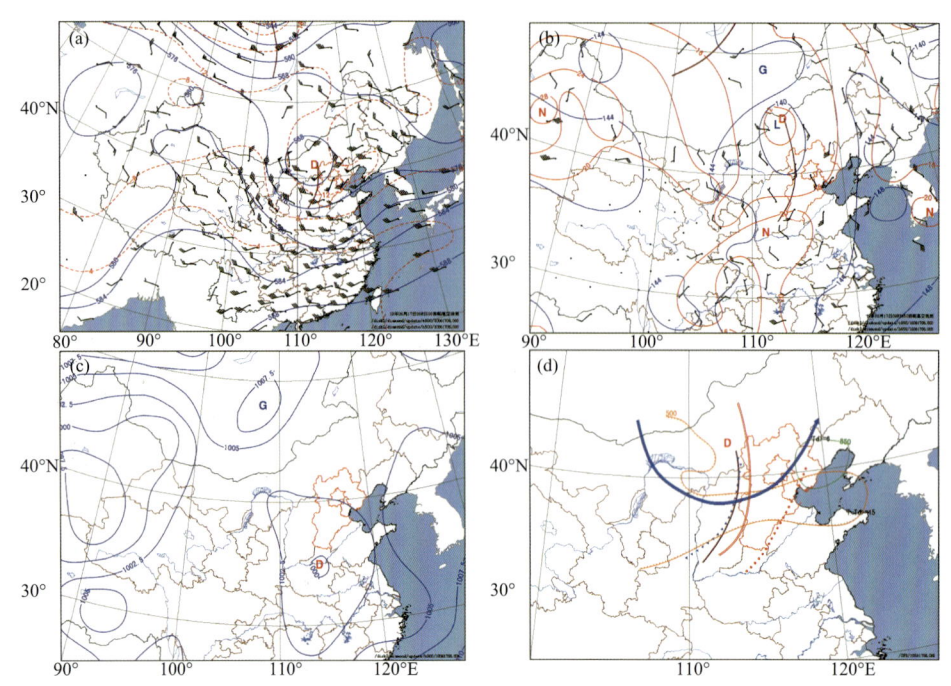

图 5.6.2　2010 年 6 月 17 日 08 时 500 hPa(a)、850 hPa(b)、地面(c)天气形势和中尺度分析(d)

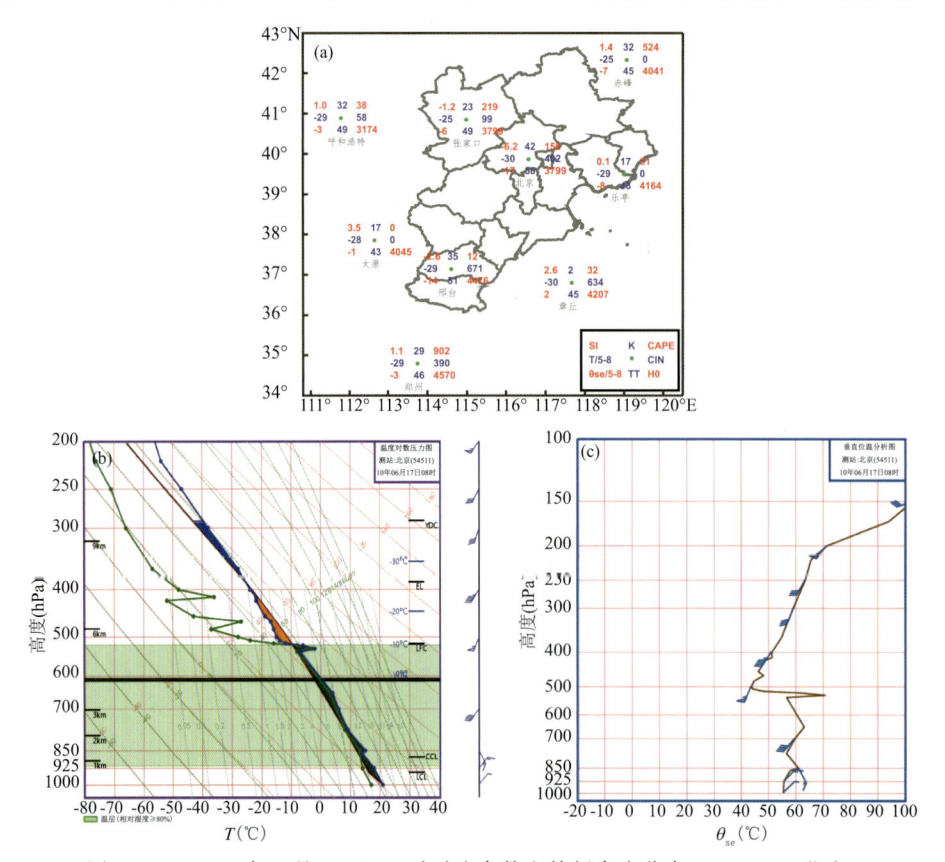

图 5.6.3　2010 年 6 月 17 日 08 时对流参数和特征高度分布(a)、54511(北京)
$T$-$\ln p$ 图(b)和假相当位温变化(c)

卫星云图上(图5.6.4a、b),13:00—14:00在河北东北部有对流云团东移加强,云团发展过程中其东侧的亮温梯度增大。承德雷达VWP图上(图5.6.4c、d),中空风速较大,13:30开始边界层由西南风逐渐转为偏东风,0~6 km垂直风切变增大。

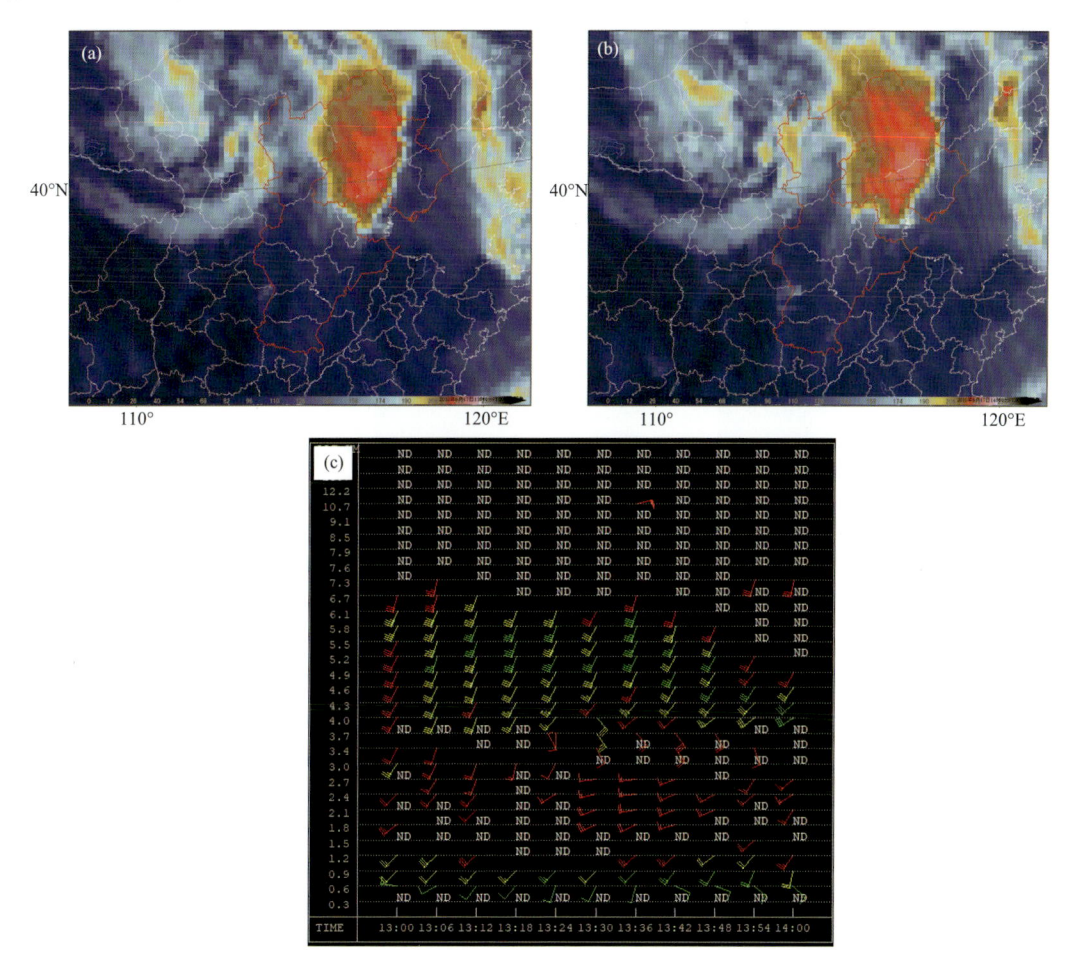

图 5.6.4　2010年6月17日13时(a)和14时(b)FY-2E卫星红外云图以及
13:00—14:00承德雷达VWP演变(c)

雷达回波向东北方向移动,强单体反射率因子强度超过60 dBZ,且高层强回波位于低层弱回波之上,存在三体散射和旁瓣回波特征。VIL最大为40 kg·m$^{-2}$,回波顶高最高为11 km(图5.6.5~5.6.7)。

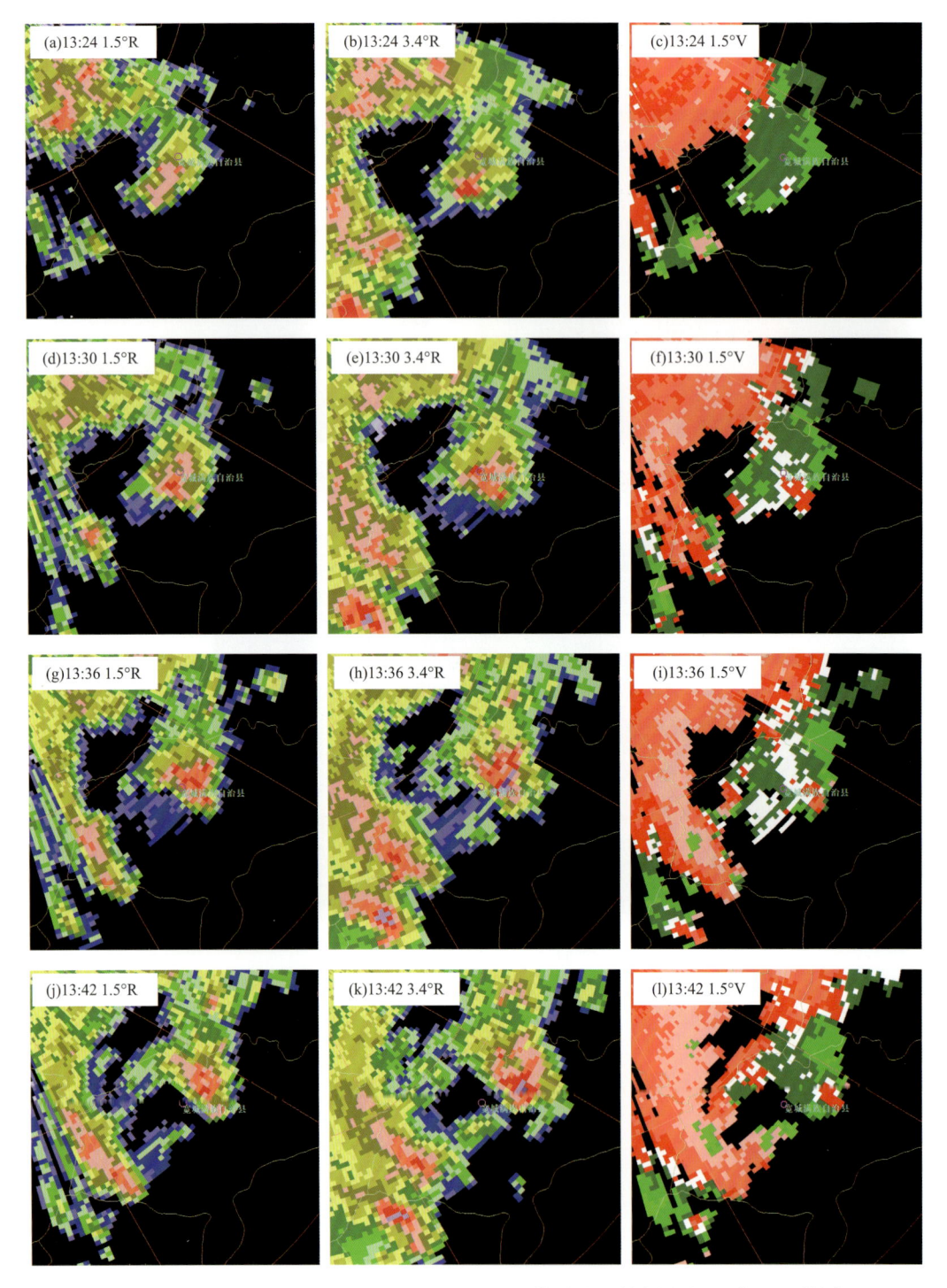

图 5.6.5　2010 年 6 月 17 日 13:24—13:42(a~l)承德雷达反射率因子(1.5°和 3.4°仰角)和平均径向速度(1.5°仰角)PPI(图中○为承德宽城位置)

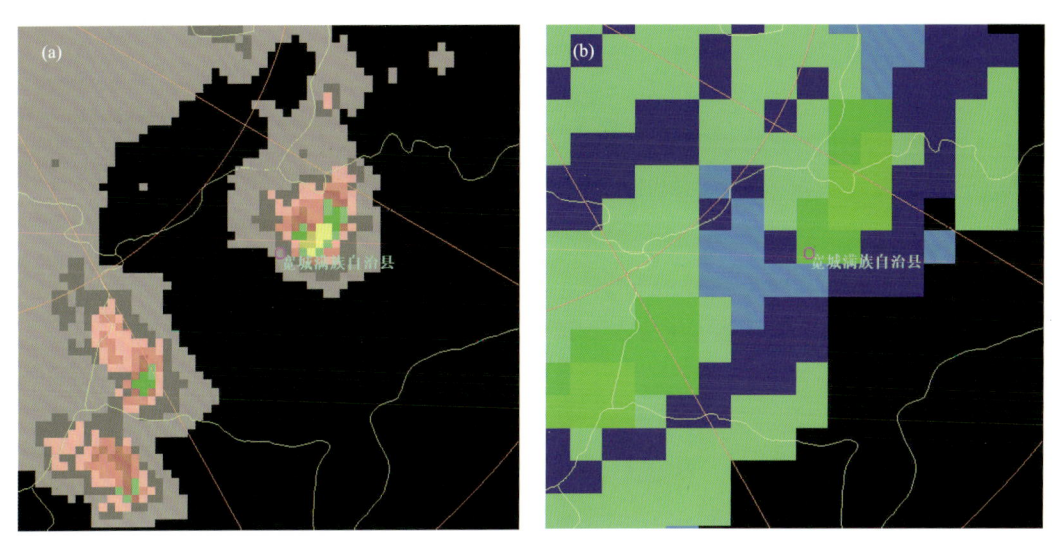

图 5.6.6　2010 年 6 月 17 日 13:36 承德雷达 VIL(a)和 ET(b)(图中○为承德宽城位置)

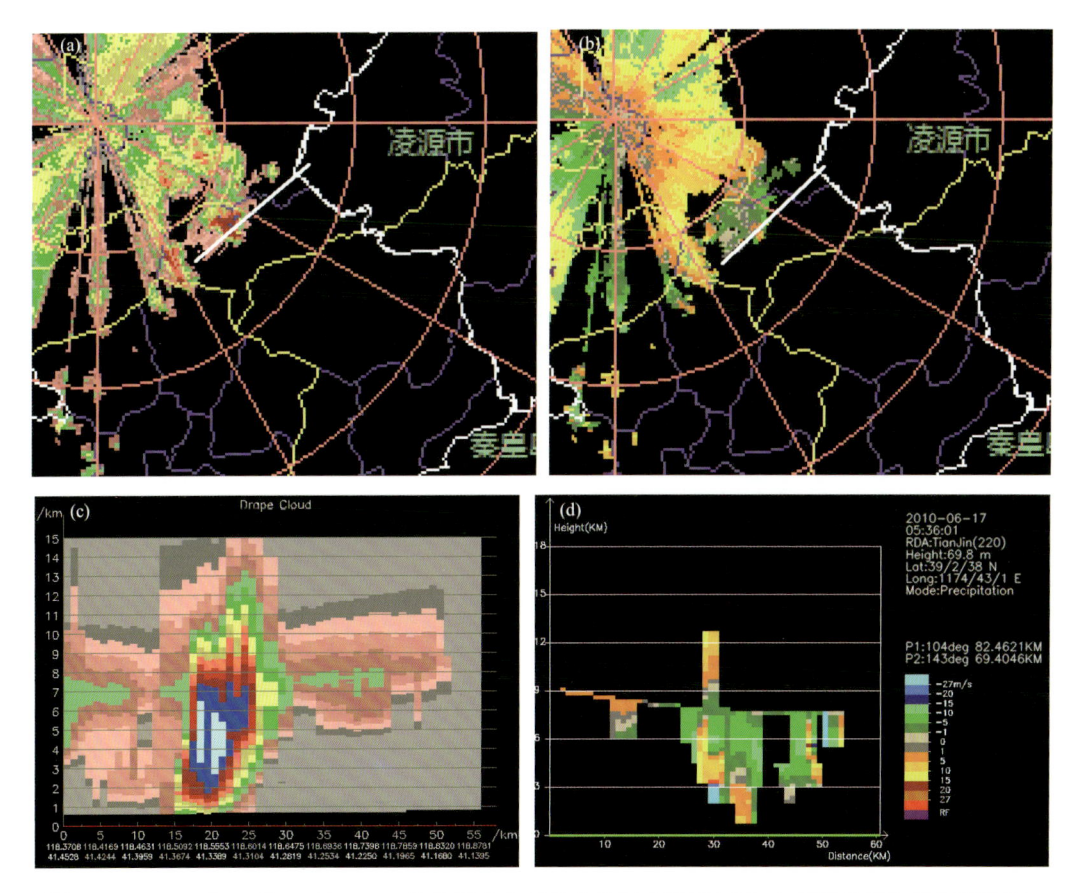

图 5.6.7　2010 年 6 月 17 日 13:36 承德雷达 1.5°仰角反射率因子(a)和 1.5°仰角平均径向速度(b)
以及沿图中实线的反射率因子垂直剖面(c)和平均径向速度垂直剖面(d)

## 5.7 2011年8月15日短时强降水

**实况**:短时强降水主要影响河北省中部和东部,集中出现在15日16时至16日00时(图5.7.1a~c)。最大小时降水量为120.9 mm,出现在衡水故城(15日15—16时),9个站最大小时降水量超过50 mm(图5.7.1c)。

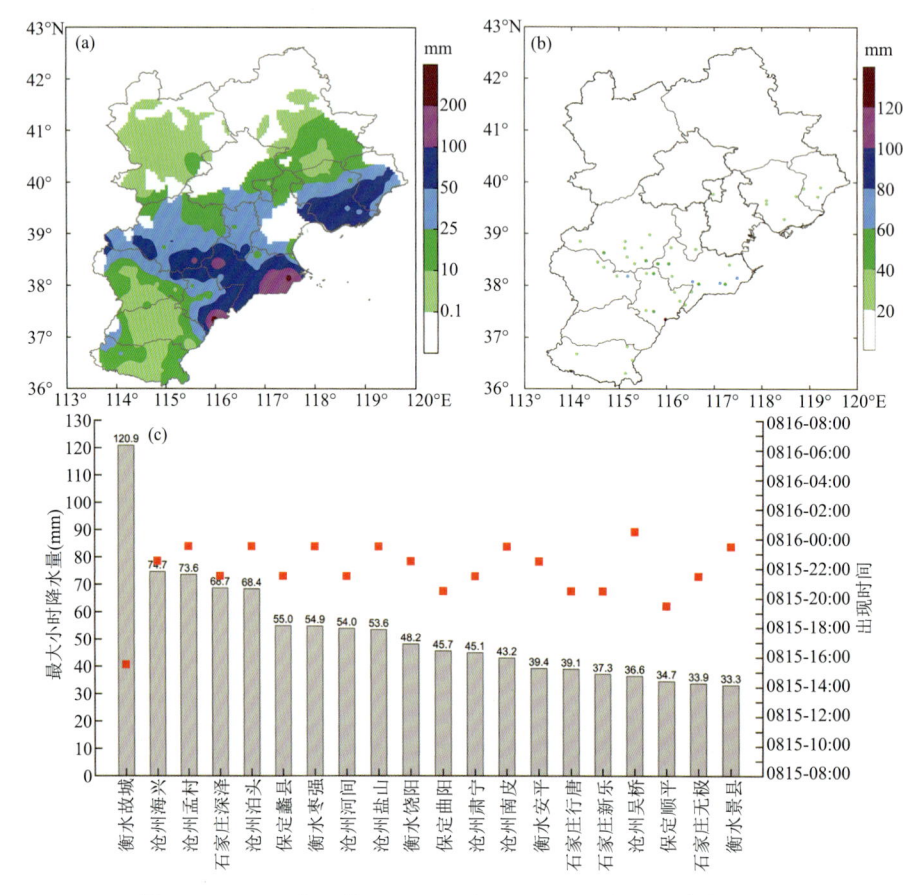

图5.7.1 2011年8月15日08时至16日08时24 h降水量(a)、最大小时降水量(b)和短时强降水出现时间(c)

**主要影响系统**:500 hPa短波槽、850 hPa低涡切变、地面冷锋。

**系统配置及演变**:500 hPa有短波槽东移,850 hPa表现为低涡,地面有冷锋配合;500 hPa冷槽与850 hPa暖脊,形成"上冷下暖"的不稳定层结;地面低压辐合形成,有利于南部地区午后出现短时强降水(图5.7.2)。

分析邢台探空资料(图5.7.3),8月15日08时的环境条件有利于短时强降水的产生:(1) 600 hPa以下湿层深厚,接近饱和(图5.7.3b);(2)近地面到925 hPa比湿超过20 g·kg$^{-1}$,水汽条件比较好(图5.7.3e);(3)14时订正探空对流有效位能达到3277 J·kg$^{-1}$;(4)K指数08时为34 ℃,20时达到41 ℃(图5.7.3a、b)。

第 5 章 斜压锋生类

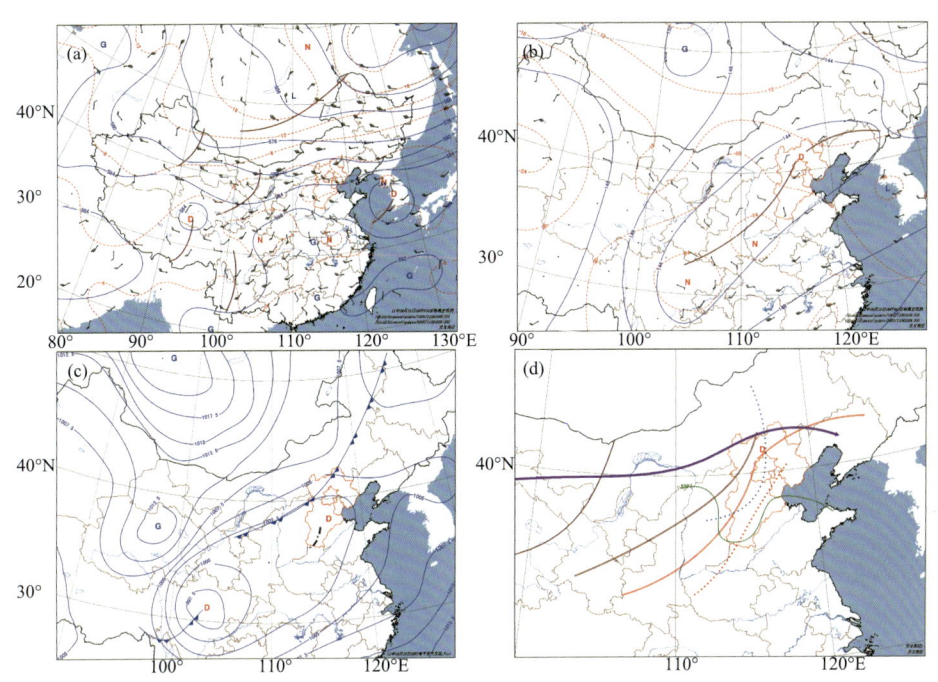

图 5.7.2 2011 年 8 月 15 日 08 时 500 hPa(a)、850 hPa(b)、地面(c)天气形势和中尺度分析(d)

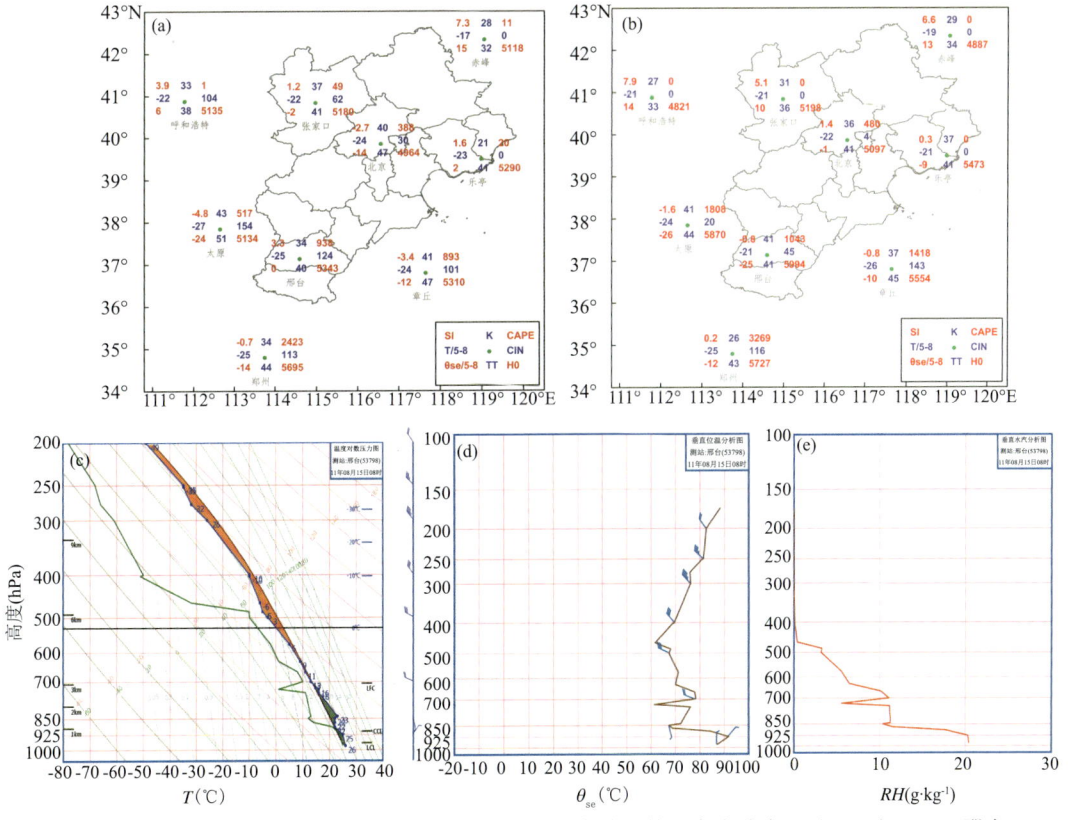

图 5.7.3 2011 年 8 月 15 日 08 时(a)、20 时(b)对流参数和特征高度分布以及 08 时 53798(邢台)
$T\text{-}\ln p$ 图(c)、假相当位温变化(d)和比湿(e)

卫星云图上，16:00 保定、石家庄、邢台和邯郸四个地区的西部有对流系统开始发展，在东移过程中强烈发展(图 5.7.4a、b)。21:00 与东部强对流云团合并加强，23:00 发展到最强，

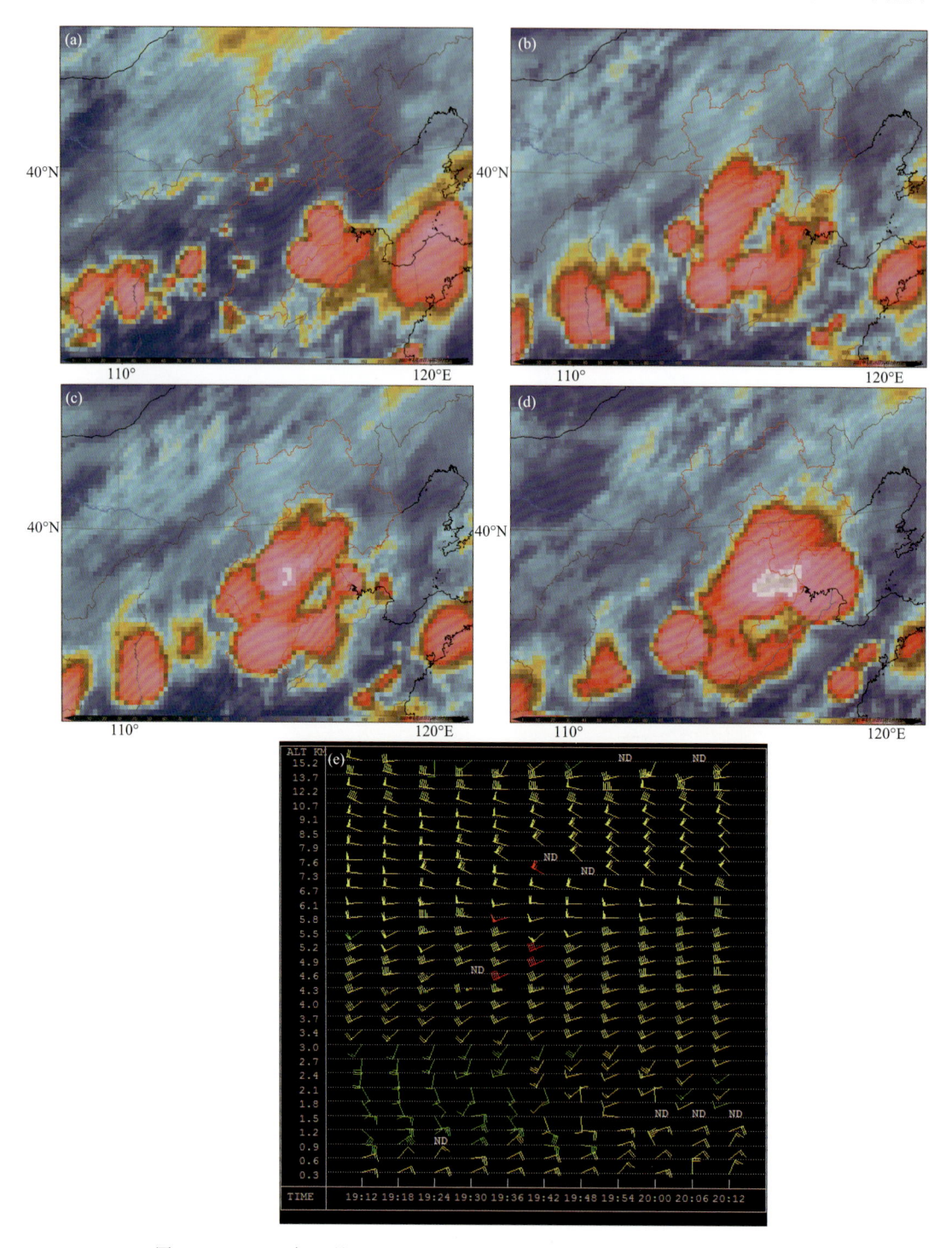

图 5.7.4　2011 年 8 月 15 日 16 时(a)、20 时(b)、21 时(c)和 23 时(d)FY-2E 卫星红外云图以及 19:12—20:12 石家庄雷达 VWP 演变(e)

在沧州地区出现较强短时强降水(图5.7.4c、d)。

雷达回波表现为积层混合云降水回波(图5.7.5)。15:54衡水故城对流单体发展增强,回波强度57 dBZ,速度图上有逆风区,VIL为47 kg·m$^{-2}$,回波顶高达19 km(图5.7.6)。23:30衡水枣强附近有带状回波发展并逐渐东移,出现列车效应。剖面图强回波质心总体偏低,风廓线图上低层有偏东风,高层有偏西风,风随高度顺时针旋转(图5.7.7)。

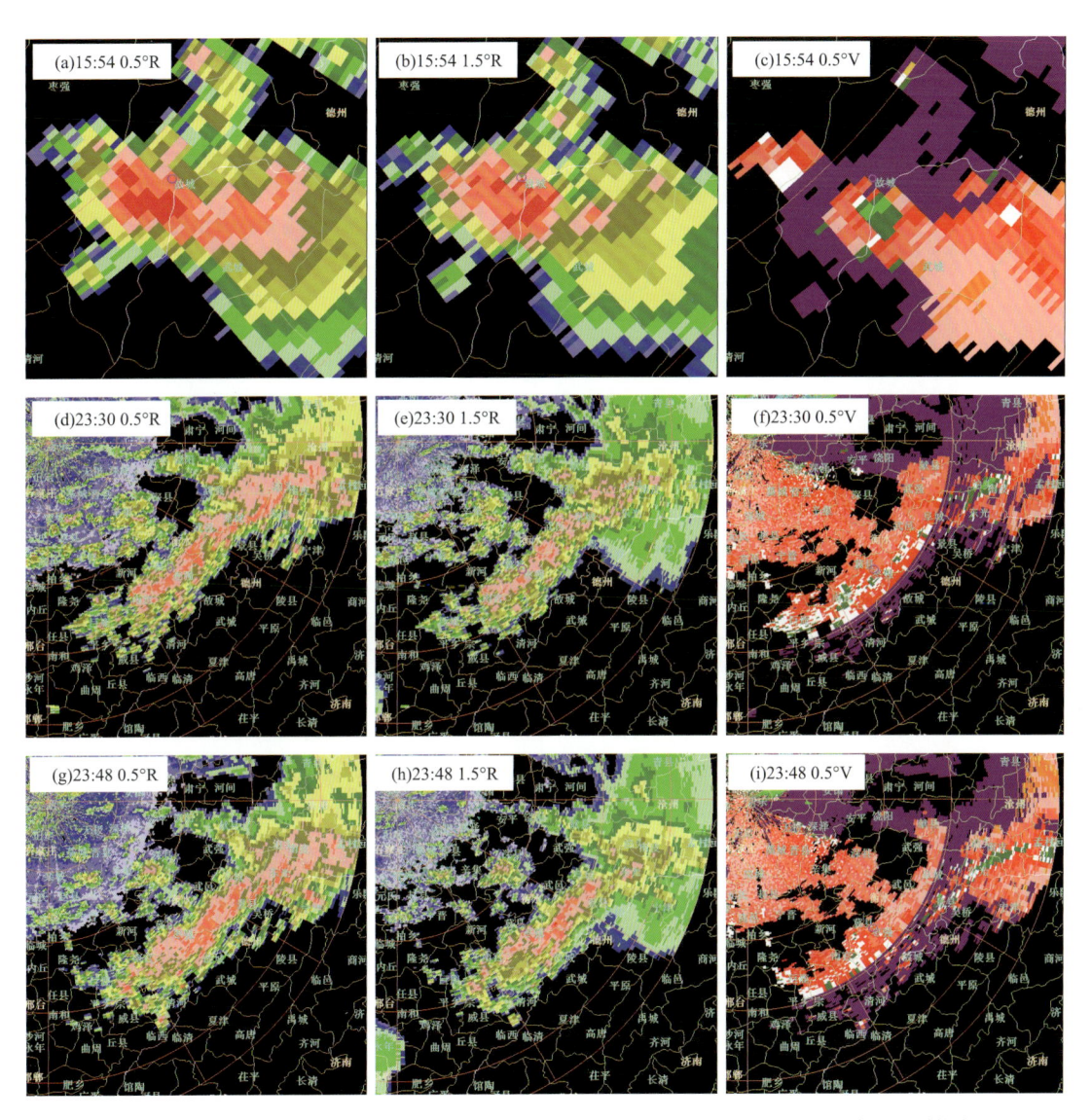

图5.7.5 2011年8月15日15:54—23:48(a~i)石家庄雷达反射率因子(0.5°和1.5°仰角)和平均径向速度(0.5°仰角)PPI(图中○为衡水故城和枣强位置)

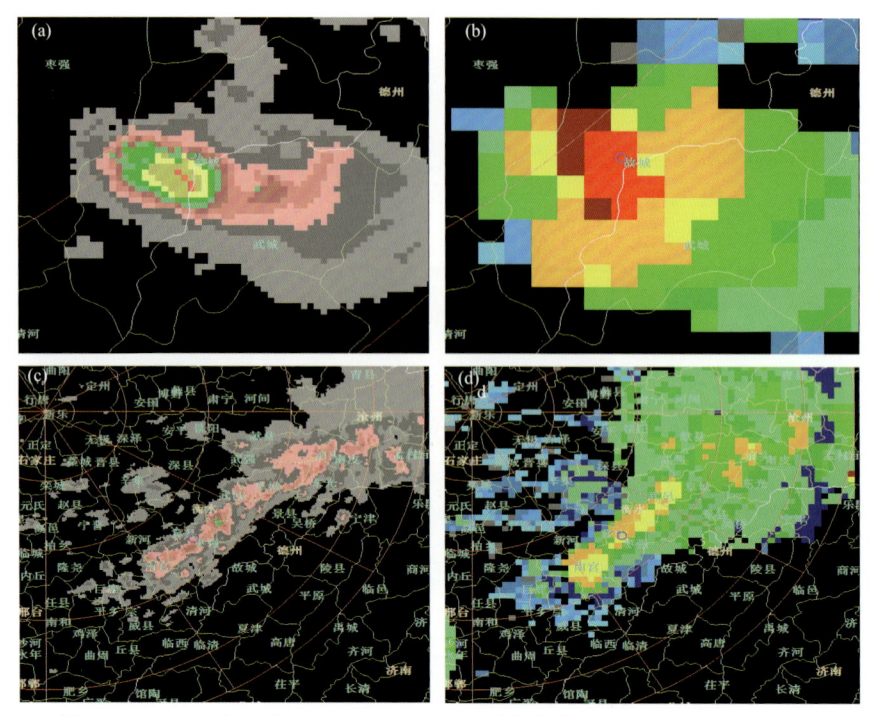

图 5.7.6　2011 年 8 月 15 日 15:54、23:30 石家庄雷达 VIL(a、c)和 ET(b、d)
(图中○为衡水故城、枣强位置)

图 5.7.7　2011 年 8 月 15 日 23:30 石家庄雷达 0.5°仰角反射率因子(a)和 0.5°仰角平均径向速度(b)
以及沿图中实线的反射率因子垂直剖面(c)和平均径向速度垂直剖面(d)

## 5.8　2012年9月27日大风冰雹

实况:强对流天气主要出现在河北省北部和东部,以雷暴大风(16站)、冰雹(8站)为主,集中出现在27日13—18时(图5.8.1a～c)。秦皇岛卢龙16:03瞬时极大风速达24 m·s$^{-1}$(10级)(图5.8.1b),衡水武邑最大冰雹直径为1.4 cm(17:23)(图5.8.1c)。

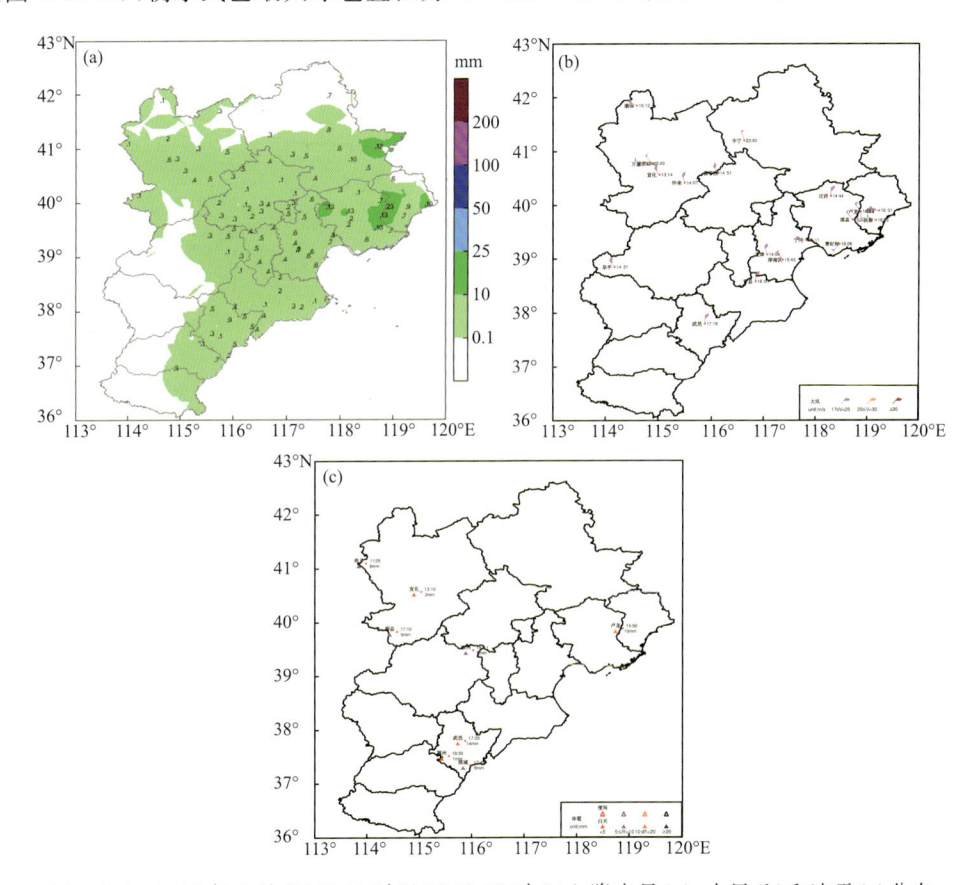

图5.8.1　2012年9月27日08时至28日08时24 h降水量(a)、大风(b)和冰雹(c)分布

主要影响系统:500 hPa和850 hPa高空槽、地面冷锋。

系统配置及演变:500 hPa上内蒙古中部有低压槽发展,850 hPa配合低涡低槽,系统几近垂直,地面有冷锋,200 hPa高空急流穿过河北中南部地区;500 hPa大风速核位于河北中部,增大了0~6 km垂直风切变;冷、暖空气交汇,触发了河北省北部和东部地区的强对流天气(图5.8.2)。

分析乐亭探空资料(图5.8.3),9月27日08时的环境条件有利于雷暴大风和冰雹的产生:(1)850 hPa以上存在明显干层,以下有一定厚度的湿层(图5.8.3b);(2)08时850~500 hPa温差达到28 ℃,订正后的对流有效位能达到1012 J·kg$^{-1}$,850 hPa上下$\theta_{se}$随高度下降了12 ℃(图5.8.3c);(3)600 hPa的下沉对流有效位能为837 J·kg$^{-1}$(图5.8.3a);(4)0~6 km的垂直风切变为22 m·s$^{-1}$;(5)0 ℃层高度为3.48 km,−20 ℃层高度为6.06 km,有出现冰雹的潜势。

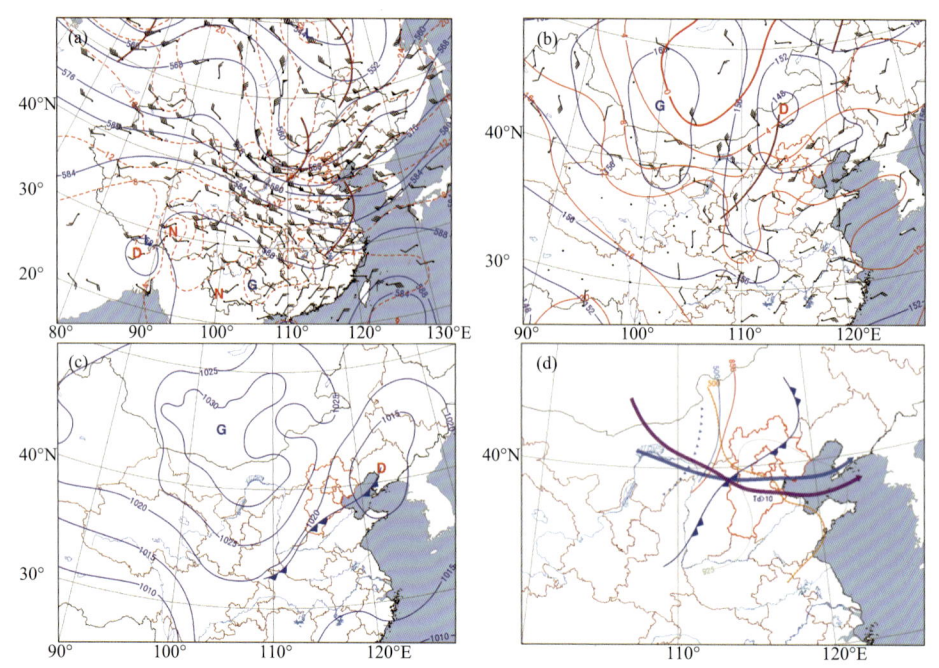

图 5.8.2　2012 年 9 月 27 日 08 时 500 hPa(a)、850 hPa(b)、17 时地面(c)天气形势和 08 时中尺度分析(d)

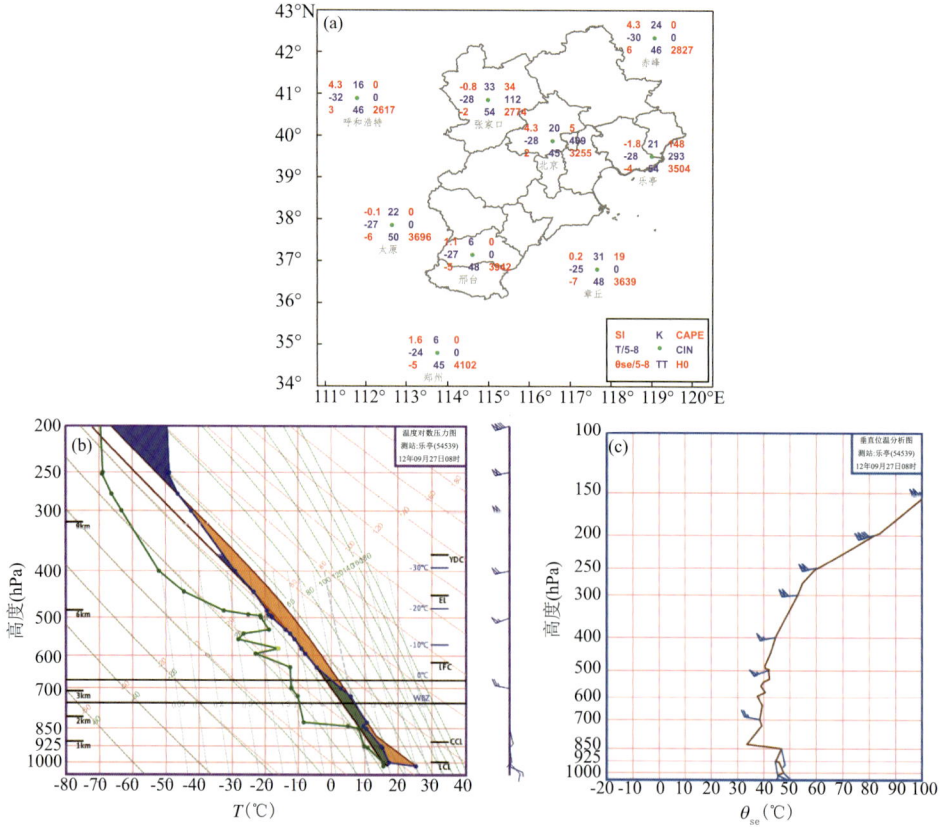

图 5.8.3　2012 年 9 月 27 日 08 时对流参数和特征高度分布(a)、54539(乐亭)
$T$-$\ln p$ 图(b)和假相当位温变化(c)

秦皇岛雷达 VWP 图上(图 5.8.4),15:36 开始,1.5 km 高度以下由西南风转为 20 m·s$^{-1}$ 的西北大风,表明锋面过境。从石家庄雷达 VWP 图上可见,从 16:30 开始,20 m·s$^{-1}$ 的西北大风下传至 1 km 左右,有利于地面出现大风。

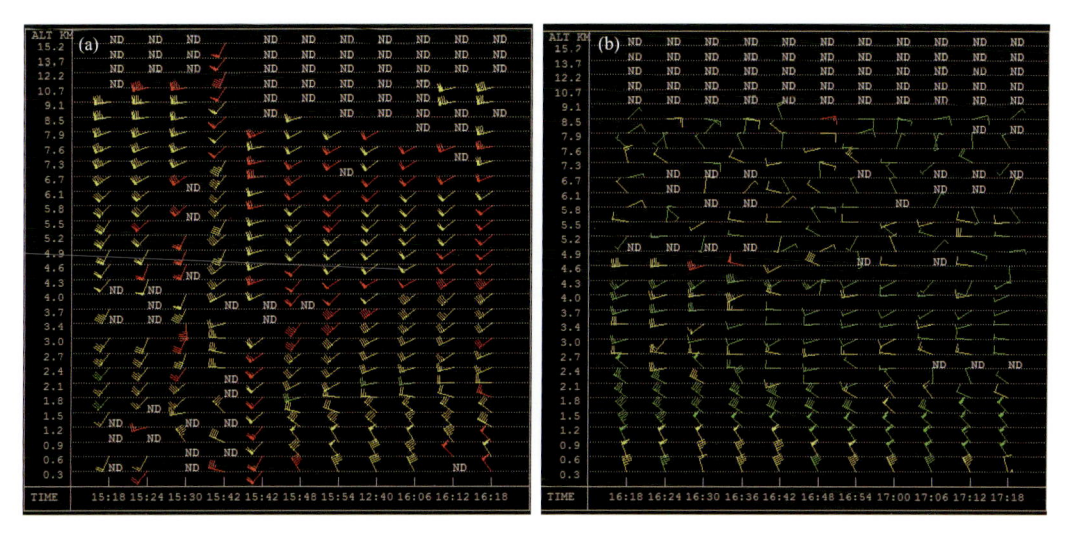

图 5.8.4　2012 年 9 月 27 日 15:18—16:18 秦皇岛(a)、16:18—17:18 石家庄(b)雷达 VWP 演变

强单体反射率因子超过 65 dBZ,出现了两个体扫的中气旋。0.5°仰角径向速度图上可见锋面折角和锋后 20～27 m·s$^{-1}$ 的大风速区,2.4°仰角径向速度图上可见低空西北风急流和高空(5～7 km)西南风急流(图 5.8.5)。从反射率剖面来看,60 dBZ 以上的强回波中心下降到距离地面 1 km 左右高度。径向速度剖面 1.5 km 高度以下有 15 m·s$^{-1}$ 以上的西北风,回波前沿超过 27 m·s$^{-1}$(图 5.8.6)。

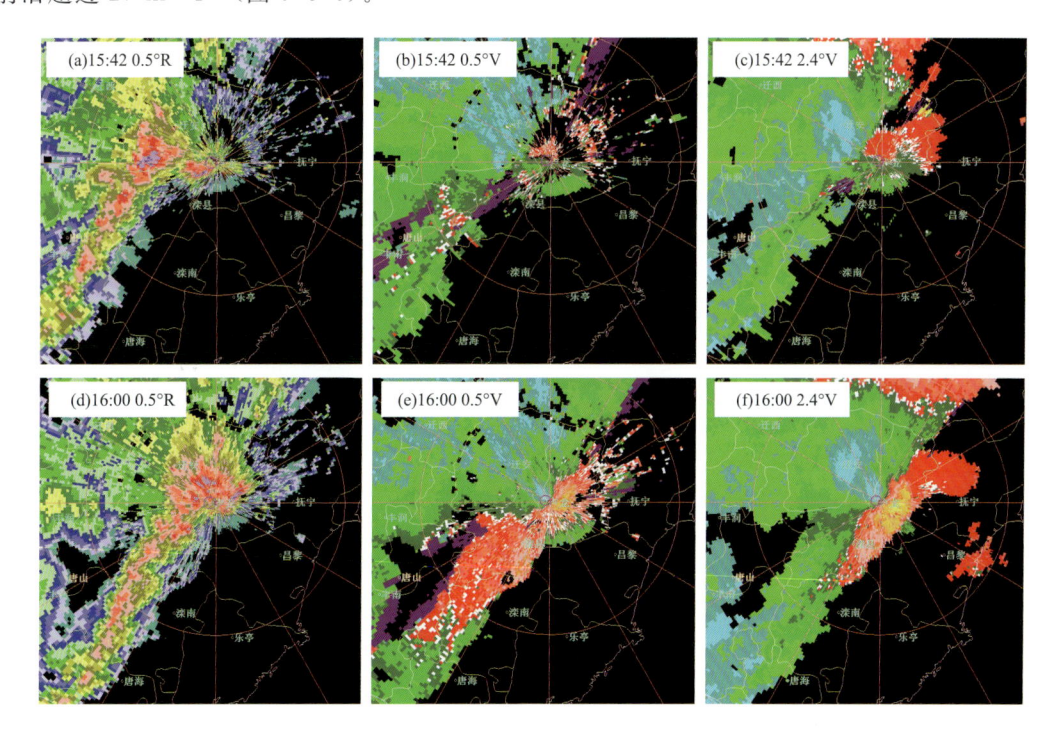

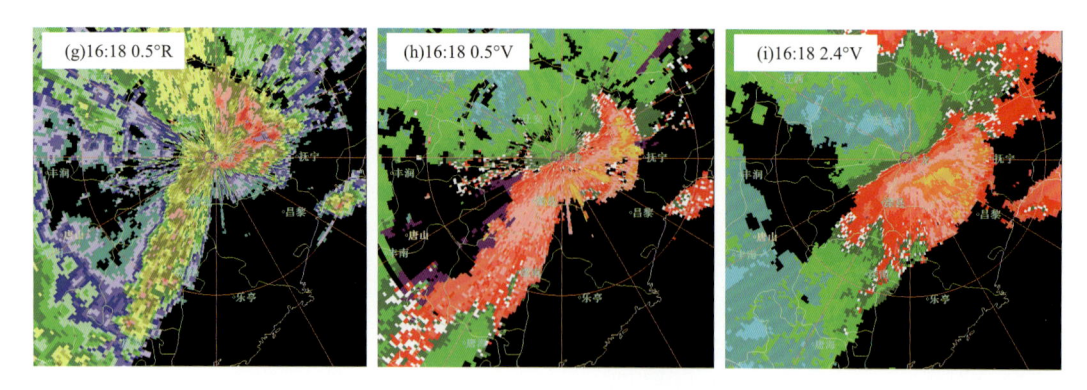

图 5.8.5　2012 年 9 月 27 日 15∶42—16∶18(a～i)秦皇岛雷达反射率因子(0.5°仰角)和平均径向速度(0.5°和 2.4°仰角)PPI(图中○为秦皇岛卢龙位置)

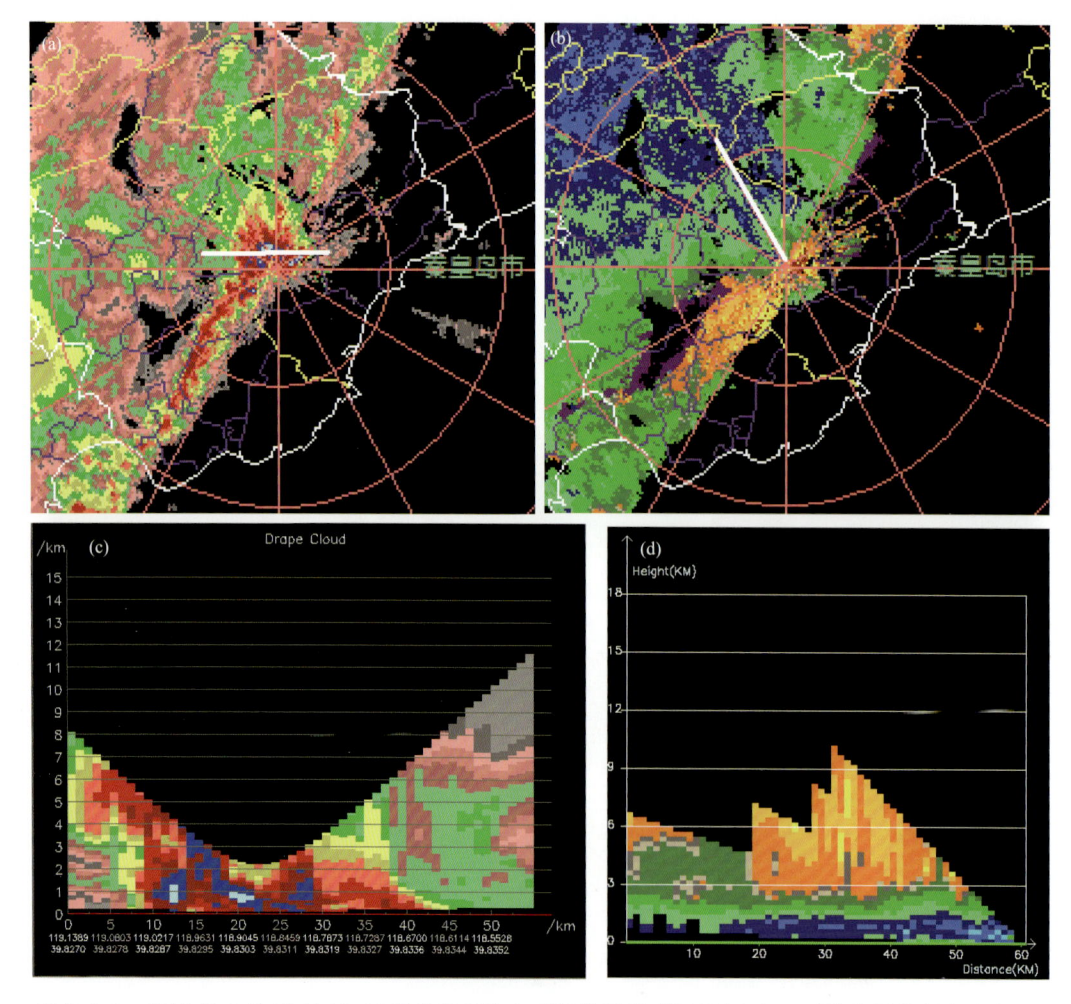

图 5.8.6　2012 年 9 月 27 日 16∶00 秦皇岛雷达 0.5°仰角反射率因子(a)和 0.5°仰角平均径向速度(b)以及沿图中实线的反射率因子垂直剖面(c)和平均径向速度垂直剖面(d)

17:18 衡水武邑出现 65 dBZ 以上强回波,0.5°仰角速度图上有 15～20 m·s$^{-1}$ 以上的大风速区,2.4°仰角速度图上有中层径向辐合区(图 5.8.7)。回波顶高 11 km,VIL 跃增到 52 kg·m$^{-2}$(图 5.8.8)。强回波维持时间较长,剖面有低层弱回波区,中高层有回波悬垂,55 dBZ 以上的强反射率因子核心扩展到 7～8 km 以上,并伴有假尖顶回波(图 5.8.9)。

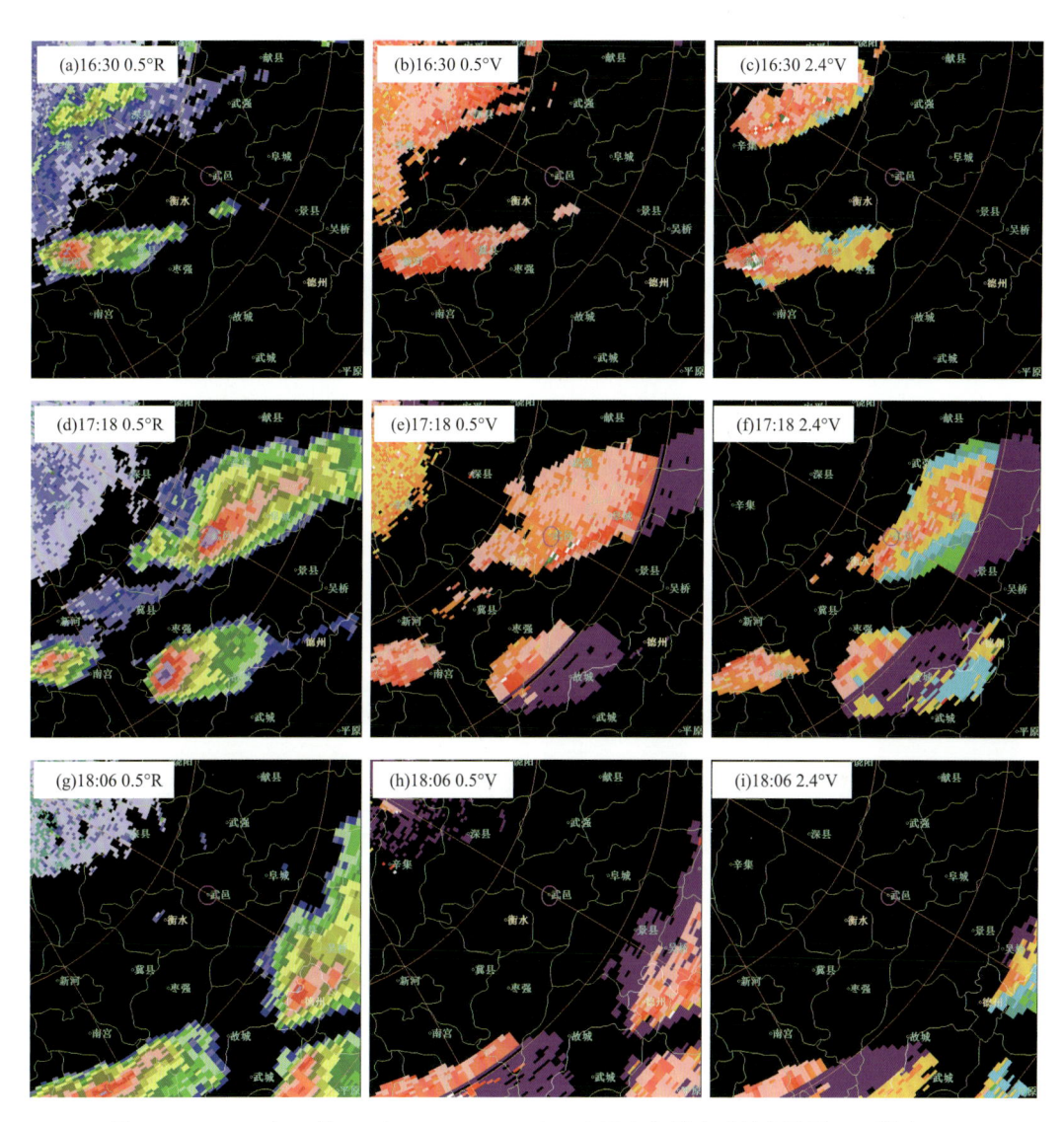

图 5.8.7　2012 年 9 月 27 日 16:30—18:06(a～i)石家庄雷达反射率因子(0.5°仰角)和平均径向速度(0.5°和 2.4°仰角)PPI(图中○为衡水武邑位置)

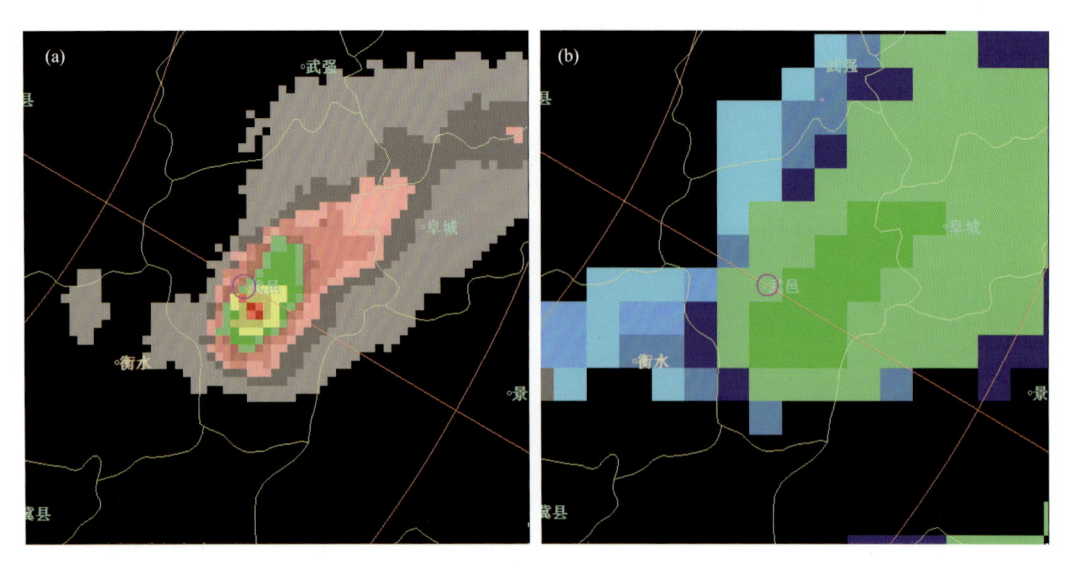

图 5.8.8  2012 年 9 月 27 日 17:18 石家庄雷达 VIL(a)和 ET(b)(图中○为衡水武邑位置)

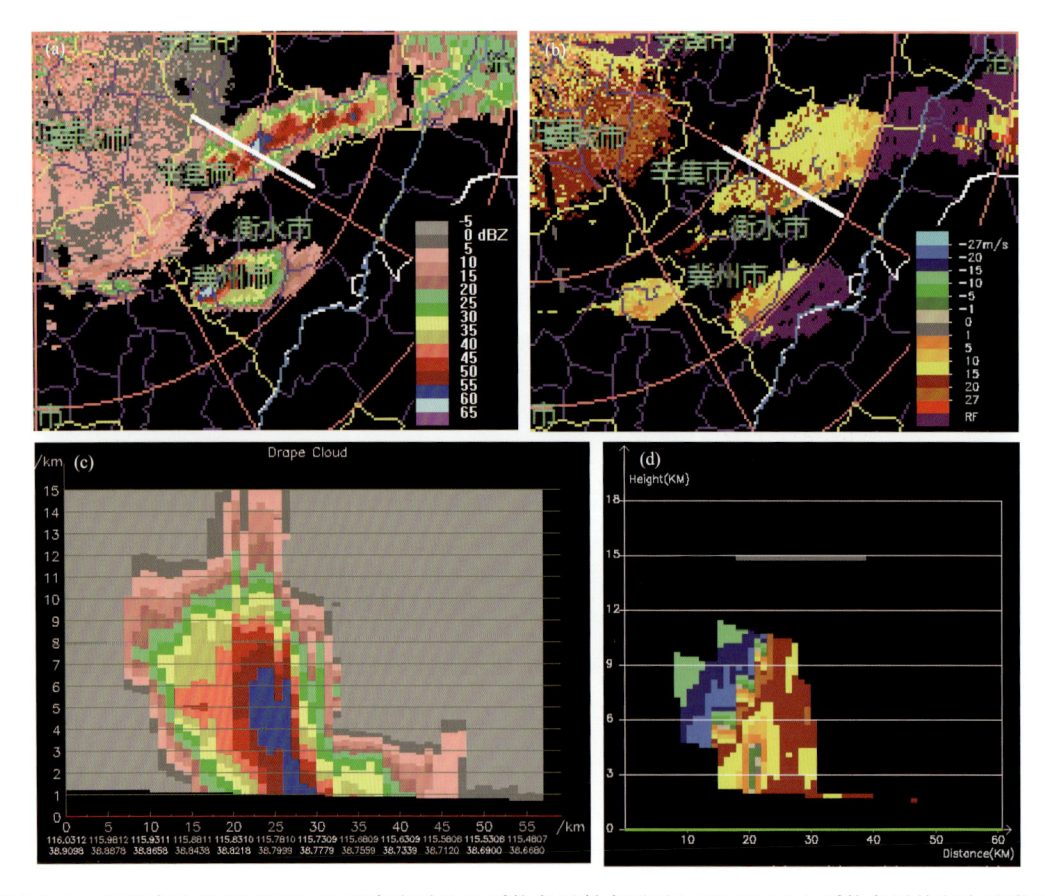

图 5.8.9  2012 年 9 月 27 日 17:00 石家庄雷达 0.5°仰角反射率因子(a)和 17:18 0.5°仰角平均径向速度(b)以及沿图中实线的反射率因子垂直剖面(c)和平均径向速度垂直剖面(d)

## 5.9　2013年7月31日雷暴大风

实况:强对流天气主要出现在河北省西北部,以雷暴大风(21站)为主,伴有冰雹(2站),集中出现在31日15:50—21:50(图5.9.1a～c)。张家口阳原最大冰雹直径1.3 cm(15:57)(图5.9.1c),廊坊霸州21:02瞬时极大风速达21 m·s$^{-1}$(9级)(图5.9.1b)。

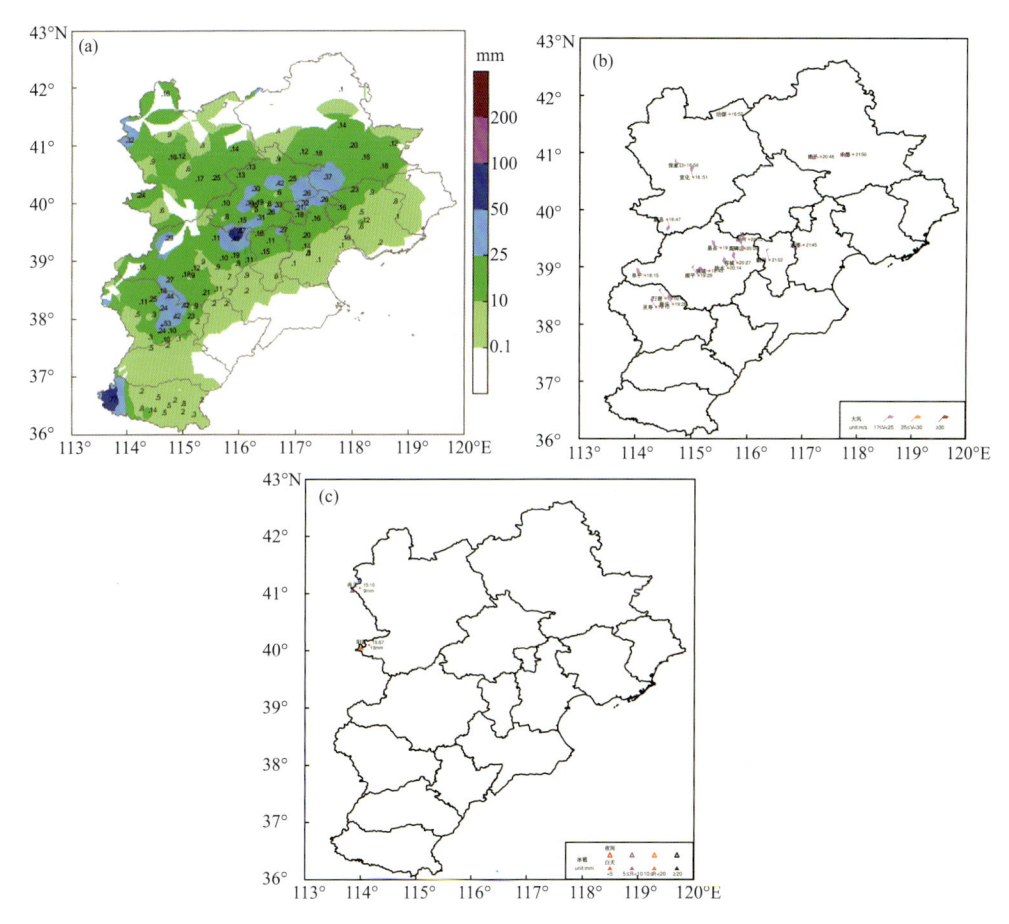

图5.9.1　2013年7月31日08时至8月1日08时24 h降水量(a)和大风(b)、冰雹(c)分布

主要影响系统:500 hPa高空槽、地面辐合线。

系统配置及演变:500 hPa高空槽自西向东移动,850 hPa槽线移动略快,前期河北省南部850 hPa存在暖脊,地面存在辐合线(图5.9.2)。

分析北京探空资料(图5.9.3),7月31日20时的环境条件有利于雷暴大风的产生:(1)600—500 hPa大气垂直温度绝热递减率较大(图5.9.3b);(2)温度露点廓线600 hPa附近存在干层(图5.9.3b);(3)20时850～500 hPa温差达到24 ℃,对流有效位能达到1800 J·kg$^{-1}$,600 hPa的下沉对流有效位能达到1440 J·kg$^{-1}$(图5.9.3a),925 hPa到850 hPa $\theta_{se}$下降了25 ℃,明显的条件不稳定(图5.9.3c);(4)0～6 km的垂直风切变为11 m·s$^{-1}$;(5)0 ℃层高度为5.3 km,−20 ℃层高度为8.2 km,过高不利于大冰雹出现。

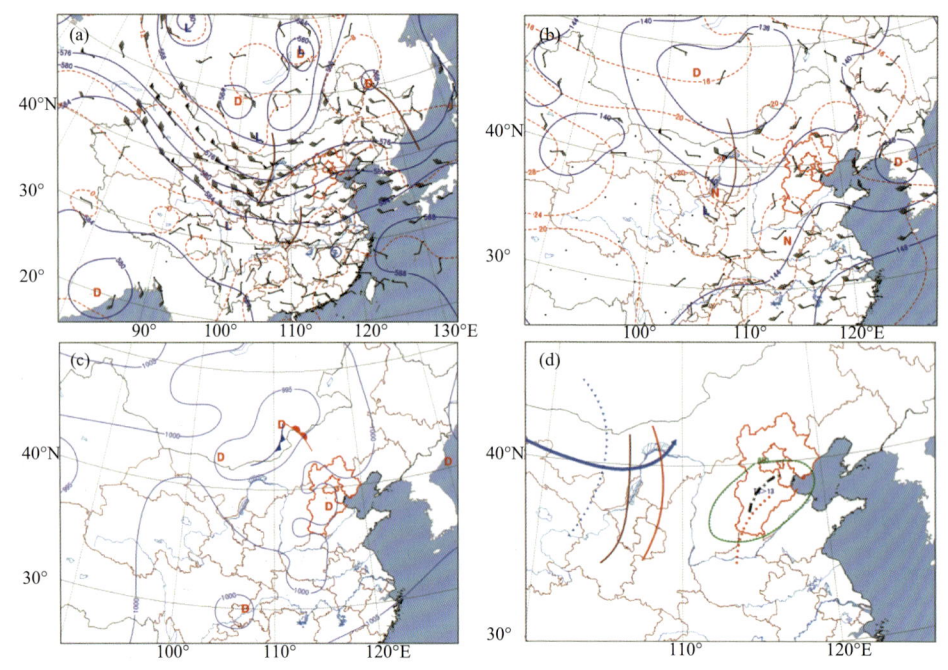

图 5.9.2　2013 年 7 月 31 日 08 时 500 hPa(a)、850 hPa(b)、地面(c)天气形势和中尺度分析(d)

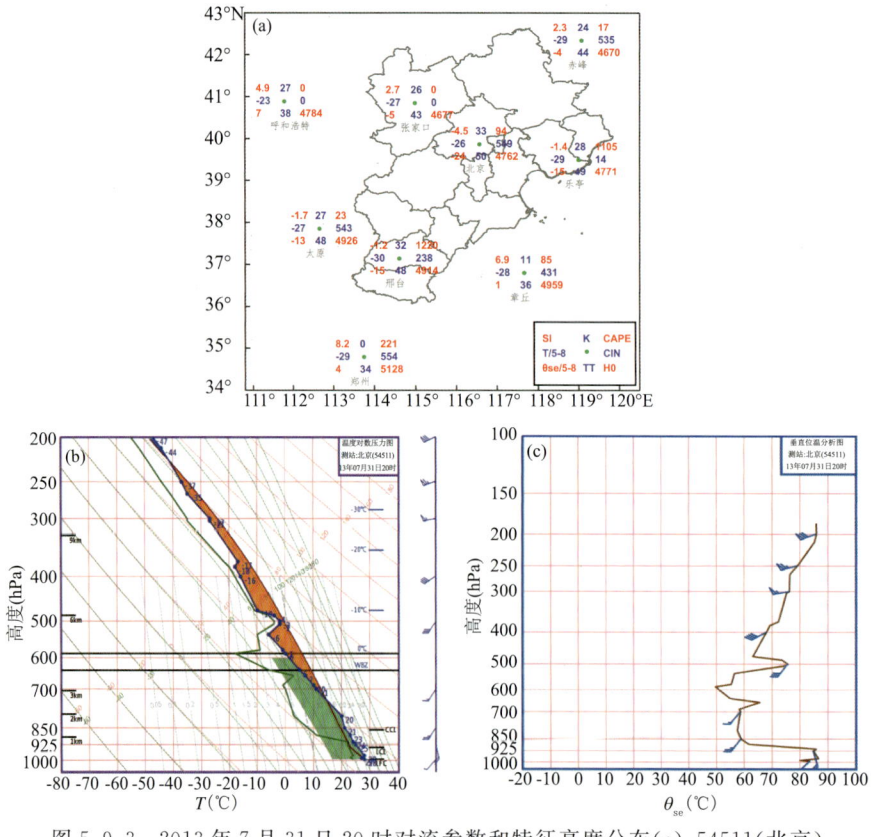

图 5.9.3　2013 年 7 月 31 日 20 时对流参数和特征高度分布(a)、54511(北京)
$T$-$\ln p$ 图(b)和假相当位温变化(c)

卫星云图上(图5.9.4a、b),20:00前后河北省西北部形成南—北走向的带状云系,水平尺度约500 km,21:00带状对流云进一步发展东移。石家庄雷达VWP上(图5.9.4c、d),19:00前后2 km高度开始出现超过20 m·s$^{-1}$西北风并逐渐向下传播。

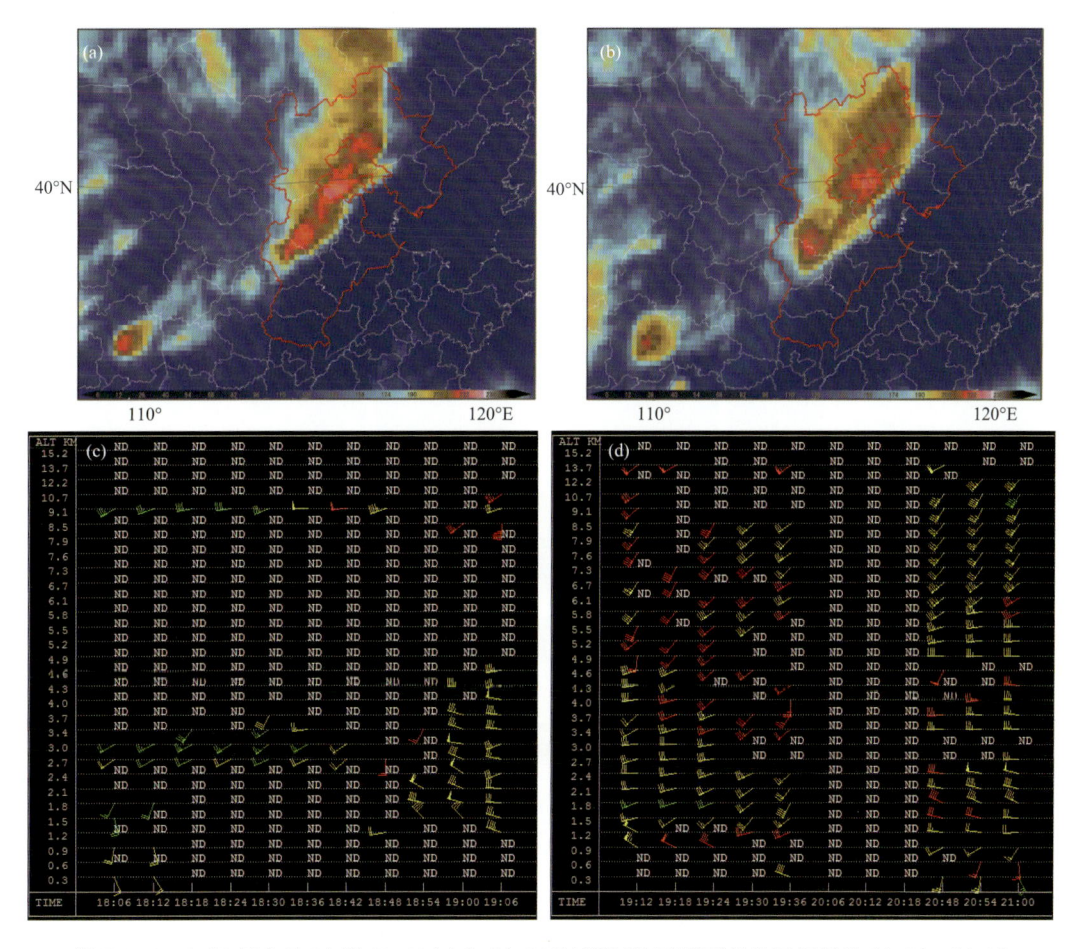

图5.9.4 2013年7月31日20:00(a)和21:00(b)FY-2E卫星可见光云图以及18:06—19:06和19:12—21:00石家庄雷达VWP演变(c、d)

雷达回波形成一条完整的飑线自西向东移动,水平尺度超过250 km,雷达站附近强回波前沿伴有出流边界,低层后侧入流急流最大径向速度达30 m·s$^{-1}$;VIL最大45 kg·m$^{-2}$,回波顶高大于14 km(图5.9.5~5.9.7)。

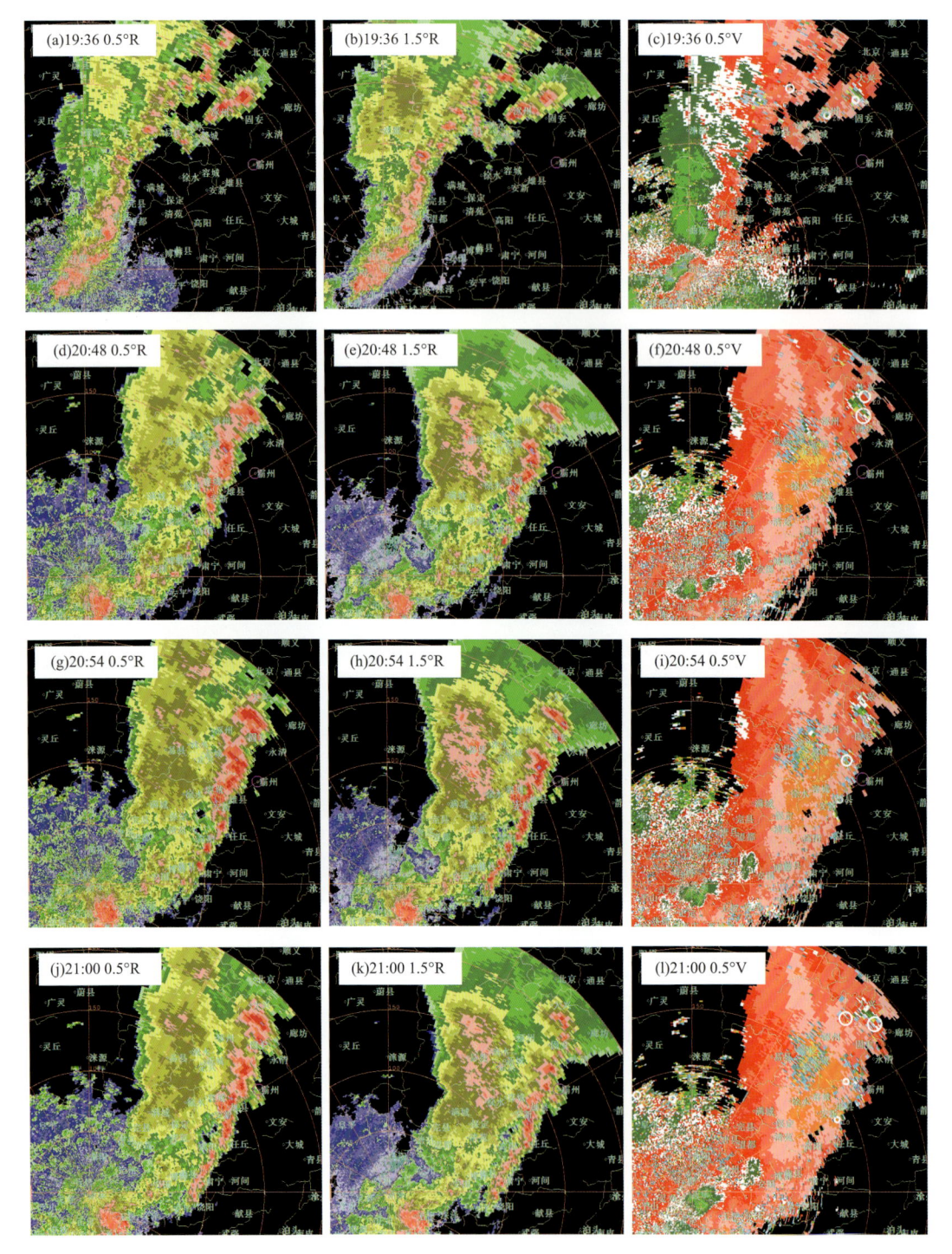

图 5.9.5　2013 年 7 月 31 日 19:36—21:00(a～l)石家庄雷达反射率因子(0.5°和 1.5°仰角)和平均径向速度(0.5°仰角)PPI(图中○为廊坊霸州位置)

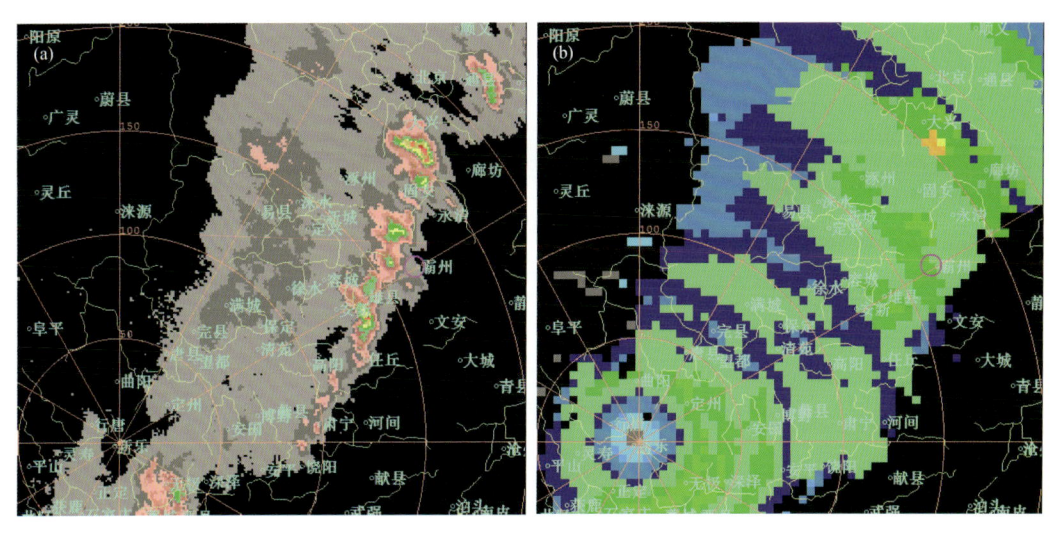

图 5.9.6　2013 年 7 月 31 日 21:00 石家庄雷达 VIL(a)和 ET(b)(图中○为廊坊霸州位置)

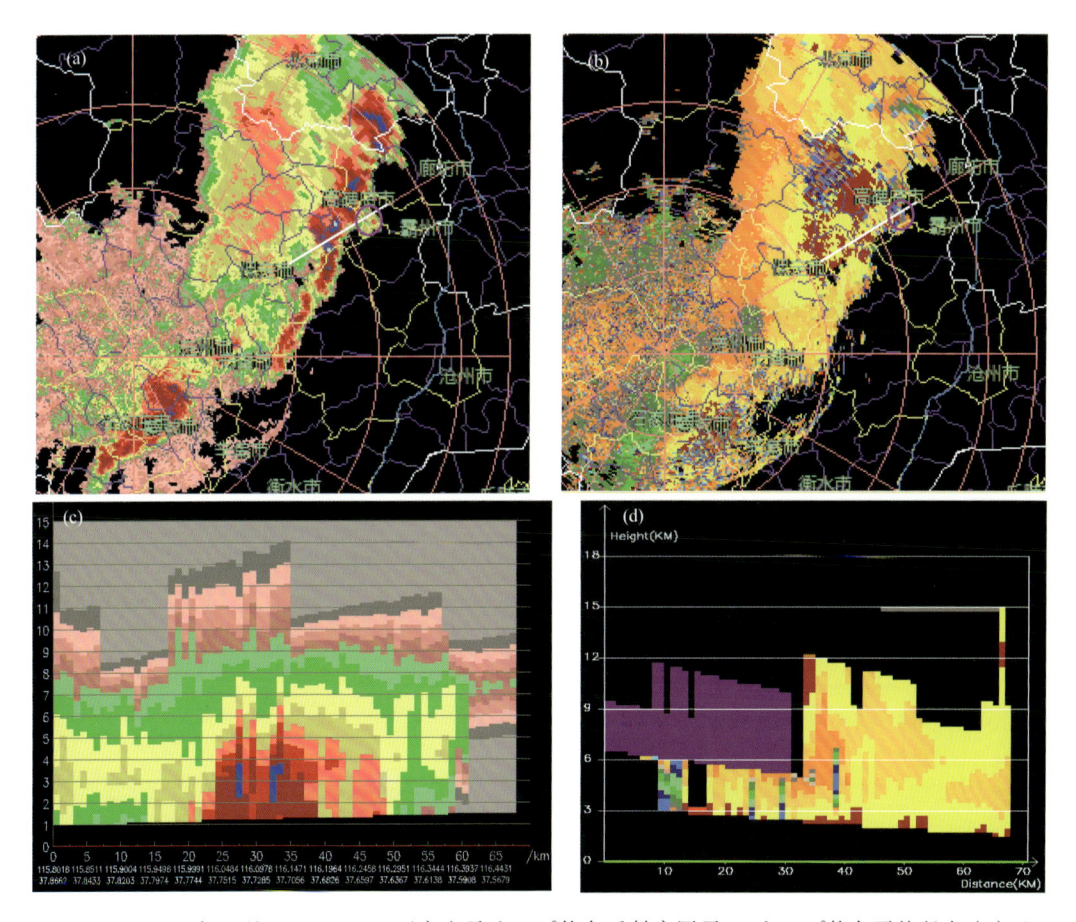

图 5.9.7　2013 年 7 月 31 日 21:00 石家庄雷达 0.5°仰角反射率因子(a)和 0.5°仰角平均径向速度(b)
以及沿图中实线的反射率因子垂直剖面(c)和平均径向速度垂直剖面(d)

## 5.10 2013年8月7日雷暴大风

**实况**：强对流天气主要出现在河北省东部，以雷暴大风(16站)为主，集中出现在 7 日 15—18 时(图 5.10.1a、b)。沧州孟村 18:04 和黄骅 18:31 瞬时极大风速达24 m·s$^{-1}$(9级)，邯郸邱县 15:45 瞬时极大风速达 22 m·s$^{-1}$(9级)，邢台广宗 15:47 瞬时极大风速达 18 m·s$^{-1}$(8级)(图 5.10.1b)。

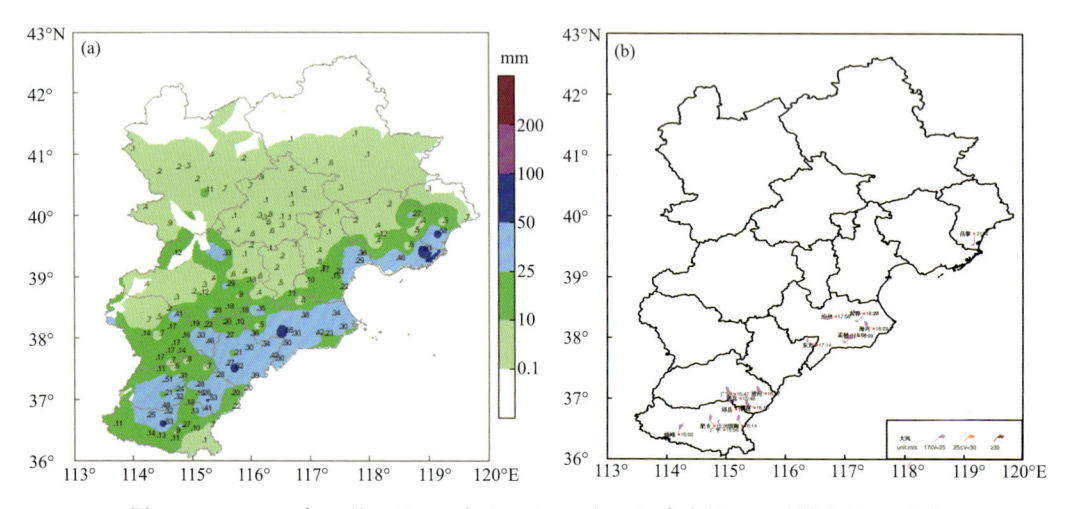

图 5.10.1 2013 年 8 月 7 日 08 时至 8 日 08 时 24 h 降水量(a)、雷暴大风(b)分布

**主要影响系统**：500 hPa 副热带高压、低槽，850 hPa 切变线，地面冷锋。

**系统配置及演变**：500 hPa 处于副热带高压边缘的西南气流中，伴有低槽东移，与 850 hPa 暖脊在河北上空叠置，不稳定层结加大；850 hPa 切变位于河北上空；地面处于冷锋前部低压辐合区，有利于不稳定能量释放(图 5.10.2)。

分析邢台探空资料(图 5.10.3)，8 月 7 日 08 时的环境条件有利于雷暴大风的产生：(1)1000~850 hPa 大气温度直减率接近干绝热递减率(图 5.10.3b)；(2)温度层结曲线"上干冷、下暖湿"呈喇叭口结构(图 5.10.3b)；(3)08 时 850~500 hPa 温差达到 25 ℃，对流有效位能达到 3420 J·kg$^{-1}$(图 5.10.3a)，925 hPa 到 600 hPa $\theta_{se}$ 下降了 27 ℃，存在一定的条件不稳定(图 5.10.3c)；(4)0~6 km 的垂直风切变为 16 m·s$^{-1}$。

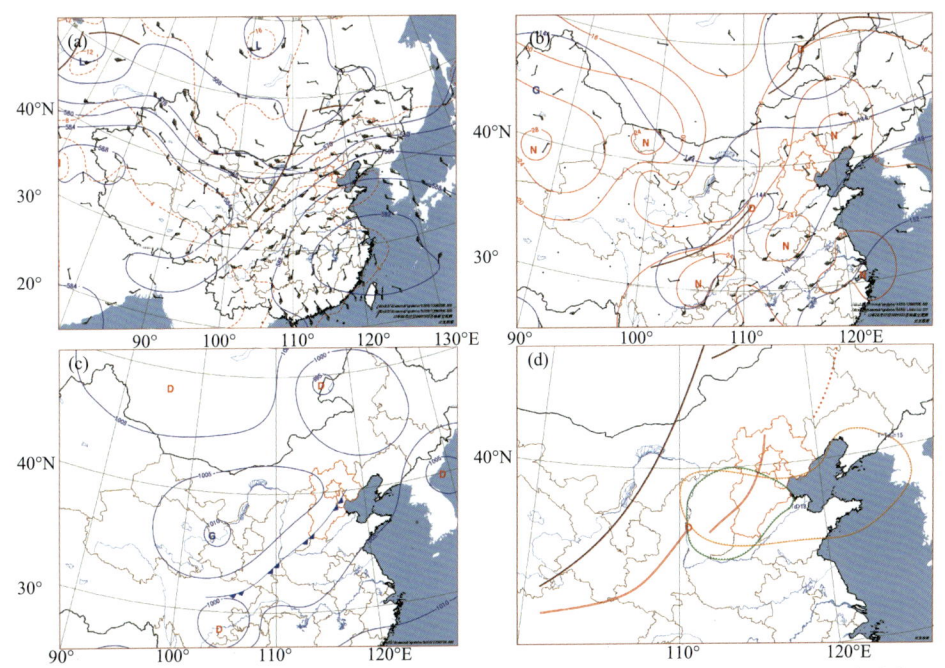

图 5.10.2　2013 年 8 月 7 日 08 时 500 hPa(a)、850 hPa(b)、地面(c)天气形势和中尺度分析(d)

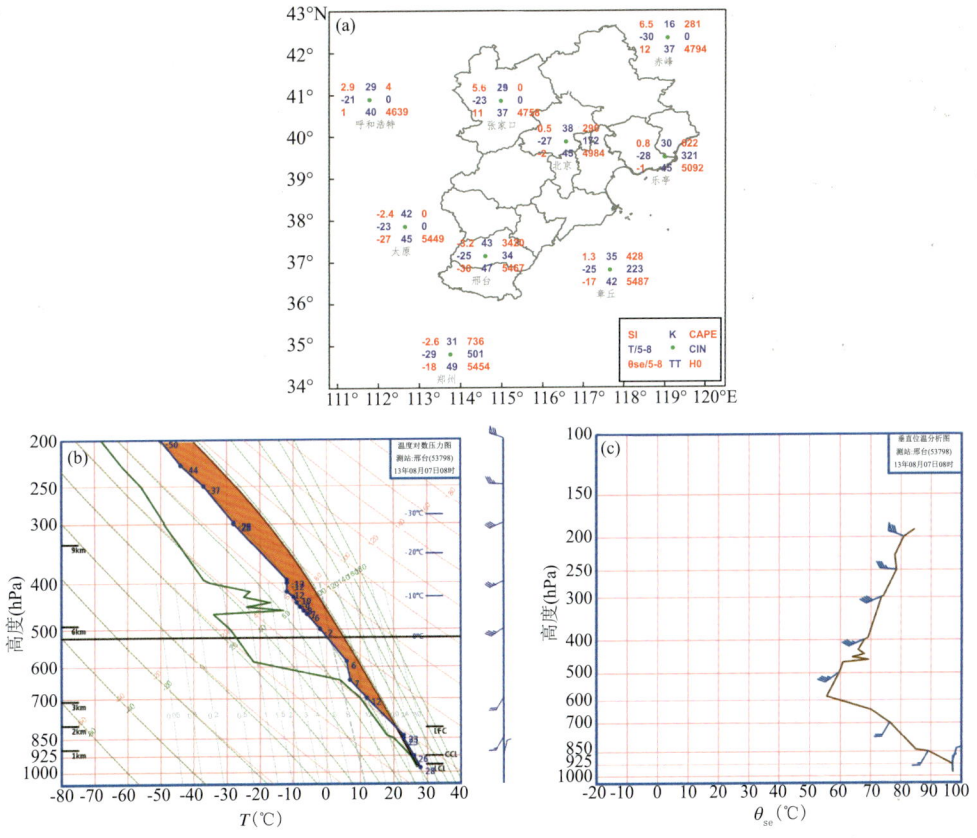

图 5.10.3　2013 年 8 月 7 日 08 时对流参数和特征高度分布(a)、53798(邢台)
$T$-$\ln p$ 图(b)和假相当位温变化(c)

卫星云图上(图 5.10.4a、b),12:00 前后在河北西南部与山西交界处有对流云团生成,18:00 以后迅速发展加强并东移北上。石家庄雷达 VWP 上(图 5.10.4c、d),15:42 以后,边界层由西北风转为北风,6 km 高度西南风加大,0~6 km 垂直风切变增强。

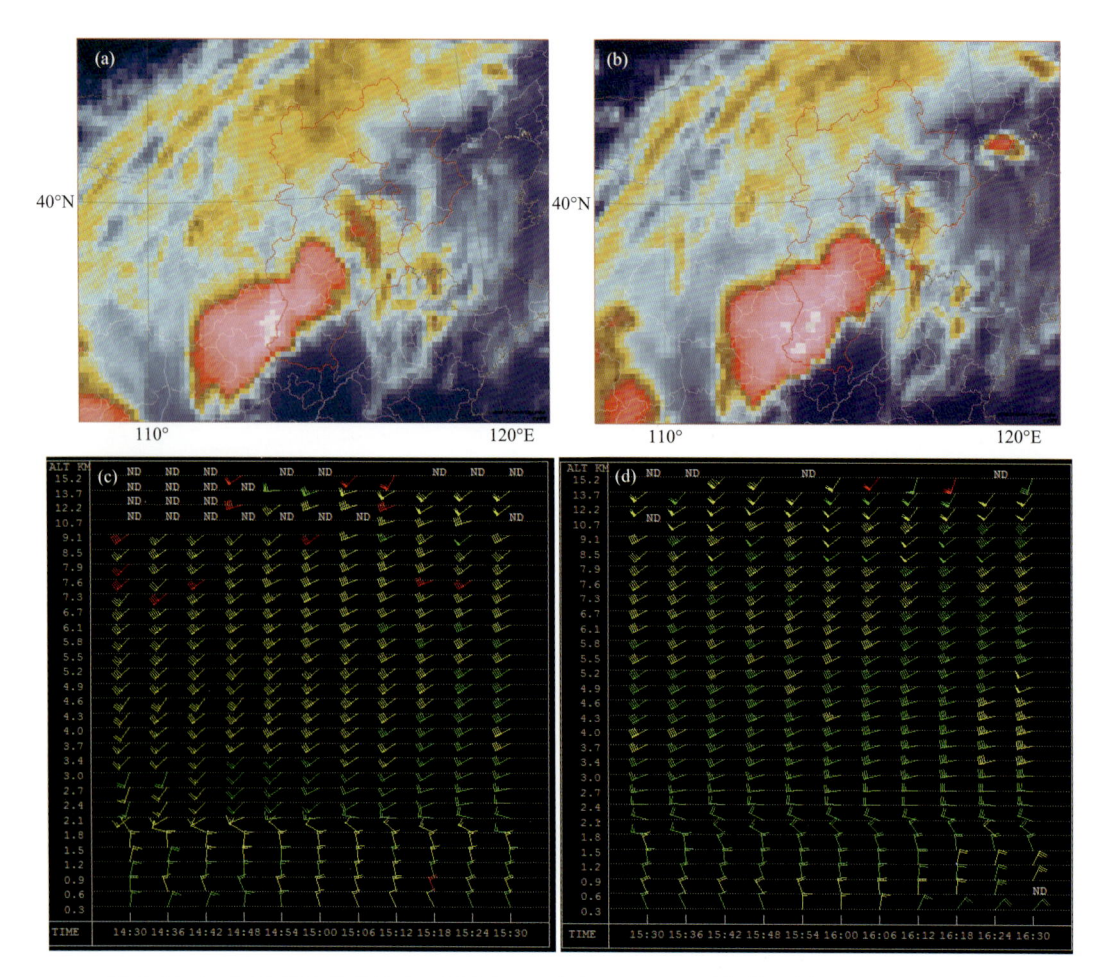

图 5.10.4　2013 年 8 月 7 日 14 时(a)和 15 时(b)FY-2G 卫星红外云图以及 14:30—16:30 石家庄雷达 VWP 演变(c 和 d)

雷达回波呈线状结构向东偏北方向移动,回波强度超过 50 dBZ,形成明显的飑线,低层最大径向速度达 26 m·s$^{-1}$,存在中层辐合,VIL 小于 30 kg·m$^{-2}$,回波顶高为 18 km(图 5.10.5~5.10.7)。

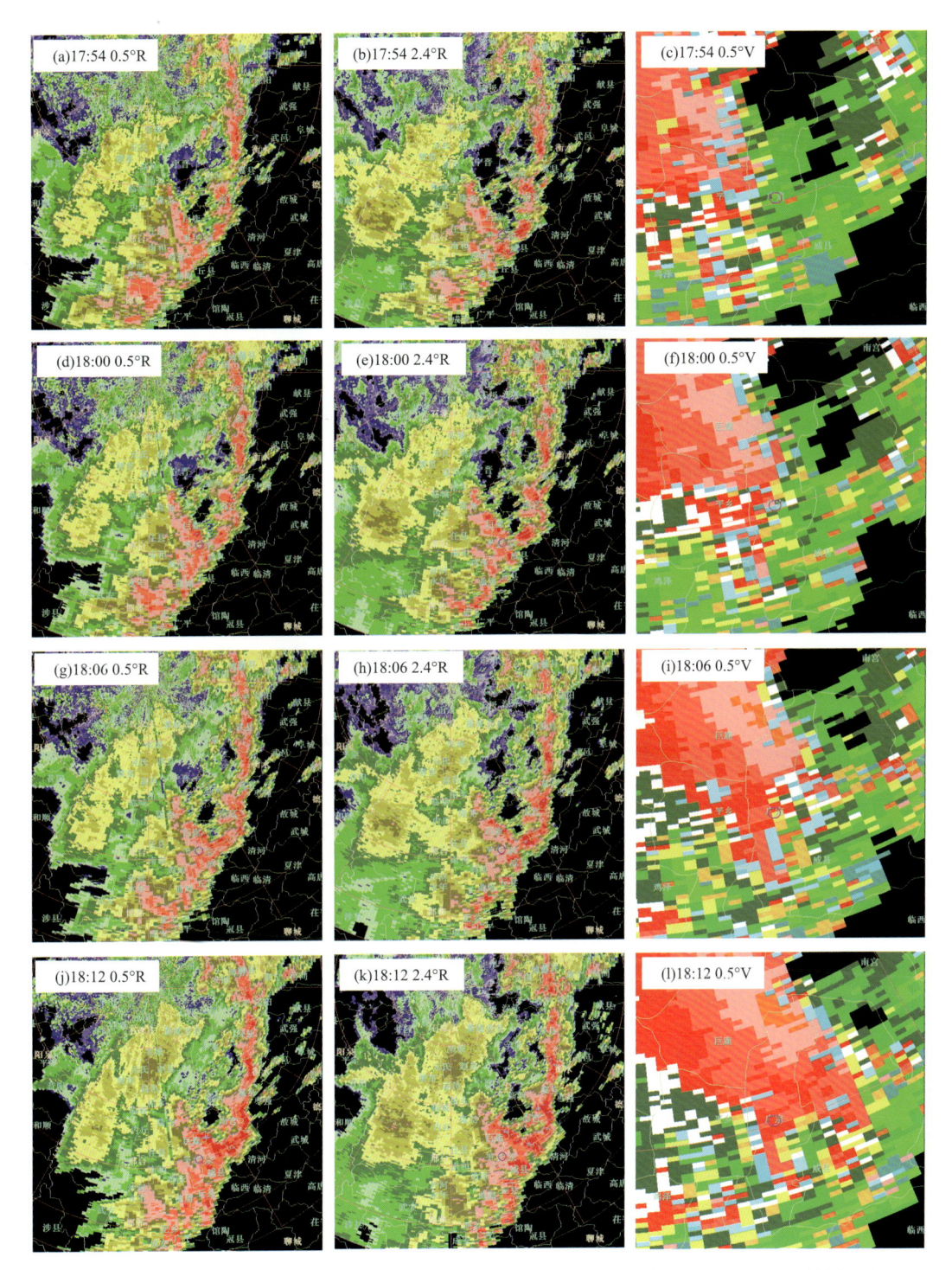

图 5.10.5 2013年8月7日15:54—18:12(a~l)石家庄雷达反射率因子(0.5°和2.4°仰角)和平均径向速度(0.5°仰角)PPI(图中○为邢台广宗位置)

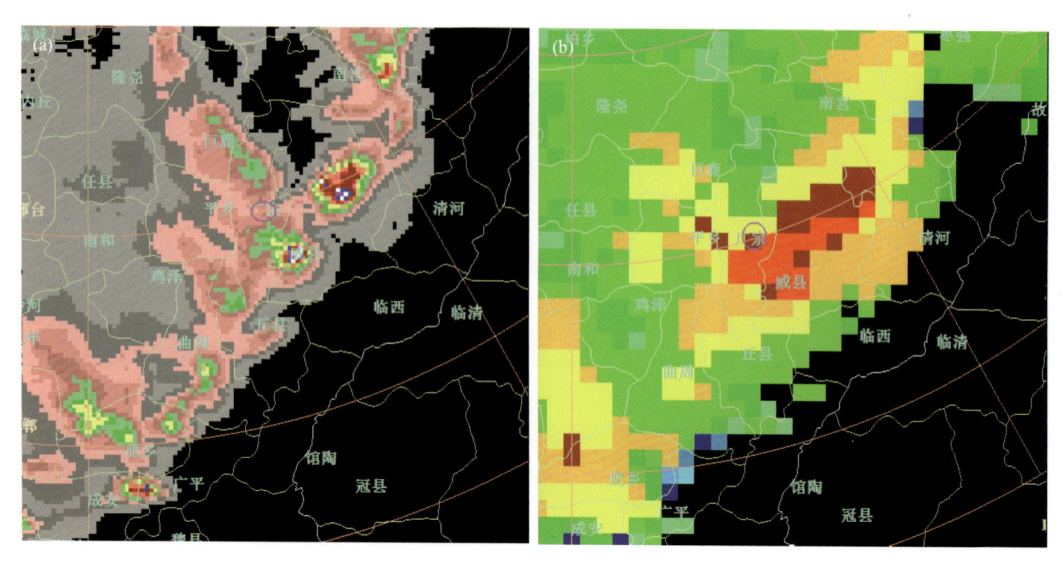

图 5.10.6　2013 年 8 月 7 日 15:48 石家庄雷达 VIL(a)和 ET(b)(图中○为邢台广宗位置)

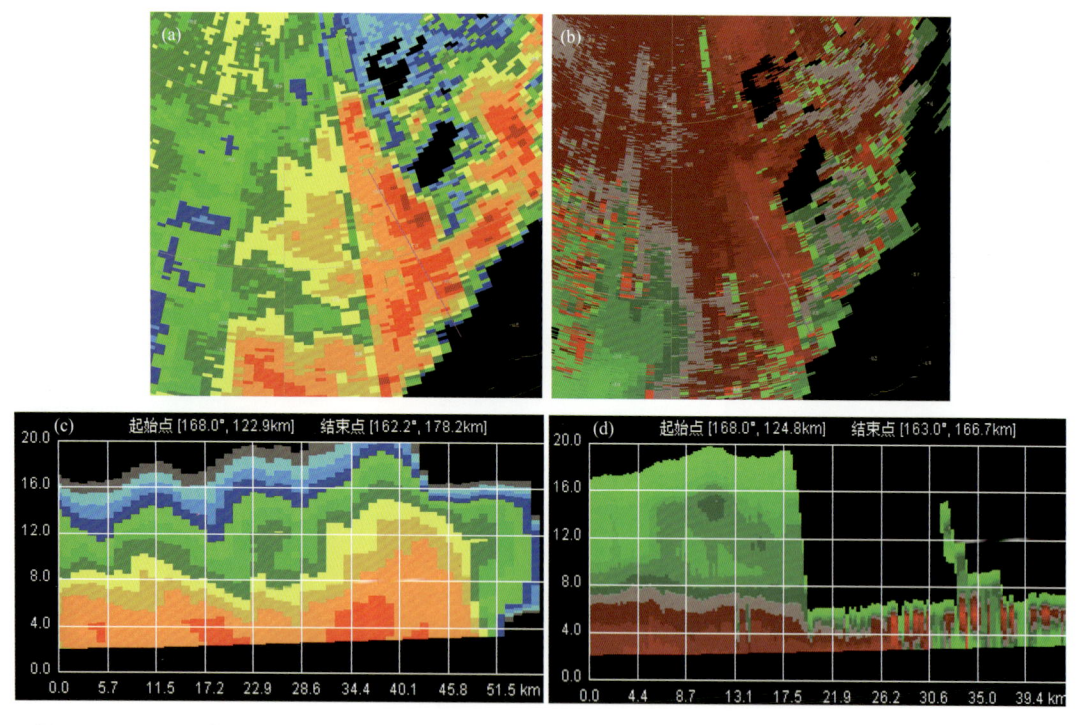

图 5.10.7　2013 年 8 月 7 日 15:48 石家庄雷达 0.5°仰角反射率因子(a)和 0.5°仰角平均径向速度(b)
以及沿图中实线的反射率因子垂直剖面(c)和平均径向速度垂直剖面(d)

## 5.11 2015年5月17日冰雹大风

实况:强对流天气主要出现在河北省中北部,以冰雹(5站)、雷暴大风(8站)为主,集中出现在17日16—19时(图5.11.1a~c)。承德市承德县最大冰雹直径1.1 cm(17:18),保定涿州最大冰雹直径0.5 cm(18:55)(图5.11.1c)。张家口蔚县15:45瞬时最大风速20 m·s$^{-1}$(8级),承德市16:07瞬时最大风速19 m·s$^{-1}$(8级),衡水安平21:21瞬时极大风速19 m·s$^{-1}$(8级)(图5.11.1b)。

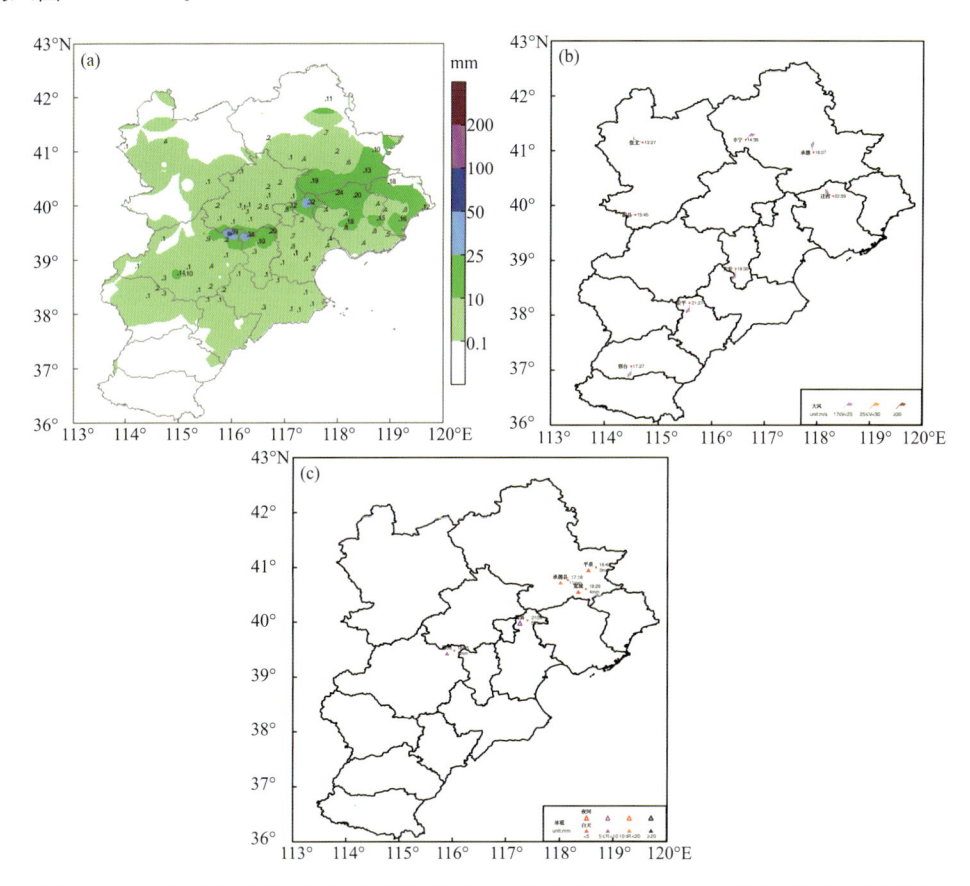

图5.11.1 2015年5月17日08时至18日08时24 h降水量(a)、大风(b)和冰雹(c)分布

主要影响系统:500 hPa低槽、850 hPa切变线、地面冷锋。
系统配置及演变:500 hPa高空槽位于贝加尔湖以东,河西走廊到河套500 hPa有大风速核,配合低空切变和地面冷锋;850 hPa河北北部有西南风急流,与河套附近东移的高空冷槽叠置,有利于强对流发展(图5.11.2)。
分析北京探空资料(图5.11.3),5月17日08时的环境条件有利于冰雹和雷暴大风的产生:(1)1000~700 hPa大气温度直减率接近干绝热递减率(图5.11.3b);(2)850 hPa以下湿度较大,而中高层较干(图5.11.3b);(3)下沉对流有效位能达到1002.1 J·kg$^{-1}$(图5.11.3a);(4)0 ℃层高度为3.32 km,−20 ℃层高度为7.74 km,有冰雹出现的可能。

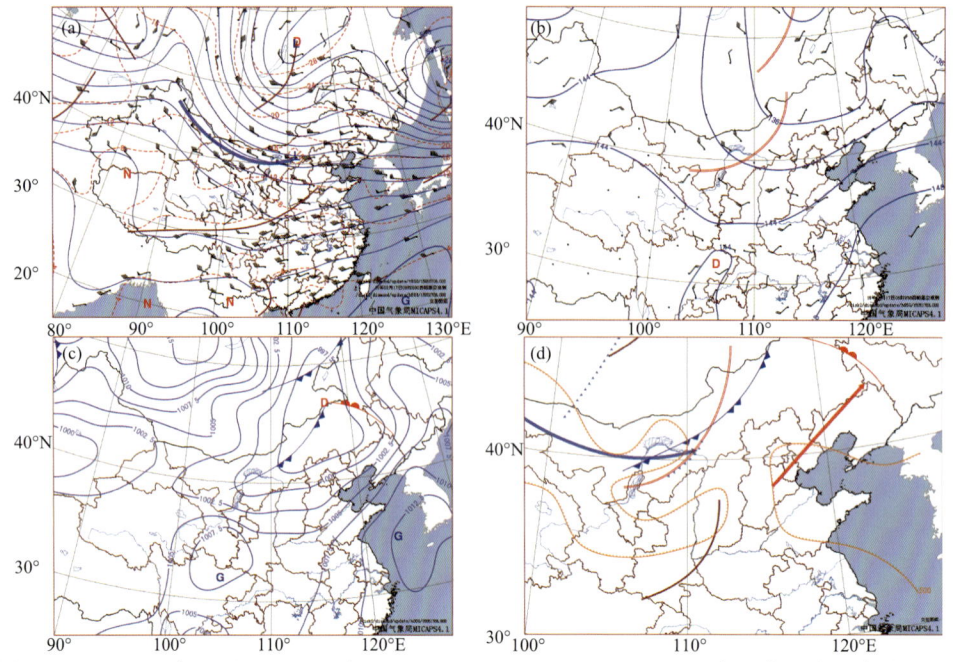

图 5.11.2　2015 年 5 月 17 日 08 时 500 hPa(a)、850 hPa(b)、地面(c)天气形势和中尺度分析(d)

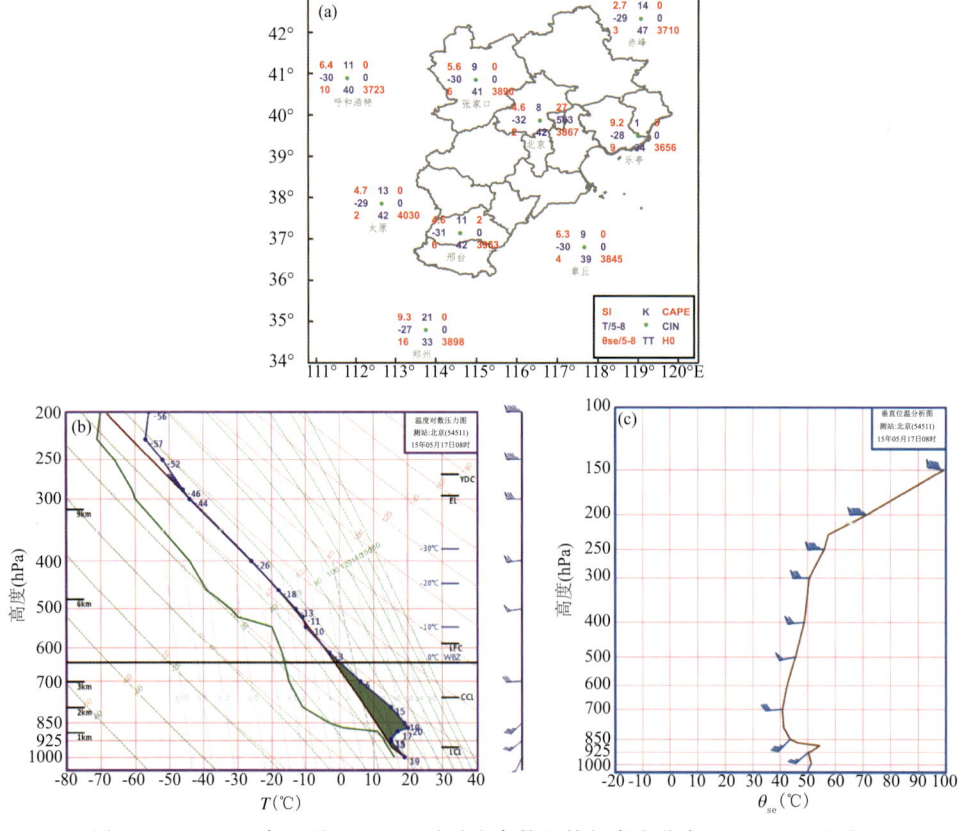

图 5.11.3　2015 年 5 月 17 日 08 时对流参数和特征高度分布(a)、54511(北京)
$T$-$\ln p$ 图(b)和假相当位温变化(c)

卫星云图上(图5.11.4a、b),15:15前后在华北地区有冷涡云系发展,北京地区的云团红外亮温较低,云团发展较强,其后继续向东移动;19:15云团东移到河北东北部。承德雷达VWP上(图5.11.4c、d),17:00以后低层偏西风明显增大。

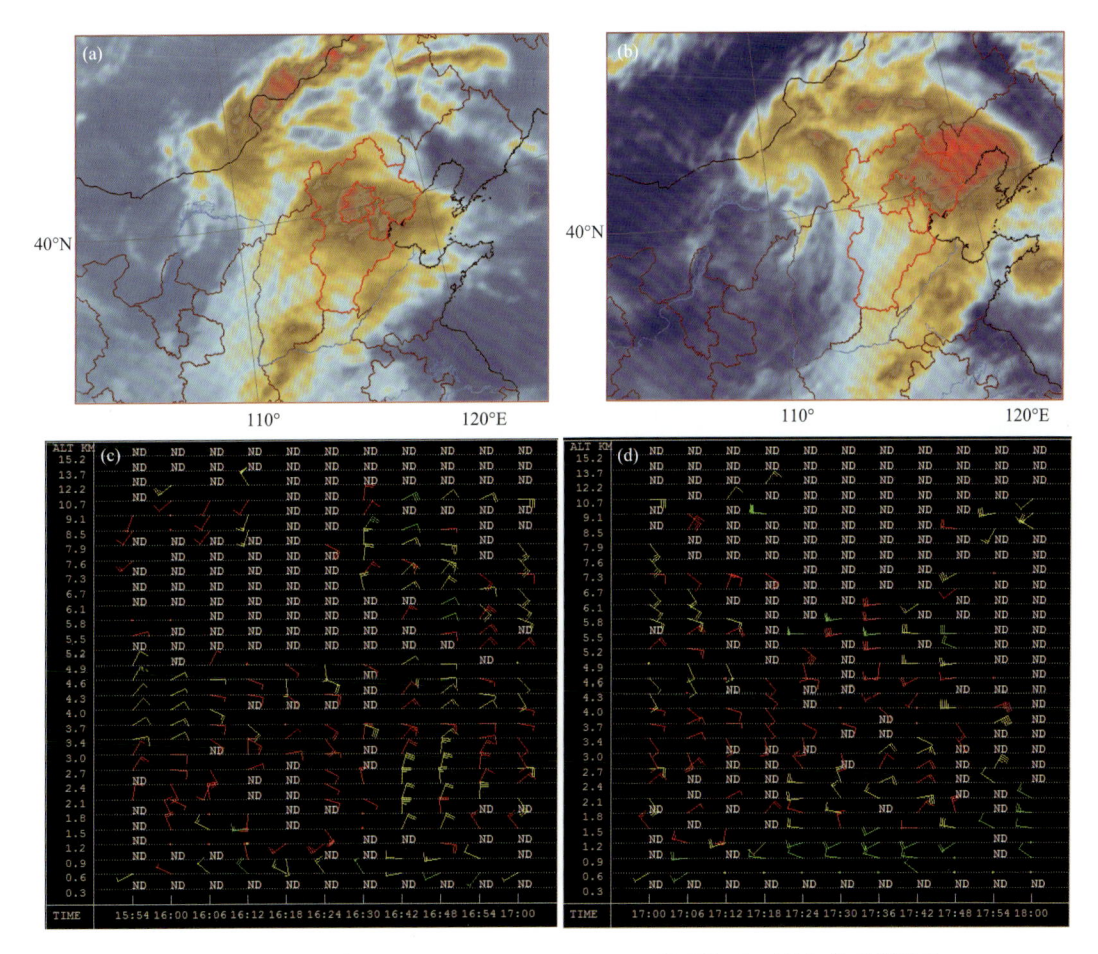

图5.11.4　2015年5月17日15:15(a)和19:15(b)FY-2G卫星红外云图以及15:54—18:00承德雷达VWP演变(c、d)

雷达回波表现为积层混合降水特征,1.5°仰角反射率因子17:12之后强度超过60 dBZ,且存在三体散射特征。1.5°仰角径向风速存在明显低层辐散;VIL最大为39 kg·m$^{-2}$,回波顶高最高14.5 km(图5.11.5~5.11.7)。

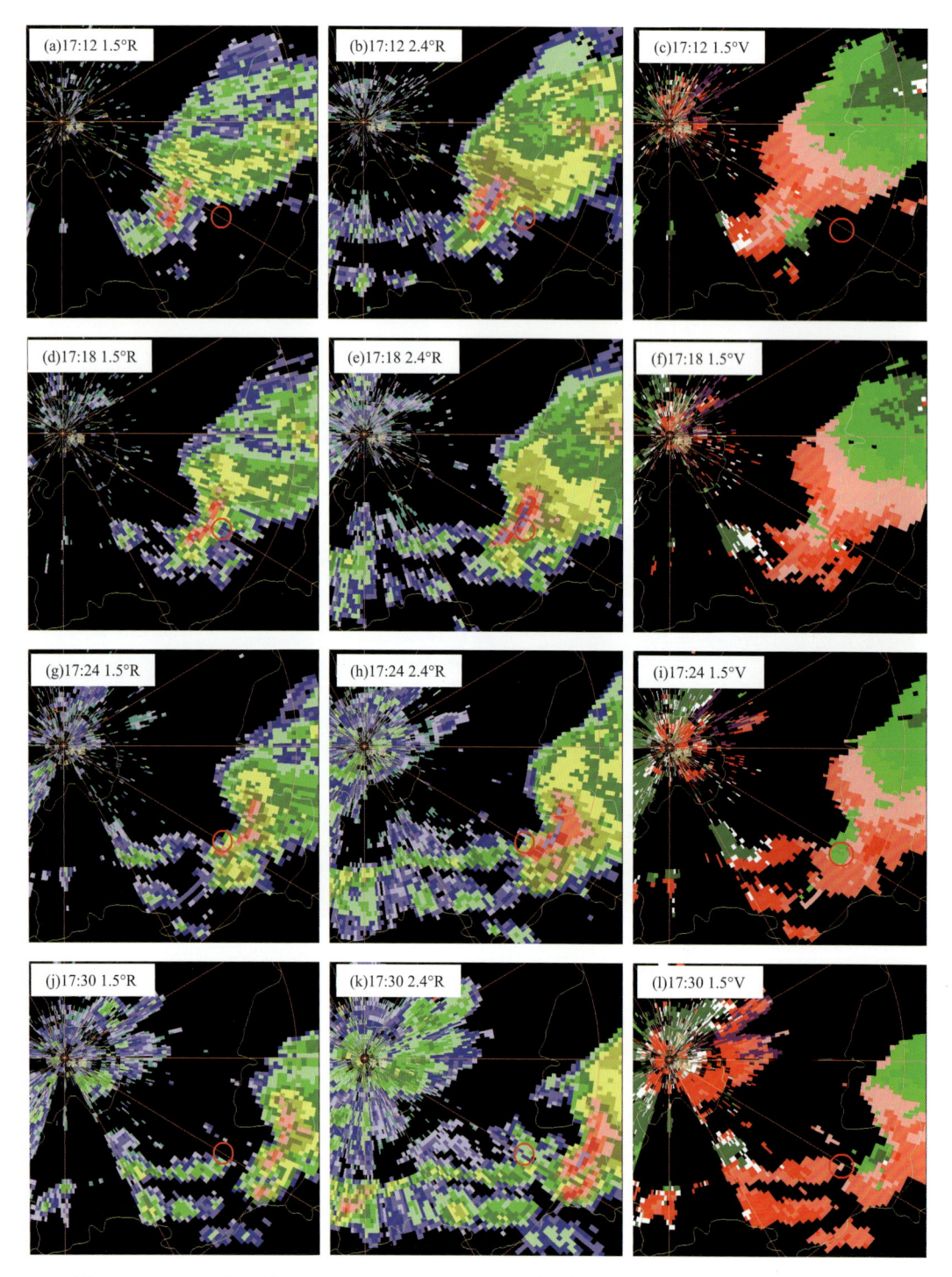

图 5.11.5　2015 年 5 月 17 日 17:12—17:30(a~l)承德雷达反射率因子(1.5°和 2.4°仰角)和平均径向速度(1.5°仰角)PPI(图中○为承德市承德县位置)

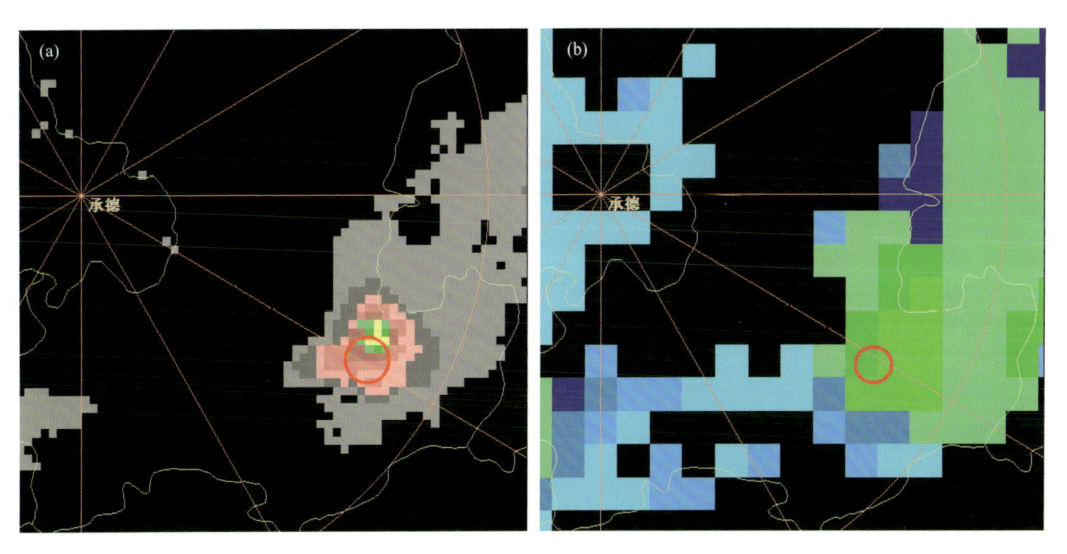

图 5.11.6　2015 年 5 月 17 日 17:18 承德雷达 VIL(a)和 ET(b)(图中○为承德市承德县位置)

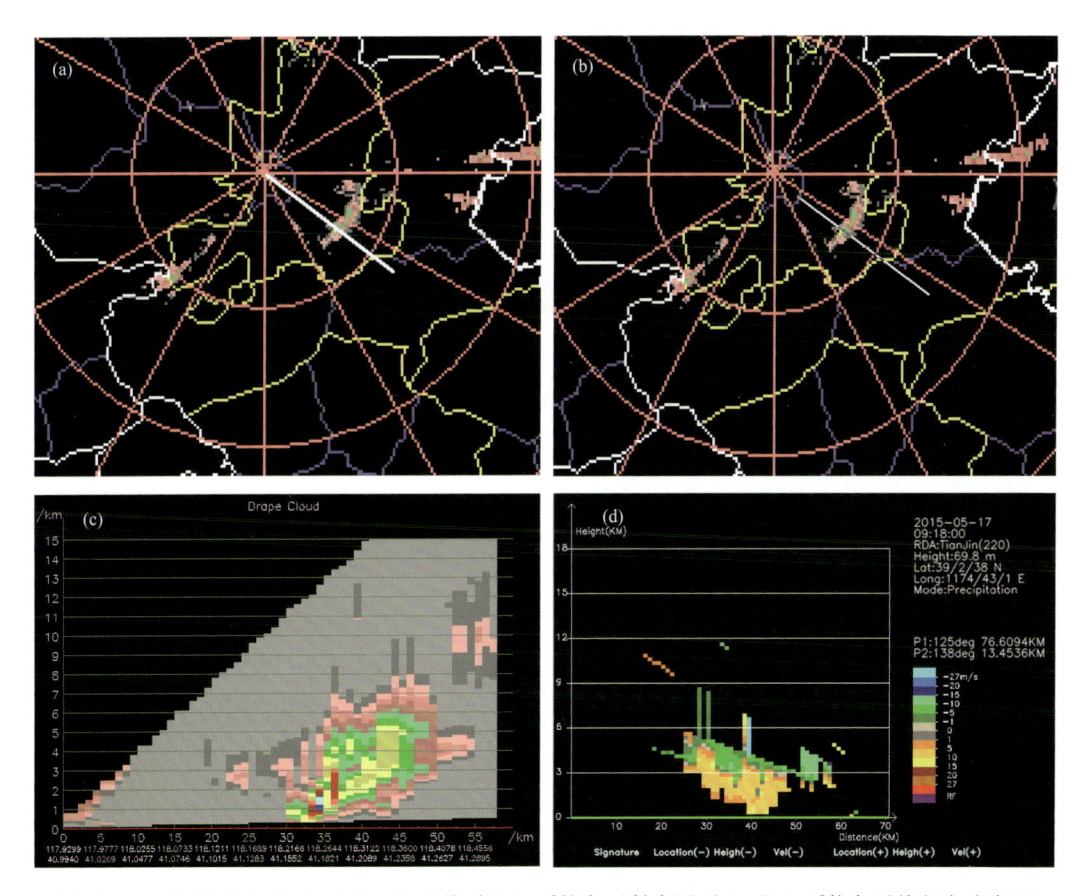

图 5.11.7　2015 年 5 月 17 日 17:18 承德雷达 0.5°仰角反射率因子(a)和 0.5°仰角平均径向速度(b)以及沿图中实线的反射率因子垂直剖面(c)和平均径向速度垂直剖面(d)

## 5.12 2015年6月10日冰雹大风

实况：强对流天气出现在河北省大部，以冰雹(9站)和雷暴大风(18站)为主，集中出现在10日18—21时，北部主要出现在11—17时(图5.12.1a～c)。邢台平乡18:57瞬时极大风速达28 m·s$^{-1}$(10级)，衡水安平18:19瞬时极大风速25 m·s$^{-1}$(10级)，沧州肃宁18:30瞬时极大风速20 m·s$^{-1}$(9级)(图5.12.1b)。张家口蔚县最大冰雹直径1.4 cm(13:07)，保定蠡县最大冰雹直径0.9 cm(18:17)(图5.12.1c)。

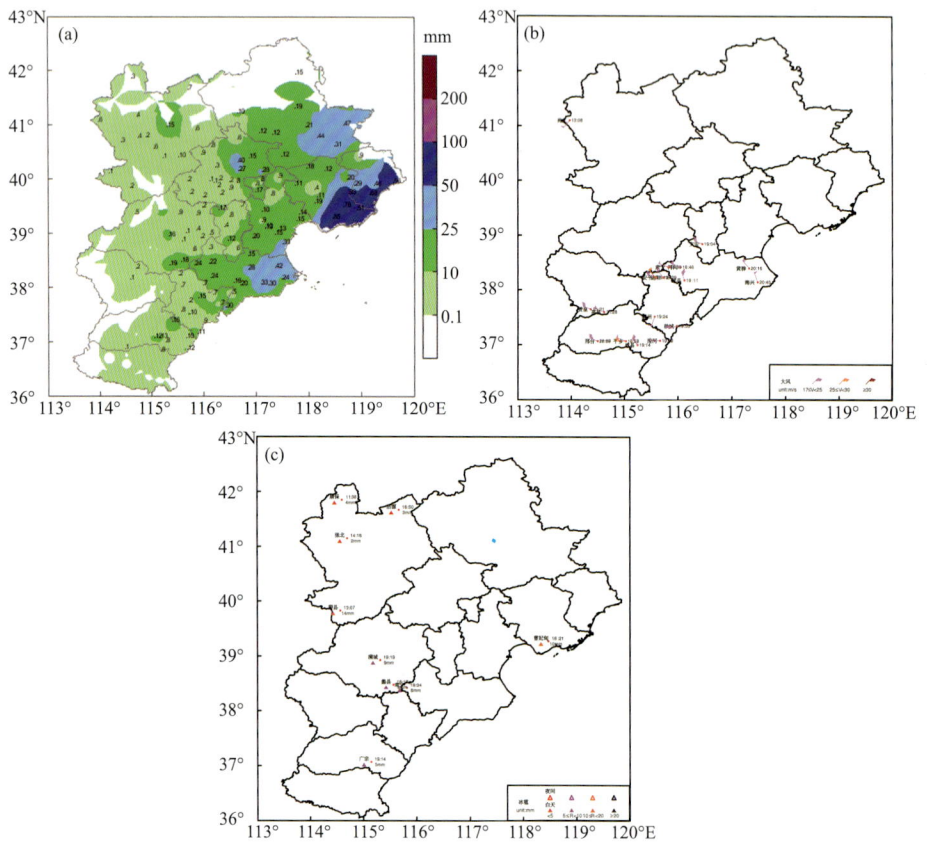

图5.12.1　2015年6月10日08时至11日08时24 h降水量(a)、大风(b)和冰雹(c)分布

主要影响系统：500 hPa冷涡、850 hPa低涡切变、地面冷锋。

系统配置及演变：高空冷涡深厚，500 hPa冷涡南压到内蒙古中部地区，伴随有低空切变线和地面冷锋，中北部风速超过20 m·s$^{-1}$；850 hPa河北省中南部有暖脊，冷、暖叠置不稳定加剧；地面冷锋自西向东移过(图5.12.2)。

分析邢台探空资料(图5.12.3)，6月10日08时的环境条件有利于冰雹和大风的产生：(1)1000～925 hPa大气温度直减率接近干绝热递减率(图5.12.3b)；(2)08时对流有效位能为255.4 J·kg$^{-1}$，能量条件较好(图5.12.3a)；(3)下沉对流有效位能828.4 J·kg$^{-1}$(图5.12.3a)；(4)0～6 km的垂直风切变超过20 m·s$^{-1}$；(5)0 ℃层高度为4.18 km，−20 ℃层高度为6.98 km，较适宜冰雹的出现。

第 5 章 斜压锋生类

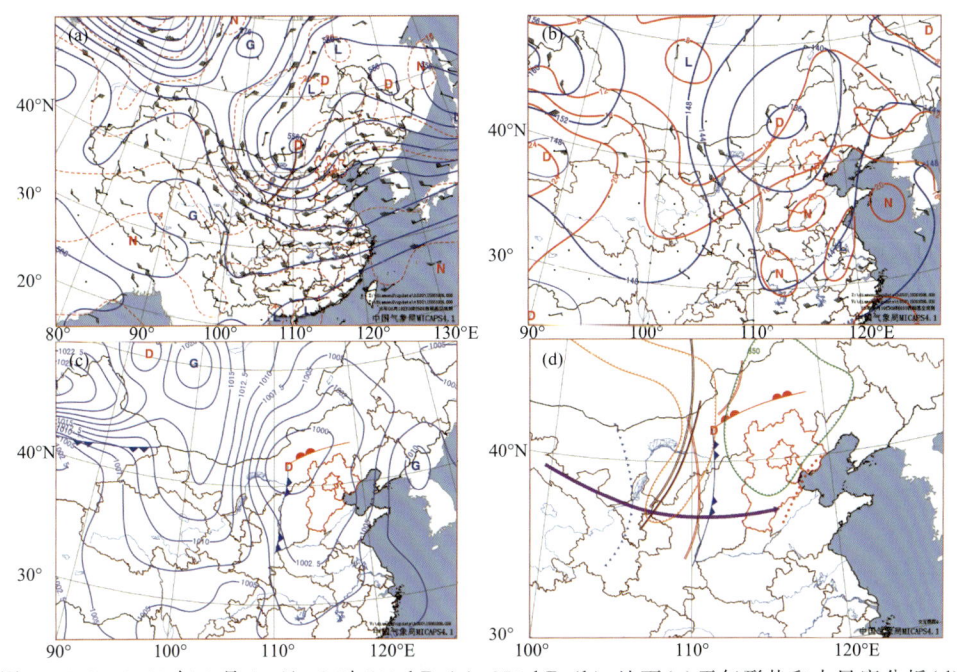

图 5.12.2 2015 年 6 月 10 日 08 时 500 hPa(a)、850 hPa(b)、地面(c)天气形势和中尺度分析(d)

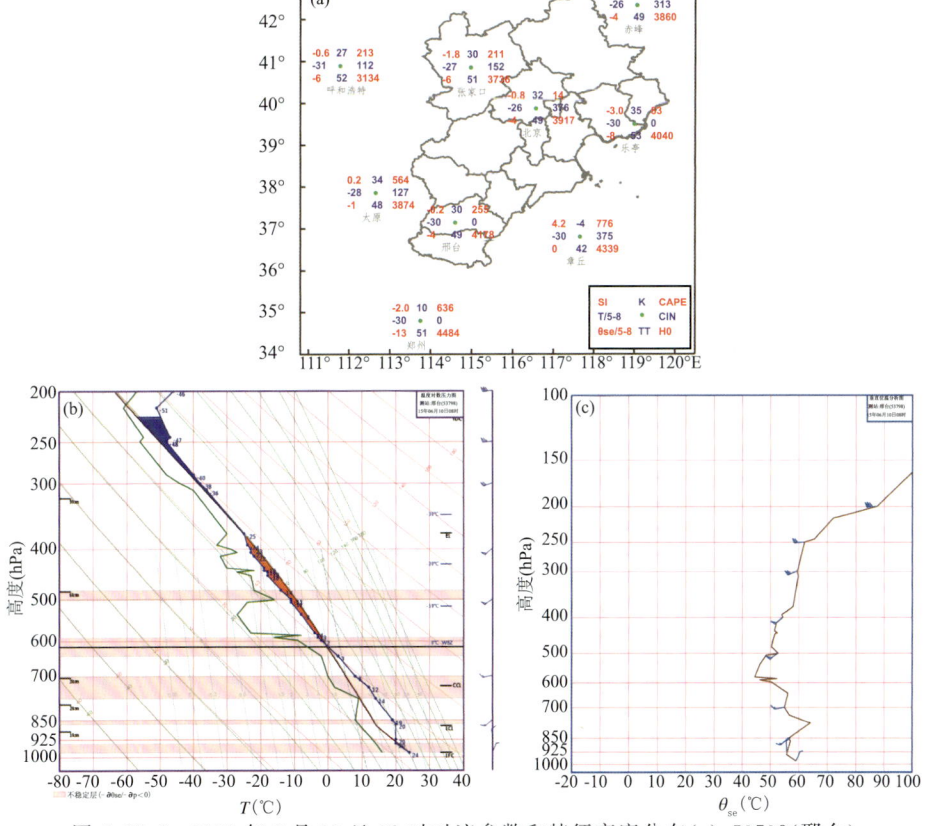

图 5.12.3 2015 年 6 月 10 日 08 时对流参数和特征高度分布(a)、53798(邢台)
$T\text{-}\ln p$ 图(b)和假相当位温变化(c)

卫星云图上(图5.12.4a、b),17:45前后在河北保定有对流云发展并自西北向东南移动;18:45东移南压到沧州及天津附近。沧州雷达VWP图上(图5.12.4c、d),19:30以后,边界层由西南风转为西北风且风速明显增大,300 m高度的风速在20:00左右开始加大,21:00风速明显减小。

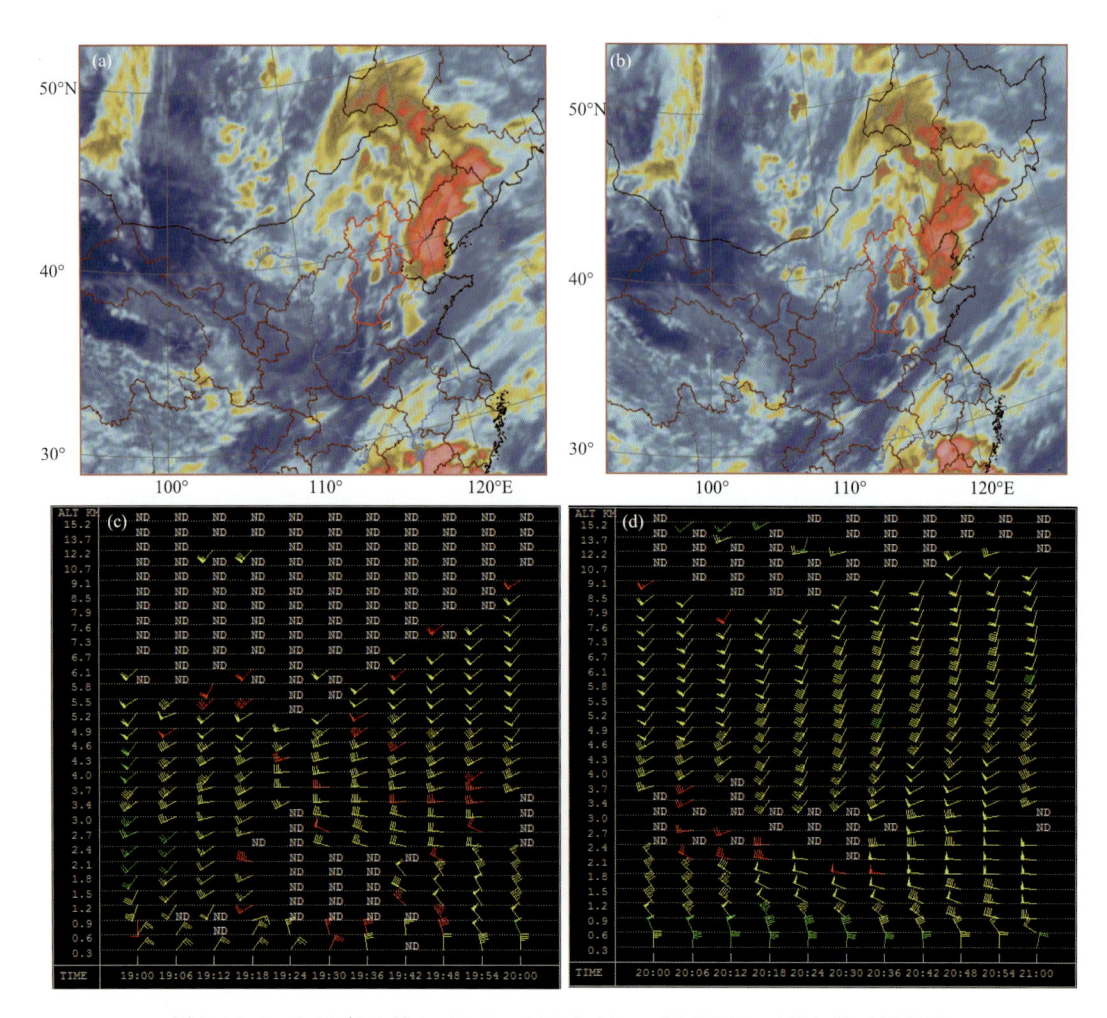

图5.12.4　2015年6月10日17:45(a)和18:45(b)FY-2G卫星红外云图以及19:00—21:00沧州雷达VWP演变(c和d)

雷达回波表现为超级单体特征,且向东移,反射率因子强度超过60 dBZ,存在中高层悬垂回波,18:12出现三体散射特征。径向速度有风速大值区且出现速度模糊,速度值超过27 m·s$^{-1}$;VIL达到57 kg·m$^{-2}$,回波顶高最高16.1 km(图5.12.5~5.12.7)。

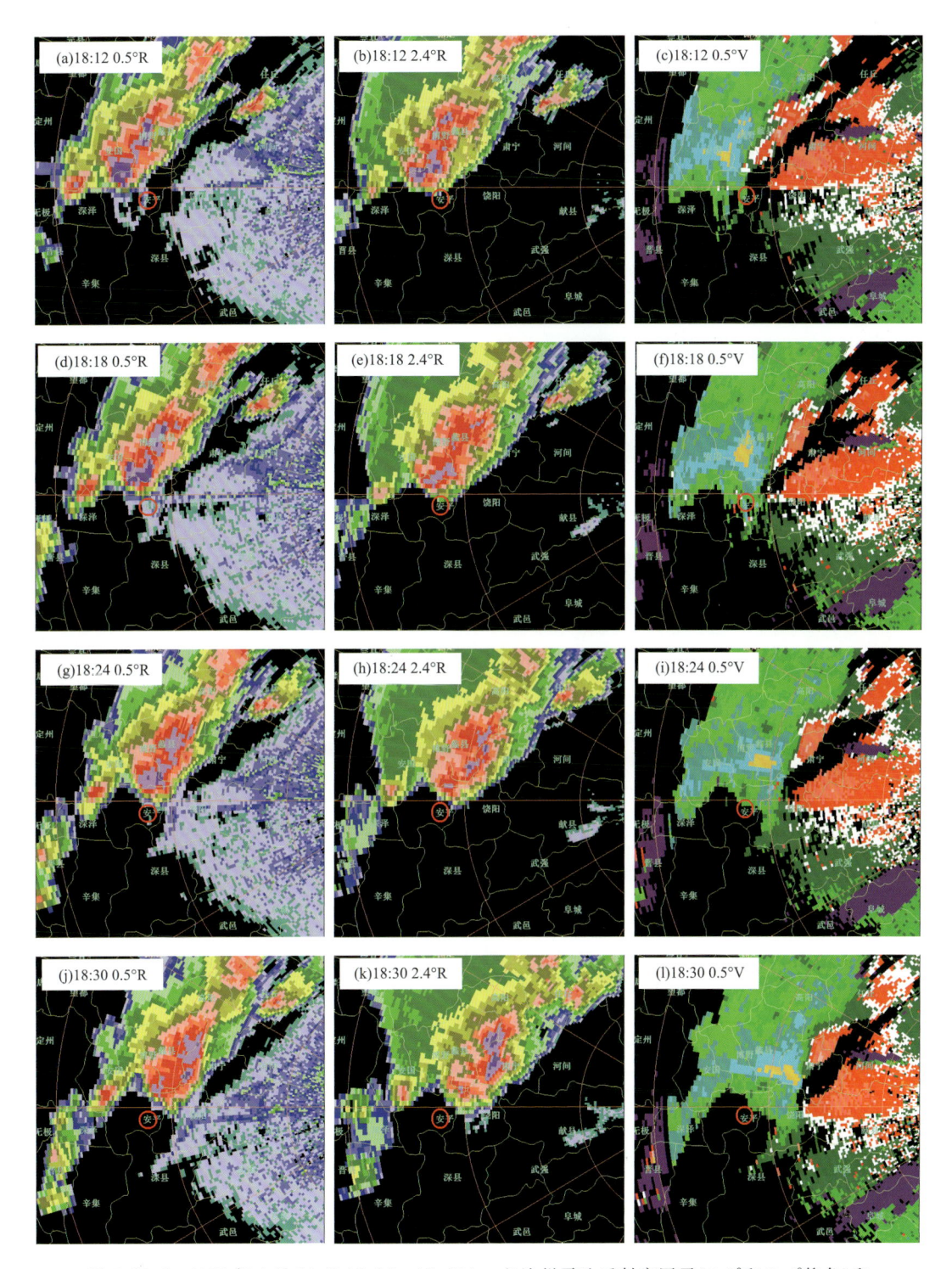

图 5.12.5 2015年6月10日18:12—18:30(a~l)沧州雷达反射率因子(0.5°和2.4°仰角)和平均径向速度(0.5°仰角)PPI(图中○为衡水安平位置)

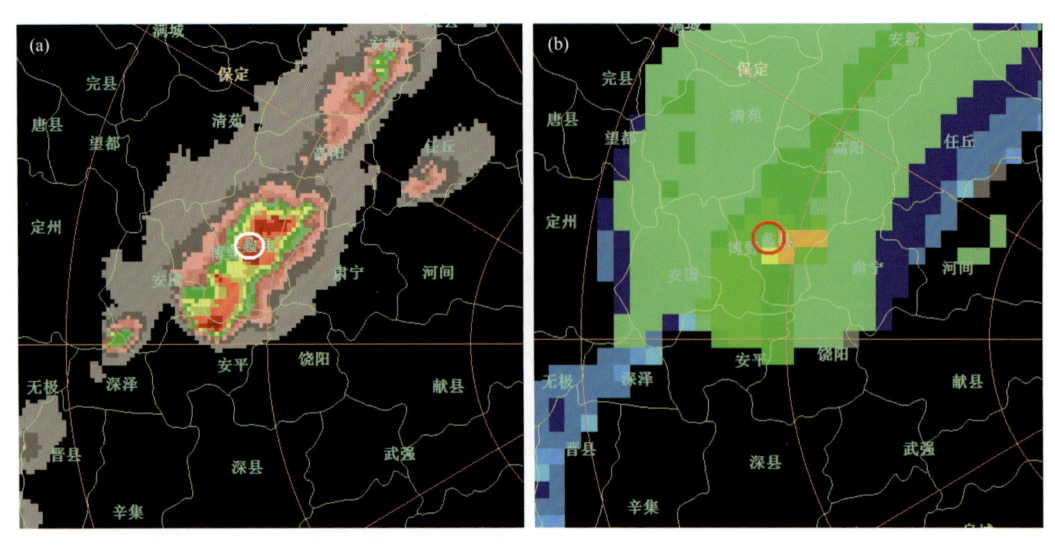

图 5.12.6  2015 年 6 月 10 日 18:18 沧州雷达 VIL(a)和 ET(b)(图中○为保定蠡县位置)

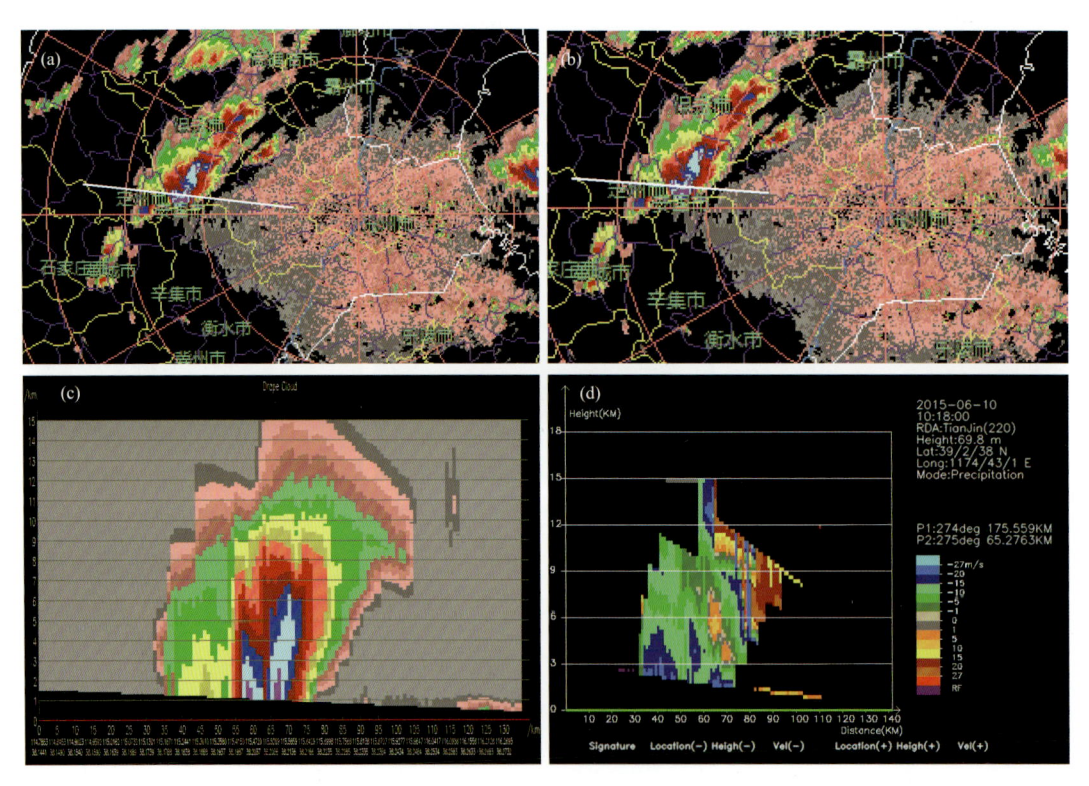

图 5.12.7  2015 年 6 月 10 日 18:18 沧州雷达 0.5°仰角反射率因子(a)和 0.5°仰角平均径向速度(b)
以及沿图中实线的反射率因子垂直剖面(c)和平均径向速度垂直剖面(d)

## 5.13 2015年7月21日短时强降水

实况:强对流天气主要影响河北省中部和西南部,以短时强降水为主,伴有雷暴大风(4站)和冰雹(4站),集中出现在21日下午至22日凌晨(图5.13.1a~c)。最大小时降水量为104.8 mm,出现在沧州泊头(21日16—17时),保定望都最大小时降水量为93.1 mm(21日15—16时),衡水武强最大小时降水量为77.3 mm(21日19—20时)(图5.13.1c)。

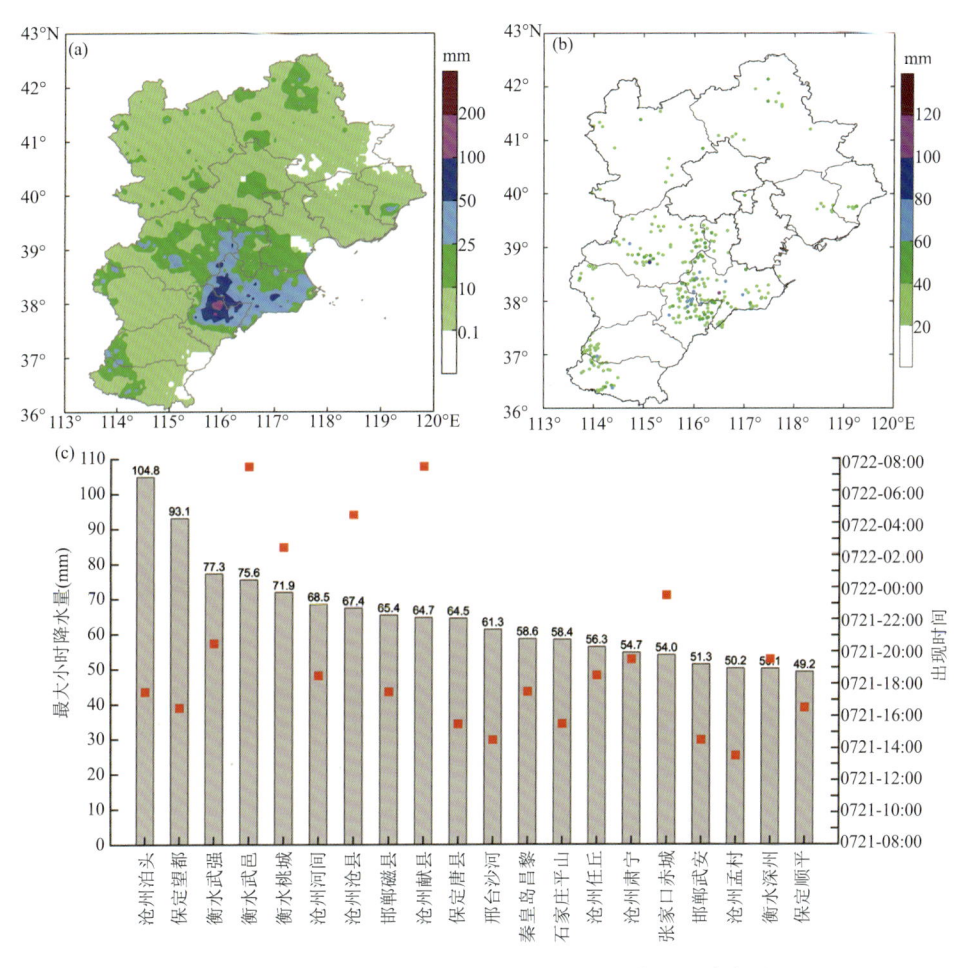

图5.13.1 2015年7月21日08时至22日08时24 h降水量(a)、最大小时降水量(b)和短时强降水出现时间(c)

主要影响系统:500 hPa高空槽、850 hPa低涡切变、地面冷锋。

系统配置及演变:500 hPa低压槽携带冷空气东移,不稳定层结增强;850 hPa低涡切变东移发展至河北;地面处于冷锋前部,有利于不稳定能量释放(图5.13.2)。

分析北京探空资料(图5.13.3),7月21日08时的环境条件有利于短时强降水的产生:(1)湿层深厚,从地面一直伸展到800 hPa,850 hPa比湿为11 g·kg$^{-1}$;(2)08时850~500 hPa温差达到24 ℃,对流有效位能达1319 J·kg$^{-1}$(图5.13.3a),1000 hPa到500 hPa $\theta_{se}$下降了

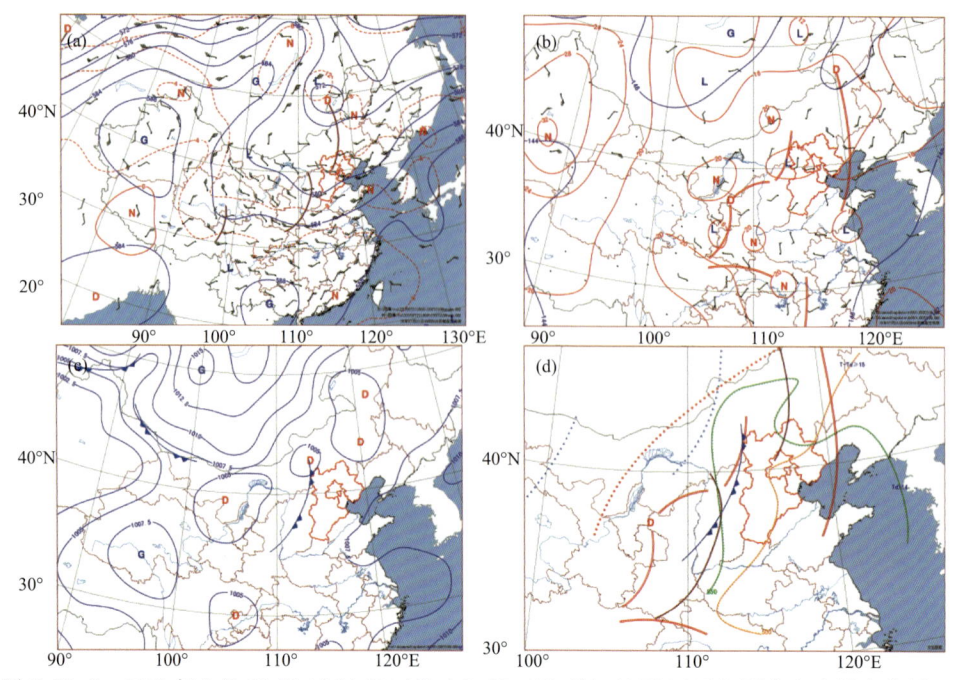

图 5.13.2　2015 年 7 月 21 日 08 时 500 hPa(a)、850 hPa(b)、地面(c)天气形势和中尺度分析(d)

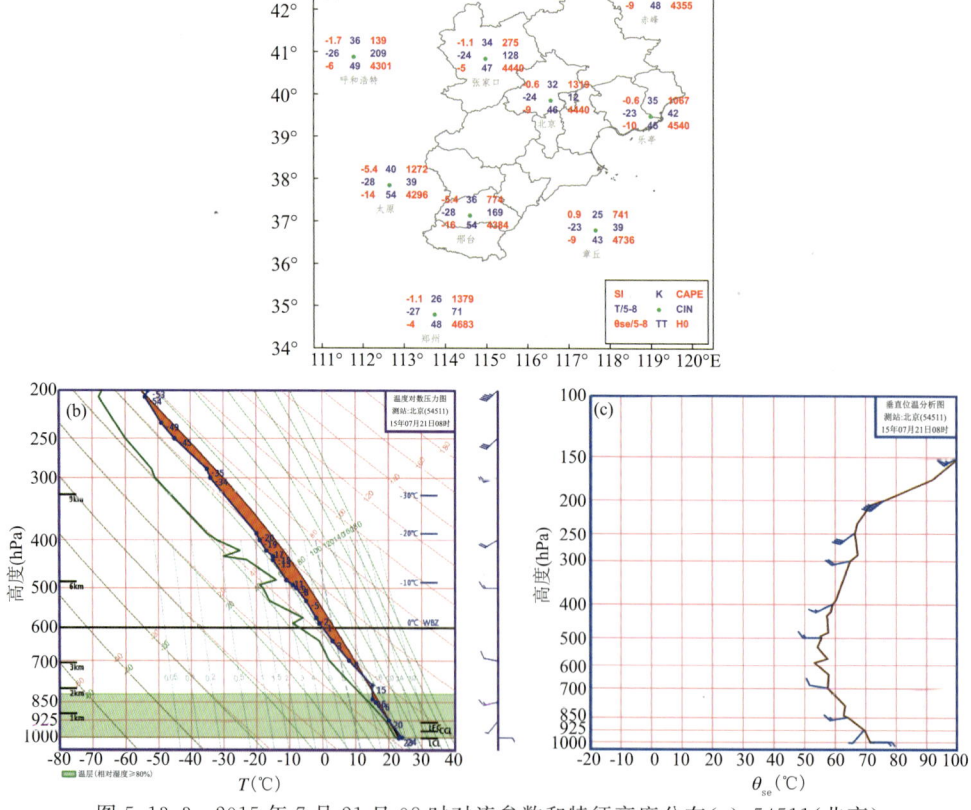

图 5.13.3　2015 年 7 月 21 日 08 时对流参数和特征高度分布(a)、54511(北京)
$T$-$\ln p$ 图(b)和假相当位温变化(c)

14 ℃,存在一定的条件不稳定(图 5.13.3c);(3)0~6 km 的垂直风切变为 7 m·s$^{-1}$;(5)对流层高层到 500 hPa 有明显的干冷空气,温湿层结曲线"上干冷、下暖湿"特征明显(图 5.13.3b)。

卫星云图上(图 5.13.4a、b),14:00 前后在河北西部有系列对流云团生成,东移分裂成 3 个云团,河北省中部的云团最强,17:00 云团迅速发展加强并向东北方向移动。石家庄雷达 VWP 上(图 5.13.4c、d),15:30 以后边界层由南风转为西南风,风速略加大,16:00 以后 3 km 高度的西南风风速逐渐加大到 12 m·s$^{-1}$。

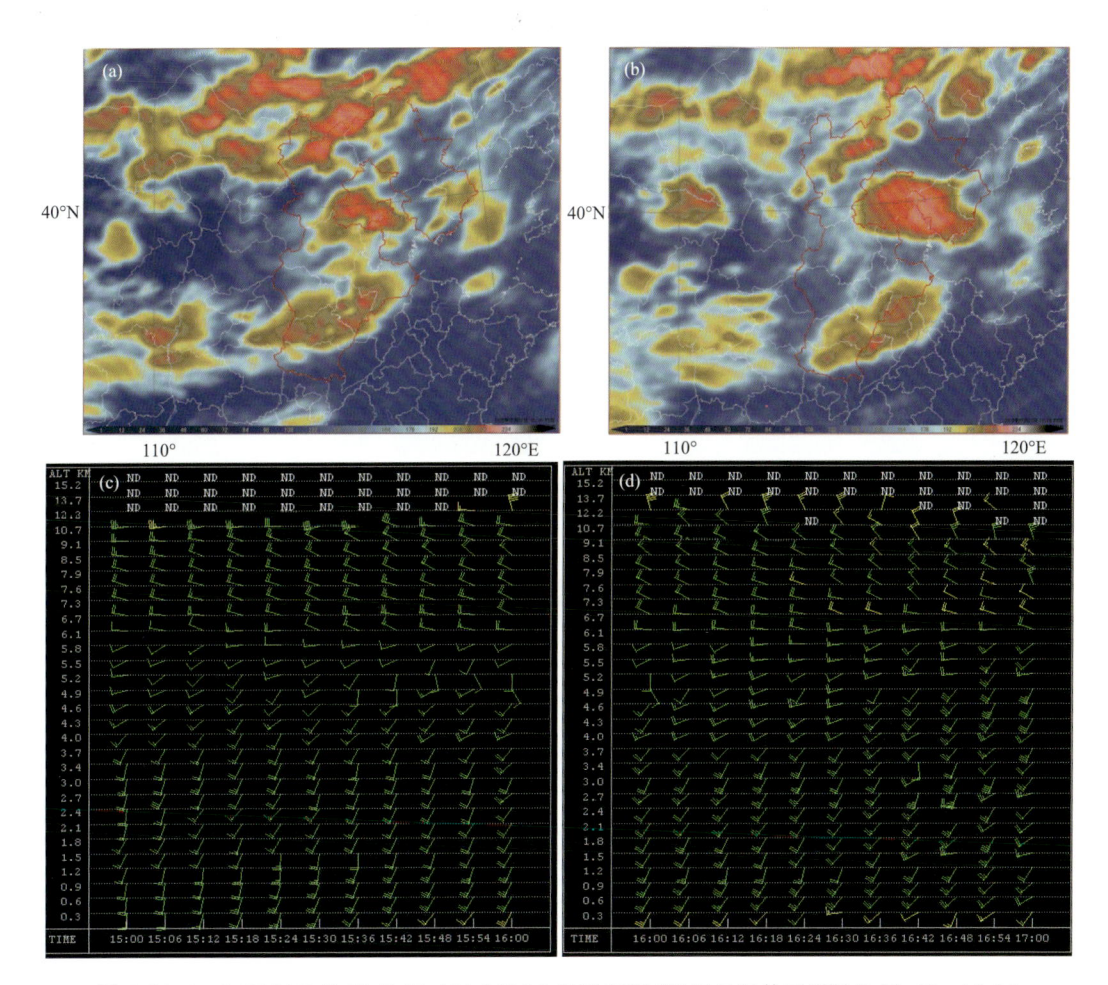

图 5.13.4  2015 年 7 月 21 日 16:15(a)和 18:15(b)FY-2E 卫星红外云图以及 15:00—17:00 石家庄雷达 VWP 演变(c、d)

雷达回波表现为以积云为主的积层混合降水特征,强中心回波强度超 50 dBZ,向东北移动的同时后方不断有单体生成、发展(传播),强回波持续时间长。低层有 12 m·s$^{-1}$ 的低空急流;VIL 为 21 kg·m$^{-2}$,回波顶高最高为 11 km(图 5.13.5~5.13.7)。

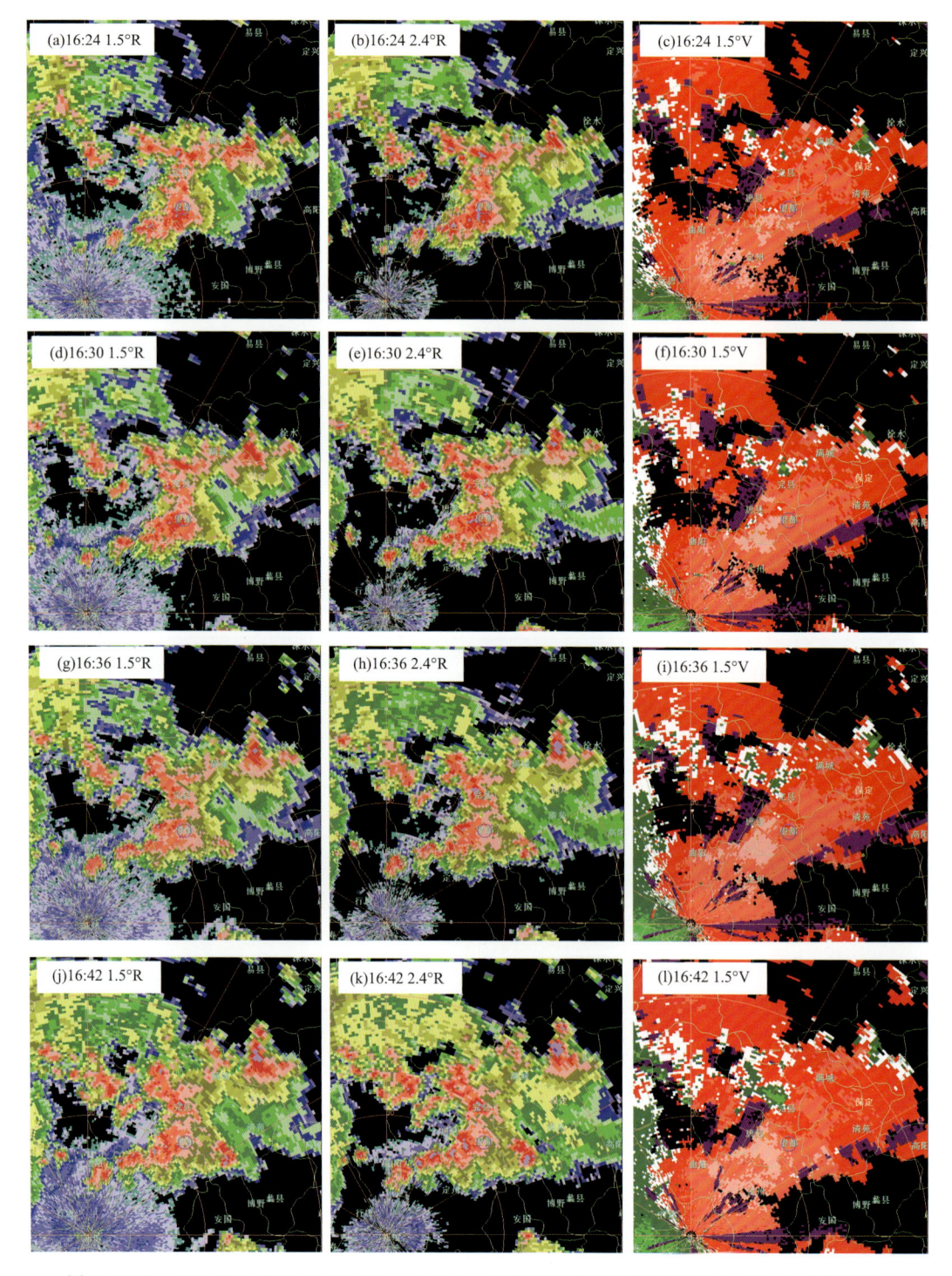

图 5.13.5　2015 年 7 月 21 日 16:24—16:42(a～l)石家庄雷达反射率因子(1.5°和 2.4°仰角)和平均径向速度(1.5°仰角)PPI(图中○为保定望都位置)

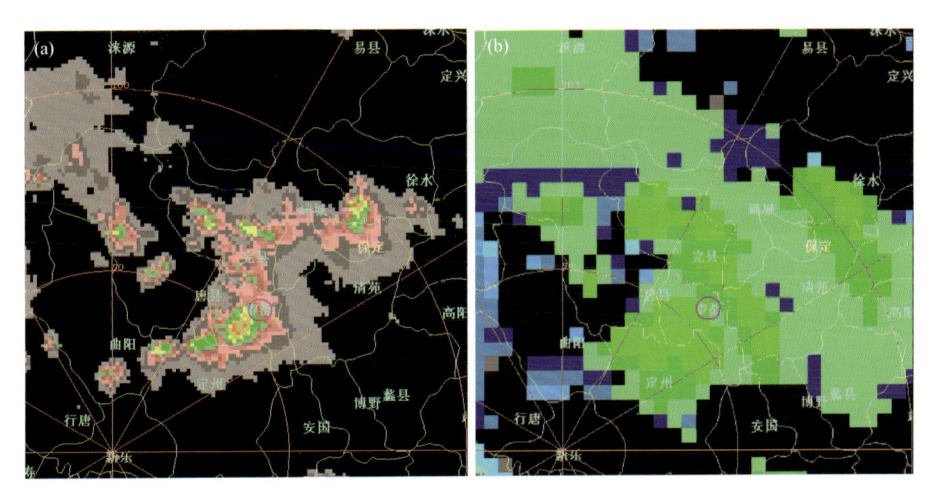

图 5.13.6　2015 年 7 月 21 日 16:24 石家庄雷达 VIL(a)和
ET(b)(图中○为保定望都位置)

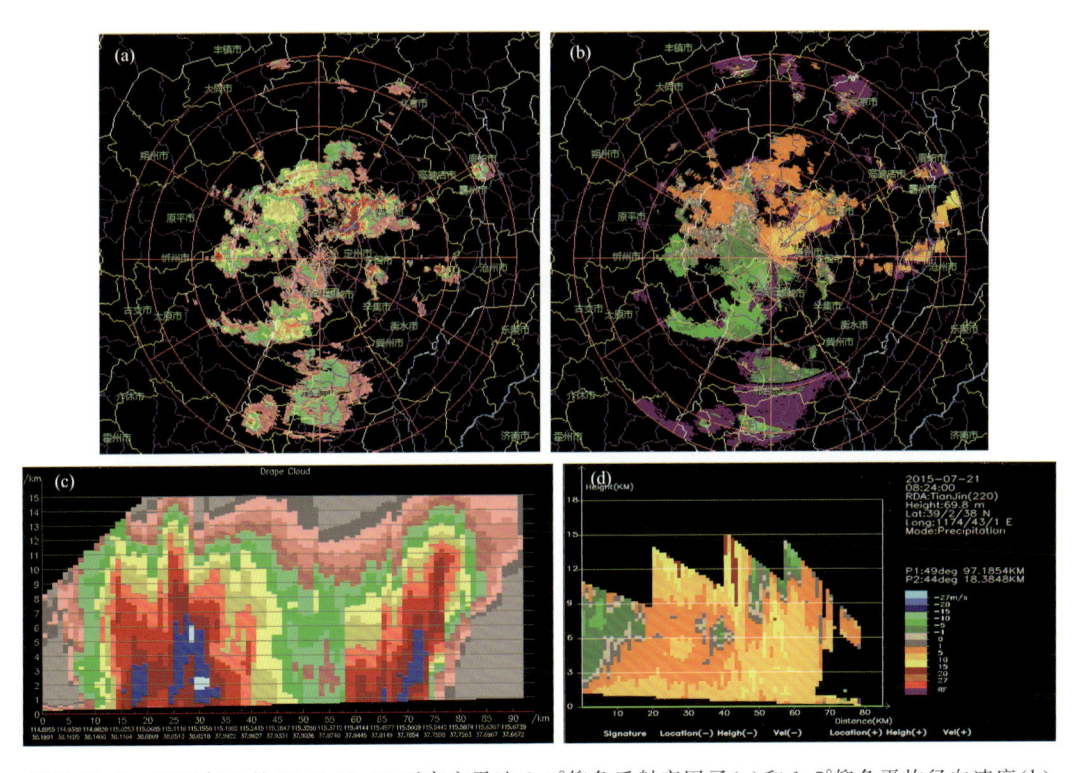

图 5.13.7　2015 年 7 月 21 日 16:24 石家庄雷达 2.4°仰角反射率因子(a)和 1.5°仰角平均径向速度(b)
以及沿图中实线的反射率因子垂直剖面(c)和平均径向速度垂直剖面(d)

## 5.14　2016年6月30日雷暴大风

实况：强对流天气主要出现在河北省中南部，以雷暴大风(17站)为主，集中出现在30日17—22时(图5.14.1a、b)。石家庄赞皇18:04瞬时极大风速达26.4 m·s$^{-1}$(10级)，衡水阜城20:56瞬时极大风速达21 m·s$^{-1}$(9级)(图5.14.1b)。

图5.14.1　2016年6月30日08时至11日08时24 h降水量(a)、大风(b)分布

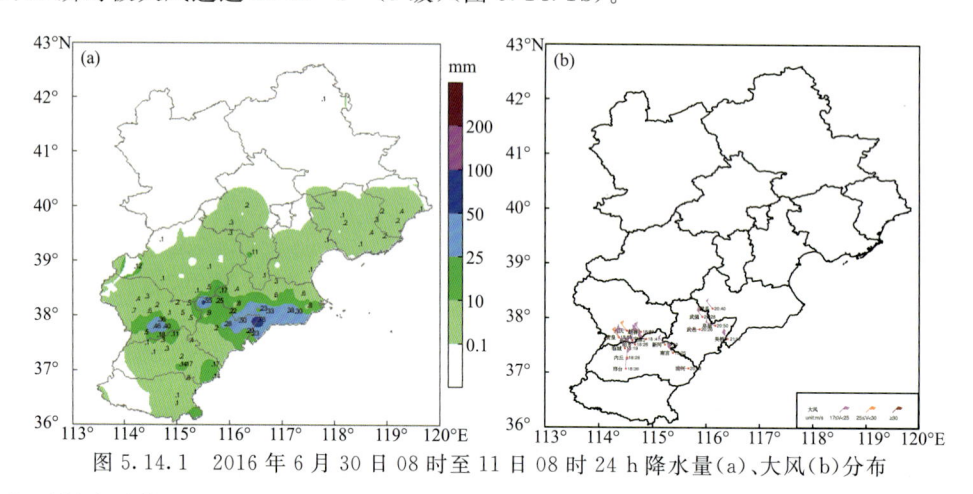

主要影响系统：500 hPa冷槽、850 hPa切变线、地面冷锋。

系统配置及演变：500 hPa高空槽携带干冷空气东移影响河北省，配合河北省中南部850 hPa暖脊、925 hPa湿区，不稳定性增强；850 hPa切变线以及地面冷锋为不稳定能量的释放提供了有利的动力强迫(图5.14.2)。

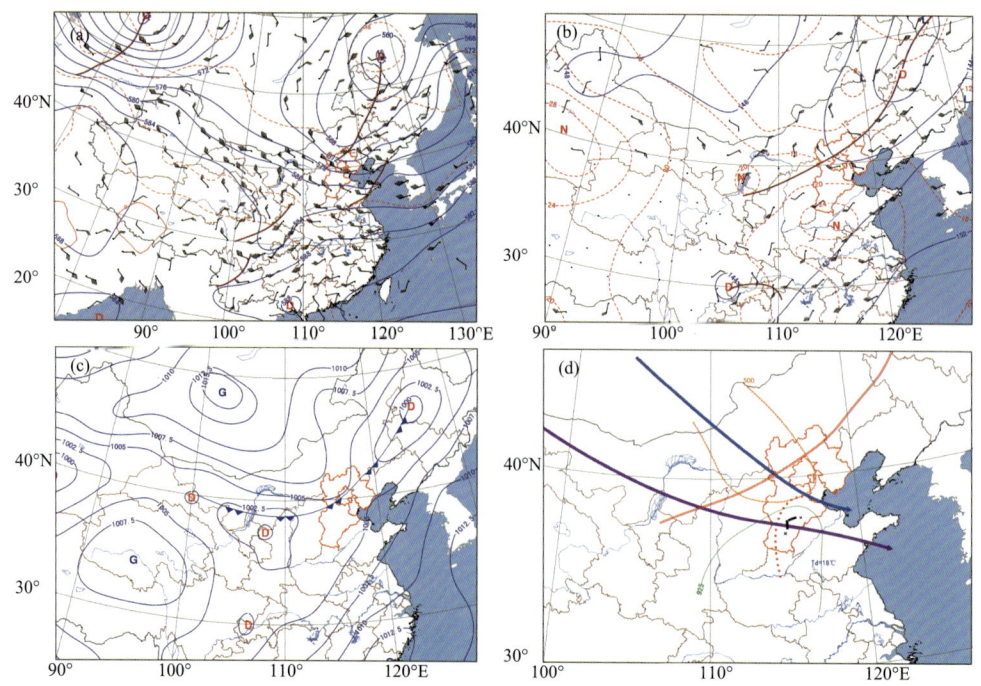

图5.14.2　2016年6月30日08时500 hPa(a)、850 hPa(b)、地面(c)天气形势和中尺度分析(d)

分析邢台探空资料(图5.14.3),6月30日08时的环境条件有利于雷暴大风和冰雹的产生:(1)850~500 hPa大气温度直减率接近干绝热递减率(图5.14.3b);(2)850 hPa到650 hPa $\theta_{se}$下降了26 ℃,有一定的条件不稳定;(3)低层有浅薄湿层,地面露点温度为21 ℃(图5.14.3b);(4)08时850~500 hPa温差达到35 ℃,600 hPa的下沉对流有效位能为1096 J·kg$^{-1}$(图5.14.3a),14时订正探空对流有效位能达到3630 J·kg$^{-1}$;(5)0~6 km的垂直风切变为6 m·s$^{-1}$;(6)0 ℃层高度为4.47 km,−20 ℃层高度为7.30 km,有利于冰雹发生。

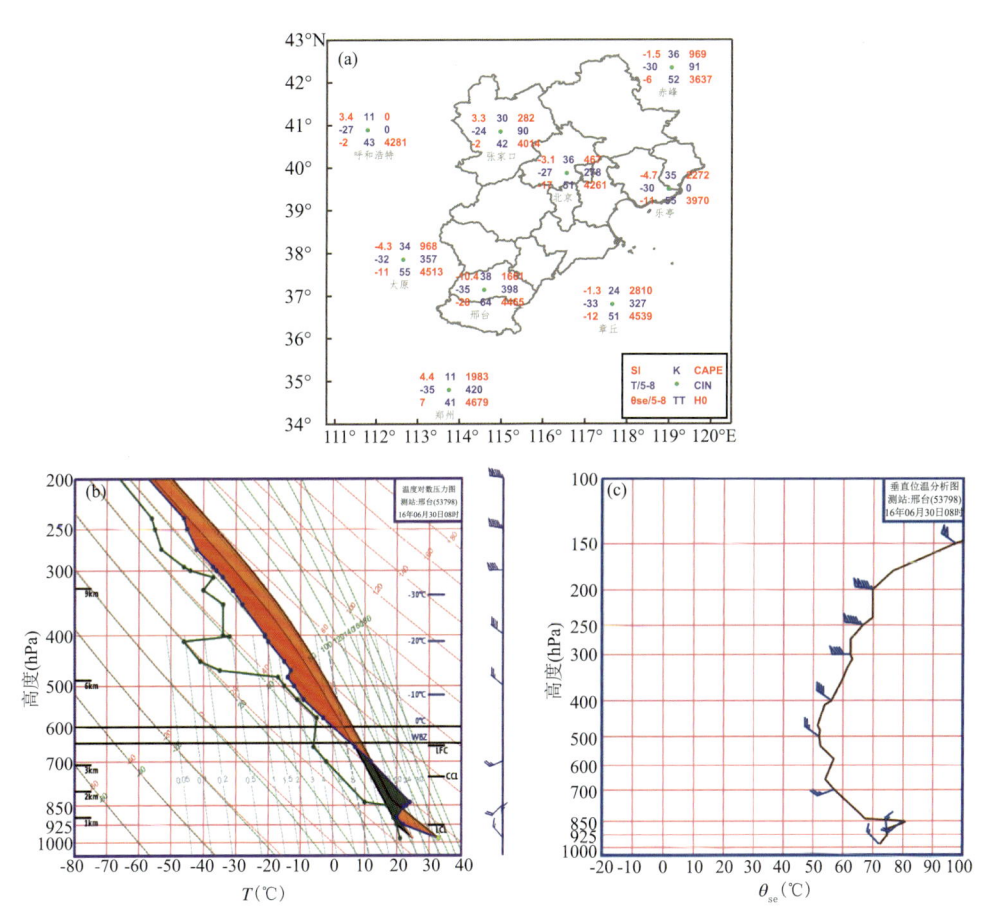

图 5.14.3 2016年6月30日08时对流参数和特征高度分布(a)、53798(邢台)
$T$-ln$p$ 订正图(b)和假相当位温变化(c)

卫星云图上(图5.14.4a、b),13:45山西触发对流,18:15河北中南部对流云团发展成带状东移,20:30加强为逗点状云图。石家庄雷达VWP上(图5.14.4c、d),17:00以后在10 km高度左右的12 m·s$^{-1}$西北大风逐渐下传至3 km高度,垂直风切变逐渐增大。

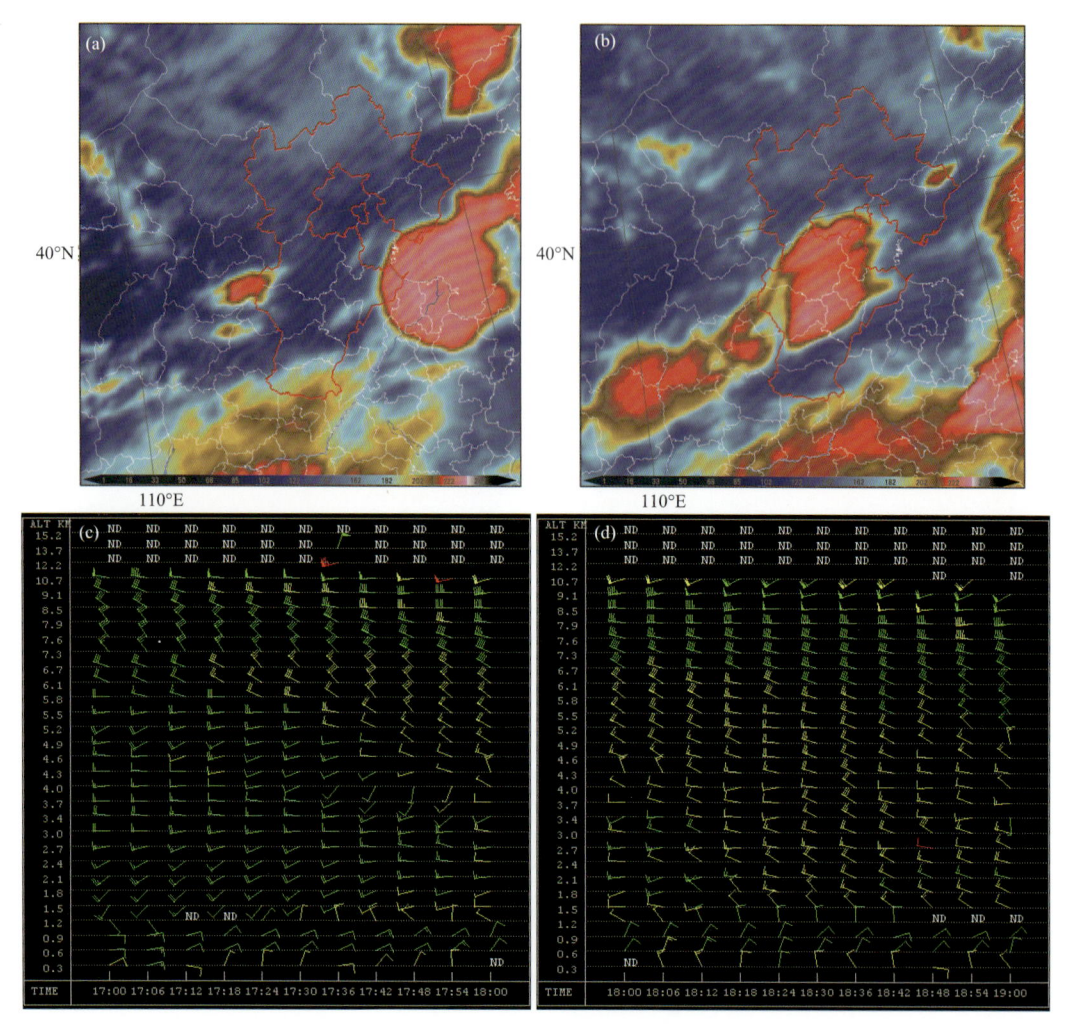

图 5.14.4　2016 年 6 月 30 日 13:45(a)和 18:15(b)FY-2C 卫星红外云图
以及 16:25—18:28 石家庄雷达 VWP 演变(c、d)

雷达回波向东北方向移动并发展为飑线,存在弓形回波并伴有后侧入流急流,低层径向速度出现大值区,最大值达 31 m·s$^{-1}$,出现速度模糊,3~6 km 有中层径向辐合;反射率因子核心强度最大达到 66 dBZ,回波顶高最高为 18 km,VIL 为 27 kg·m$^{-2}$(图 5.14.5~5.14.7)。

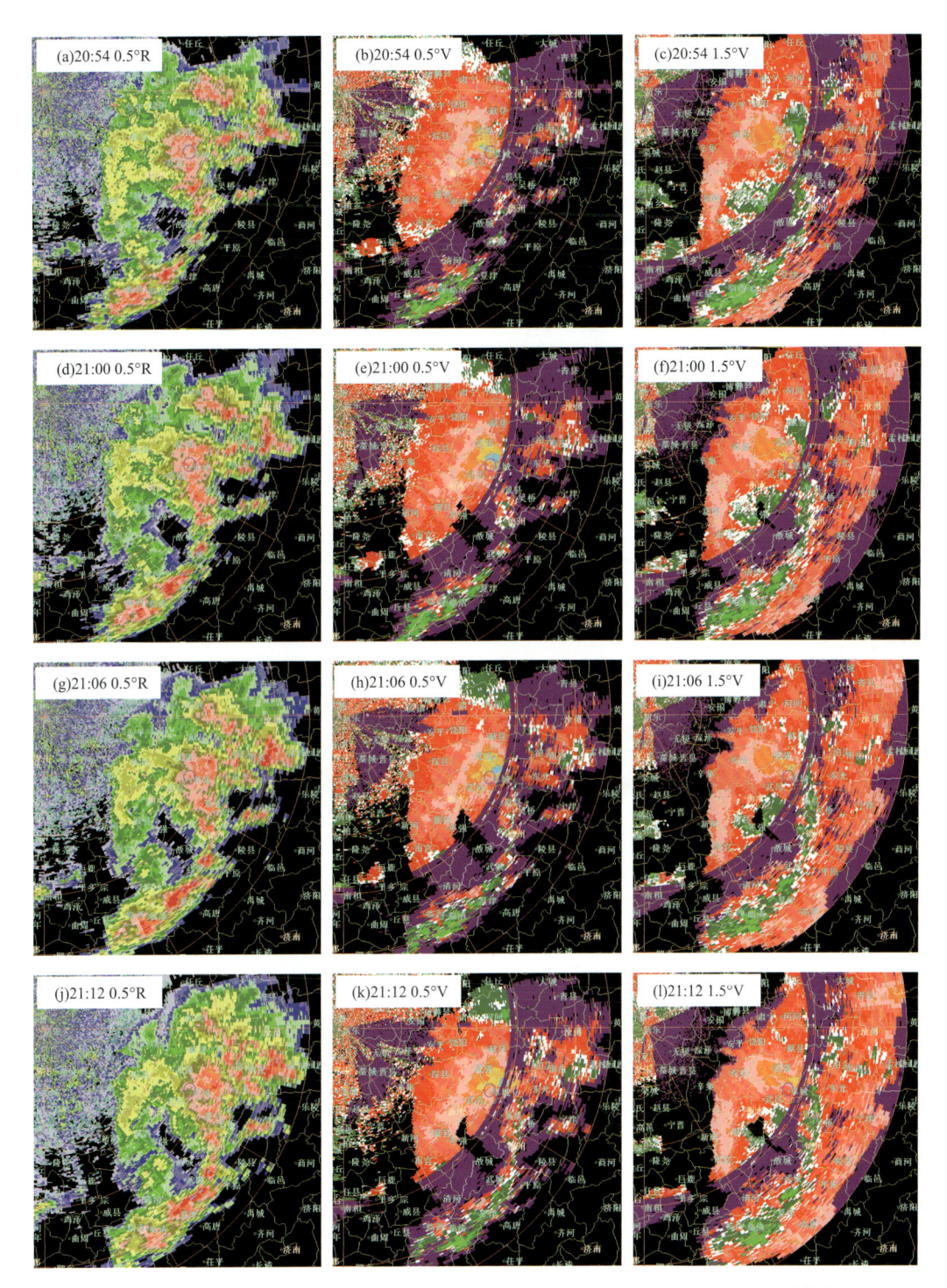

图 5.14.5　2016 年 6 月 30 日 20:54—21:12(a~l)石家庄雷达反射率因子(0.5°仰角)和平均径向速度(0.5°和 1.5°仰角)PPI(图中○为衡水阜城位置)

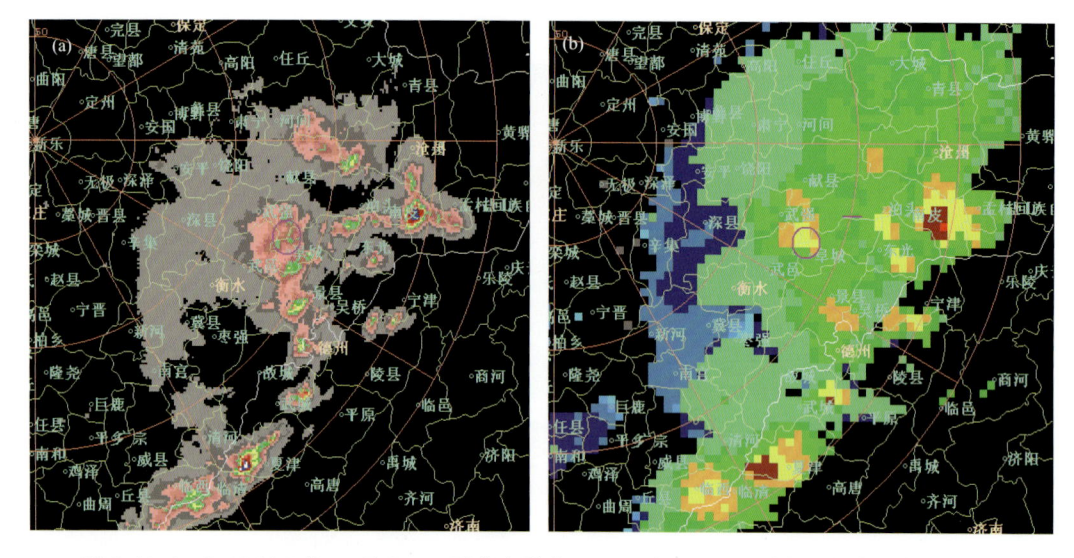

图 5.14.6　2016 年 6 月 30 日 20:54 石家庄雷达 VIL(a)和 ET(b)(图中○为衡水阜城位置)

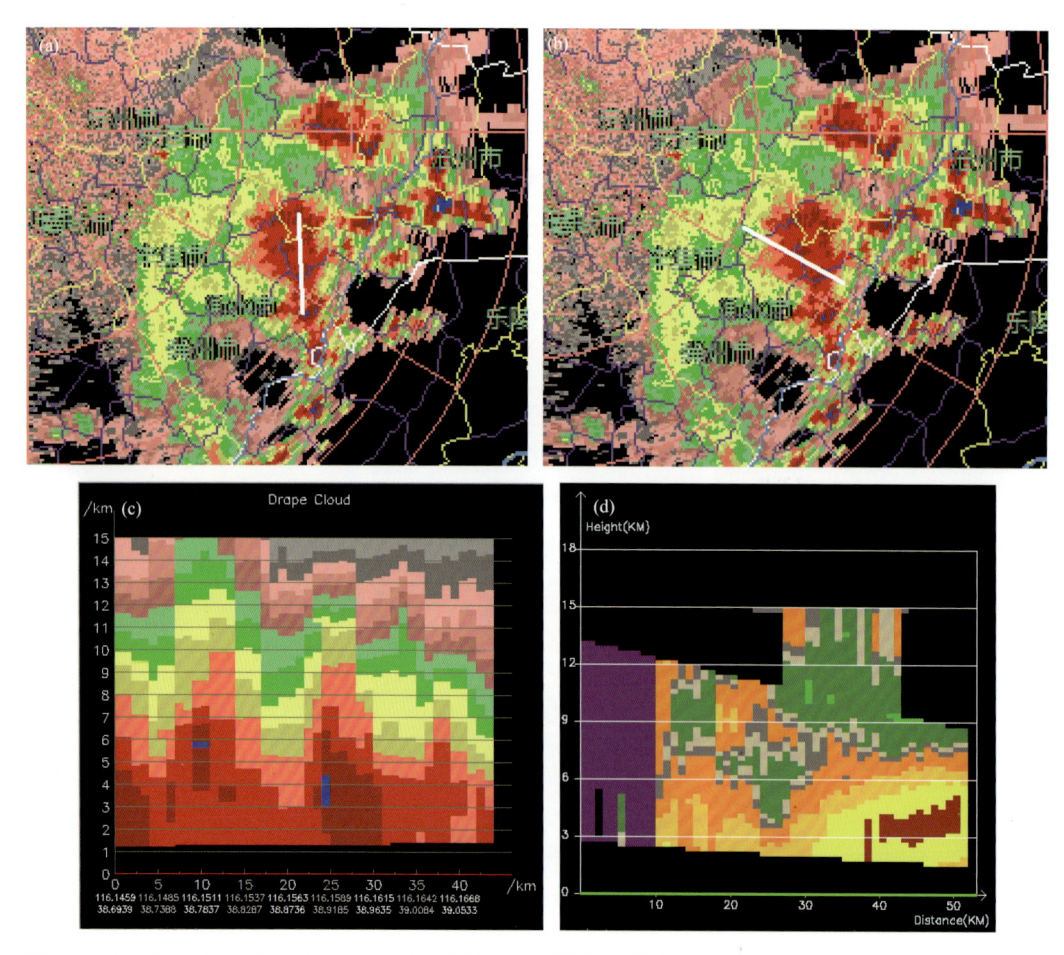

图 5.14.7　2016 年 6 月 30 日 20:54 石家庄雷达 0.5°仰角反射率因子(a)和 0.5°仰角平均径向速度(b)
以及沿图中实线的反射率因子垂直剖面(c)和平均径向速度垂直剖面(d)

## 5.15 2016年7月19日短时强降水

实况:短时强降水主要影响河北省中南部地区(119站),集中出现在7月19日08时至20日08时(图5.15.1a~c)。最大小时降水量为138.5 mm,出现在邢台桥西(22—23时)(图5.15.1c)。

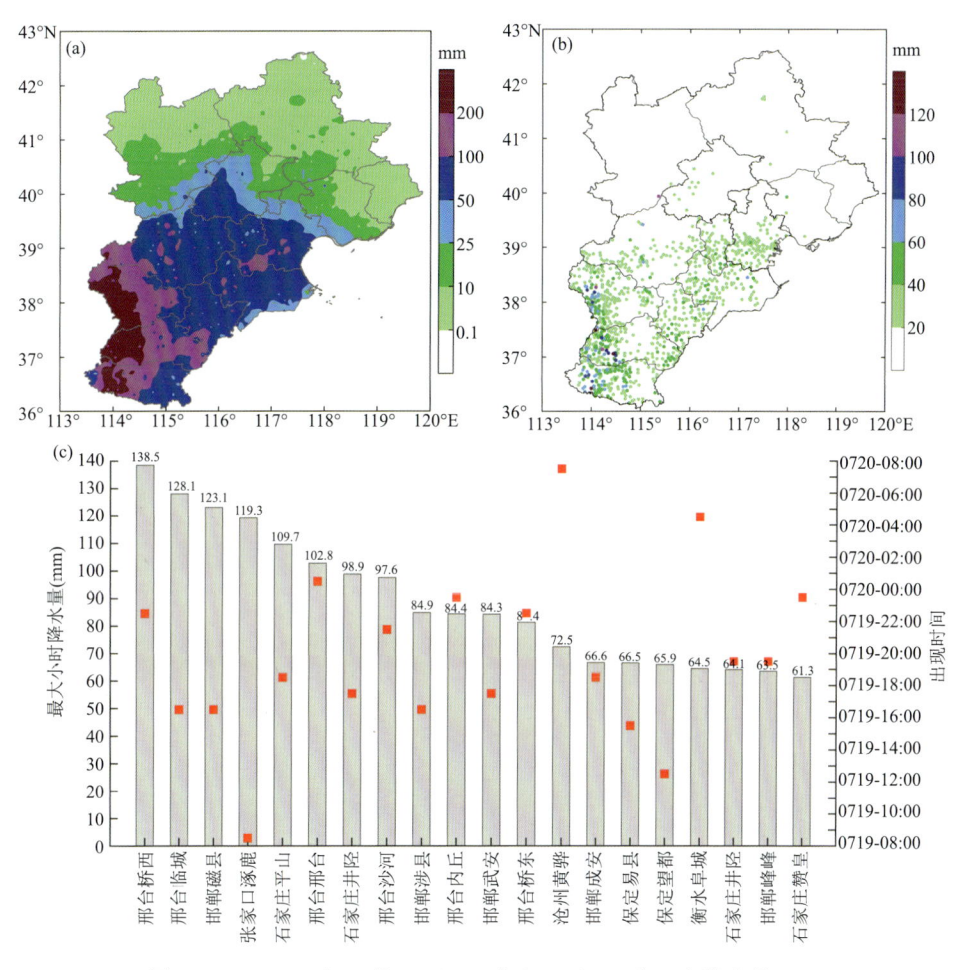

图5.15.1 2016年7月19日08时至20日08时24 h降水量(a)、最大小时降水量(b)和短时强降水出现时间(c)

主要影响系统:500 hPa高空槽、850 hPa低涡切变线、黄淮气旋。

系统配置及演变:500 hPa高空槽环流经向度大,配合850 hPa切变线向东北移动过程中发展成低涡,低涡前部为西南风低空急流,地面低压倒槽北移发展成黄淮气旋(图5.15.2)。

分析邢台探空资料(图5.15.3),7月19日08时的环境条件有利于短时强降水的产生:(1)925 hPa以上为干层,925 hPa以下为湿层(图5.15.3b),984 hPa露点温度达到21.2 ℃;(2)08时850~500 hPa温差达到22 ℃,订正后对流有效位能达到214 J·kg$^{-1}$(图5.15.3a),1000 hPa

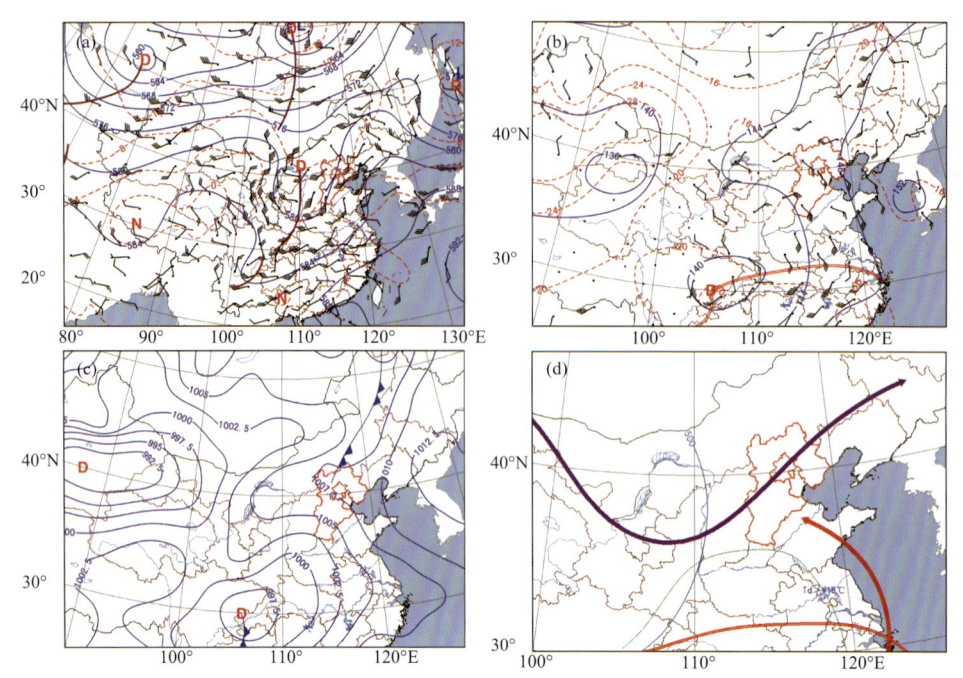

图 5.15.2 2016 年 7 月 19 日 08 时 500 hPa(a)、850 hPa(b)、20 时地面(c)天气形势和 08 时中尺度分析(d)

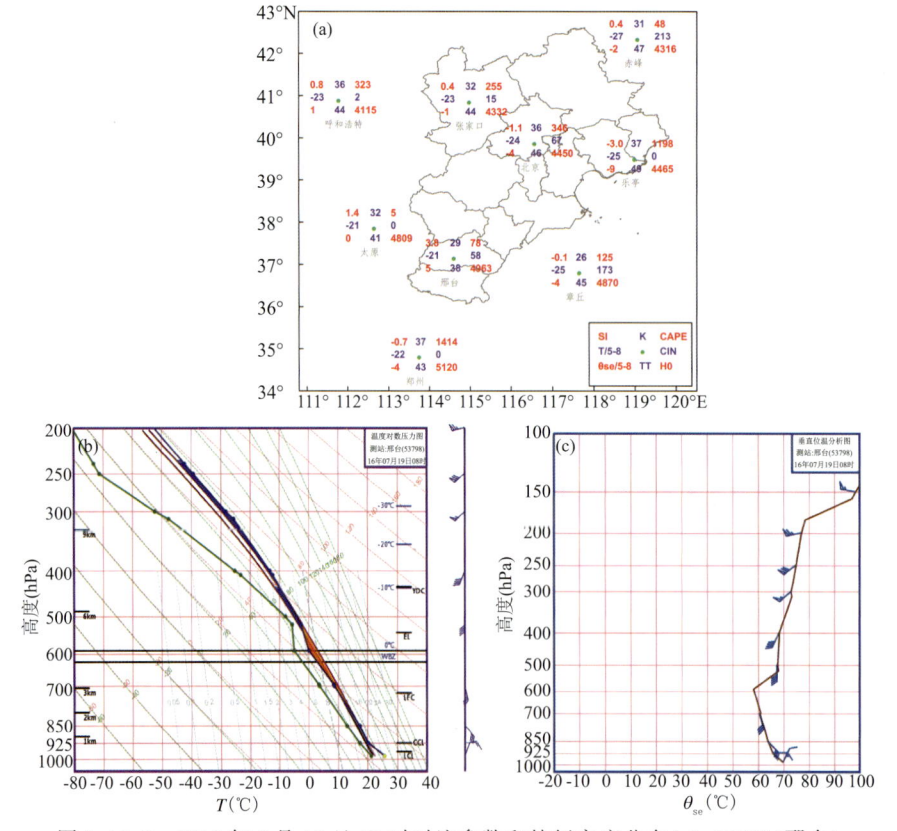

图 5.15.3 2016 年 7 月 19 日 08 时对流参数和特征高度分布(a)、53798(邢台)
$T$-$\ln p$ 图(b)和假相当位温变化(c)

至 590 hPa $\theta_{se}$ 降低 12 ℃,存在位势不稳定层(图 5.15.3c);(3)0 ℃层高度为 4.89 km,抬升凝结高度为 964 hPa,暖云层深厚。

卫星云图上(图 5.15.4a、b),逗点云系影响河北,逗点云系中有多个中尺度对流系统,在河北省中南部太行山东麓迎风坡不断激发出对流云团。石家庄雷达 VWP(图 5.15.4c、d)显示,2 km 高度以下一直为偏东风,3 km 高度以上顺转为偏南风,说明低层有明显的暖平流。

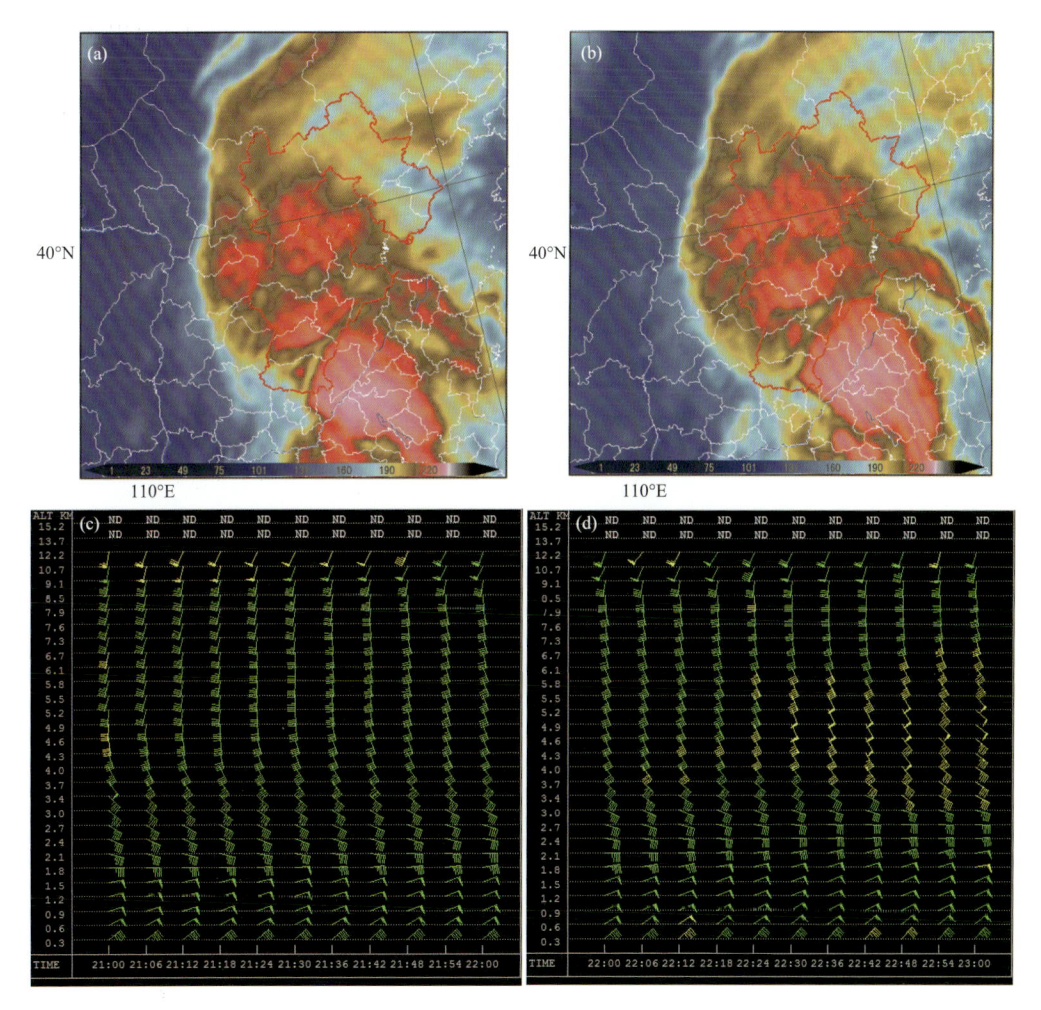

图 5.15.4 2016 年 7 月 19 日 22:15(a)和 23:15(b)FY-2E 卫星红外云图以及 21:00—23:00 石家庄雷达 VWP 演变(c、d)

对流回波呈片状,0.5°仰角反射率因子图上,45 dBZ 以上的强回波不断经过邢台(至少 6 个体扫),形成列车效应(图 5.15.5)。回波顶高为 9 km,VIL 达到 13 kg·m$^{-2}$(图 5.15.6)。从反射率因子剖面上看,回波质心在 5 km 以下,为热带对流型短时强降水(图 5.15.7)。

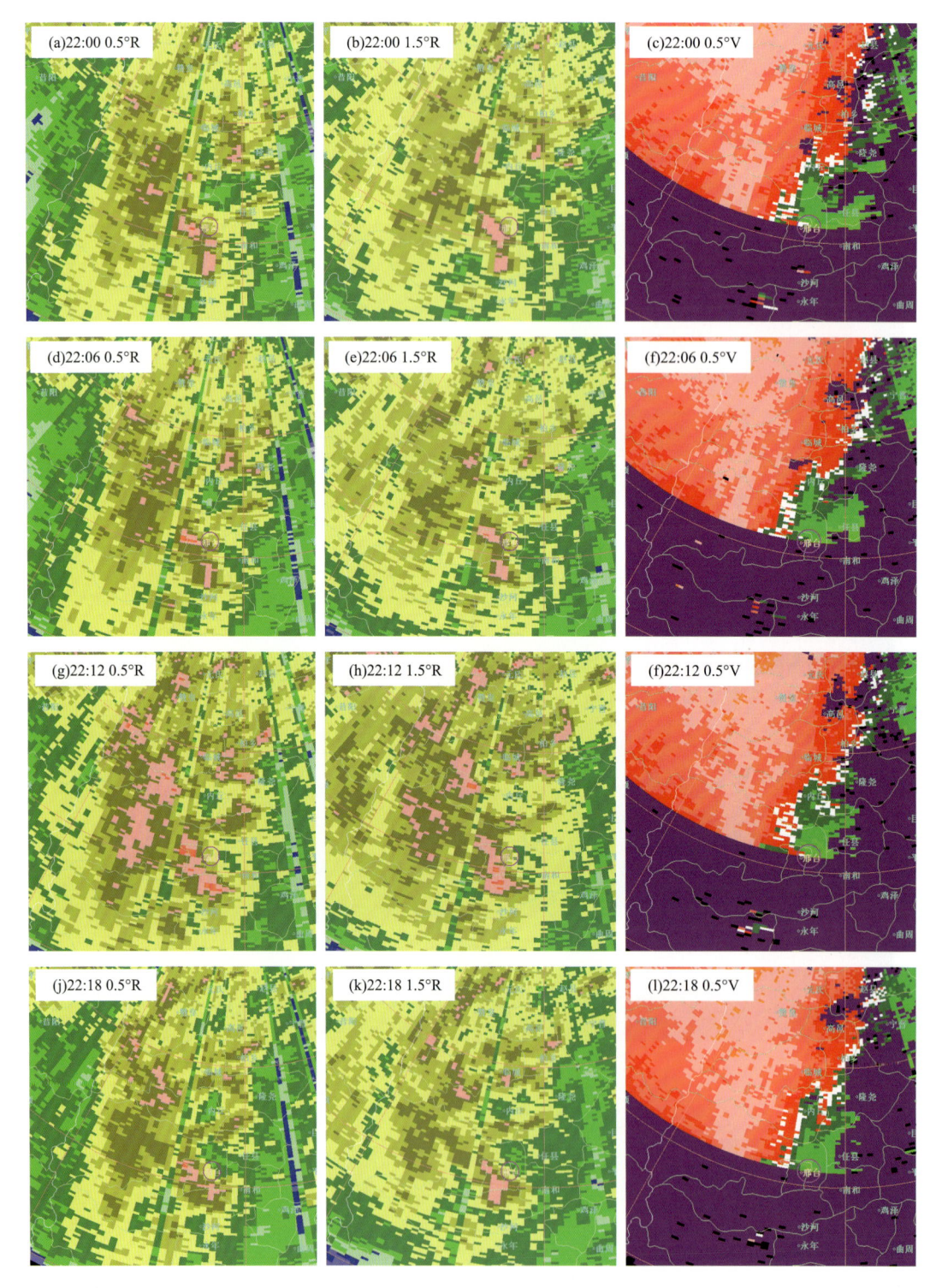

图 5.15.5 2016 年 7 月 19 日 22:00—22:18(a~l)石家庄雷达反射率因子(0.5°和 1.5°仰角)和平均径向速度(0.5°仰角)PPI(图中○为邢台位置)

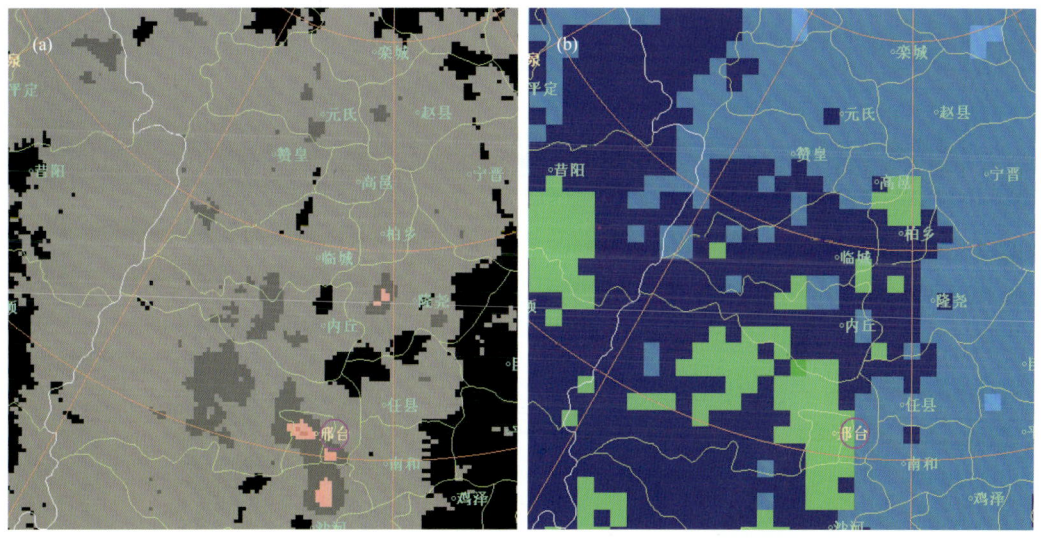

图 5.15.6　2016 年 7 月 19 日 22:00 石家庄雷达 VIL(a) 和 ET(b)(图中○为邢台位置)

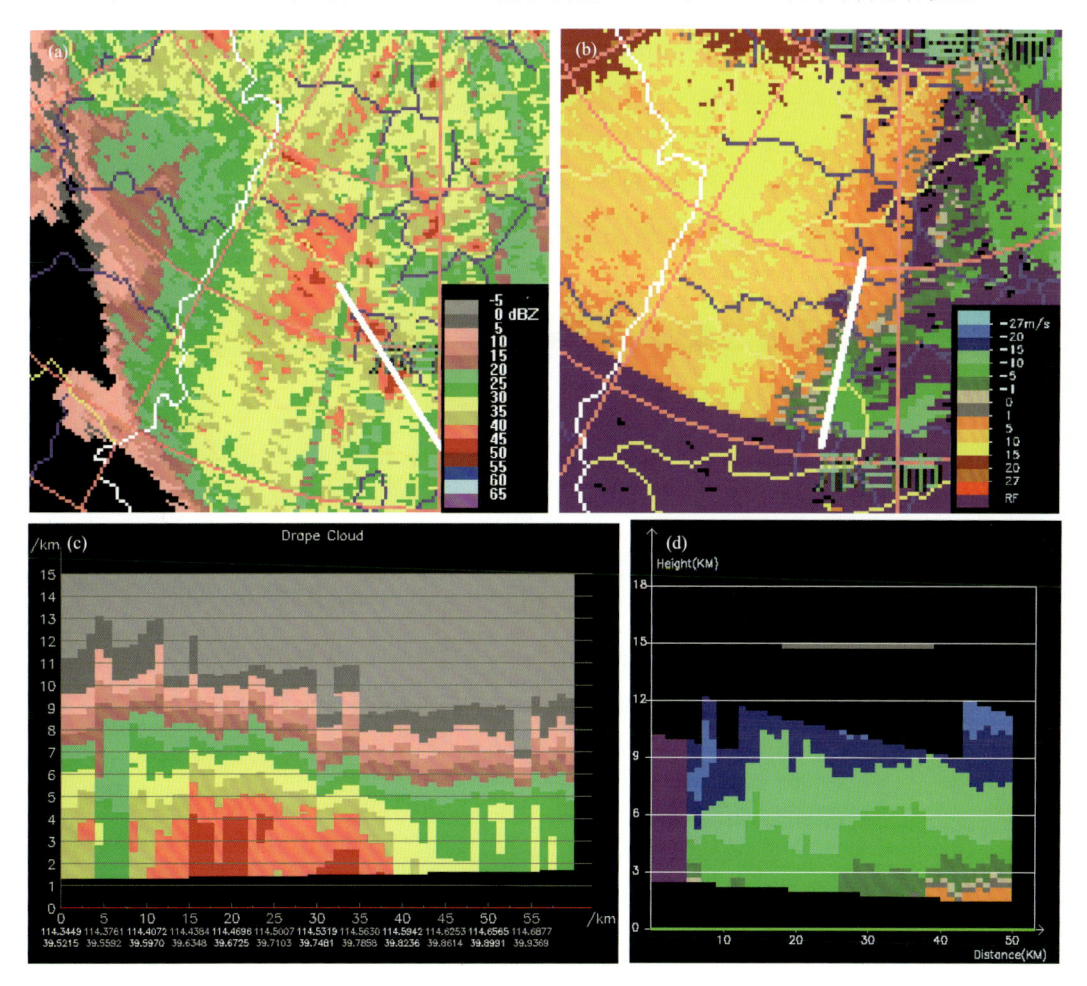

图 5.15.7　2016 年 7 月 19 日 22:00 石家庄雷达 0.5°仰角反射率因子(a) 和 0.5°仰角平均径向速度(b)
以及沿图中实线的反射率因子垂直剖面(c) 和平均径向速度垂直剖面(d)

## 5.16 2016年7月20日短时强降水

**实况**：短时强降水主要影响河北省东北部（85站），集中出现在7月20日08时至21日08时（图5.16.1a～c）。最大小时降水量为114.7 mm，出现在廊坊永清（9—10时）（图5.16.1c）。

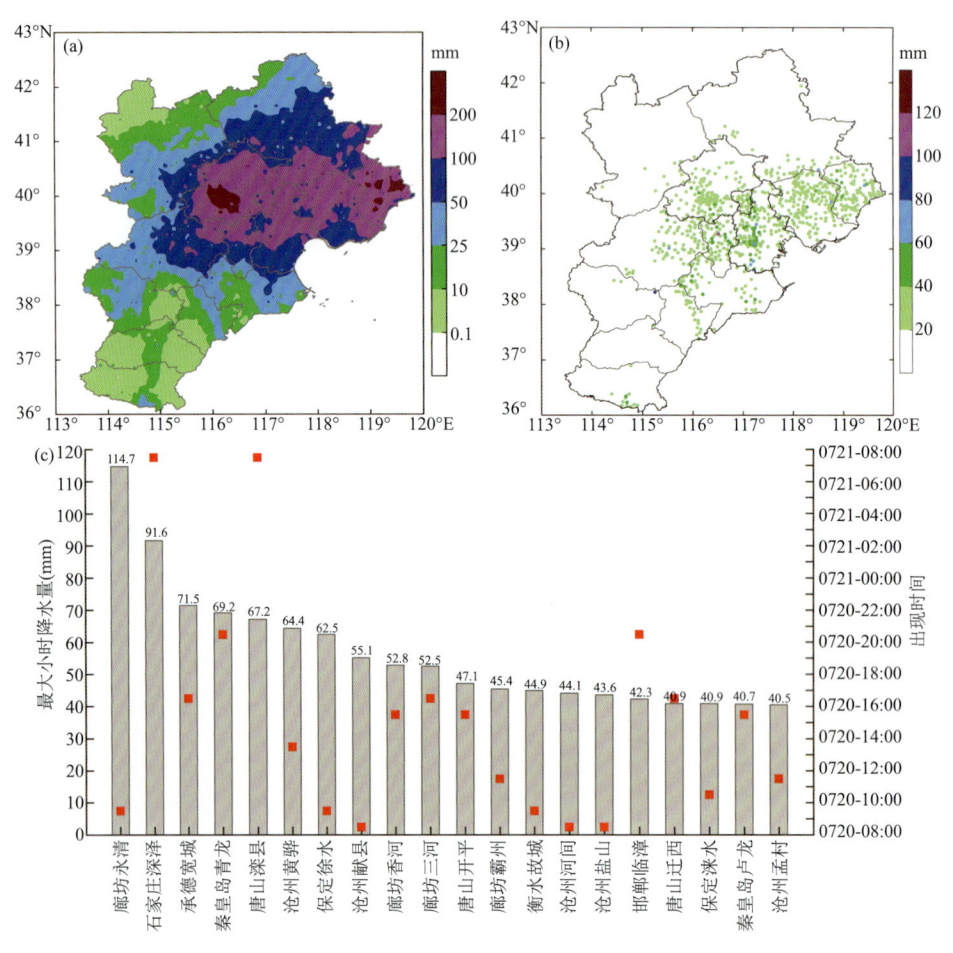

图5.16.1 2016年7月20日08时至21日08时24 h降水量（a）、最大小时降水量（b）和短时强降水出现时间（c）

**主要影响系统**：500 hPa低涡、850 hPa低涡切变线、地面黄淮气旋。

**系统配置及演变**：500 hPa深厚的高空低涡移动到河北省南部，配合850 hPa低涡切变线，低涡前部西南风达到低空急流标准，地面黄淮气旋沿西南气流向东北移动，为不稳定能量的释放提供了有利的动力强迫（图5.16.2）。

分析乐亭探空资料（图5.16.3），7月20日08时的环境条件有利于短时强降水的产生：(1) 925 hPa以上为干层，925 hPa以下为湿层（图5.16.3b），1000 hPa露点温度达到22 ℃；(2) 08时850～500 hPa温差达到21 ℃（图5.16.3a），14时订正后对流有效位能达到85 J·kg$^{-1}$，1004 hPa至817 hPa $\theta_{se}$降低20 ℃，存在位势不稳定层（图5.16.3c）；(3) 0 ℃层高度为4.97 km，抬升凝结

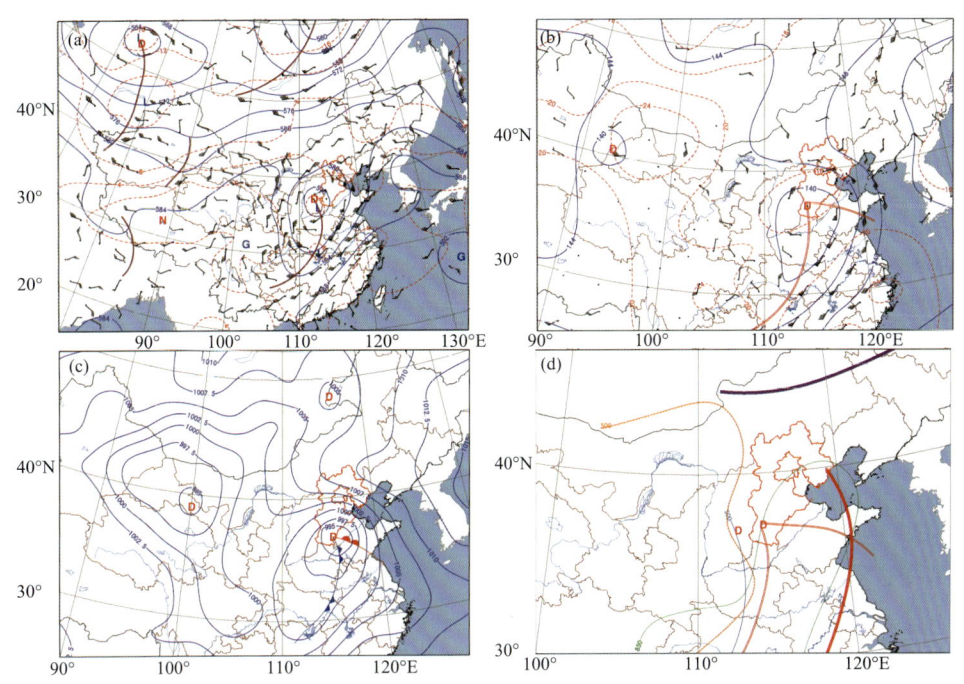

图 5.16.2　2016 年 7 月 20 日 08 时 500 hPa(a)、850 hPa(b)、20 时地面(c)天气形势和 08 时中尺度分析(d)

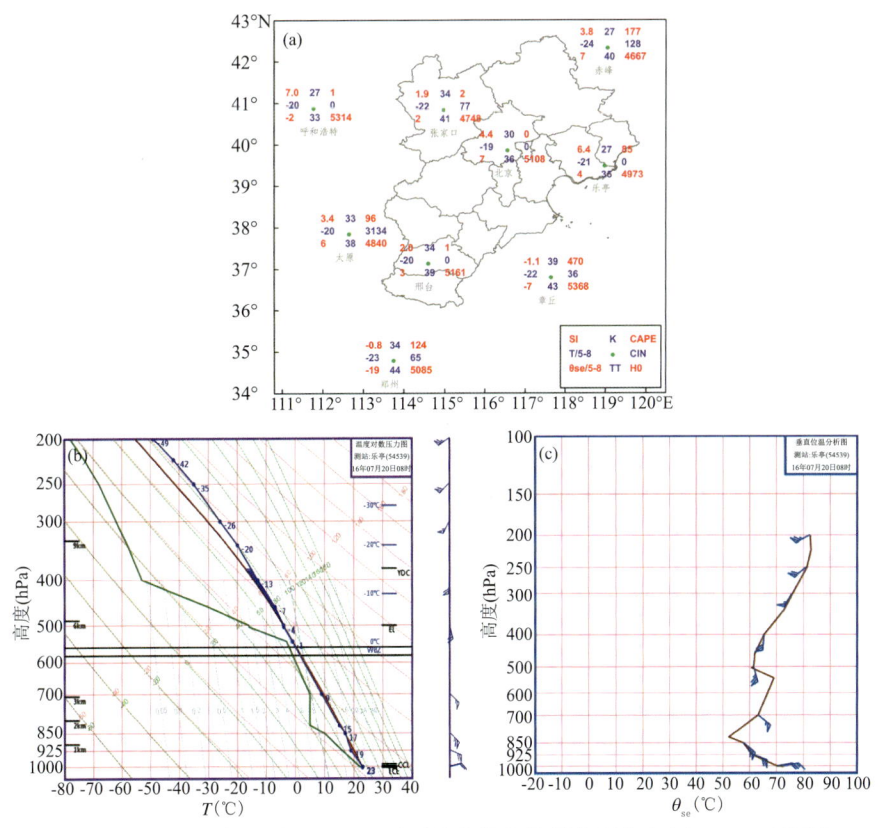

图 5.16.3　2016 年 7 月 20 日 08 时对流参数和特征高度分布(a)、54539(乐亭)
$T$-$\ln p$ 图(b)和假相当位温变化(c)

高度为 1004 hPa,暖云层深厚。

卫星云图上(图 5.16.4a、b),逗点云系发展为涡旋云系,在涡旋云系中存在多个中尺度对流系统,涡旋云系的东南象限不断有对流云团生成,形成列车效应。沧州雷达 VWP 显示(图 5.16.4c、d),0.6 km 高度以下为东南风,随高度顺转为偏南风,说明低层有明显的暖平流,09—10 时 3 km 高度附近有干空气侵入。

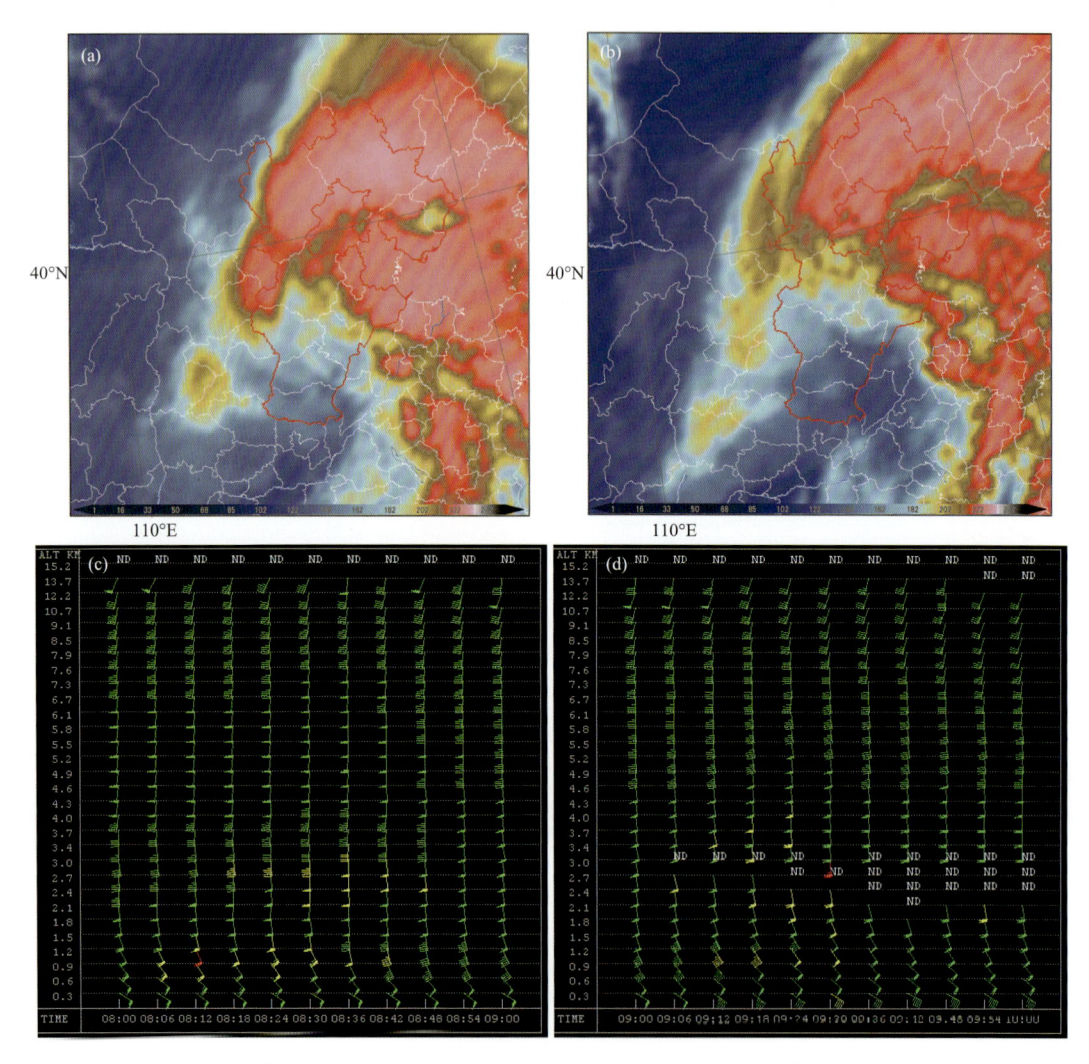

图 5.16.4　2016 年 7 月 20 日 08:15(a)和 10:45(b)FY-2E 卫星红外云图以及 08:00—10:00 沧州雷达 VWP 演变(c、d)

回波为层积混合降水特征,呈絮状。0.5°仰角反射率因子图上,45 dBZ 以上的强回波经过廊坊永清(3 个体扫),形成列车效应(图 5.16.5)。回波顶高为 9 km,VIL 达到 7.5 kg·m$^{-2}$(图 5.16.6)。从反射率因子剖面上看,回波质心在 5 km 高度以下,为热带对流型短时强降水(图 5.16.7)。

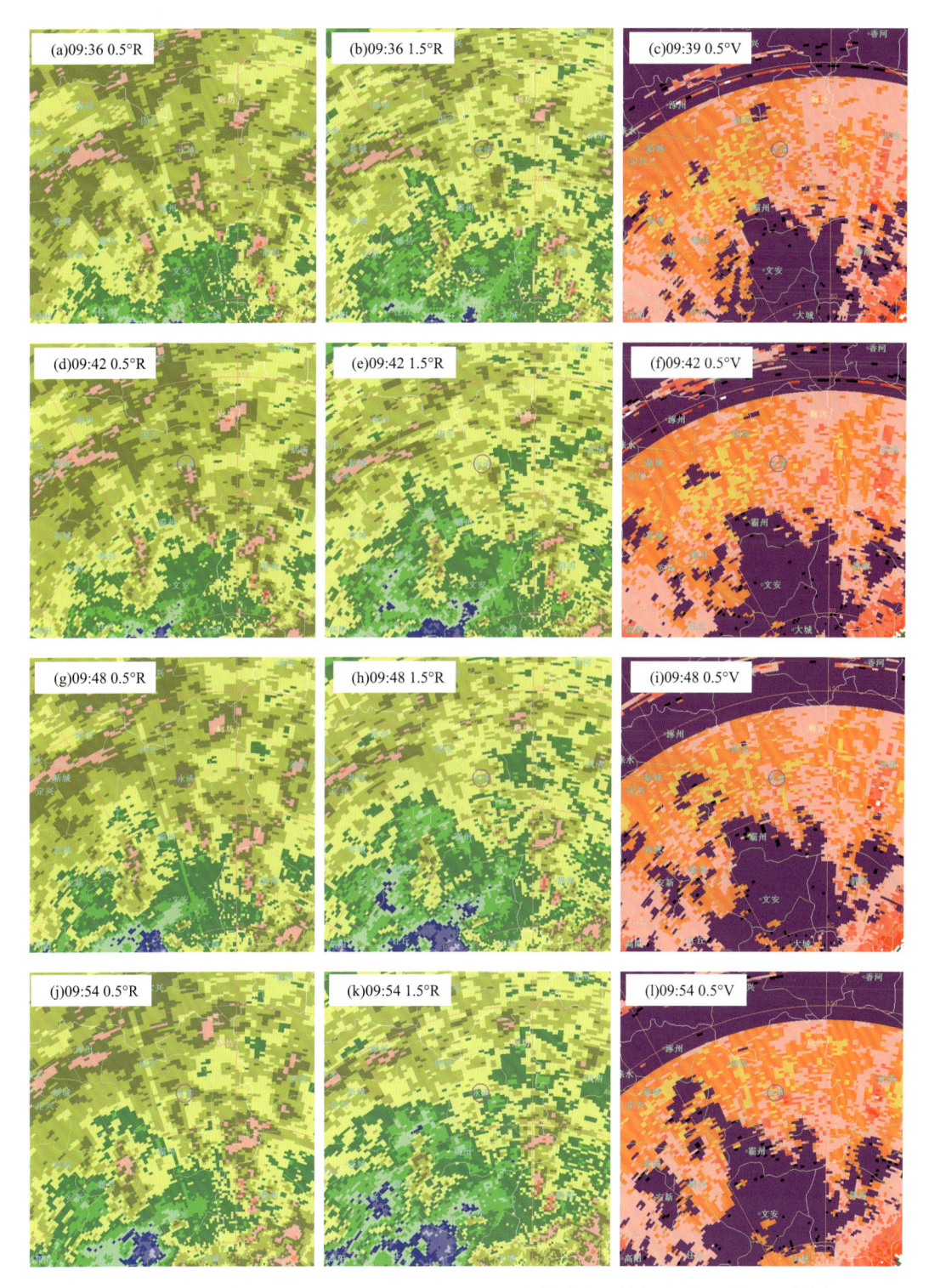

图 5.16.5 2016 年 7 月 20 日 09:36—09:54(a～l)沧州雷达反射率因子(0.5°和 1.5°仰角)和平均径向速度(0.5°仰角)PPI(图中○为廊坊永清位置)

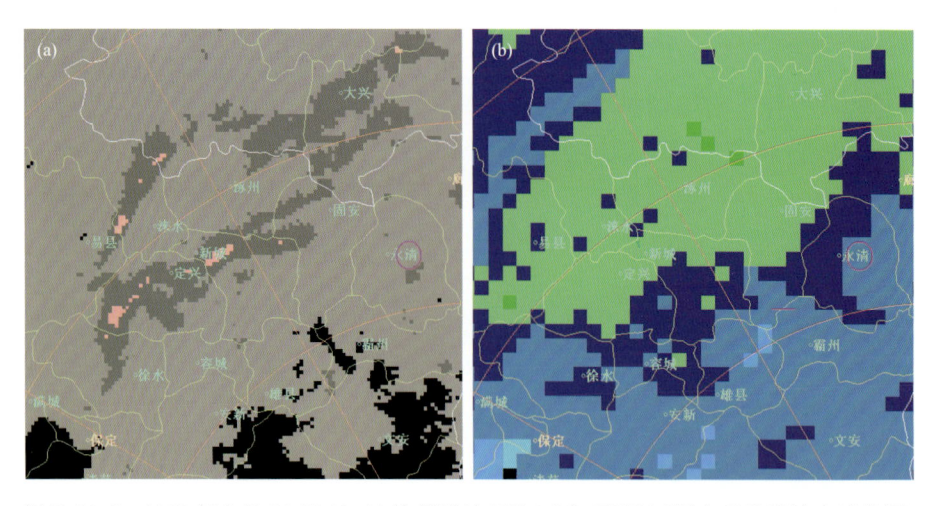

图 5.16.6　2016 年 7 月 20 日 09:42 沧州雷达 VIL(a) 和 ET(b)(图中○为廊坊永清位置)

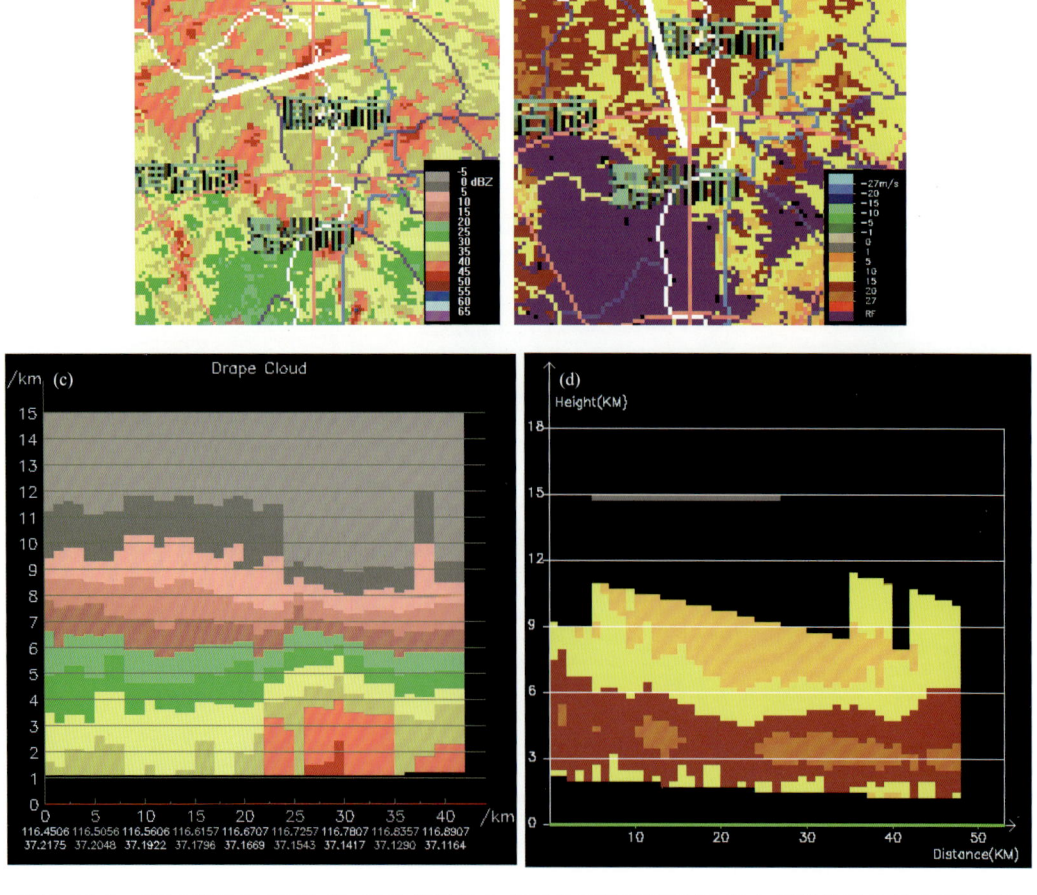

图 5.16.7　2016 年 7 月 20 日 09:42 沧州雷达 0.5°仰角反射率因子(a)和 0.5°仰角平均径向速度(b)
以及沿图中实线的反射率因子垂直剖面(c)和平均径向速度垂直剖面(d)

## 5.17 2016年7月24日短时强降水

**实况**：短时强降水主要影响河北中北部(71站)，集中出现在24日14时至25日08时(图5.17.1a~c)。最大小时降水量102.1 mm，出现在石家庄灵寿(24日19—20时)，保定定州最大小时降水量81.8 mm(25日02—03时)(图5.17.1c)。

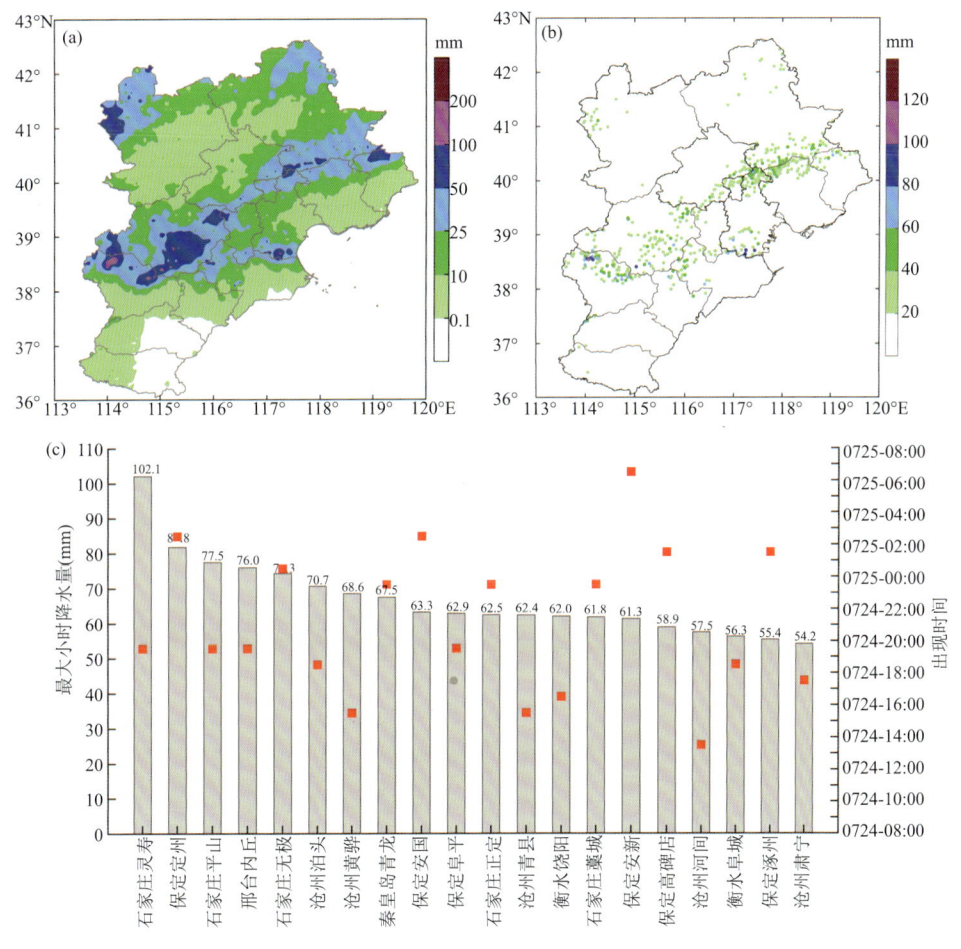

图5.17.1 2016年7月24日08时至25日08时24 h降水量(a)、最大小时降水量(b)和短时强降水出现时间(c)

**主要影响系统**：500 hPa副热带高压、高空槽，850 hPa低涡切变，地面气旋。

**系统配置及演变**：500 hPa高空槽东移与副热带高压外围暖湿气流结合，850 hPa有低涡切变发展，低空急流增强，地面倒槽锋生形成气旋，河北邢台K指数达到了40 ℃，太原K指数46 ℃，非常有利于短时强降水的发生(图5.17.2)。

分析北京探空资料(图5.17.3)，7月24日08时的环境条件有利于短时强降水的产生：(1)1000~500 hPa温度露点差较小，湿层较厚(图5.17.3b)；(2)08时的对流有效位能为99.5 J·kg$^{-1}$，有一定的不稳定能量(图5.17.3a)；(3)925 hPa到850 hPa $\theta_{se}$明显下降，条件不稳定较强(图5.17.3c)。

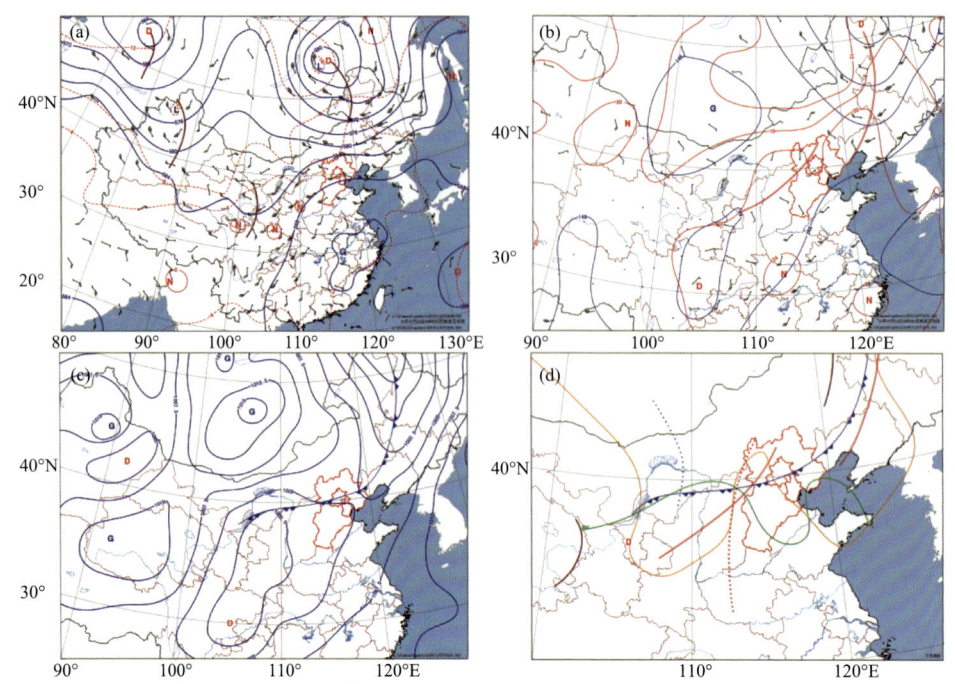

图 5.17.2　2016 年 7 月 24 日 08 时 500 hPa(a)、850 hPa(b)、地面(c)天气形势和中尺度分析(d)

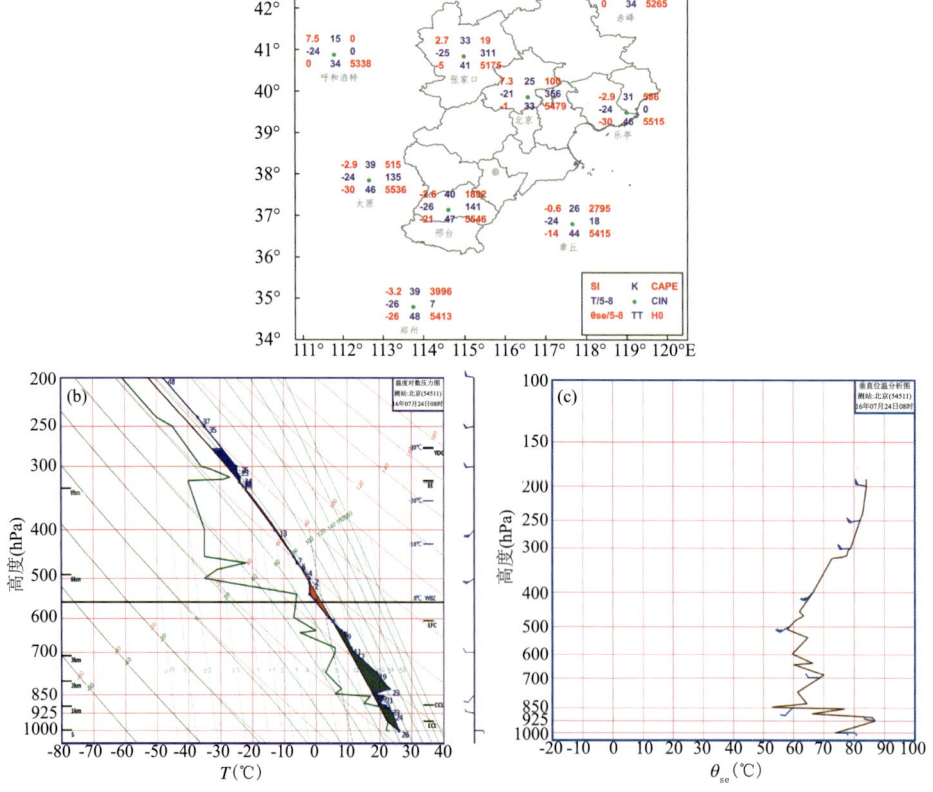

图 5.17.3　2016 年 7 月 24 日 08 时对流参数和特征高度分布(a)、54511(北京)
$T$-$\ln p$ 图(b)和假相当位温变化(c)

卫星云图上(图5.17.4a、b),18:15前后石家庄西部有一降水云团发展,缓慢向东北方向移动;20:15石家庄西部的云团向东北移到保定中部。石家庄雷达VWP上(图5.17.4c、d),19:00以后,低层为明显的偏东风,随高度顺时针旋转,4 km高度以上为一致的西南风。

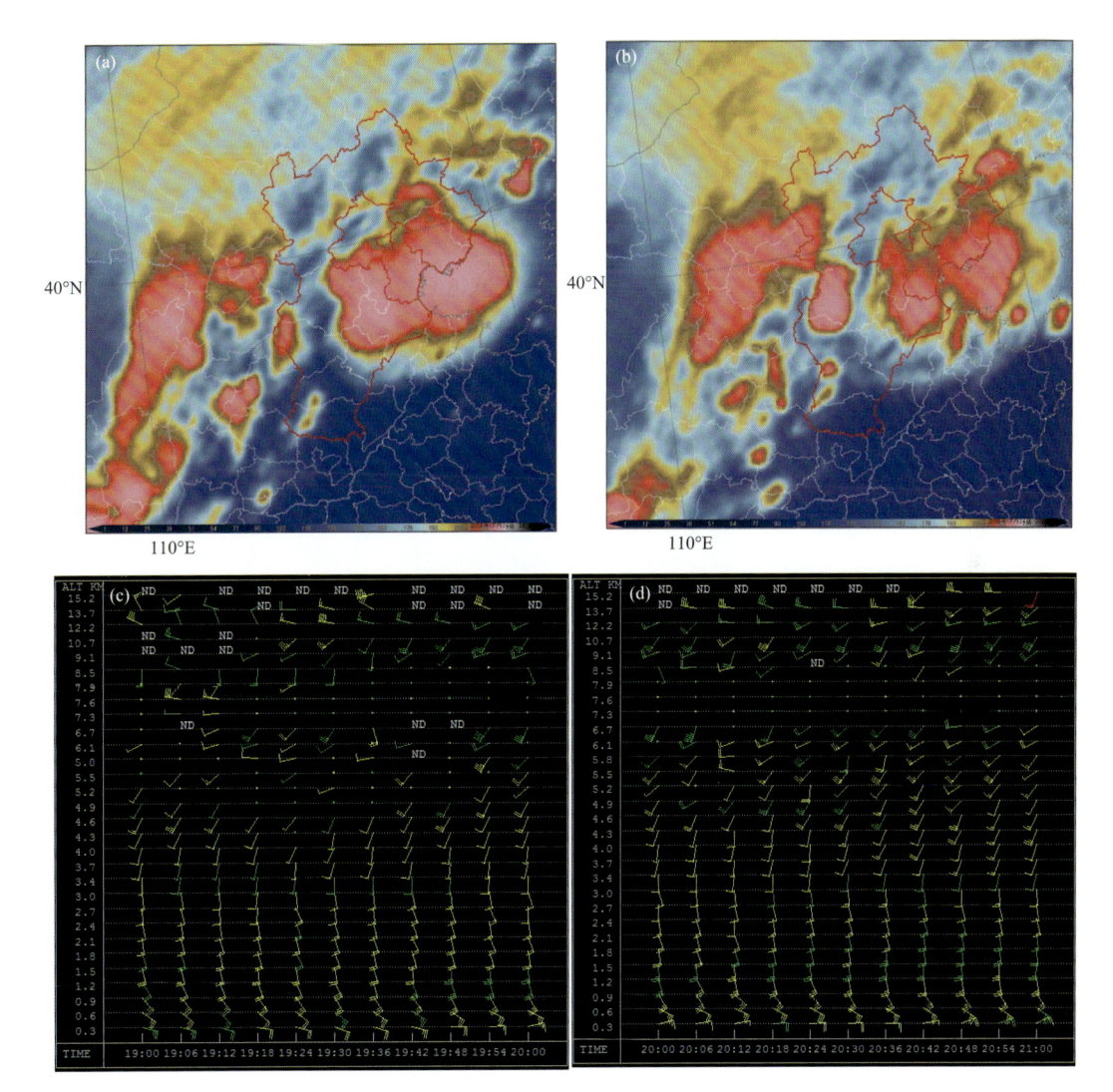

图5.17.4 2016年7月24日18:15(a)和20:15(b)FY-2G卫星红外云图以及19:00—21:00石家庄雷达VWP演变(c、d)

带状雷达回波位于石家庄西北部且稳定少动,19:48反射率因子强度57.5 dBZ,有逆风区存在(图5.17.5);VIL达到45 kg·m$^{-2}$,回波顶高17 km(图5.17.6)。反射率因子剖面强回波主要集中在7 km高度以下,有热带型降水的特征,降水效率较高。低层为较强的偏东风(图5.17.7)。

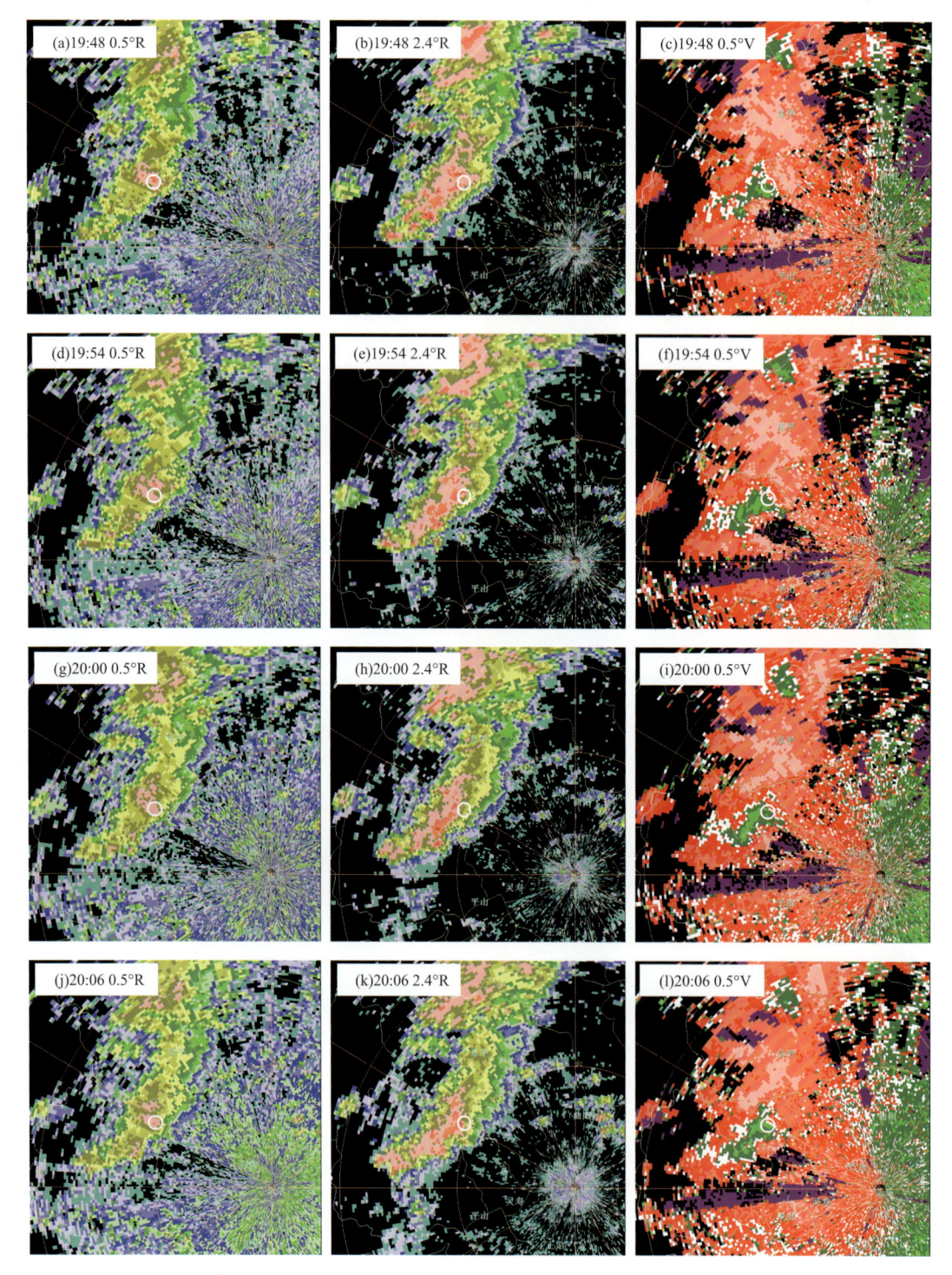

图 5.17.5　2016 年 7 月 24 日 19:48—20:06(a~l)石家庄雷达反射率因子(0.5°和 2.4°仰角)和平均径向速度(0.5°仰角)PPI(图中○为石家庄灵寿青山背站位置)

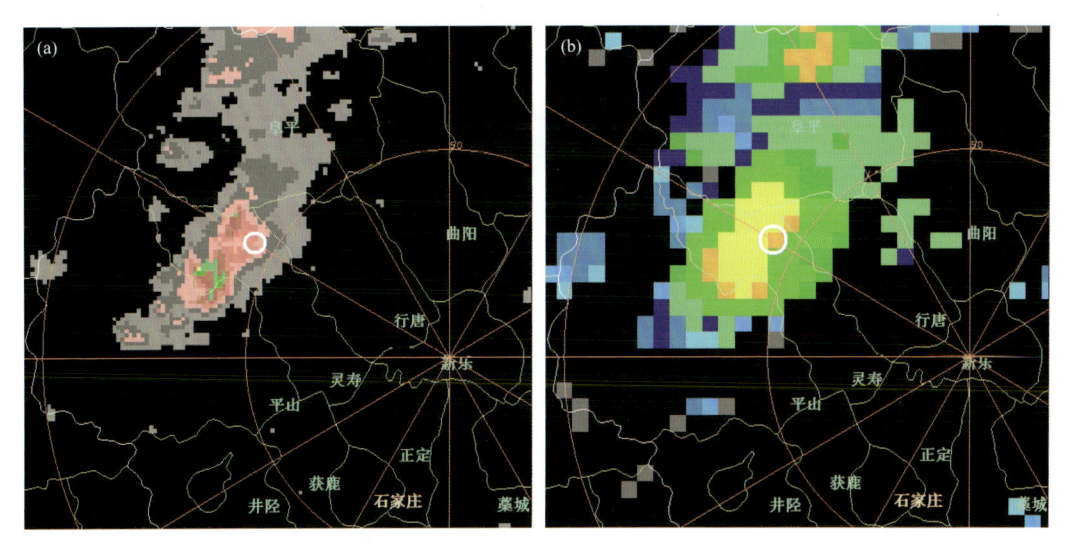

图 5.17.6　2016 年 7 月 24 日 19:48 石家庄雷达 VIL(a) 和 ET(b)（图中 ○ 为石家庄灵寿青山背站位置）

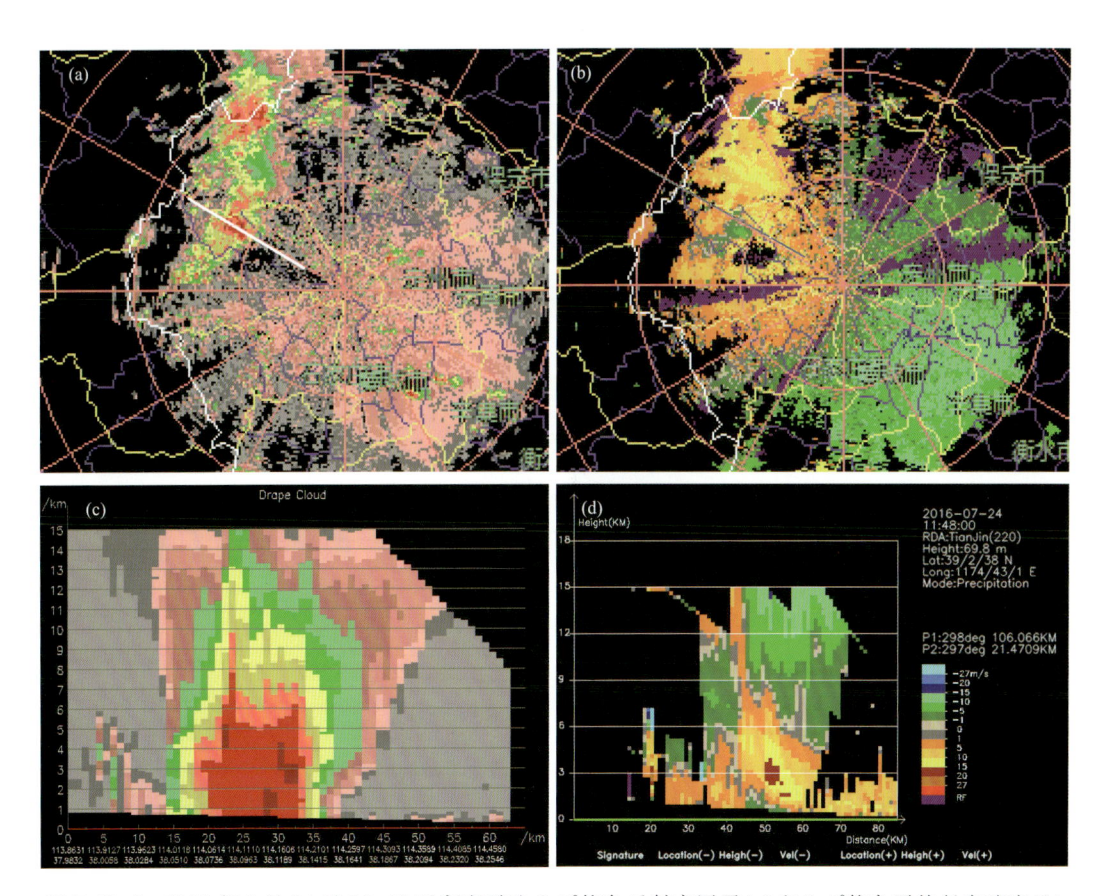

图 5.17.7　2016 年 7 月 24 日 19:48 石家庄雷达 0.5°仰角反射率因子(a) 和 0.5°仰角平均径向速度(b)
以及沿图中实线的反射率因子垂直剖面(c) 和平均径向速度垂直剖面(d)

## 5.18　2016年7月28日雷暴大风

实况：强对流天气主要出现在河北省南部，以雷暴大风（11站）为主，集中出现在28日17—21时（图5.18.1a,b）。邢台18:34瞬时极大风速达31 m·s$^{-1}$（11级）（图5.18.1b）。

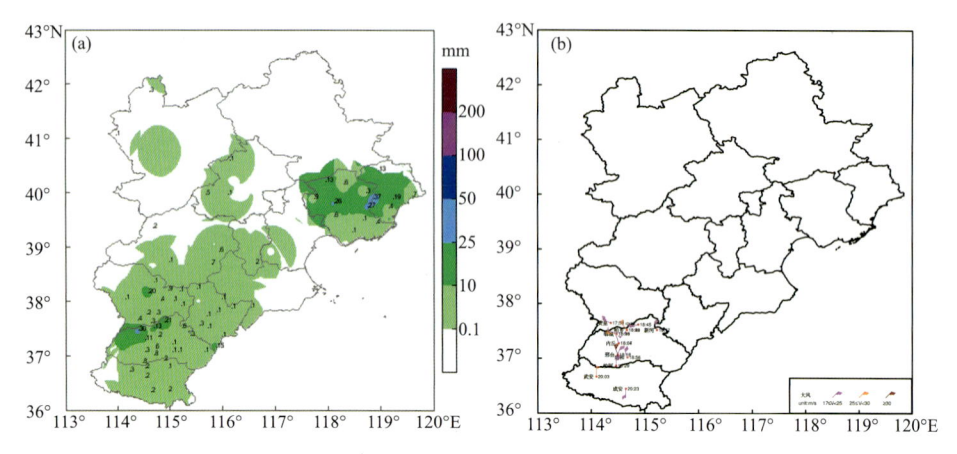

图5.18.1　2016年7月28日08时至29日08时24 h降水量(a)和大风(b)分布

主要影响系统：500 hPa高空槽、850 hPa暖脊、地面辐合线。

系统配置及演变：500 hPa高空槽携带冷空气东移，850 hPa在河北上空为暖脊，层结不稳定度大；河北南部地面为热低压，存在风场辐合线，有利于不稳定能量释放（图5.18.2）。

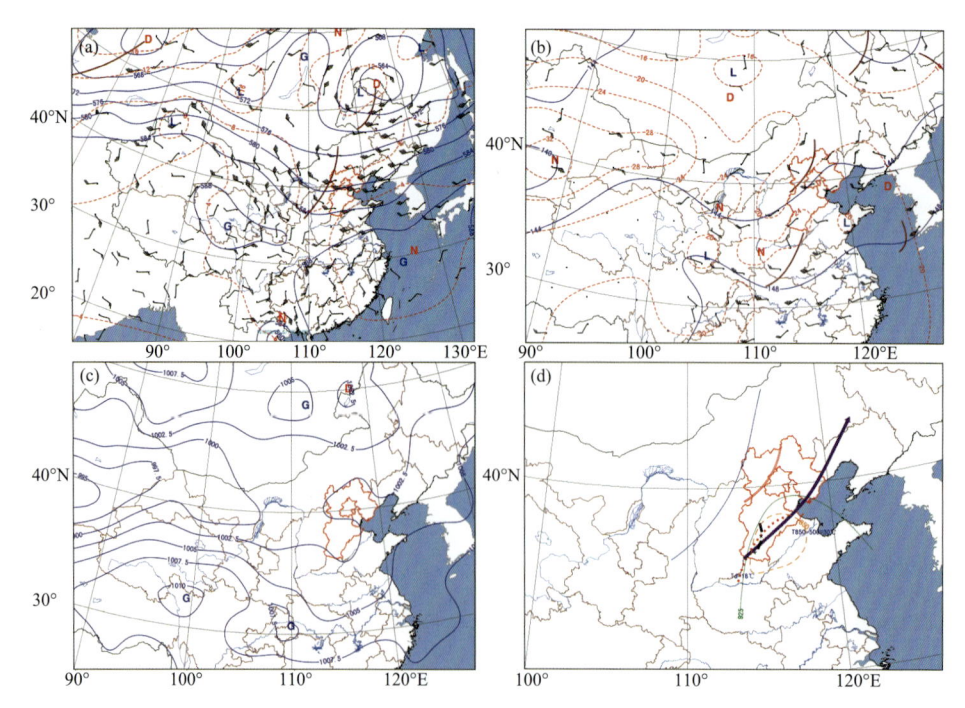

图5.18.2　2016年7月28日08时500 hPa(a)、850 hPa(b)、
地面(c)天气形势和中尺度分析(d)

分析邢台探空资料(图5.18.3),7月28日14时订正后的环境条件有利于雷暴大风的产生:(1)850~700 hPa大气温度直减率近似为干绝热递减率(图5.18.3b);(2)整层温度露点差都较大,说明大气比较干燥(图5.18.3b);(3)08时850~500 hPa温差达到31 ℃,14时订正探空后对流有效位能1380 J·kg$^{-1}$,600 hPa的下沉对流有效位能1550 J·kg$^{-1}$(图5.18.3a),从952 hPa到583 hPa $\theta_{se}$下降了25 ℃,存在条件不稳定(图5.18.3c);(4)0~6 km的垂直风切变为6 m·s$^{-1}$;(5)0 ℃层高度为4.9 km,−20 ℃层高度为8.1 km,不利于冰雹出现。

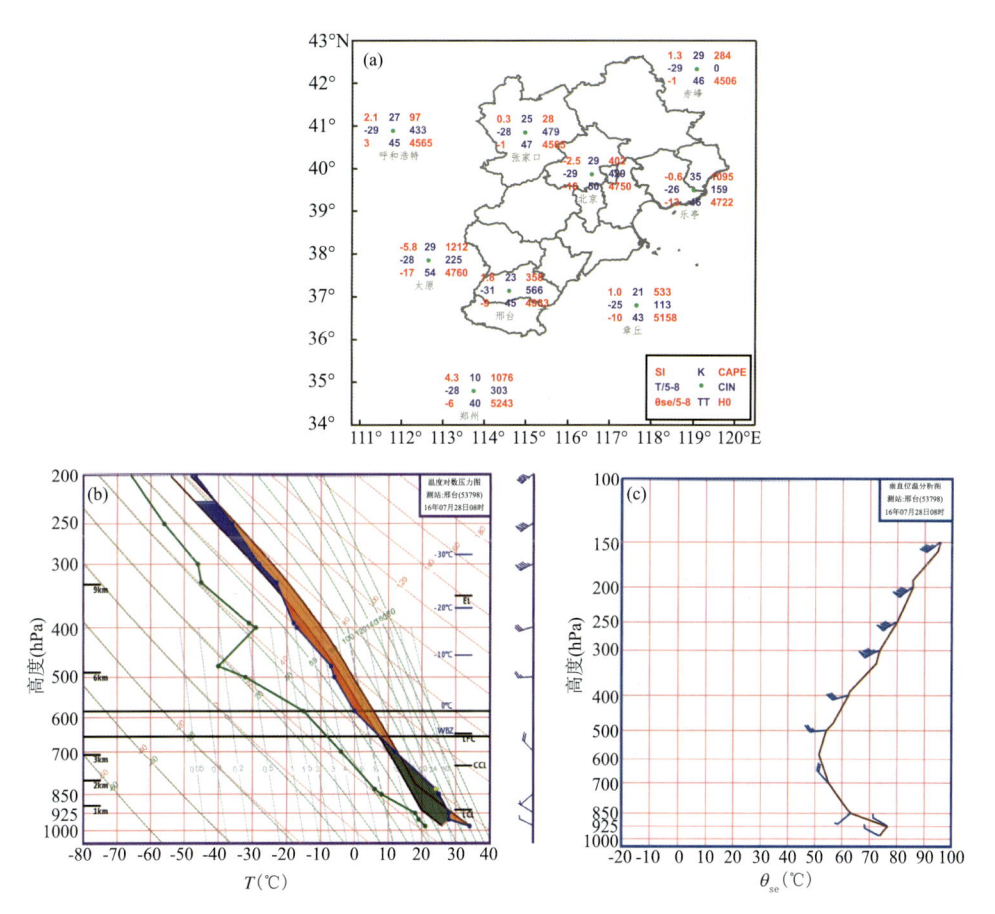

图5.18.3  2016年7月28日08时对流参数和特征高度分布(a)、53798(邢台)
T-ln$p$图(b)和假相当位温变化(c)

卫星云图上(图5.18.4a、b),18:15前后在河北南部有带状对流云团发展并东移。石家庄雷达VWP上(图5.18.4c、d),18:00以后,6 km高度西北风逐渐下传至3 km高度,垂直风切变增强。

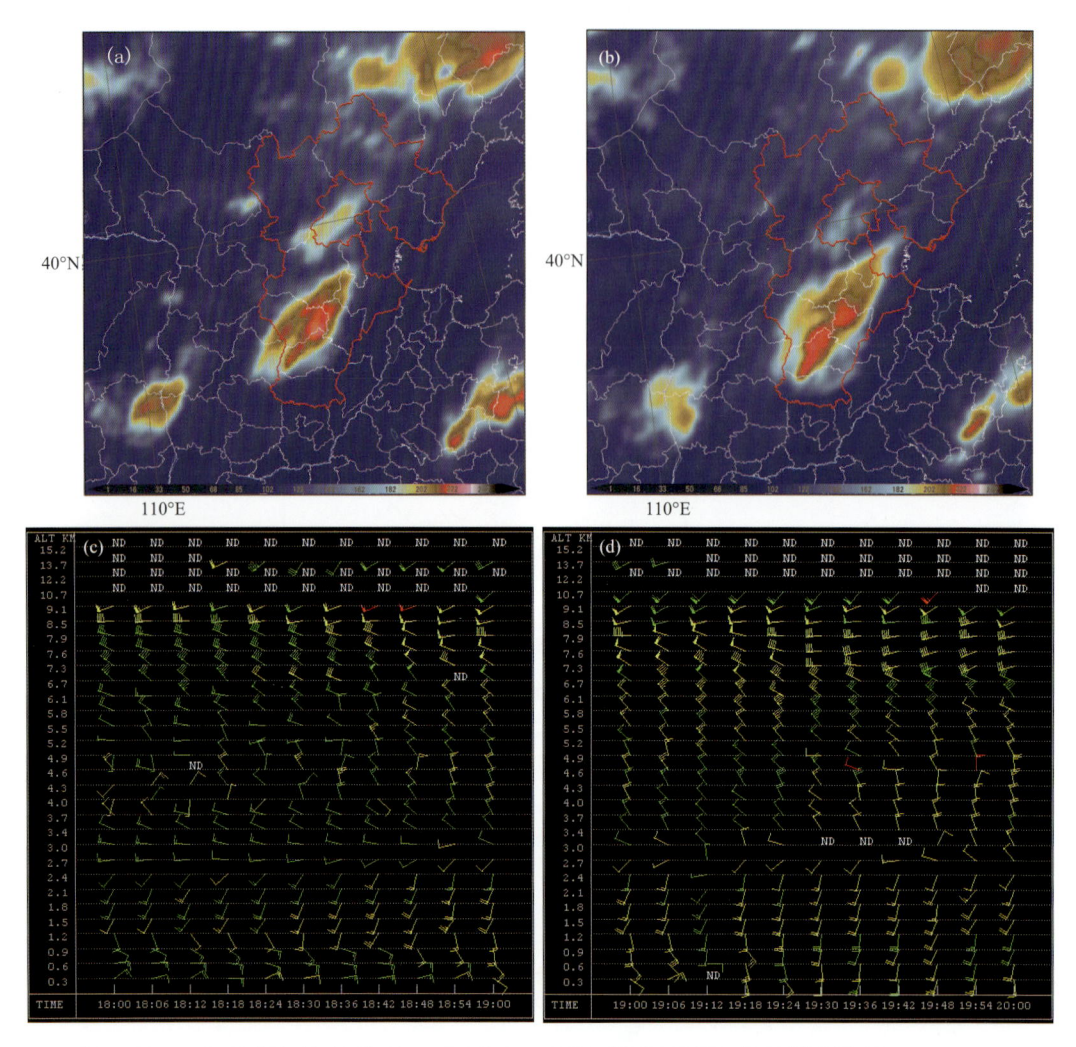

图 5.18.4　2016 年 7 月 28 日 18:45(a)和 19:45(b)FY-2E 卫星红外云图以及 18:00—19:00 和 19:54—21:00 石家庄雷达 VWP 演变(c、d)

雷达回波自西向东移动,强度超过 55 dBZ,形成飑线,前方伴有阵风锋,飑线上存在弓形回波并伴有后侧入流急流,低层最大径向速度达 27 m·s$^{-1}$,1.5°仰角伴随中层径向辐合;VIL 最大 51 kg·m$^{-2}$,回波顶高大于 16 km(图 5.18.5～5.18.7)。

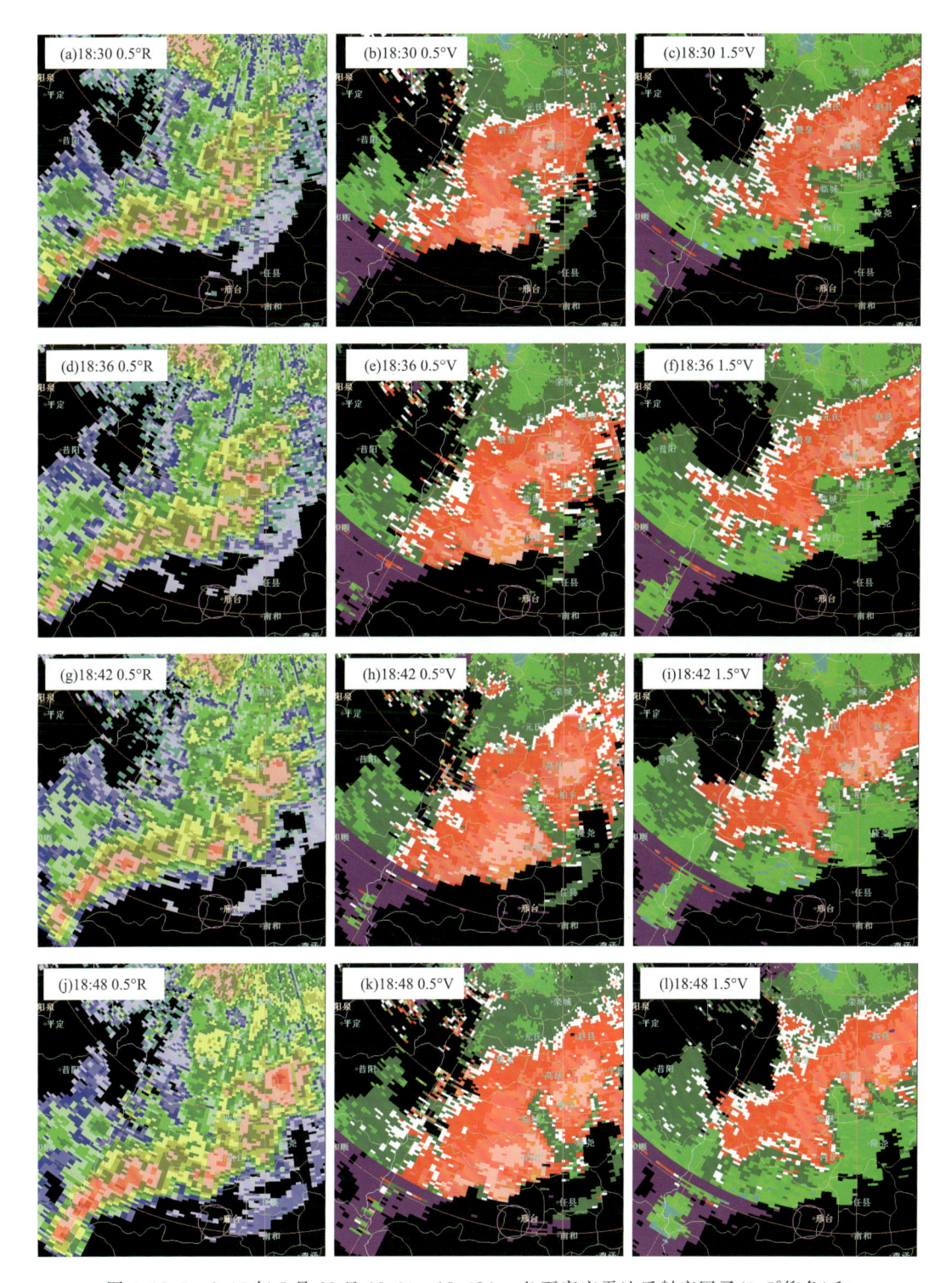

图 5.18.5　2016 年 7 月 28 日 18:30—18:48(a~l)石家庄雷达反射率因子(0.5°仰角)和平均径向速度(0.5°和 1.5°仰角)PPI(图中○为邢台位置)

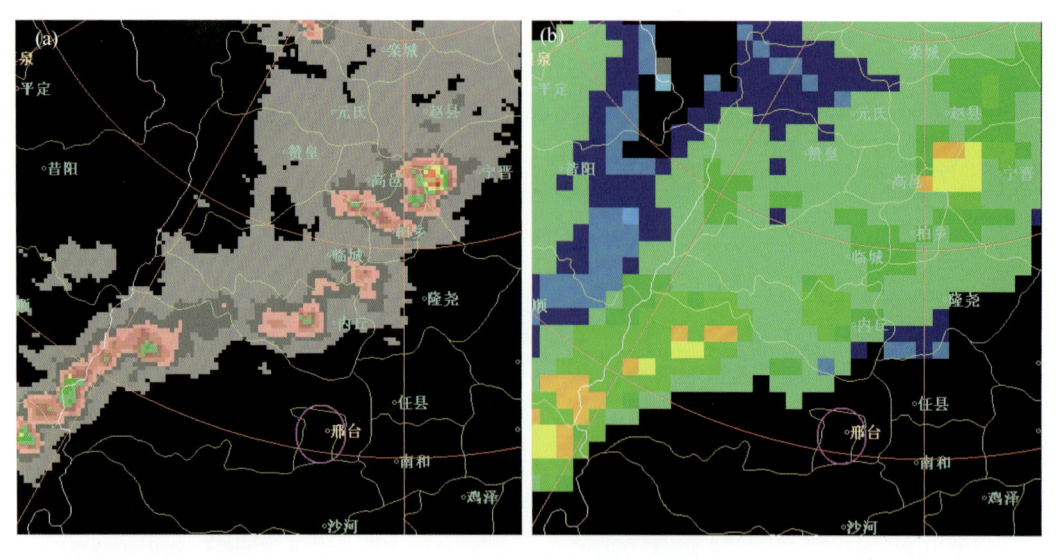

图 5.18.6　2016 年 7 月 28 日 18:36 石家庄雷达 VIL(a)和 ET(b)(图中○为邢台位置)

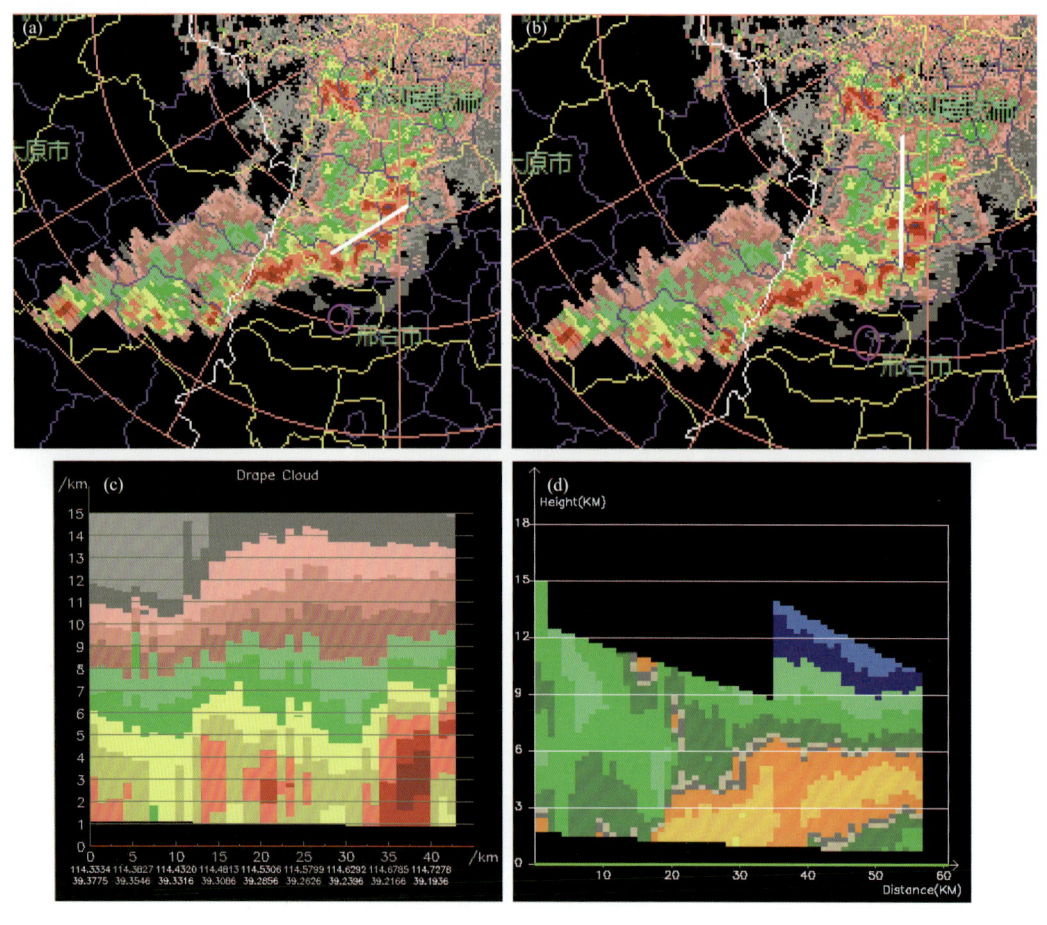

图 5.18.7　2016 年 7 月 28 日 18:36 石家庄雷达 0.5°仰角反射率因子(a)和 0.5°仰角平均径向速度(b)以及沿图中实线的反射率因子垂直剖面(c)和平均径向速度垂直剖面(d)

## 5.19 2016年8月12日短时强降水

**实况**：短时强降水主要影响河北省中北部（107站），集中出现在12日夜间（图5.19.1）。最大小时降水量95.3 mm，出现在衡水深州大屯（12日23时至13日00时），承德兴隆南天门最大小时降水量75.8 mm（12日08—09时）（图5.19.1c）。

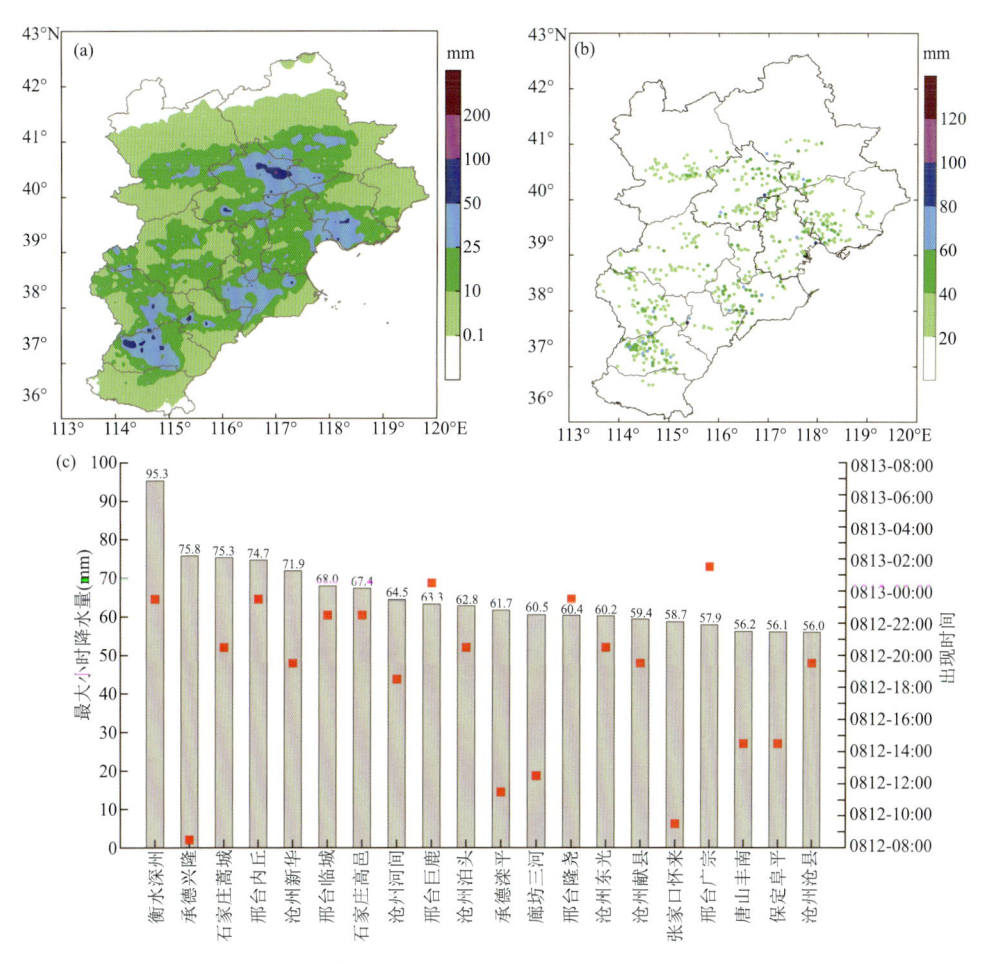

图5.19.1 2016年8月12日08时至13日08时24 h降水量(a)、最大小时降水量(b)和短时强降水出现时间(c)

**主要影响系统**：500 hPa副热带高压、高空槽，850 hPa切变线，地面冷锋。

**系统配置及演变**：500 hPa冷涡底部高空槽东移，与副热带高压588 dagpm等值线外围暖湿气流相遇，低层有切变线和地面冷锋，河北张家口的K指数49 ℃，北京的K指数39 ℃，非常有利于短时强降水的发生（图5.19.2）。

分析北京探空资料（图5.19.3），8月12日08时的环境条件有利于短时强降水的产生：(1)整层温度露点差较小，湿层较厚（图5.19.3b）；(2)08时的对流有效位能为2901.1 J·kg$^{-1}$，不稳定能量很大（图5.19.3a）；(3)1000 hPa到500 hPa $\theta_{se}$明显下降，条件不稳定较强（图5.19.3c）。

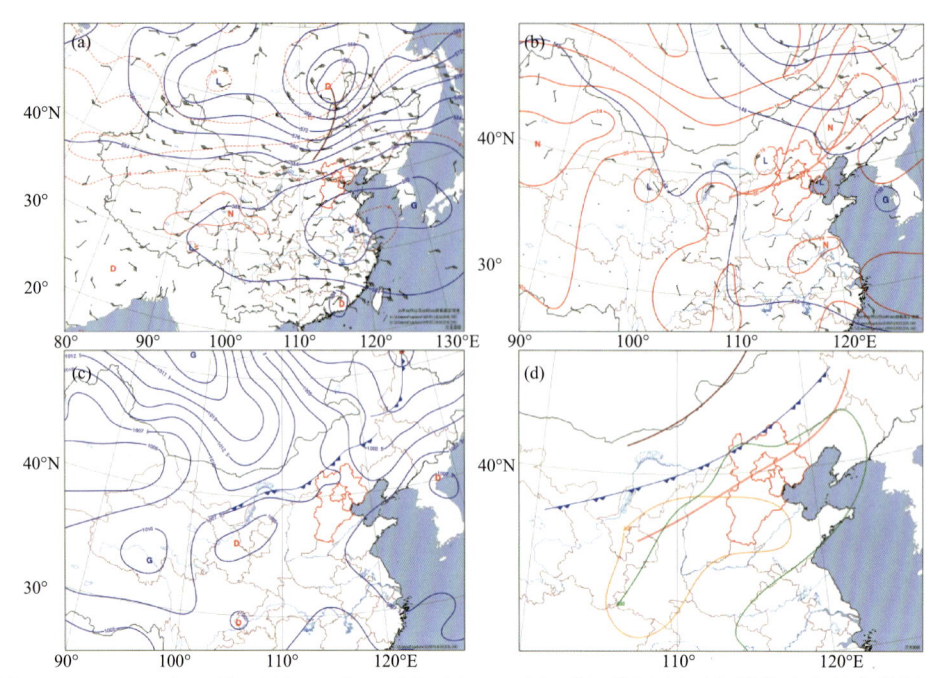

图 5.19.2　2016 年 8 月 12 日 08 时 500 hPa(a)、850 hPa(b)、地面(c)天气形势和中尺度分析(d)

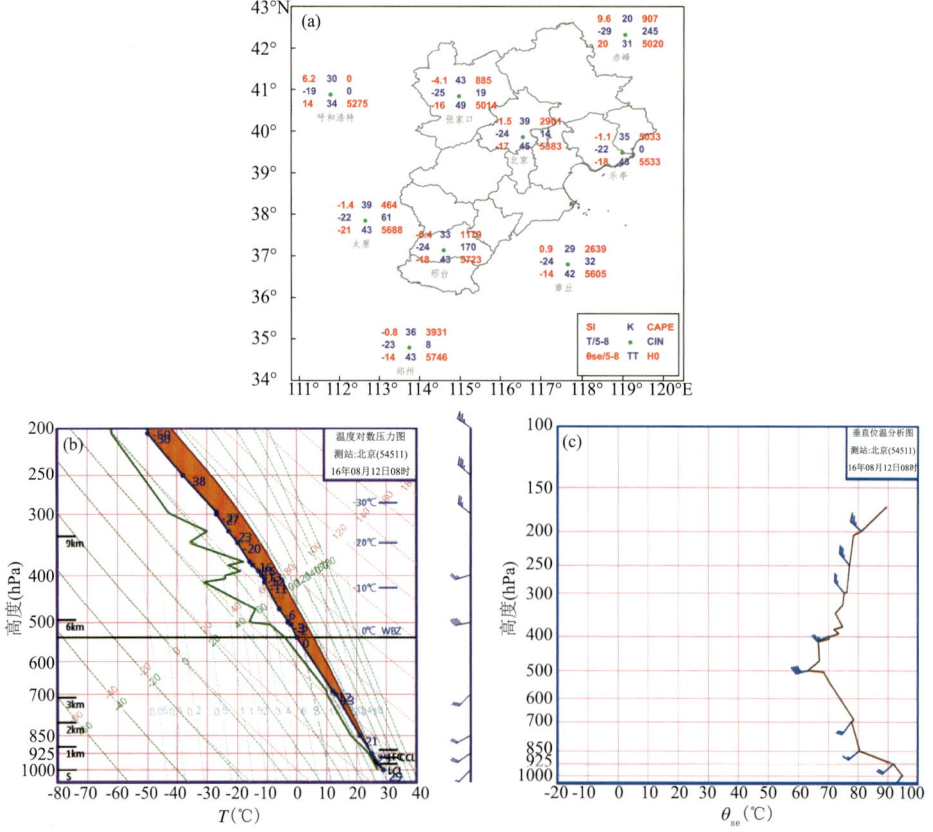

图 5.19.3　2016 年 8 月 12 日 08 时对流参数和特征高度分布(a)、54511(北京)
$T$-$\ln p$ 图(b)和假相当位温变化(c)

卫星云图上(图 5.19.4a、b),12 日 23:15 前后河北南部有一类似中尺度对流复合体的云团移动缓慢;13 日 00:15 云区进一步扩大。石家庄雷达 VWP 上(图 5.19.4c、d),12 日 23:00 以后,低层为明显的东北风,4 km 高度以上为一致的西北风。

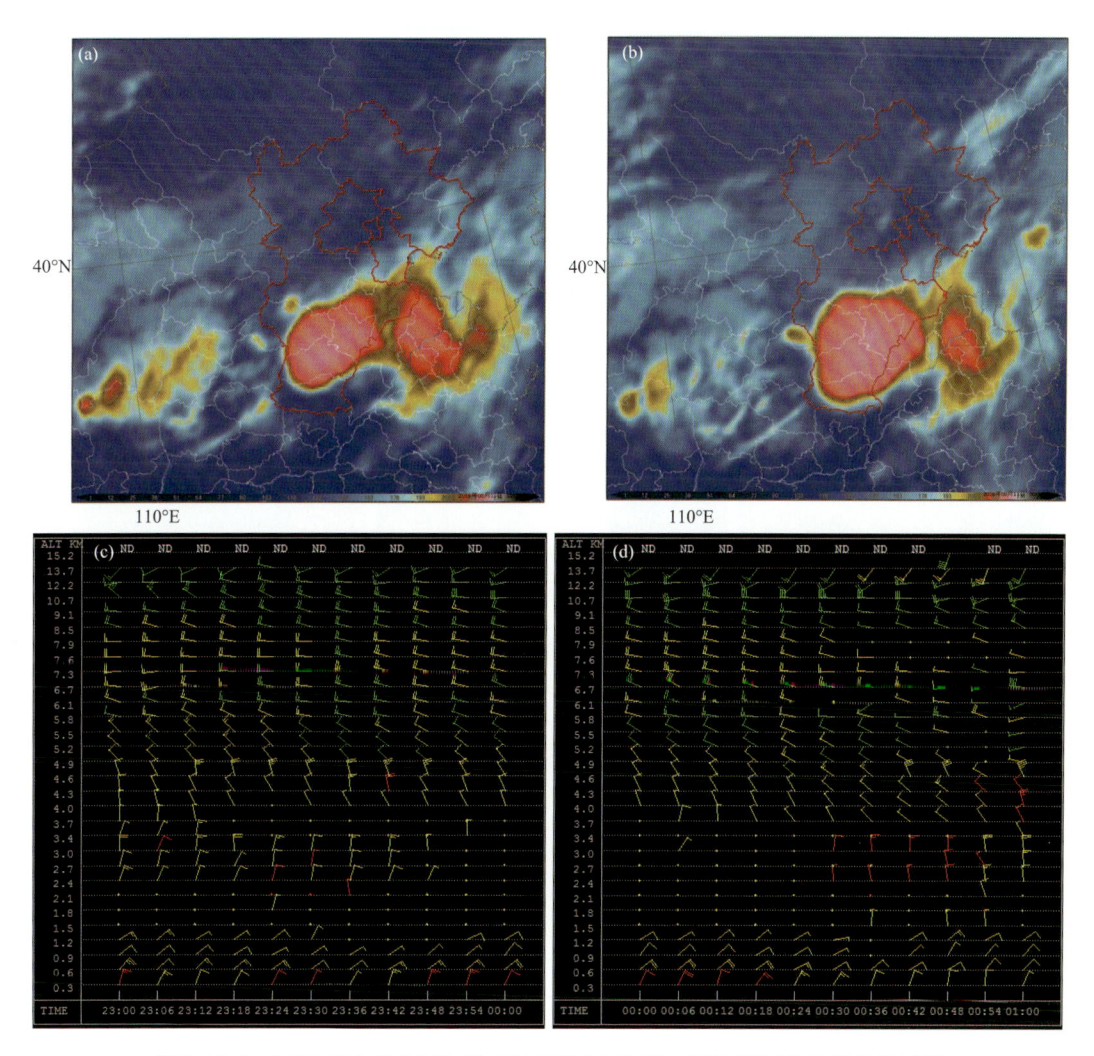

图 5.19.4 2016 年 8 月 12 日 23:15(a)和 13 日 00:15(b)FY-2G 卫星红外云图
以及 12 日 23:00 至 13 日 01:00 石家庄雷达 VWP 演变(c、d)

带状雷达回波位于衡水深州西部且稳定少动,1.5°仰角 23:36 反射率因子强度 57.5 dBZ,0.5°仰角径向速度为较强的东南风(图 5.19.5);VIL 达 46 kg·m$^{-2}$,回波顶高 16.8 km(图 5.19.6)。反射率因子剖面强回波发展高度较高,为明显的对流性降水(图 5.19.7)。

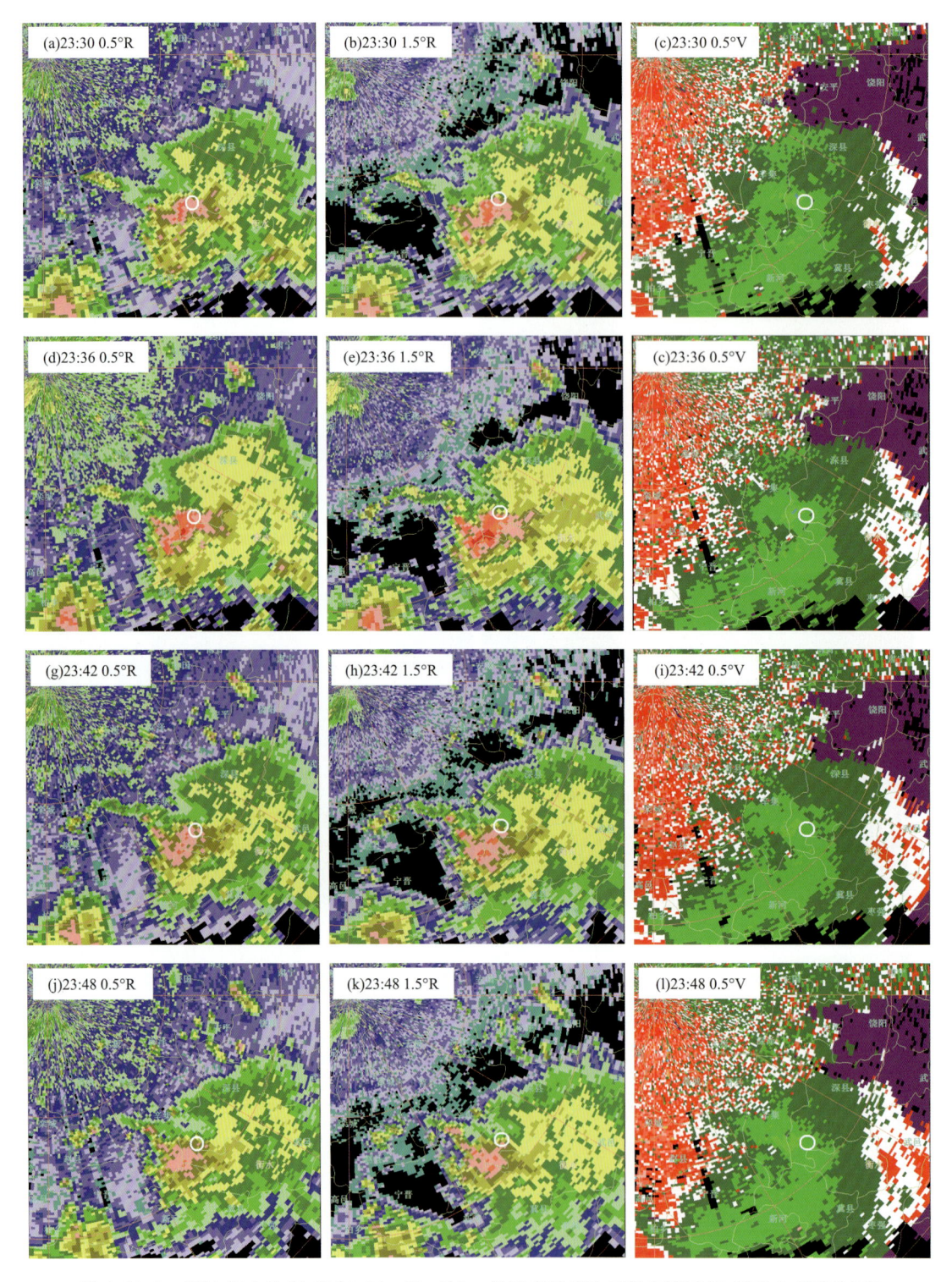

图 5.19.5 2016年8月12日23:30—23:48(a～l)石家庄雷达反射率因子(0.5°和1.5°仰角)和平均径向速度(0.5°仰角)PPI(图中○为衡水深州大屯站位置)

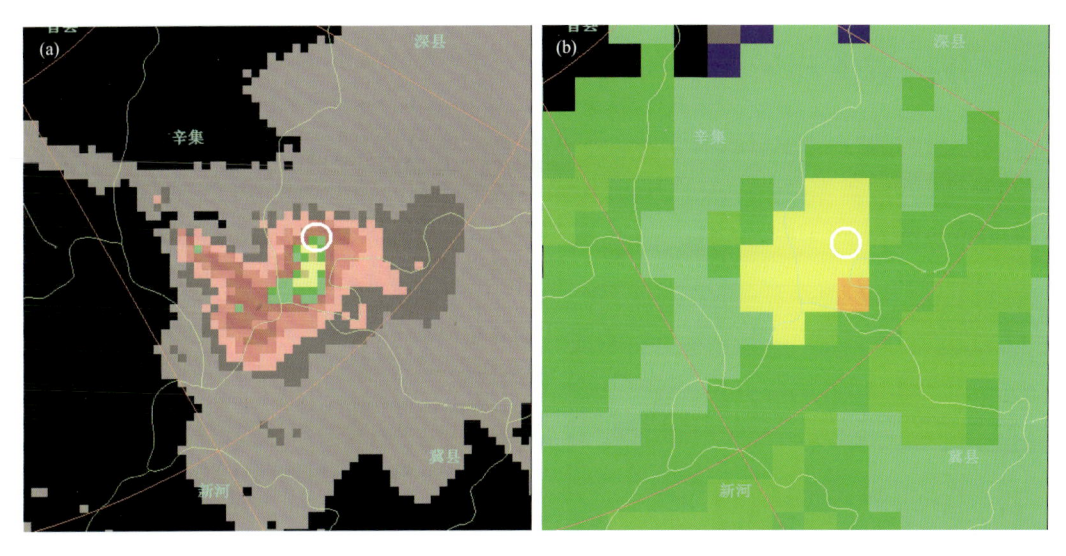

图 5.19.6　2016 年 8 月 12 日 19:48 石家庄雷达 VIL(a)和 ET(b)(图中○为衡水深州大屯站位置)

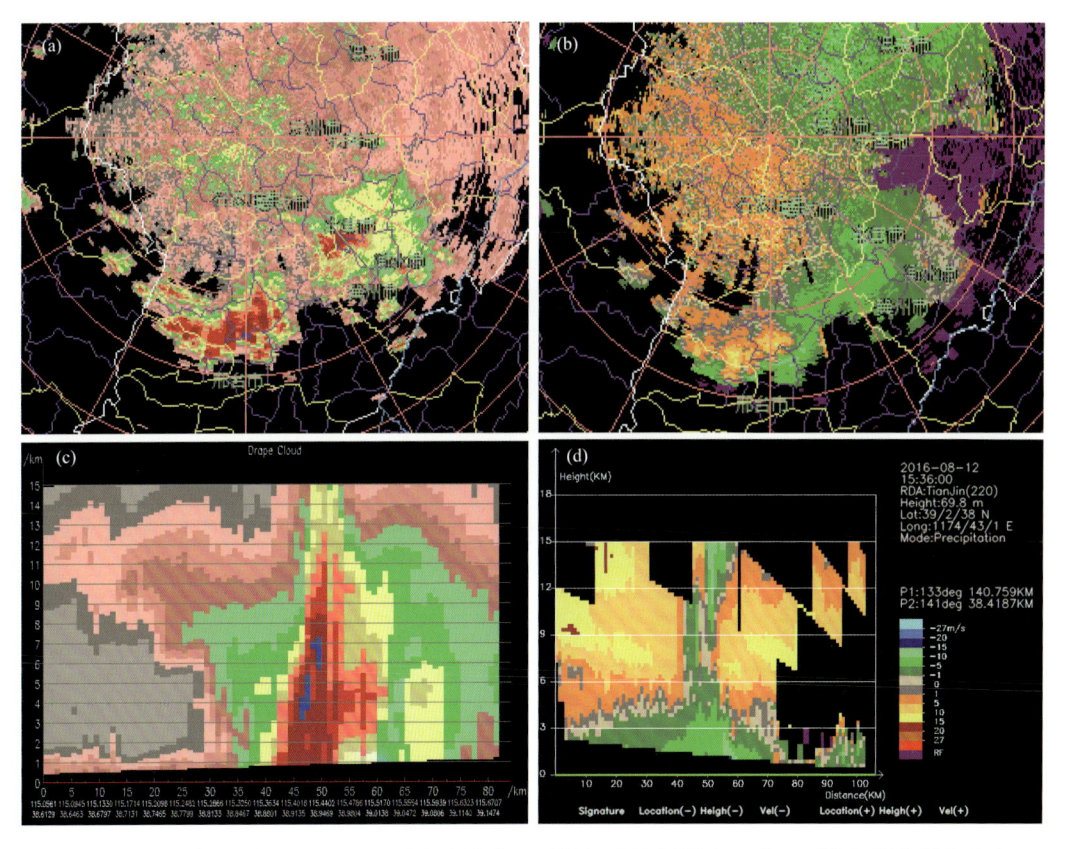

图 5.19.7　2016 年 8 月 12 日 23:36 石家庄雷达 0.5°仰角反射率因子(a)和 0.5°仰角平均径向速度(b)以及沿图中实线的反射率因子垂直剖面(c)和平均径向速度垂直剖面(d)

## 5.20 2017年8月2日短时强降水

实况:短时强降水主要影响河北省东北部(85站),集中出现在8月2日08时至3日08时(图5.20.1a~c)。最大小时降水量为97.8 mm,出现在廊坊大城(2日17—18时),唐山滦县最大小时降水量为95.4 mm(3日04—05时)(图5.20.1c)。

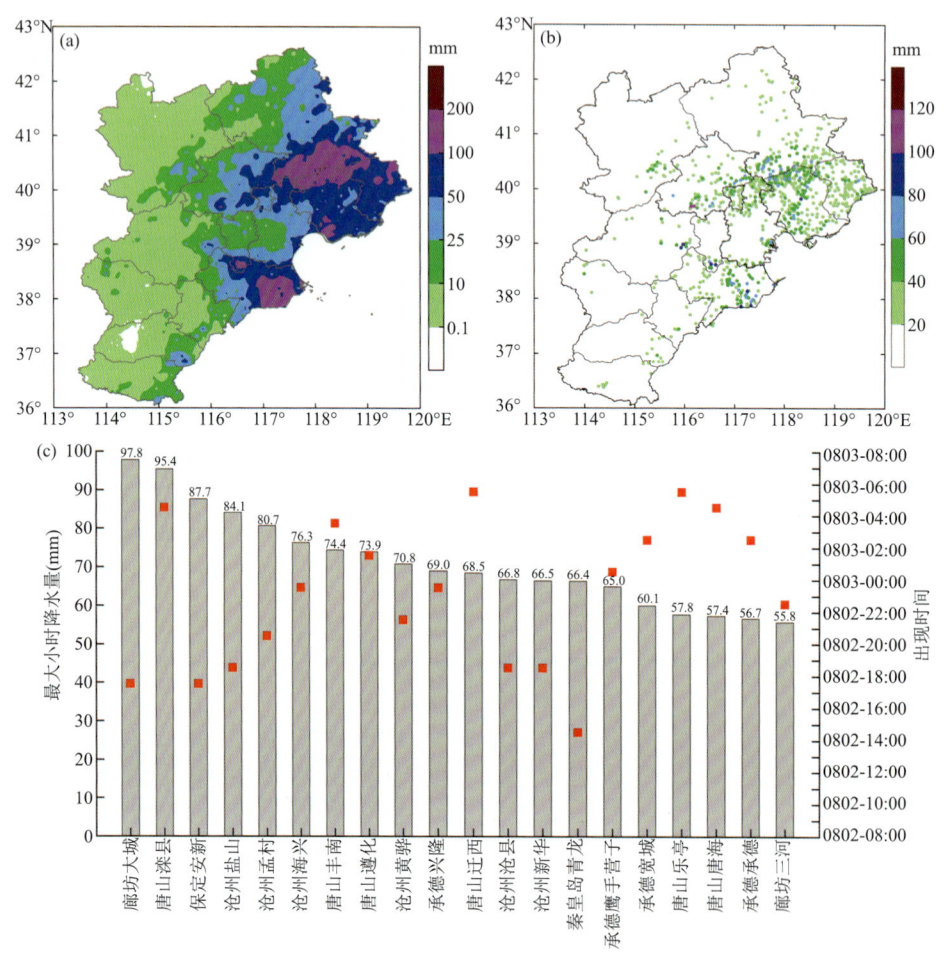

图5.20.1 2017年8月2日08时至3日08时24 h降水量(a)、最大小时降水量(b)和短时强降水出现时间(c)

主要影响系统:500 hPa高空槽、台风低压、地面台风倒槽。

系统配置及演变:500 hPa高空槽东移与减弱北上的台风倒槽结合;850 hPa东南风达到低空急流;地面低压倒槽辐合区及850 hPa切变区为不稳定能量的释放提供了有利的动力强迫(图5.20.2)。

分析乐亭探空资料(图5.20.3),8月2日08时的环境条件有利于短时强降水的产生:(1) 850 hPa以上存在一定的干层,850 hPa以下为湿层(图5.20.3b),1000 hPa露点温度达到25.6 ℃;(2)08时850~500 hPa温差达到22 ℃,对流有效位能达到1448 J·kg$^{-1}$(图5.20.3a),

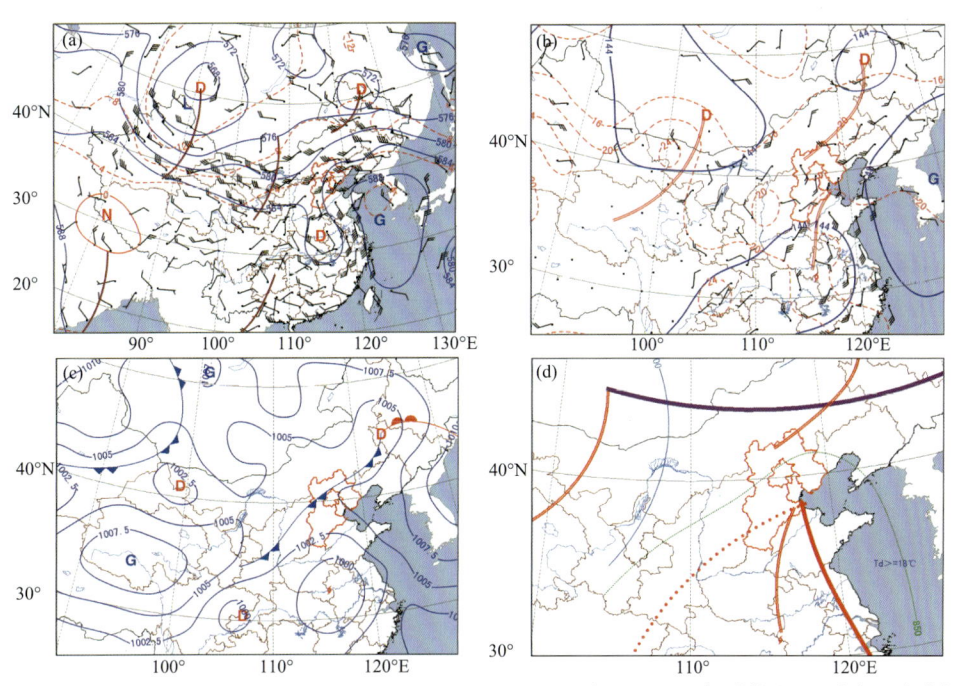

图 5.20.2　2017 年 8 月 2 日 08 时 500 hPa(a)、850 hPa(b)、20 时地面(c)天气形势和 08 时中尺度分析(d)

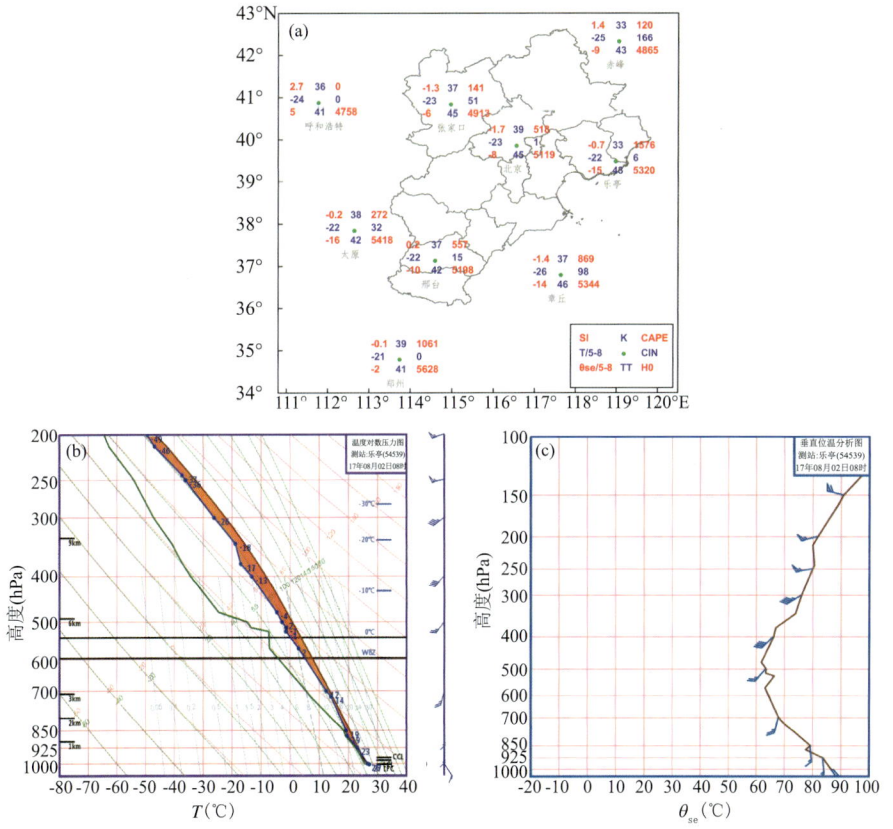

图 5.20.3　2017 年 8 月 2 日 08 时对流参数和特征高度分布(a)、54539(乐亭)
$T$-$\ln p$ 图(b)和假相当位温变化(c)

1000 hPa 至 569 hPa $\theta_{se}$ 降低 23 ℃，位势不稳定层深厚（图 5.20.3c）；(3)0 ℃层高度为 5.32 km，抬升凝结高度为 984 hPa，暖层深厚。

卫星云图上（图 5.20.4a、b），河北省东北部上空的中尺度对流系统有后向传播和列车效应的现象。秦皇岛雷达 VWP 显示（图 5.20.4c、d），整层一直为偏南风，1.5 km 高度附近西南风风速为 20 m·s$^{-1}$。

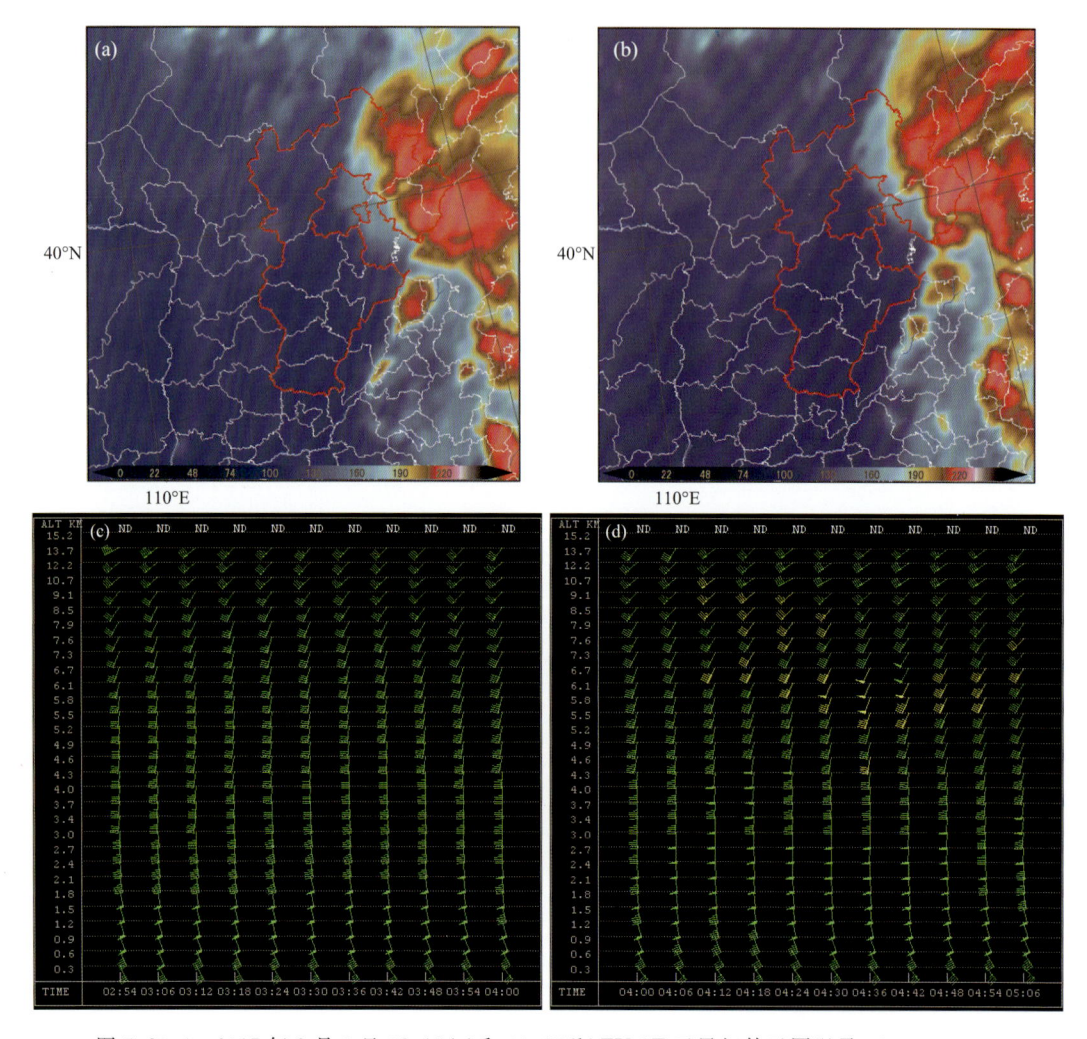

图 5.20.4　2017 年 8 月 3 日 02:15(a)和 04:15(b)FY-2E 卫星红外云图以及 02:54—05:06 秦皇岛雷达 VWP 演变（c、d）

对流回波呈絮状，1.5°仰角反射率因子图上，45 dBZ 以上的强回波不断经过唐山滦县（至少 6 个体扫），形成列车效应（图 5.20.5）。回波顶高为 8.0 km，VIL 达到 8 kg·m$^{-2}$（图 5.20.6）。从反射率因子剖面上看，回波质心在 5 km 高度以下，反射率因子≥50 dBZ，具有高的降水效率，为热带对流型短时强降水（图 5.20.7）。

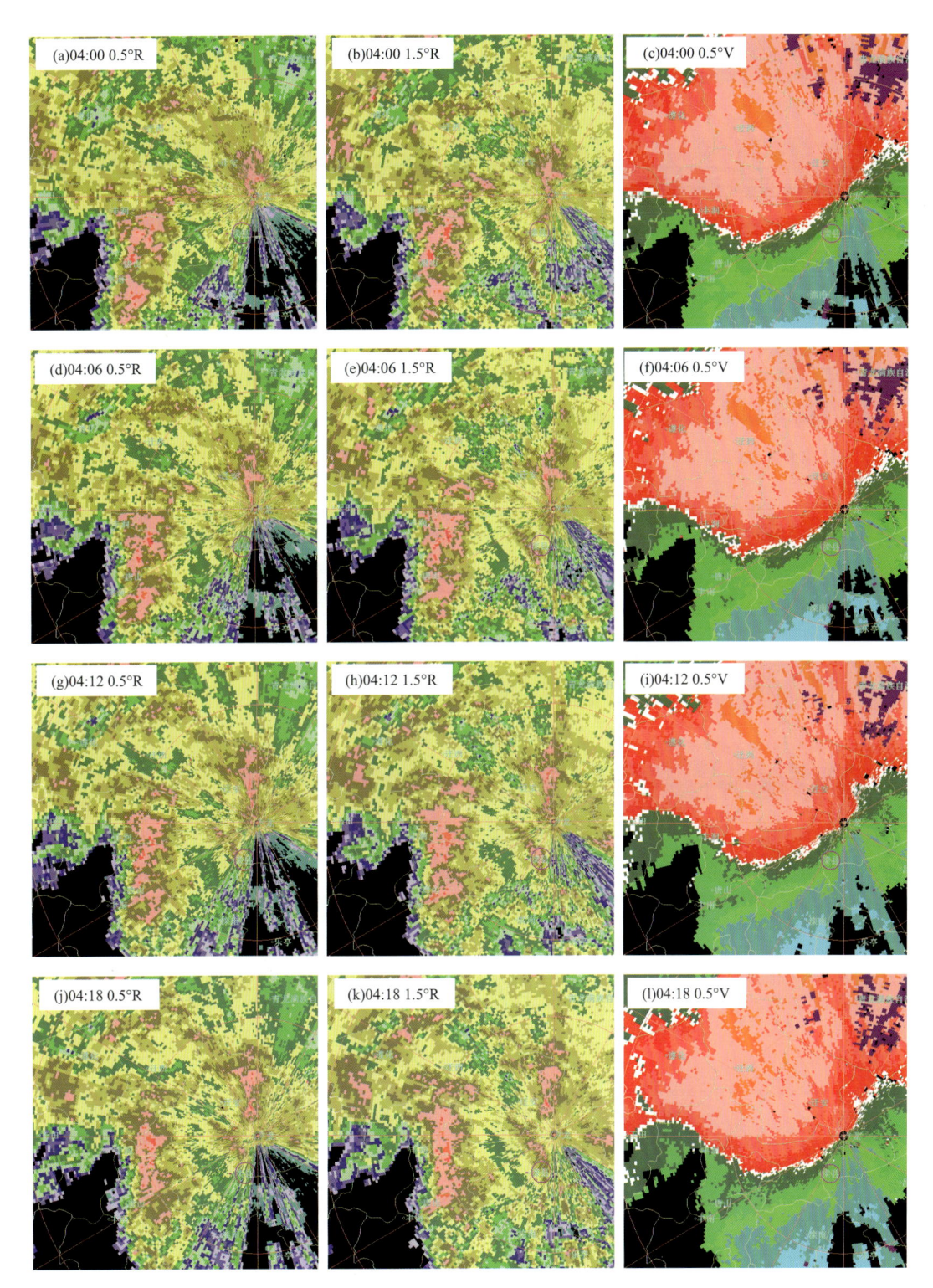

图 5.20.5 2017 年 8 月 3 日 04:00—04:18(a~l)秦皇岛雷达反射率因子(0.5°和 1.5°仰角)和平均径向速度(0.5°仰角)PPI(图中○为唐山滦县位置)

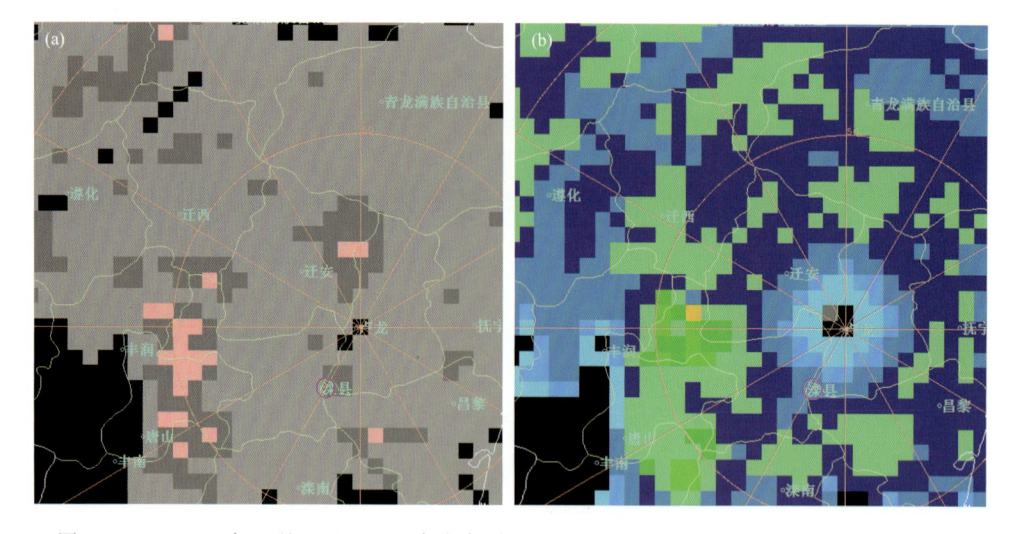

图 5.20.6　2017 年 8 月 3 日 04:12 秦皇岛雷达 VIL(a)和 ET(b)(图中○为唐山滦县位置)

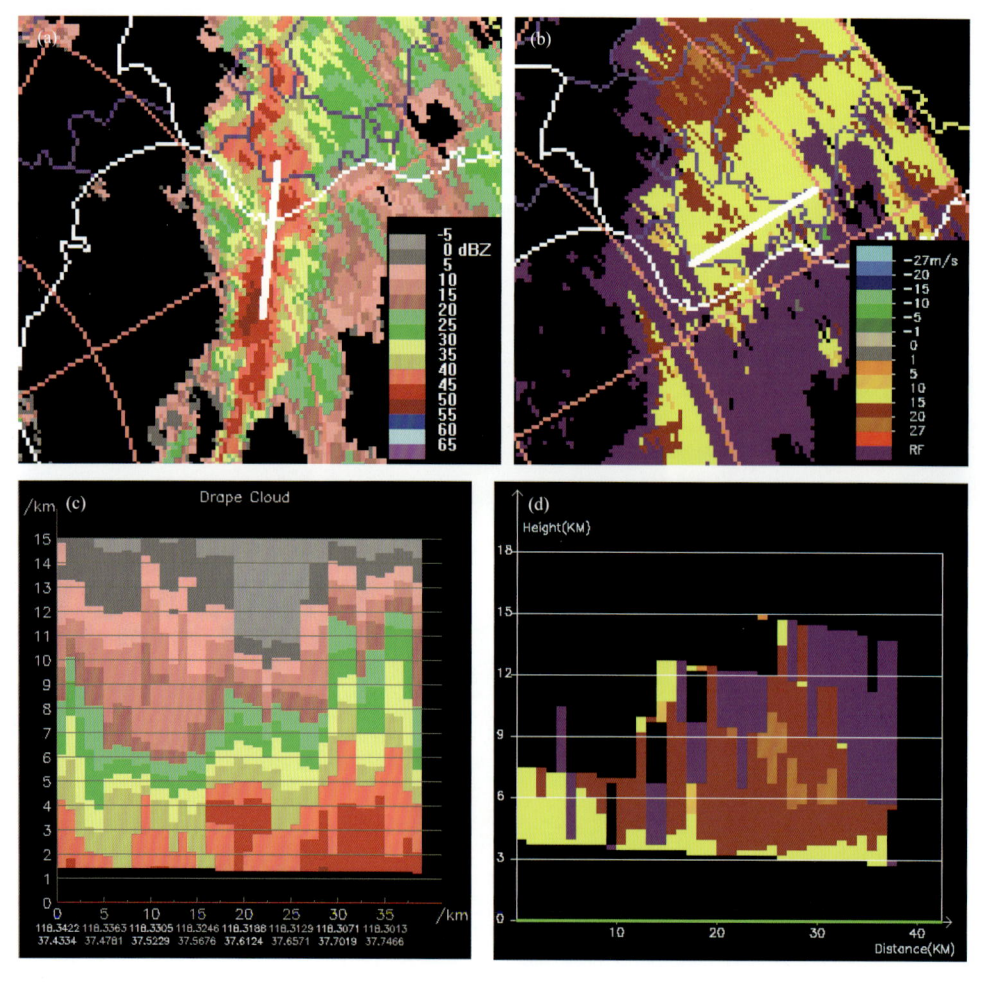

图 5.20.7　2017 年 8 月 3 日 04:12 秦皇岛雷达 0.5°仰角反射率因子(a)和 0.5°仰角平均径向速度(b)
以及沿图中实线的反射率因子垂直剖面(c)和平均径向速度垂直剖面(d)

## 5.21 2017年8月5日雷暴大风

实况:强对流天气主要出现在河北省中部,以雷暴大风(18站)为主,集中出现在5日12—22时(图5.21.1a、b)。石家庄赞皇12:24瞬时极大风速达25 m·s$^{-1}$(10级),沧州盐山14:27出现19 m·s$^{-1}$(8级)的东北大风(图5.21.1b)。

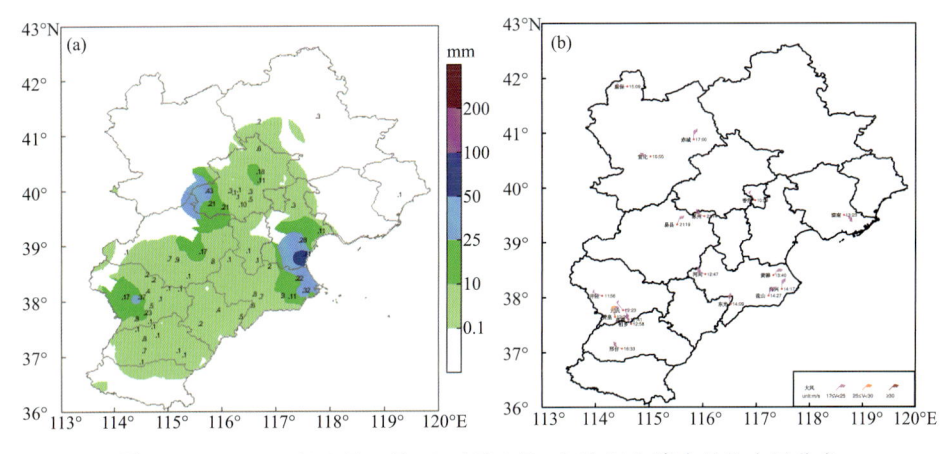

图5.21.1 2017年8月5日08时至6日08时24 h降水量和大风分布

主要影响系统:500 hPa冷涡、低槽,850 hPa切变线。

系统配置及演变:500 hPa低涡底部冷槽携带冷空气东移,850 hPa切变线移入河北省;500 hPa槽后存在超过20 m·s$^{-1}$的大风速核;地面处于低压区和风场辐合区(图5.21.2)。

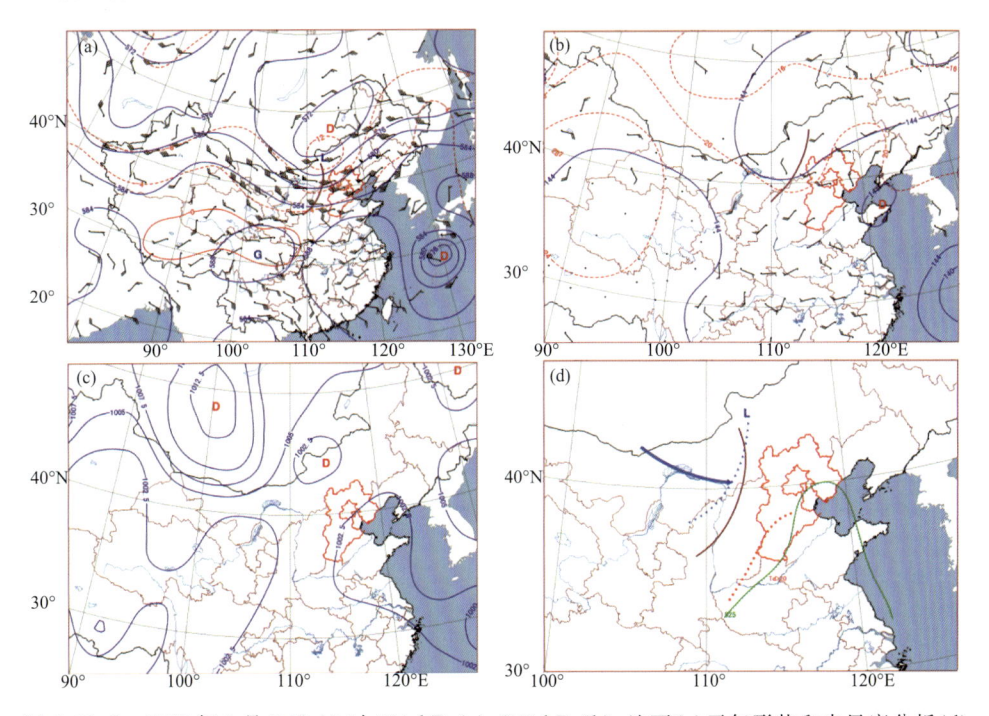

图5.21.2 2017年8月5日08时500 hPa(a)、850 hPa(b)、地面(c)天气形势和中尺度分析(d)

分析北京探空资料(图 5.21.3),8 月 5 日 08 时的环境条件有利于雷暴大风的产生:(1)850~600 hPa 大气温度直减率接近干绝热递减率(图 5.21.3b);(2)"上干下湿"的湿度层结(图 5.21.3b);(3)08 时 850~500 hPa 温差达到 29 ℃,对流有效位能达到 1364 J·kg$^{-1}$,600 hPa 的下沉对流有效位能达到 885 J·kg$^{-1}$(图 5.21.3a),850 hPa 到 770 hPa $\theta_{se}$下降了 27 ℃,存在明显的条件不稳定(图 5.21.3c);(4)0~6 km 的垂直风切变接近 20 m·s$^{-1}$;(5)0 ℃ 层高度为 4.7 km,−20 ℃ 层高度为 8 km,不利于冰雹出现。

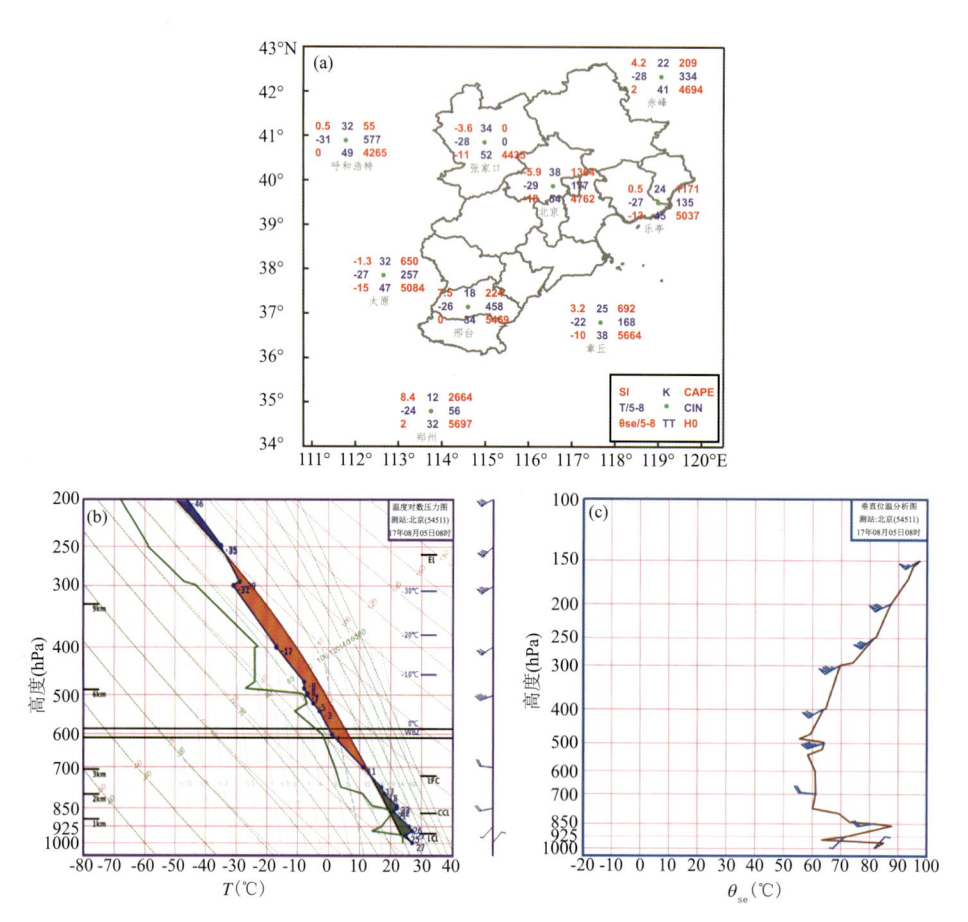

图 5.21.3　2017 年 8 月 5 日 08 时对流参数和特征高度分布(a)、54511(北京)
$T$-$\ln p$ 图(b)和假相当位温变化(c)

卫星云图上(图 5.21.4a、b),13:15 前后在河北省中部有白亮的对流云发展,下风方边界模糊,14:15 迅速合并为带状云。石家庄雷达 VWP 上(图 5.21.4c、d),13:30 以后,边界层由西南风转为西北风,6 km 高度西北风加大到 20 m·s$^{-1}$以上,0~6 km 垂直风切变增强。

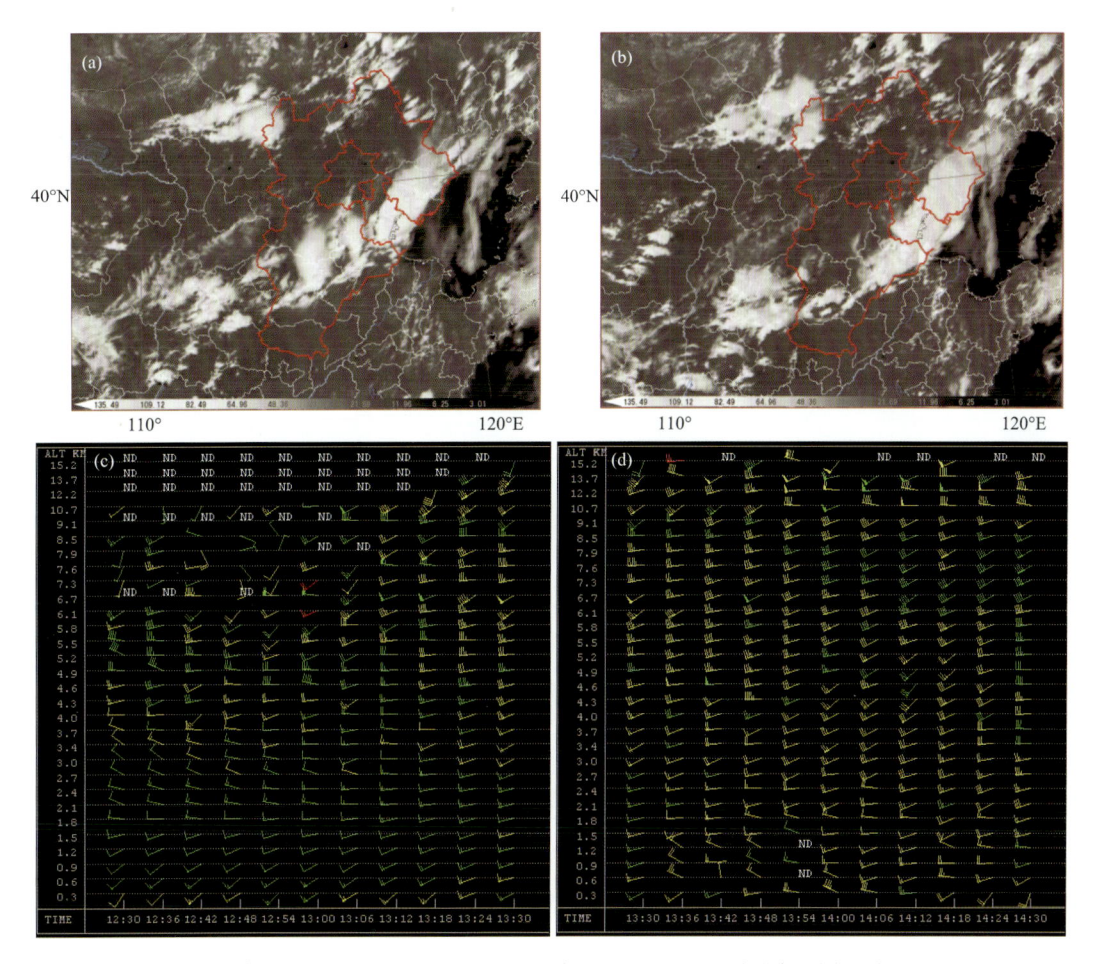

图 5.21.4  2017 年 8 月 5 日 13:15(a)和 14:15 时(b)FY-2E 卫星可见光云图以及 12:30—13:30 和 13:30—14:30 沧州雷达 VWP 演变(c、d)

雷达回波自西向东移动，最大强度超过 55 dBZ，形成前、后两条明显的带状回波，存在前侧阵风锋并伴有后侧入流急流，低层最大径向速度达 24 m·s$^{-1}$；VIL 最大 50 kg·m$^{-2}$，回波顶高最高大于 14 km(图 5.21.5～5.21.7)。

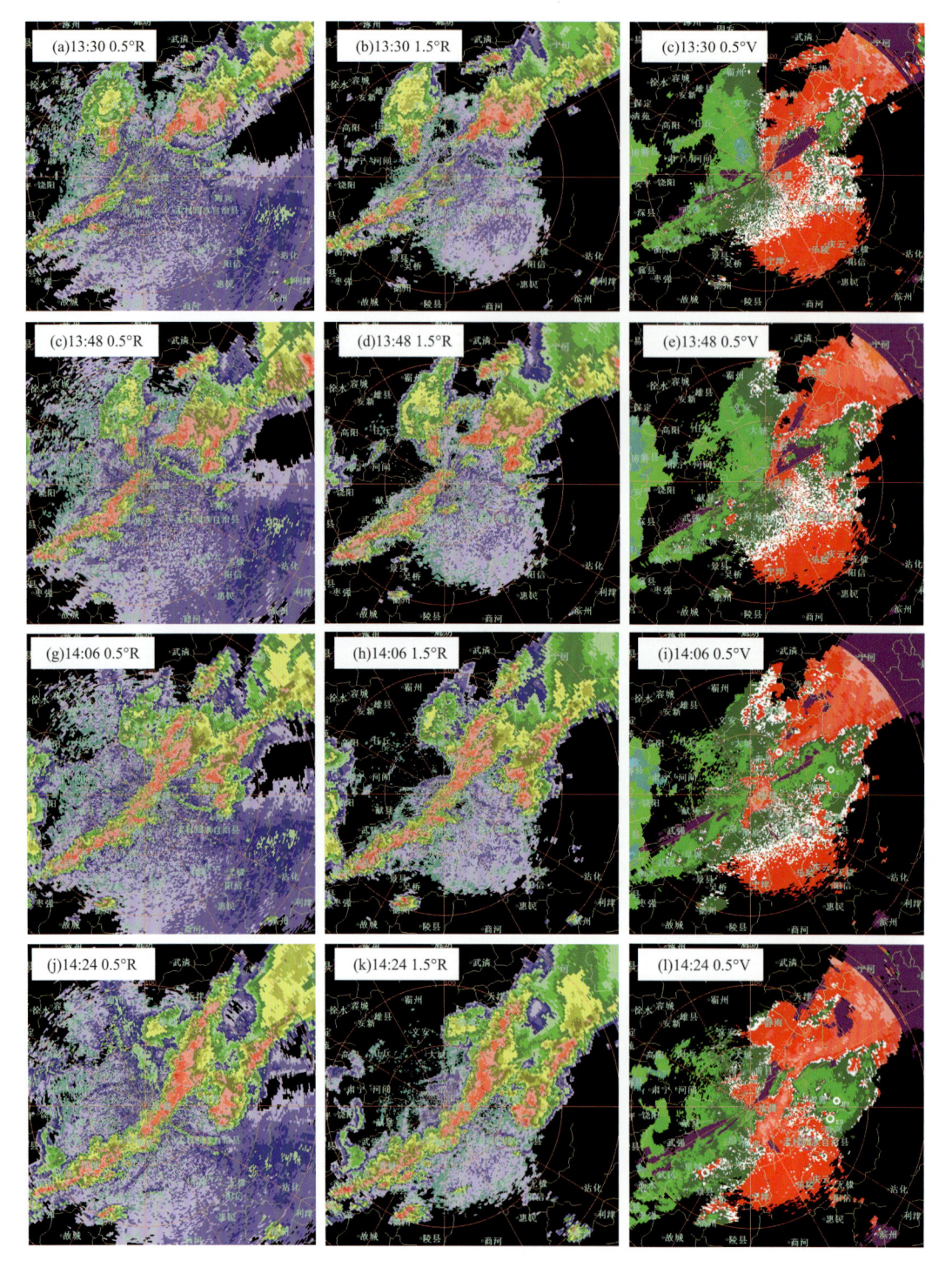

图 5.21.5　2017 年 8 月 5 日 13:30—14:24(a~l)沧州雷达反射率因子(0.5°和 1.5°仰角)和平均径向速度(0.5°仰角)PPI(图中○为沧州盐山位置)

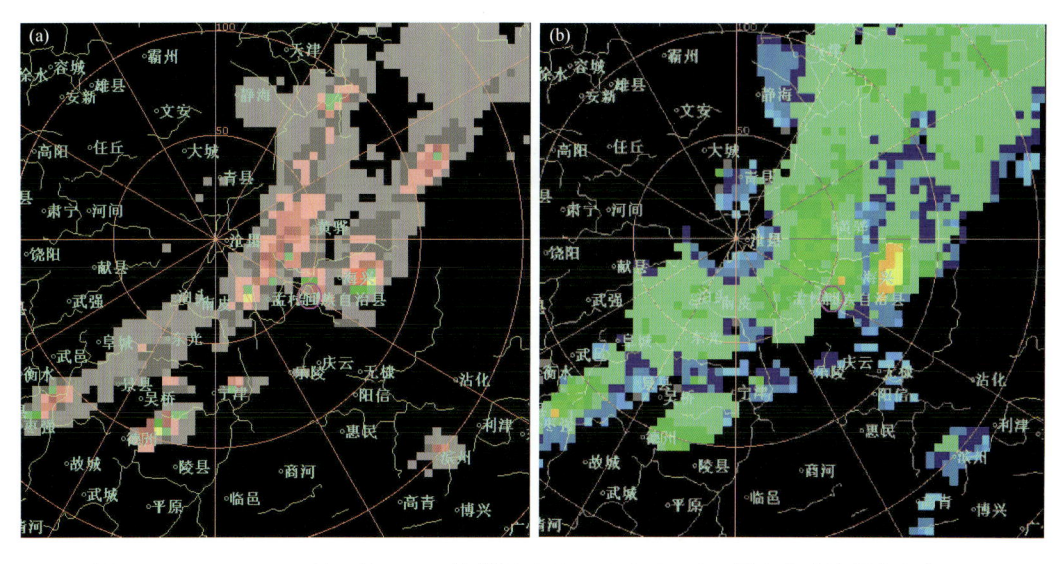

图 5.21.6 2017 年 8 月 5 日 14:24 沧州雷达 VIL(a)和 ET(b)(图中○为沧州盐山位置)

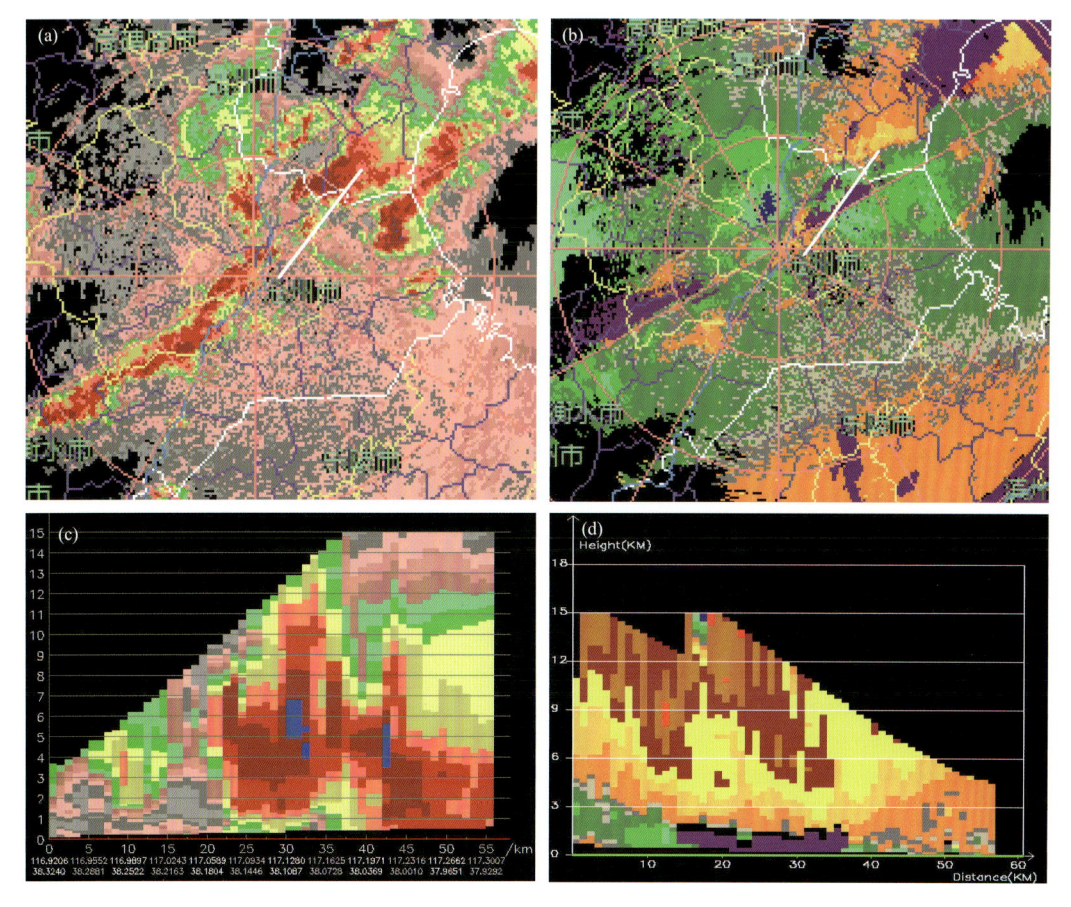

图 5.21.7 2017 年 8 月 5 日 13:54 沧州雷达 0.5°仰角反射率因子(a)和 0.5°仰角平均径向速度(b)
以及沿图中实线的反射率因子垂直剖面(c)和平均径向速度垂直剖面(d)

# 第 6 章 准正压类

## 6.1 2012 年 8 月 3 日短时强降水

实况:短时强降水主要影响河北省东部,集中出现在 3 日中午到前半夜(图 6.1.1a、b)。小时降水量最大为 87.6 mm,出现在唐山乐亭(17—18 时),秦皇岛海港最大小时降水量为 66.8 mm(20—21 时),秦皇岛昌黎最大小时降水量为 64.6 mm(18—19 时)(图 6.1.1c)。

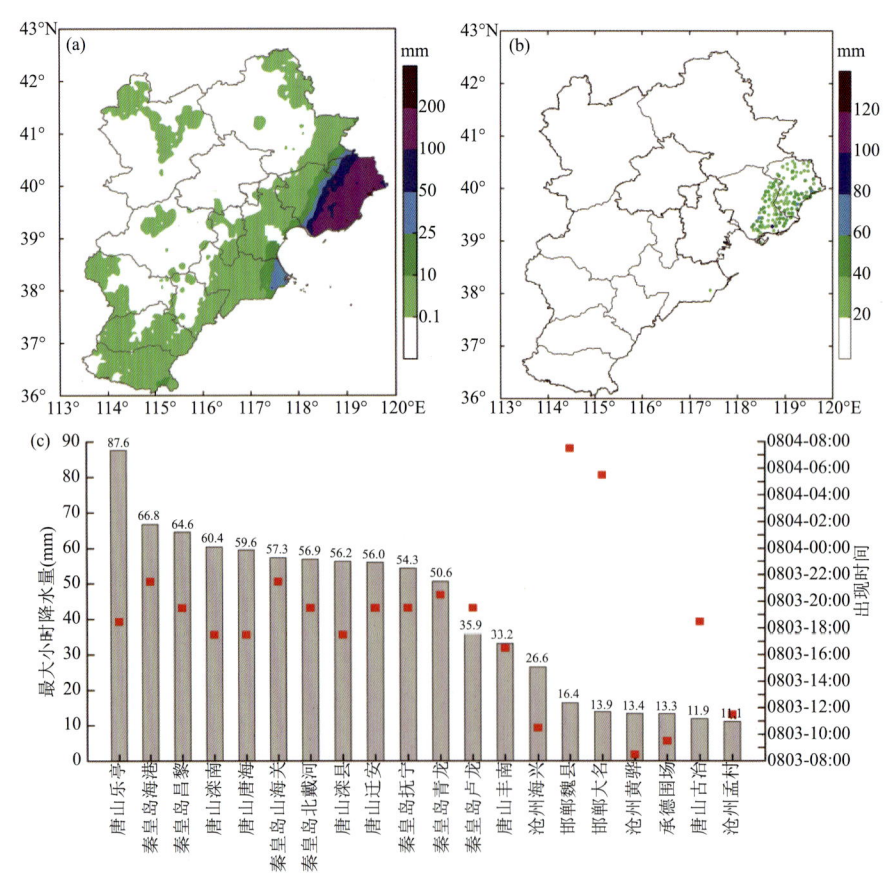

图 6.1.1 2012 年 8 月 3 日 08 时至 4 日 08 时 24 h 降水量(a)、最大小时降水量(b)和短时强降水出现时间(c)

主要影响系统：500 hPa 高空槽、台风低压、地面台风低压倒槽。

系统配置及演变：500 hPa 高空槽携带冷空气东移，减弱的台风低压北上进入河北省东部，地面处于低压倒槽顶部，有利于触发不稳定能量释放（图 6.1.2）。

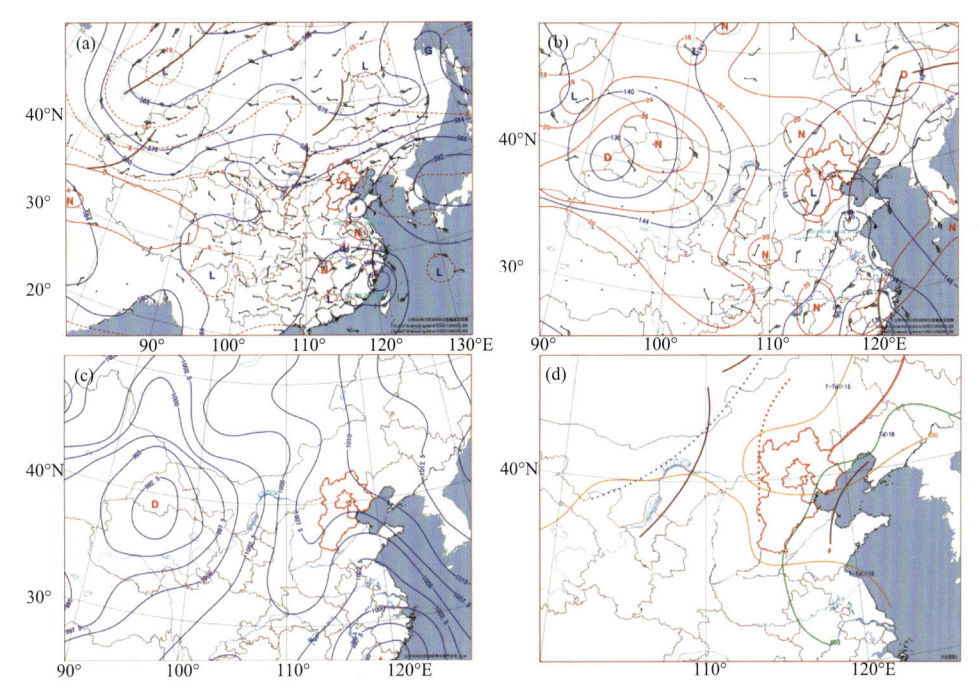

图 6.1.2 2012 年 8 月 3 日 08 时 500 hPa(a)、850 hPa(b)、
地面(c)天气形势和中尺度分析(d)

分析乐亭探空资料（图 6.1.3b），8 月 3 日 08 时的环境条件有利于短时强降水的产生：(1) 湿层深厚（图 6.1.3b），从 1000 hPa 一直伸展到 600 hPa，850 hPa 比湿 13g·kg$^{-1}$，露点为 16 ℃；(2) 08 时 850~500 hPa 温差达到 23 ℃（图 6.1.3a），1000 hPa 到 700 hPa $\theta_{se}$ 维持不变，700 hPa 到 500 hPa $\theta_{se}$ 下降了 18 ℃，存在一定的条件不稳定（图 6.1.3c）；(3) 0~6 km 的垂直风切变为 11 m·s$^{-1}$。

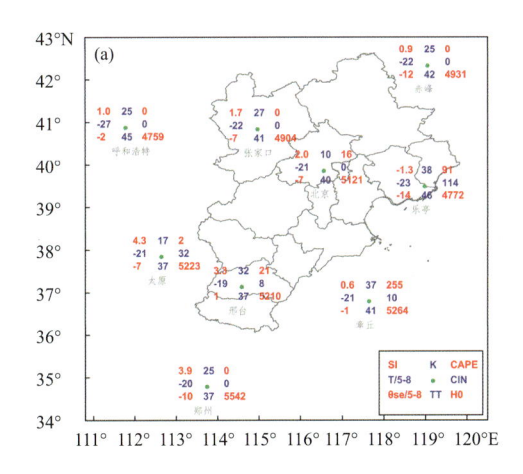

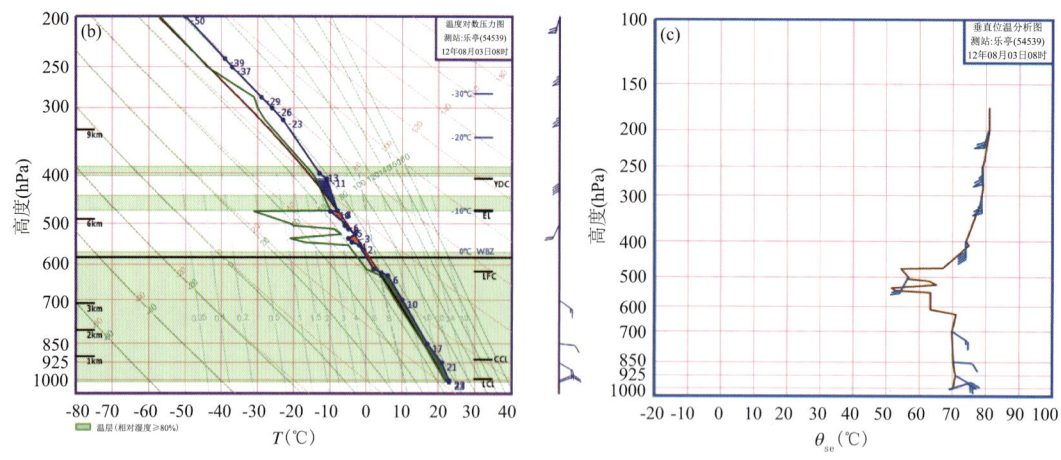

图 6.1.3　2012 年 8 月 3 日 08 时对流参数和特征高度分布(a)、54539(乐亭)
$T$-$\ln p$ 图(b)和假相当位温变化(c)

卫星云图上(图 6.1.4a、b)，12:00 前后台风低压的外围云系进入河北省东部，随着涡旋云系旋转西移北上，18:00 涡旋云系中心的对流云团进入河北省东北部，此后缓慢东移北上。秦皇岛雷达 VWP 上，17:36 以后边界层东风加大，2~3 km 高度西北风转为东北风，且风速加大(图 6.1.4c、d)。

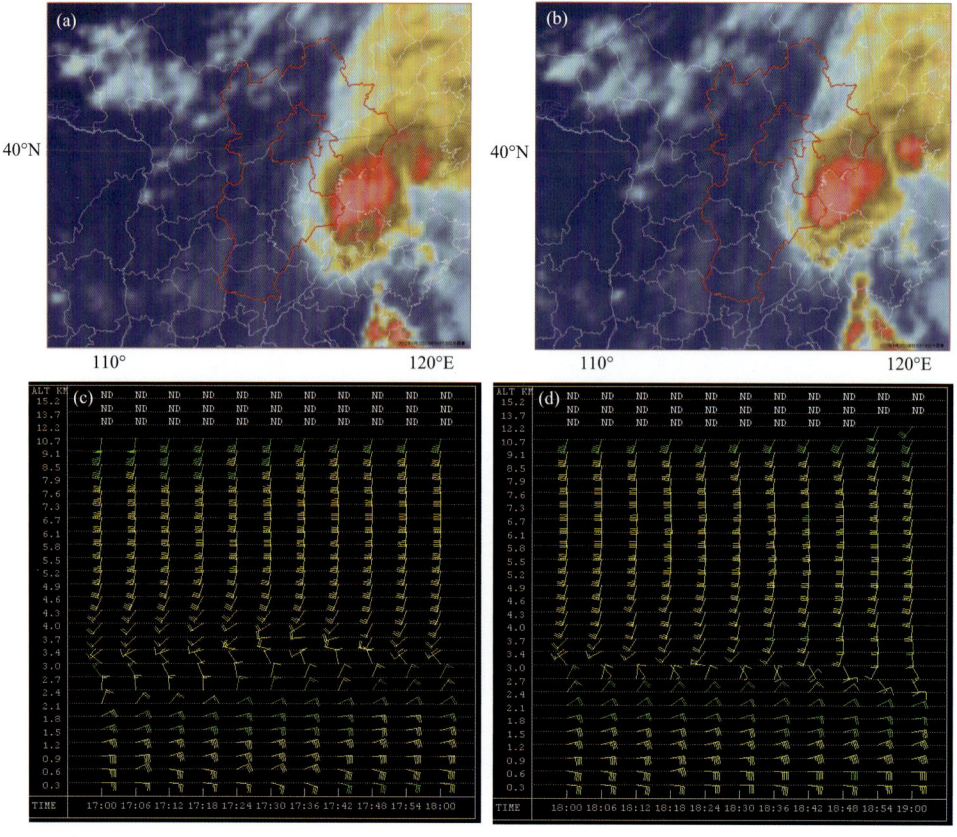

图 6.1.4　2012 年 8 月 3 日 17 时(a)和 18 时(b)FY-2E 卫星红外云图以及 17—19 时
秦皇岛雷达 VWP 演变(c、d)

雷达回波呈大面积片状层云降水回波特征，移动缓慢，基本上呈准静止，回波质心低，超过 35 dBZ 的回波维持时间长。径向速度近地层的东风和底层的南风风速超 20 m·s$^{-1}$，达到急流标准，中低层有明显径向辐合，回波顶高为 7 km(图 6.1.5～6.1.7)。

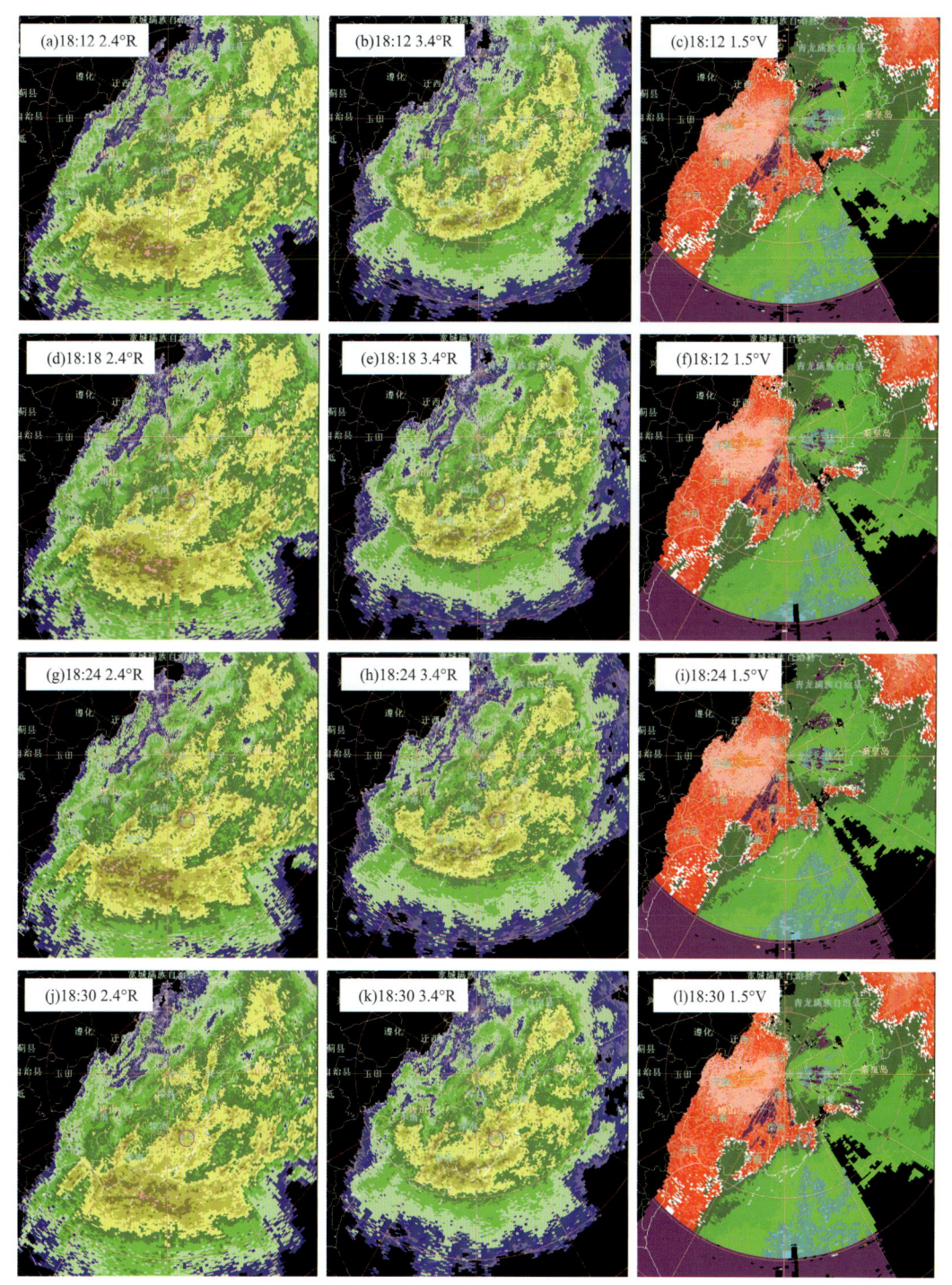

图 6.1.5　2012 年 8 月 3 日 18:12—18:30(a～l)秦皇岛雷达反射率因子(2.4°和 3.4°仰角)和平均径向速度(1.5°仰角)PPI(图中○为唐山乐亭位置)

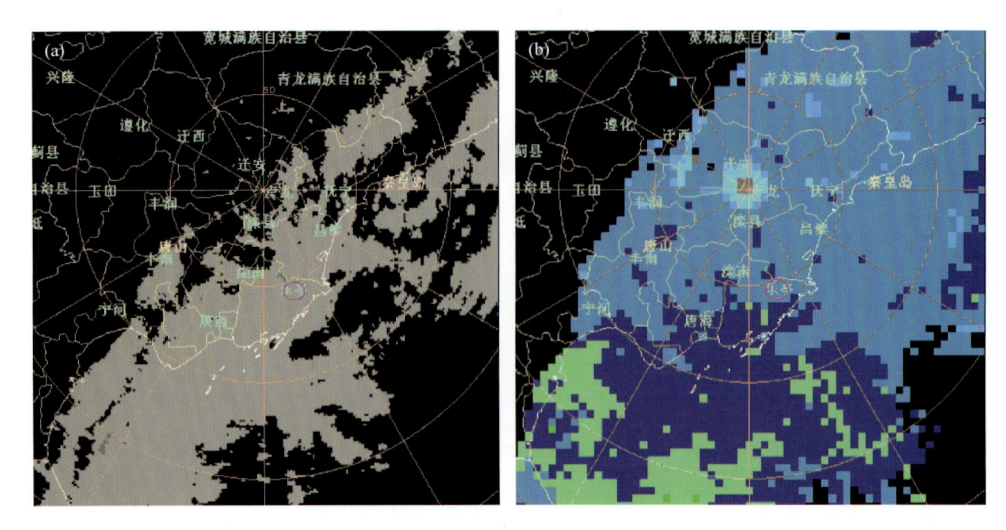

图 6.1.6　2012 年 8 月 3 日 18:30 秦皇岛雷达 VIL(a)和 ET(b)(图中○为唐山乐亭位置)

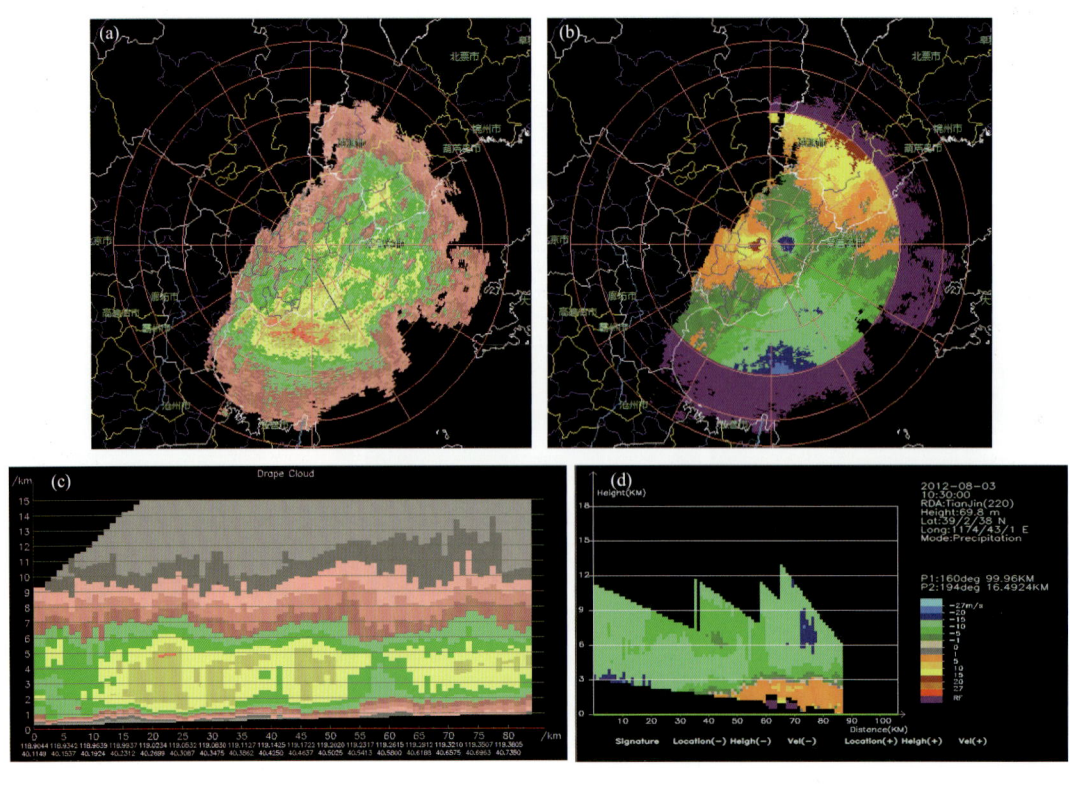

图 6.1.7　2012 年 8 月 3 日 18:30 秦皇岛雷达 2.4°仰角反射率因子(a)和 2.4°仰角平均径向速度(b)
以及沿图中实线的反射率因子垂直剖面(c)和平均径向速度垂直剖面(d)

## 6.2 2016年8月6日短时强降水

**实况**：短时强降水主要影响河北省中北部和东部，以短时强降水为主，伴有雷暴大风（2站），集中出现在6日傍晚到7日早晨（图6.2.1a,b）。小时降水量最大为79.7 mm，出现在承德滦平（6日22—23时），张家口涿鹿最大小时降水量为73.8 mm（6日19—20时），唐山丰南最大小时降水量为73.4 mm（7日01—02时）（图6.2.1c）。

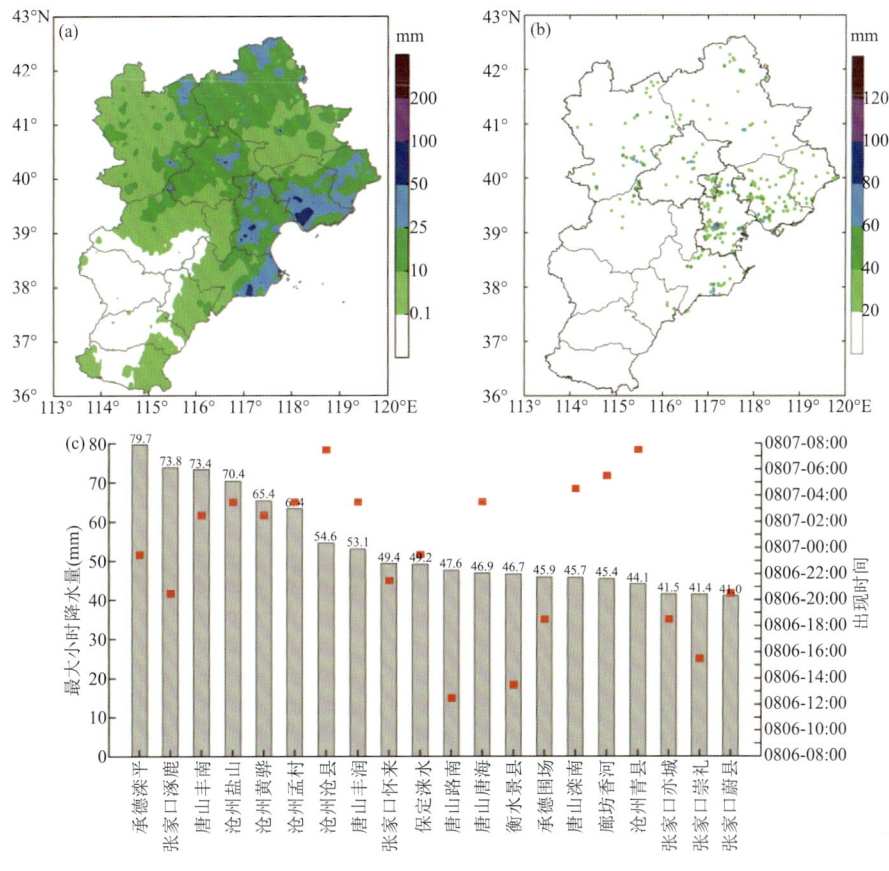

图6.2.1　2016年8月6日08时至7日08时24 h降水量(a)、
最大小时降水量(b)和短时强降水出现时间(c)

**主要影响系统**：500 hPa西风槽、副热带高压，850 hPa切变线。

**系统配置及演变**：500 hPa西风槽携带冷空气东移与副高外围偏南暖湿气流叠加；850 hPa切变线东移至河北省中北部；地面处于冷锋前部，有利于不稳定能量释放（图6.2.2）。

分析张家口探空资料（图6.2.3），6月8日08时的环境条件有利于短时强降水的产生：(1)湿层深厚（图6.2.3b），从925 hPa一直伸展到700 hPa，850 hPa比湿为15 g·kg$^{-1}$，露点为18 ℃；(2)08时850~500 hPa温差达到23 ℃，对流有效位能为445 J·kg$^{-1}$（图6.2.3a），1000 hPa到850 hPa $\theta_{se}$下降了4 ℃（图6.2.3c），存在一定的条件不稳定；(3)0~6 km的垂直

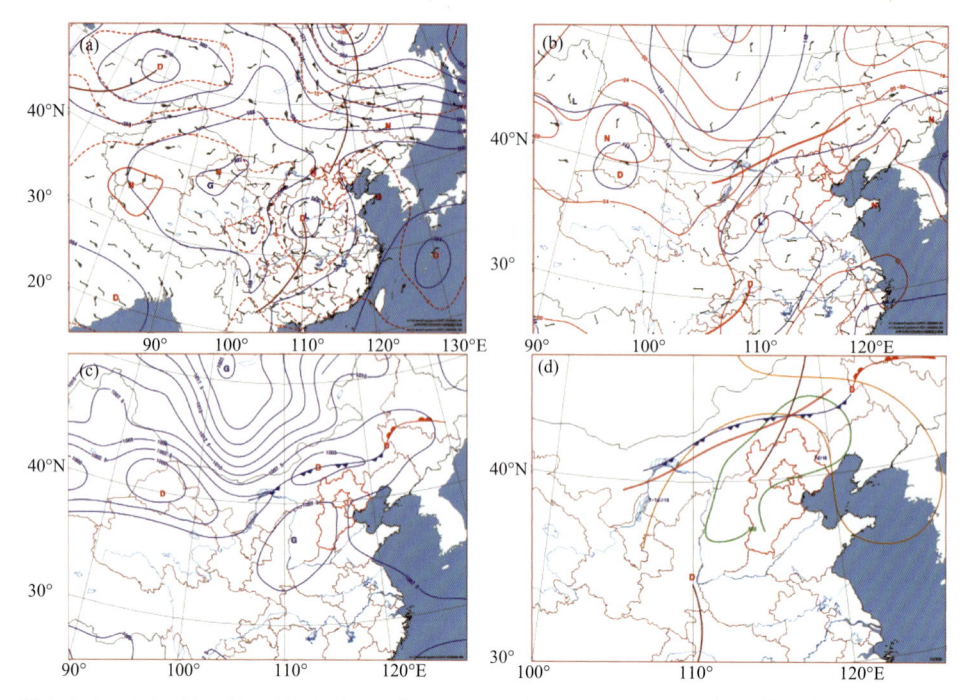

图 6.2.2　2016 年 8 月 6 日 08 时 500 hPa(a)、850 hPa(b)、地面(c)天气形势和中尺度分析(d)

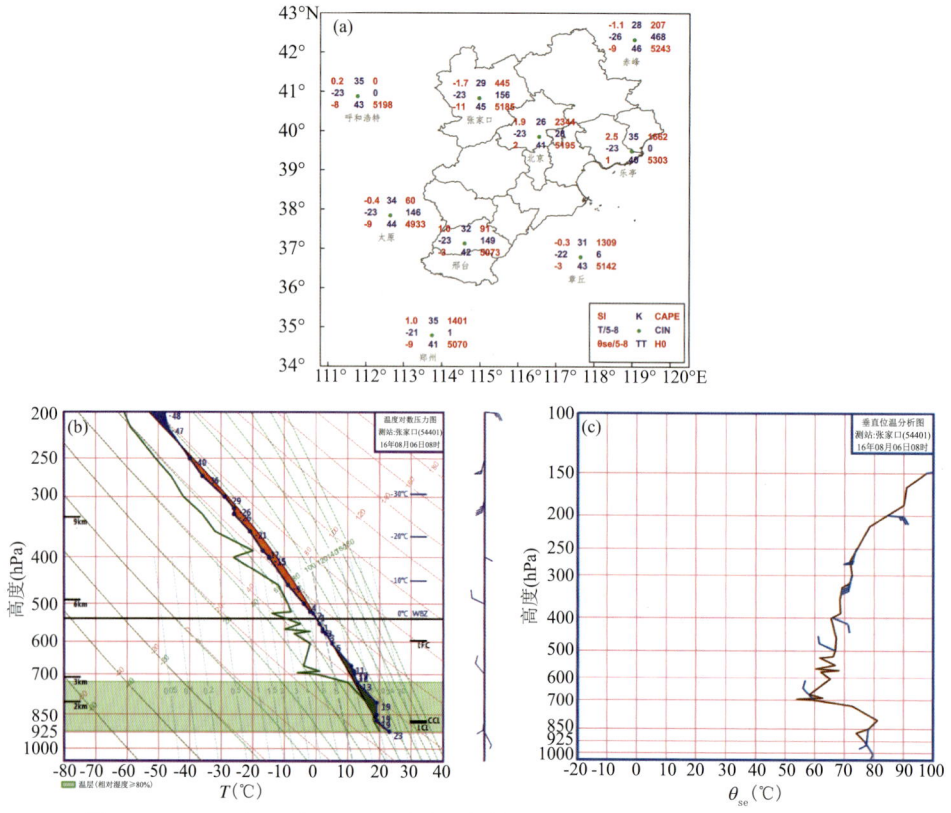

图 6.2.3　2016 年 8 月 6 日 08 时对流参数和特征高度分布(a)、54401(张家口)
$T$-$\ln p$ 图(b)和假相当位温变化(c)

风切变为 6 m·s$^{-1}$;(4)对流层中层到 700 hPa 有明显的干冷空气,温、湿度层结曲线"上干冷、下暖湿"特征明显(图 6.2.3b)。

卫星云图上(图 6.2.4a、b),17:00 前后河北省西北部有对流云团生成并向东南方向移动和增强,20:00 云团达到最强,7 日 00:00 河北省东北部沿海对流云生成并发展西移北上。张家口雷达 VWP 上(图 6.2.4c、d),19:48 以后,2 km 高度由西南风转为西北风且风速加大,中高层有明显的暖平流。

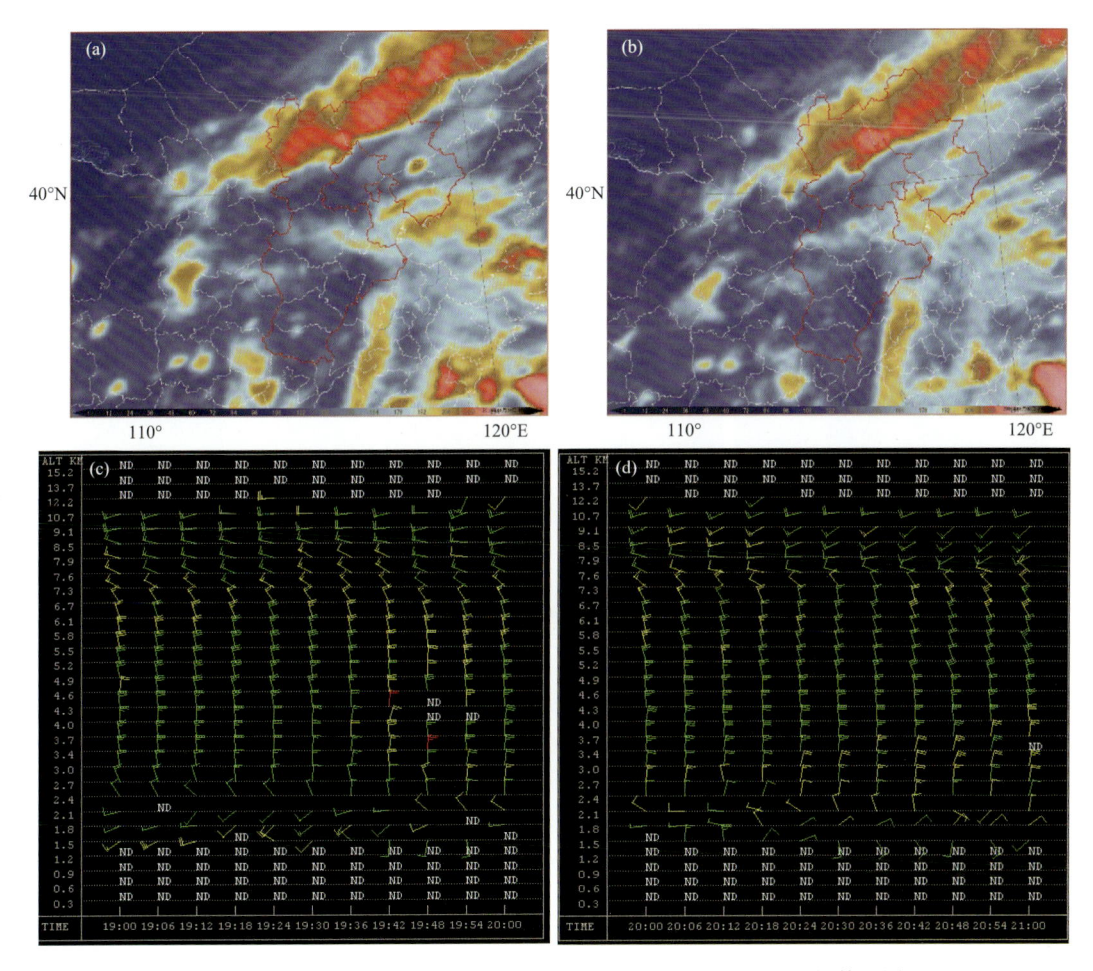

图 6.2.4　2016 年 8 月 6 日 19:45(a)和 20:45(b)FY-2E 卫星红外云图
以及 19:00—21:00 张家口雷达 VWP 演变(c、d)

雷达回波呈片状层状云为主的层积混合云降水回波特征,逐渐向东南方向移动,强回波中心强度超过 45 dBZ,中低层有明显辐合;VIL 为 19 kg·m$^{-2}$,回波顶高为 13 km(图 6.2.5～6.2.7)。

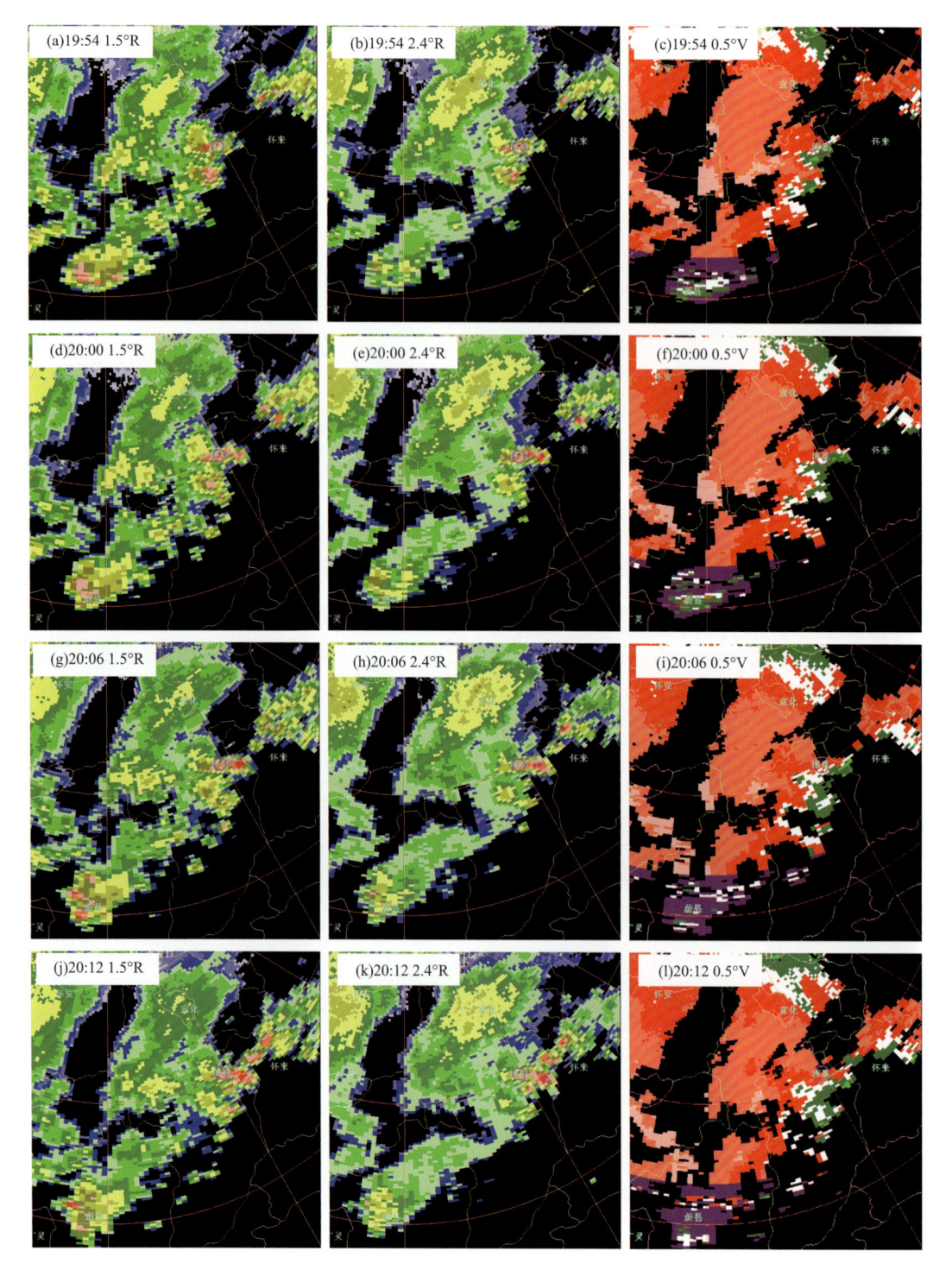

图 6.2.5 2016 年 8 月 6 日 19:54—20:12(a～l)张家口雷达反射率因子(1.5°和 2.4°仰角)和平均径向速度(0.5°仰角)PPI(图中○为张家口涿鹿位置)

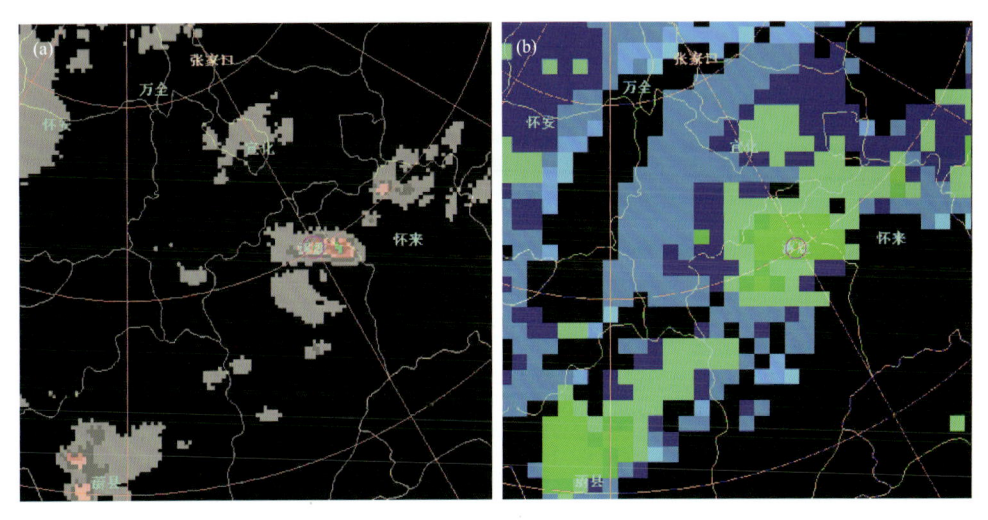

图 6.2.6  2016 年 8 月 6 日 20:06 张家口雷达 VIL(a)和 ET(b)(图中○为张家口涿鹿位置)

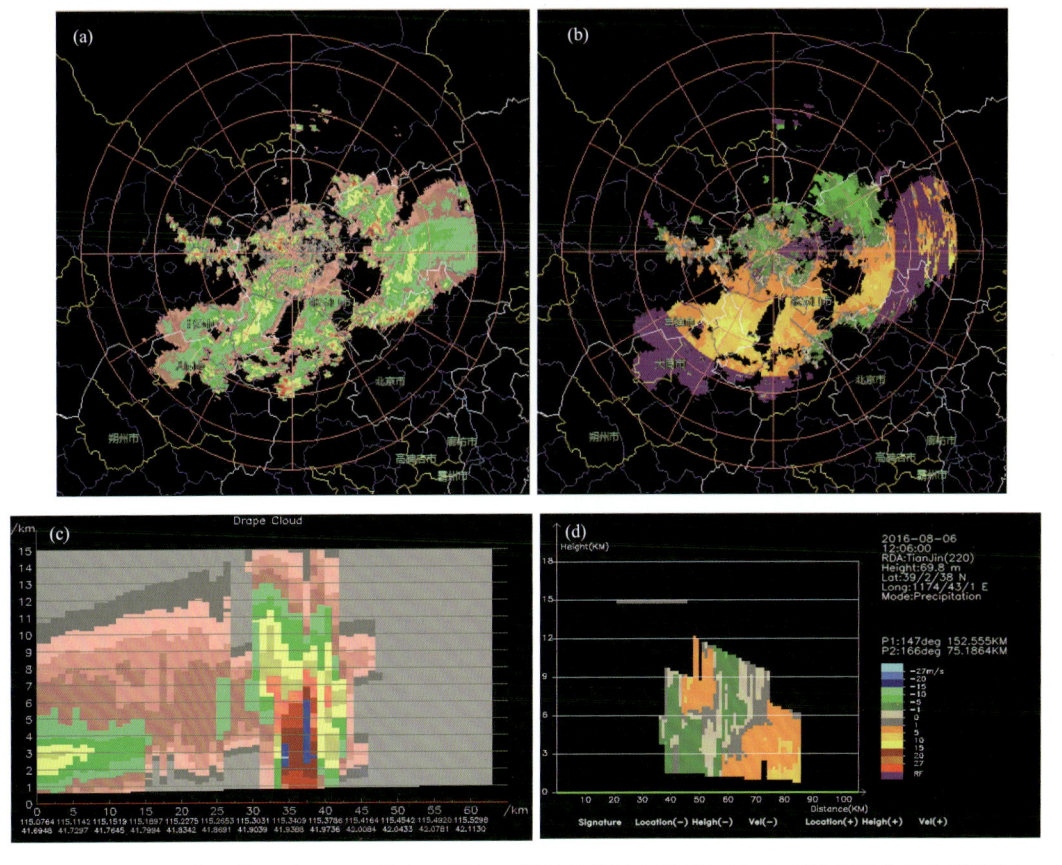

图 6.2.7  2016 年 8 月 6 日 20:06 张家口雷达 1.5°仰角反射率因子(a)和 1.5°仰角平均径向速度(b)
以及沿图中实线的反射率因子垂直剖面(c)和平均径向速度垂直剖面(d)

## 6.3 2017年7月14日短时强降水

**实况**：短时强降水主要影响河北省中北部和南部，集中出现在14日17时至15日08时（图6.3.1a、b）。小时降水量最大为89.8 mm，出现在保定满城（15日01—02时），13个站最大小时降水量均超过50 mm（图6.3.1c）。

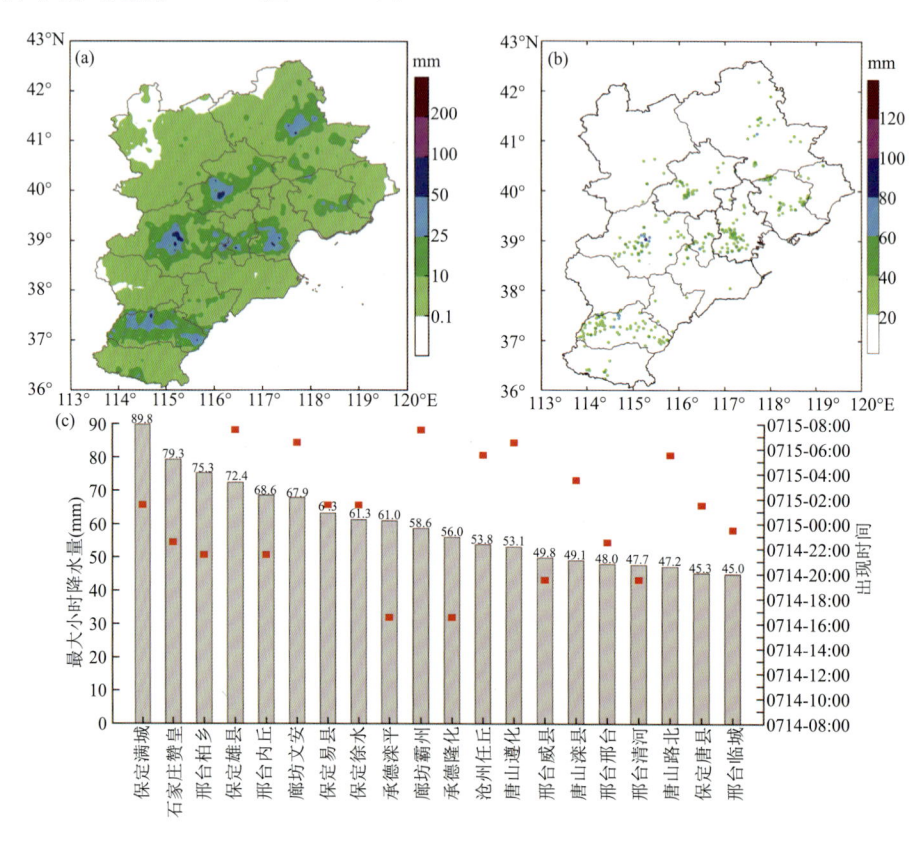

图6.3.1 2017年7月14日08时至15日08时24 h降水量(a)、最大小时降水量(b)和短时强降水出现时间(c)

**主要影响系统**：500 hPa短波槽、700 hPa切变线、地面倒槽。

**系统配置及演变**：500 hPa短波槽和地面倒槽发展，700 hPa河北省西北部有切变；500 hPa在北部和东部较干，850 hPa中南部地区较湿，700 hPa在北部有冷平流，南部在700 hPa和850 hPa均为暖脊，形成"上冷下暖"的对流环境，有利于该地区出现短时强降水（图6.3.2）。

分析北京探空资料（图6.3.3），7月14日08时的环境条件有利于短时强降水的产生：(1) 925 hPa到500 hPa接近饱和，湿层深厚（图6.3.3c）；(2) 925 hPa比湿达到20 g·kg$^{-1}$，水汽条件比较好（图6.3.3e）；(3) 14时订正探空，对流有效位能超过8000 J·kg$^{-1}$；(4) K指数在08时为26 ℃，20时达到34 ℃（图6.3.3a、b），有利于短时强降水发生。

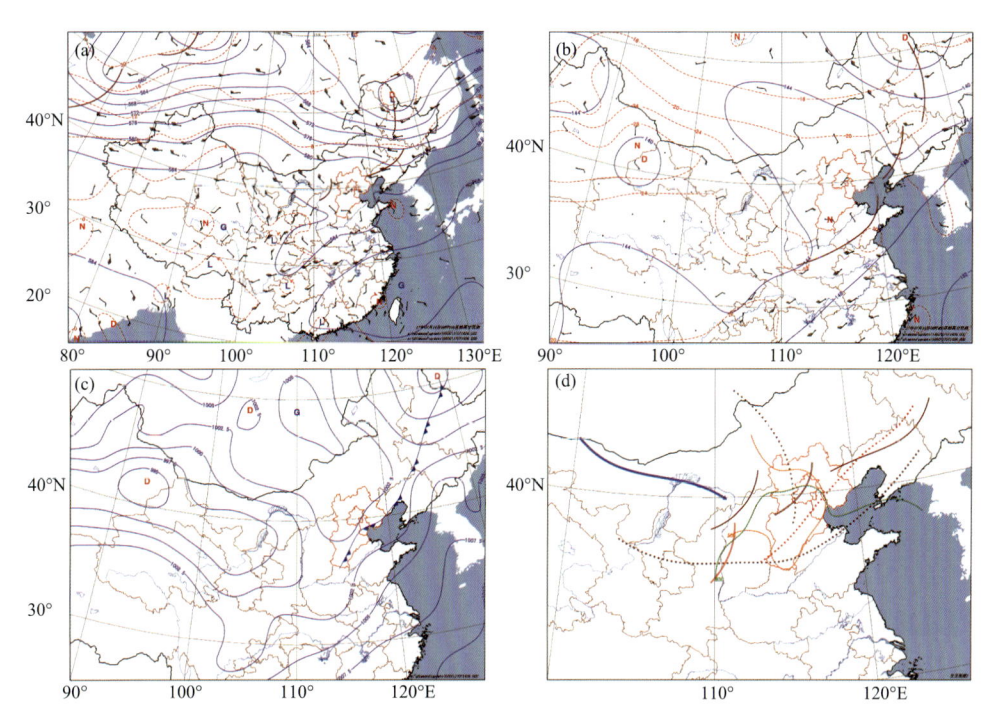

图 6.3.2　2017 年 7 月 14 日 08 时 500 hPa(a)、850 hPa(b)、地面(c)天气形势和中尺度分析(d)

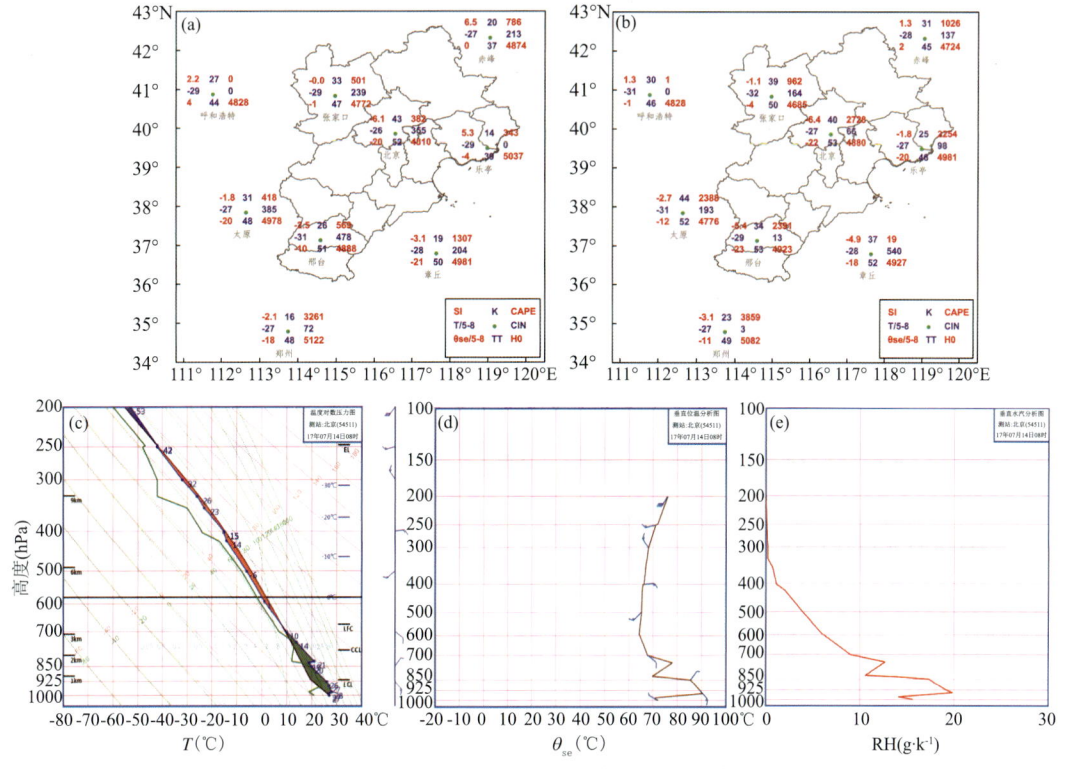

图 6.3.3　2017 年 7 月 14 日 08 时(a)、20 时(b)对流参数和特征高度分布;08 时 54511(北京)
$T$-$\ln p$ 图(c)、假相当位温变化(d)和比湿(e)

卫星云图上(图6.3.4a、b),15日01:00—03:00在河北保定到廊坊一段有中尺度对流云团强烈发展,形成直径超过200 km、面积约4万 km² 的中尺度对流系统,云顶亮温低于−52 ℃,维持近3 h,造成保定满城地区短时强降水。

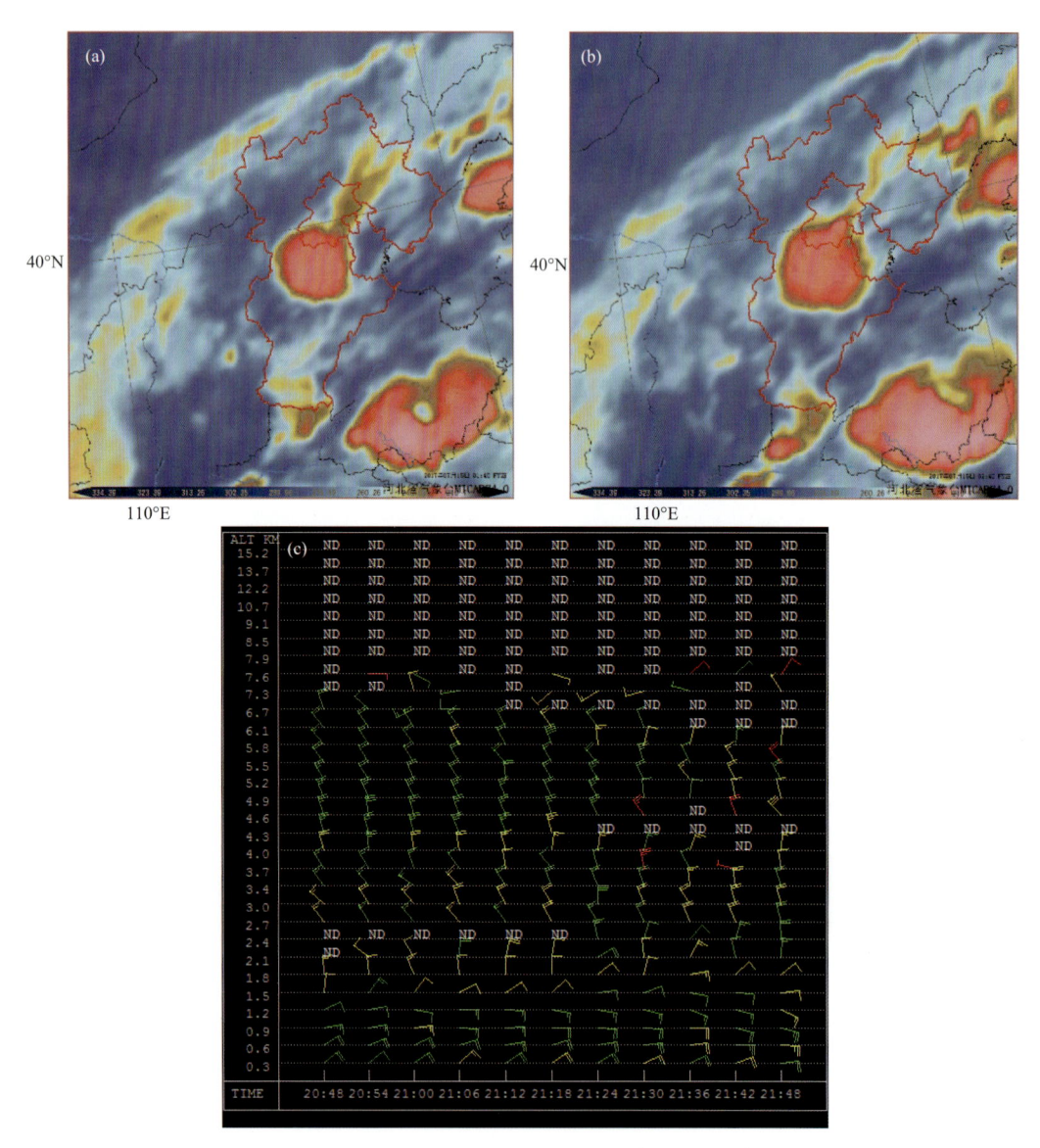

图6.3.4　2017年7月15日01:45(a)和02:45(b)FY-2E卫星红外云图以及14日20:48—21:48石家庄雷达VWP演变(c)

雷达回波表现为以积状云为主的积层混合云降水特征。00:18保定易县西部带状回波发展南移,出现列车效应,速度图上有逆风区。01:12满城块状对流单体强烈发展,回波强度达到52 dBZ,速度图上有强辐合区,VIL为55 kg·m$^{-2}$,回波顶高达16 km。强回波质心较高,中层径向辐合较强(图6.3.5~6.3.7)。

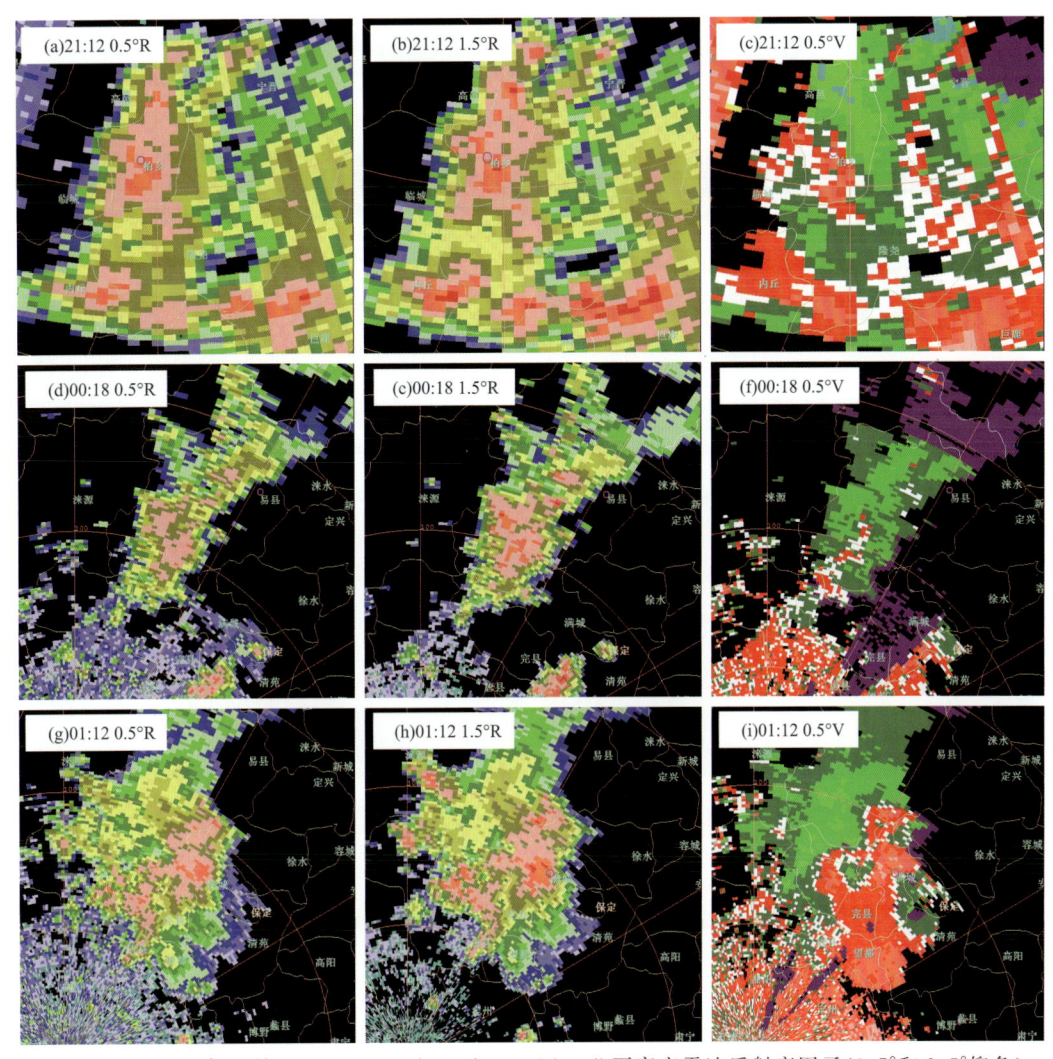

图 6.3.5 2017年7月14日21:12至15日01:12(a~i)石家庄雷达反射率因子(0.5°和1.5°仰角)和平均径向速度(0.5°仰角)PPI(图中○从上到下依次为邢台柏乡、保定易县和满城位置)

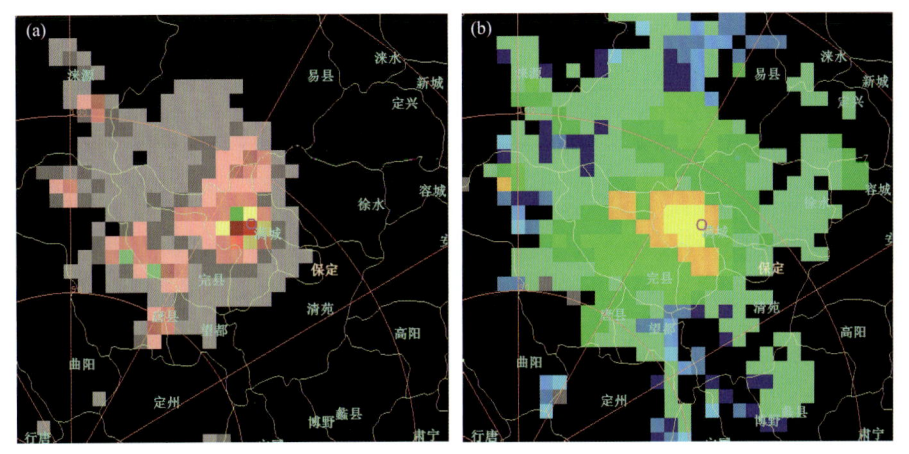

图 6.3.6 2017年7月15日01:12石家庄雷达VIL(a)和ET(b)(图中○为保定满城位置)

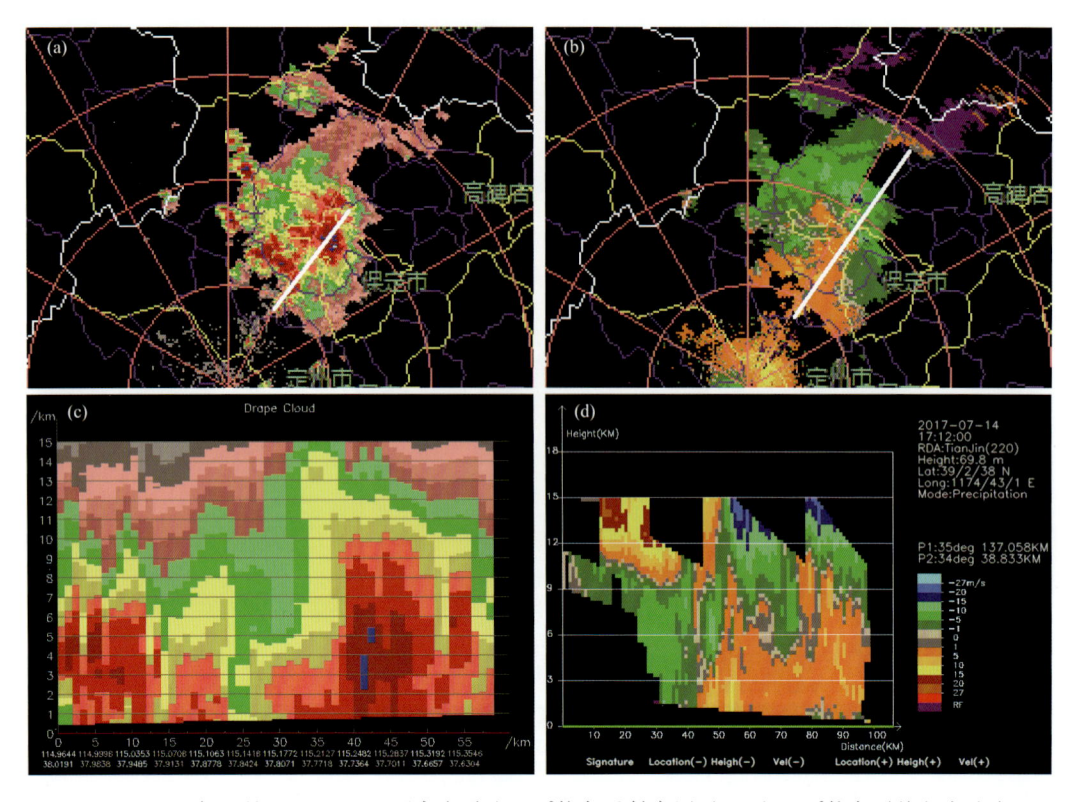

图 6.3.7　2017 年 7 月 15 日 01:12 石家庄雷达 2.4°仰角反射率因子(a)和 2.4°仰角平均径向速度(b)以及沿图中实线的反射率因子垂直剖面(c)和平均径向速度垂直剖面(d)

# 参考文献

柴东红,杨晓亮,吴紫煜,等,2017.京津冀地区雷暴大风天气的统计分析[J].暴雨灾害,36(3):193-199.
陈碧莹,闵锦忠,2020.华北"7·19"暴雨中低涡系统演变及多尺度相互作用机制研究[J].热带气象学报,36(1):85-96.
段宇辉,孙云,张南,等,2018.应用多源观测资料分析华北一次极端暴雨过程[J].气象科技,46(5):965-970.
金晓青,李江波,于雷,等,2018.河北中部一次具有后向传播特征的副高外围暖区暴雨过程分析[J].沙漠与绿洲气象,12(04):7-14.
李江波,孔凡超,曾建刚,等,2019.河北省副热带高压外围降水的特征与预报[J].气象,45(11):1539-1549.
李江波,王宗敏,王福侠,等,2011.华北冷涡连续降雹的特征与预报[J].高原气象,30(4):1119-1131.
宋善允,彭军,连志鸾,等,2017.河北省天气预报手册[M].北京:气象出版社:92-133.
孙继松,戴建华,何立富.等,2014.强对流天气预报的基本原理与技术方法——中国强对流天气预报手册[M].北京:气象出版社:83-92.
王丛梅,俞小鼎,李芷霞,等,2017.太行山地形影响下的极端短时强降水分析[J].气象,43(4):425-433.
王福侠,俞小鼎,王宗敏,等,2014a.河北暴雨的多普勒天气雷达径向速度特征[J].气象,40(2):206-215.
王福侠,俞小鼎,闫雪瑾,2014b.一次超级单体分裂过程的雷达回波特征分析[J].气象学报,72(1):152-167.
王福侠,张南,赵玉广,等,2015.河北盛夏2次大暴雨过程对比分析[J].干旱气象,33(1):110-118.
王福侠,俞小鼎,裴宇杰,等,2016.河北省雷暴大风的雷达回波特征及预报关键点[J].应用气象学报,27(3):342-351.
杨敏,杨晓亮,2016.2007—2015年京津冀地区闪电分布特征[J].气象与环境学报,32(4):119-125.
杨晓亮,李江波,杨敏,2008.河北2007年7月18日局地暴雨成因分析[J].气象,4(9):47-56.
杨晓亮,杨敏,隆璘雪,等,2020.冷涡背景下河北雷暴大风环境条件与对流风暴演变个例分析[J].暴雨灾害,39(1):52-62.
杨晓亮,杨敏,2020.2017年秋季河北一次飑线引发的雷暴大风过程分析[J].气象与环境学报,36(06):1-9.
俞小鼎,王秀明,李万莉,等,2020.雷暴与强对流临近预报[M].北京:气象出版社:111-161.
张南,曹晓冲,闫雪瑾,等,2016.冀中南地区一次冰雹天气的中小尺度特征[J].干旱气象,34(4):693-699.
张亚萍,邓承之,牟容,等,2015.重庆市强对流天气分析图集[M].北京:气象出版社:1-14.
张迎新,李宗涛,姚学祥,2015.京津冀"7·21"暴雨过程的中尺度分析[J].高原气象,34(1):202-209.